U0947708

复杂艰险山区
铁路（公路）工程勘察设计
案例集锦

朱 颖 许佑顶 主编

Fuza Jianxian Shanqu
Tielu （Gonglu） Gongcheng Kancha Sheji
Anli Jijin

人民交通出版社
China Communications Press

内 容 提 要

本书系中铁二院建院60周年复杂艰险山区铁路(公路)工程勘察设计优秀案例的选编，共编录案例60篇，其中包括规划与选线、工程勘察、路基工程、桥梁工程和隧道工程等内容。案例内容既有对典型工程的还原，也有对某些工程热点问题的总结、思考与探索，资料丰富、翔实。

本书可供从事铁路(公路)工程勘察设计的技术人员使用和借鉴，也可供教学和研究人员参考。

图书在版编目(CIP)数据

复杂艰险山区铁路(公路)工程勘察设计案例集锦/朱颖，许佑顶主编. —北京：人民交通出版社，2012.9

ISBN 978-7-114-10068-0

I.①复… II.①朱… ②许… III.①山区铁路—铁路工程—勘测—案例 ②山区铁路—铁路工程—设计—案例 IV.①U239.9 ②U212

中国版本图书馆 CIP 数据核字(2012)第 212324 号

书　　名：复杂艰险山区铁路(公路)工程勘察设计案例集锦
著 作 者：朱　颖　许佑顶
责任编辑：付宇斌
出版发行：人民交通出版社
地　　址：(100011)北京市朝阳区安定门外外馆斜街 3 号
网　　址：http://www.ccpress.com.cn
销售电话：(010)85285659
总 经 销：人民交通出版社发行部
经　　销：各地新华书店
印　　刷：北京市密东印刷有限公司
开　　本：880×1230　1/16
印　　张：28.25
字　　数：724 千
版　　次：2012 年 9 月　第 1 版
印　　次：2012 年 9 月　第 1 次印刷
书　　号：ISBN 978-7-114-10068-0
定　　价：85.00 元

编委会名单

主　　编: 朱　颖　许佑顶

副 主 编: 秦小林　魏永幸

编　　委: 杨　健　乐　重　何学刚　唐　林　李光辉
韩　康　袁　明　游励晖　陶伟明　张永平
刘　洋　刘莉蓉　龙卫民　李学刚　赵立兰
赵立红　杜　鹏　张敏静　王　昱　赵祺昌
刘彦琳　王锡根

主编单位: 中铁二院工程集团有限责任公司

序

2012年，中铁二院迎来了建院60周年华诞。

60年来，二院人艰苦奋斗，锐意进取，开拓创新，经营领域与业务范围不断拓宽，技术实力不断增强，已成为建筑行业集科研、设计、咨询、工程总承包为一体的国有大型工程集团，是中国陆地交通勘察设计的领军企业。

60年来，中铁二院在陆地交通多个领域树立了技术的领先或比较优势，特别是在复杂艰险山区铁路(公路)工程勘察设计方面，积淀形成了一批核心技术和专有技术，在业内有口皆碑。中铁二院曾设计完成了新中国第一条铁路——成渝铁路，新中国第一条山区电气化铁路——宝成铁路；设计的成昆铁路，其所穿越地区被国外专家称为"筑路禁区"，工程艰巨程度为世界铁路建设史上罕见，被联合国誉为人类征服自然的三大杰作之一；设计的南昆铁路是继成昆线之后我国地质最复杂、最艰难的一条长大干线铁路，也是我国第一条一次性建成的电气化铁路。"在复杂地质、险峻山区修建成昆铁路新技术"和"复杂地质艰险山区修建大能力南昆铁路干线成套技术"分别荣获国家科技进步最高奖。近十年来，中铁二院先后完成了内昆铁路、渝怀铁路、粤赣高速公路、襄渝铁路增建二线、武广高速铁路等一批典型山区铁路(公路)的勘察设计。目前，正在开展西成、成贵、长昆、云贵、成兰等复杂艰险山区铁路以及国道217线甘孜段、四川南大梁高速公路等艰险山区公路的勘察设计。

值此中铁二院建院60周年之际，公司开展了建院60周年复杂艰险山区铁路(公路)工程勘察设计案例征集活动。本案例集锦是从所有征集案例中精选编辑而成，内容涵盖了规划与选线、工程勘察、路基工程、桥梁工程、隧道工程等，其中既有对典型工程的记录与还原，也有对某些工程热点问题的总结、思考与探索。

本案例集锦的出版，为我国复杂艰险山区铁路(公路)工程勘察设计保存了一份重要记录，对于传承勘测设计的经验和技能，促进勘测设计技术的交流与进步，无疑均具有重要的意义。

谨以此为序。

中铁二院工程集团有限责任公司党委书记、董事长 蒋宗瑞

2012年07月18日

编者寄语

多年以来，中铁二院紧紧围绕复杂艰险山区铁路（公路）工程勘察设计的热点、难点问题，持续开展技术创新，先后完成了一批国家、部、省重大科技攻关项目，取得了丰硕的科技创新成果，获得了多项国家、部、省级科技进步奖和工程优秀勘察设计奖，对我国复杂艰险山区的铁路（公路）工程建设事业的持续发展，特别是为保证和提高重点工程建设的水平和质量做出了重要贡献，社会效益和经济效益显著。

今年是中铁二院建院60周年，为回顾、总结中铁二院在复杂艰险山区铁路（公路）的工程勘察设计所取得的成果，传承经验，特别开展了建院60周年复杂艰险山区铁路（公路）工程勘察设计案例征集活动。

本次征集活动共收到案例158篇，择优选出其中的60篇论文集结出版。本案例集锦，共分为六个部分，其中，规划与选线10例、工程勘察9例、路基工程10例、桥梁工程15例、隧道工程10例以及其他方面6例。其中既有资深人士的智慧思考，也有设计新人的闪光睿智；既有先进技术的崭新呈现，也有科学管理的生动实践。

案例集锦内容丰富、技术性强，它的出版，旨在为专业技术人员提供一次交流、借鉴和学习的机会。值此纪念中铁二院建院60周年之际，也是奉献给关心、支持二院发展的各级领导、各兄弟单位的一份礼物！

本次案例征集活动得到了公司广大职工的积极响应和支持，投稿踊跃，但限于本案例集锦的篇幅，经过优中选优，确定收录60例。在案例征集过程中，得到许多领导、专家和广大工程技术人员的大力支持，在此表示衷心的感谢。同时，限于篇幅，部分案例未能入选，希望有关作者谅解。在此，特向积极投稿的广大作者表示感谢，同时也衷心感谢各位评审专家的辛勤劳动！

本案例集锦技术性强、涉及面广，限于编者的水平，难免存在错误和不适之处，恳请各级领导和同行专家给予批评指正，恳请读者批评指正。

朱颖

2012年7月

目 录

规划与选线

工程勘察

路基工程

桥梁工程

隧道工程

其 他

规划与选线

兰渝线广安南站位方案比选

周定祥　赖述明

（中铁二院工程集团有限责任公司重庆公司）

摘　要　通过对兰渝线广安南站位方案比选论述，总结定测初步设计阶段，对可行性研究已经批复的方案不能盲从，本着持续优化改进的原则，铁路站位方案选择既要与地方规划相结合，又要与遵循铁路设站总体思路，与区间工程相结合，综合比选，确定最优方案。

关键词　广安南；方案；比选

Scheme Comparison Guangan South Station of Lanzhou-Chongqing Railway

Zhou Dingxiang　Lai Shuming

(Chongqing Survey, Design and Research Institute of CREEC)

Abstract　Based on the scheme comparison of Guangan South Station of Lanzhou-Chongqing railway, this paper summarizes that the scheme approved by feasibility study can not be accepted blindly in the stage of location survey and preliminary design. According to the principle of continuous optimization, the best schemes of railway station location shall be compared and determined in accordance with local planning, overall design concept of railway station and regional construction.

Key words　Guangan South; schemes; comparison

1　引言

兰渝线南充东至高兴单线北起达成铁路南充东站，向南经老君、兴隆、北城、岳池、广安南，跨渠江至中和，之后引入襄渝铁路高兴站，正线全长 88.679km，设计速度 160km/h，中间仅岳池和广安南为中间站，其余为越行站。

可行性研究阶段，广安南站布置于高速公路远离城市一侧的三家湾一带，与地方政府的规划要求一致，可行性研究审查意见要求进一步优化广安南站站位，补充设在高速公路靠市一侧方案。在可行性研究修编方案中，广安南站布置于高速公路靠城市一侧，车站两端上跨高速公路。

2　需要解决的问题

由于上跨高速公路方案存在广安南站填方高，与地方规划衔接不当，广安南至中和区间线路高程高、与地形不相适应，桥梁工程巨大，渠江特大桥为高墩大跨梁等诸多问题。因此，如何降低线路高程，降低广安南站填方高度和渠江特大桥高墩，减少桥梁总长等，是定测初步设计急需解决的问题。

3　方案比选

基于以上主要问题，定测初步设计阶段，补充研究了下穿高速公路方案，分别与高速公路外侧方案、

作者简介：周定祥（1967—　），男，高级工程师，中铁二院工程集团有限责任公司重庆公司总工程师。

上跨高速公路方案进行技术经济比选，从而选择出既满足地方规划发展需要，又符合铁路设站总体要求，且工程投资明显较省的站位方案。

3.1　下穿高速公路方案

线路出岳池站后，跨姚家河，经晏家沟、猫儿岭于骆家垭口跨广安至岳池公路，以南峰寺曲线隧道下穿南广高速公路，之后沿南广高速左侧前行至广安市枣山镇郑家坝设广安南站，车站距高速公路约300m，距广安市区中心约3km。线路出广安南站后，上跨广安二环路，再下穿S304省道及南广高速公路，连续紧坡而下，至鱼家咀跨渠江，穿金鼎山隧道至岳池县中和镇设中和站。

方案主要优点：

(1)广安南站位于广安市区与南广高速之间，今后枣山片区将发展为城市区，旅客下车直接进城，对吸引客流有利。

(2)广安南车站两端下穿南广高速公路，降低了车站场坪高程，车站设计高程较为合理(轨面360.58)，车站范围内一半挖一半填，最大填方高约10m，车站能更好地与周围地形条件相适应。

(3)渠江特大桥的高程相对较低，桥长较短(桥高98m，桥长1509m)。主跨由原9×80m连续梁减为4×80m连续梁，设计、施工难度比上跨高速方案大为降低。

(4)线路靠近高速公路，对城市用地切割相对较小，能有效利用土地。

(5)车站高兴端下穿高速公路，对城市视觉景观影响相对较小。

(6)工程投资最省，比高速公路外侧方案减少投资约1534万元，比上跨高速方案减少投资约12430万元。

方案主要缺点：

(1)线路线形较差，为了加大下穿南广高速的隧道埋深和能保证下穿南广高速的净空，设计成S形曲线。

(2)线路长度最长，比上跨方案长1.025km，比高速外侧方案长1.32km。

(3)两次下穿南广高速，施工对高速公路有一定干扰。

(4)南峰寺隧道由于地形条件及出口段受下穿高速公路位置限制，全隧浅埋点较多，工程条件较差。

(5)仅部分满足地方政府意见，与城市规划有一定冲突，在广安南站高兴端至与高速公路交叉段未满足地方意见。

3.2　高速公路外侧方案

线路出岳池站后，跨姚家河，经晏家沟、猫儿岭于骆家垭口跨广安至岳池公路，以直线穿隧道至邓家沟，在广安市枣山镇三家湾一带设广安南站。车站距南广高速公路约900m，距广安市区中心约4km。线路出广安南，跨广安至武胜公路，连续紧坡而下，至鱼家咀跨渠江，穿金鼎山隧道至岳池县中和镇设中和站。

方案主要优点：

(1)线路线形顺直，线路长度最短。

(2)车站位于南广高速公路远离城市一侧，满足地方政府要求，与城市规划无冲突。

(3)不与南广高速公路交叉，施工对高速公路行车无影响。

方案主要缺点：

(1)车站位于南广高速远离城市一侧，旅客进出城需穿过高速公路，对吸引客流不利。

(2)由于线路长度较短，出广安南站后虽紧坡而下，渠江特大桥设计高程仍较下穿高速方案高(桥高103m，桥长1532.2m)。

3.3　上跨高速公路方案

线路出岳池站后，跨姚家河，经王家沟，穿王平山，跨广安至岳池公路，穿南峰寺隧道至桂花湾上跨南广高速公路，之后沿南广高速左侧前行至广安市枣山镇三圣庙设广安南站。车站距高速公路约800m，距广安市区中心约2km。线路出广安南站后，上跨S304省道和南广高速公路，连续紧坡而下，至

鱼家咀跨渠江，穿金鼎山隧道至岳池县中和镇设中和站。

方案主要优点：

广安南站位于广安市区与南广高速之间，今后枣山片区将发展为城市区，旅客进出城方便，对吸引客流有利。

方案主要缺点：

(1)由于车站两端上跨南广高速，车站站坪高程较高(轨面366.86m)，车站大部位于填方上，最大填土高约16m，使广安南站整个悬在空中，与周围地形条件不相适应。

(2)车站位于枣山片区中间，将片区地块完全切割，不能充分有效利用土地，与地方城市规划用地干扰大，与城市景观不协调，地方政府意见大。

(3)出车站后，线路虽紧坡而下，渠江桥高程仍然最高，桥长最长(桥高113m，桥长2005.7m)，线路普遍悬空，桥长显著增长(较下穿高速方案桥长约5.094km)。

(4)工程投资最大。

广安南站位方案示意见图1。广安南站位方案主要工程数量及投资比较见表1。

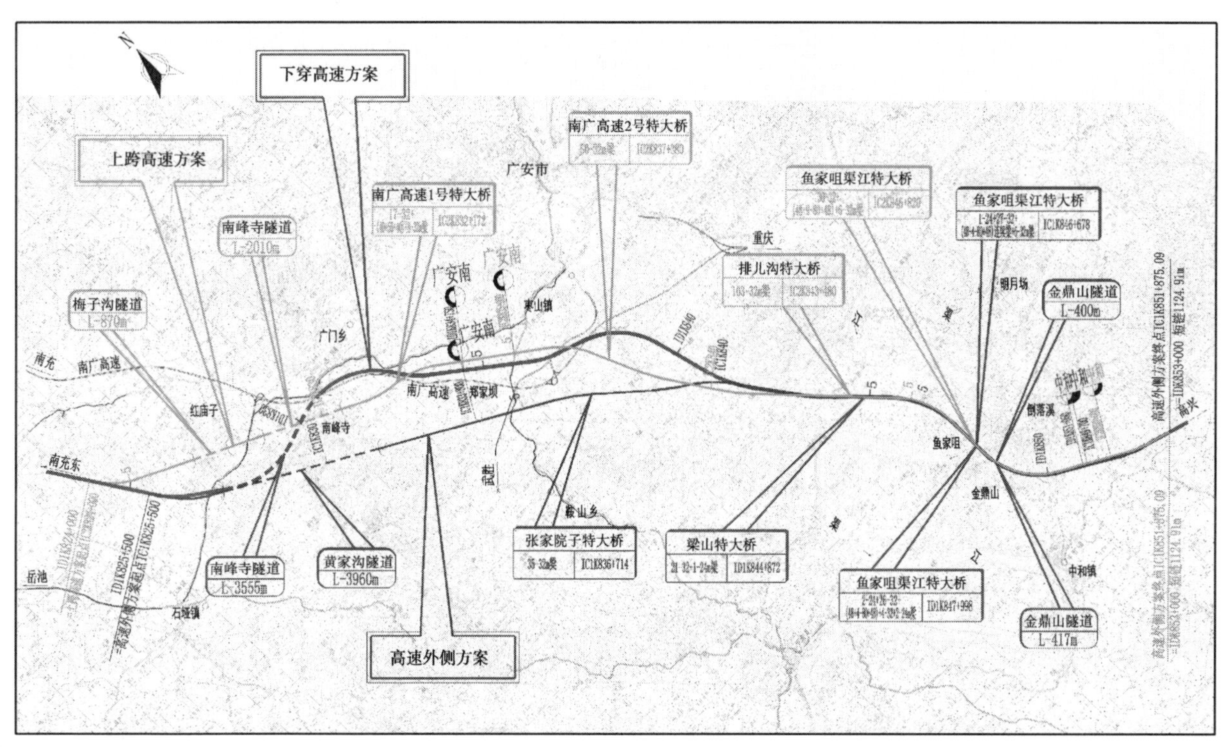

图1　广安南站位方案示意图

广安南站位方案主要工程数量及投资比较表　　表1

比较范围：ID1K824＋000～IDK853＋000(断链桩)

工程项目		单位	方案名称					
			下穿高速方案		高速外侧方案		上跨高速方案	
			数量	单价(万元)	数量	单价(万元)	数量	单价(万元)
建筑长度	单线	km	29.1955	—	27.875	—	28.1708	—
	双线	km	—	—	—	—	—	—
征用土地		hm^2	159.634	1.5	117.779	1.5	127.458	1.5
房屋拆迁		$10^4 m^2$	14.169	240	13.53	240	13.67	240
路基长度		km	19.768	—	14.475	—	14.467	—

续上表

工程项目			单位	方案名称					
				下穿高速方案		高速外侧方案		上跨高速方案	
				数量	单价(万元)	数量	单价(万元)	数量	单价(万元)
路基	土石方	填土	10^4m^3	142.651	5.53	123.36	5.53	174.49	5.53
		挖土	10^4m^3	120.135	8.8	78.1	8.8	81.18	8.8
		挖石	10^4m^3	227.65	25.11	133.9	25.11	134.54	25.11
	钢筋混凝土		10^4m^3	0.64	463.7	0.55	463.7	0.48	463.7
	C15 片石混凝土		10^4m^3	0.18	345.03	0.12	345.03	0.13	345.03
	C15 混凝土		10^4m^3	0.8	408.79	0.67	408.79	0.71	408.79
	锚杆框架梁		10^4m^3	2.22	1812.2	1.33	1812.2	1.42	1812.2
	浆砌片石		10^4m^3	13.31	228.03	8.8	228.03	8.74	228.03
	级配碎石		10^4m^3	15.2	91.5	10.9	91.5	12.36	91.5
	水泥搅拌桩		10^4m	21.5	40.09	14.8	40.09	17.23	40.09
	防护栅栏		km	49.421	18.36	36.188	18.36	36.168	18.36
桥涵	特大桥	特殊结构	座-单延米	1-1508.86 桥高 98m	9.63	1-1532.2 桥高 103m	9.63	1-2005.7 桥高 113m	9.63
		一般特大桥	座-单延米	1-722.49	2.97	5-4403.6	2.97	5-7713.5	2.97
	三线大桥		座-延米	—	—	—	—	1-305.2	6.66
	大中桥		座-单延米	11-2807.66	2.37	13-3101.58	2.37	1-109.28	2.37
	跨线公路桥		座-平方米	10-5000.7	0.35	7-3300	0.35	5-4777	0.35
	人行天桥		座-平方米	9-1539	0.2	7-834	0.2	15-2454	0.2
	渡槽		座-平方米	3-221	0.2	—	0.2	—	0.2
	框架桥		座-平方米	3-1785.6	0.662	—	0.662	4-2141	0.662
	框架涵		座-平方米	—	0.662	1-135	0.662	9-1191	0.662
	涵洞		座-横延米	85-1587.6	1.8	49-1372	1.8	59-1652	1.8
	正线桥梁总长		km	5.039	—	9.04	—	10.134	—
	正线桥梁比重		%	17.26	—	32.43	—	35.97	—
隧道	$L<1000m$		座-单延米	3-833	3.39	1-400	3.39	3-1560	3.39
	$1000m\leqslant L<3000m$		座-单延米	—	2.67	—	2.67	1-2010	2.67
	$3000m\leqslant L<6000m$		座-单延米	1-3555	3.08	1-3960	3.08	—	3.08
	$L\geqslant6000m$		座-单延米	—	—	—	—	—	—
	正线隧道总长		km	4.388	—	4.36	—	3.57	—
	正线隧道比重		%	15.03	—	15.64	—	12.67	—
正线桥隧总长			km	9.427	—	13.400	—	13.704	—
正线桥隧比重			%	32.29	—	48.07	—	48.65	—
铺轨	正线		km	29.1955	193.42	27.875	193.42	28.1708	193.42
	站线		km	7.67	281.38	7.67	281.38	7.67	281.38
	道岔		组	16	38.5	16	38.5	16	38.5
主要工程费			万元	77108		78642		89538	
差额			万元	0		+1534		+12430	
附注				—		—		—	

4 研究结论

综上所述，南广高速公路外侧方案线路顺直，线路长度最短，对高速公路无干扰，但桥隧工程有所增加，对吸引客流不利；上跨高速方案位于高速公路内侧，线路条件比较顺直，但车站填方量大，渠江桥较高，桥隧工程最大，与自然环境协调性较差，地方意见最大；下穿高速方案虽然线型不好，但能满足160km/h的速度目标，车站位置能被地方接受，填挖较为平衡，与周边环境能较好协调，且桥隧工程比重小(为32.29%)，工程投资最小。经综合对比分析，初步设计推荐下穿高速公路方案，且在初步设计审查时得到了铁道部鉴定中心的认可。

5 结语

(1)通过以上对兰渝线广安南站位方案比选论述可知，即使可行性研究阶段已经对方案进行了批复，在定测初步设计阶段，对可行性研究已经批复的方案不能盲从，仍需要进一步研究各种方案的可行性，对方案进行持续优化改进，既要与地方规划相符，又要遵循铁路设站总体思路，不仅要考虑车站本身条件，而且要与区间工程相结合，综合比选，确定最优方案。

(2)线路上跨或下穿高速公路需结合站位、地方规划及工程条件等考虑，绝不能因铁路下穿高速公路，在施工期间影响高速公路行车、签订协议困难等而遗漏方案。广安南下穿高速公路，设计中制定了详细的施工过渡方案，在项目业主的配合下，经与南广高速公路公司多次沟通协调，签定了铁路下穿高速公路协议，节省投资上亿元，目前已顺利进入施工阶段。

(3)线路纵断面设计应与地形条件相适应，上跨高速公路方案纵断面悬空，虽用足坡度紧坡下行，但仍出现连续的长桥和高墩，桥隧比重达48.65%，较下穿方案桥隧比重32.29%差异明显。

(4)站位方案要加强与地方的沟通协调，尽量减少对城市规划的影响。上跨与下穿高速公路方案地方均有不同的意见，主要是对地方城市规划有影响，尤其对上跨高速公路方案造成广安南站高填方意见最大。下穿高速公路方案虽地方还有一定意见，但通过方案比较论证后的多次沟通协调，从节省工程投资，更加方便和有利于吸引客流，线位尽量靠近高速公路减少夹心地、降低站位设计工程，减少对城市的影响等方面说服地方，最终地方还是接受了下穿高速公路方案。

丽香铁路通过高原湿地自然保护区线路方案

彭 勇

(中铁二院工程集团有限责任公司土建一院)

摘 要 丽香铁路沿线环境敏感,地形地质复杂。通过对拉市海高原湿地自然保护区线路方案选择的研究,综合考虑环境与地质对铁路工程的影响,选择最优方案。

关键词 丽香铁路;高原湿地自然保护区;设计对策;方案比选;专题论证

Route Proposal of Lijiang-Shangri-La Railway Passing Through Plateau Wetland Natural Reserve

Peng Yong

(First Civil Construction Design and Research Institute of CREEC)

Abstract Because of the vulnerable environment and complicated landform and geology along the Lijiang-Shangri-La railway, the route proposal of passing through Lashihai plateau wetland natural reserve shall be researched in combination of the environment and geology impact on railway engineering, and hence the optimal proposal shall be selected.

Key words Lijiang-Shangri-La railway; plateau wetland natural reserve; design countermeasures; proposal comparison; subject argumentation

本项目通过贯彻“环保选线与工程地质选线相结合”的总体设计原则,绕避了环境敏感区和不良地质体,降低了工程风险;对局部工程风险较小的不良地质地段,加强了工点工程措施,确保了铁路施工、运营安全。

1 引言

丽江至香格里拉铁路是滇藏线的重要组成部分,位于云南省西北部、青藏高原南东缘之横断山脉中段,地势起伏大,是目前国内艰险山区地质地形极为复杂的一条线路。沿线环境敏感区众多,地质条件复杂,新构造运动强烈,地震破裂带长,地震活动频繁,震级大,造成不良地质极为发育。线路经过地段岭谷为高原地区(海拔 2400～4000m)和高寒地区(图 1)。

根据《云南省丽江拉市海省级自然保护区规划设计说明书》,拉市海高原湿地省级自然保护区由拉市海、文海、吉子水库、文笔水库 4 个片区组成,总面积 65.23km^2,其中核心区面积 10.02km^2,其余为实验区。拉市海自然保护区内有高原湖泊、水库、灌丛和草甸等多种适合鸟类生长的生态环境,主要保护对象为候鸟(黑颈鹤、黑鹳、中华秋沙鸭等国家Ⅰ级保护动物)、高原湿地生态系统。2005 年 2 月拉市海湿地被国家林业局列入“中国湿地保护行动计划”173 个重要湿地之一。

丽香线从丽江站引出后上到拉市海坝子,首先面对的问题就是如何通过拉市海片区。

2 方案设计对策

(1)弄清楚保护区核心区、二级保护区、三级保护区及实验区的分布范围。

作者简介:彭勇(1968—),男,工程师。

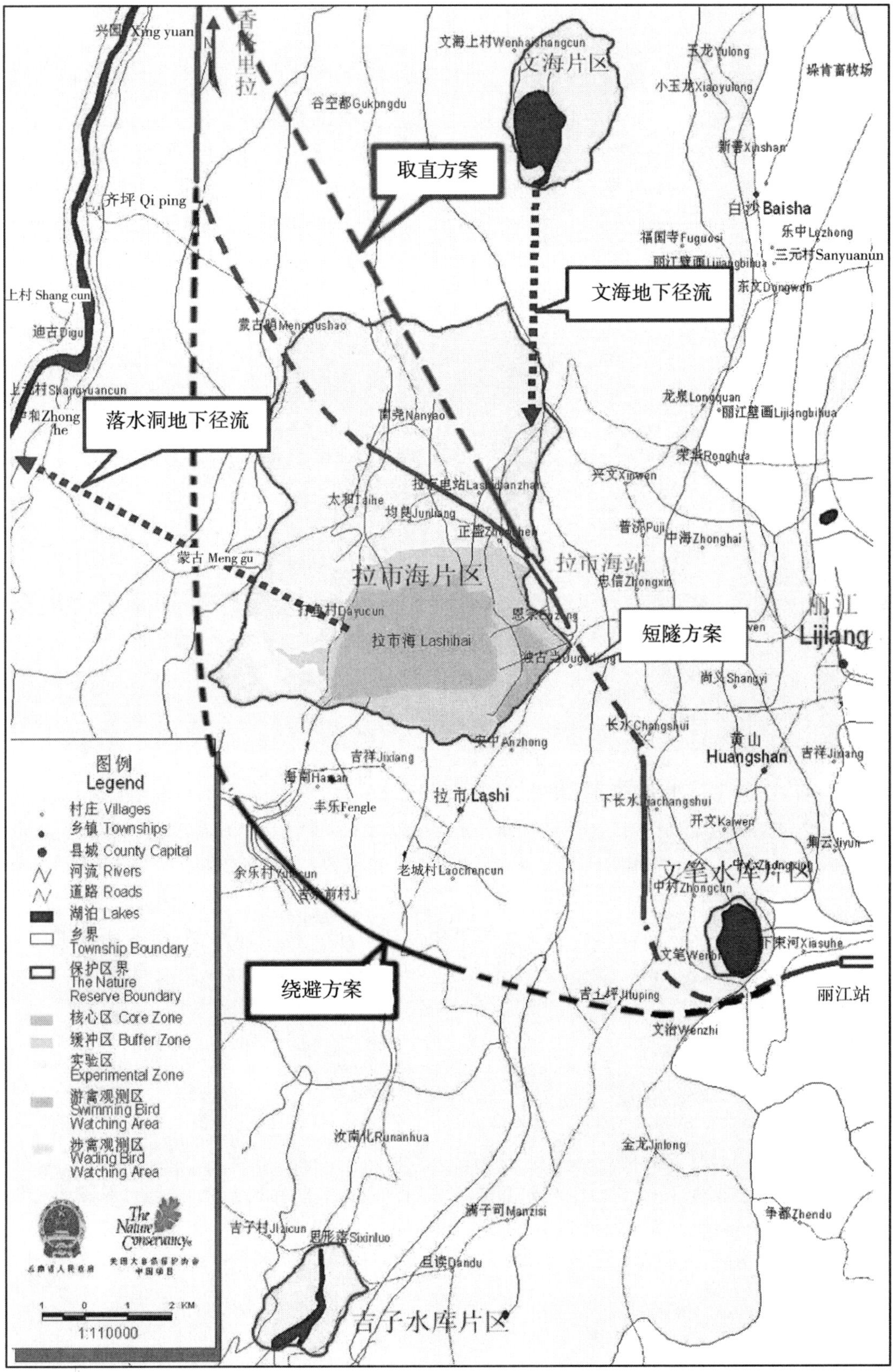

图 1

(2)查清地质因素。

(3)进行专题论证。

3 线路方案

3.1 方案简况

(1)短隧方案:该段线路自丽江站引出后折向西北,上到拉市海东侧靠山设站,以路基(1.086km)、桥梁(1.826km)、隧道(2.888km)形式通过拉市海省级高原湿地自然保护区实验区,再穿蒙古哨隧道后下至金沙江右岸并沿岸走行,经新尚、龙蟠至虎跳峡站,该方案线路长50.5km(图2)。

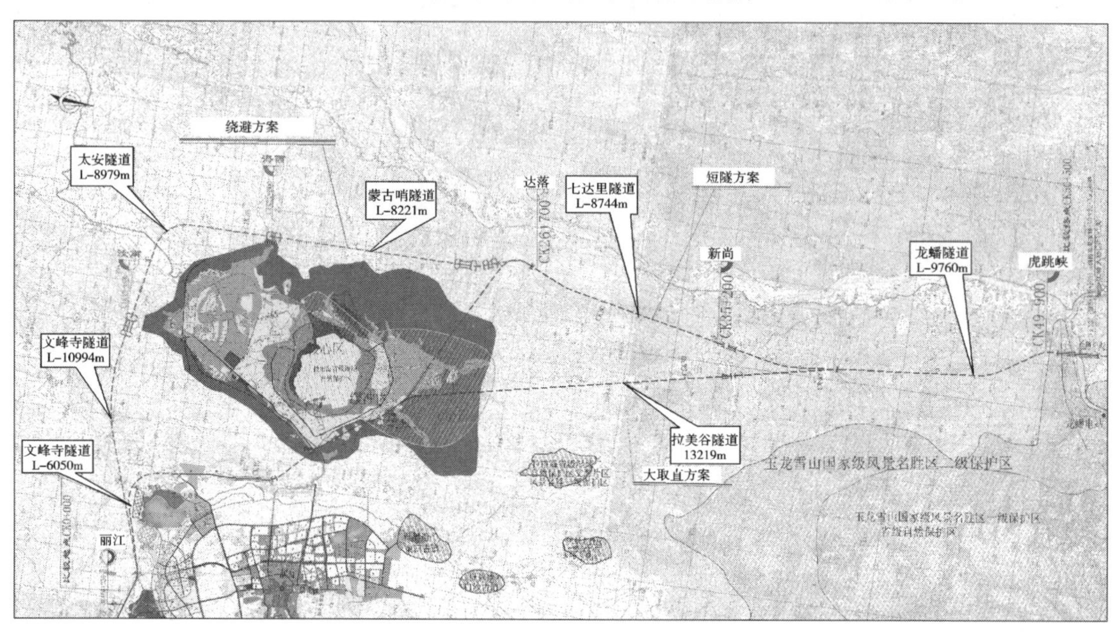

图2 丽江至虎跳峡段线路方案示意图

(2)取直方案:线路在拉市海前同短隧方案,出站后线路过美泉村,于种马场东侧坡脚设拉市海站,然后以拉美谷长隧道(13.219km)取直至新尚车站,以后线路走向同短隧方案。线路以路基(1.837km)、隧道(3.509km)、桥梁(0.415km)通过拉市海省级高原湿地自然保护区实验区。该方案线路长46.508km。

(3)绕避方案:线路自丽江站接出后向西穿文笔山隧道后上至拉市海西侧,然后折向北穿蒙古哨隧道至达落站,以后线路走向同短隧方案。该方案完全绕避了拉市海省级高原湿地自然保护区,对保护区无影响。该方案线路长57.032km。

3.2 方案比选

(1)环境影响分析

①绕避方案

该方案虽然不在拉市海自然保护区范围内,但仍然存在严重的环境问题。

拉市海汇水面积265.6km^2,年平均产水量7680×10^{4}m^3,湖水补给汇流来源主要是湖周分水岭内侧降雨地表径流、文海→暗河→车门举 →拉市海。

拉市海出水流向:其一为拉市海→东侧引水隧道→丽江坝子,目前年引水量约700×10^{4}m^3,远期扩大到1800×10^{4}m^3/年。其二为通过西侧的落水洞,以地下水向西流至金沙江,包括拉市海→上元村出露泉眼(图3)、拉市海→三股水暗河(图4),三股水暗河流量较大,2006年10月实测为1200L/s,地方村庄在暗河出露处建有水电站发电及灌溉。

经初步勘探,从隧道位置及高程来看,隧道将与三股水暗河径流通道相交,遭遇三股水暗河,影响拉市海出水通道。

措施1:若堵,不仅使拉市海湖水被堵去主要出路,使拉市海水面升高,泛滥成灾,完全改变拉市海的环境,而且三股水暗河水电站无水发电,农田无水灌溉。

措施 2:若排,如此高的水量与水压,不仅无法正常施工,而且将可能产生严重的灾害,危及施工生命安全。此外,若改变地下径流条件,形成新的排泄通道,则可能加大拉市海湖水下泄,使拉市海水位降低,水量减少,也将完全改变拉市海水文生态环境,造成灾难性后果。

从环境保护及工程安全来看,绕避方案不可行。

图 3　上元村出露泉眼

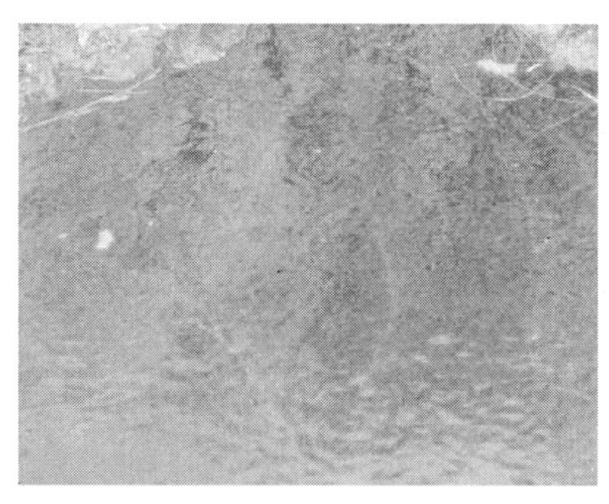

图 4　三股水暗河出露口

②短隧方案

该方案从保护区实验区穿越,线路在保护区范围总长度约 5750m,包括路基(长 1086m)、桥涵(长 1826m)及蒙古哨隧道进口工程(长 2888m)等工程。该地段土地利用现状为村庄、旱地,旱地主要种植玉米、小麦并套种苹果等果树,不属于鸟类的主要栖息场所。

拉市海车站不在保护区范围内,该站无客运、货运作业,仅是会让站。工作人员编制 4 人,生活污水量为 $0.8m^3$/天,经处理后用于站区绿化用水,不外排。

该地段遇水架桥梁,逢沟设涵洞。尤其是线路在美泉跨越车门举河流采用桥梁方案,不影响拉市海水源补给。

③取直方案

取直方案基本上以隧道工程穿越拉市海自然保护区的实验区,对地表植被、地表土地利用类型及鸟类栖息环境均无影响。但取直方案长隧道为单面坡,施工存在极大的地下岩溶水风险安全问题。

从表 1 可看出,绕避方案没有通过实验区,但对候鸟栖息仍有一定影响。

环境影响分析表　　表 1

项　目	短隧方案	取直方案	绕避方案
通过实验区长度	路基 1.086km,桥梁 1.826km,隧道 2.888km	路基 1.837km,桥梁 0.415km,隧道 3.509km	—
影响程度	大	较大	小

(2)工程地质条件分析

①短隧方案

通过拉市海盆地段不良地质为砂土液化,特殊岩土为软土,多层分布,总厚度一般不超 20m;蒙古哨隧道通过区域灰岩段落占 77.3%,灰岩内发育两条向斜夹一背斜,地表溶蚀洼地、落水洞等岩溶形态发育,属岩溶强烈发育区。隧道影响区域岩溶泉集中出露于金沙江边上元村、三股水,泉口高程比隧道低 400 多米,综合分析隧道处于岩深水垂直渗流带,但隧道雨季开挖可能遇季节性突水、突泥的危害,水文地质条件较差。

②取直方案

线路通过的主要地层岩性为三迭系灰岩、白云质灰岩,三迭系砂岩、泥岩,二迭系玄武岩,南尧村一带分布巨厚蛇山组砂砾层、膨胀土和冰碛层,新尚一带分布巨厚冰碛层。线路与崩多落断层并行并小角度相交。

该方案主要工程拉美谷隧道(C5K18+430～C5K31+649,全长 13.219km)与崩多落断层并行并小角度相交,岩体受断层影响极严重至严重。该隧道工程地质条件差,主要体现在以下几个方面:

(a)C5K18＋430～C5K19＋500 段(2070m)为巨厚蛇山组砂砾层、膨胀土或冰碛层碎石类土、黏性土,围岩稳定性差并富水;(b)C5K19＋500～C5K25＋800(6300m)段隧道处于崩多落断层上盘,洞身距断层水平距离约 250～600m,断层与灰岩之间为三迭系砂岩、泥岩,隧道位于灰岩(T_2b)与砂岩、泥岩(T_1l)接触带附近灰岩一侧,地层结构为"断层\砂泥岩\灰岩",断层与砂泥岩均倾向隧道。调查表明,三迭系灰岩中发育向斜,在三迭系灰岩与砂泥岩(或断层)接触带附近,岩溶发育,并有大股泉水出露,最大泉水流量达 200L/s。综合分析,该段隧道开挖可能遭遇大规模突水涌泥,施工风险大;(c)C5K25＋800～C5K27＋000 段(1200m)线路小角度通过断层破碎带,岩体极破碎,围岩不稳,地下水发育;(d)C5K27＋000～C5K31＋649 段(4649m)隧道从崩多落断层下盘通过,距断层水平距离 200～600m,洞身为砂岩、泥岩(T_1l)和玄武岩(Pβ),出口为冰碛层覆盖,受断层影响岩体破碎,围岩稳定性差,地下水发育。

鉴于拉美谷隧道(13.219km)与崩多落断层并行,进出口端穿过巨厚第四系松散体,可溶岩段处于岩溶水水平径流带,岩溶发育强烈,综合评价,隧道围岩稳定性差,并可能遭遇大规模突水涌泥,该方案工程地质条件差,施工风险大,基本不可行。

③绕避方案

线路以较大角度依次穿过金棉断裂、丽江—剑川断裂(活动)和大具—丽江断裂(活动),断层破碎带宽。主要地层岩性为(T_2b)可溶岩地层。C1K0＋000～C1K8＋500 段线路右侧文笔水库附近分布多个泉点,最大流量达 46.62L/s;C1K25＋600 附近线路与蒙古哨—莫古—海西向斜呈 20°～35°小角度斜交,向斜为蓄水构造,地表多处发育大规模溶蚀洼地、漏斗;C1K14＋500 线路左侧沿山边发育串珠状漏斗群,该串珠状漏斗群连线的下部可能为地下暗河,水流通过该暗河从太安方向流经线路进入拉市海盆地,线路可能在该处揭穿地下暗流管道。该段主要为隧道,综合分析认为,隧道穿过可溶岩的层位大多属岩溶水水平径流带,地下岩溶强烈发育,隧道施工可能遭遇大规模涌水涌泥,特别是蒙古哨隧道为单坡下,涌水难以排除,工程处理难度大,技术可行性差。

(3)主要工程数量及投资比较

三方案主要工程数量及投资比较见表 2。

主要工程数量及投资比较表 表 2

比较范围:CK0＋000～CK50＋500

工程项目			单位	方案名称		
				取直方案	绕避方案	短隧方案
线路长度			km	46.508	57.032	50.5
拆迁建筑物			$10^4 m^2$	6.109	1.052	6.267
征地			hm^2	36.885	18.943	40.554
路基	填方	土	$10^4 m^3$	38.605	9.785	36.605
		A 组	$10^4 m^3$	4.6428	2.222	5.075
	挖方	挖土	$10^4 m^3$	30.884	8.8065	29.284
		挖石	$10^4 m^3$	46.326	12.7205	43.926
	加固防护及附属圬工		$10^4 m^3$	4.2466	1.1351	4.0266
	挡土墙		$10^4 m^3$	3.4744	0.8807	3.2945
	钢筋混凝土		$10^4 m^3$	2.7023	0.7241	2.3427
	软土路基		km	0	0	0
桥涵	特大桥	$H\geq 50m$	座-延长米	—	—	—
		$H<50m$	座-延长米	1-1715.86	—	2-3267.4
	大中桥	$H\geq 50m$	座-延长米	—	1-325	1-325
		$H<50m$	座-延长米	6-1566.94	6-1024	7-1370.78
	涵洞		座-横延米	30-689.34	8-185.52	28-649.32

续上表

工程项目		单位	方案名称		
			取直方案	绕避方案	短隧方案
隧道	$L \geq 10000$m	座-延长米	1-13219	1-10994	—
	6000m$\leq L<$10000m	座-延长米	2-15769	5-40231	4-31416
	3000m$\leq L<$6000m	座-延长米	1-4105	—	1-4530
	1000m$\leq L<$3000m	座-延长米	1-1856	1-1818	1-1856
	$L<$1000m	座-延长米	2-555	1-683	1-414
	最长隧道	km	13.219	10.994	9.866
桥隧总长		km	38.787	55.075	43.179
桥隧比重		%	83.4	96.6	85.5
轨道	正线铺轨	km	46.508	57.032	50.5
	站线铺轨	km	5.85	7.15	5.85
	道岔	组	12	16	12
站后工程投资		万元	47079.118	57732.353	51120.14
主要工程投资		万元	228578.706	289190.495	224159.64
差额		万元	+4419.066	+65030.855	0

短隧方案线路较取直方案长3.992km，桥隧工程多4.392km，但投资少4419.066万元；取直方案最长隧道13.219km，由于无设置其他辅助坑道条件，只有采用贯通平导，全隧完成土建工程需要72个月（若遭遇大规模突水涌泥，工期还会延长），为控制工期工程。绕避方案线路长，桥隧工程多，投资大。

（4）推荐意见

综上所述，三方案中短隧方案工程、水文地质条件相对较好，工程可实施；取直方案、绕避方案工程、水文地质条件差，基本不可行；三个方案对候鸟栖息地均有不同程度的影响，短隧方案投资相对较省，工程更易实施，且线路遭遇暗河的风险小。因此，本次研究推荐采用短隧方案。

（5）专题论证报告

2008年1月，由西南林学院、中铁二院共同编制完成了《新建铁路丽江至香格里拉线通过拉市海省级自然保护区生物多样性影响专题报告》，综合分析得到的结论是：

该铁路工程推荐方案建设对景观和生态系统的影响极小，不影响拉市海水源补给和水流排泄；线路远离拉市海湿地生境；工程建设不会导致拉市海盆地区域生态景观的改变，不改变整个拉市海省级自然保护区中的动物和植物区系组成，也不会因导致某个保护物种或非保护物种在拉市海的消失和灭绝。

通过进一步调整优化线路方案，加强施工和运营管理，进行施工环境影响及环境保护监控，加强铁路绿化，设立隔音墙，在拉市海盆地全程限制鸣笛等保护措施，可以进一步将铁路工程建设对拉市海自然保护区影响减轻到最小程度。

虽然在靠近南尧村的农耕地在冬季仍然属于部分鸟类的觅食地，但是由于靠近村庄，该地段鸟类活动已大为减少，并由于线路及蒙古哨隧道进口更加远离鸟类的栖息地，因此工程施工和运营对鸟类的影响将进一步降低。

从工程建设对拉市海生物多样性影响评价，工程是可行的。

（6）相关部门审批意见

2008年4月，云南省林业厅以云保护许准[2008]36号《云南省林业厅准予新建丽江至香格里拉铁路穿越玉龙雪山和拉市海省级自然保护区建设的行政许可决定》，同意丽江至香格里拉铁路穿越拉市海省级自然保护区。

4 结语

丽香铁路沿线环境敏感，地形地质复杂，线路方案的选择应遵循以下几点原则：

(1)线路通过环境敏感区时,首先是绕避;不能绕避时,线路也应选择从其三级保护区、实验区通过,并尽量采用隧道形式,减少露头。

(2)其次是考虑地质因素。要查清线路通过区域的地质构造、不良地质的分布及性质,尽量减少工程处理的难度,保证铁路工程的施工、运营安全。

(3)综合考虑环境与地质对铁路工程的影响,选择最优方案。

广乐高速公路复杂气象及艰险山区路线总体设计思路

刘胜川

（中铁二院工程集团有限责任公司公路市政院）

摘　要　本文针对京港澳高速公路粤境北段因穿越气象复杂的南岭山脉，存在技术标准低、通行能力小，以及在雨、雪(冰)、雾等特殊气象条件下还存在较大的交通安全等问题，在其粤境复线工程——广乐高速公路技术标准的选用时，提出高标准、大通道的总体设计思路。在严格遵循复杂山区规划、地质、环保和工程选线的基础上，积极引入高寒山区气象辅助选线及安全选线的理念，解决了梅花至乐昌越岭段中的高寒山区特殊气象灾害和长大纵坡带来的行车安全问题，以及路线穿越大瑶山和石门台两个省级自然保护区的环保问题，有力保障了国家南北交通大通道的畅通。

关键词　京港澳高速公路；长大纵坡；复杂气象；运营安全；自然保护区

Design Idea of Route in Complicated Weather and Perilous Mountain Area of Guangzhou-Lechang Expressway

Liu Shengchuan

(Highway Municipal Design Institute of CREEC)

Abstract　Because of the northern section in Yue area of Beijing-Hong Kong-Macao Expressway has such problems as low technical standards, small transportation capacity as well as safety problems under the weather of rain, snow, ice, fog and so on, the selection of technical standard for its second line construction of Guangzhou-Lechang expressway has to be considered with overall design idea as high standard and major corridor. Based on the regulations of route selection as planning, geology, environmental protection and engineering, combined with ideas of weather assistant route selection in high altitude and cold mountain areas as well as safe route selection, this paper solves the train operation safety problem caused by special meteorological disaster in high altitude and cold mountain areas and long and large longitudinal gradients among Meihua to Lechang mountain-crossing section and environmental protection problem of passing through two provincial level natural reserves of Dayaoshan and Shimentai, meanwhile, it also safeguards the smooth operation of major transportation corridor from south to north in China.

Key words　Beijing-Hong Kong-Macao Expressway; long and large longitudinal gradient; complicated weather; operation safety; natural reserve

1　引言

京港澳高速公路是我国南北公路运输大通道之一(图 1)，它的全线贯通，对发挥高速公路规模效益，缓解我国南北交通运输紧张压力，完善国家综合运输体系，改善地区间经济交流与合作，促进社会经济的全面发展，发挥了重要作用。

作者简介：刘胜川(1972—　)，男，高级工程师。

京港澳高速公路以其地缘优势和区位优势，成为习惯性的南北向交通大通道。近年随着广东省经济的快速发展，其粤境广州以北段交通流量急速增长，已趋于饱和，无法满足省际交通增长的需求，严重制约京港澳高速公路沟通我国南北、连通粤港澳的交通功能；同时，京港澳高速公路粤北段部分路段还存在先天性缺陷，抗击冬季特殊气象灾害能力较低，特别是雨、雪(冰)、雾天气下，存在较大的交通安全问题。2008 年 1 月，冰雪灾害造成郴州至韶关段完全瘫痪，造成了严重的经济损失和不良社会影响；此外，广韶段也存在因韶赣高速公路的接入导致其交通即将饱和的问题。

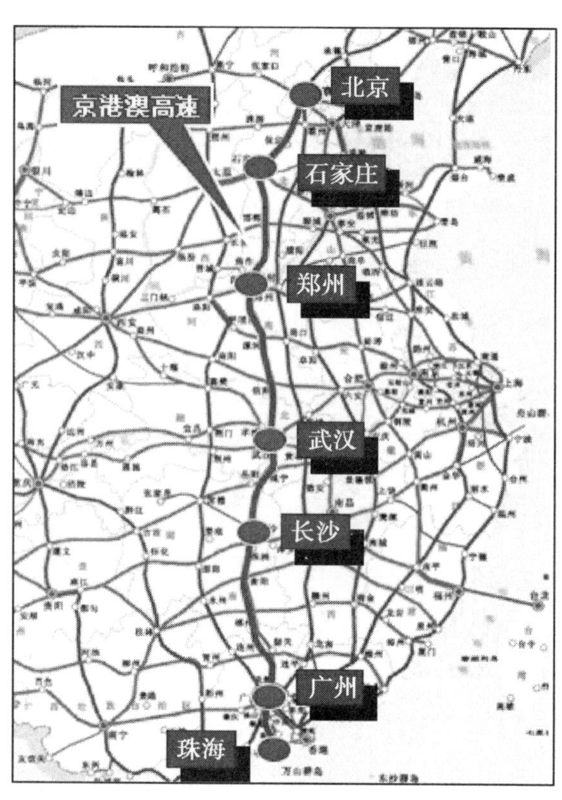

图 1　京港澳高速路线图

2　项目概况

广乐高速公路是京港澳高速公路粤境广州以北段的复线工程，北起于粤湘交界的小塘，南止于广州新国际机场，路线全长 299.969km(含连接线工程)，工程投资398.93亿元，是广东省投资规模最大、每公里投资额最高的山区高速公路之一。

项目位于广东省北部的韶关、清远粤北山区，属南岭山系之中的高山地貌，地形陡峭复杂，路线高程变化大；沿线分布有南岭、大瑶山、石门台及王子山四大自然保护区及各种江河水源保护区；同时，南岭山系呈东西向横亘于粤湘交界，形成复杂的高寒山区气候，对路线方案的综合选定影响较大。

针对项目在路网中承担的南北向大通道的交通功能，结合沿线地形、地质、环保及高寒山区复杂气象等情况，在路线总体技术标准的把握和路线选线的总体设计思路之中，在严格遵循复杂山区规划、地质、环保和工程选线的基础上，积极引入高寒山区气象辅助选线和安全选线的综合选线理念，将本项目建设成为高标准、畅通的南北大通道，避免京港澳高速公路存在的通行能力和交通安全问题。

3　设计速度拟定

设计速度是公路技术标准中最重要的一个技术参数，其采用一般要综合考虑项目的功能地位、地形条件、交通量预测结果等诸多因素。设计速度直接决定了平面和纵面设计标准，对建设规模和工程投资起到非常重要的控制作用，见表 1。

设计速度采用 100km/h 和 120km/h 技术经济比较表　　表 1

项　　目	K0＋000～K26＋250	K26＋250～K50＋100	K50＋100～K175＋000	K175＋000～K261＋220
100km/h 工程投资(亿元)	28.9977	45.8654	139.4607	120.3393
120km/h 工程投资(亿元)	30.9024	46.8963	147.0368	124.2375
增加投资(亿元)	＋1.9047(＋6.2%)	1.0309(＋2.2%)	7.5760(＋5.2%)	3.8982(＋3.1%)

高速公路的设计速度分为 120km/h、100km/h 和 80km/h，其分段一般不应小于 15km，变化应以 20km/h 为一个等级。一般而言，采用较高设计速度的项目一般拥有较好的行车条件和较高的道路通行能力，但工程投资往往也相对较高；采用较低设计速度的项目在行车条件和通行能力方面略有欠缺，但较低的平纵标准能更好地适应地形的变化，在节约工程投资方面具有一定的优势。按照常规的设计思路，在地形较好的平原或微丘地区，设计速度一般采用 120km/h 或 100km/h，而在地形艰巨的山岭重丘区，设计速度则一般采用 100km/h 或 80km/h。

由于本项目路线长，既有山岭重丘区的长大纵坡越岭路段，也有平原微丘区的自由纵坡路段，同时桥隧工程比例高达 50%以上，各种控制工程也十分复杂。考虑到本项目作为我国最繁忙的国道主干线之一，具有交通量大、货车比例高等特点，对技术标准的选用提出采用高标准、大通道的总体设计思路，同时也从项目的功能地位、地形条件、通行能力及技术经济等多方面进行设计速度的综合比选和论证。

按照地形的差异，设计中将全线划分为4个路段，设计速度分别采用100km/h和120km/h进行定线设计，并统计工程数量和工程投资。从表1看出：采用120km/h标准的工程投资增加有限（不超过10%），这表明在桥隧工程比例较高路段，路线平面和纵面设计标准的降低，对工程投资减少的效果并不显著；同时，采用120km/h的设计速度，可以将设计的最大越岭组合纵坡从4%+2.5%减缓为3%+2.5%或者3%+2%，这将大大改善车辆运行条件，提高车辆行驶安全和道路的通行能力；此外，采用较高的设计速度，除可节约运输成本，带来直接的经济效益外，还由于进一步缩短了时空距离，这也将带来巨大的社会效益；另外，采用较高的设计速度，对构建大通道的综合运输体系也具有重要作用。

因此，从项目地形条件、通行能力、工程投资和对社会效益、综合运输体系的影响等方面综合考虑，推荐全线设计速度采用120km/h。

4 安全选线

在地形陡峭的艰险山区，为适应地形的变化及越岭的需要，设计中对较小曲线半径和长大纵坡使用较多。一般来讲，采用较小的曲线半径和较大的纵坡能较好的适应地形变化，对降低工程投资具有一定的优势。与此同时，采用较低的平纵标准也将降低公路的通行能力，降低车辆的行驶条件及行车安全性，增加道路事故率。因此，在地形困难及长大纵坡路段，研究并选用既能满足车辆安全运行要求，又能兼顾地形条件和工程投资的常用曲线半径及越岭段的常用组合纵坡，对提高道路的通行能力，保障国道主干线的运输安全和畅通显得尤为重要。

4.1 平面设计

曲线半径是高速公路设计的一个重要指标，较小的曲线半径在路基工程为主的路段能更加“吻合”地形的变化，对缩短桥梁长度、降低路基填挖高度和降低工程投资作用较为明显；而在隧道和桥梁工程较为集中的路段，较小的曲线半径则反而会增加路线和桥隧的长度，增加桥隧工程的投资。因此，在不同工程的路段，应有针对性选用与之相适应的常用曲线半径，使之既能较好的同地形条件相匹配，降低工程投资，又能满足车辆安全行驶的需要，见表2。

圆曲线半径与安全事故率调查表（单位：百万公里事故数） 表2

坡度 曲线半径(m)	0%～2%	2%～4%	4%～6%
4000以上	28	20	105
3000～4000	42	25	130
2000～3000	40	—	150
1000～2000	50	70	185
400～1000	73	106	192

根据前西德对曲线半径与安全事故率的统计表明：从安全事故率的角度考虑，过大或过小的圆曲线半径均不好。从表2可以发现：当纵坡大于4%以后，不管采用何种曲线半径，其交通事故率都将成倍的增加；当纵坡小于4%，圆曲线半径小于1000m时，交通事故率依然较高；当纵坡小于4%，同时圆曲线半径大于1000m时，事故率将大幅降低；同时研究还发现采用更大的曲线半径（3000m以上）对降低事故率的作用并不大。由此可以看出：对于山区高速公路，一般情况下，采用1000～3000m圆曲线半径在安全性和经济性等两个方面都是较为可行和合理。

设计中，为了既能提高行车安全性，同时又能兼顾工程经济性，本案例中提出平面曲线半径尽量多采用1000～3000m范围为主。在路基工程较为集中的路段，尽量多采用更能较好的“吻合”地形变化的1000～2000m的安全适用半径（图2）；而在桥梁和隧道较为集中的路段，则较多采用能缩短路线长度和桥隧长度的2000～4000m的安全适用半径（图3）。考虑到本项目中型以上货车比重较高的特点，根据货车运行对曲线半径适应的特征，还特别强调前后路段线型的连续和均衡，注重平纵线型的合理组合；同时，曲线布设在适应复杂地形变化的同时，多采用车辆运行条件相对较好的圆曲线半径值，尽量将路线横向超高控制在2%～4%以内为宜。

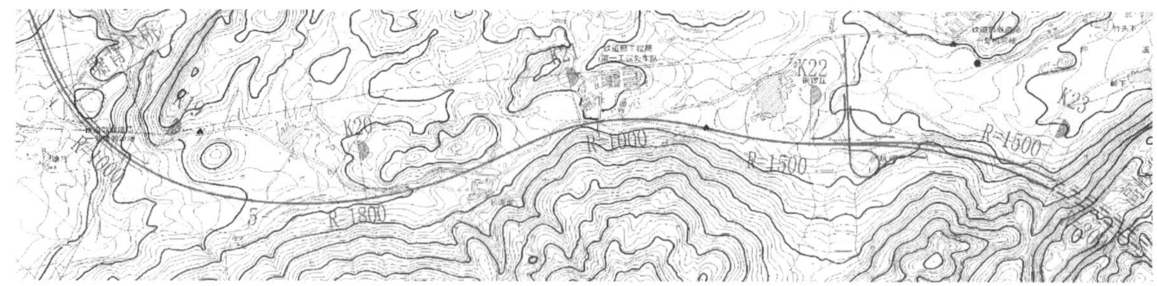

图2　K18＋500～K23＋000路基桥梁工程路段

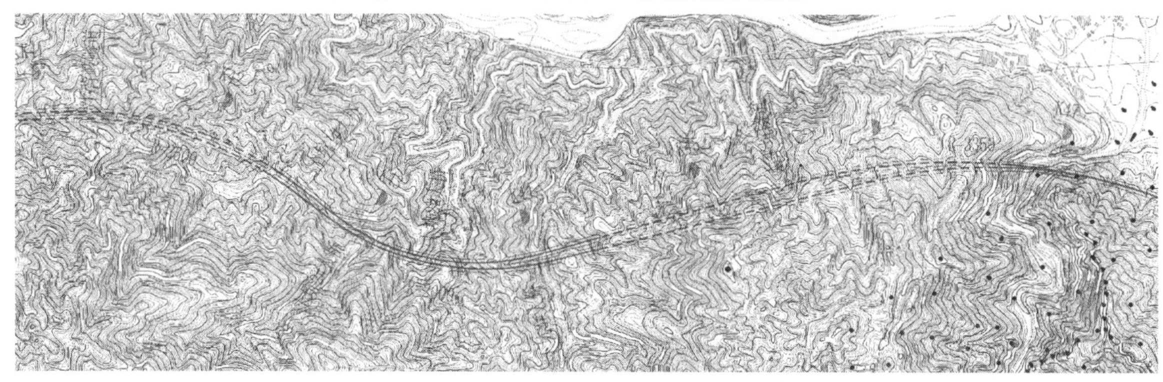

图3　K41＋000～K47＋000桥梁隧道工程路段

4.2　纵面设计

最大纵坡也是高速公路设计中一个重要的技术指标，当项目的道路等级和设计速度一旦确定后，最大纵坡也就相应的确定下来。采用较大的纵坡值往往能更好地适应地形的起伏变化，对降低工程投资具有重要的作用。较多且又连续地使用长大纵坡，对大型车辆的运行安全和道路的通行能力会产生较大影响。在地形条件较好的自由纵坡路段，最大纵坡一般仅会出现在个别路段，对道路的行车安全及通行能力不会产生较大的影响。在山区特别是越岭路段，常常需要连续的使用长大陡纵坡，这时最大纵坡及缓和纵坡的组合设计是否合理，对大型车辆的行驶安全影响较大，若设计不当，也可能成为高速公路交通事故高发和通行瓶颈路段，见图4和图5。

图4　京港澳高速越岭段交通现状

图5　淋水降温制动形成烟雾

在设计中，对京港澳高速公路梅花至大桥越岭段的纵面设计及交通安全问题进行详细的调查：由于该项目在越岭时，设计克服最大高差619.6m，平均纵坡2.66%以上，详见图6。同时设计中采用了较多的4%及5%等大纵坡越岭，加之驾驶人员素质有待提高及对长大下坡安全行车的认识不足，常常采用“狠”踩刹车和淋水降温制动的方式，导致路面夏季打滑和冬季结冰的现象，严重的威胁着行车安全，这也是导致本路段交通事故频繁的一个主要原因。

图 6 京港澳高速公路梅花至大桥段越岭纵坡示意图

根据国内外的相关研究成果：在货车比重较高的路段，当坡度大于 3%时，交通事故发生率是平缓段事故率的 2～3 倍，且随着坡度的继续增大，汽车油耗也将急剧增加，环境的污染也随之加重，因此在发达国家，从节约能耗和环境保护的角度考虑，当采用大于 3%纵坡时，还需要进行环保论证。

在设计中，始终遵循安全和环保优先的原则，通过另劈走廊和适当越岭展线方式，在大瑶山“人”字形越岭中，最大高差减少为 252.87m，平均纵坡降低为 1.51%，详见图 7，平均纵坡较京港澳高速公路梅花至大桥段大为改观；同时在设计中，通过将越岭最大纵坡组合调整为 3%+2.5%和 3%+2%的“无害”纵坡组合，大大改善了大型车辆在越岭段运行的条件，提高大型车辆行驶的安全性。

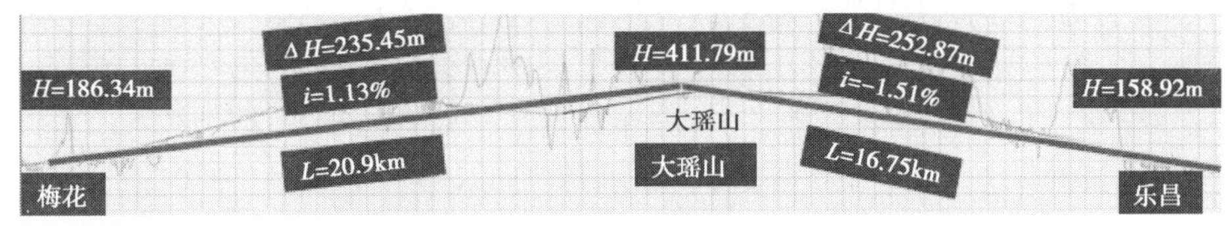

图 7 广乐高速公路梅花至乐昌段越岭纵坡示意图

5 气象辅助选线

雾区和路面结冰是穿越高寒山区路段公路经常遇到的特殊气象灾害，对行驶车辆产生的危害极大，在我国因大雾和路面结冰问题而导致的各种恶性交通事故比比皆是，见图 8 和图 9。一般来讲，在高速公路上，当驾驶人员的视线(能见度)达到 1000m 以上时，车辆可以自由行驶；当能见度小于 500m 时，就需要开始强制降低行驶速度；当能见度小于 50m 时，则需强制关闭高速公路。当路面一旦发生结冰现象以后，道路上行驶的车辆将变得非常难以操控，常易诱发恶性交通事故。因此，在高寒山区选线时，对山区可能遇到的常年雾区及结冰等特殊气象灾害展开调查显得尤为重要，将气象辅助选线的理念纳入公路选线之中，对路线走廊带的比选及越岭高程的拟定具有十分重要的参考价值，对提高行车安全及保障道路畅通也具有十分重要的现实意义。

图 8 粤北段典型的常年雾区路段

图 9 2008 年 1 月粤北段冰雪灾害造成交通瘫痪

京港澳高速公路在穿越南岭山脉时，对高寒山区复杂气象灾害认识不足，同时受工程投资及其他因素的制约，在梅花至大桥段还采用了长大纵坡“明线”越岭，由于其穿越海拔 600m 以上路段较长，从而导致路线需穿越常年雾区及冬季路面结冰路段(根据气象调查，受南岭山脉北侧冷空气和南侧暖空气的影响，区域内海拔超过 500m 时将会出现常年雾区和冬季结冰现象，海拔超过 600m 时雾区和冬季结冰现象尤为突出)。受常年雾区、冬季结冰和长大陡纵坡等因素的制约，粤北段通行明显不畅，交通事故也较为频繁。目前，交警部门为预防发生恶性交通事故，将该路段限制为单向单车道通过，通行能力大为降低，成为全线的瓶颈路段，无法发挥高速公路通过能力大、服务水平高、安全性好等主要优势。

通过对越岭段复杂气象的调查和研究，在本项目走廊带的选取时，放弃原来的小塘—乳源—韶关走廊，而另劈小塘—乐昌—韶关走廊，如图 10 所示。新拟定的走廊最大越岭高程仅 412m，完全绕避常年雾区和冬季路面结冰路段，对提高道路通行能力、保障行车安全及确保道路通畅起到重要作用。

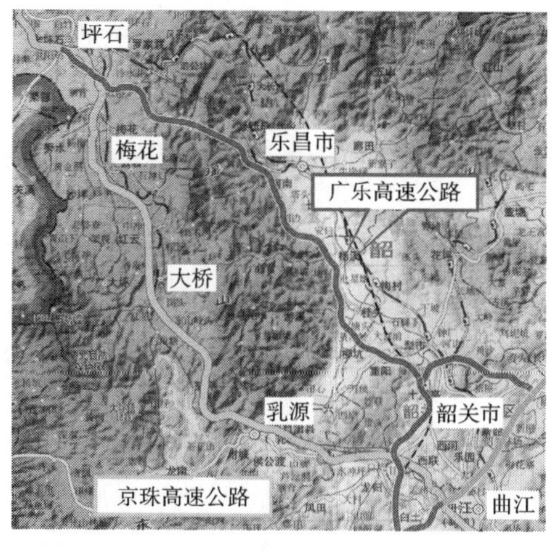

图 10　广乐和京港澳走廊示意图

6　环保选线

本项目先后采用特长隧道方案穿越了大瑶山和石门台两个自然保护区，在贯彻生态、环保优先的选线理念的同时，还结合特长隧道重大控制工程选址，进行路线方案的综合比选和论证。

6.1　大瑶山自然保护区路段方案比选

大瑶山自然保护区位于乐昌市中部，面积为 7914 公顷，为省级自然保护区，著名的大瑶山铁路隧道横贯该自然保护区的核心区。

根据环保部门的意见：路线穿越大瑶山自然保护区的核心区时必须采用隧道工程，而在穿越其缓冲区和实验区时应尽量采用无横向阻隔的桥隧工程，并尽量减少对自然保护区的破坏。

通过对走廊带内隧址的地形、地质条件进行充分研究后，K 线设置长达 5980m 的特长隧道（双向分离式 6 车道）直接穿越保护区的核心区，以一般桥隧工程为主穿越缓冲区和实验区，该方案路线全长 16.75km，工程投资 24.6795 亿元。针对特长隧道工程艰巨、建设工期长及后期运营费用高等缺点，补充采用桥隧群穿越自然保护区的核心区和缓冲区（需对保护区功能划分进行调整）的 C 线，该方案路线长度 17.7km，工程投资 24.0432 亿元。

综合比选：两个方案地形和地质基本相似，总体上 K 线略好；K 线采用特长隧道穿越保护区的核心区，环境保护较好；C 线在工程难度、建设工期、后期管理费用及前期工程投资方面相对占优；K 线用地少 383.5 亩，减少占用土地资源；K 线路线长度缩短近 1km，适当降低了车辆行驶的成本，社会效益相对较好，见图 11。

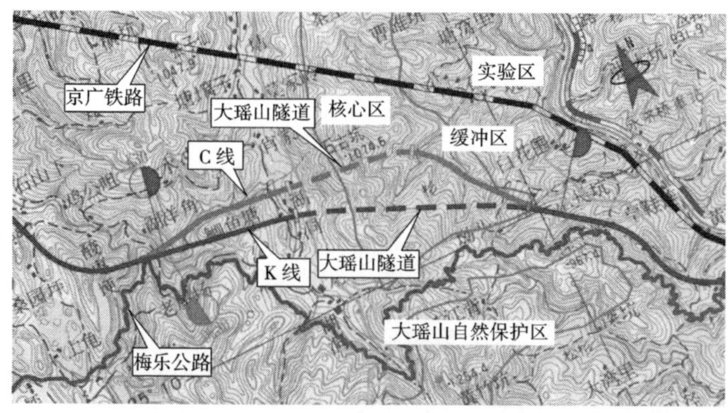

图 11　大瑶山自然保护区路段方案比较图

本段以环保优先和重大控制工程选址的基础上，并综合建设条件、占用土地资源及社会效益等综合因素，推荐 K 线。

6.2　石门台自然保护区路段方案比选

石门台自然保护区位于英德和韶关交界处，总面积 82260 公顷，是广东省最大的省级森林生态系统自然保护区，并于 2001 年申报国家级自然保护区，武广客运专线设置特长牛岭隧道穿越保护区的核心区。

设计中，K 线布置于武广客运专线的右侧，并设置长达 7270m 特长隧道（双向分离式 8 车道）直接穿越保护区的核心区，以一般桥隧工程穿越其缓冲区和实验区，该方案路线全长 16.1km，工程投资 32.7688亿元。针对特长隧道工程艰巨、投资高、工期长及后期运营费用较高等缺点，补充了路线两跨武

广客运专线、完全绕避保护区的L线，该方案路线全长19.8km，工程投资28.4486亿元。

综合比选：K线地质条件较好，适合隧道工程，L线地形起伏较大，且处于断层附近，岩溶发育，地质条件较差；K线采用隧道工程穿越自然保护区，L线采用绕行避开自然保护区，都能满足环境保护要求；K线在工程难度、建设工期、后期管理费用及前期工程投资方面存在劣势；K线占地少1031亩，节余了大量宝贵的土地资源；K线路线长度缩短近3.7km，大量降低车辆行驶的成本，社会效益较好，见图12。

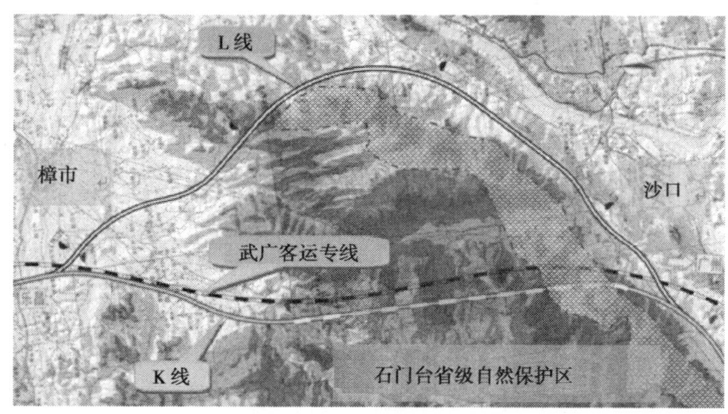

图12　石门台自然保护区路段方案比较图

本段以环保优先和重大控制工程选址的基础上，并结合地质选线、占用土地资源及社会效益等综合因素，推荐K线。

7　结语

山区选线是一项复杂的系统工程，本文针对京港澳高速公路粤北段在运营过程中存在的交通安全和通行能力等方面的问题，在广东高速公路技术标准的选用时，提出高标准、大通道的总体设计思路；在严格遵循复杂山区规划、地质、环保和工程选线的基础上，对山区高速公路项目的平面安全适用半径及长大越岭安全纵坡进行深入的研究，并提出利用气象辅助选线对路线走廊带及越岭高程进行综合论证的思路，突出了复杂山区安全选线的理念，解决了路线在梅花至乐昌段越岭中的高寒山区特殊气象灾害和长大纵坡带来的行车安全问题，以及路线穿越大瑶山和石门台两个省级自然保护区的环保问题，有力保障国家南北交通大通道的畅通。同时，本文提出的国道主干线高标准、大通道的建设思路及规划、地质、环保、安全、气象和工程相结合的综合选线理念，将为其他类似山区公路项目提供有价值的参考。

参考文献

[1] 国家高速公路网规划[Z]. 2004.

[2] 广东省高速公路网规划[Z]. 2005.

[3] 中铁二院. 广州至乐昌高速公路工程可行性研究报告[R]. 2007.

大广高速公路粤境从化段水源保护区专题设计

刘胜川

(中铁二院公路工程集团有限责任公司市政院)

摘　要　通过对穿越流溪河水库和黄龙带水库路段水源保护区的研究和专题设计，解决高速公路建设及运营过程中对水源的污染和危害问题。将公路设计理念从单纯的工程方案可行性+造价的比较，提高到全寿命周期的系统比选，应对措施突出体现生态、环保和安全的设计意识。课题从工程设计、施工和运营管理的全过程、多方面进行专题研究，积极引入车辆运行安全性评价理论解决行车安全问题，利用计算机仿真模拟撞击试验解决跨越水域及危险路段桥梁设置双层护栏中硬路肩宽度及护栏强度、高度的问题，通过设置生物池和事故应急池解决路桥面初期雨水和交通事故危险品泄露物对水源的污染危害问题，系统地研究并提出了更为环保、更为合理的路基、桥梁和隧道的施工方案，科学地规划并解决了施工营地和临时预制场地的污染排放问题，进一步完善交通安全和监控设施确保运营期间水源安全问题。

关键词　水源保护区；长大纵坡；计算机模拟仿真；环保措施；运营安全

Design of Water Source Conservation in Conghua Section in Guangdong Province of DaGuang Highway

Liu Shengchuan

(Highway Municipal Design Institute of CREEC)

Abstract　After the study and design of passing through water source conservation zones of Liuxihe reservoir and Huanglongdai reservoir, pollution and harm on water source in the process of highway construction and operation is resolved. The design idea of highway is improved from the simple comparison of feasibility and cost of project to systematic comparison and selection of life cycle, with design consciousness of ecology, environmental protection and safety. In the paper, special study is carried out in the full process and multi-aspect of engineering design, construction, operation and management. For example, to solve running safety problem by evaluating theory of car running safety; to resolve the problem of the medium-hard shoulder's width and guard fence's strength and height of the bridge across water area and in dangerous section by computer analog simulation impact test; to settle pollution and harm on water source from rain-water in the initial time of road and bridge and from leaking things of dangerous goods in traffic accident by establishing biological tank and accident emergency lagoon. More environment-friendly and reasonable construction scheme of subgrade, bridge and tunnel is systematically researched and raised, and pollution discharge on construction site and temporary prestress site is scientifically planned and worked out, as well as traffic safety and monitoring facility are further improved to ensure the safety of water source in operational time.

Key words　water source conservation; long and large longitudinal slope; computer analog simulation; environmental protection measures; operational safety

---

作者简介：刘胜川(1972—　)，男，高级工程师。

1 引言

20世纪80年代初，随着沈大高速公路和沪嘉高速公路的相继开工建设，我国拉开了高速公路大规模建设的序幕。截止到2010年底，我国高速公路通车里程已达7.4万km，位居世界第二位。

经过近30年的建设，我国高速公路建设重心已从建设条件较好的沿海及平原地区逐步向建设难度较高的山区发展。在这一过程中，也随之出现了越来越多的需从生态环境要求较高、行车安全要求更为严格的高等级水源保护区通过的高速公路建设项目。

纯净、无污染的饮用水源是人类赖以生存的基础，国内外对在水源保护区修建高速公路项目极为慎重，对建设项目范围内的水源保护和行车安全方面要求极高；而在饮用水源保护要求更高的大、中型水库路段修建高速公路，常因水库受污染后其恢复时间长、恢复难度大等因素，对水源保护和安全运输要求更为严格，所以目前国内外此类建成项目很少。

目前，我国也非常缺乏在高等级水源保护区水库路段修建山区高速公路的成功经验，而可以借鉴的、成功的建设项目也很少。为此，本文通过国道主干线——大广高速公路粤境从化段穿越两个高等级水源保护区水库专题设计为契机，以确保饮用水源安全为前提，从工程设计、施工及后期运营等全过程、多方面进行探索和研究，总结出一整套适合在高等级水源保护区修建山区高速公路的设计经验。

2 项目概况

本项目为典型的复杂山区高速公路，全段采用设计速度100km/h、双向6车道建设标准，路线全长约75km，其中穿越莲麻河、竹坑河、流溪河水库、黄龙带水库和流溪河等二级水源保护区路段长约50km。由于沿线穿越高等级水源保护区路段较长，河流和水库又分布较多，为做好水源保护区路段的工程设计、施工及后期运营的方案研究，本案例特别选取了工程设计难度最大、水源保护要求最为苛刻的两个水库路段进行专题研究和设计，研究的成果也将在其余路段进行推广和应用。

流溪河是广州市的母亲河，是广州市的主要饮用水源之一，而流溪河水库和黄龙带水库则位于流溪河的源头，是流溪河河水的主要供给者。按照国家环境保护部及地方相关主管部门的批示：两个水库均为二级饮用水源保护区，其中：流溪河水库水质目标为Ⅰ类，黄龙带水库水质目标为Ⅱ类。

为确保公路建设和运营期间两个水库水质的安全，更好地指导水源保护区路段工程设计，本研究课题将路线穿越2个水库路段（K124＋100～K139＋050，全长14.95km）的工程设计、施工方案及运营安全进行专题研究，同时对研究成果开展水土保持、行洪论证和环境评价等专项评估。

3 工程设计

3.1 路线总体设计

(1)路线走廊优化

针对工可跨越两个水库路段路线方案还存在多次跨越水域及濒临水域布线等不利水源保护的问题，设计作进一步的优化和调整，重点将原设计中两跨流溪河水库水域路线方案调整为一跨水域的西移方案；同时通过适当增加水库路段谷架半坡桥梁，缩短高挖方路基陡坡工程长度，减少弃方工程数量，减缓施工期间水土流失，降低对水库水质的影响，见图1。

(2)平面设计

从山区高速公路安全事故率的角度考虑，过大或者过小的圆曲线半径均不好，一般情况下，采用1000～3000m的圆曲线半径比较合适。考虑到本项目作为我国南北国道主干线，中型以上货车及大型客车比例较高的特点，平面曲线的布设在适应山区独特复杂地形变化的同时，尽量选用了大型车辆运行条件相对较好的安全适用半径，将路线超高控制在4%以内，在满足车辆安全运行的前提下，又可顺适地形变化，降低工程投资。

此外，为尽量减少路基高填深挖对库区带来的植被破坏和水土流失，在案例中多采用了谷架桥和“低矮”旱桥取代路基高边坡工程，尽量做到移挖作填和土石方工程的平衡，见图2。

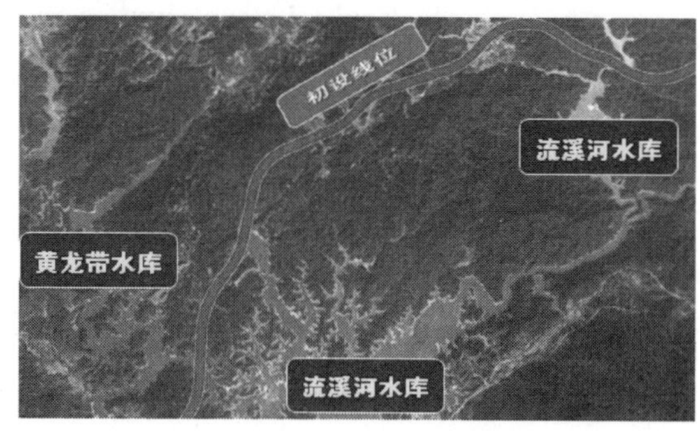

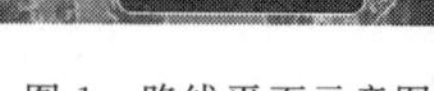

图1 路线平面示意图

图2 傍山势而设的低矮旱桥

(3)纵面设计

本段位于谷星长大纵坡越岭的中间路段，该段为一“人”字形越岭，其北段越岭长度5.3km，克服高差132m，平均纵坡2.48%；其南段越岭长度13.25km，克服高差288m，平均纵坡2.18%(表1)。

高速公路连续长陡下坡划分表　　表1

分　类	平均纵坡(%)						
	2.0	2.5	3.0	3.5	4.0	4.5	5.0
路线长度(km)	15	7.5	3.5	3.0	2.5	2.0	2.0

根据交通预测成果，本项目大客车及中型以上载重货车的比例将占到60%～80%以上，而长大下坡路段往往也是高速公路上行驶车辆、特别是重载货车事故多发路段，见图3。在水源保护区路段，运输危险品车辆一旦发生交通意外事故，冲入水域之中或导致危险品泄露而直接危害水源的事故在国内外都常有发生，而此类事故一旦发生就将直接威胁到居民的日常生活用水安全，对社会危害的后果也是非常严重的。

为使长大纵坡的设计更趋合理，更加符合车辆特别是货车能有效控制行车速度的要求，经过设计论证，设计选用货车运行条件更好的货车“无害”组合纵坡(3.0%+2.5%)越岭；此外，在跨越两个水库水域路段则采用较为缓和的纵坡，以有效控制穿越水库水域路段车辆的实际行车速度，最大限度避免因长下坡导致超速行驶而引发的交通意外事故，见图4。

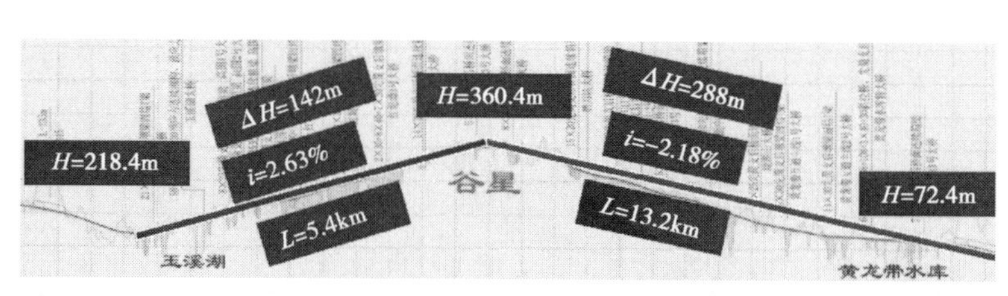

图3 长大纵坡示意图

图4 京珠高速长大纵坡路段

(4)运行速度检验

考虑到本项目中型以上车辆比例较大，为避免设计缺陷或考虑不周，而导致出现运行速度不协调或存在货车运行安全等问题，对全路段进行运行速度检验。经计算：小客车最大运行速度差为3.75km/h，货车最大运行速度差为11.85km/h，全线运行速度协调性较好。

(5)避险车道和冷却池

考虑到车辆特别是货车在长下坡路段运行中存在的种种不利因素，除了设置合理的越岭组合纵坡有效控制行车速度以外，为了预防部分失控车辆在长下坡路段发生冲入水库之中的严重交通事故，本研究在进入水域以前的安全路段设置避险车道(2处)，见图5；另外，为有效预防货车在长下坡路段因长时间制动使得刹车毂温度过高而导致刹车性能降低的问题，在长缓坡路段设置南行下坡方向的冷却池(1

处），见图 6，专供货车通过冷却池降低其刹车毂温度，恢复货车刹车功能。

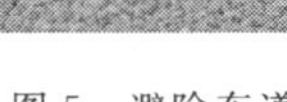

图 5 避险车道

图 6 冷却池

3.2 路基工程

（1）边坡防护及水土保持

边坡采用湿法喷播植草、客土喷播及浆砌片石人字形骨架植草防护等绿化防护措施为主；桥头路段路堤边坡，在桥头 30m 范围采用人字形骨架护坡，锥坡范围内采用六棱块骨架防护，以尽量减少水土流失，见图 7。

（2）取弃土场设置及绿化

通过平纵方案的优化，本案例将土石弃方工程从工可报告中的 317.42 万 m^3 缩小到 115.74 万 m^3，大大减少高速公路建设对库区造成的水土流失。取弃土场设置在远离水源保护区及其涵养区以外的地方，采取加强排水、绿化等措施，防止水土流失，见图 8。

图 7 路基绿色边坡防护

图 8 弃土场与周边环境融为一体

（3）路面方案

考虑到沥青在拌和、摊铺和使用过程中，对水源保护区水质会造成一定的危害，为尽量减少对水源保护区的危害，研究推荐在水源保护区路段采用水泥混凝土路面。

（4）路面雨水收集

路堤段在土路肩外侧设路面截水沟，路堑段在土路肩外侧路堑边沟内侧设路面截水沟。并同桥面雨水集中引至生物过滤池集中处理，见图 9、图 10 和表 2。

生物处理池及应急池一览表 表 2

项目名称	规格（长×宽×深）(m)	容积(m^3)	座数（个）
应急池规格	27.3×19.5×4	2129.4	16
过滤池规格	27.3×8×3.5	764.4	16

图 9 生物处理池

图 10 路堑双排水沟

3.3 桥梁工程

本段桥梁总长 8.143km，占路线总长度的 54.5%。

(1)桥梁护栏

为避免跨越水库路段车辆因发生交通意外翻出桥下的严重事故，对跨越水库水域的桥梁两侧防撞护栏进行加强设计。目前国内外，国内穿越水源保护区的高速公路桥梁护栏采用的型式较多，其安全性和经济性方面差异较大(表 3)。

国内外类似项目护栏设计方案调查表　　表 3

项目或国家名称	桥梁护栏型式	评　价	项目或国家名称	桥梁护栏型式	评　价
街北高速	单层 SA 级混凝土护栏	安全性差，投资低	法国	单层加宽砂混凝土护栏	安全性一般，工艺简单，投资较高
广梧高速	单层 SS 级混凝土护栏	安全性较差，投资低	英国	双层 SS 级混凝土护栏	安全性最好，投资较高
南光高速	双层 SS 级混凝土护栏	安全性最好，投资较高	美国	单层加高至 2.2m 混凝土护栏	安全性最好，景观差，投资较高
意大利	单层可移动式混凝土护栏	安全性较好，工艺复杂，投资较高			

显然，采用双层的护栏从安全、景观及投资等方面较为合适，而双层护栏采用的护栏组合型式及所需加宽的宽度不仅涉及建成后的行车安全问题，同样也对桥梁工程的投资有较大的影响，需要开展相关的课题研究，来解决护栏的型式及加宽的宽度等问题。

根据我国相关交通安全设施规范规定，并结合项目的实际特点，本研究选择了两种不同组合型式的护栏方案，在国内率先采用计算机模拟撞击仿真分析试验方法，开展专题科研研究，见图 11 和图 12。

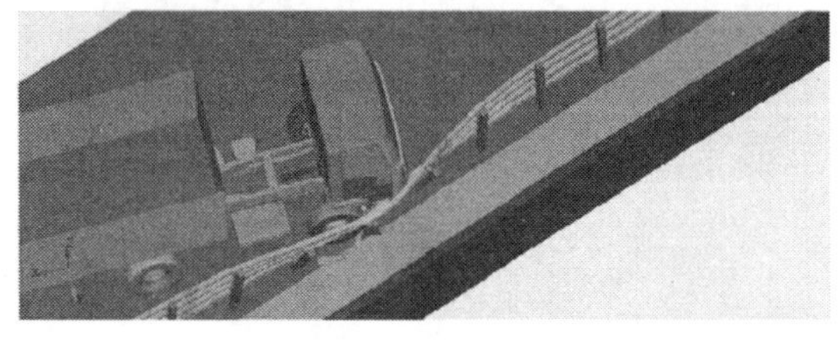

图 11　金属梁柱式+混凝土护栏撞击试验图

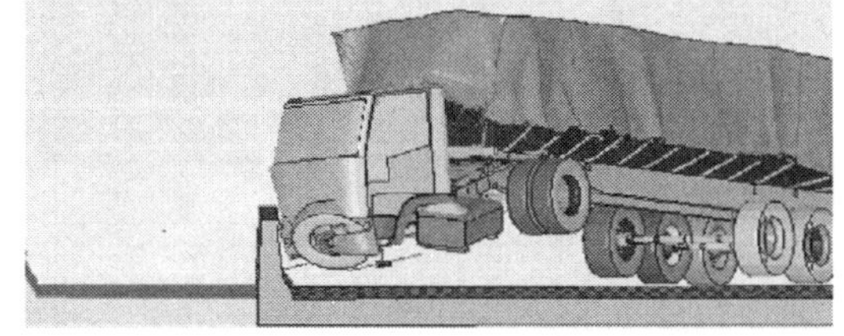

图 12　双层混凝土护栏撞击试验图

通过试验和技术论证：以上两种组合方案都满足课题安全的要求，但以上两组方案在工程的经济性及景观方面则存在一定的差异。由于两个方案采用的护栏组合型式的不同，导致桥梁路段需加宽的宽度不一致，其中：方案一 SS 级金属梁柱式+SS 级混凝土护栏组合方案需要加宽 2.0m，而方案二 SS 级双层混凝土护栏则需加宽 3.25m。通过技术经济比较：方案一因桥梁单侧加宽宽度减少 1.25m，其单侧桥梁每延米投资减少约 0.12 万元，同时其采用的金属护栏通透性较好，建成后桥梁景观相对较好，因此，本研究推荐采用 SS 级金属梁柱式+SS 级混凝土防撞墙的组合方案，护栏之间的净距采用 1.9m，见图 13。

(2)桥面雨水收集

在桥梁两侧防撞墙外侧加设 PVC 管汇集桥面雨水，并同路基段路面雨水一并收集处理。

(3)跨越水域重点桥梁环保设计

玉溪湖大桥(K127+534)

跨越流溪河水库，桥位处两侧山势陡峭，相对高差 40～60m，设计水位 181.3m，到达设计水位时水面宽度约 60m，见图 14。

主跨采用 58m+100m+58m 连续刚构，跨越水面部分采用 100m，水中不设桥墩和承台；全桥两侧采用双层护栏，两侧挂 PVC 管收集桥面雨水。

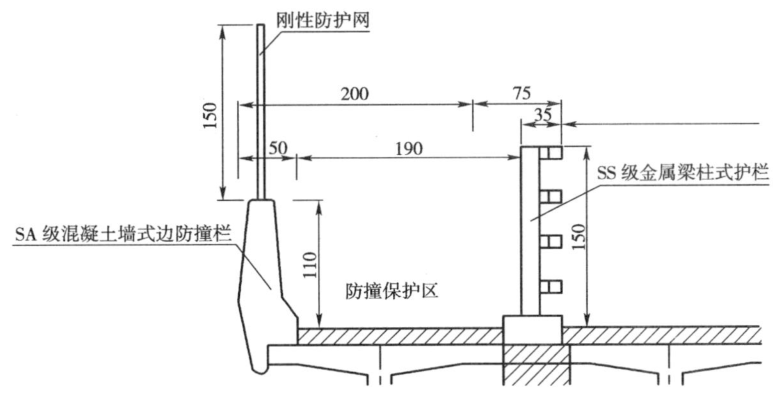

图 13　金属梁柱式＋混凝土防撞墙

黄龙带特大桥(K138＋093)

跨越黄龙带水库，桥位处重丘地貌，设计水位 176.02m，达到设计水位时水面宽度约 140m，见图 15。

主跨采用 108m＋208m＋108m 矮塔混凝土斜拉桥，跨越水面采用 208m，水中不设桥墩和承台；全桥两侧采用双层护栏，两侧挂 PVC 管收集桥面雨水。

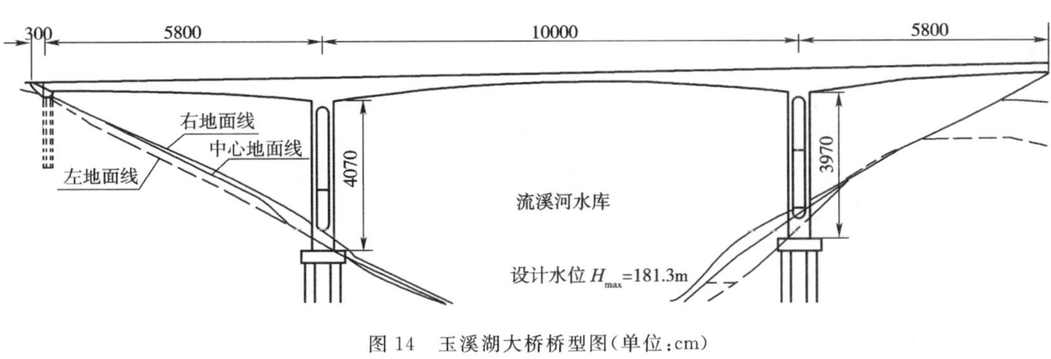

图 14　玉溪湖大桥桥型图(单位：cm)

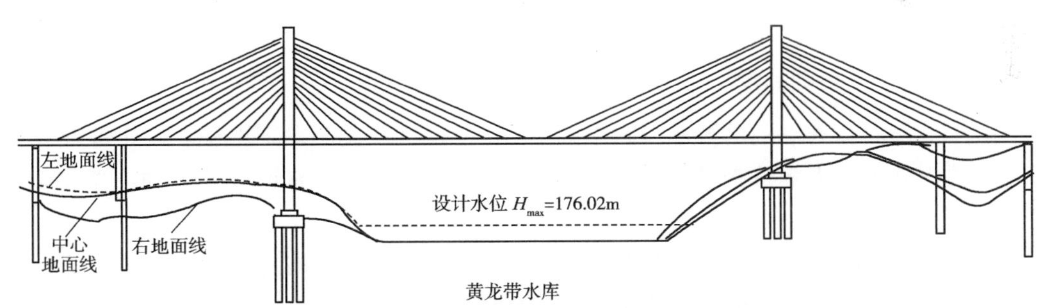

图 15　黄龙带特大桥桥型图

(4)常规桥梁环保设计

桥梁孔跨的布置除了考虑桥梁工程自身的经济性、协调性和美观性以外，还根据环保的要求，除完全避免在水库水域设置墩台以外，也尽量避免在水库的支流水域中设置墩台；另外，在地形横坡陡峭的路段，为了避免墩台施工的大量开挖而引起的水土流失，对于在陡峭路段多布置半幅独柱式桥墩为主，见图 16，而在地形横坡相对较为平缓的路段则按常规布置单幅双柱式桥墩。

图 16　独柱式山坡谷架桥梁

桥面推荐采用混凝土路面，避免沥青路面对水源保护区带来的各种危险和污染。

4 施工方案

施工期间的污染主要表现为:路基开挖和填筑造成的水土流失,桥梁钻桩产生的泥浆、污水和墩梁施工产生的废弃物,隧道施工废水,临时预制场地和施工营地的各种垃圾。

因此,在案例设计中,优化土石方和边坡的施工方案,以减少水土流失,改善桥梁和隧道的施工工艺,收集施工废弃物,统一规划施工中的各种临时场地。

4.1 路基施工方案及防护措施

(1)合理规划路基工程的施工工期,尽量避开雨季,优化填挖,减少施工裸露时间。

(2)设计中提前做好排水导流措施,严格水保措施,减少施工水土流失。

(3)按照环保要求,施工前提前建立施工临时拦砂坝、沉砂池,阻止泥沙进入水体。

(4)在填方路段,首先在填筑段设置沟渠导引地表径流,然后再及时压实填方松土。

(5)施工过程中要同环保和水保单位密切配合,贯彻落实水土保持工程的环保验收制。

4.2 桥梁施工方案及防护措施

(1)对于距离水库水域较近路段的桥梁,桩基推荐采用旋挖钻机施工,以避免传统方法造成的泥浆污染。

(2)承台尽量减少土体开挖,搭设挡板,防止土方进入水库中。

(3)对于临近水域路段的桥墩搭设防抛网,设排污管,集中处理施工污水、废油。

(4)对于跨越水域的两座大跨度桥梁主梁采用悬拼挂篮施工,挂篮底部及侧面设防抛网,并铺设排污管,集中处理施工污水、废油。

(5)混凝土采用商品混凝土,运输条件难以满足时,可将搅拌站设置于水源保护区之外。

4.3 施工建设营地及预制场所

按照环保要求,通过现场调查,并统一规划施工营地和各种预制场地,各种临时施工设施必须设置在离岸 50m 以外的陆地范围,施工废水、生活污水必须处理达到一级标准后方可排放。

5 运营安全

5.1 路桥面雨水收集和处理

根据国家环保部和水利部门的要求,路桥面雨水经过统一收集后,需进行集中处理,经达标后方可排放。通过对国内外穿越水源保护区类似项目的调查,路桥面初期雨水收集和处理方案多,环保效果差异大,工程投资差距大(表 4)。

经过综合比选,本项目推荐采用效果较好、投资适中及管理方便的生物过滤池的方案。

国内外类似项目路桥面雨污水收集和处理方案调查表　　　　表 4

序　号	项目或国家名称	初期雨水处理方案	评　价
1	杭长高速公路	分散排放,不处理	效果差,无投资
2	广深沿江高速公路	沉淀池处理	效果一般,投资较少,管理方便
3	深圳机荷高速公路	管道收集,区外排放	效果最好,投资高,管理困难
4	深圳南光高速公路	生物过滤池处理	效果较好,投资适中,管理方便
5	国外(英国和美国)	氧化塘、湿地、过滤、渗透等	效果较好,投资适中,管理方便

(1)处理方案

①对前 15 分钟的雨水进行收集和生物过滤,后期雨水可直接排放。

②桥面雨水由管道收集,路面由排水沟收集,统一汇入各雨水站处理。

③对突发交通事故而泄露的油品及有毒物品,临时应急储存并及时运走。

④初期雨水处理、后期雨水排放、应急状态截流三种状态的转换,通过路段监控和电动闸门进行

控制。

(2)处理工艺

初期雨水:生物过滤处理,进水→ 隔栅 → 沉淀 → 植物吸收 → 过滤 → 渗滤 → 补充地下水的处理工艺,见图17。设生物滤池16座。

后期雨水:经过配水井后就近排放。

油类及有毒泄漏物:截流、贮存方式,设应急池16座。

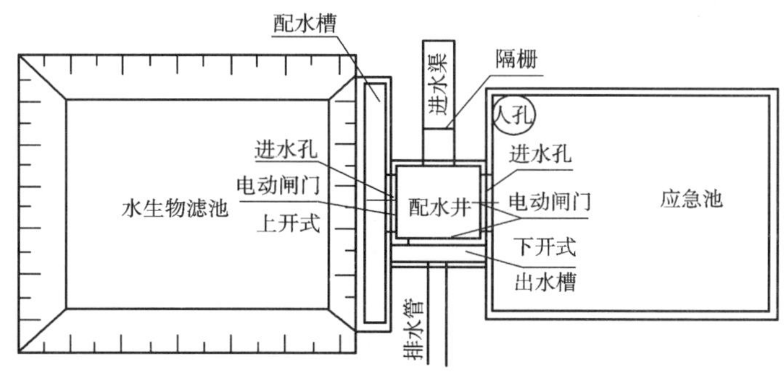

图17 生物过滤池及应急池

5.2 安全设施

(1)防撞设计

路基:全路段采用加强型波形梁护栏;

桥梁:跨越水库水域路段采用双层SS级(金属梁柱式+混凝土防止撞墙组合)护栏,其余路段采用单层SS级混凝土防撞墙。

(2)安全警示辅助设计

设水源保护区警示牌、限速标志(80km/h)、测速标志,跨越水库水域路段桥梁分车道行驶警示,登记并监控危险品车辆通过水源保护区。

5.3 监控设施

监控设施一般设置在隧道、互通出入口及重点大桥处。为了能及时掌握路况及行车信息,需要对各重点路段特别是跨越水域和临近水域路段加强监控;另外,还需在每个雨水处理站汇水口之前加设监控设施,确保因交通事故而造成泄露的危险品能得到及时、正确的处理。

5.4 沿线生活设施

黄龙带互通生活管理区污水采用移动式干化粪池处理,并定期抽运农用。

6 结语

针对高速公路在需穿越水源保护区路段,为严格保护水源安全,本文从工程方案设计、施工组织及后期运营的全过程进行探索和研究。

利用计算机模拟仿真撞击试验成果,确定水源保护区特殊要求路段设置双层护栏的宽度和强度;通过将路面桥面雨水进行统一收集和处理,避免路面桥面初期雨水对水源保护区水质的影响;利用路段设置的大量监控设施,及时将发生交通事故泄露的有害物质汇入事故应急池中进行紧急储存,避免有害物质对水源造成严重危害;规范施工方案和建设营地,杜绝施工期间对环境的破坏及水域的影响;建立完善的交通安全加强措施,最大限度减少危及水源保护区安全重大交通意外事故发生。

通过本次专题研究,很好地解决了大广高速公路穿越水源保护区路段的环保问题,为项目的顺利开展打下了坚实的基础,同时本次研究成果也将对后续类似项目的建设起到重要的借鉴作用;此外,通过本案例的设计,全面提升了设计人员生态、环保和安全优先的设计理念。

参考文献

[1] 国家高速公路网规划[Z].2004.
[2] 广东省高速公路网规划[Z].2005.
[3] 大广高速公路粤境D3合同段路线穿越流溪河水库和黄龙带水库专题报告[R].2010.
[4] 高速公路路侧设施在高速/重载车辆撞击下的变形及破坏行为研究[J].

重庆快速路三纵线红岩村嘉陵江大桥至五台山立交段方案设计

韩继公

（中铁二院工程集团有限责任公司重庆公司）

摘　要　我院通过对重庆快速路三纵线红岩村嘉陵江大桥至五台山立交段方案设计，在山区城市快速路设计方面积累了宝贵的经验。认识到，多了解项目背景，掌握现场第一手资料，找到并解决关键技术问题，多与规划部门沟通等方面的工作是顺利通过规划局审查的关键，只有这样设计工作才能做到事半功倍。

关键词　山区城市道路；路线方案；关键技术问题及对策；设计体会

Design of Section from Hongyancun Jialingjiang Major Bridge to Wutaishan Interchange of Three North-South Lines of Chongqing Express Way

Han Jigong

(Chongqing Survey, Design and Research Institute of CREEC)

Abstract　Through the design of section from Hongyancun Jialingjiang major bridge to Wutaishan interchange of three North-South lines of Chongqing express way, precious experience in the design of expressway in mountainous area is accumulated. It is learned that the key points to get through the examination from Planning Ministry are to know more background of project, to control the latest information on site, to find and resolve the key technologic problem and to communicate more with planning department.

Key words　urban road in mountainous area; route proposal; problem and countermeasure of key technology; design experience

1　引言

1.1　项目位置

本项目位于重庆市江北区、渝中区、九龙坡区境内，全长约5km。项目起于红岩村嘉陵江特大桥北桥头，向南跨越嘉陵江，在红岩村附近设隧道穿越城区，止于既有石杨路的在建五台山立交。主要工程为红岩村嘉陵江特大桥和红岩村特长隧道，估算投资35.6亿元，见图1和图2。

1.2　项目背景

本项目是三纵线尚未贯通的一段。三纵线是重庆市快速路网六横、七纵、一环、七联络中的重要组成部分，它纵贯重庆主城八区。

(1)跨嘉陵江大桥交通日益紧张，既有嘉陵江大桥交通流趋于超饱和状态，交通压力日增。

(2)本项目嘉陵江特大桥采用道路与轨道交通五号线共桥建设方式，三纵线亟须贯通。

作者简介：韩继公(1968—　)，男，工程师。

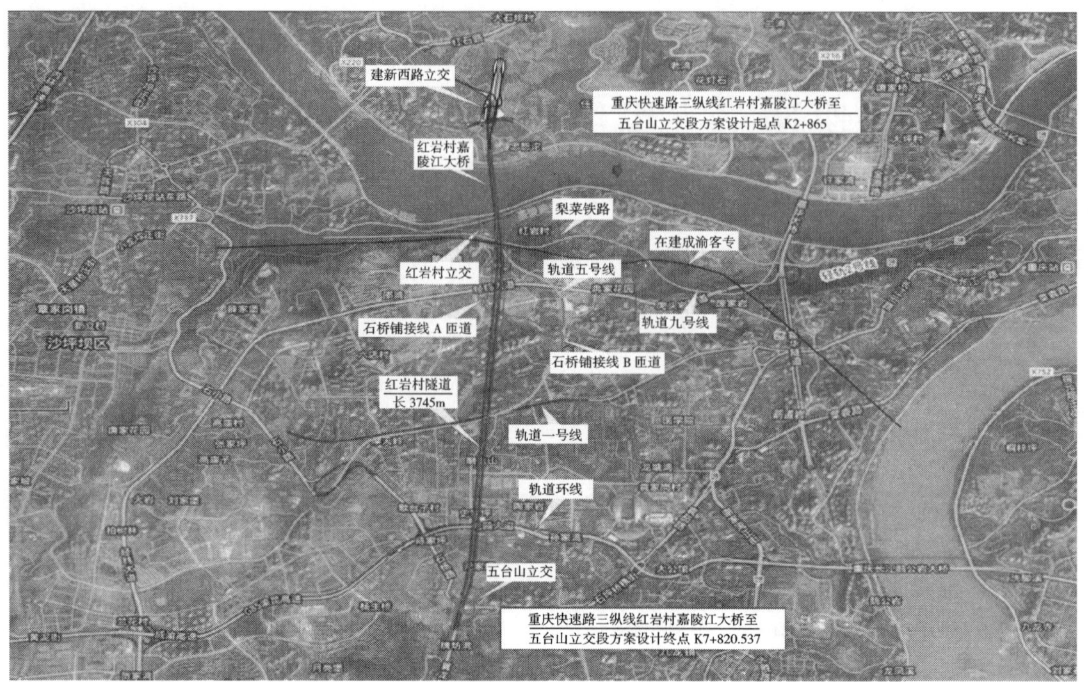

图 1

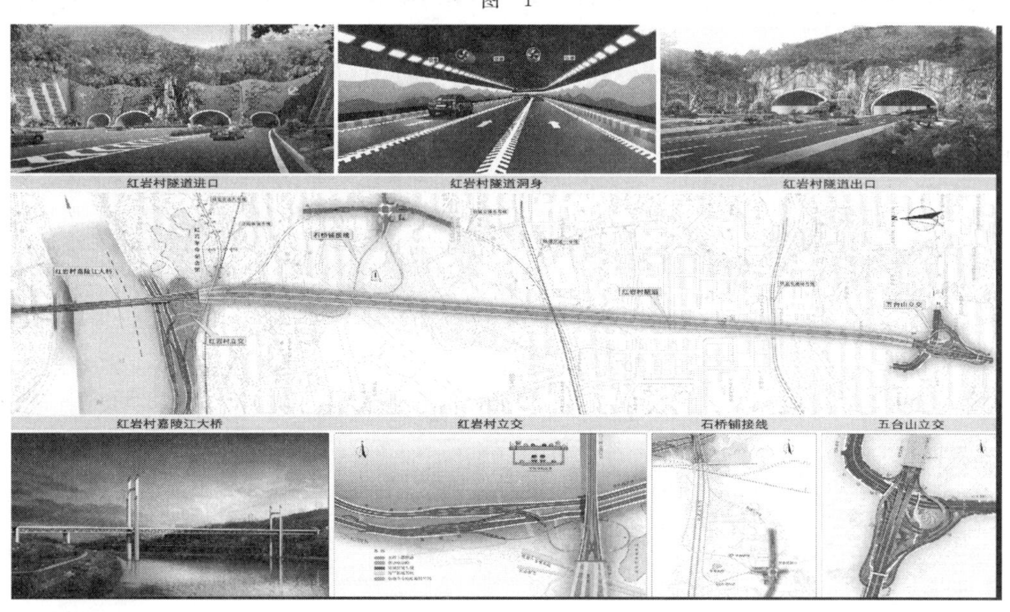

图 2

(3)本项目嘉陵江特大桥建设,可有效推进轨道五号线的建设,并节省投资。

本项目是推动"畅通重庆"建设,落实城市总体规划、完善城市道路系统功能,并同时满足轨道交通建设的需要。对于适应重庆过江交通需求的快速增长、促进城市发展,贯通三纵线这条主城区快速南北通道将发挥至关重要的作用。

1.3 主要技术标准

道路等级:城市快速路;

计算行车速度:80km/h;

最小平曲线半径:R=250m(采用值 R=3600m);

最小停车视距:110m;

最大纵坡:4%(采用值 3%);

最小桥下净空:5m(主线),4 5m(匝道);

计算荷载：车辆：公路—I级，人群：4kN/m^2；

地震设防烈度：按6度计算，7度构造设防。

1.4 地质概况

拟建工程位于城市建成区，受人工改造强烈，按自然成因顺线路走向总体可分两个地貌区。K2＋865～K3＋500段为嘉陵江河流侵蚀堆积区，其中北岸为堆积岩，南岸为冲刷岸；K3＋500至终点五台山立交为构造剥蚀区，主要以丘陵为主，为嘉陵江南侧岸坡，地面起伏较大，高程为200～350m，见图3。其中K4＋140～K4＋400附近为长江、嘉陵江分水岭。

图3 嘉陵江河流两岸地貌照片

拟建工程沿线出露地层为侏罗系中统上沙溪庙组沉积岩层和第四系全新统松散土层。覆土主要为第四系残坡积粉质黏土(Q_4^{el+dl})、河流冲积的粉质黏土及卵砾石(Q_4^{al})、人类工程活动堆填的人工填土(Q_4^{ml})；下伏基岩为侏罗系中统沙溪庙组上段陆相沉积岩层，主要岩性有砂岩、砂质泥岩等。

不良地质情况主要有不稳定弃填土体及泥质岩边坡风化剥落。

主要工程地质条件评价如下。

(1)红岩村大桥：未见不良地质，适宜大桥建设。

(2)红岩隧道：洞口无滑坡、泥石流等不良地质现象，进洞口存在不稳定弃填土体，但范围不大，清除处理容易，出洞口岩土体现状稳定。洞身围岩较稳定，适宜于隧道的建设。

2 需要解决的主要问题

(1)选出最佳路线方案。

(2)分析并解决复杂城市条件下浅埋大跨特长隧道关键技术问题。

3 路线方案比选

我院经认真了解背景情况并通过现场踏勘和补充收集资料，确定了与轨道九号线、梨菜铁路、成渝客专、轨道五号线、轨道一号线、轨道环线的交叉关系后，在1∶10000地形图上进行了大面积的选线，经认真研究后认为：结合地形、地质、水文、通航、与轨道交通五号线关系等综合考虑，原可行性研究的桥位方案合理可行。

本次路线方案的比选的重点在红岩村隧道部分。共拟定了两个有价值的方案叠加在1∶500图上进行局部调整，在强调保护自然山体环境、保护好城区高层建筑物及特殊构造物、综合利用好地下空间资源的理念基础上，进行深化设计。

3.1 路线走向

西线方案：在可行性研究方案基础上优化而成，隧道进口设于“协信云栖谷”与红岩村纪念馆之间，经六店子、后工学院、南方花园B区、经科园四路下方至在建五台山立交顺接陈庹路。路线在进出口及隧道中间各设一曲线,为两个连续S形曲线。

东线方案:隧道进出口位置与西线方案基本一致,在隧道进出口分别设曲线;洞身段为直线,在隧道中间选择适当位置尽量避开高层建筑后与两端曲线衔接。

3.2 方案优缺点比较(表1)

方案优缺点比较 表1

	西线方案	东线方案
优点	隧道洞身有670m行进在科园四路下,避开了上面的部分建筑物	①线形较好,曲线设于隧道洞口,符合选线原则;②隧道通风较好;③隧道短2×20m;④投资省480万元。⑤隧道埋深大,施工风险小
缺点	①线形较差;②隧道内通风较差;③投资较高;④会对建筑形成差异沉降,风险大	隧道顶部普通建筑物多于西线

3.3 推荐意见

综合考虑隧道施工及运营的安全、通风及投资等因素,推荐东线方案,见图4。

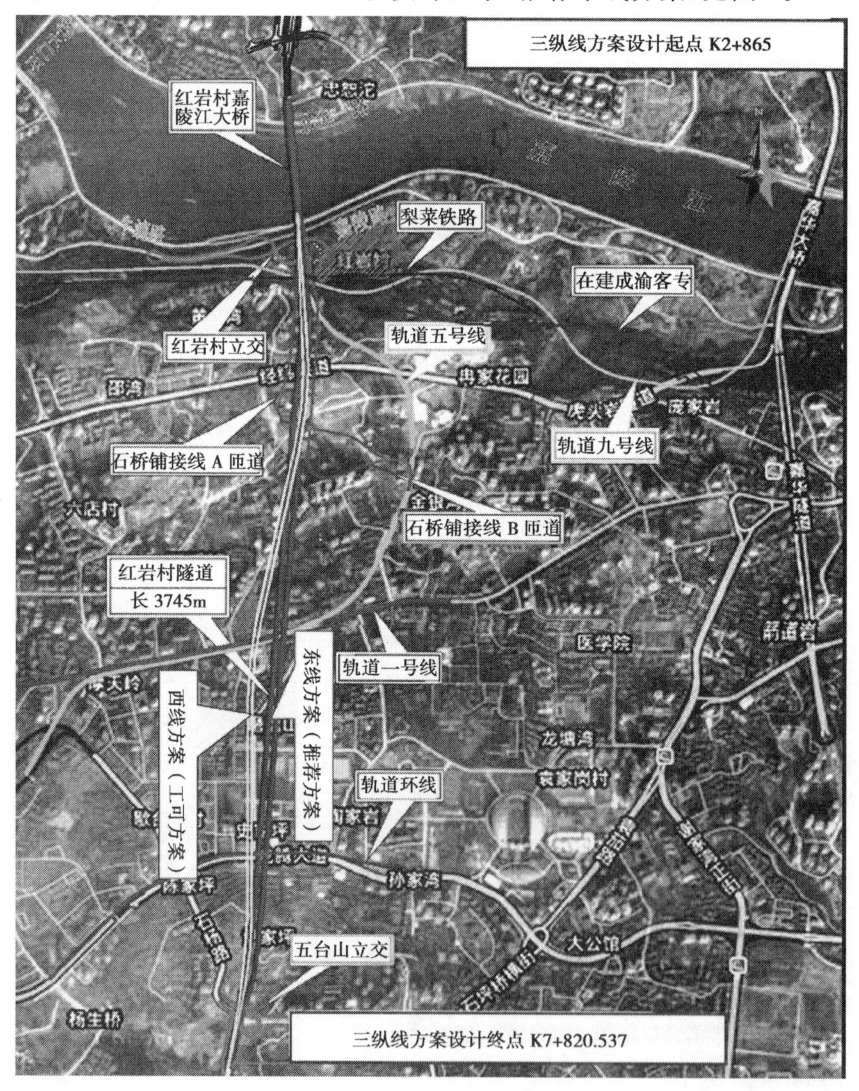

图4 三纵线方案设计

4 红岩村特长隧道关键技术问题及对策

4.1 关键问题 1

目前，国、内外的双向六车道特长隧道建成通车的已相当普遍，修建技术也很成熟，采取普通的设计方案和措施，完全可以解决一些实际问题；但本项目与越岭隧道不同的是，位于城市中心区，隧道长，埋深浅、跨度大，对城市地下空间的布局、顶部构筑物的影响控制要求较高；城市特长隧道的防灾救援更是显得尤为重要，如何在保障工期、相关构筑物安全及满足营运通风及防灾救援的前提下，提高道路的服务运输能力，降低事故率，为运营提供可靠保障，是本项目设计的关键技术。

对策措施：

(1)统筹兼顾、优化方案

统筹兼顾城市规划、道路功能、用地、地下空间利用、邻近建(构)物保护、降低施工风险、节省投资等问题，优化总体方案。

(2)贯彻安全性、功能性并重的设计原则

①虽然《公路隧道设计规范》及业内普遍认为双向六车道的特大跨度隧道内，无需设置紧急停车带，但鉴于本项目的重要性和特点，特别是从特长隧道的防灾救援角度出发，为提高本项目在系统运输上的可靠性和效率，降低运营期间的事故发生率的风险，设置了四车道特大跨度紧急停车带及车、人行、竖井等逃生通道，以提高本项目的服务功能，为防灾救援提供可靠保障，见图 5。

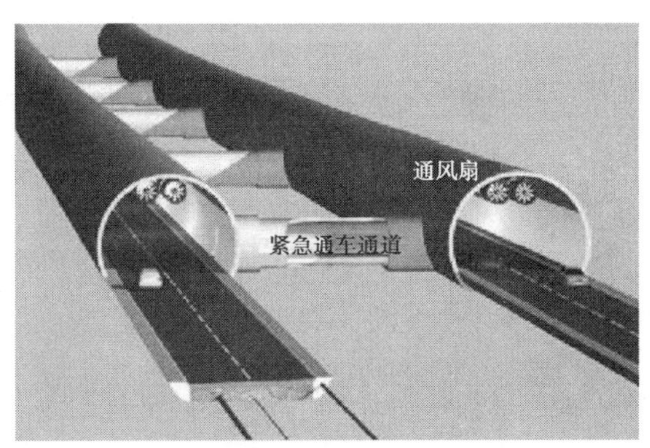

图 5 紧急通车通道

②特长隧道内是一个封闭独立的空间，空间局限性较大，感光度较差，司乘人员长时间处于单调、疲倦的状态，为缓解和弱化行车的单调性，降低安全事故，采取美学、油画的布置形式装饰于隧道边墙上，见图 6 和图 7。

图 6 隧道边墙装饰

图 7 边墙装饰

③合理施工组织，优化施工方案，妥善处理弃渣，保障构筑物安全。

4.2 关键问题 2

三纵线为市区南北向交通大动脉，技术标准高、交通量大、服务功能强，穿行于中心城区市，地表构筑物密布。如何选择合适的隧道平纵线型指标及隧道设计方案，确保地表建筑物、道路、管网不发生过量、差异沉降、开裂及塌方，保证建筑物、道路及地下管线等的安全是本隧道建设成败的关键之一，见图 8。

对策措施：

(1)进行风险评估、优化总体方案、规避高风险隧道

首先对本隧道的风险源进行调查和识别，以此作为路线总体走向及高程布设的主要控制因素，从宏

观上论证方案可行性，通过避让重大、密集构筑物、增大隧道埋深等手段，规避此类风险，降低施工难度和保障构筑物的安全。

图 8　隧道设计方案可能遇到的问题

通过对沿线的房屋建筑的调查、分析，可以看出隧道下穿时对建筑安全的影响，已经在线路平、纵设计时规避了，大部分隧道最小埋深已达 30m，虽然地表建筑分散分布，但隧道施工下穿风险影响线较低，采取一定的措施，可以完全保证施工和地表建筑安全，见表 2。

隧道拱顶地表部分房屋调查统计表　　表 2

里　　程	层数	砖混结构栋数	高层栋数	高层基础形式	面积(m^2)	埋深(m)
IK3+820～IK3+930	11～17	2	2	桩	13230	41.0～55.5
IK4+030～IK4+100	18～23		2	桩	41037	59.9～85.7
IK4+110～IK4+200	3～4	4			11460	70.5～84.1
IK4+940～IK5+050	33		3	桩	67641	30.0～39.3
IK5+060～IK5+280	3～26	11	1	桩	35260	26～30.6
IK5+380～IK6+200	3～30	22	4	桩	187350	36.8～55.0
IK6+480～IK6+540	3～25	3	2	桩	47802	35.8～40.9
IK6+780～IK6+930	3～12	6	1	桩	37711	25～30
IK6+945～IK7+190	3～6	44			17756	31.7～41.8
IK7+200～IK7+475	3～7	33			24934	15.5～31.6
合计		125	15		484199	
备注：埋深均为隧道拱顶以上覆盖层厚度						

(2)选择适当的隧道施工方案

①施工方案的选择

下穿城市建筑物隧道施工方案一般有钻爆法、非爆破法(静态破碎法、液压冲击锤法、单臂掘进机法)，液压冲击锤及静态破碎法不应在特长隧道内大面积使用，施工效率不高、进度较慢；单臂掘进机摊销费用高、需要二次运输、开挖下部及边角修整时间长。建议采用钻爆法。

②隧道施工方法(图 9)

a.钻爆法

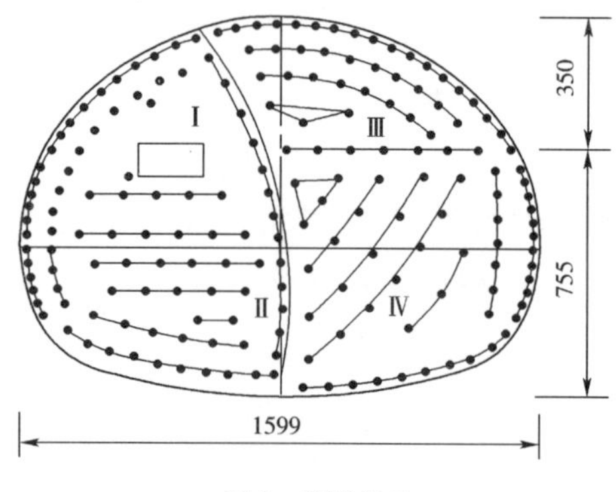

图 9　隧道施工

埋深 30～50m 控制爆破方案：

每步爆破进尺为 0.5m，最大一段药量为 2.43kg，段间延时间隔 5～7s，被保护点爆破质点振动速度小于 2.0cm/s。

埋深 50m 以上控制爆破方案：

上部为土坯房时，每步爆破进尺为 1m，最大一段药量为 2.83kg，段间延时间隔大于 50s，被保护点爆破质点振动速度小于 0.5cm/s。

上部为砖房及框架房屋时，最大一段药量 15kg，段间延时间隔大于 50s，被保护点爆破质点振动速度小于 2.0cm/s。

b. 静态破碎法

采用K系列快速静态破碎剂结合双侧壁导坑法开挖;控制进尺长度;施工中根据进行现场试验确定静爆参数。

③加强地表沉降控制

加强超前支护,加强初期支护,减少地层扰动,必要时采取地层加固。

④优化施工工艺

开挖后初期支护快速封闭成环,待变形值基本稳定后及时施做二次衬砌,减小初期支护封闭后沉降量、封闭稳定掌子面。

4.3 关键问题3

本项目为特长隧道与地下交叉的隧道的集合,隧道机电的能耗较大,如何在设计中体现节能理念,符合国家节能减排政策,并节省运营费用,同时针对性地解决好特长隧道及地下立交在运营管理及防灾救援方面的诸多问题是本项目建设的关键之一。

对策措施:

(1)节能措施

①采用绿色、节能的新型变压器(图10)

设计中拟采用非晶合金铁心配电变压器用于本项目供电设计,比目前广泛采用的S9型配电变压器空载损耗低,维护更方便。此外,采取合理选用变压器容量,提高配电系统功率因素,减少线路损耗等措施达到进一步节能效果。

②采用新型节能措施,优化方案(图11)

设计中拟选用寿命长、效率高、节能型照明光源(无极荧光灯),采用光效高、反射系数高、配光特性稳定的灯具,照明灯具效率应不小于90%,同时配置能耗低的电子器件。

图10 新型变压器

图11 无极荧光灯

③运营通风节能

选用效率高、推力大、技术成熟及具有变频控制的射流风机,合理控制风机耗能,同时,根据不同的工况,开启风机达到节能的目的。

(2)防灾救援及运营管理措施

本着"以防为主,以消为辅、消防结合、立足自救"的消防工作方针及加强运营维护管理的指导思想,在隧道常规防灾救援系统的基础上,引入我院在高铁、地铁等领域的设计理念进行优化创新设计,为运营期提供可靠保障。

①在主线与左、右两座匝道的平行穿越地段,设置了四洞直连式逃生、回转及救援通道,后段则以主隧道双洞实现互联;并于主隧道与A匝道交叉附近,结合地面城市控规,设置"直连式"逃生通道及逃生竖井,竖井内设置侧返式步道,直通地面的救护平台,洞内发生事故后,人员可通过设置的逃生竖井,直通地面,实现快速交通转换和应急救援。

②隧道内采用智能疏散指示系统,疏散指示标志选用带独立地址的集中控制智能型产品,控制系统

主机通过接收火灾报警系统的联动信号，对火警信息进行分析、处理，执行联动预案，控制疏散指示设备，最大限度保障运营安全。

③隧道内采用LED光电诱导轮廓标，为行驶在隧道内的司机提供主动式安全行驶诱导，提高车辆安全系统，并改善隧道内照明光度状况，同时达到节约隧道照明能源的目的。

④隧道内墙装饰采用油画展板的布置形式，或在紧急停车带设置LED图形显示屏，避免驾驶员产生视觉疲劳，降低事故率。

⑤隧道内除按常规设置环境检测、交通量检测，闭路电视监视系统，线性火灾探测器外，在设计中拟引入隧道视频事件检测系统，可将非正常的隧道运营情况反映到监控中心，作为交通监控及自动火灾报警系统的有效补充。

⑥优化隧道通风方案，同时为提高排烟性能，设置2座单向双通排烟竖井，实现对火灾时烟气的吸出式通风，火灾时，控制烟气通过通风竖井排出，使竖井上下游较长范围的隧道内形成无烟区域，以利于人员的疏散及救援。

⑦设置水成膜泡沫灭火、消火栓、灭火器及消防水池等必要的消防灭火设施，抑制初、中期火势，为救援、疏散提供宝贵时间。

4.4 关键问题4

本项目穿越行进地段沿线地表构筑物密集，与各类城市轨道交通、管线相互干扰大，如何确定一个合理的隧道埋置深度及净距，减小对地表构筑物、道路、城市规划的影响，提高地下空间的利用率，满足其他地下通道的布设、穿越，同时又能提高道路的服务功能、保证结构安全、降低施工风险及投资，是本工程建设必须考虑的因素和关键(图12、图13)。

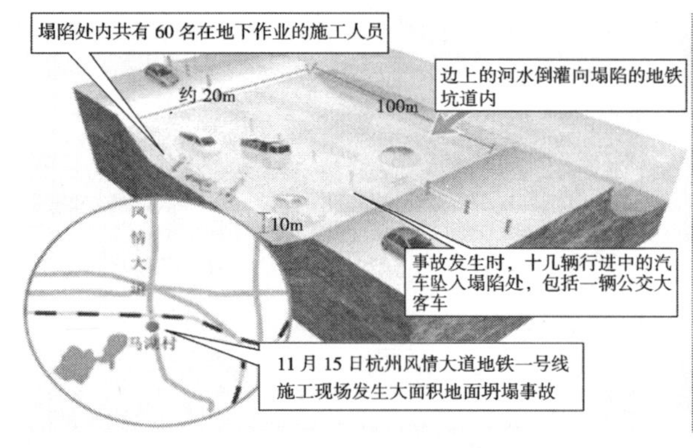

图12 纵断面设计

图13 平面线形设计

对策措施：

(1)纵断面设计时，通过数值模拟结合实际情况，将本项目隧道的埋置深度控制在30m以上，减小了对地表构筑物的影响，提高了结构的受力特性；同时还使各种地下交通分层设置，减少相互干扰，保证地下空间的利用率，降低施工风险和工程投资。

(2)平面线形设计时将主线设置为30m经济间距，保证了结构受力的合理性，减少了洞口相关工程，并采取与之对应的施工措施、初期支护和二次衬砌的合理施作时机，降低施工风险及投资，保证结构安全。

(3)采取合理的施工方案及措施，进行可靠度设计。

5 结语

通过周到细致的工作，本次方案设计顺利通过了重庆市规划局的审查。通过本次设计我们有以下几点体会：

（1）加深对项目背景情况的掌握，了解规划主管部门的意图，有的放矢地开展设计工作，才能达到事半功倍的效果。

通过对本项目背景情况、轨道交通五号线设计情况、五台山立交一期工程情况、铁路及轨道交通情况等主要控制因素的掌握和分析，有针对性地开展设计工作，对审批单位关心的问题都作了很好的分析和解决。

（2）加强现场踏勘，掌握第一手资料。通过数次现场踏勘，对工程地质情况、隧道顶端建筑物情况、高压走廊情况、五台山立交施工情况等都做了详细的调查和分析，做到心中有数，只有这样设计才能和实际情况相符。

（3）只有真正找到并解决关键性技术问题，才能设计出优秀的工程，做到安全可靠、技术可行、经济合理，并得到业主的赞赏。

（4）设计过程中，多与业主及规划主管单位沟通协调、交换意见。

山区高速公路路线方案比选浅析

尚彦宇

(中铁二院工程集团有限责任公司公路市政院)

摘 要 路线方案设计是公路工程设计的核心,多方案比选则是路线方案设计的精髓。尤其是山区高速公路,路线方案的经济合理和可实施性显得更为重要。本文通过对多条山区高速公路方案比选的实例分析,总结了山区高速公路路线选线的一些思路,有助于路线设计人员在进行山区高速公路设计时开拓思路,提出有价值的比选方案。

关键词 道路工程;山区高速公路;路线方案;比选思路

Comparison and Selection of Route Scheme of Expressway in Mountainous Area

Shang Yanyu

(Highway Municipal Design Institute of CREEC)

Abstract Route scheme design is the core of highway engineering design, multi schemes comparison and selection is the spirit of route scheme design. Especially for expressway in mountainous area, economy, rationality and operation feasibility are more important. Based on analysis on comparison and selection of route schemes of multiple expressways in mountainous area, some thinking of route selection is concluded, which is helpful for route designers to open up thinking and put forward valuable schemes while designing expressway in mountainous area.

Key words highway engineering; expressway in mountainous area; route scheme; comparison and selection thinking

1 引言

路线方案设计是公路工程设计的核心,多方案比选则是路线方案设计的精髓。尤其是山区高速公路由于受到自然条件的约束,地质条件极其复杂,桥、隧比例大,路线方案的经济合理和可实施性则显得更为重要。

山区高速公路所经地区,一般是延绵几十公里的崇山峻岭或者是落差较大的切割地形,地形、地质条件复杂,不良地质点多,经验不足的设计人员容易晕头转向,束手无策,不知道如何布线,更提不出有价值的方案,多方案比选就成为空谈,因此山区高速公路如何能提出有价值的方案是多方案比选关键,关系着整个项目的设计成败。

2 山区高速公路路线方案比选的思路

通过多条山区高速公路的设计、咨询经验总结,虽然有价值比选方案的提出没有捷径,但有一定的方法性和规律性。在设计上没有最优方案,只有最合适的方案,这就要求设计人员要有敢于质疑的精神,通过分析工可阶段方案(或航空线)存在的问题,再进行大范围地形的研究,结合地质情况,根据不同

作者简介:尚彦宇(1980—),男,工程师。

的问题、不同的思路、不同的侧重点提出方案。

从工程角度出发，各种路线方案主要有三个方面的思路，即不同通道方案、不同高程方案、不同构造物位置方案比选。不同通道比选属于小范围的走廊比选方案，不同高程、不同构造物位置方案比选属于局部优化比选方案。三种思路有不同的适应性与典型事例，详见表1。

不同比选思路的对比表　　表1

比选对比	不同通道	不同高程	不同构造物位置
适用性	工程量较为集中的段落、穿越较大范围控制点段落	立交、填挖极不平衡、深挖方、长隧道等段落	重点、难点工程段落
研究范围	横向：10km以内 纵向：10km以上	横向：1km左右 纵向：10km以下	横向：2km左右 纵向：5km以下
典型案例	越岭线、沿河线、绕城线	被交路上跨下穿比选、平行不等高比选、隧道洞口不同高程比选、长隧与短隧道群等	桥位、隧道洞口、互通位置比选等

2.1　不同通道方案比选浅析

与走廊方案比选横向研究几十公里不同，通道方案比选研究范围较一般在10km以内，是在走廊方案选定的情况下，针对工程量较为集中、较大范围控制点的段落进行的方案比选。通道方案的比选在降低造价上往往能起到关键作用，有的方案甚至能降低造价5%以上，是山区高速公路路线方案比选的重点。

根据通道方案的特点，工程较为集中的段落一般包括越岭线、沿河线等；较大范围控制点的段落一般包括城镇及规划区、自然保护区、煤炭采空区等对应的绕避方案，或穿越方案。具体事例如下：

(1)越岭线

①问题分析：A方案线路扭曲，绕行较远，两次跨越大鹏镇河沟较不合理，全段桥隧比例达到60.48%，且有1座特大桥，1座长隧道，属于工程量集中的段落。经过分析，路线穿越大瑶山隧道进出口洞口位置、高程均为最优方案，但展线爬坡路段不理想，工程量较大，因此方案的提出应从展线爬坡段入手。

②方案提出：B方案另辟走廊，在邓坪直接折向西北，跨越规划铁路，向西继续与大鹏镇北侧3.5km跨越大鹏镇河沟，之后沿着另一河沟北侧展线爬坡，于相同高程及位置穿越大瑶山。

③工程对比：B方案顺直，较A方案短2.462km；爬坡段长11.2km，平均纵坡2.64%，A方案爬坡段12.3km，平均纵坡2.33%，两个方案基本相当；桥梁减少了12座，共计2.9878m，其中1座小半径大跨度连续钢构桥特大桥；隧道减少了6座，共计1283.5m；近期工程投资及后期运营费用均降低，如图1所示。

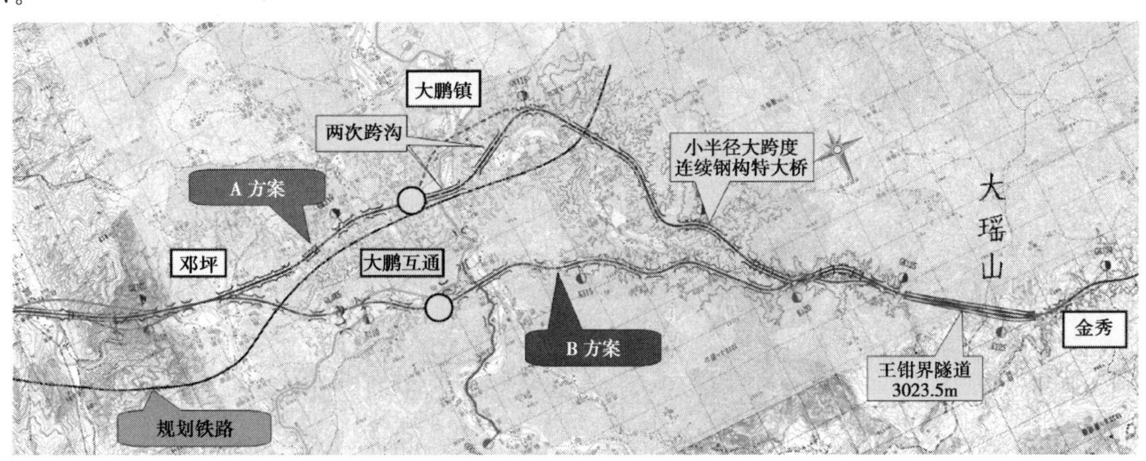

图1　越岭线方案

(2)沿河线

①问题分析:A方案沿着摆泥河西岸布设,地形条件较好,桥梁相对较少,但路线较长,因此对摆泥河东岸的方案进一步研究。

②方案提出:B方案沿着摆泥河东岸布设,路线最短,但地形条件较差,多次跨越沟谷,桥梁工程较大,远离G213,对G213干扰较小。

③工程对比:B方案虽然路线较短,但线形差,工程量也大,经过比较应选择A方案通道,在此基础上进一步优化得到C方案。如图2所示。

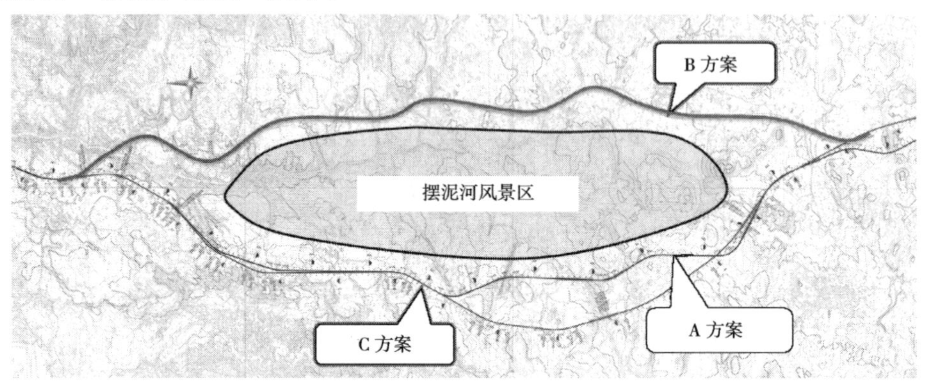

图2 沿河线方案

(3)绕城线

①问题分析:南线方案行至屯江村,为了避免侵占农田,路线沿着村南山脚布设,绕行较远;位于河湾处跨越濛江,桥位不理想;从鸡笼水库、猪母冲水库下游通过,存在一定的安全隐患;由于主线高程较高,且位于山边,和平互通位于猪母冲水库下游,多条匝道与S211发生关系,工程量较大,互通中心距隧道洞口仅550m,右转加速车道已经伸入隧道,存在较大安全隐患。

②方案提出:本路段主要控制点为屯江村,为此围绕着屯江村,提出了中间穿越和村北绕行的两个方案。

③工程对比:北线与中间线占用农田一样,工程量较中间线大,且绕行较远,予以舍弃;中间线与南线相比,路线缩短1.238km,桥梁缩短1.925km,互通布设简单,多占用农田约100亩,对城镇发展有一定分割,有一定价值,结合地方政府意见可与南线方案同精度比选。如图3所示。

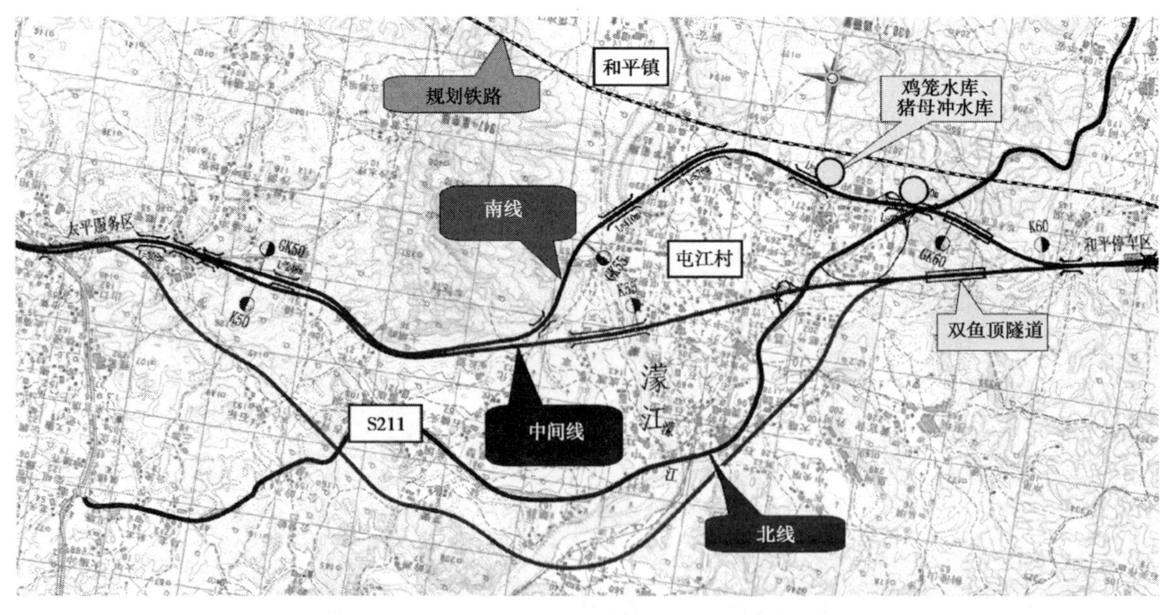

图3 绕城线方案

(4)展线下坡案例

①问题分析:A 方案为了展线下坡,设置回形针线形,路线较长,平纵面指标极差,圆曲线半径分别为 300、325、400m,不利于终点枢纽立交的设置,安全性较差,且工程量较大。

②方案提出:A 方案展线下坡段航空距离太短,导致了线形扭曲,宜提前展线下坡。

③工程对比:B 方案合理利用地形,提前展线下坡,路线较短,平纵面指标较高,最小圆曲线半径 700m,且桥梁减少 2 座,平均纵坡降低,终点枢纽互通接线条件较好,行车更安全,投资约减少 3475 万元,如图 4 所示。

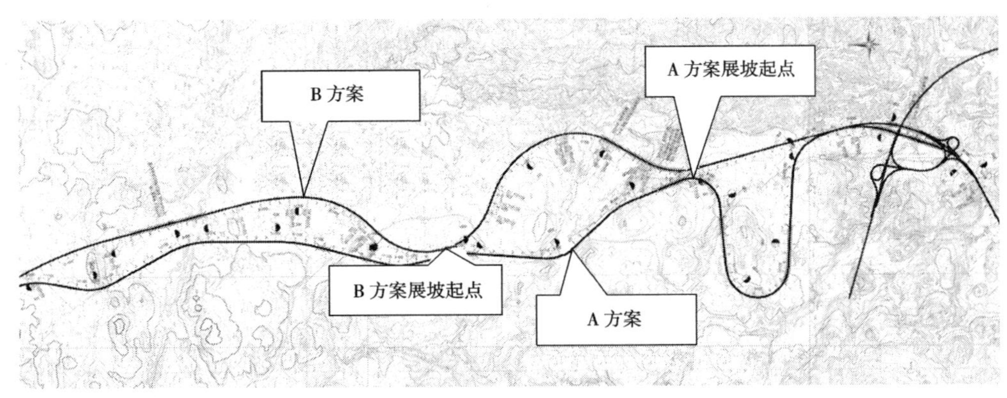

图 4　展线下坡方案

2.2　不同高程方案比选浅析

不同高程方案比选是局部比选方案的统称,包括但不局限于高程位置的比选,为突出路线高程选择在山区高速公路路线设计中的重要性,因此将较多类型的局部比选方案统称不同高程方案比选。是在通道方案选定的情况下,针对局部重点工程、困难工程段落进行的方案比选。局部方案的比选是对推荐线的细化设计,是山区高速公路路线方案比选最常用的手段。

不同高程方案比选类型较多,根据某个工点、某一个着眼点都能进行,例如与地方路交叉,有上跨与下穿的两个方案;隧道群的方案,对应有长隧道或桥梁方案;有长隧道方案,对应有不同洞口高程的隧道比选等,这需要设计人员开拓思路,不要形成定式思维,敢于怀疑,敢于实践。具体事例如下:

(1)傍山线的高程比选

最典型的傍山线为山腰线与山脚线的比选,山腰线一般工程较大,但各方面干扰小,山脚线一般工程量较小,可能各方面干扰会大一点。A 方案线位走低线,平纵指标偏低(穿洞隧道圆曲线半径仅 500m,南皋河大桥 2.4%的纵坡),与既有路干扰严重,且桥隧比例高,因此提出走高线的 B 方案。B 方案平纵面指标得到了改善,平曲线最小半径 $R=800$m,南皋河大桥纵坡 1%,减少了与既有路的干扰,取消 2 座隧道(1565m),取消 2 座桥梁(405m),如图 5 所示。

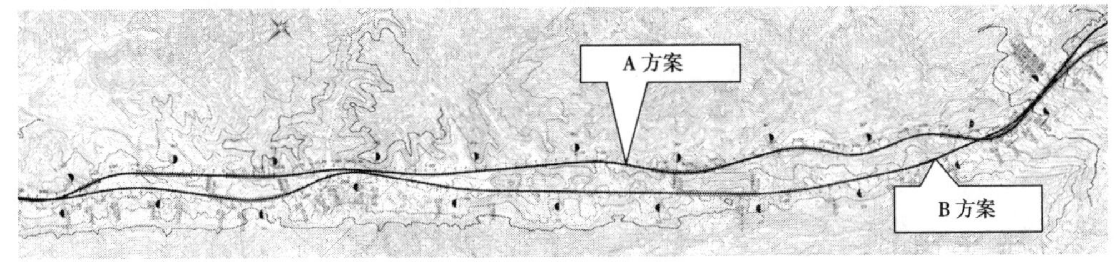

图 5　傍山线的高程比选

(2)上跨与下穿被交路的比选

A 方案与巫汪路相交,采用上跨方案,由于被交路高程位于山腰,导致 A 方案走高,跨越沟谷设置了 3 座大桥;B 方案下穿巫汪路,降低了高程,设置一座分离立交,主线无桥梁工程,如图 6 所示。

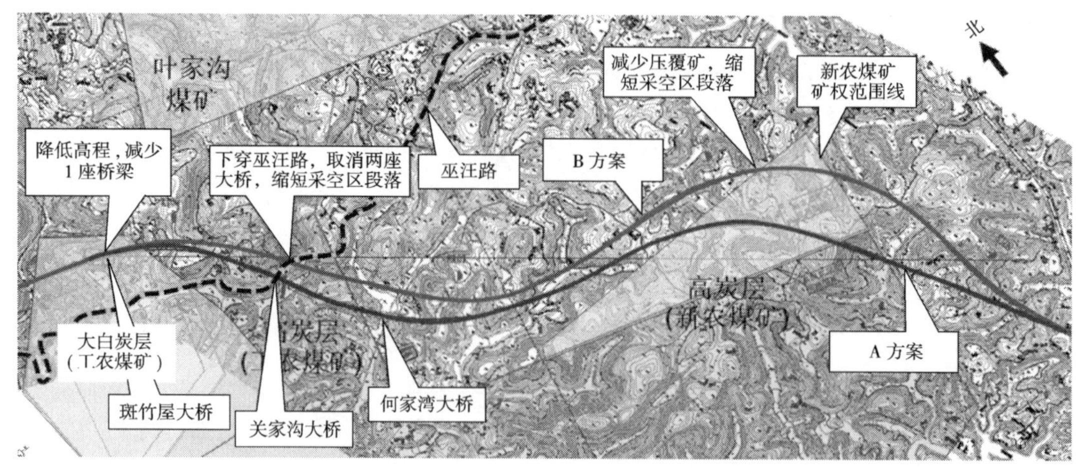

图6　上跨与下穿被交路的比选

同样，互通匝道的上跨与下穿，也会影响整体工程。如图7所示案例，A方案互通匝道下穿主线，互通主线桥桥梁需要跨越匝道及被交路，桥梁较长，B方案采用匝道上跨主线，主线桥缩短了180m。

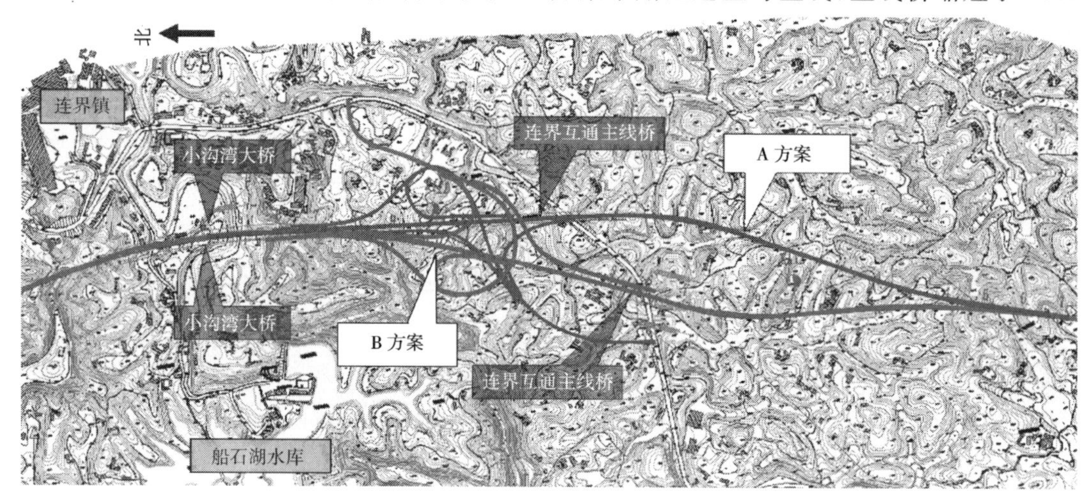

图7　互通匝道的上跨与下穿比选

(3)不同隧道洞口高程的比选

示例一：如图8所示，A方案狮仔炉隧道出口高程390m，由于隧道出口高程较高，导致之后线路持续下坡，造成桥梁较多，而且桥墩较高，部分桥墩高度达到60m以上，工程量较大，造价较高，施工较困难。B方案狮仔炉隧道出口高程降低至350m左右，隧道增长约195m，但可以降低桥高，缩短桥长510m，优化后桥墩普遍降低20～30m，高墩大跨桥可改为40m跨的T梁桥。

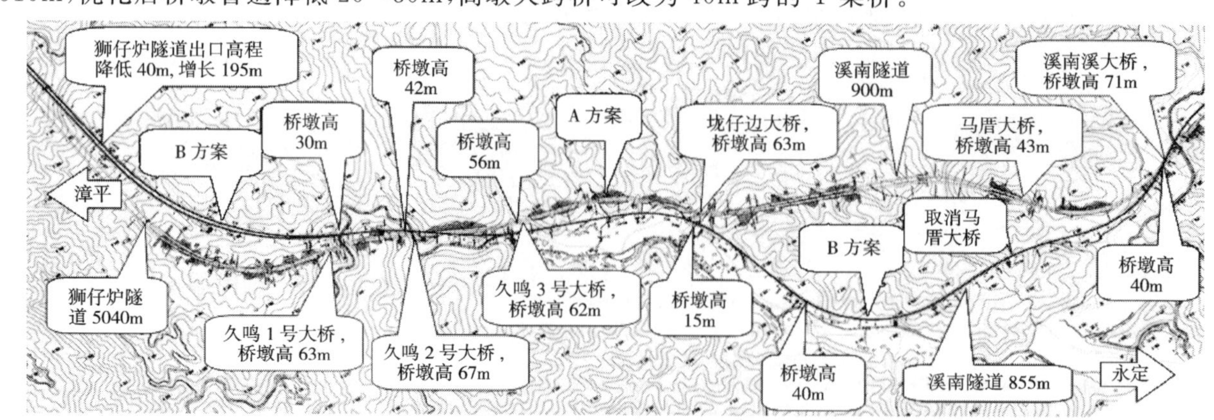

图8　不同隧道洞口高程的比选示例一

示例二：A方案为了缩短隔顶隧道长度，线路高程从235m一直爬升至隔顶隧道进口430m，设

2725m 隔顶隧道，造成高边坡较多，桥梁多且桥墩高，同时隔顶隧道出口落差较大，设置的菁坑大桥采用 60m+100m+60m 的大跨，最大桥墩高仍高达 80m，造价高于隧道，且桥隧相连，施工难度较大。B方案将隔顶隧道进洞口高程降低至 385m，隔顶隧道长 3710m，隧道出口高程降至 310m，降低了菁坑大桥桥墩高度，采用 40m T 梁。

2.3 不同构造物位置比选浅析

不同构造物位置比选也属于局部比选方案，针对桥梁、隧道等段落进行的方案比选，该类型路线方案比选要与桥梁、隧道专业人员配合进行。具体事例如下：

(1)多隧道洞口比选

该示例(图 9)是隧道多洞口比选的经典案例，由于该段无法绕避马鞍山，需要展线下坡，而且不良地质体多，隧道工程是其中的关键。示例中对隧道分别选择了 4 个进口(Ⅰ、Ⅱ、Ⅲ、Ⅳ)与 4 个出口(A、B、C、D)，通过排列组合进行方案比选，结合地质资料，确定了提前进洞提前出洞 IV-D 方案，有效地降低了隧道出口高程，为隧道出口下坡段平面优化创造了条件，最大化的绕避煤矿采空区等不良地质，同时为了降低岩堆上路基高程。

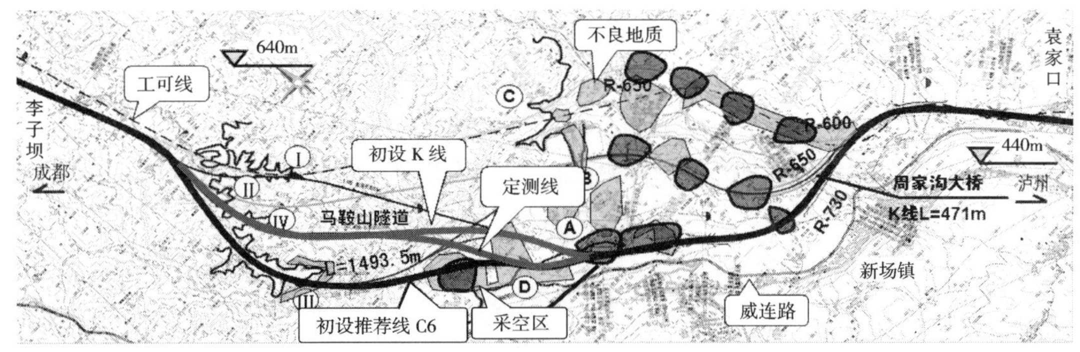

图 9　多隧道洞口比选

(2)多桥位比选

该示例(图 10)是特大桥的桥位比选，A 方案处黔江宽约 500m，河面较开阔，且位于 Z 字形河湾处，桥梁施工较困难，但路线顺直，符合高速公路网规划，符合县城总体规划，与规划码头岸线冲突较小，地质条件较好，被交叉路(桂来高速，正在施工)变更较小。B 方案桥位处黔江仅宽 260m，河面较窄，两岸陡峻，位于直线航道，桥位较好，新建里程较短，但大里程桥台位于一岩溶发育段落，地质条件较差，与县城总体规划及规划码头岸线冲突较大，地方强烈反对该线位；同时不符合高速公路网规划，多绕行 2km，武宣南互通与桂来路武宣服务区间距较近，桂来高速需要变更较大范围，综合比选采用 A 方案。

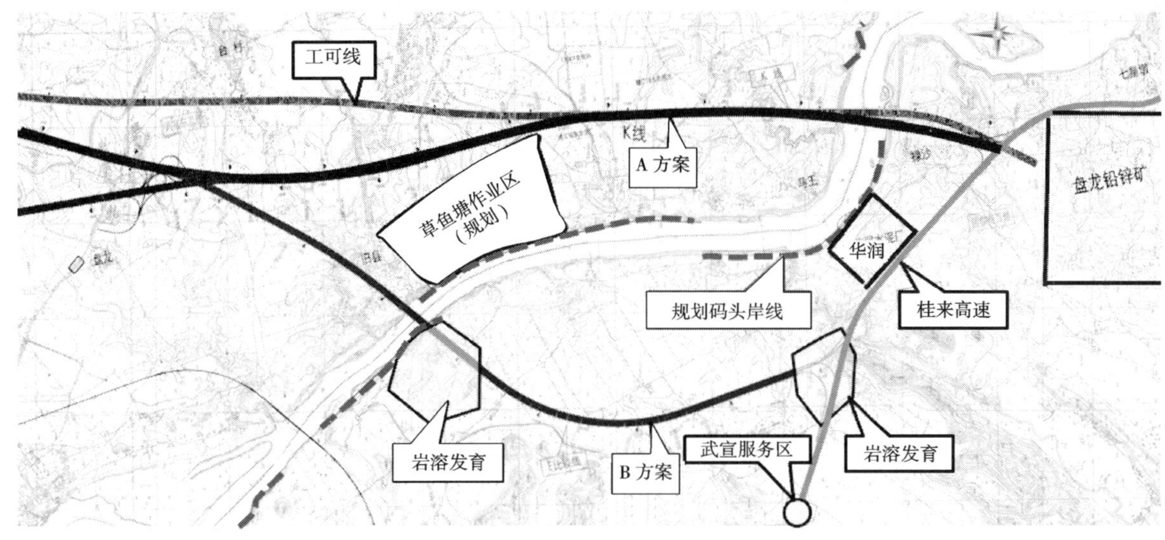

图 10　多桥位比选

2.4 其他案例

该案例(图 11)属于明线与隧道方案的比选,A 方案采用隧道穿越山体,设置排头隧道 1635m。B 方案位于县道走廊两个山体中间穿越,将县道改移,共同设计,取消隧道,综合比选采用明显方案。

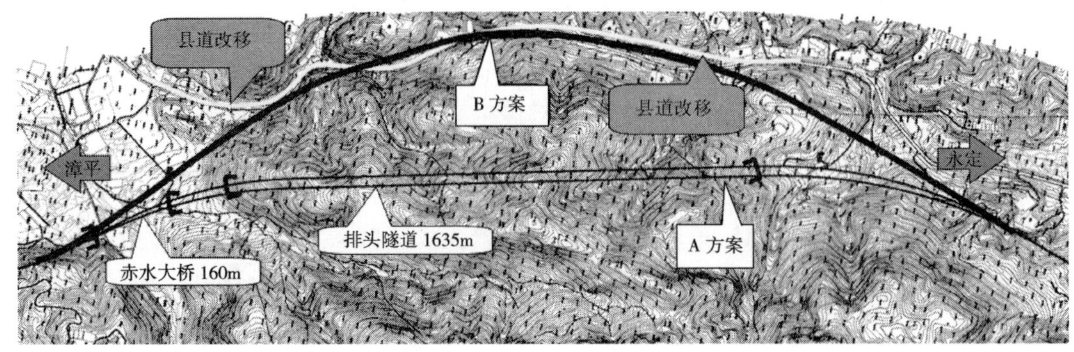

图 11 明线与隧道方案的比选

3 结语

山区高速公路路线设计方案与工程方案有着极强的内在联系,相辅相成,工程方案中的高路堤、高架桥、深路堑、隧道等方案的选用,对路线方案有着重大的制约与影响,选择不同的工程方案往往改变了路线的总体布局,这正是山区公路的重点与难点。以上思路仅为其中一部分案例,设计人员在进行路线方案比选时应灵活运用,组合运用,举一反三,提出有价值的比选方案,确定合理的总体方案。

参 考 文 献

[1] 交通部公路司. 新概念公路设计指南[M]. 北京:人民交通出版社,2005.

[2] 交通部公路司. 降低造价公路设计指南[M]. 北京:人民交通出版社,2005.

[3] 孙家驷. 道路勘测设计. 3 版. 重庆:重庆大学出版社.

[4] JTG D20—2006 公路路线设计规范[S]. 北京:人民交通出版社,2006.

紫坪铺水利枢纽工程重载公路设计

刘卫东

（中铁二院工程集团有限责任公司公路市政院）

摘　要　“5·12”大地震造成发震区周边道路毁坏严重，距离主震区映秀8km的紫坪铺水利枢纽左岸场内道路基本保证畅通，因此就成为灾害初期通往重灾区映秀等地区的唯一陆上通道，该道路的设计经验对于灾后道路重建以及研究地震多发地区的道路抗震设计具有一定的参考价值。

关键词　“5·12”地震；抗震救灾；重载公路；总体设计；路基支挡防护；桥梁

Design of Heavy-load Highway of Zipingpu Hydro-junction Project

Liu Weidong

(Highway Municipal Design Institute of CREEC)

Abstract　The roads surrounding “5·12” earthquake area were destroyed seriously, the road in the yard on the left bank of Zipingpu Hydro-junction 8km from Yingxiu, the main earthquake area was mainly unblocked, thus became the only land passageway to the heavy disaster area, such as Yingxiu, etc. during initial stage of disaster. The design experience of the road provides reference for the road reconstruction after disaster as well as study on anti-earthquake design of the roads in frequent earthquake area.

Key words　“5·12” earthquake; anti-earthquake and disaster rescue; heavy-load highway; overall design; subgrade retaining protection; bridge

1　引言

大型水利枢纽工程四川紫坪铺水库是国家西部大开发“十大工程”之一，是都江堰灌区的水源工程，是岷江上游不可多得的调节水库，它是具有防洪灌溉城市工业、生活和环保供水，利用供水水量发电等综合效益的大型水利工程，于2000年6月28日正式动工兴建。

紫坪铺水库大坝设计为堆石坝，填方量约为$1200\times10^4m^3$，折算重量约为2500×10^4t，填筑工期5年，使用载重446t的北方NHL3307型自卸车运输，若波动系数采用1.2，则平均昼夜交通量为748辆，按每日20h计，则小时交通量为37.4辆/h，即每3.2min需发送一辆重车。考虑到工程土石方运输量巨大，工程所需的土石方都从距离2km、高差达到了340m的尖尖山料场调配，需新建一条高标准的重载公路满足填筑土石方的要求。

新建重载公路位于紫坪铺水库左岸、都江堰市西北部白沙与龙溪间，路线全长约10.5km，海拔在750～1425m间，属低山河谷地貌区，地形起伏大，岷江左岸既有道路通往映秀及龙池，本项目施工期间对既有道路有较大干扰。测区位于龙门山构造带中南段，挟持于北川—映秀断裂和安县—灌县断裂之间。其主要构造形成为北东向的短轴褶皱并伴随与之平行，倾向北西的一系列迭瓦式逆冲断层。沿线地质条件复杂，分布有泥石流堆积层、煤系地层及采空区、顺层、砂页岩互层等，受断层影响，岩体破碎，再加上地形陡峻，路基工点众多，很多地段需采用特殊结构处理。

作者简介：刘卫东（1969—　），男，教授级高级工程师。

该项目勘察设计始于1999年初,于2002年建成通车,为紫坪铺水利枢纽工程于2006年12月完工投入试用创造了良好的条件。

该工程通过各专业精心设计,不仅满足了大坝施工的需要,也经受了“5·12”大地震的考验。在发震区周边道路毁坏严重,距离主震区映秀8km的该重载公路基本保证畅通,因此就成为灾害初期通往重灾区映秀等地区的唯一陆上通道。

2 工程设计难点

(1)在地形复杂的情况下,拟定合理的技术标准。

(2)路线选择既要满足大坝施工的需要,又要满足蓄水后道路通行的需要。

(3)在横坡陡峻的情况下,特殊路基工程的设计是本项目成功的关键。

3 总体设计

本项目位于紫坪铺水库左岸,它的修建主要应结合大坝的修筑及其配套设施的建设,以及大坝建成后区域道路网的规划相适应,本着经济合理的原则进行方案设计。

3.1 路线方案与大坝填筑工程施工的结合

此项目建成初期是为围堰及大坝主体工程施工服务,但路线所经位置地形起伏大,地面横坡陡峻,方案设计时尽可能做到合理利用地形,尽量少用极限指标。

(1)路线经过坝脚(高程775m)和围堰堰顶,保证大坝及围堰施工。

(2)路线经过堆料场时,与堆料场设计高程相一致,保证进出堆料场车辆的畅通。

(3)距左坝肩西侧60m左右的突出山嘴及其后的陡崖深沟是路线定线的主要控制点,高程与坝顶同高,为884m,路线中心挖方深达68m。

(4)路线到达尖尖山料场脚后,为了开采石料对工作面的需要,路线在料场附近多次展线,为开采石料场内运输道路提供了四个连接点。

(5)为了大坝主体工程分层填石的需要,在高程840m处设连接线(支线2),与主线相接。此外沿既有公路接坝高程802m(支线1),主线起点高程775m(下游围堰),共为大坝提供了四个连接点,为大坝的填筑提供了合理的工作面。

建成后的道路展线,见图1和图2。

图1 胡豆坪展线

图2 尖尖山展线

3.2 路线方案选择应考虑和区域路网的衔接

项目的建成既为了高强度运输填料的需要,也是为了水利枢纽建成后淹没区交通的恢复以及预留远期发展的需要,为将来开辟由都江堰通往映秀方向通道预留条件,设计中考虑在一定的高程以及选择良好的平纵面线形处作为接线点,如马落井垭口处。

3.3 路线方案选择应满足安全的要求

首先应在保证行驶安全的前提下,正确地运用线形要素规定值,在条件允许情况下力求做到各种线形要素的合理组合，并尽量避免和减轻不利的组合。除部分回头曲线采用极限指标外，平曲线半径采用一般最小半径的1～2倍，线形组合采用“S”形或卵形，避免采用“C”形，不采用凸形。因道路等级较低，长直线段较少，平曲线所占路线比例大，前后曲线半径的组合就成了行车安全和舒适的关键，实际采用指标按相邻平曲线半径比值控制在2以内。

3.4 路线方案选择应满足环保和库区观景的要求

在路线必须经过的控制点，如堆料场、左坝肩、料场等确定后，除尽量避开地质不良地段、做好桥隧比选后，还应注意环保选线、景观选线和路基横断面选线。

设计中着重考虑结合工程新造景点和保护既有景观相结合，合理选择大跨度桥梁的桥型，尤其是位于沟谷深切的深沟，新建蒲家山大桥，采用一孔80m箱型拱桥，既不阻隔视觉景观，又能达到“通达之喜、创造之美、凌空之趣”的完美结合。

4 平、纵面设计

4.1 技术标准的拟定

技术标准的选择一般应综合考虑交通量、地形、设计车速、工程远近期结合，尤其还应和该公路的功能，即主要为满足大坝施工期高强度运输料石的需要，车辆一般是重车下坡、轻车上坡的实际，合理选择平面技术标准成为道路工程实用、环保、安全以及经济效益显著的关键。

经综合选定，对于永久性道路尽量采用高标准，平面按二级道路标准控制设计，非永久性道路本着经济和安全统一的原则，平面按三级道路标准控制设计。

4.2 控制点以及控制高程拟定

本项目道路的功能决定了路线必须经过相关的控制点，以坝肩作为分界点，按照淹没区与非淹没区分别拟定，对于淹没区，考虑到大规模采石的需要，增设了采石场临时性道路。

(1)非淹没区道路

以大坝坝肩为界，路线起自下游围堰堰顶，高程为754m，沿山势尽快爬坡，折入既有路，高程约795m，该路段受地势以及路线长度的限制，平均纵坡较大；随后前行约500m，利用小山包展线，到达高程为826m的堆料场，路段内因为路线长度较富余，平均纵坡较缓；路线经过堆料场和一处突出山嘴后，沿着山腰爬升至高程为884m的左坝肩，该处进行了长度为200m短隧和中心挖高为68m高路堑的方案比选，考虑到地质条件较好以及建成后旅游开发的需要，以路线右侧高路堑方案通过。另外在设计中考虑了大坝需分四期分层填筑的需要，设计了两条支线，接入点高程分别为775m、802m，如图3所示。

(2)淹没区永久性道路

淹没区位于大坝上游，路线起自左坝肩，以一座80m跨度的拱桥跨过深达50m的沟谷，随后路线自然展线至高程为960m的胡豆坪，设置胡豆坪展线，随后路线以紧迫纵坡，顺着山势延伸至料场脚，高程为1060m，如图4所示。

(3)尖尖山料场非永久性道路

路线到达尖尖山料场脚后，道路再往后延伸为非永久性工程，路线最大纵坡采用8.0%，为了开采石料对工作面的需要，设置了多处展线，为开采石料场内运输道路提供了四个连接点，高程分别为1060m、1119m、1165m、1225m，如图5所示。

4.3 最大纵坡

在起点～左坝肩段，高程较低，基岩出露，地质条件好，可以尽量放缓纵坡，最大纵坡采用7%。

左坝肩～料场段，由于存在一些不良地质，例如岩堆、煤洞采空区、错落体、滑坡，为尽量绕避和减短路线长度，最大纵坡采用8%。

4.4 回头弯

回头弯的选定(图6)，关键在于确定路线必须经过的控制点以及克服高程的需要。本项目的主要控制点是既有公路、堆料场、坝肩、胡豆坪以及尖尖山料场，控制点选定后，根据高差、平均纵坡以及回头弯的最小间距，初步拟定回头弯的个数。综合考虑紧迫路段的最大坡段长度以及缓坡坡长后，尽量选择有利位置设置回头曲线，要注意回头弯前后路段纵坡的均衡性。

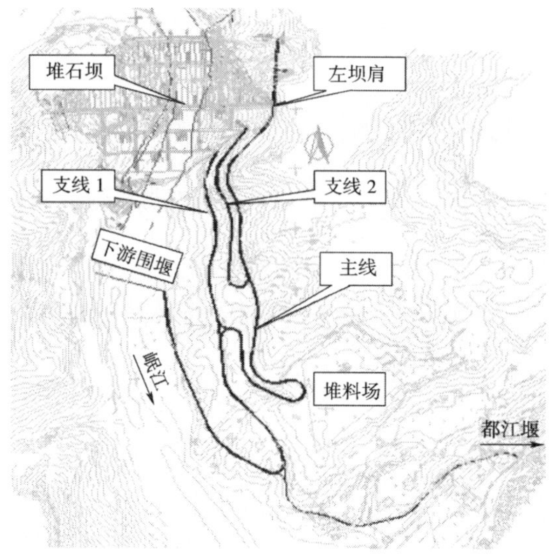

图3 非淹没区道路控制高程选择

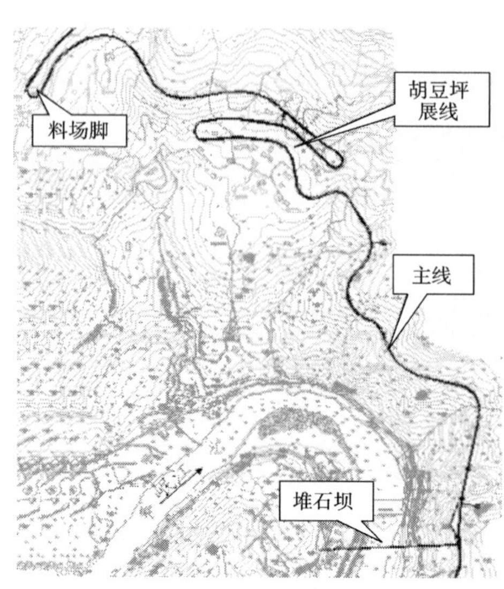

图4 淹没区永久性道路控制高程选择

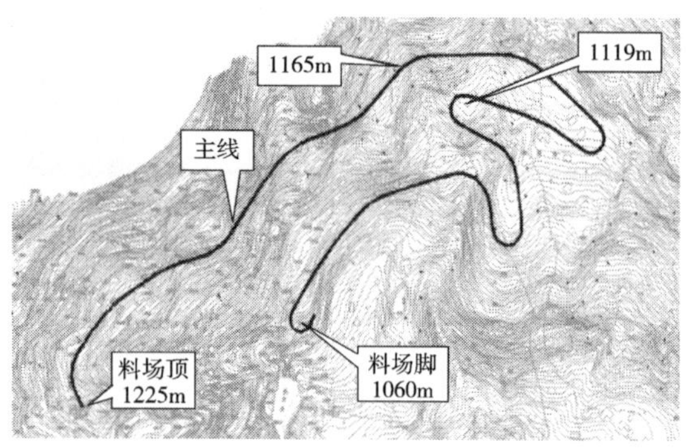

图5 尖尖山料场非永久性道路控制高程选择

图6 堆料场回头湾

除了克服高度需要设置回头弯，设计时考虑了料场开采石料的需要，设置了多个高程的开采工作面，因地质条件好，路线在此位置多次展线。

4.5 加宽计算

曲线半径等于或小于250m时，应设置加宽。本道路工程均为双向双车道，按双车道曲线内侧直线型加宽方式进行加宽过渡。

因本道路为重载公路，使用的车型主要为载重44t北方NHL3307型自卸汽车，道路加宽值应根据规范和实际计算结果比较后选定。

5 主要技术标准

根据现行公路技术标准和规范，综合本工程实际，以大坝坝肩为界，分为上下两段，分别拟定主要技术标准，见表1。

该公路技术标准 表1

技术标准	下　段	上　段
公路等级	山岭重丘区三级	山岭重丘区三级
设计速度	30km/h	30km/h
行车道及路基宽度	行车道宽10.8m，路基宽12.8m	行车道宽10.8m，路基宽12.8m

续上表

技术标准	下段	上段
路面类型	水泥混凝土路面	坝肩884～料场脚1060m间为水泥混凝土路面，非永久道路为泥结碎石路面
圆曲线极限半径	30m	30m
最大纵坡	7%	8%
竖曲线半径一般最小值	凸型700m,凹型700m	凸型700m,凹型700m
回头曲线最小半径	20m	20m
回头曲线最大纵坡	3.5%	3.5%
桥涵设计荷载	汽—80级重车行列,履带1200kN	汽—80级重车行列,履带1200kN

6 主要路基工点设计及汶川大地震后震害调查

6.1 锚索桩工点

AK2+275～AK2+458段设置锚索桩，见图7，该段地形陡峻，自然坡度35°～50°，局部呈陡峭悬崖状。自上而下为黏土，厚0～2m，块石土，厚2～8m，下部岩层为砂页岩互层，局部夹煤层，节理、裂隙发育。设计采用锚固桩+锚索桩方案。共设23根桩，其中锚索桩14根，桩长17.5～27m，最大悬臂高度22m，截面1.5×2.0m^2；锚固桩9根，桩长13.5～19m，截面1.5×2.0 m^2、1.5×2.5 m^2。桩间距均7m，桩间采用土钉墙，墙高7～22m，土钉长度6～8m。锚索桩上设置2～4排锚索，采用一孔6束，锚索长度18～27m。

图7 锚索桩工点

震后结构物未见裂缝，锚头未见破损。因锚索桩与桩间土钉墙之间未设变形缝，在地震力作用下不同结构物变形不一致，可见桩与土钉墙交接边缘出现垂直裂缝，但对结构使用不产生影响。

6.2 锚索工点

AK3+388～AK3+661、K5+750～K5+850段设置锚索桩，见图8，该段地形陡峻，自然坡度35°～50°，局部呈陡峭悬崖状。地表为块石土，下部岩层为砂、页岩夹煤层，节理、裂隙很发育。由于该段边坡较高，砂页岩夹煤层工程地质条件差，设计边坡坡率采用1∶0.3后边坡高度仍达31m，所以采用预应力锚索加固的处理方案。锚索采用每孔4束，间距4m，锚索长度15～28m。锚索间采用锚喷网防护，锚杆长度2m。

该段落范围在AK3+510～AK3+520出现负地形，路基以小填小挖通过，本次地震后原地表出现垮塌，造成行车因路面局部堆积物而中断。锚索及锚索加固的边坡未见因地震出现损坏及失稳，见图9。

图8 锚索工点

图9 震后的锚索工点

K5＋750～K5＋850 段地形、工程地质类同前段，采用锚索加固的边坡，抗震效果好，锚索及锚索加固的边坡基本未出现失稳现象。

6.3 土钉墙工点

AK5＋290～AK5＋370 段地形陡峻，自然坡度 30°～45°，局部呈陡峭悬崖状。该段出露地层为块石土，密实，块石含量 50％～60％，石质主要为砂岩，直径 20～50cm。设计方案：设计采用土钉墙加固，最大高度 18m。边坡高度小于 10m 时，采用一级，土钉长 7m；边坡高度大于 10m 时，采用两级，土钉长 9m，中部设置 2m 宽的平台，平台上下各两排土钉加长至 12m。土钉间距均采用 1.25×1.25m。

K6＋216.28～K6＋350 段采用土钉墙加固边坡，震后未见墙面开裂及边坡失稳现象，见图 10。

6.4 路肩、路堑挡土墙

AK3＋897～AK3＋930、该段地形较缓，地表为黏土，下部岩层为砂、页岩夹煤层，节理、裂隙很发育。设计方案：砂页岩夹煤层工程地质条件差，挖方边坡采用重力式路堑挡土墙设计方案。AK4＋020～AK4＋160 设计参数：$\varphi=50°$、$\gamma=22\text{kN/m}^3$、$f=0.5$、$\sigma=500\text{kPa}$；AK4＋160～AK4＋250 设计参数：$\varphi=40°$、$\gamma=18\text{kN/m}^3$、$f=0.4$、$\sigma=400\text{kPa}$。挡土墙最大高度 13m，墙顶采用 1∶0.75～1∶1.25 的刷方坡率。

AK4＋020～AK4＋250 左右路面以上 1m 附近震后出现墙面砌石剥落，挡墙有外挤现象。从剥落面来看，料石尺寸偏小、砌筑砂浆不饱满。

图 11 和图 12 为震后的路肩、路堑挡土墙。

图 10　震后的土钉墙工点

图 11　震后的路堑挡土墙

6.5 加筋土填方路基段

K4＋605～K4＋709 加筋土路基段，见图 13，最大填方高度 24m，一般填方路基段稳定性较好，基本未出现大的失稳现象，但部分路基段外侧(临空面陡峭)边坡拉裂纹非常发育，地震中未出现边坡失稳现象，仅上部护肩向外侧有少量的倾移，表明采用加筋土方式是地震区高路堤处理的一种有效工程措施。

图 12　震后的路肩挡土墙

图 13　震后的加筋挡土墙

7 桥梁工程

全线仅设置一座蒲家山大桥，两桥台的基础均置于基岩上，采用扩大基础。桥梁设计按照Ⅷ度进行设防。

7.1 蒲家山大桥设计

蒲家山大桥(图14)采用单孔净跨为80m的大跨度钢筋混凝土箱形拱桥方案,该桥全长126.3m,桥宽双车道12.3m,设计荷载为汽—80级重车。

该桥位于堤坝左岸的陡壁上,横坡极陡,桥头两侧均为高边坡路基,挖方高度达70m。受地形条件限制,设计和施工极其困难,技术含量高,原设计考虑采用预制吊装施工方案。由于受工期的限制,经多次协商和方案讨论,将预制吊装施工方案变更为搭钢盔拱架现浇施工。在施工过程中,又经过仔细分析核算,第一次采用将底板、腹板、顶板分阶段浇注,分阶段合龙的方法,顺利完成了主拱圈的合龙及拱上建筑施工。

蒲家山大桥桥梁方案合理,桥型美观,在设计中,克服了汽—80级重车荷载对大跨度桥梁结构设计约束。

2003年2月,蒲家山大桥顺利竣工并进行了成桥荷载试验(包括静载、动载试验),试验表明:在试验荷载下,桥梁结构变形对称性良好,无异常现象,无残余变形,结构实际受力与理论计算保持一致;桥跨结构满足设计荷载下的使用要求,桥跨结构具有足够的强度和刚度,在设计荷载作用下安全、可靠。

7.2 蒲家山大桥工程震害调查

通过现场调查,0号桥台的帽梁下有一条斜裂缝,1号盖梁的防震挡块破坏,其余位置无可见裂缝,桥梁主体结构完好,见图15。大桥附近经过处理的山体坡面也有开裂现象发生。

图14 蒲家山大桥

图15 蒲家山大桥台帽下裂缝

8 结语

8.1 总体及路线

紫坪铺水利枢纽重载公路经受住了“5·12”大地震的考验,说明了山区低等级公路对于完善区域公路网、促进山区社会经济发展起着重要的作用,尤其在灾害发生时往往起着关键性的作用,应进一步提高地震多发区道路的总体设计水平,尤其要考虑灾害来临时道路能及时恢复畅通的能力,路线选线除尽量避开地质不良地段、做好桥隧与路基的比选,还应坚持环保选线、景观选线和路基横断面选线,尽量做到少填少挖。细节处理上要注意路线选线要尽量远离发震断层,无法绕行时路线最好平行通过,如需交叉时,宜垂直跨越,并以路基低填浅挖方式通过。应尽量避免在位于构造带上的山坡上多次展线。小半径曲线段尤其要注意减少填挖高度,回头弯位置的选择宁愿增长路线长度以避免高填深挖。

8.2 路基

通过该公路工程的震害调查,路基、桥涵结构物均无毁灭性的破坏。表明《公路工程抗震设计规范》(JTJ 004—89)① 对设防烈度为Ⅶ度地震区的公路所确定的设计原则及设防措施是合适的,能满足公路工程的抗震要求。

①目前该规范已被《公路桥梁抗震设计细则》(JTG/T B02—01—2008)取代。

本项目因地制宜地采用了多元化的新型、轻型、支挡结构和岩土加固措施。“5·12”大地震实际地震烈度为Ⅷ度，路基工程经受住了严峻考验，虽然有局部路基工程损坏，但未对道路运营安全造成影响。证明路基工程方案是合理的。锚索、土钉墙、加筋土等柔性支护结构抗震性能较好。

8.3 桥梁

蒲家山大桥经受地地震烈度与设计设防烈度一致，仅出现轻微震害，修复后可正常使用，涵洞均无明显因地震造成的结构损伤，说明桥梁设置位置、桥型等的选择、设计是合理的。通过计算分析认为抗震规范应增加“对处于干线道路(生命线)上桥梁结构，其抗震等级应进行专门研究”的内容，将防震销钉、防震挡块等构件也纳入抗震计算内容，尽量减少落梁的机会。对高地震烈度区，桥涵结构物尽量少采用或不采用素混凝土结构。应鼓励采用综合的抗震设计措施，减小主体结构所承受的地震力，提高结构的抗震能力。不仅要引入抗震概念设计、延性设计的思想，还要对抗震构造细节作出规定，更有效地指导桥梁结构的抗震设计。

以上是紫坪铺水利枢纽工程重载公路的设计总结以及汶川大地震后对一些工点的调查。公路建成后，通过多年的运行实践，证明路线和工程方案是合理的，收到显著的经济、社会效益。

成兰铁路九寨沟车站综合设计

冯　骥

（中铁二院工程集团有限责任公司土建一院）

摘　要　山区铁路地质复杂、地形陡峭，车站站址受地形和滑坡、泥石流、岩堆等地质灾害的影响较大，设站条件一般较差。随着国家西部大开发战略和《铁路中长期路网发展规划》的实施，西部山区铁路迎来了巨大的发展机遇。本文通过对车站规模和布置的优化设计，提出"以工程换空间"的设计思路，按照"零换乘"的设计理念综合布局山区车站的集疏运交通系统，探讨在狭窄的山区构建现代化客运车站的总体设计方案。

关键词　山区铁路；客站设计；站址狭窄；地质复杂；"以工程换空间"；"零换乘"综合交通系统

Design of Jiuzhaigou Station

Feng Ji

(First Civil Construction Design and Research Institute of CREEC)

Abstract　For the mountainous railway, the geology is complicated and the terrain is steep, the location of the station is greatly affected by such geological disasters as terrain, landslide, debris flow and talus, therefore, generally, the condition of the station is poor. The implementation of "West China Development Strategy" and "Medium-Long Term Railway Network Development Planning" is a great chance for the development of the railway in mountain area in West China. In this paper, through optimization design of station scope and arrangement, the design concept of "increasing the usable space by bridge and retaining wall, etc." is put forward. The collection and distribution traffic system of the station in the mountain area shall be arranged comprehensively according to design concept of "zero transfer". A discussion is done on overall design proposal of constructing modern passenger station in the narrow mountain area.

Key words　mountain railway; design of passenger station; narrow station site; complicated geology; "increasing the usable space by bridge and retaining wall, etc."; "zero transfer" integrated traffic system

1　引言

九寨沟车站为成兰线上最大的客运办理站，成兰线位于四川盆地向青藏高原东部边缘构造强烈复合之高山峡谷带过渡区，跨越龙门山、岷江、秦岭三大断裂带，线路经过地段人烟稀少，但旅游景点众多，是四川省旅游资源最富集的地区。铁路沿线拥有九寨沟、黄龙、神仙池、松州古城、牟泥沟、大草原等众多世界级、国家级高品位旅游资源，使大九寨区域占据了四川省最突出的形象性资源区地位。大九寨旅游景区及客流规划如图1所示。

四川省专门确定了做优做精九寨、黄龙品牌的旅游发展规划：以九寨黄龙为中心，带动神仙池、白河金丝猴保护区、红军长征纪念碑园、松州古城、牟泥沟、叠溪—松坪沟、九顶山等景区的发展，打造国际旅

作者简介：冯骥（1968—　），男，高级工程师。

游精品区。

图 1　大九寨旅游景区及客流规划图

目前，大九寨旅客人数为 698 万人次/年，规划将达到 1814 万人次/年，其中九寨沟地区旅客流量规划为 700 万人次/年。据此分析，预计研究年度九寨沟地区的铁路运量如下：

客运量：近期 283 万人/年，远期 390 万人/年；

货运量：近期：32×10^4 t，远期 53×10^4 t。

2　工程设计面临的主要问题

2.1　车站站址选择

大九寨地区处于岷江和嘉陵江水系的分水岭，地形地质条件极为复杂，环境敏感区分布众多，满足设站条件的平坦地形非常少，且大部分被既有城镇居民区占用，找到地形、地质条件好，至城镇、景区距离适中，且符合地方政府和环保要求的车站站址，是车站设计的核心问题。

2.2　车站站型及规模确定

为充分发挥车站的换乘功能，同时降低工程造价，有必要详细调查客流的构成，分析确定恰当的车站规模，并分析研究适合地形、满足需求的车站布置形式。

2.3　站区总体规划设计

本站站址受地形和滑坡、泥石流、岩堆等地质灾害的影响较大，旅客最高聚集人数达 2 万人，要求车站具备宽敞的设站条件。因此，如何合理利用有限的地形条件，如何采取工程措施保证安全并扩展有效可利用空间，满足列车到发、旅客乘降和公交集疏的需求，并按照“以人为本，服务旅客”的设计思路，构建完善的车站集疏运综合交通系统，是非常值得认真探讨的问题。

3 解决问题的对策

3.1 车站站址选择

本地区选线按照“以点带线”的原则，按照地形和距离景区、城镇的远近等因素优先确定车站位置，同时结合线路位置、高程和沿线地形、地质条件进行综合选线的原则。设计中贯彻“以人为本”的理念，将旅客的安全和出行的方便放在首要位置，而将工程投资放在次要位置，进行大范围的方案比选。

(1)九寨沟站站址选择应考虑的因素

合理的海拔高度：由于九寨沟部分片区海拔较高，冬季公路积雪严重，进出景区困难，故旅游在九寨沟突出表现为“淡季过淡、旺季过旺”的特点，游客分布四季不均，冬季平均每天进沟旅游人数仅 100 人。因此，为保证游客一年四季均可畅游九寨沟，九寨沟铁路车站必须设置在比较低的海拔高度，以避开公路积雪路段。

距离各景区的合理距离：片区的主要景区有九寨沟、甘海子、神仙池、甲蕃古城、川金丝猴保护区、黑河大峡谷等。故车站站址在避开景区核心区的前提下应尽量位于其各大景区的区位中心，以利于游客便捷地抵达景区。

距离后勤服务中心(住宿)的合理距离：根据规划，九寨沟按照“一线三点”(九寨沟县城、漳扎镇、甲蕃古城)组团式布局，实现多元化、差异化、综合协调发展；实现从“沟内游、沟外住”的低端服务向“景区游、城镇住”的高端综合服务转变。经研究，火车站距离后勤服务中心(住宿)的合理距离宜在汽车 2h 以内到达比较合适。

景区规划要求的合理距离：九寨沟是世界遗产，环境敏感区众多，根据景区规划，以九寨沟口为中心的 7km 范围内为限制开发区，禁止进行大型土木工程的建设，限制开发区是九寨沟站站址选择必须考虑的重要因素。

合理的场坪面积：根据始发终到客车的数量，需要配置相应数量的到发线，以及相关的存放设施，对车站场坪有长度和宽度要求：长度为 1750～2200m，宽度 58～96m。

综上所述，九寨沟站站址设置应按“近而不进”景区的原则进行综合比选。

(2)车站站址方案比选

围绕九寨沟景区及游客集散点的分布，在面积 4800km^2 的范围内选择了上四寨、朗寨、甘海子、神仙池、九寨沟口、大录、东北、八郎沟、九寨沟县城等多个站位(图 2)，根据上述站址选择原则，九寨沟站可能的站位为上四寨、朗寨、甘海子、神仙池和八郎沟站位。

甘海子站位(海拔 2750m)位于九寨沟国家森林公园内，最长隧道长达 28.93km 的长隧，不仅工期长、对环境影响大，且投资较高；朗寨站位(海拔 2200m)距离九寨沟景区约 8km，但有 25.6km 长隧，控制全线工期，另外线形差、线路长、投资巨大。故研究后放弃上述 2 个站位方案，重点对上四寨、八郎沟和神仙池站位进行分析比较。

(3)方案主要工程数量及投资比较见表 1。

主要工程数量及投资比较表 表 1

项目		单位	上四寨站位方案	八郎沟站位方案	神仙池站位方案
新建长度		km	104.167	110.609	113.008
房屋拆迁		m^2	13435	11875	14447
用地	耕地	hm^2	7.94	12.41	173
	非耕地	hm^2	50.09	64.13	1324
路基	土石方	10^4m^3	184.38	273.36	324.72
	圬工	10^4m^3	11.01	16.62	19.43
	级配碎石	10^4m^3	9.98	14.48	17.59

续上表

项目		单位	上四寨站位方案	八郎沟站位方案	神仙池站位方案
桥涵	特大桥	座-延长米	7-4861	7-5427	5-3564
	大中桥	座-延长米	10-2776	12-3650	28-6556
	桥梁总长/比重	km/%	7.637/7.3	8.077/8.2	10.12/9.0
隧道	$L\leqslant 1000$m	座-延长米	2-683	3-995	11-4960
	1000m$<L\leqslant$4000m	座-延长米	7-15400	6-13371	6-17140
	4000m$<L\leqslant$6000m	座-延长米	2-10150	—	—
	6000m$<L\leqslant$10000m	座-延长米	1-7050	—	2-15590
	10000m$<L\leqslant$15000m	座-延长米	4-55695	6-75976	4-51785
	隧道总长/比重	km/%	88.978/85.4	89.342/76.9	89.475/74.7
	最长隧道	延长米	14900	14466	13655
桥隧总长		km	96.615	99.419	99.595
桥隧比重		%	92.7	89.9	88.1
投资预估算(静态)		万元	1193844.73	1259028.64	1298310.83
差额		万元	0	+65183.91	+104466.10

图 2 九寨沟拟选站位示意图

从环境、生态保护分析:上四寨方案线路通过九寨沟国家森林公园,对环境、生态保护影响相对较大;八郎沟方案基本上绕避了九寨沟国家森林公园和大熊猫栖息地,对环境、生态保护有利;仙池线方案穿越了大熊猫栖息地(大录乡),穿越长度约 15km,尽管该方案多以隧道和桥梁穿越,但仍有路基、站场工程,铁路的修建对大熊猫的栖息地有切割影响。

从工程地质条件分析：三方案岩性条件相当，从断裂构造的角度，上四寨方案线路平行断裂构造段落较长，且站址位于大型滑坡下沿，存在次生灾害危及车站安全的风险；神仙池位于泥石流发育地带，暴雨季节可能危及旅客安全。故从工程地质条件分析，八郎沟站位优势明显。

从站位条件分析：神仙池站位地面横坡较陡，平面条件较差，不能满足九寨沟站（始发终到站）场坪布置的要求；且该站海拔2890m，处于冬季积雪区，未解决游客冬季难以进入九寨沟的问题；上四寨站位和八郎沟站位设站条件均较好，车站位置地形开阔，除进、出站咽喉位于隧道内，其余均位于路基地段，较好地满足了车站场坪布置要求。

经综合分析比较，八郎沟站位方案虽然工程投资比上四寨站位高，但具有对环境、生态影响小，车站工程安全性高、设站地形条件好等优点，故推荐采用。

3.2 车站站型选择

(1)车站布置形式的确定

本站近期始发终到客车17对、通过20对，远期为25对、32对，以旅游动车为主，成都方向列车需立即折返；货运量近期34×10^4t/年，远期42×10^4t/年。测算需要4～5个站台面，并配套客车整备存放、养护维修设施等。根据正线平纵断面条件，共研究了3种布置形式，如图3所示。

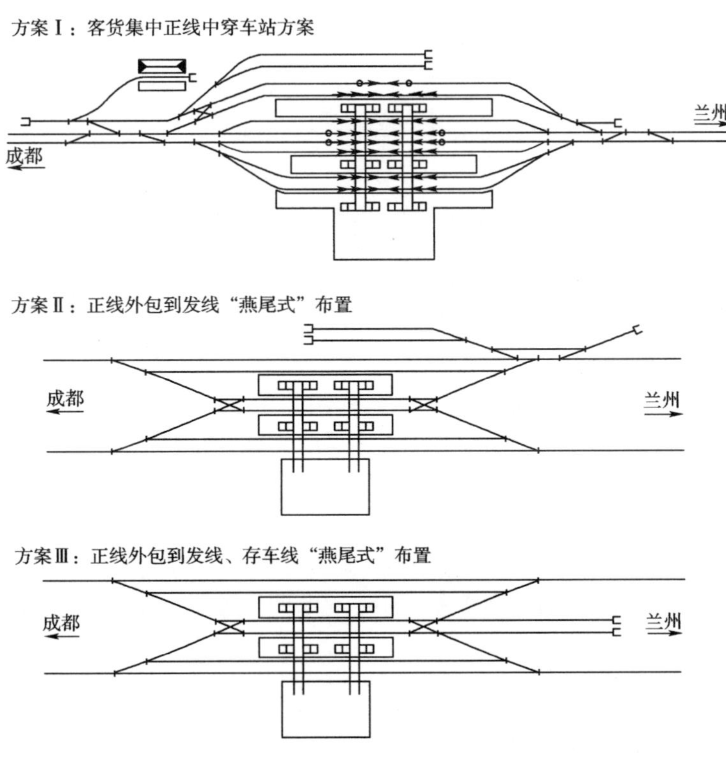

图3　九寨沟站站型方案图

方案Ⅰ：客货集中正线中穿车站方案

采用客货集中、正线中穿布置，客车径路上道岔为18号，中间站台长采用550m。到发线分工为：通过列车停3、8道，立折列车停4、6道，收发车停5道，货物列车停7道。

本方案客货运输均不受影响；到发线合理分配，货场调车、车底出入与列车折返、通过、到发互不干扰，运输组织灵活，但站坪需要长度达2100m，适应地形能力相对较差。

方案Ⅱ：正线外包、到发线“燕尾式”布置

本站型采用正线外包到发线的“燕尾式”布置。成都方向立折列车不与正线交叉；存车线在车流较小的兰州端接轨。兰州端隧道为1单1双两洞，双线隧道长度较短（约600m），投资较省。但车站失去货运功能，货运需分设于甘海子站，位于海拔3200m的冬季积雪区，造成冬季货物通过公路接驳十分困难。

方案Ⅲ:正线外包,到发线、存车线"燕尾式"布置

车站布置形式与方案Ⅱ基本相同,货运需移至甘海子站办理,客车存车线设于兰州端两正线间隧道内,客车折返及车底走行作业顺畅,消除与正线交叉,但兰州端隧道为2单1双三洞,双线隧道长度较长(约920m),工程投资较大。

三种车站布置方案的优缺点分析如表2所示。

站型布置方案优缺点比较表　　表2

序号	方案名称	优　点	缺　点
方案Ⅰ	客货集中正线中穿车站方案	①客车径路采用18号道岔; ②客货运均可满足地方及旅游的需要; ③车站客货运输组织条件好	①立即折返客车走行需切割正线; ②站坪长度需要2100m,较长,适应地形能力相对较差; ③车站站坪宽度较宽,约为92m
方案Ⅱ	正线外包到发线"燕尾式"布置	①成都方向立折列车不与正线交叉,作业顺畅; ②隧道折单可比长度1200m; ③工程投资较方案Ⅲ小; ④车站站坪宽度较窄,约为74m	①客车底走行与正线平交,有干扰; ②立折列车需侧向通过12号道岔; ③货运分设于甘海子车站,位于冬季积雪区,公路接驳十分困难; ④难以设置基本站台,旅客进出站均需通过地道
方案Ⅲ	正线外包到发线、存车线"燕尾式"布置	①成都方向立折列车不与正线交叉,作业顺畅; ②客车底走行距离短,不切割正线; ③车站站坪宽度最窄,约为58m	①立折列车需侧向通过12号道岔; ②隧道折单可比长度2440m; ③工程投资较方案Ⅱ大; ④货运分设于甘海子车站,位于冬季积雪区,公路接驳十分困难; ⑤难以设置基本站台,旅客进出站均需通过地道

方案Ⅰ客货运功能齐全,道岔均采用18号,运营条件优越,故推荐采用方案Ⅰ客货集中正线中穿的车站方案。

(2)车站规模的调整与优化

考虑到本站早晚高峰时间密集到达和出发客流相当巨大,且夜间客车车底需要占用到发线停留过夜,故经研究决定强化客运功能,增加1台2线,同时考虑到设置铁路货场对车站形象的不利影响,进一步研究了以下2个方案:

方案Ⅰ:取消铁路货场方案

为避免铁路货场的设置对本站优良外观和环境的不利影响,分析研究了取消铁路货场的方案,但该方案存在如下缺点:本站到发物资主要满足九寨沟县城及周边居民的需要,因为进出九寨沟地区的主要公路位于冬季积雪区,冬天有2～5个月的时间因为公路积雪需封路,公路中断时间较长,若取消本站货运,会造成冬季货物运输不畅,且无法满足治安、抢险等突发事件的需要,故研究后放弃。

方案Ⅱ:减少货场规模方案

减少九寨沟车站货场规模,仅保留15×10^4t仓库货场,满足冬季的基本物资需求,其余的货物到发转移至地形条件较好的松潘站办理。该方案货场占地少,在满足运输需求的条件下,最大限度地减小了货场对车站的环境的不利影响,维护了九寨沟车站作为旅游车站的优良形象,故作为推荐采用方案。

3.3　站区总体规划设计

由于地域环境的特殊性,公路驳接成为唯一的方式,快速集散、避免积压是综合交通设计的关键,采用"自动化、零换乘、精密化"设计理念,详细研究车站集疏运综合交通系统的构建,结合八朗沟站站址狭窄的地形条件,对九寨沟站区规划进行了详细研究。

(1)主要经济技术指标及对策

九寨沟站前广场交通场站布局方案主要经济技术指标见表 3。

九寨沟站站区各交通场站规模表(单位:m²)　　表 3

类　别	旅游大巴、长途客运	公交	出租车	社会车	合计
车场面积	13000	33000	10000	14000	70000

可见,本站旅客集散需要的公交停车场面积较大,既有狭窄地形很难满足需求。为此,采取用“工程换空间”的设计思路,将车站范围内路基填方工程尽量改为桥梁设计,将车站股道大部分设于桥上,从而腾挪出桥下的空间作为地方和旅游停车场(经估算,该方案以增加工程投资约 9800 万元为代价,取得了增加公共停车场面积 69000m² 的良好效果,为立交换乘体系的最终形成创造了条件),同时在车站周围配置完善的公路交通换成体系,并尽量收紧边坡,在狭窄、有限的空间建成立体的交通疏解体系。

(2)车站流线总体设计(图 4)

车站站区前仅有一条改建公路,机动车车流主要分为西部神仙池方向的车流和东部九寨沟县城的车流,其中九寨沟县城的车流为主体。故公路采用过境外绕、到站终止的环形布局,车流流线为:九寨沟县城(神仙池)—站区道路—停车场—站区道路—九寨沟县(神仙池),整体车流流线清晰、流畅。可较好实现车站两端地区的机动车分流创造站区人车分行的目的。

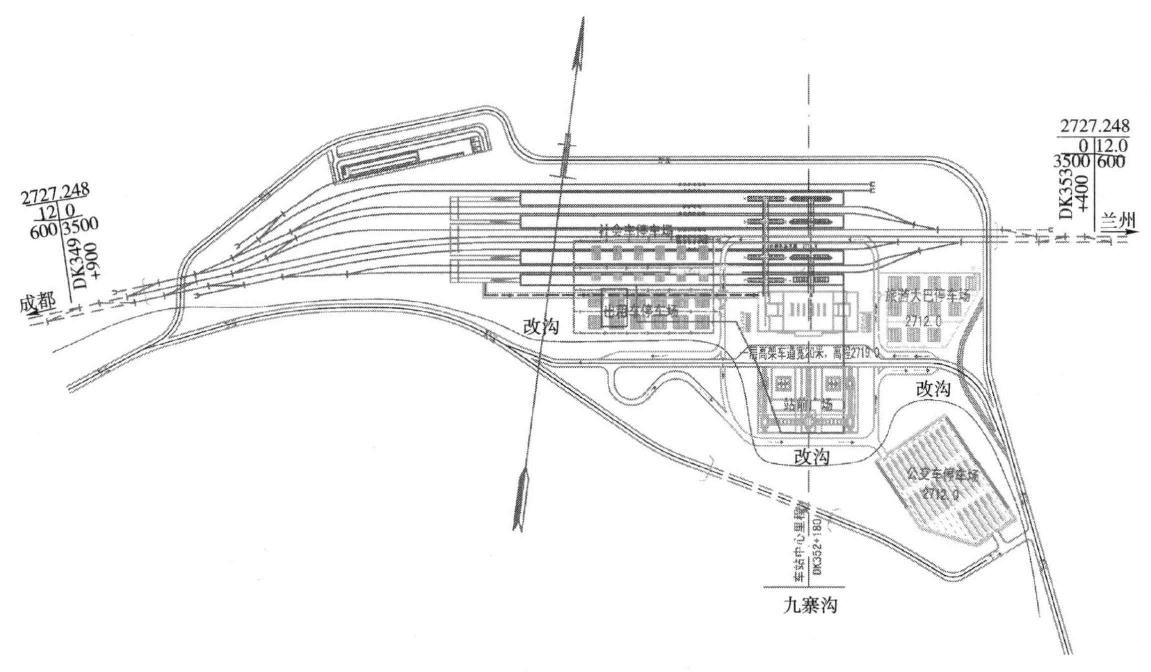

图 4　总体设计

①步行交通流线

整个步行交通流线以站前广场作为主体集散中心,配合广场两侧的专用人行通道,使整个车站内部步行交通具有明确的导向性、连贯性和整体性,无论进站或出站的旅客都可以通过由站前广场经人行通道进入各自的目的地,避免穿越机动车道。

进站:旅客可直接从天桥下客进入候车厅;或者经各种车辆下车后通过人行通道进入站前广场,之后均从一层(站厅层)进站,经进站大厅分别进入候车厅或直接进入进站通道。

出站:到站旅客至一层出站大厅,出站后通过站前广场经人行通道到达各处停车区,乘坐相应的交通工具离开。

贵宾:通过专用车道到达贵宾候车厅,可直接进站。

中转:换乘出行的旅客可按需要直接达到各车场,或在站前广场稍作停留后,再换乘各自需要交通工具离开。

停车:到社会车停车场的步行者大致可分为两类:停车后接送客后再返回停车场,因此在考虑步行交通时,设置停车场连接站前广场和各交通场站的步行交通道路。

②停车场交通组织

根据九寨沟车站实际情况,选择以下二种停车场交通组织形式进行分析

方案一:停车场分别设置独立的入口和出口,交通组织较为简单,车辆运行基本没有交叉干扰。缺点在于占地面积较大,见图5。

方案二:使用同一出入口进出,车辆运行存在一定的干扰,尤其是在出入口位置出量运行较为混乱,但占地面积较小,见图6。

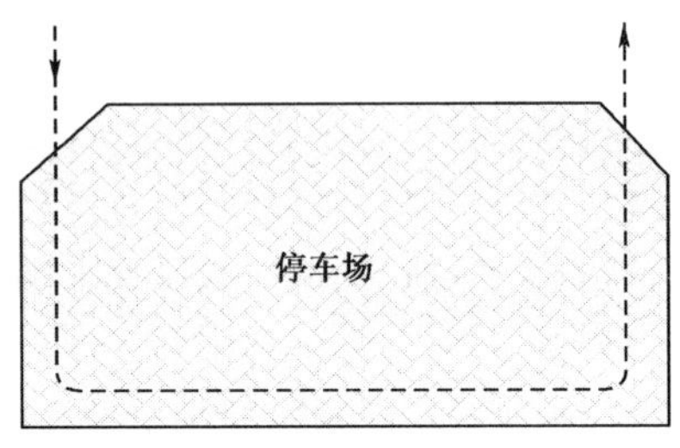

图5 交通组织方案一

图6 交通组织方案二

综合九寨沟站枢纽情况,由于进出停车场车流较大,如使用单一的出入口,车辆运行较为混乱,不利于车站整体交通组织的流畅,且不能有效做到人车隔离,因此在本规划设计中,停车场内部交通组织均采用方案一形式。

③公交车交通流线

公交车停车场,不考虑额外的停车面积,仅设置排队待停车位。停车场位于站区广场东南侧,出入口单独设置,采用竖直进站停车方式,车辆进出车场交通流线为(图7)。

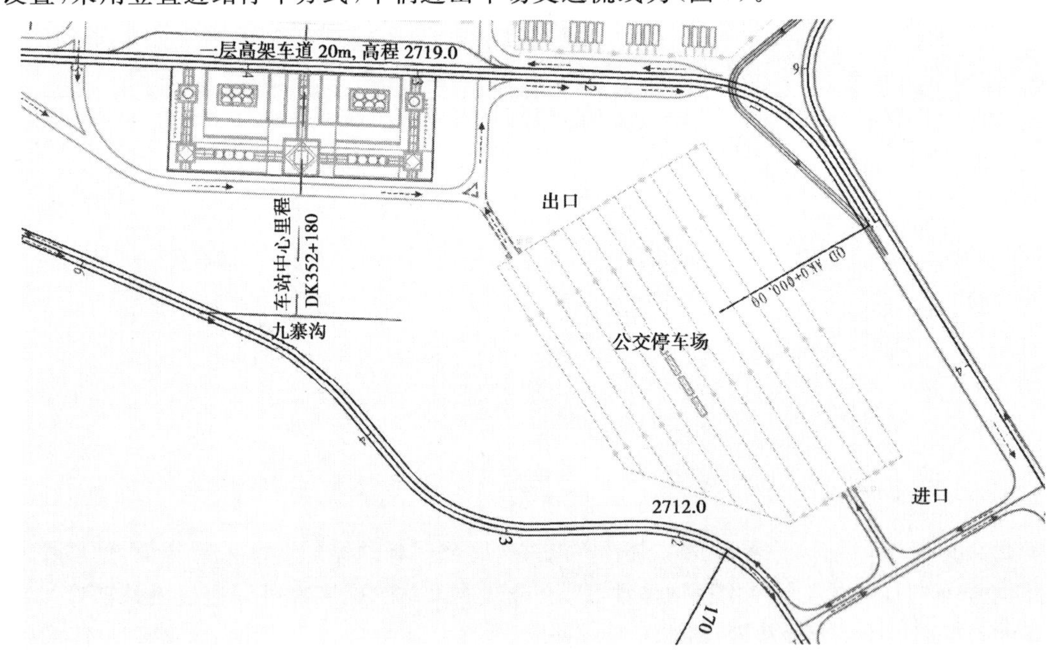

图7 公交车车场交通流线示意图

车辆进站:车辆经改建公路转入车场入口,经车场车道进入各自公交车排队待停带,最本队的最前车载客走后,后车依次跟进候客停车。

车辆出站:车辆已按顺序排好,再规定的公交时间到后,即可直接经车场车道驶向出口,出去后进入站区内部单行道路,经站区内部道路出口汇入外部公路。

乘客下车进站:公交进入车场停稳后,乘客即可下车,之后由车场出口出去,进入车站站前广场,由广场进入站厅上车。

乘客出站乘车:乘客出站后到达站前广场,按照路牌指引由广场转入站前道路,经公交车出口进入,沿车场内部乘客候车平台上车或候车。

④旅游大巴、长途车

旅游大巴、长途大巴共用的车场,车辆载客量大、车流量较多,因此采用双进出口形式,以满足车辆进出安全、快捷的需求。停车场中间为车道,车道两侧为停车位,采用垂直式方式停车,车辆进出车场交通流线为(图 8):

车辆进站:车辆经外部公路进去站区内部道路,顺站区内部单向道路进入车场入口,经车场中间车道找到空闲车位停车。

车辆出站:车辆由停车位经中间车道驶向出口,车场出口由单独引道接至货场通向道路,并经高架单行线,汇入外部公路。

乘客下车进站:旅游大巴进入车场停稳后,乘客即可下车,之后沿车场中间道路到达乘客专用出入口(靠近售票厅),然后进入车站站前广场,由广场进入站厅上车。

乘客出站乘车:乘客出站后到达站前广场,由广场转入旅游大巴乘客专用出入口,购票后,经车场中间车道,按照票面提示找到旅游大巴停车位,上车等候出发。

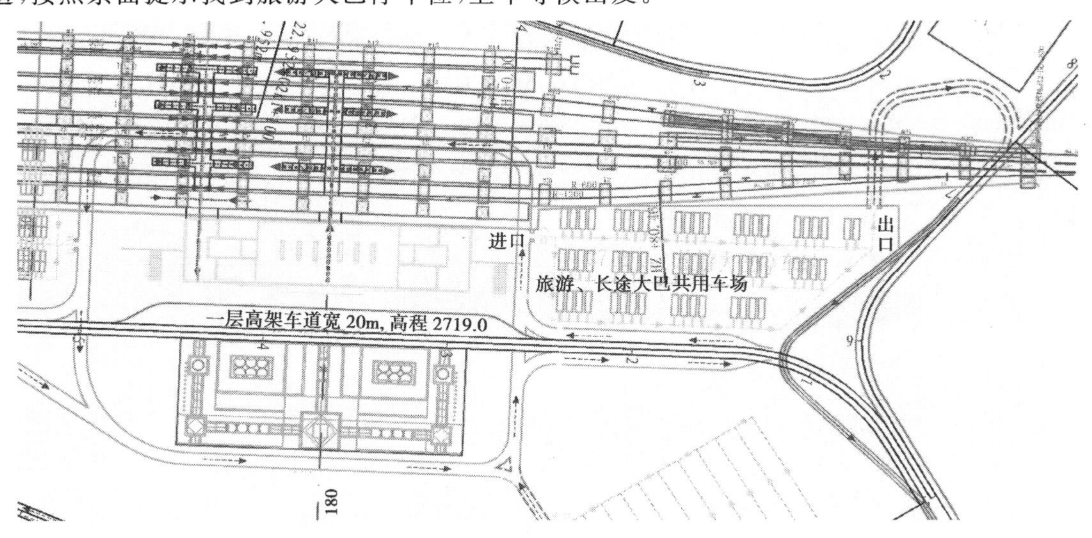

图 8 旅游大巴、长途车车场交通流线示意图

⑤社会车、出租车

小汽车机动灵活,及时便捷,是乘客出行到车站的舒适、快速的交通工具。社会车、出租车停车场位于站区广场西北侧,出入口顺站区内部单行道路各自单独设置,采用垂直式方式停车,车辆进出车场交通流线为(图 9):

车辆进站:车辆经外部公路进去站区内部道路,顺站区内部单向道路进入车场入口,经车场中间车道找到出租车待停区(社会车待停区),停车候客。

车辆出站:车辆由停车位经车场车道驶向出口,出去后顺站区内部单行道路经东西两个出口出去,汇入到外部公路。

乘客下车进站:车辆进入车场停稳后,乘客即可下车,之后由车场出口出去,进入车站站前广场,由广场进入站厅上车。

乘客出站乘车:乘客出站后到达站前广场,按照路牌指引由广场转入车场出口,沿车场道路找到空闲车辆即可乘车出发。

通过对旅客及各种车流的系统分析,采用“工程换空间”的设计思路增加有效使用面积,对站区内公交车、旅游大巴和出租车停车场位置进行规划布置,同时规划设置外包车场的环形公路交通,将通货场和站、段、所的公路衔接沟通,从而构建出环形、立体、大纵深的集疏运综合交通系统。

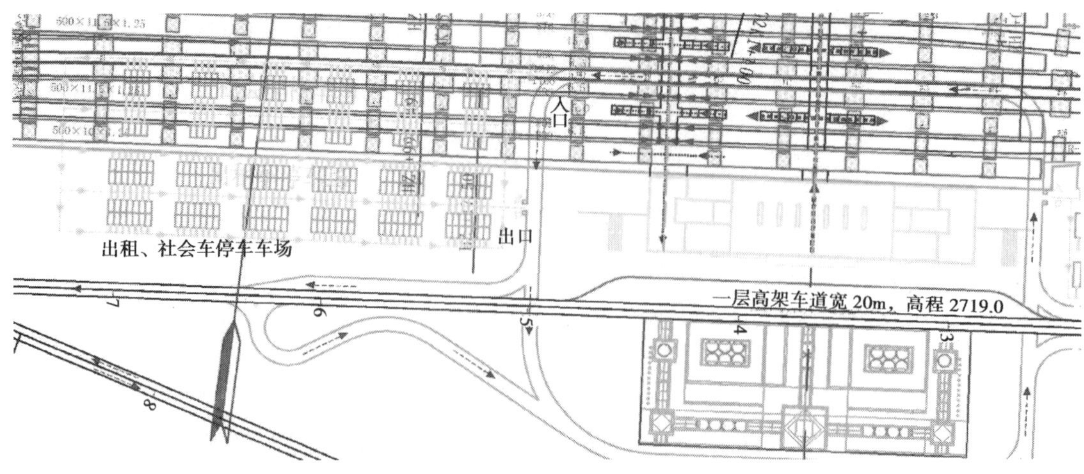

图 9 社会车、出租车车场交通流线示意图

4 工程应用及效果

经过车站规模和布置的优化设计，达到了车站布置与山区地形相适应的设计要求；按照"以工程换空间"的设计思路，对站区内公交车、旅游大巴和出租车停车场位置进行了规划布置，同时规划设置外包车场的环形公路交通，将通货场和站、段、所的公路衔接沟通。构建了"零换乘"的集疏运综合交通系统，在狭窄的山区完成了美观、方便、适用的旅游客运车站总体设计(图 10 和图 11)。

图 10 九寨沟站鸟瞰图

图 11 九寨沟站坪效果图

5 结语

复杂山区的铁路车站设计，需要广大技术人员开动脑筋，专业间群策群力、集思广益并密切配合，以最大限度满足旅客需求为终极目标，进行多个方面的优化必选并确定设计方案。

(1)大范围选择车站站址，在确保不遗漏方案的前提下，从工程投资、地形地质条件、环境影响、旅客乘降等多方面综合必选确定采用站位。

(2)复杂艰险山区铁路车站地形、地质条件普遍较差，设计中需要综合考虑各种情况，采取适当措施优化车站规模，并采取灵活多变的布置形式以适应复杂的地形条件，达到在满足旅客需求的前提下降低工程投资的目的。

(3)摒弃“一味节省投资”的思路，遵循“以人为本”的设计理念，合理选用增加桥梁和挡护工程等先进的技术手段，虽然增加了工程投资，但可以改善旅客的集散环境，优化乘降条件，满足人们日益增长的方便出行、舒适旅游的社会需求。

随着科技进步和经济的迅猛发展，新技术、新工艺必将在铁路设计中得到更加广泛的应用，为山区铁路车站的设计和创新奠定了坚实的基础，想旅客之所想、忧旅客之所忧，坚持服务旅客的态度，现代化的车站设计必将大有作为。

复杂地形地质条件下的山区铁路站场设计研究

胡 健 文 东

(中铁二院工程集团有限责任公司土建一院)

摘 要 山区铁路站场设计常受地形地质条件所限,车站场坪及站房必须结合桥梁、隧道、路基等工程进行特殊设计。本文通过对山区铁路特点及站场设计中常见问题的分析,结合西南山区铁路站场设计、咨询实例,研究山区铁路站场设计应遵循的原则,提出不同地形地质条件下山区铁路站场的优化设计方案。

关键词 复杂地形地质;山区铁路;桥隧;站场设计

Design on Railway Station and Yard in Mountainous Area under Complex Terrain and Geological Conditions

Hu Jian Wen Dong

(First Civil Construction Design and Research Institute of CREEC)

Abstract As limited by the terrain and geological conditions, the station, yard and buildings must be designed especially combining with bridge, tunnel, subgrade, etc. Based on analysis on characteristic of railways in mountainous area and common questions in station design, combing with the design and consulting examples of railway stations in southwest mountainous area, this paper studies the principles which shall be followed when designing railway station and yard in mountainous area and puts forwards the optimum design scheme of railway station and yard under different terrain and geological conditions.

Key words complex terrain and geology; railway in mountainous area; bridge and tunnel; station and yard design

1 引言

我国山区面积广大,约占国土面积的2/3,山区铁路是全国铁路网的重要组成部分。山区铁路车站设置既要满足本线运输能力的需要,又要靠近经济据点,拉动地方经济,但山区铁路站场的布置常受地形地质条件的制约,因此需要根据不同地形地质条件对车站站位、车站规模、车站布置形式及站房、工区、段所位置等进行特殊设计。

2 山区铁路的特点

2.1 自然特征

(1)地形、地貌特征

山区包括山地、丘陵和崎岖的高原,山区高度可分为高山区、中山区和低山区。云贵川等西南山区,通常地势东高西低,北高南低。高程较高,相对高差较大,地形起伏大,横坡较陡。西南山区雨水充沛,通常沿线植被较茂盛,地表基本被覆盖,且覆盖层及风化壳均较厚。

作者简介:胡健(1975—),男,高级工程师。

(2)工程地质较差、存在大量不良、特殊地质

山区通常地层岩性、地质构造复杂,构造作用强烈,受褶皱、断裂及岩浆侵入活动的影响,岩层产状变化较大,岩体完整性较差,岩层风化层较厚。水文地质条件复杂,地表水、地下水发育不均,部分地下水、地表水对混凝土具侵蚀性。局部地段边坡稳定性较差。加之江河深切,地形复杂。不良地质、特殊岩土发育,特别是滑坡、错落体等不良地质密集,范围大,具成群分布的特点。常见的不良地质有岩溶、滑坡、错落、危岩落石、岩堆、泥石流、砂土液化、人为坑洞、煤层瓦斯、采空区及顺层等;特殊岩土有软土、膨胀土等。一般来说工程地质条件较差。

以大瑞线为山区铁路代表,具有“三高”(高地热、高地应力、高地震烈度)、“四活跃”(活跃的新构造运动、活跃的地热水环境、活跃的外动力地质条件、活跃的岸坡浅表改造过程)的特征,是目前国内艰险山区地形地质条件最为复杂的一条铁路。

2.2 山区铁路技术特征

(1)由于通过多为经济不发达地区,为发挥铁路拉动地方经济的作用,山区铁路多为客货共线铁路。如大(理)丽(江)、大(理)瑞(丽)、丽(江)香(格里拉)等铁路均为客货共线铁路。

(2)山区铁路为适应地形、高程,其牵引方式通常为双机或多机牵引,限制坡度一般较大[1],如大丽线限坡为12‰,大瑞线限制坡度12‰,加力坡24‰,丽香线限制坡度12‰,加力坡30‰。

(3)地质选线

山区尤其是西南山区铁路沿线山高谷深、地形陡峻、相对高差大,构造运动强烈,地质条件复杂、桥隧工程艰巨。因此在勘测和设计过程中始终应遵循越岭地区、山区河谷、不良地质及特殊岩土分布区地质选线,并结合沿线重大桥隧工程进行铁路选线的原则。

(4)线路桥隧比重大、投资造价高

由于地形、地质原因,山区铁路选线中桥、隧所占比重通常较大,大丽、大瑞、丽香线桥隧比重分别达到60.12%、76.2%、72.9%。因此,部分车站须设在桥隧上。

3 山区铁路站场设计中经常遇见的问题

3.1 站位选择

山区铁路地形困难,地质复杂,长隧高桥工程艰巨。车站作为铁路运输的基层生产单位,如何既能保证铁路的通过能力要求,又要合理选择站位,节省工程投资。这是山区铁路站场设计首先面临的一个重要问题。

3.2 车站规模和技术设备

山区铁路中数量最多为会让站和越行站,其次为规模较小的中间站,但由于山区铁路桥、隧众多,如何在满足通过能力要求的前提下,选择合理的车站规模和技术设备,也是我们站场设计的一个重要问题。

3.3 车站布置形式

在满足运输要求的同时,考虑近、远期优化车站布置形式,研究各项设图示的相互位置,提出合理的车站布置图,可以有效地节约工程投资。

3.4 站房、工区、段所位置

车站的站房、工区、段所是车站的重要组成部分,也是运营管理人员生产生活的场所,直接影响铁路运输生产。所以经济合理选择站房、工区、段、所位置,对于节省工程投资有着重大意义。

4 山区铁路站场设计应遵循的原则

“以人为本、服务运输、强本简末、系统优化、着眼发展”是铁路建设25字方针,山区铁路由于自然条件困难,线路中桥隧比重大,投资高,进行设计更需要坚定不移地执行这个方针,山区铁路站场设计时应

遵守下列原则和要求：

(1)保证本线的输送能力。山区铁路的站位的选择、各项设备的能力应适应近、远期客、货运量的需求，并应具备必要的储备能力。

(2)安全性应贯穿设计的始终。车站布置和设计技术条件应符合有关规范、规章和标准要求，把提高安全可靠性贯穿于整个设计中。

(3)设计方案应有总体性、全局性观点。车站设计是一项系统工程，不仅要注意本身内部各项设备的合理布局、各专业相互配合以及与区间能力相互协调，而且要考虑照顾地方经济据点，满足城市规划、工农业布局和国防等多方面要求。

(4)注重投资效益，节省基建费用。在满足设计期运期需求和保证安全的前提下，尽可能节省工程费用、少占用地。

(5)考虑持续发展的可能，布置车站各项设备时，应着眼长远，综合考虑近、远期可能变化，避免废弃工程。

5 复杂地形地质条件下的山区铁路站场特殊设计

5.1 结合多种因素合理确定车站位置

(1)站位、线路方案需照顾地方经济据点及地方规划

山区铁路沿线多为我国不发达的地区，拉动地方经济是修建铁路的社会效益，所以铁路车站选位应考虑照顾沿线的经济据点[1]。

(2)结合山区桥、隧方案选择合理站位

山区铁路桥隧比高，从工程投资的角度看，铁路车站一般应尽量避免设置在桥梁和隧道内[2-3]，以免形成多线桥、多线隧道，大幅提高工程投资。如果无法避免，应该尽量减少站内桥隧长度。但特殊情况下，为了近、远期工程结合，远期不产生废弃工程，可以将车站部分或全部设于桥、隧之上。

①结合桥梁设计选择合理站位。

大瑞线怒江车站(4 条到发线)原设于怒江大桥东岸路基上、并伸入隧道内，土石方工程量约 $33.2\times10^4m^3$，而怒江特大桥长 947m，桥高 189m，主跨采用 432m 斜拉桥，投资高达 7.07 亿元，其梁面结构宽度达到 20m 以上，故将怒江车站调整到怒江特大桥上，两端伸入隧道，既不增加桥梁工程，又节省了路基、隧道工程。大瑞线怒江车站布置如图 1 所示。

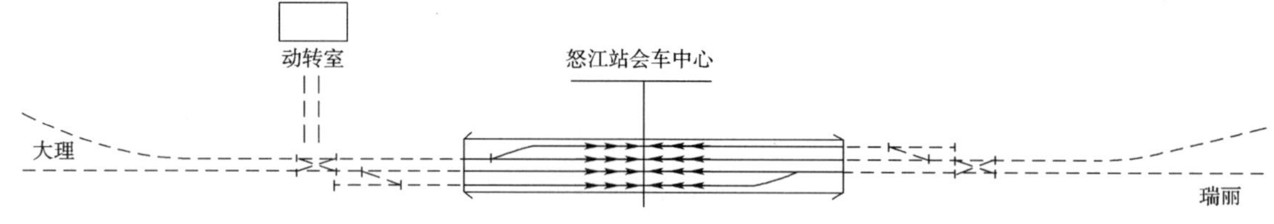

图 1 怒江车站布置示意图

②近、远期工程结合，将车站布于隧道内。

大瑞线北斗车站设于栗子园 2 号隧道之内(图 2)，结合远期复线，隧道设计为双线。近期布设北斗车站，远期关站后改为复线区间。虽然近期投资略有增加，但远期不产生废弃工程，是近、远期工程结合的一个典型设计。

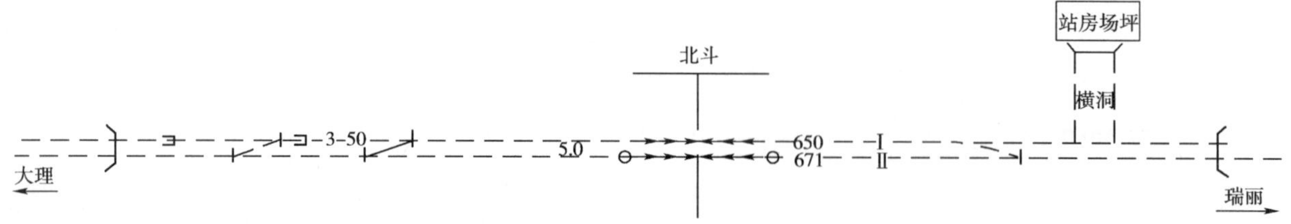

图 2 北斗车站布置示意图

(3)采取部分区间双线的方法,调整车站位置

当车站位置受到通过能力控制,而且其所处位置桥、隧工程艰巨,或者运营条件极度恶化,经充分技术经济比较论证后(区间双线增加投资较大),可考虑采用区间双线的方法[1]减少车站或调整车站位置到合适的地方,如图3所示。

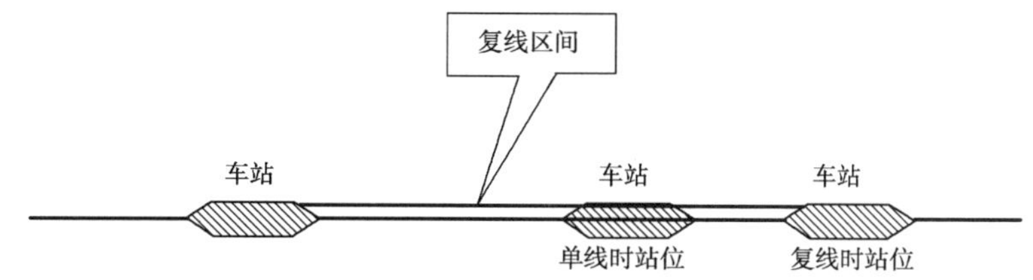

图3 部分区间双线示意图

5.2 车站规模和设备

(1)应在满足运输能力的前提下,尽量减小车站规模

在满足运输组织的基本前提下,尽量减小规模,可以有效缩减工程投资。如大瑞线预可研设计中,会让站按相邻车站到发线3条/2条(含正线)的规模间隔设置[2-3],而在可行性研究中,经充分技术经济论证,满足大瑞线运输能力的前提下,沿线15个会让站均设置2条到发线。

(2)根据工程情况,灵活调整相邻车站配线数量

山区会让站设于高桥或长隧中,根据工程代价和工程风险,调整相邻车站配线数量,可节省工程投资,减少工程风险。

以丽香线虎跳峡车站设计为例:车站大部分位于金沙江特大桥上,若采用3股道(含正线)方案,香格里拉端混凝土连续梁长要增加至150m左右才能满足车站咽喉区上桥的条件,线路高程同时相应抬高5m左右,恶化了隧道尽早进洞避开大型岩堆的条件。车站若按2股道设计,桥面顶宽为12.0m,与拱顶拱肋宽基本一致。若设3股道,桥面顶宽达到17.0m,超过了保证桥梁横向刚度所需的桥宽[4-5]。若采用3线方案,拱上梁及线路恒载重量增加约161.7kN/m,恒载增幅约19.1%,活载增幅33.3%,用钢量增加约4031t,造价增加约6852万。而相邻车站原设计为2股道,改为3线后增加投资约2681万元,合计减少投资4171万元,同时减少了工程风险。因此,虎跳峡车站最终按2股道(含正线)设计,与其相邻车站按3股道设计,既节省了投资,降低了金沙江特大桥设计难度,又满足了区间通过能力和列车会让条件。虎跳峡车站布置如图4所示。

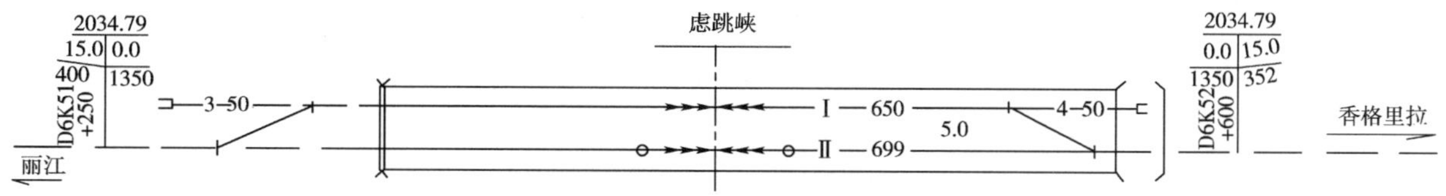

图4 虎跳峡车站布置示意图

(3)根据实际情况,适量增加车站设备

在某些情况下,可根据地方要求和当地的实际情况,增加车站设备。

以大瑞线澜沧江会让站(图5)为例,设于澜沧江特大桥上,位于澜沧江大峡谷中,在南方丝绸之路的要冲咽喉霁虹桥上方,四周山势雄峻,桥下水流湍急。车站在大桥上设置2座400m×4m×0.3m长的旅客站台,供旅客观赏景色,这也突显了铁路"以人为本"的设计思想。

5.3 车站形式

山区铁路中地形陡峻,地质复杂。桥隧相连,车站的布置形式对于线路条件、运营条件、投资情况均会产生很大影响。

(1)会让站特殊布置形式

会让站所处的位置通常桥隧工程较大,通常会让站可以采用特殊线间距、单侧到发线布置和纵列、

错开形式来优化车站设计，达到节约工程投资、优化运营条件的目的。

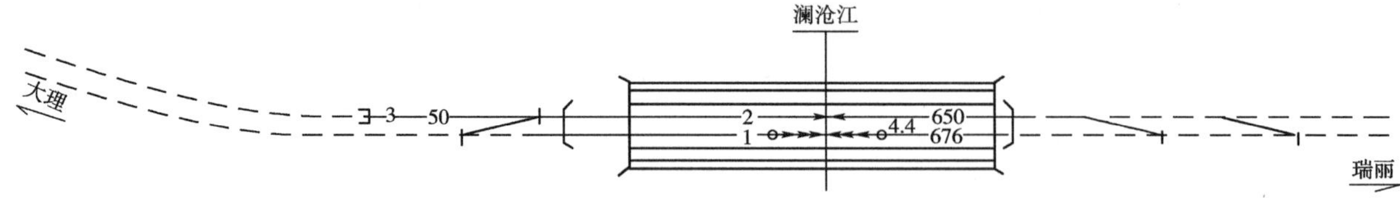

图 5 澜沧江站布置示意图

①采用特殊线间距

特殊线间距可采用小间距，大间距、变化间距的形式。

a. 到发线间距小于 5.0m

大瑞线澜沧江车站设于澜沧江特大桥上，大理端伸入江顶寺隧道，出站端伸入大柱山隧道内。设到发线 2 条，线间距采用 4.4m[1]，如图 5 所示。这样设计既减少澜沧江特大桥梁面宽度，而且车站两端双线隧道部分约 700m(含预留复线部分)，其断面面积较双线 5.0m 间距隧道减少 11 m^2。

b. 到发线采用大间距，分修站内桥、隧

以大瑞线太平车站为例，车站两端伸入秀岭隧道和阿克路隧道，车站中部设顺濞河大桥(145m)，车站到发线间距 30m，到发线结合二线位置和隧道平导位置布设，详见图 6。虽然此布置近期投资并非最小，但其优点很明显：近、远期工程结合好，远期二线线型好，且隧道施工难度小[6]。

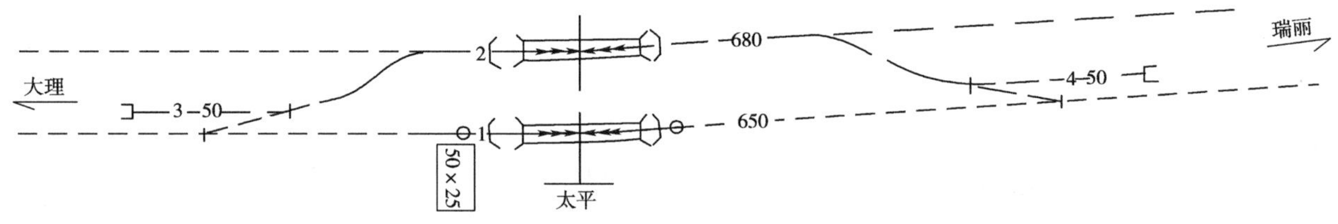

图 6 太平站布置示意图

c. 采用渐变的线间距

大瑞线初一铺车站采用此种设计，车站大理端设于大坡岭隧道内，到发线 30m 间距，瑞丽端到发线 5m 间距，车站到发线利用车站内曲线变化间距，双线引入后利用站内隧道和双线桥。曲线车站设计时考虑远期不产生废弃工程，经技术经济论证后，可采用此设计形式。如图 7 所示。

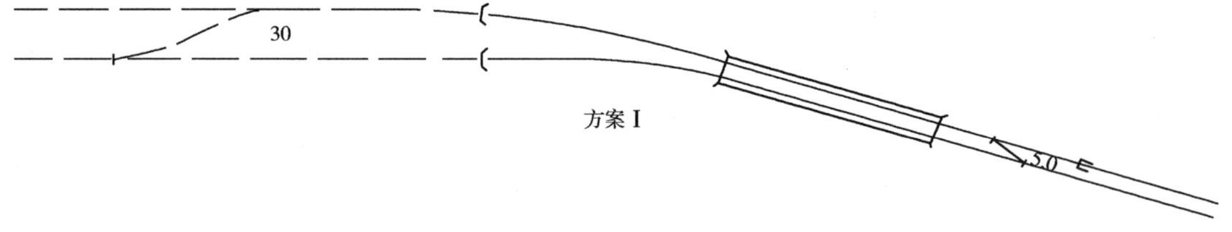

图 7 初一铺车站布置示意图

②采用单侧式到发线布置

大瑞线大理西车站为例说明此种布置形式。本站远景复线时大理端接入大理东～大理西客车双线和大理东～大理西的货车外绕双线，瑞丽端双线引出；近期单线设到发线 2 条，均设于正线右侧，路基挡护工程较多[7-8]；远期复线时于正线右侧增设到发线 1 条(间距 8.0m)。本站进站端受沙坝隧道控制，出站端伸入冒风园一号隧道；站内设大理西正线大桥，如图 8 所示。这种特殊设计形式远期预留到发线为桥梁工程，待运量增长后再实施。这样使近、远期工程良好结合，充分节约了近期工程投资，又不致产生废弃工程。

③采用纵列布置或错开布置

山区车站，桥隧相连，常规布置造成隧道工程巨大，可以考虑采用到发线错开布置、纵列布置。

大瑞线怒江站：位于怒江峡谷上怒江特大桥上，车站桥隧相连，平面布置控制因素是大桥两端隧道

只能满足三线断面开挖。设计采用了错开布置,同时采用无人值守,车站布置如图 9 所示。

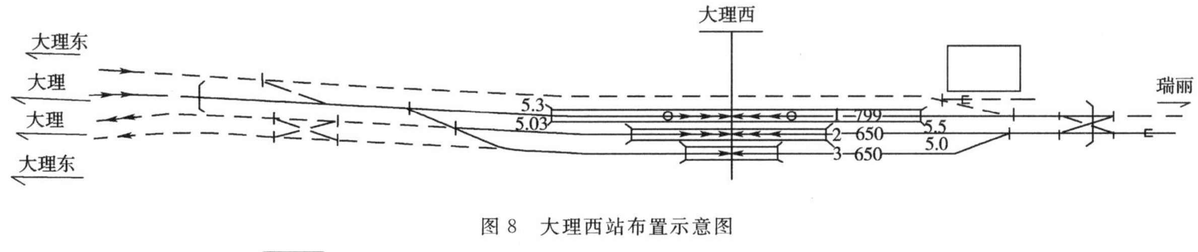

图 8　大理西站布置示意图

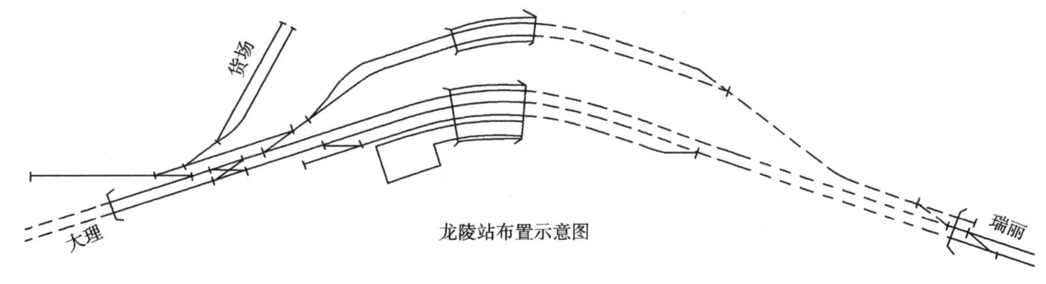

图 9　怒江站到发线纵列式布置示意图

(2)中间站特殊布置形式

采用分线束布置到发线形式。以大瑞线龙陵站为例:车站位于高黎贡山特长隧道出口峡谷地段,桥隧相连。车站设于 R-1600m 曲线上,设到发线 4 条(含正线),并预留到发线 1 条,由于隧道工程只能三线开挖。瑞丽端咽喉设计采用错开、增大线间距布置,隧道内到发线采用两线、三线分束布置,既满足隧道工程需要,又同时避免了到发线有效长过长和安全线设在隧道内的弊端。保证了工程技术可行,投资经济合理。大瑞线龙陵站站场平面布置如图 10 所示。

图 10　大瑞线龙陵站布置示意图

5.4　站房及段、所场坪位置的设置方案

车站的站房、段、所集中了大量的铁路技术设备[9],其位置的优劣直接关系到运营生产的条件,而且对工程投资也有着不同程度的影响。下面介绍一些山区困难条件下选择站房及段、所场坪的方案。

(1)就近寻找地形平坦、地质良好的位置

山区会让站通常无旅客乘降作业,桥隧相连的车站或地形困难的车站可在附近寻找地形平坦,地质良好的地块设置车站站房场坪。大瑞线太平车站全站位于桥隧上(大理端在秀岭隧道内,瑞丽端在阿克路隧道内,车站中部位于顺濞河大桥之上)。车站站房选择在 2 道左侧略为平缓的地块上,通站道路从桥、隧的施工便道引入,该设计既保证了运营的需要,又节省了工程投资。太平站平面布置如图 11 所示。

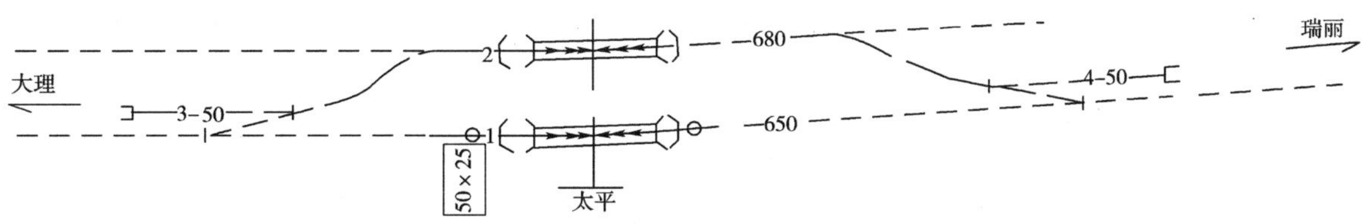

图 11　太平站平面布置示意图

(2)结合隧道辅助坑道位置

当车站部分或全部位于隧道内,可将站房场坪设于隧道的平导、竖井、斜井附近。大丽线诸葛城会

让站，两端位于隧道内，两隧间为“一线天”，桥隧相连。设计采用无人值守，隧道横洞外设运转室(设备间)，大丽线诸葛城会让站平面布置如图12所示。

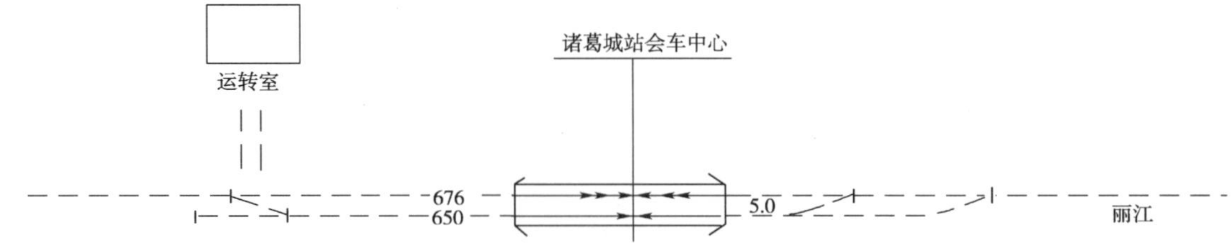

图12 诸葛城会让站平面布置示意图

(3)结合临时施工场地位置

隧道进出口、辅助坑道口以及桥梁墩台施工时处会临时开辟出施工场地，摆放施工房屋，设备及搅拌站等，在条件允许情况，可考虑永临结合的方案布置站房场坪，设于施工场地之上，如大瑞线北斗车站(图2)就是一个很好的例子，全站设于栗子园2号隧道内，站房与临时施工场坪相结合，设于栗子园2号隧道出口横洞侧的施工场坪，该处开辟为施工场地后，场坪条件良好。

5.5 以总体性、全局性视点，优化车站设计，节约工程投资

站场设计是一个综合站前、站后专业的系统工程，尤其是山区铁路车站，地质复杂，工程艰巨，更需要站在总体的角度考虑区间、车站桥隧多种因素，多个专业。

图13是大瑞线漾濞车站综合考虑利用区间隧道弃砟、优化站内桥梁、路基的设计实例。

漾濞车站为大瑞线县城中间站，设于大理州漾濞县城南侧约1km处，与漾濞县城隔漾濞江相望。

车站大理端受尖山岭隧道控制，瑞丽端受秀岭隧道控制，车站设于漾濞江特大桥上，本站为办理客、货运作业的中间站，采用横列式布置，设到发线4条(含正线)，基本站台和中间站台各1座(均设置站台桥)，设货物线1条。站房位于正线右漾濞县城一侧。

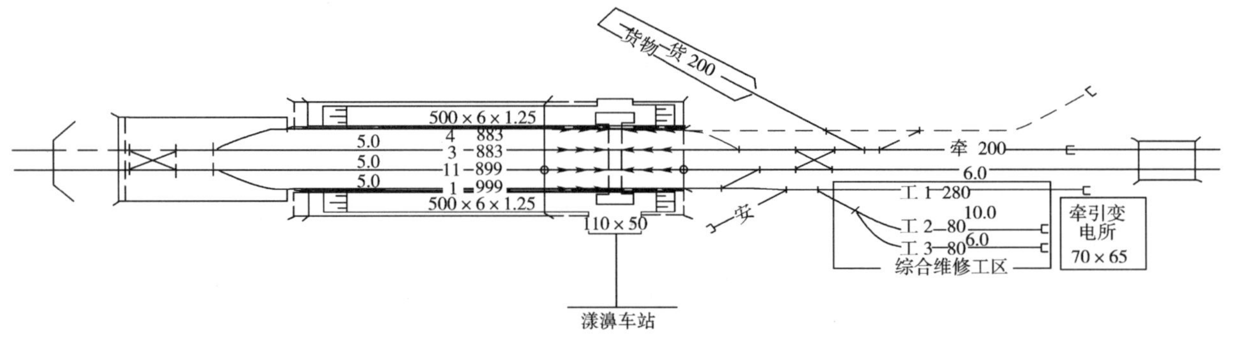

图13 漾濞车站平面布置示意图

优化设计将漾濞江四线特大桥由原4(33×32m)缩短为4(25×32m)，两座站台桥由原设计的17×32m缩短为9×32m，D1K34＋435.5～D1K34＋696.05段改为路基，站房维持线下式，高程抬高至1533.2 m，漾濞江四线特大桥及2座站台桥均缩短约260.35m。

这样设计的优点显而易见：首先是缩短了桥梁的长度；其次由于车站两端都与隧道相连，增加的路基填方可以用于消耗隧道弃砟。经估算，优化设计节省投资约1514万元。虽然铁路新征用地略有增加，但大幅减少了隧道弃砟占用的临时征地。

6 结语

山区铁路站场设计中，车站场坪及站房设计必须充分考虑特殊地形地质情况的影响，车站设计应结合桥梁、隧道、路基方案进行综合考虑和优化，以尽量降低在特殊地形地质条件下设车站的工程造价和工程风险，节约铁路用地，提高车站设备能力利用率及线路运输能力。同时复杂山区铁路站场设计还应考虑车站远期扩能改造的需要，对难以分期实施的工程，应近远结合，以免远期工程无法实施或产生废

弃工程。

参考文献

[1] GB 50090—2006 铁路线路设计规范[S].
[2] GB 50091—2006 铁路车站及枢纽设计规范[S].
[3] TB 10083—2005 铁路旅客车站无障碍设计规范[S].
[4] TB 10002.1—2005 铁路桥涵设计基本规范[S].
[5] TB 10082—2005 铁路轨道设计规范[S].
[6] TB 10003—2005 铁路隧道设计规范[S].
[7] TB 10001—2005 铁路路基设计规范[S].
[8] TB 10035—2006 铁路特殊路基设计规范[S].
[9] 铁道第四勘察设计院.站场及枢纽[M].北京:中国铁道出版社,2004.

沪昆客运专线玉屏至昆明段车站选址设计案例

熊玉春　李五一　卢林斌

(中铁二院工程集团有限责任公司土建一院)

摘　要　长昆客专沿线主要位于云贵高原及边缘过渡地带,海拔高程由玉屏的350m逐渐上升至昆明的近2000m,受多条深切峡谷切割及高原盆地影响,地势起伏较大,地形很困难。车站选址方案中引入既有站存在拆迁大、与地方规划不能很好配套的问题,而新设车站存在地形复杂、地势陡峻的问题,通过从站位条件、工程可靠性、投资、地方规划配套及线路方案等方面进行综合比选,最后比选出较优的站址方案。

关键词　长昆客专;既有站;新建站;车站选址

Design of Station Location in Yuping-Kunming Section on Chang-Kun Passenger Dedicated Railway

Xiong Yuchun　Li Wuyi　Lu Linbin

(First Civil Construction Design and Research Institute of CREEC)

Abstract　Chang-Kun passenger dedicated railway is located mainly in the Yun-Gui plateau and its edge transition zone. The altitude 350m in Yuping ascends gradually to about 2000m in Kunming. The topography is greatly undulating due to influence of many deep-cutting gorges and plateau basin and the landform is very difficult. In the proposal, if the station thereof is connected to the existing station, a great of existing facilities will be relocated and the local planning is difficult to be realized. If a new station is built, the landform is complicated and the topography is very steep. After a comprehensive comparison is done from station site condition, reliability of engineering, investment, local planning and route proposal, etc., an optimum proposal of station location has been determined.

Key words　Chang-Kun passenger dedicated line; existing station; new station; station location

1　引言

沪昆客专为我国客运专线铁路网“四纵四横”中“一横”之一,其西段(玉屏至昆明段)东起贵州省铜仁地区玉屏县,向西经贵州省的凯里、贵阳、安顺、盘县等,云南省的曲靖市至昆明市,线路全长746.245km。沿线设车站16个,即:玉屏东、三穗、凯里南、贵定北、贵阳东、贵阳北、清镇东、平坝南、安顺西、关岭、普安、盘县、富源北、曲靖北、嵩明、昆明南等站,其中贵阳北、昆明南为始发站,其余均为中间站。沿线主要位于云贵高原及边缘过渡地带,海拔高程由玉屏的350m逐渐上升至昆明的近2000m,受多条深切峡谷切割及高原盆地影响,地势起伏较大,部分车站设置极为困难。

2　需要解决的主要问题

本线为客运专线,沿线车站选址既要满足正线走向基本顺直,运输组织顺畅,同时需要结合城市现状和发展规划、吸引客流和旅客乘降及换乘情况对车站站址的要求,因此本线选址通过从站位条件、工

作者简介:熊玉春(1967—　),女,高级工程师。

程可靠性、投资、地方规划配套及线路方案等方面进行综合比选，最后比选出较优的站址方案。

3　典型设计方案比选案例

本线玉屏东、凯里南、安顺西、曲靖北站为地级市所在车站，客流强大，是研究的重点。各站均按引入既有站、新建站开展了方案研究。

3.1　玉屏高速站方案研究

(1)引入既有站方案

既有玉屏站位于湘黔线上。受车站地形条件制约，沪昆线从车站对侧（南侧）通过，与既有站并站设置，在其南侧新建高速车场，规模为 3 台 6 线在昆明端线路左侧新建保养点。既有车场规模维持不变，既有货场搬迁至昆明端线路左侧、利用粮食储备库支线予以还建；引入既有玉屏站方案Ⅰ如图 1 所示。

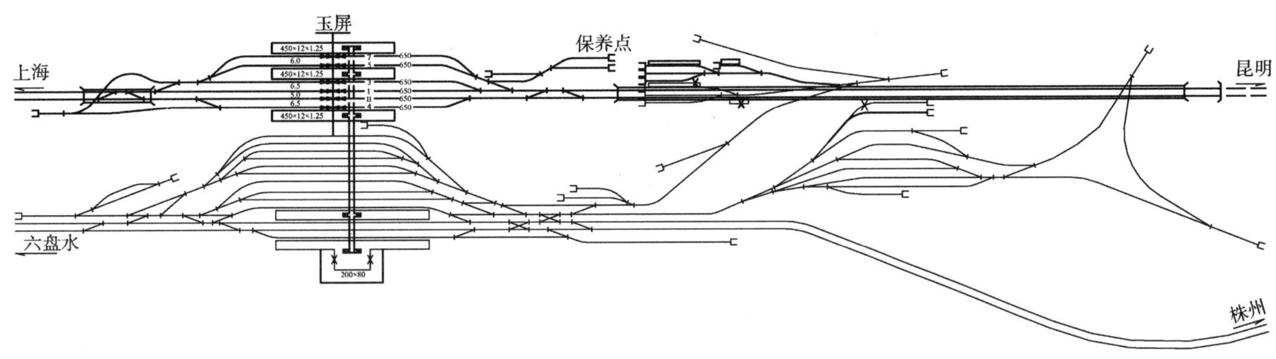

图 1　引入既有玉屏站方案Ⅰ示意图

(2)新建高速站方案

本站址位于玉屏县大龙开发区，距离州政府所在地铜仁市 60km，距离玉屏县老城区约 8km，位于玉屏县组团结构形态中“城市—连接区—城市”的连接区部位。

(3)两方案主要优缺点比较

两方案主要优缺点比较见表 1。

方案主要优缺点对照表　　表 1

方案名称	优　点	缺　点
玉屏东站方案	①设于玉屏主城区与大龙经济开发区之间的经济旅游带上，发展潜力很大； ②工程地质条件相对较好； ③符合城市总体规划，便于实施； ④工程较省，投资较少	①离主城区距离约 8km，相对既有站较远； ②交通配套设施较少
引入既有玉屏站方案Ⅰ	①离主城区距离较近； ②可以利用部分交通配套设施	①由于线路正穿线路左侧的工程滑坡体，并且边坡高而陡，对车站运营存在较大的安全隐患； ②既有站改建工程大，施工过渡难度较大，同时施工期间对既有站运营干扰也较大； ③对路内路外的建筑物拆迁量非常大； ④既有线改建较多，工程复杂，投资较大； ⑤沪昆正线将横穿南门坡及野鸡坪规划区，与城市规划存在较大的冲突

综上所述，既有站并站方案仅面对过去，不能扩大辐射面，工程巨大。新建玉屏东站方案位于经济旅游带上，发展潜力大，工程地质条件相对较好，工程较省，投资较少，并符合城市总体规划。结合线路

怀化至羊坪段走向方案比较结论意见,研究推荐玉屏东站方案。玉屏东站平面布置如图 2 所示。

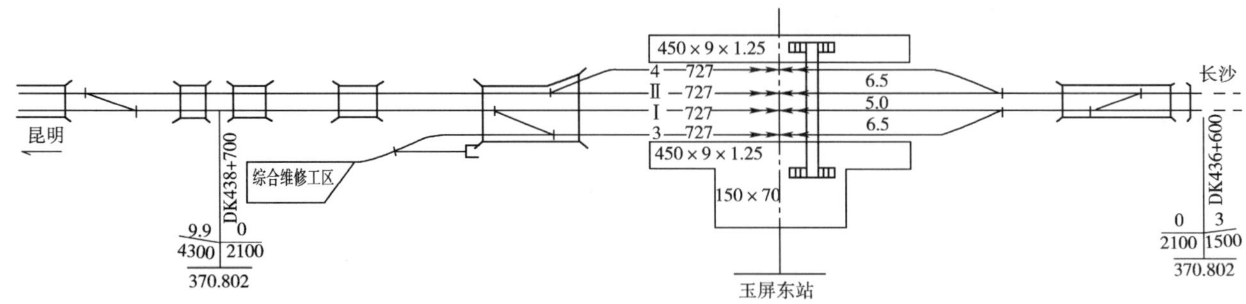

图 2　玉屏东站平面布置示意图

3.2　凯里南站

(1)引入既有站方案

既有凯里站为横列式区段站站型,有到发线 6 条(含正线 2 条、含货车到发线 1 条);调车线 6 条;货场设有货物线 10 条。另外,清水江对岸设有一专用线货场,共含专用线 16 条。既有车站上海端为插旗山隧道,在隧道出口线路左侧为一古滑坡山体,设有三级桩板墙;昆明端线路左侧为约 40m 高的深路堑段,堑顶外建有红岩小区,凯里市第二小学及明德小学等建筑群。

既有到发场保留 3 条到发线,调车场维持不变,利用既有站房广场及货场位置,在其南侧新建高速车场,规模为 3 台 7 线;货场搬迁至昆明端线路右侧还建;在昆明端线路左侧新建综合维修工区。引入既有凯里站方案Ⅰ,如图 3 所示。

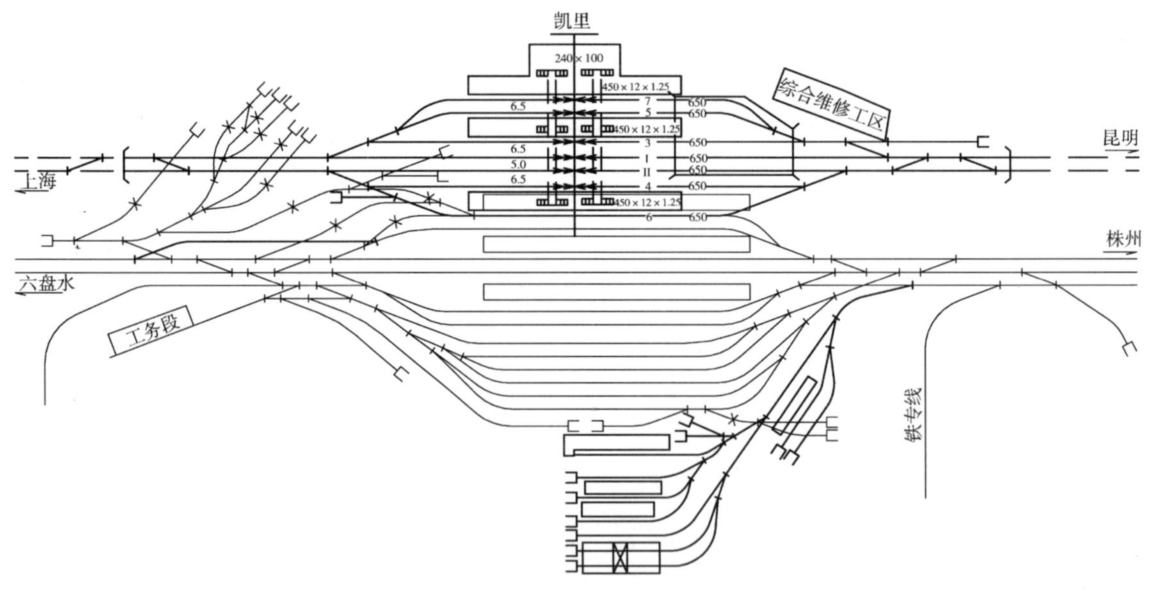

图 3　引入既有凯里站方案Ⅰ示意图

(2)新建高速站方案

本站址位于贵州省凯里市经济开发区凯里学院附近。距既有城市中心区 8km,该站附近有 2 条城市主干道经过。

(3)方案比较

两方案的主要优缺点见表 2。

综上分析,新建凯里南站方案虽距主城区相对较远,但本站址具有地质条件好,工程风险小,吸引客流好、疏散能力强,符合城市总体规划等优点,结合线路老屯至麻江段走向方案比较结论意见,推荐采用新建凯里南站方案。凯里南站平面布置如图 4 所示。

方案主要优缺点对照表

表2

方案名称	优　点	缺　点
凯里南站方案	①设于城市开发区内，对主城区的发展无干扰； ②设站条件较好，地势平坦，车站工程量较小； ③符合城市总体规划，便于实施； ④6车道的主干道已建成通车，交通便利； ⑤从工程地质条件分析，本方案较优； ⑥吸引客流较好，车站疏散能力强； ⑦对既有线运营干扰较小； ⑧拆迁量较小。	①离主城区距离约12km，相对既有站较远； ②线路走向比选范围内线路长度较长，总投资较多。
引入既有凯里站方案Ⅰ	①车站离主城区较近； ②可以利用部分交通配套设施； ③线路走向比选范围内线路长度较短，总投资较省。	①由于上海端需穿越古滑坡体，工程风险大昆明端需开挖约40m高的深路堑，对既有线运营存在较大的安全隐患； ②既有站改建工程大，施工过渡难度较大，同时施工期间对既有站运营干扰也较大； ③路内路外的建筑物拆迁量非常大； ④既有线改建较多，工程复杂，投资较大； ⑤由于既有站地势较差，通站道路只有一条双车道水泥路，容易造成交通拥堵，车站疏散能力较差； ⑥从工程地质条件分析，本方案较差。

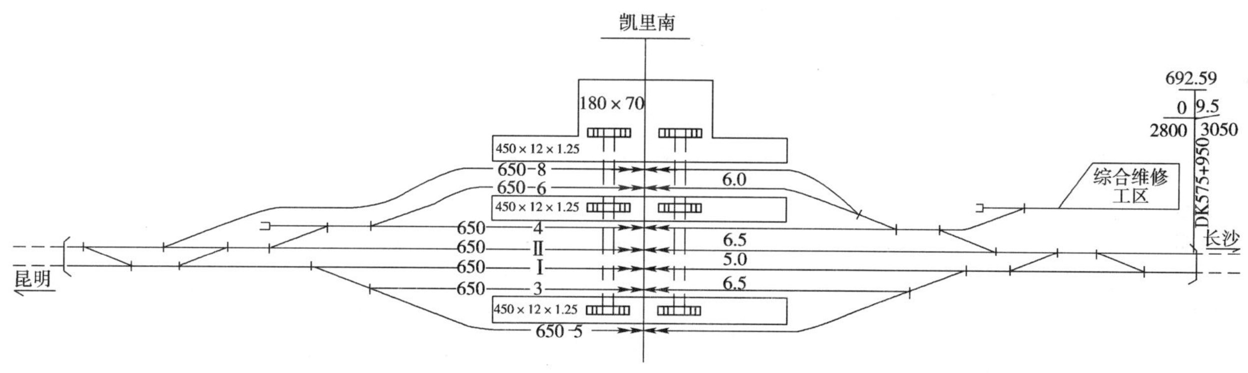

图4　凯里南站平面布置示意图

3.3　安顺高速站方案研究

(1)引入既有安顺站方案

既有安顺站有到发线6条(含正线2条)，调车线2条；上海端站房对侧有集装箱货场(设1条货物线)；昆明端站房对侧有散堆装货场(1条煤散堆装货物线)和怕湿货物货场(2条)；上海端站房同侧有612厂专用线接轨；昆明端站房对侧有安顺油库专用线和段家山国家粮食储备库专用线接轨。周围建筑群密集(铁路车务段、供电段工区等铁路生产房屋、铁路酒店和新修的康馨小区等铁路生活房屋、安顺市在建的南方新城小区)；在车站两端均有城市干道下穿。

既有沪昆线呈东西走向，沿安顺市的南缘行进，为最大限度接近客源、吸引客流，首先研究了引入既有车站方案，引入既有站方案均需穿越城区密集建筑群和城市干道，同侧高架设站方案拆迁面积约为$16\times10^4m^2$；对侧高架设站方案需迁移油库、粮食储备库专用线、集装箱货场、散堆装货场，工程投资巨大，同时施工对既有线运营干扰严重。考虑本线与既有线无车流交换，本线不宜引入，故研究后予以放弃。

(2)新建车站方案

新建车站共研究了大屯站位方案(推荐方案)和大龙潭站位方案。

①大屯站位方案(安顺西站)

本方案安顺西站设于安顺市西端经济技术开发区双阳新城区既有沪昆线和 G320 国道(贵黄二级公路)之间的大屯村附近。该站址地势开阔,设站条件较好,交通方便。安顺高速站大屯站位方案如图 5 所示。

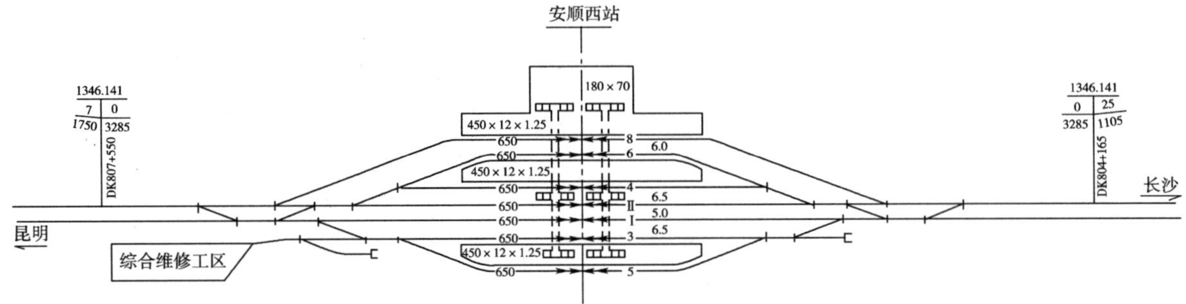

图 5 安顺高速站大屯站位方案示意图

②大龙潭站位方案(安顺东站)

本方案安顺东站设于既有安顺站东侧 2.9km 的大龙潭村附近。为解决本站受既有沪昆铁路限制站前广场狭小的问题,将既有铁路南移引入高速站并场设普速车场,改建既有线 3.85km。两场共用站房和站前广场,普速场紧邻站房。既有安顺站改建为货运站。高速场 3 台 6 线,普速场 2 台 2 线,在高速场昆明端左侧设综合维修工区 1 处,在高速场昆明端设折返线。车站范围内需穿越大龙潭村和玉碗村以及在建的 7 层楼金秋家园(安顺市养老院),拆迁工程量较大;车站范围内土石方工程较大。安顺高速站大龙潭站位方案如图 6 所示。

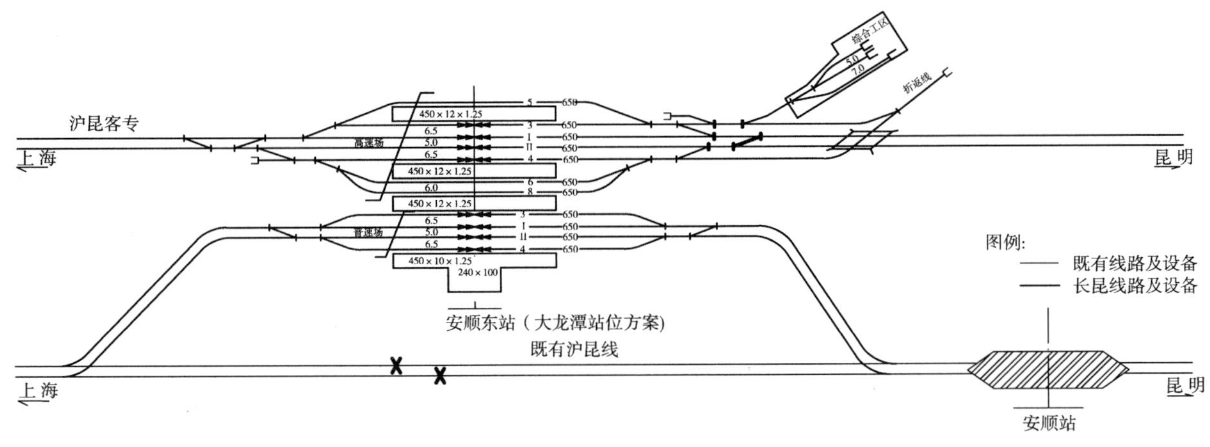

图 6 安顺高速站大龙潭站位方案示意图

(3)方案比较

两方案的主要优缺点见表 3。

安顺站位方案优缺点比较表 表 3

方案名称	优点	缺点
大屯站位方案	①适应安顺市总体规划,有利于促进地方经济发展,带动安顺市旅游资源开发;站前广场面积较大,能适应安顺高速站作为旅客集散地的要求; ②与高速公路仅交叉 1 次; ③投资省	离老城区较远,约 6km;站位距既有车站约 8km,与既有普速客车换乘不方便
大龙潭站位方案	①线路短约 0.704km; ②站位距既有车站约 2.9km,位于城区边上,便于吸引客流; ③高速和普速并场,便于旅客换乘	①与安顺市总体规划不匹配;站前广场的发展受黄果树大道的限制; ②需改建既有线 3.85km(120km/h 标准); ③与高速公路交叉 3 次; ④拆迁量较大; ⑤施工对既有线干扰大; ⑥工程投资较大

综上分析，结合线路大屯站位和大龙潭站位走向方案比较结论意见，推荐采用新建安顺西站（大屯站位方案）。如图 7 所示。

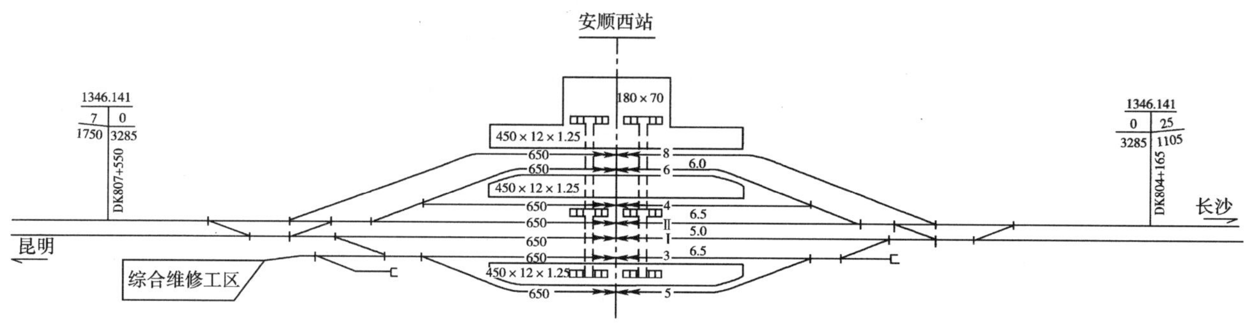

图 7　安顺西站平面布置示意图

3.4　曲靖站方案研究

(1)引入既有曲靖站方案

既有曲靖站设到发线 7 条（含正线 2 条），旅客基本站台、中间站台各 1 座；调车线 5 条，工务线 2 条；设有车站货场和地方货场各 1 座；机车折返段 1 处。

线路引入既有曲靖站，研究了站房同侧引入和对侧引入两方案。经比较，同侧引入方案需拆迁房屋约 128772m^2（包括刚建成的曲靖新站房、曲靖市烟厂仓库、铁路宿舍、铁路医院、新建小区、2008 年 9 月份刚建成的站前广场及地下商场）。对侧引入方案则需采用高架设站方式，需拆迁房屋约 109879m^2（包括禄源责任有限公司、曲靖复烤厂、曲靖市烟厂仓库、烟厂调配中心、曲靖明工贸易有限公司、曲靖市冷冻厂、麒麟区粮油工贸有限责任公司（中央储备粮代储库）、新建小区、铁路油库、曲靖接触网工区等）。

沪昆引入既有曲靖站对侧方案和同侧方案如图 8 和图 9 所示。

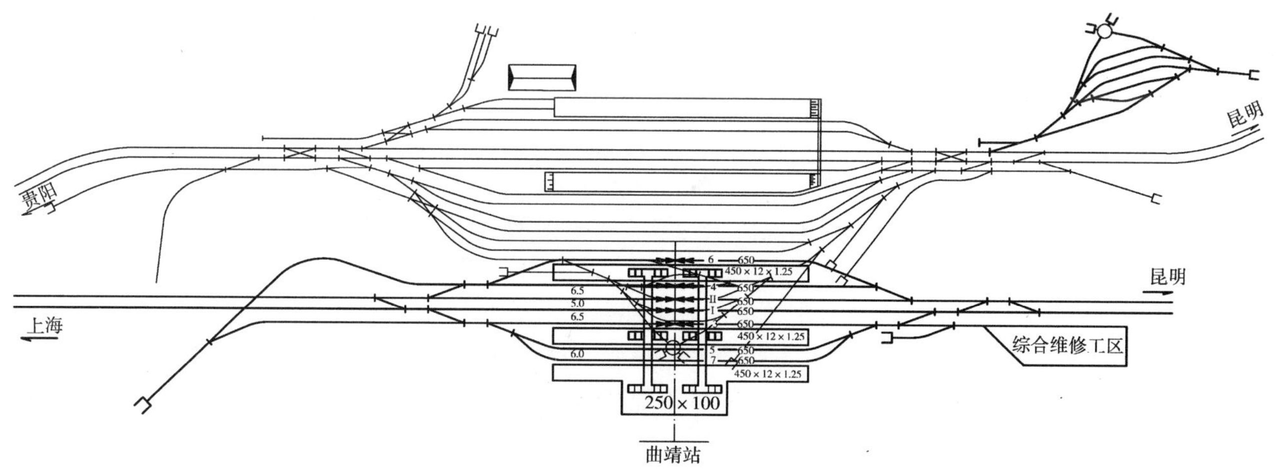

图 8　沪昆引入既有曲靖站对侧方案示意图

同侧和对侧引入既有站均存在穿越城区及涉及拆迁曲靖卷烟等多家大型企业和居民区，仅卷烟厂动力车间投资就近 4 亿元，拆迁面积约 30×10^4 m^2，拆迁工程量大，同时车站改建工程也较大，且线路穿过曲靖软土坝子约 7km，软土基础处理工程较大，实施困难。

针对该走向方案拆迁量大的问题，同时研究了在曲沾大道沾益农场设曲靖东站的方案，该方案拆迁量较小，不涉及工矿企业拆迁，但同样存在中穿城市规划区和坝子软土问题，故以上方案研究后予以放弃。

(2)新建高速站方案

①曲靖北站方案

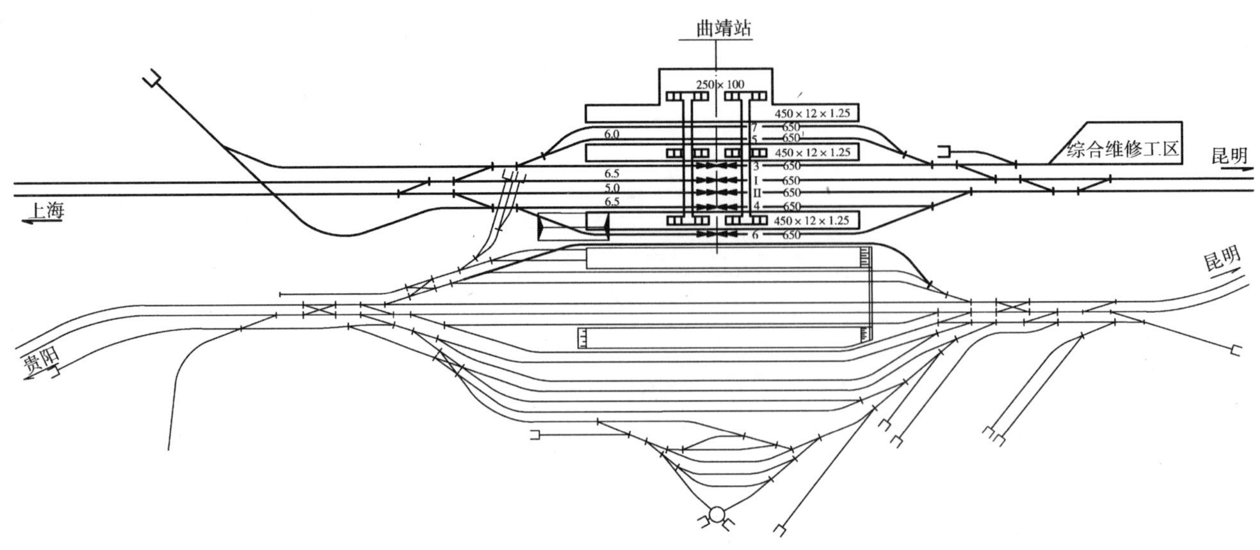

图9　沪昆引入既有曲靖站同侧方案示意图

本方案在龙泉村设曲靖北站。距离改建后沾益站约2km，车站范围村庄密集，车站与城市间受改建六沾线阻隔。

②曲靖南站方案

本方案在新发村设曲靖南站。

在该走向方案中，同时研究了在三宝北面4km的雷家庄(地方要求站位)设曲靖南站的方案，该方案车站条件好，拆迁少，线路顺直，车站两端工程条件简单，但因线路穿越曲靖坝子约10km，钻探资料表明曲靖坝子软土厚达80m以上(目前正深孔钻探)，需采用超长桩基，施工难度大、地基沉降难以满足客专要求、工程投资多，研究后放弃。

③方案比较

两方案优缺点比较如下：

工程投资方面：曲靖南站方案较曲靖北站方案投资多。

工程地质条件方面：曲靖北站方案穿越断层略少，但通过9度地震区较曲靖南站方案长约3.3km；通过可溶岩段落、顺层段落两方案差异较小，曲靖北站方案通过煤系地层地段短0.7km，通过膨胀岩(土)段落长约4.94km，通过软土、软土段落短约5.51km；曲靖南站方案线路穿曲靖坝子长约8km，其中沿山脚地段土层厚度约35m，落跨南盘江长约1km地段，土层厚度大于80m，土质不均，软土厚5～30m，工程处理困难。综上所述，曲靖北方案地质条件好于南线方案。

车站条件及旅客乘车条件方面：两方案车站均设置于路基地段，分别位于城市的南北两侧，距城市中心距离较近。曲靖北站交通条件较好，面对城市建成区，靠近沾益县，利于旅客乘车。曲靖南站方案车站与城市间有南盘江阻隔，交通条件较差。

拆迁方面：曲靖南站方案拆迁约$20\times10^4m^3$，曲靖北站方案拆迁约$11\times10^4m^3$，且曲靖南站方案还需关闭多个采石场。

两方案技术经济比较详见线路富源至小哨段走向方案比较。

最终采用线路短、投资省，工程地质条件好，设站条件好、旅客乘车方便，城市拆迁量小、工程较为简单的曲靖北站方案。曲靖北站平面布置如图10所示。

4　结语

复杂山区修建铁路客运专线，车站选址往往需要考虑更多的因素，应从城市规划、线路走向方案、工程投资、工程地质条件、车站条件及旅客乘降条件、拆迁等各方面进行综合比选、权衡，比选出较优的站址方案，在工程无明显差别的情况下，不能机械地照顾“过去”，尚需考虑建设环境(拆迁、改变城市功能、震动、噪声)的实施可能性,更多地面向"未来",新线新起点。

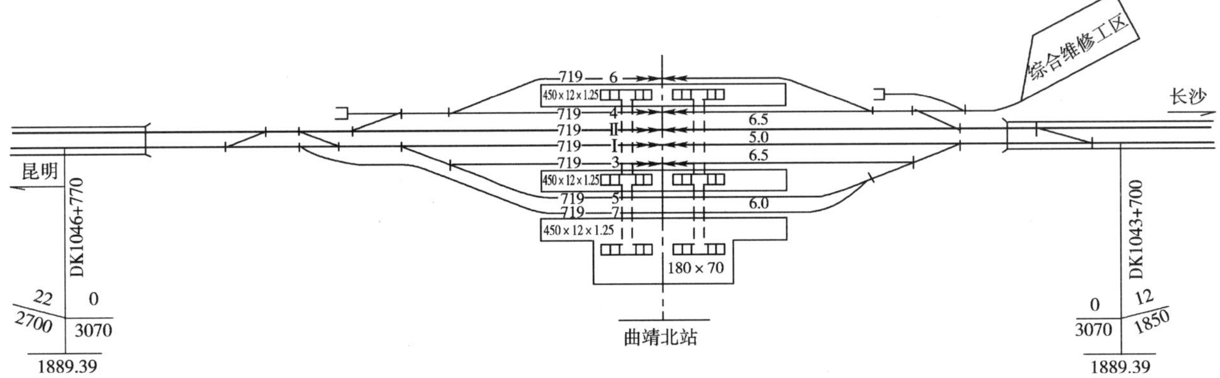

图10 曲靖北站平面布置示意图

工 程 勘 察

渝怀线乌江峡谷地质选线总结

韩　康

（中铁二院工程集团有限责任公司技术中心）

摘　要　本文对渝怀线乌江峡谷地质选线进行介绍、归纳、总结，主要包括先期进行河流左、右岸地质选线；峡谷段不良地质发育，线路方案受地质条件控制，有条件时，线路内移避开沿岸不良地质；线路绕避不良地质困难或代价极高时，只要地质探明、工程措施到位，线路完全可以通过不良地质；根据岩溶发育规律及暗河高程，宏观指导选线，线路尽量选择通过岩溶发育安全带。

关键词　乌江峡谷；地质选线；总结

A Summary of Geological Route Selection at Wujiang River Gorge of Chongqing-Huaihua Railway

Han Kang

(Technology Center of CREEC)

Abstract　The geological route selection of Wujiang river gorge on Chongqing-Huaihua railway has been herein introduced and summarized. The achievements thereof include geological route selection on left and right banks at initial time; if unfavorable geology is developing in gorge section and the route scheme is limited due to geological conditions, the route can be changed inward to avoid the unfavorable geology if possible; although it is difficult to detour the unfavorable geology or the construction cost is very high, the route can still pass through such unfavorable geology so long as the geology is ascertained and the reasonable engineering measures are adopted; the route selection can be done according to the regular pattern of karst development and elevation of underground river as well as the macro level, it is better for the chosen route to pass through the karst developed safety zone as far as possible.

Key words　Wujing river gorge; geological route selection; summary

1　引言

1.1　线路概况

重庆至怀化铁路（以下简称渝怀铁路）是西部大开发战略的重点工程之一，线路先后穿越大娄山脉北部和武陵山脉，一次跨越嘉陵江和长江，三次跨越乌江。全线正线建筑长度622.865km，正线桥隧比重51.3%，全线7km以上的隧道有8座，特大桥、特殊结构大桥、站内3线桥及高桥共计32座。

渝怀线乌江峡谷段，线路从涪陵沿乌江逆流而上，经武隆至彭水，长约117km。该段地形陡峻，峡谷连绵，山脉高程500～1800m，相对高差200～1000m，线路桥隧相连，正线桥隧比重占81%；线路三跨乌江，全段共设长度7km以上的隧道4座。乌江峡谷地貌如图1所示。

作者简介：韩康（1965—　），男，教授级高级工程师，中铁二院工程集团有限责任公司专业工程师。

图1 乌江峡谷地貌

1.2 地质概况

渝怀线乌江峡谷通过地层岩性有侏罗系、三叠系、二叠系、志留系、奥陶系泥岩、砂岩、页岩、灰岩、盐溶角砾岩,通过区域性4个背斜、4个向斜、2个断层,沿线不良地质主要有危岩落石、岩堆、滑坡、泥石流、岩溶、顺层、顺层偏压、煤层瓦斯、断层破碎带、水库坍岸(受三峡水库影响)等。显然乌江峡谷是现代地貌塑造过程中动力地质作用最显著的部位,是控制铁路选线的各种不良地质现象最为发育的地貌单元。

例如,1994年4月30日11时45分,在DK165对面边滩峡岸鸡冠岭发生巨大岩崩,崩塌岩体摧毁了武隆县兴隆煤矿,残体掀入乌江,崩塌残体入江成坝,中断了乌江水上交通运输,砸毁、砸沉船只5艘,伤亡20余人。

2 方案研究情况及结果

由于乌江峡谷山高坡陡,地形狭窄,不良地质极为发育,并且受三峡水库回水影响的地段达56km,控制选线的因素极为复杂,在勘察、设计过程中,通过反复综合研究,选出了满足运输要求的地质条件相对较好的线路方案。

2.1 乌江左、右岸方案

乌江左、右岸方案通过的地层岩性、地质构造基本相同,但受线路平面位置、工程布置、人类活动影响,不良地质的发育程度、规模不同,地质条件存在很大的差异。

乌江左岸方案:该方案线路从涪陵隧道出口顺乌江左岸,经小溪、白涛到白马车站,长度约36km。该方案主要地质问题是:通过CK137~CK144段顺层及大型滑坡群、大型鸡冠岭崩塌、危岩、羊角滑坡,工程难于处理;绕避工程巨大,车站全在桥上和隧道内。

乌江右岸方案:该方案线路从涪陵隧道出口后跨乌江,经磨溪、白涛、白沙沱,至白马车站,长度约36.6km,该方案无顺层,存在危岩落石和小型滑坡、岩堆,工程较易处理。

两方案相比,虽然乌江右岸方案线路长度多了600m,但绕避了大的不良地质,如顺层、滑坡、崩塌、危岩,地质条件明显改善,此为最终施工方案,施工过程顺利。

2.2 磨溪二号隧道改线(DK137+600~DK148+500)

沿河方案:线路自磨溪车站后穿4895m的磨溪二号隧道,之后沿江右岸逆流而上至比较终点。该方案沿乌江段地质条件较差,岩性为嘉陵江四段盐溶角砾岩,多为泥质胶结,斜坡稳定较差。该段发育滑坡一处(DK146+332~+467)滑坡,三峡水库回水后,坍岸范围较大,线路基本都位于坍岸线之内。本段路基总长度为1212.69m,因地形较陡,均为陡坡路基,工程量较大,处理措施复杂。

内移方案:为绕避乌江沿岸不良地质,线路自磨溪站后靠山取直,磨溪二号隧道由4895m增长为

5580m，线路缩短 1076m。

两方案相比，虽然改线后工程等价优势不大，但线路的工程可靠程度提高较多；内移方案地质条件明显改善，此为最终施工方案，施工顺利。

2.3 白淘改线(D1K158+700～D1K163+774.83)

沿河方案：线路傍乌江而行，主要工程为路基和桥梁，白沙坨 1 号隧道长 1.6km。该段岩性为三叠系嘉陵江组盐溶角砾岩，多为泥质胶结，斜坡稳定性较差。三峡水库回水后，该段坍岸范围较大，线路位于坍岸线之内，路基防护工程较大，处理措施困难。

内移方案：线路靠山内移，增设白沙坨 1 号隧道(长 3.91km)，绕避水库坍岸最严重地段。

两方案相比，虽然改线后工程等价优势不大，但线路的工程可靠程度提高较多；内移方案地质条件明显改善，此为最终施工方案，施工顺利。

2.4 白沙沱车站方案比较

白涛站至白马站间为峡谷内地形最陡峻地段，线路长 23.21km，由于受建设规模单线铁路通过能力限制，线路必须在乌江右岸的白沙沱处设站。因受水库坍岸、岩堆、危岩落石、东胜煤矿(地方小煤窑)弃渣影响，为此研究了多种方案。

乌江右岸单线长隧设站方案：将线位向山移，修建长度为 12km 的石垭子隧道，将白沙沱车站设于隧道内，但该方案运营管理和养护维修条件极差，完全将车站置于隧道内目前在我国还没有先例，且长隧道与 816 厂(核工业部下属军工企业)尚未解密的大规模地下工程存在干扰。

乌江右岸一次双线不设站方案：如取消白沙沱站，则白涛站至白马站间 23.21km 必须一次按双线建成，但该方案将增加工程投资约 3.99 亿元，且与全线设计标准无法配套。

乌江右岸单线白沙沱设站方案：该方案存在水库坍岸、岩堆、危岩落石、东胜煤矿(地方小煤窑)弃渣影响。

考虑投资、全线设计标准配套、不良地质处理的可靠性，尽管地质条件存在差异，但应全面考虑，要体现综合选线，乌江右岸单线白沙沱设站方案为最终施工方案，白沙沱岩堆采用预加固桩处理(10 个桩)，处理费用约 160 万元，施工过程总体较顺利，存在一些变更设计。

2.5 白马改线

白沙沱车站—白马车站(DK164～DK176)段线路基本顺乌江逆行，桥、隧相连，影响线路方案的地质因素为枳城隧道暗河(保证暗河于隧道底下 20～30m 通过)、岩溶发育安全带位置(要求线路平面位置离乌江较近)，黄桷树岩堆(若线路完全绕避岩堆，则白马车站全部进隧道，隧道长约 9km，与前白沙沱车站方案比较情况相似)，通过仔细勘察及稳定性检算，对黄桷树岩堆整体判定稳定。因此，不做绕避岩堆的方案，只是优化线路平、纵断面，以小填浅挖通过岩堆前缘，路基设置边坡预加固桩。为此，有如下两个方案。

沿河方案：线路傍乌江而行，主要工程为隧道和桥梁，DK171+700～DK172+500 段为路基，白马 1 号隧道长为 1.528km，路基段地形相对较缓，该段存在水库坍岸、斜坡稳定性较差等情况，同时存在危岩落石，路基防护工程较大。

内移方案：线路靠山内移，取消 DK171+700～DK172+500 段路基，白马 1 号隧道变长为 2.93km，线路缩短了约 800m。

两方案都保证了线路位于岩溶发育安全带，且投资相当，但沿河方案地质条件相对较差，内移方案地质条件相对较好，为最终施工方案，黄桷树岩堆采用预加固桩处理(6 个桩)，处理费用约 30 万元，施工过程顺利，遇溶洞稀少，未遇暗河，与预期相符。

2.6 羊角改线(DK176～DK182)

该段不良地质发育，线路无法完全绕避，为此，设计如下两个方案。

沿河方案：线路顺乌江，白马 2 号隧道出口位于二叠系灰岩与志留系页岩接触带附近，危岩落石严重，对隧道及隧道出口段路基影响较大；DK178+540～+700 段线路通过岩堆，路基整治工程较大。

DK179＋350～＋800 通过羊角 1 号滑坡，DK180＋500～DK181＋200 通过羊角 2 号滑坡，滑坡规模大。

内移方案：线路靠山移，将原白马 2 号隧道和 3 号隧道合并为白马 2 号隧道，避开了上述几处不良地质，但要通过下姜家湾滑坡、黄泥堆滑坡。

两方案投资相近，都通过不良地质，但不良地质的规模、工程处理难易程度不同，沿河方案通过不良地质多、规模大，地质条件相对较差，内移方案地质条件相对较好，为最终施工方案，下姜家湾滑坡、黄泥堆滑坡采用抗滑桩(25 个桩)及坡面防护处理，处理费用约 450 万元，滑坡处理施工顺利，未发生变更设计，一直稳定至今。

2.7 土坎、武隆改线(DK183～DK198)

该段不良地质极其发育，线路无法完全绕避，为此，设计如下 5 个方案。

乌江左岸方案：线路从杨家坝隧道出口后跨乌江，设土坎站，穿隧道、跨乌江，经武隆隧道接入武隆站。该方案土坎站为顺层，存在顺层滑坡，隧道进、出口存在岩堆、危岩落石，线路增长约 1km，增加 2 座乌江桥，投资增加约 1 个亿，方案明显不具优势。

沿河方案 1：原可行性研究阶段方案，线路通过杨家坝滑坡、武隆纸厂滑坡(大滑坡)、土坎滑坡，通过土坎厚层堆积体，土坎车站位于土坎滑坡体上，该方案通过的都为巨型滑坡，工程难以处理，地质条件极差。

沿河方案 2(露气 200m)：线路从杨家坝隧道出口后顺乌江行进，设土坎站，经大庄隧道(3325m 长，为绕避土坎滑坡)，经约 200m 路基后，经桐子园隧道(长 5580m)进武隆车站。大庄隧道出口设 48m 的特殊明洞，桐子园隧道进口设 91m 的特殊明洞(桩基刚架明洞)，为保证公路正常运营，明洞均采用栈桥过渡，盖挖法施工，施工工序复杂，进度十分缓慢。两隧道之间的陡坡路基为桩板墙。该方案存在的地质问题：通过武隆纸厂滑坡(小滑坡)，土坎车站位于厚层堆积体上，大庄隧道出口—桐子园隧道进口存在岩堆、人工弃渣及危岩落石、暗河影响；该方案地质条件相对较差，工程处理困难。

沿河方案 3(不露气)：线路从杨家坝隧道出口后顺乌江行进，设土坎站，线路适当内移(平面最大移动距离 370m)，将大庄、桐子园两座隧道合并，成为 9418m 的武隆隧道，避开了沿河方案 2 中大庄隧道出口—桐子园隧道进口存在的岩堆、人工弃渣及危岩落石，其余地质条件与沿河方案 2(露气 200m)相似。该方案与沿河方案 2 相比，地质条件相对较好，工程处理相对容易。

内移方案：杨家坝隧道向山移，隧道出口为土坎三线大桥(约 200m)，紧接着为武隆隧道(长约 11km)。该方案避开了武隆纸厂滑坡、土坎厚层堆积体，但存在以下问题：土坎三线大桥通过的沟为清水溪泥石流沟，线路向山靠后，沟床纵坡逐渐变陡，根据泥石流的龙头高程，桥净空富余逐渐变小；杨家坝隧道出口、武隆隧道进口为岩堆，最大厚度约 40m，且车站伸入隧道，在岩堆中修三线大跨隧道，技术难度相当大；乌江边存在两个暗河，根据高程预测，暗河水位位于该方案武隆隧道中或隧道上方，施工风险极大，工期很难保证。该方案与其他方案相比，地质条件差，技术难度大，工程可靠度差。

通过上述五个方案地质条件的比较，沿河方案 3(不露气)相对较好，作为最终施工方案，武隆纸厂滑坡(小滑坡)采用预加固桩处理(20 个桩)，处理费用约 180 万元，滑坡处理施工顺利，未发生变更设计，一直稳定至今；武隆隧道雨洪期岩溶水涌入隧道，施工的两个雨季中发生 9 次涌水，最大瞬时涌水量达 718 万 m^3/d，但未发生人员伤亡事故，采用泄水洞处理后，工程完好至今。

2.8 黄草方案比较(DK215～DK218)

贯通方案：板桃隧道出口通过滑坡前缘，乌江桥长 392m，设黄草场车站，车站伸入黄草隧道约 500m。该方案主要地质问题：线路于 DK215＋064～DK216＋156 段通过板桃隧道出口滑坡边缘，滑动方向与线路方向垂直，属基岩错落型滑坡，滑坡前缘紧靠反倾基岩，无继续滑动的空间，滑坡整体处于稳定状态；车站范围有 380m 顺层，地层岩性为 O_{2+3} 灰岩，岩层倾角 35°～40°，最大顺层清方高度约 35m，工程可靠度高；线路于 DK217＋160 通过黄草场泥石流沟流通区与沉积区的过渡带以黄草场 2 号三线桥通过，桥下采用道流槽处理。

绕避滑坡方案：线路左移，通过滑坡范围更大，黄草乌江桥变长很多，该方案明显不合适；根据现场

情况设计了线路向右移 100m 的方案：板桃隧道出口绕避滑坡，乌江桥长约 430m，设黄草场车站，车站伸入黄草隧道约 500m。该方案主要地质问题：车站范围有 800m 顺层，地层岩性为 O_{1m} 页岩，岩层倾角 35°～40°，最大顺层清方高度约 70m，工程可靠度差；线路以半填半挖形式通过黄草场泥石流的流通区，工程处理非常困难。

两方案相比，贯通方案工程处理可靠度高，地质条件相对较好，为最终施工方案，板桃隧道出口挖方通过滑坡地段采用预加固桩处理(7 个桩)，处理费用约 40 万元，滑坡处理施工顺利，未发生变更设计，一直稳定至今。5 年中发生了一次泥石流，未产生危害。

2.9 桐子岭隧道改线(DK227～DK231)

沿河方案：线路顺乌江，以桥、路基通过。主要地质问题：通过桐子岭错落体，范围约宽 1.4km，厚 2～20m，工程处理非常困难；该段为顺层，倾角 30°～37°，路基挖方及地方公路边坡都为顺层，工程量大、可靠度不高。

内移方案：线路内移 150～200m，完全绕避错落体及顺层边坡，以桐子岭隧道(长 3090m)通过。

两方案相比，内移方案地质条件明显改善，为最终施工方案。

2.10 杉树坨隧道改线(DK232～DK237)

沿河方案：线路顺乌江，以夏家桥隧道(长 1800m)、大坡隧道(长 2480m)通过，两隧道之间约有 400m 路基。主要地质问题：路基段通过丁家坳岩堆，该段为峡谷地段，正好是软、硬岩分界线附近，危岩落石发育。

内移方案：根据暗河高程、岩堆厚度，线路内移 100～200m，完全绕避丁家坳岩堆及危岩落石，以杉树沱隧道(4732)通过。

两方案相比，内移方案地质条件明显改善，为最终施工方案，施工过程遇少量溶洞，暗河水从隧道底通过，未发生岩溶突水，与预期相符。

渝怀线乌江峡谷地质选线平面示意图，如图 2 所示。

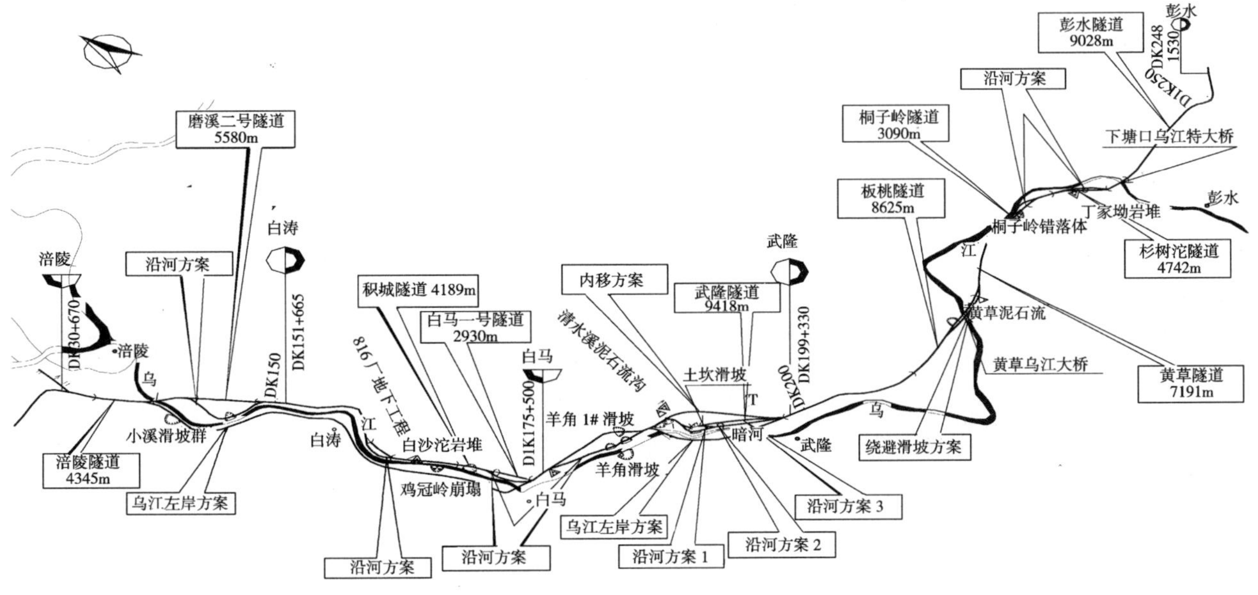

图 2　渝怀线乌江峡谷地质选线平面示意图

3 结语

渝怀线乌江峡谷(武隆至彭水)，长约 117km，为全线地质最复杂地段之一，该段土建工程约在 2003 年完成，2006 年正式运营，施工、运营顺利，经受了暴雨(150 年一遇)、汶川地震的考验，证明线位合理，地质选线效果良好，该段地质勘察获 2008 年度全国优秀工程勘察设计奖铜奖，现就有关地质选线的经验进行归纳、总结。

3.1 先期进行河流左、右岸地质选线

左、右岸受地层岩性、地质构造、人类活动影响，不良地质的发育程度、规模不同，铁路选线应先期进行左、右岸地质条件比选，从宏观上选择出地质条件相对较好的方案。渝怀线涪陵—白马段可研阶段经地质比选，采用了地质条件相对较好的右岸方案。

3.2 线路内移避开乌江沿岸不良地质

峡谷段不良地质极为发育，线路方案受地质条件控制，有条件时，线路内移避开沿岸不良地质，渝怀线乌江峡谷段先后进行了磨溪2号隧道改线、白涛改线、白马改线、羊角改线、土坎、武隆改线、桐子岭隧道改线、杉树坨隧道改线。

3.3 在充分勘测、稳定性评价的基础上，线路可以通过不良地质

线路绕避不良地质困难或代价极高时，只要地质探明、工程措施到位，线路完全可以通过不良地质。如白沙沱车站岩堆、白马车站岩堆、羊角碛隧道进口滑坡(下姜家湾滑坡、黄泥堆滑坡)、武隆纸厂滑坡、板桃隧道出口滑坡。这些工程施工顺利，现已完成建设，经观测，不良地质稳定。

3.4 线路可以通过厚层斜坡堆积体

例如，土坎车站坡、洪积层厚10～35m，经过精心勘测、地质查明，并实施合理措施，最后线路选择在堆积体上通过，该工程施工已完成建设，经观测，线路基底稳定。

3.5 线路尽量选择通过岩溶发育安全带

例如，白沙沱3号隧道(DK164＋818.5)—白马1号隧道(DK173＋285)段约10km范围线路通过岩溶发育安全带，溶洞很少，施工非常顺利。

3.6 根据岩溶发育规律及暗河高程，宏观指导选线

渝怀线乌江峡谷通过可溶岩隧道22座，其中，白沙沱1号隧道(3784)、枳城隧道(4181)、武隆隧道(9418)、板桃隧道(8615)、杉树沱隧道(4732)通过区域性暗河(乌江为区域性侵蚀基准面)。勘测期间通过仔细勘测，合理布置线路平面及高程。施工开挖揭示：暗河岩溶水高程位于隧道底部，特大暴雨时，个别隧道岩溶水涌入隧道，采用泄水洞处理，施工过程未出现伤亡事故，施工顺利。

今后，山区铁路(尤其河流峡谷地段)选线，可充分利用渝怀线乌江峡谷的地质选线经验。

水柏铁路北盘江大桥岸坡稳定性评价

王茂靖

（中铁二院工程集团有限责任公司公司办）

摘　要　桥梁工程跨越山区深切峡谷岸坡，其岸坡稳定性是重大的工程地质问题，不但制约着工程周期，而且还控制着工程投资及建设工期。因此，工程地质勘察工作是一项十分重要工作。本文结合水柏铁路北盘江大桥工程地质勘察工作中的岸坡稳定性评价，全面系统地介绍了峡谷岸坡稳定性评价的方法，综合确定了设计采用的稳定岸坡角，为大桥的成功设计及建设提供了可靠的科学论证。其稳定性研究及综合评价方法对于峡谷岸坡稳定性具有一定的参考及借鉴意义。

关键词　北盘江大桥；岸坡；稳定性评价

Assessment of Bank Slope Stability of Beipanjiang Major Bridge

Wang Maojing

(Administration Office of CREEC)

Abstract　When the bridge crosses across the deep-cutting gorge, the stability of bank slope is a very important engineering geological problem. This is related to the success of the engineering and also to the engineering investment and construction period. Therefore, the engineering geological investigation is a very important work. This paper takes for example the assessment of bank slope stability in the geological investigation of Beipanjiang major bridge project, introduces the method for the assessment of gorge bank slope stability comprehensively and systematically. The stable bank slope angle adopted in the design provides reliable scientific verification in the successfully design and construction of the bridge. The research on stability and the comprehensive assessment method may provide certain reference for the stability of gorge bank slope.

Key words　Beipanjiang major bridge; bank slope; assessment of stability

1　引言

北盘江大桥位于贵州省六盘水市辖区的崇山峻岭之中，为水柏铁路的重点控制工程，大桥全长 468.25m，桥高 275m，桥型为 3×24m PC 简支梁＋236m 上承式钢管混凝土拱＋5×24m PC 简支梁，大桥以主跨 236m 的上承式钢管混凝土肋拱横跨北盘江深切峡谷，其跨度、桥高均为当时世界单线铁路桥梁第一。

大桥以 80°交角横跨北盘江深切峡谷，该段河流强烈下切（左岸陡崖高 158m、右岸陡壁高 177m），岸壁近于直立。

大桥于 1997 年 10 月至 1999 年 11 月开展工程地质勘察（含初勘、详勘及施工勘察），1999 年开始建设，2001 年 11 月建成通车，2002 年 8 月通过验收，如图 1 所示。

图 1　建成后的北盘江大桥

作者简介：王茂靖（1964—　），男，教授级高级工程师，中铁二院工程集团有限责任公司副总工程师。

在该桥工程地质初步勘察中，首先进行了上下游多个桥位工程地质比选，最后确定了卸荷节理相对不发育、岸坡岩体完整性相对较好的桥位方案。桥位方案确定下来后，与西南交通大学合作，对桥跨处的北盘江深切峡谷岸坡稳定性做了专门性研究评价，并在详细工程地质勘察中采用了多种勘察手段进行综合勘察，查明了桥位处的水文地质、工程地质条件及岩溶发育规律，采用了多种方法对岸坡稳定性进行计算评价，为设计提供了较为准确的地质资料及岸坡稳定性分析。施工过程中，尽管 3 号、4 号主墩开挖后岩溶裂隙较为发育，但对基础底部再次进行了基础岩溶复查工作，在此基础上进行了钻孔压浆加固措施。整体上来讲，经施工验证，地质资料翔实可靠、内容全面，岸坡稳定性没有问题，对该桥的建成起到了重要作用，并获得建设单位、设计单位、施工单位和监理单位的高度评价。该桥的工程地质勘察也分别于 2003 年、2004 年先后被评为铁道部优秀勘察一等奖、国家优秀勘察银奖。

2 桥址工程地质条件

2.1 自然地理特征

大桥跨越北盘江深切峡谷，区内重峦叠嶂、地形陡峻，工程十分艰巨(图 2)。水城岸(左岸)属六盘水市新街乡，柏果岸(右岸)属营盘乡，两岸地形高陡，桥位处北盘江河谷呈“V”字形峡谷，河道较为顺直，河流强烈下切，岸壁近于直立，水城岸岸壁高 158m，直立状，岸壁下部靠近河谷有高约 3m 的倒悬岩腔；柏果岸陡壁约 71°，高约 177m，岸壁无倒悬。

图 2 北盘江大桥峡谷地貌景观

桥址区远离公路，仅有羊肠小道通往桥位处，交通极不方便。

六盘水市气候冬春干燥寒冷，夏季潮湿，年平均气温 18.8°C，年平均降雨量 1119.7mm，盛行东南风。

2.2 地层岩性

桥址区内无断裂褶皱，岩层呈单斜构造，产状平缓，岩层倾向左岸，两岸均出露二叠系下统栖霞组、茅口组厚层块状石灰岩，地表溶沟、溶槽及石芽发育，其中左岸地表有零星覆土，右岸基岩裸露，河床中有卵石土分布。构造节理发育，右岸距岸坡约 50m 平行岸坡发育一组卸荷裂隙。

2.3 地质构造及地震

桥址位于杨梅—发耳短轴开阔向斜东南扬起端，无大的断裂、褶曲构造形迹，岩层单斜。

层理面凹凸不平，倾角平缓，层理产状 N28°～40°W/10°～20°NE。岩层中主要发育 3 组构造节理，走向分别为 E～W、N30°～40°W、N35°～55°E，均为垂直节理，延伸性好，微张—张开状，间距 0.5～2m，其中 N35°～55°E/90°，节理面上部见有擦痕。

柏果岸(右岸)岸壁顶部曾有过小型崩塌，在眉峰部岩体突出部位发育 1 条卸荷裂隙，走向 N36°E，呈张开状，缝宽 20cm 左右，切穿厚 6～8m 的巨厚层灰岩，但未下切贯通下部灰岩。

桥址区地震基本烈度为Ⅵ度。

2.4 水文地质特征

北盘江属珠江水系，在黔桂交界处与南盘江汇合后注入红水河，属山区剧烈下切河流，纵坡陡，为当地侵蚀基准面。河水湍急，含砂量较大，河水常年浑浊，多含煤粒。桥位处河水最大流量 $2540m^3/s$，最小流量 $20.4m^3/s$，大气降水沿斜坡坡面及溶蚀裂隙流向陡崖，汇入北盘江中。水质为 HCO_3^--Ca^{2+} · K^+ · Na^+ 型，对混凝土无侵蚀性。

降水通过坡面迅速排走，岩体中裂隙—溶隙水不发育，据钻孔及物探孔透资料，岩体中几乎无地下水。

3 主要工程地质问题

3.1 岩溶

桥址处不良地质主要为岩溶，由于两岸出露的灰岩呈厚层、巨厚层状，灰岩质纯，经取岩样做化学分析，结果为：CaO，占 49.3%～55.32%；MgO，占 0.26%～0.97%；Fe_2O_3，占 0.04%；Al_2O_3，占 0.04%；SiO_2，占 0.34%～1.47%；SO_3，占 0.036%。岩石化学组分有利于岩溶发育，但因区内无断裂、褶皱，岩层为单斜构造，除几组垂直构造节理切割外，岩体相对较为完整。加之山高坡陡，河谷深切，大量降水通过斜坡迅速排入北盘江中，有限的基岩裂隙水在岩体中以垂直运动为主，至岸边排入北盘江河谷。从区域地质历史来看，云贵高原自第四纪以来一直处于上升阶段，河谷强烈下切，桥址处北盘江河谷也表现为持续的上升运动，北盘江水面即为两岸岩溶裂隙水运动的排泄基准面。桥跨处北盘江深切 200～300m，两岸岸壁近于直立，河床顺直，陡峭的岸壁上未见水平溶洞。桥址区这种区域构造运动和陡峭的地形决定了桥址位于岩溶水垂直循环带内，岩溶总体不甚发育，两岸岩溶形态以垂直溶缝、溶蚀破碎带为主，在局部节理、层理组合有利的情况下，溶蚀裂缝局部扩大为溶洞。

定测阶段及补定测阶段共计钻探 39 孔，物探孔透 24 孔，从针对各墩台的钻探和物探孔内透视来看，大部分地段灰岩较为完整，岩溶不甚发育，多为溶蚀破碎带及溶孔、溶缝，仅有 8 个钻孔钻到溶洞，溶洞洞径一般 0.7～3m，其中 6 个钻孔揭示的溶洞充填黏土，2 个钻孔揭示的溶洞为空洞，溶洞发育深度在地表下 15～35m，个别钻孔揭示溶洞高度为 6.5m。

桥址区岩溶发育具有如下规律：

(1)水城岸(左岸)岩溶较发育，有 5 个钻孔揭露到溶洞，溶蚀破碎带也较柏果岸(右岸)发育，这主要是因为左岸灰岩层理缓倾山内，层理与构造节理的组合有利于地表水下渗、储藏及缓慢运动，加剧了水对可溶岩岩体溶蚀作用。右岸岩层缓倾山外，大气降水经垂直节理下渗到岩体中后迅速通过层理面、节理面流出，不利于地下水的储藏及缓慢运动，故岩溶发育程度较左岸轻微，钻孔中仅有 2 个孔揭示溶洞，且深度浅、规模小。

(2)越靠近峡谷岸坡谷肩，岩溶发育越轻微，两岸靠近陡壁处，钻孔均未钻到溶洞，溶蚀破碎带也不发育。远离陡壁的缓坡处，地下岩溶较发育，多个钻孔中钻到溶洞。这主要是因为越靠近岸坡陡壁，岩体中地下水径流途径越短，地下水迅速排泄到北盘江河谷中，不利于岩溶的发育。而离岸坡陡壁越远，岩体中地下水径流途径越长，越有利于岩溶的发育。

综上所述，北盘江大桥两岸岩溶相对不发育，主要的岩溶形态为沿垂直节理发育的溶缝、溶蚀破碎带及节理、层理有利组合下发育的少数溶洞，岩体中的岩溶洞穴极少连通，未在岩体中形成四通八达的岩溶溶蚀通道，也无严重影响桥基工程的大型地下溶洞。其中，左岸岩层、层理产状、节理产状有利于地下水的聚集，岩溶相对较右岸发育；两岸远离陡崖的缓坡段地下水径流途径较长，岩溶比靠近陡崖的坡顶处要发育，如图 3 所示。

3.2 峡谷岸坡稳定性

北盘江峡谷深切、岸坡高陡，大桥 3 号、4 号主墩直接位于岸坡坡顶，峡谷岸坡的稳定性、主墩基底稳定性直接关系到大桥建设的成败。

4 峡谷岸坡稳定性、基底稳定性分析

4.1 初勘阶段岸坡稳定性分析

北盘江大桥 3 号、4 号主墩所在的陡崖岸坡高达 160～177m，岸坡稳定与否直接关系到大桥建设的成败，岸坡稳定性评价也是该桥工程地质勘察中必须回答的重大工程地质问题。为此，在该桥初勘阶段，为选择在地质条件较好的岸坡跨越北盘江峡谷，对北盘江公路桥附近开阔河谷桥位方案、上游尖坡桥位方案、下游老鹰岩桥位方案 3 个桥位方案，均进行了详细的地质调绘。在此基础上，结合桥址地质条件及线路情况，最终选定下游老鹰岩桥位方案。

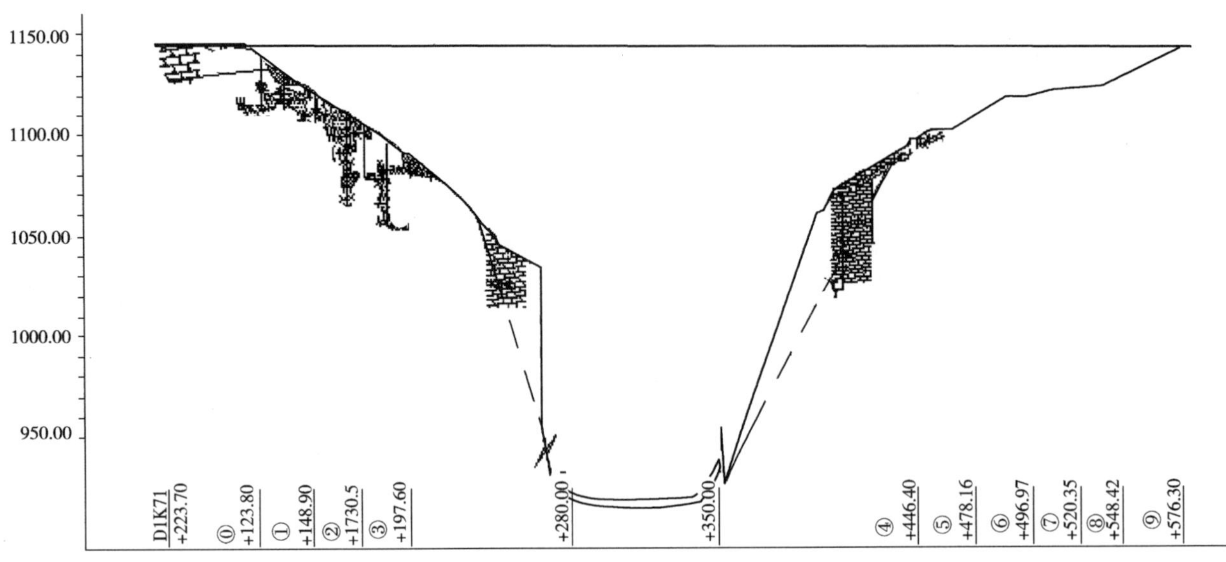

图 3　北盘江大桥地质纵断面示意图

老鹰桥位方案确定后，我院立即与西南交通大学合作，成立了专门的课题研究小组，对大桥处的峡谷岸坡开展了专门性研究评价。课题小组通过野外的实地调查，取得了现场地形地貌、地层岩性、地质构造及节理、裂隙产状等第一手资料；在室内进行物理及数学模型试验，分别采用了离散元法、有限单元法、底摩擦试验、定量分析和理论计算。通过上述工作，对桥位处峡谷岸坡的工程地质条件、岸坡岩体可能的变形破坏模式、变形发展规律、岸坡岩体的位移和应力状态、岸坡的总体稳定性、岸坡的稳定坡角、墩台基础设置的位置及相应安全系数等，分别进行了深入研究，得出如下岸坡稳定性评价结论。

(1)峡谷岸坡，在未建桥的天然状态下，由于风化和重力作用，引起岸坡岩体中应力状态调整和变化，造成右岸(柏果岸)岸坡坡顶局部有平行江岸的卸荷裂隙发育，右岸谷肩处已产生少量岩体崩塌，但是左、右两岸岩体岸坡总体上是稳定的。

(2)根据有限单元法对岸坡应力状态及其变化的分析。根据离散元法、底摩擦试验的变形破坏分析以及岸坡稳定坡角的计算，并结合野外实地调查，当右岸桥墩基础设置在距岸壁谷肩 30m 时，应力变化梯度及破坏影响程度均较明显，而设置在距岸壁谷肩 40m 处时，则应力状态和变形破坏范围均有明显改善。

(3)根据数值计算分析、模型试验和岸坡工程地质条件的考察，计算得出右岸岸坡的稳定坡角为 82.4°(坡率 1∶0.13)。对岸坡安全宽度的计算表明，当右岸墩台设置在 30m 时，其安全宽度系数为 1.42，而设置在 40m 时，其安全宽度系数达 2.13。因此，建议右岸坡顶预留的安全宽度为 40m；左岸由于岩层缓倾山内，整体稳定性较好，建议坡顶预留的安全宽度为 30m。

(4)根据岸坡坡顶拉张应力的发展及顶部局部变形破坏的有限元法、离散元法等分析，建议在桥基前沿及桥基处增加锚固措施，以防止岸坡变形的发展，并增强桥基岩体的完整性。

(5)考虑到右岸的倾斜长大节理在本次野外调查中无法量测其产状，建议在定测时对其进行详细测量，以便施工设计时加以分析。

4.2　详勘和补充详勘阶段峡谷岸坡稳定性分析

该桥详勘及补充详勘阶段，采用地质钻探、孔内物探及试验等综合勘探手段做了大量质勘察工作，基本查明了该桥的水文地质、工程地质条件，特别是岩溶发育规律。在汇集大量勘察资料以及在西南交大研究基础上，又采用下述方法对岸坡稳定角进行评价。

(1)利用不均质土坡理论公式近似计算

$$\tau=\sigma f+c \tag{1}$$

$$\tau=T/L=W/h\times\sin2\alpha \tag{2}$$

$$\sigma f=W/h\times\sin\alpha\times\cos\alpha\times\tan\varphi \tag{3}$$

式中：σ——法向应力(kPa)；

τ——剪应力(kPa)；

f——内摩擦系数；

c——内聚力(kPa)；

T——下滑力(N)；

L——破裂面长度(m)；

α——破裂角(°)；

φ——内摩擦角(°)。

利用上述公式可推导出临界岸坡稳定角为

$$\alpha_0=(\beta+\varphi)/2 \tag{4}$$

式中：α_0——临界岸坡稳定角(°)；

β——岸坡角(°)。

北盘江大桥右岸自然岸坡坡度71°，左岸岸坡近于直立，灰岩内摩擦角取65°，代入式(4)计算得出：右岸稳定岸坡角68°，左岸稳定岸坡角77.5°。

(2)工程地质类比法：对西南山区贵昆铁路、湘黔铁路及南昆铁路等数个类似的岩质高陡边坡地质特征进行比较，特别是与南昆铁路清水河大桥峡谷岸坡的比较，发现峡谷区灰岩高陡边坡的稳定岸坡角在55°～80°不等，同时考虑北盘江峡谷岸坡独特的地质条件，建议北盘江右岸岸坡稳定坡角定为65°，左岸岸坡稳定坡角定为78°。

基于上述计算、分析，以及西南交大所做的模型分析计算成果，在该桥施工图设计时，经会审研究确定：左岸岸坡近于直立，岩层缓倾山内，陡壁完整性好，采用80°稳定岸坡角设计，安全宽度50m(主要是根据岩溶勘探结果桥跨做了相应调整)；右岸岸坡坡度较缓，岩层倾向河谷，略具顺层现象，加之岸坡谷肩处发育倾斜长大斜节理及卸荷裂隙等不利地质条件，设计稳定岸坡角采用63°，安全宽度40m。

4.3 基底稳定性评价

墩台基底稳定性分析主要是分析基底岩体抗压强度及承载力能否满足设计荷载需要，如果不能满足设计所需荷载，则可能会引起墩台下沉，进而会引起整个桥梁下沉变形，甚至垮塌。因此，墩台基底稳定性分析也是十分重要的。该桥详细勘察阶段，在北盘江两岸取了十余组灰岩做了强度试验，结果表明：灰岩一般单轴极限饱和抗压强度为45～60MPa，单轴极限烘干压强度为50～75MPa，单块岩石强度远远高于各墩台设计要求的基底岩体承受应力。一般来说，墩台基底完整岩体的强度是能满足设计要求的，但因灰岩中岩溶化作用，各墩台基底稳定性有一定差异。定测勘察中揭示0号台、1号墩基底下有溶洞，顶板安全厚度不够，对桥跨做了相应调整，并重新进行了钻探和钻孔孔内无线电波透视，资料成果分析如下：

(1)0号台：施钻2孔，孔深分别为26.3m 、18.90m，揭示岩性为燧石灰岩、灰岩，在6.90～18.20m处溶蚀严重、岩芯破碎，溶蚀裂隙宽20～30cm。其余地段溶蚀轻微，岩芯完整，呈5～40cm柱状，基底无溶洞，溶蚀破碎带对桥基无影响，为提高岩体强度，施工中采用基底钻孔注浆加固。

(2)1号、2号墩：桥跨调整后，两墩位置各施钻1孔，孔深分别为25.70m、26.50m，岩性为风化轻微的深灰色致密坚硬灰岩，岩芯完整，柱状节长10～70cm，其中1号墩在17.5～17.7m处发育有黏土充填的溶蚀裂隙；2号墩在15.35～16.40m为溶蚀破碎带，该墩基底岩体完整，稳定性好。

(3)3号主墩：该墩为大桥主跨之左岸拱座主墩，基础较大，直径10～12m、埋置深度10～20m，定测及补定测共计施钻10个钻孔，利用初测钻孔1个，孔深26～50m，有3个钻孔钻到溶洞，直径分别为0.8m、3.5m及6.7m，其中3.5m的溶洞充填软塑状砂黏土，溶洞埋深13～33m，其余钻孔仅揭示有溶孔、溶缝及溶蚀破碎带。该墩基底岩溶发育，但溶洞顶板尚有13m的厚度，最大的两个溶洞顶板厚度达18～22m，满足桥基岩溶勘察规则的要求，不影响主墩位置，但考虑到主墩拱座承载力要求高，施工中可对基底进行钻孔压浆加固，提高岩体整体强度。

(4)4号主墩：该墩为大桥主跨之右岸主墩拱座，基础较大，直径10～12m、埋置深度10～20m，定测及补定测共计钻探12个孔,孔深26.30～50.85m。钻探表明,灰岩上部4～8m为溶蚀破碎带,溶蚀较为严重,但多为密集型溶孔及溶缝,未见大于0.5m的溶洞,8m以下基本为溶蚀轻微的完整灰岩,仅局部孔段见溶缝及小溶孔。该墩基底岩体较为完整,稳定性好,考虑拱座承载力要求高,施工中可对基底进行适量的钻孔压浆加固,提高岩体整体强度。

(5)5号、6号墩:5号墩位置施钻2个孔,孔深分别为46.10m、45.30m,揭露岩性为深灰色致密坚硬灰岩,仅浅表部见有轻微溶蚀现象,岩芯大部分呈5～45cm的柱状,局部受节理影响,岩体较破碎,基底岩体完整,稳定性好;6号墩位置施钻1个孔,孔深19.60m,岩芯完整,呈5～40cm柱状,在11.80～14.50m处溶蚀较严重,见溶孔、溶缝,无大的溶洞,基底岩体完整,稳定性好。

(6)7号、8号墩:7号墩位置施钻1个孔,孔深为22.40m,揭露岩性为深灰色致密坚硬灰岩,岩芯大部分呈10～20cm的柱状,局部存在溶蚀现象,其中,10.70～11.90m处为无充填的溶洞,溶洞顶板安全厚度大于10m,该墩基底岩体大部分较完整,稳定性较好,满足承载力要求,为稳妥安全起见,施工中可对该溶洞进行注浆加固;8号墩位置施钻1个孔,孔深20.10m,岩芯完整,呈10～20cm柱状,仅局部见有溶孔、溶缝,基底岩体完整,稳定性好。

(7)9号台:施钻4孔,定测及补定测3孔,孔深19.80～22.80m,利用初测钻孔1个,孔深48.50m,钻孔揭示岩性为深灰色致密坚硬灰岩,岩芯完整,多呈5～20cm柱状,仅局部节理面见有溶孔、溶缝等溶蚀现象,岩性为深灰色致密坚硬灰岩。

综上所述,各墩台基底稳定性好,基底存在溶洞的3号主墩和7号墩,其溶洞的安全顶板厚度满足基础设计需要,但为了提高基底岩体的整体强度,施工中对0号台、3号主墩、4号主墩和7号墩均进行了注浆加固处理。

5 结语

5.1 岩土力学设计参数

该桥基础主要持力层为厚层、巨厚层灰岩,勘察时取了18组岩样进行了试验,并对试验参数进行了统计分析,提出设计地质参数,如表1所示。

桥基主要岩土力学设计参数推荐值 表1

岩土名称	天然密度(g/cm^3)	基本承载力(kPa)	临时边坡率	饱和极限抗压强度(MPa)	综合内摩擦角(°)
燧石灰岩(W_2)	2.65	800～1200	1:0.3	50	60
灰岩(W_2)	2.65	800～1200	1:0.3	50	60
灰岩(W_1)	2.70	1000～1400	1:0.2	56	65

5.2 工程设计和施工建议

(1)北盘江大桥峡谷岸坡稳定性好,设计时稳定岸坡角左岸采用80°,安全宽度50m;右岸采用63°,安全宽度40m。

(2)各墩台基底稳定性好,考虑到0号台、3号主墩、4号主墩、7号墩基底存在小型溶洞及溶缝,经计算,基底灰岩溶蚀率为5%～10%,施工应采用钻孔注浆加固处理,以提高基底整体稳定性,钻孔压浆压力不小于0.2MPa,预计岩溶压浆量约1500～2000m^3。

(3)桥址区厚层、中厚层灰岩持力层大面积出露,基岩裂隙水或岩溶裂隙水不发育,工程地质条件好,各墩台基础均可采用明挖基础。

(4)鉴于3号、4号主墩承载力要求较高,施工中应根据岩溶发育情况加强基底地质复查工作。

5.3 施工验证

(1)施工开挖各墩台基础地质条件基本与工程地质勘察报告中的论述一致,获得现场施工单位、施工监理以及建设单位的好评。

(2)经过施工开挖验证,北盘江大桥岸坡稳定性分析、基底稳定性分析结论安全可靠,与设计图纸吻合较好，施工中基本无大的变更设计产生。

（3）根据工程地质勘察报告建议意见，施工中加强了施工地质工作。该桥施工开挖中，发现承载力要求较高的3号、4号主墩坑壁及基坑底发育有溶孔、溶缝，立即组织人员对溶缝、溶孔的位置、深度进行详细调查，并采用地质雷达对基底进行探测，查明了主墩下伏岩溶发育形态及规模，提出了压浆加固措施，满足了3号、4号主墩在钢管混凝土肋拱转体合龙关键过程中基础高承载力的要求，保证了控测精度要求及一次转体成功。

（4）北盘江大桥建成通车以来，运营安全、良好。

渝怀铁路圆梁山隧道工程地质勘察与施工地质

易勇进[1]　蒋良文[2]　贾中明[1]
(1. 中铁二院工程集团有限责任公司地勘岩土公司；
2. 中铁二院工程集团有限责任公司公司办)

摘　要　圆梁山深埋特长隧道是渝怀铁路的关键性控制工程，其地形、地质条件异常复杂，本文将勘察阶段查明的工程其地质、水文地质条件与施工开挖揭示的地质情况进行了深入对比、分析、总结，为具有高压岩溶水、充填型溶洞深埋隧道等地下工程的勘测、设计和施工积累经验。

关键词　高压岩溶水；涌水突泥；煤层瓦斯；岩爆与变形；背斜；向斜；综合地质超前预报

Engineering Geological Exploration and Construction Geology of Yuanliangshan Tunnel on Chongqing-Huaihua Railway

Yi Yongjin[1]　Jiang Liangwen[2]　Jia Zhongming[1]
(1. Geological Prospecting & Geotechnical Engineering Co. Ltd. of CREEC;
2. Administrative Management Office of CREEC)

Abstract　With extreme complex topography and geological conditions, Yuanliangshan deep-buried long tunnel is the critical controlled project of Chongqing-Huaihua railway; after making a thorough comparison, analysis and summary of the hydrogeologic condition and geologic condition revealed by the construction excavation, the paper accumulates experience for survey, design and construction of underground engineering such as deep-buried tunnel with high tension karst water and filling-type karst cave.

Key words　high tension karst water; water bursting and soil gushing; coal seam gas; rock burst and deformation; anticline; syncline; integrated geologic advanced prediction

1　引言

圆梁山深埋特长隧道总长 11.070km，是渝怀线的关键性控制工程，控制了从彭水至龙潭整个越岭线路方案。隧道进口位于细沙车站(双线)怀化端，车站伸入隧道 949m，进口里程 DK351＋465、路肩设计高程 549.16m。出口位于属麻旺河源头的炭厂河西岸，紧邻炭厂河 1 号大桥，出口里程 DK362＋535、路肩设计高程 503.74m。隧道为单线隧道，线路纵坡为人字坡，人字坡顶里程 DK355＋820、路肩设计高程 560.52m。隧道最大埋深约 780m，对应里程 DK353＋035、路肩设计高程 552.16m。线路右侧预留二线位置设贯通平行导坑。

2　勘察设计工作

圆梁山隧道初测、定测地质工作由铁二院地路处承担，该项工作始于 1998 年 11 月，地路处共投入技术人员 35 名，先后十余次赴圆梁山隧道进行现场工作，历时二十月有余。就一些重大工程地质问题，多次邀请业界数名知名教授、专家进行咨询，并请他们进行现场指导，多次召开专家咨询与论证会。完成的主要工作如表 1 所示。

作者简介：易勇进(1975—　)，男，高级工程师。

圆梁山隧道初测、定测(含扩大加深地质工作)工作量统计表　　表1

工作项目	数量	工作项目	数量
1:5万及1:10万 卫片遥感判释	780km^2	深孔钻探	7孔 4547.96m
1:12000 航片遥感判释	130km^2	深孔物探综合测井	7孔 4514.89m
1:50000 工程、水文地质区测及补测	780km^2	钻孔水文地质与岩溶水现场连通试验	33层次
1:10000 工程、水文地质区测及补测	183km^2	钻孔煤层瓦斯测试	2层次
1:2000 详细工程地质图 5-18-测绘	22km^2	钻孔地应力水压致裂法测试	24段次
观测点	1083个	岩石物化、力学性质测试	88组
井、泉及地表水点	220个	水质分析	130组
井、泉及地表水临时长观点	12个	水氢氧、碳同位素与微量分析	134组
地面物探	97522点	计算机数值模拟分析	5000机时

3　工程地质及水文地质概况

3.1　地形地貌、水文特征

隧道地处渝、鄂、黔3省市毗连地区，为川东鄂西褶皱山地与贵州高原的接壤带，属中、低山地形。地貌形态明显受构造和岩性控制，具条带状展布特征。桐麻岭背斜为中间高耸，两翼倾斜的条带状山脉，四周被深切河谷所围限。毛坝向斜为两翼高凸，中间低洼的槽状地貌，四周被志留系地层所围限顶托，两翼二叠系下统(P_1q+m)灰岩形成高50～100m、长数十千米的绝壁，蔚为壮观；志留系泥页岩、粉砂岩地层则形成斜坡地貌；奥陶系灰岩中河谷则明显变窄，形成峡谷。位于毛坝向斜的王家顶高程1405m，和位于桐麻岭背斜的圆梁山高程1202m，分别构成本区2个彼此平行，沿构造线呈北东向展布的主要山脊，因河流切割较深，相对高差超过800m。

区内主要河流有细沙河、后河(又称冷水河)、猪扒河、麻旺河，其余小河流与上述主河流构成羽毛状水系。除细沙河属乌江水系外，其余均属沅江水系，两者分水岭位于毛坝向斜西翼高程1350m以上的长条形山地。

3.2　地层岩性

本区广泛分布巨厚层的海相地层，出露地层最老的为背斜轴部的寒武系中统高台组，最新的为向斜轴部的三叠系下统嘉陵江组。按时代顺序简述，如表2所示。

圆梁山隧道区地层岩性简表　　表2

界	系	统	组	代号	岩性特征	分布范围	接触关系
第四系　更新统　毛坝堆积(Q_m)					该堆积物上部为松散泥砂质砾石层，厚0.5m左右；下部为砂质黏土厚1～2 m，属冲洪积	毛坝向斜核部夷平面	不整合
中生界	三叠系	下统	嘉陵江组	T_1j	岩性为薄层至中厚层状灰岩、白云质灰岩	残留于向斜核部	整合
			大冶组	T_1d	厚378m，岩性可分为3段：①大冶组1段(T_1d^1)薄层状泥岩夹泥灰岩，底部为水云母黏土岩厚17m，在走向上分布不稳定；②2段(T_1d^2)上部为厚层状鲕粒灰岩及生物碎屑灰岩，下部为薄至中厚层状灰岩，厚326m；③3段(T_1d^3)薄层泥岩、砂质泥岩夹泥灰岩及灰岩，厚34m	分布于毛坝向斜核部岩溶洼地中	整合

续上表

界	系	统	组	代号	岩性特征	分布范围	接触关系
上古生界	二叠系	上统	长兴组	P_2c	中至厚层状燧石结核灰岩，局部地段顶部为白云岩化的生物灰岩，厚52m	向斜毛坝核部的陡崖附近	
			吴家坪组	P_2w	上部为薄至中厚层状灰岩与硅质灰岩不等厚互层，中、下部为厚5～10m薄层含炭泥岩及煤层、铝土质泥岩厚84m		整合
		下统	茅口组	P_1m	厚层状灰岩，下部为灰黑色中厚层状沥青质灰岩，厚249m		假整合
			栖霞、梁山组	P_1l+P_1q	中厚层状灰岩与灰黑色沥青质泥岩呈不等厚互层，厚183m，底部梁山组厚1.8m为薄层泥岩、铝土质泥岩		整合
	泥盆系	上统	水车坪组	D_3s	中厚层状灰岩、泥岩，厚40m，底部为厚2.9m厚层状细粒石英岩状砂岩	分布于向斜两翼的陡崖脚	假整合
下古生界	志留系	—	—	S	上、中部为薄层状泥岩、砂质泥岩，下部为薄至中厚层状粉砂岩与砂质泥岩不等厚互层，底部为砂质页岩，厚1960m	分布于向斜两翼斜坡地带	假整合
	奥陶系	中上统	—	O_{2+3}	由上至下分别为薄层状页岩、含泥灰岩(瘤状灰岩)、中厚层状龟裂纹灰岩，下部为瘤状灰岩，厚75m	分布于后河、猪扒河、麻旺河沟床与岸坡一带	整合
		下统	大湾组	O_1d	上部为层粉砂岩夹钙质泥岩，中部为薄至中厚层泥灰岩夹砂质泥岩，下部为薄层钙质泥岩，厚145m		整合
			红花园、分乡及南津关组	O_1n+f+h	上部厚层结晶灰岩，中部为薄层灰岩与钙质泥岩互层，下部为中至厚层状灰岩，底部为厚30～40m厚层状生物碎屑灰岩，厚254m		整合
	寒武系	上统	毛田组	$\in_3m$	中厚状含白云质灰岩、灰质白云岩，上部夹竹叶状灰岩及燧石结核，底部具假鲕状结构，厚190m	本区内未见底，分布于背斜核部及两翼	整合
			耿家店组	$\in_3g$	中至厚层状结晶白云岩，细至中晶结构，砂状断口，下部含灰岩及白云质灰岩，厚333m		整合
		中统	平井组	$\in_2p$	薄至中厚层状白云质灰岩、灰岩，底部为黄色薄层状泥质白云岩夹钙质泥岩，厚373m		整合
			高台组	$\in_2g$	零星出露于背斜轴部，本区内未见底，岩性为灰色中厚层状白云岩		整合

3.3 地质构造

本区构造单元属上扬子准地台东南部的上扬子台坳，为川东褶皱束之秀山穹褶束与黔江凹褶束结合部。区内主要发育毛坝向斜、桐麻岭背斜及伴生断裂，向斜区内发育较多横张断裂。

(1)毛坝向斜：毛坝向斜为一条燕山期形成的盖层褶皱带，总体形貌呈向NW凸出的弧形。南北长65km，东西宽2～3.5km；平面形态呈S状；总体走向为NE—SSW向，两端分别向NE和SSW方向扬起，核部的向斜形态呈长舟形状(图 1)。向斜轴向由 N18°E 偏转为 N35°E 的向 NW 凸出的弧形段(即苦草坪—毛坝—龙家坝—木叶地段)受一系列 NW 向左旋横张断裂的控制和影响，形成以泡桐坝—毛坝—犀牛洞为中心的地堑式构造和以桃子坳—笔架山—水淹沱—王家顶高程 1405m 的高地一带为中心的地垒式构造，以及以毛家院子—木叶一带为中心的地堑式构造，从而控制和影响了毛坝向斜区岩溶和岩溶水发育分布规律。隧道通过毛坝向斜毛坝—水淹陀段(中段)的地垒式构造，核部位于 DK354＋390～＋440 段，被 NW 向的挤压带破坏。

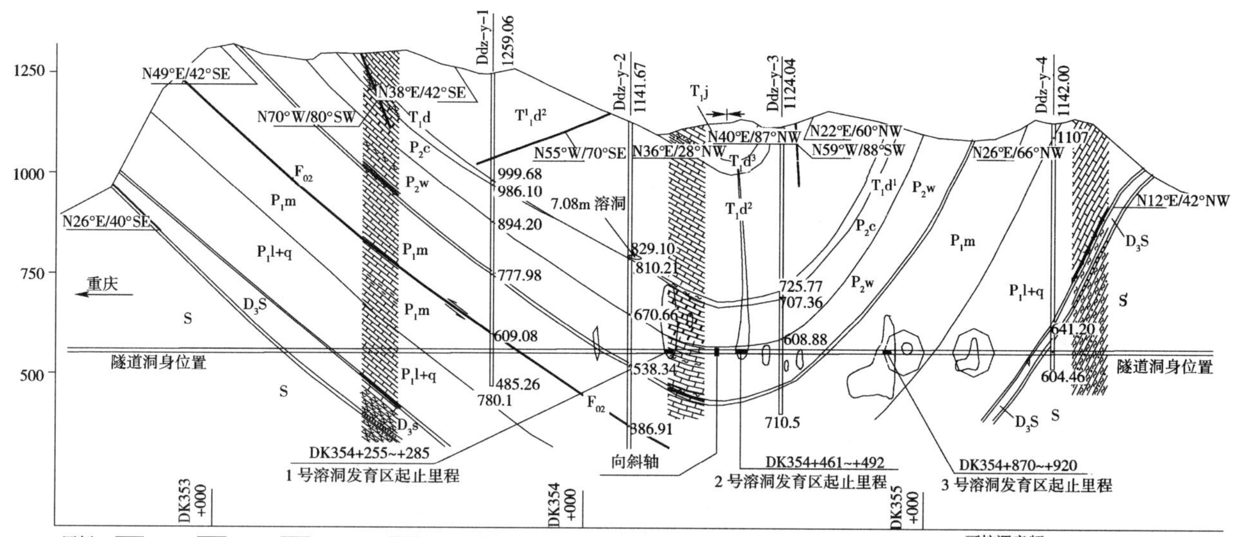

图 1　毛坝向斜地质剖面示意图

(2)桐麻岭背斜：轴部通过青山、艮山、腴地坡等，长 60km，轴线为 N20°～30°E，两翼倾角 E 缓(40°～50°)、W 陡(50°～80°)，轴面东倾。背斜轴部出露最老地层为寒武系中统高台组，两翼依次为寒武系中、上统和奥陶系地层(图 2)。隧道在 DK359 ＋955～DK360＋045 段通过其核部。

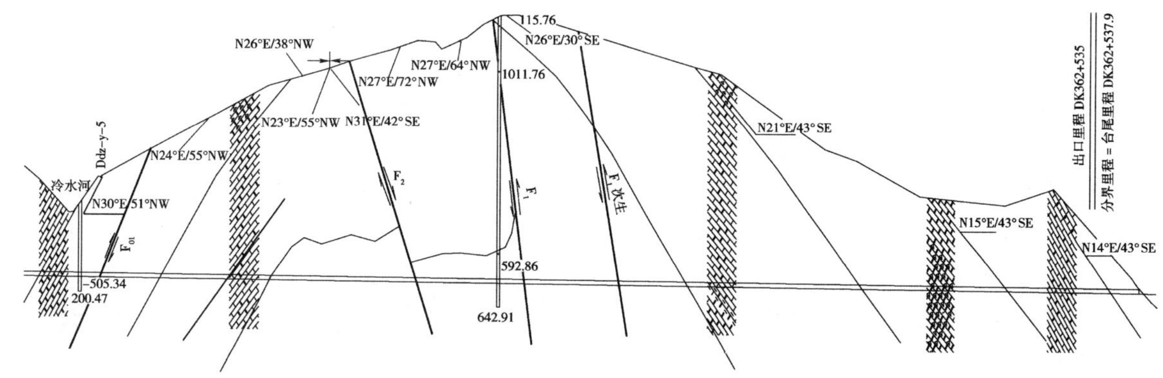

图 2　桐麻岭背斜地质剖面示意图

(3)断裂构造：区内断裂主要为 NNE 向的纵向断裂和 NW 向的横向断裂。NNE 向断裂为具压性特征的走向逆断裂，NW 向断裂为具张扭性特征的横向断层。隧道通过地段，所穿越的主要为 NNE 向的纵向断裂，主要有：

①F_1 纵向断层：位于背斜核部地表(DK360＋270)，发育长度 7.8km，断层走向 N10°～20°E，倾向 SE，倾角 50°～60°，地层断距约 150m，为走向逆冲断层。断层上盘岩层节理裂隙发育，岩心破碎，多蜂窝状溶蚀孔洞及裂隙，下盘岩层较完整。

②F_2 纵向断层：位于背斜核部地表(DK359＋770)，发育于$\in_2$p 地层中，发育长度 2.4km，断层走向 N15°E，倾向 SE，倾角 50°～60°，属压性断层。

③F_{01} 白鸡坪纵向断层：位于背斜核部西翼地表(DK359＋080)，发育于$\in_3$g 地层中，断层产状 N25°E/45°～49°NW，断层带出露宽度 0.5～1.1m，属压性顺层逆断层。

④毛坝向斜 F_3 纵向断层：南始于毛坝向斜核部的文家沱，北消失于天星洞，顺岩层走向发育于三叠系下统可溶岩地层中，长度约 2.6km，走向 N17°E，倾向 SE，倾角 80°，地层断距 25m，属压性走向逆冲断层。

⑤毛坝向斜西翼 F_{02} 纵向断层：位于毛坝向斜西翼的手扒岩陡崖半山腰(DK352＋890)，顺岩层走向发育于 P_1m 灰岩地层中，断层产状 N30°E/30°～35°SE，断层带出露宽度 0.5～1m，属压性走向逆断层。

3.4 水文地质条件

本区地层岩性以古生代及中生代沉积的碳酸盐岩和碎屑岩两大岩类为主，并有少量第四系松散堆积物。隧道通过部位地下水以裂隙型岩溶水为主，基岩裂隙水次之，局部存在裂隙—溶洞(暗河)型岩溶水。

碳酸盐岩裂隙型岩溶水和裂隙—溶洞(暗河)型岩溶水主要分布于毛坝向斜核部和桐麻岭背斜核部及附近地带可溶岩地层中，以泉和暗河出口的形式排泄于地表，为发育于其间河流的最为主要补给源。

区内由于可溶岩与非可溶岩相间，岩溶水多沿岩层与纵向构造线做顺向运动；而在岩性变化或横向构造发育以及地貌条件限制的地段，岩溶水则做横向运动。岩溶大泉及暗河的展布多与岩性组合、构造和地表水系的展布有着密切的关系，其流量大小与岩溶发育程度和接受大气降水的补给汇聚条件有关。

3.5 勘测阶段对主要工程地质问题的认识

(1)瓦斯与石油天然气问题

隧道通过毛坝向斜 P_2w 地层底部发育 1 层 0.03～0.3m 厚的薄煤层，实测瓦斯压力 0.298～0.9MPa，瓦斯涌出量为 0.124～0.137m^3/d，煤与瓦斯突出的可能性不大，但仍有可能发生瓦斯燃烧、爆炸等事故。另外，P_1q+m 沥青质灰岩裂隙中储存少量原油，施工时应加强超前地质预报、通风和有害气体监测工作，防止局部有害气体聚积、发生爆炸或燃烧，以致危及施工人员的安全。

(2)岩爆与变形问题

隧道位于 N79°W 向构造应力场，根据实测地应力，预计埋深大于 480m 的完整硬质岩地段可能存在弱岩爆，埋深大于 450m 的软质岩地段可能存在大变形及诱发坍方。

(3)毛坝向斜高压岩溶涌突水、突泥问题

因毛坝向斜范围内大多数断层破碎带是导水的，从而改变了深部岩溶水的补给条件和岩溶发育程度，造成深部岩溶高压水头，向斜轴部和灰岩与泥页岩接触带岩溶洞隙和岩溶水发育，以裂隙型岩溶水(局部存在裂隙-溶洞型岩溶水)和基岩裂隙水为主。

毛坝向斜岩溶水分层发育，即 T_1d 含水层、P_2w+c 含水层、P_1q+m (含 P_2w 下部煤层顶板灰岩)含水层，3 层水在隧道通过地带具有相对独立性。在核部区域，下层水的水头高于上层水的水头，P_2w+c 和 P_1q+m 层水为承压水，静水压力达 4.46MPa～4.9MPa。施工通过灰岩中纵向断层影响带、构造及岩溶裂隙发育带以及 P_1q 、P_1m 和 P_2w+c 各灰岩层时，可能突发大规模的高压岩溶涌(突)水、突泥与坍方；局部地表可能发生岩溶地面塌陷或开裂。

毛坝向斜段正常涌水量(Q)为 $5.5\times10^4 m^3/d$；雨季系数采用 1.5，则最大涌水量可达 $8.3\times10^4 m^3/d$；特大暴雨之后，可能达 $20\times10^4 m^3/d$ 以上。

(4)桐麻岭背斜核部岩溶和岩溶涌突水突泥问题

桐麻岭背斜地表多岩溶洼地、槽谷区，岩溶地貌十分发育，存在利于岩溶和岩溶水发育的条件。背斜无统一的岩溶水系统，大气降水为岩溶水的唯一补给来源。该段预测正常涌水量(Q)为 $3.813\times10^4 m^3/d$；最大涌水量为 $5.73\times10^4 m^3/d$(不包括冷水河浅埋段的最大渗漏量 $1.5\times10^4 m^3/d$)；在特大暴雨之后，可达 $10\times10^4 m^3/d$ 以上。

隧道出口段穿越桐麻岭背斜东翼寒武系、奥陶系可溶岩地段，位于岩溶水季节变化带与水平循环带，岩溶和岩溶水发育，施工时应注意防止发生涌(突)水、突泥；桐麻岭背斜 F_1、F_2 纵向断裂发育地段及各岩溶裂隙带，岩层较破碎，构造及岩溶裂隙也比较发育，可能突发较大规模的岩溶涌(突)水、突泥与坍方。

(5)冷水河浅埋段岩溶和岩溶水渗漏

DK358+750～+900 段为$\in_3$g 可溶岩地层构成的冷水河浅埋段,此段隧道埋深 150～180m。因冷水河河谷深切,风化卸荷回弹致使裂隙相当发育。隧道通过冷水河地段时,将存在渗漏问题,预测该段正常涌水量 10000m^3/d,最大涌水量 1.5×$10^4$$m^3$/d,也可能突发较大规模的岩溶渗漏涌(突)水、突泥与坍方。

3.6 勘测阶段对施工地质工作的建议

圆梁山深埋特长隧道工程地质及水文地质条件极其复杂,已查明的隧道工程地质及水文地质问题有待施工验证核实,尤其是复杂的高压岩溶水、岩爆与变形、有害气体等在勘测期间是难以准确定量和定位的。为此,建议施工阶段采用多种技术方法和手段进行综合地质超前预报工作,有针对性地采取工程措施,保证隧道的顺利建设。

4 施工揭示地质概况

4.1 瓦斯与石油天然气

(1)JP2正洞 DK353+360～+580、DK355+020～+308、平导 PDK353+382～+580、PDK355+019～+313.5 段为毛坝向斜核部 P_1q+l 沥青质灰岩与沥青质泥、页岩,底部发育一层厚 20～30cm 的煤层,全段可燃石油天然气、瓦斯及其他有害气体含量高,尤其是在平导 PDK355+160 处有纯度较高的石油渗出,能够直接燃烧;PDK353+505.4 超前地质钻孔曾揭露天然气囊,发生燃烧。

(2)DK353+580～DK355+020 段为毛坝向斜核部 P_1m 含燧石结核灰岩、沥青质灰岩和 P_2w 灰岩、炭质页岩、含炭泥岩,底部发育一层厚 10～30cm 的薄煤层,全段可燃石油天然气和瓦斯含量较高;局部存在高压气囊。

(3)正洞 DK357+550～+780、DK355+500～+636、平导 PDK355+520～+690 段开挖过程中瓦斯逸出量大,掌子面最大瓦斯浓度曾大于 10%。瓦斯逸出特点有:压力高,喷射时发出嗤嗤声,多沿岩层结构面喷发。

4.2 岩爆与变形

施工开挖过程中未显现明显岩爆特征,仅在局部地段有轻微岩爆发生,如平导 PDK354+580～+585 段、正洞 DK354+750～+860 段,对施工影响不大。

正洞 DK356+500～DK356+800 与平导 PDK356+430～+765 段为志留系泥页岩夹粉砂岩,岩层产状为 N27°E/58°NW;地表为一条冲沟,埋深约 250m。平导开挖时,左边墙和拱部局部掉块较严重,且左边墙的初喷砼略呈 30°～50°SE 剪裂、宽 3～5mm,拱顶下沉平均值为 7.1cm,局部下沉达 10.5cm。分析认为,由于该地段存在一条与平导呈小角度斜交的北西向韧性剪切挤压带,隧道围岩遭韧性剪切破坏,导致岩体破碎、稳定性差。

4.3 毛坝向斜段深部充填溶洞与高压岩溶涌水突泥

DK354+390～+440 和 PDK354+400～+430 段为毛坝向斜核部轴面部位,为挤压破碎带。毛坝向斜高水位富水区除 6 个大型充填溶洞地段外,其余地段总体上岩体较完整,地下水主要表现为裂隙水,水量不大,水质一般较清;其次为岩溶管道水,水量一般较大,持续时间长,水质时清时混;溶洞段则表现为水量大、水压高、携带大量充填物的特点。

(1)平导 PDK354+240～+275 充填溶洞

位于毛坝向斜西翼 P_2w 灰岩中,地层产状:N25°E/32°S。该溶洞顺平导轴向延伸,延伸长度 10～15m,主要分布在掌子面的右边,占据了掌子面的 2/5～1/2,左下部为破碎的灰岩及少量砂岩,产状较乱,上部溶洞腔体往正洞方向延伸。溶洞内充填物为软塑—流塑状淤泥质黏土,涌水量 70～80m^3/h。

(2)正洞 DK354+255～+285 段充填溶洞(图 3)

位于毛坝向斜西翼 P_2w 灰岩、硅质灰岩中,地层产状 N20°～25°E/21°～30°SE。DK354+265～+281 段粉质黏土基本填满了隧道正洞全断面,四周均未见完整岩层。粉质黏土呈可塑—软塑状,具水平

微层理,有一定自稳能力。

DK354+258~+285 段隧底分层发育 2 个岩溶腔体,均充满了软塑状粉质黏土夹黏土,上层岩溶腔体埋深在高程 556m 以下 0~10m,中部厚 6~10m,两侧厚 2~3m;下层岩溶腔体分布在 DK354+268~+278 段,埋深在 10~20m 以下,厚 2~10m。

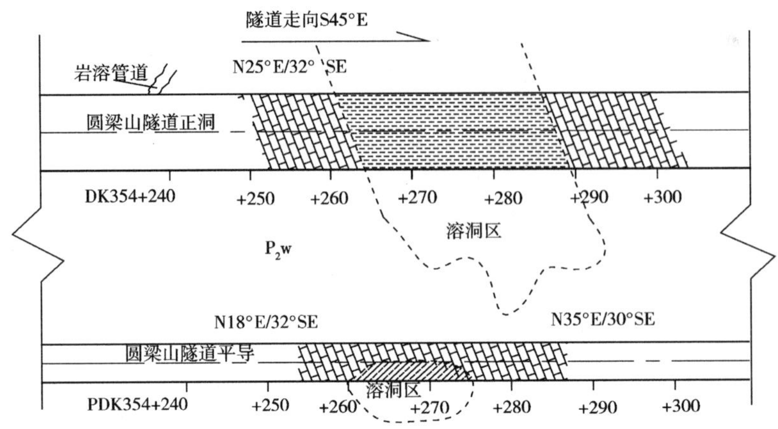

图 3 DK354+255~+285 段充填溶洞发育平面示意图

(3)平导 PDK354+435~+495 充填溶洞(图 4)

位于毛坝向斜东翼 P_2w 灰岩、硅质灰岩中,地层产状 N30°E/21°NW。为具宽大构造溶蚀裂隙特征的深埋充填溶洞,充填物主要为粉细砂及灰岩碎块石,粉细砂在无水的状态下呈中密状,有一定自稳能力,遇水即坍塌,形成空洞。2002 年 5 月 9 日,PDK354+435 掌子面开始涌水涌砂,涌水量 10~20m^3/h,含砂量 50%左右,后由于管道被洗通,至 2002 年 9 月,最大涌水量达 100m^3/h 以上。洞内水压测试成果表明:在部分排水条件下(测试过程中橡胶垫圈破坏),洞内测试水压达 2.016MPa;水压与排水量具有密切联系,即排水量越大,水压越小。

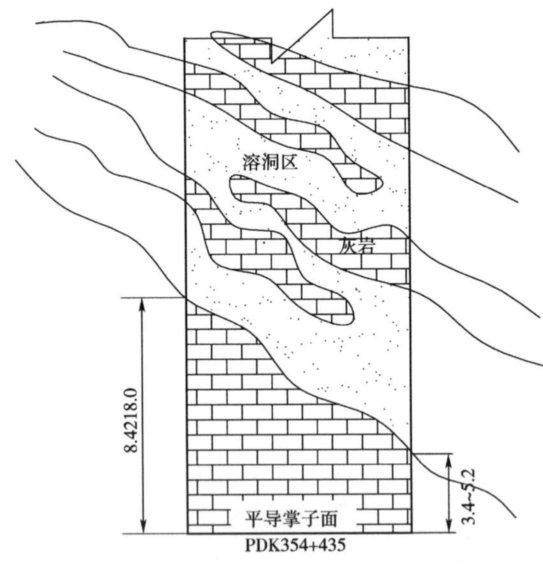

图 4 平导 PDK354+435 掌子面溶洞示意图

(4)正洞 DK354+461~+492 充填溶洞(图 5)

位于毛坝向斜东翼 P_2w 灰岩中,为具宽大构造溶蚀裂隙特征的深埋充填溶洞,充填物与平导 PDK354+435~+490 溶洞充填物相同,应与平导 PDK354+435~+490 溶洞为同一溶洞体。2002 年 4 月 22 日在 DK354+461.5 左下部施作超前钻孔时,突发涌水突泥,喷距达 30m,初始最大水量约 860m^3/h,涌出物为黄褐色、褐红色粉细砂与粉土(粉质黏土),后由于长时间排水,管道被洗通,涌水量明显增大。2002 年 10 月 22 日,DK354+475 右边墙底发生涌水涌砂,涌水量达 1500m^3/h,冒水处的涌水浪高达 1m。后来该段又多次发生大规模涌水,其中 2003 年 7 月 8 日至 7 月 23 日,最大涌水量达 210000m^3/d。水压测试成果表明:在部分排水条件下(测试过程中橡胶垫圈破坏)水压达 3.013MPa(此水压应与勘测阶段深孔钻探水位观测 P_2w 地层水压 4.35~4.44MPa 一致)。2003 年 11 月 2 日,DK354+493 发生拱顶坍落,坍落物主要为碎块石夹少量粉细砂,最大块石直径在 3m 以上,坍方量达 1000m^3。

(5)正洞 DK354+879 爆喷型突泥溶洞(图 6)

位于毛坝向斜东翼 P_1m 灰岩、沥青质灰岩中。2002 年 9 月 10 日,正洞中导坑掘进至 DK354+879 时,在该掌子面右下方开始缓慢挤压涌出硬塑状黏土,在此现象出现 3h50min 左右后,突然发生爆响,出现爆喷型突泥涌水,瞬间爆突出硬塑-可塑状黏土及黏稠状泥浆约 4200m^3,迅速充满 244m 长的正洞

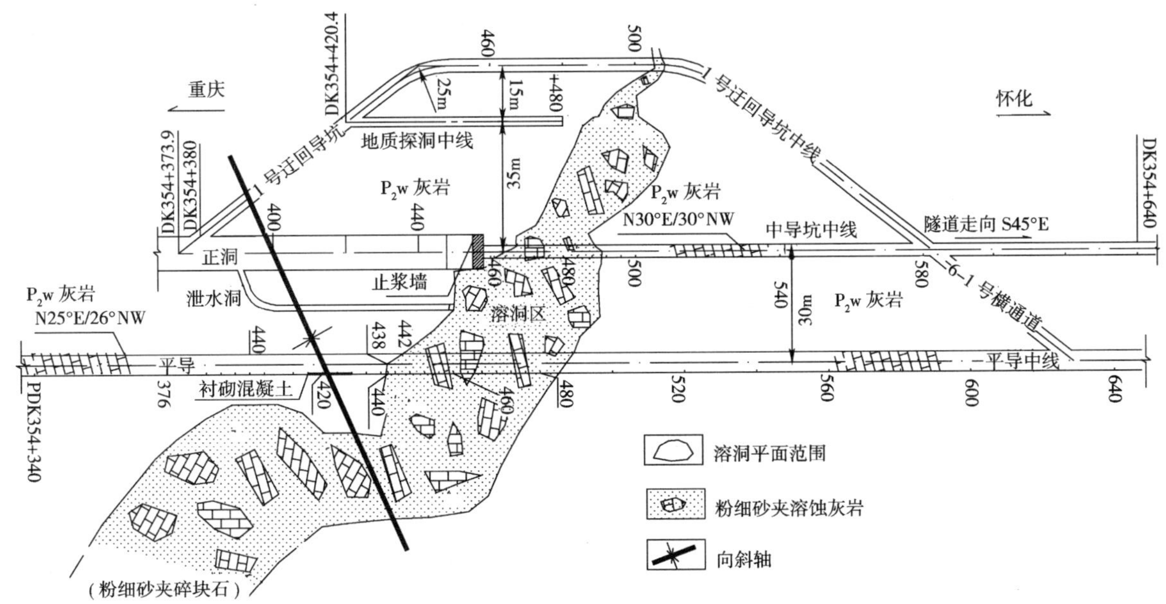

图5　DK354＋461～＋492充填溶洞发育平面示意图

下导坑空间，发生“9.10”重大自然灾害事故。开挖揭示DK354＋876～＋881为陡倾角的岩溶管道，宽约5m，从隧道左上角拱腰向隧底右下角延伸，管道壁光滑，涌水量随地表降雨量而变化，旱季20～30m³/h，雨季最大达1500m³/h，水浑浊、含泥沙；后来由于长期排水（携带泥沙），涌水量逐渐增大，且含砂（泥）量逐渐减小，表明此溶洞已与地表岩溶水系统相通。补勘查明DK354＋870～＋880段隧底发育溶洞，溶洞底部距隧底开挖轮廓线最深约3m，充填软塑状黏土；DK354＋890～＋900段隧底发育溶洞，溶洞顶板距隧底开挖轮廓线约10m，溶洞发育高度1.4～7.4m，充填软塑-流塑状黏土。后在2号迂回导坑（对应正洞DK354＋850）开挖3号泄水洞时，从泄水洞中涌出283m³的黄色黏土，软塑-流塑状，在泄水洞端头发现一溶洞腔体，形态似扁豆状，高约20m，长约15m，宽约11m，其上部有岩溶管道相通，一端与隧道相通，一端仍以陡倾角往上延伸。该溶洞腔体走向与隧道正向大致平行，其边缘距隧道左侧距离约11～12m。

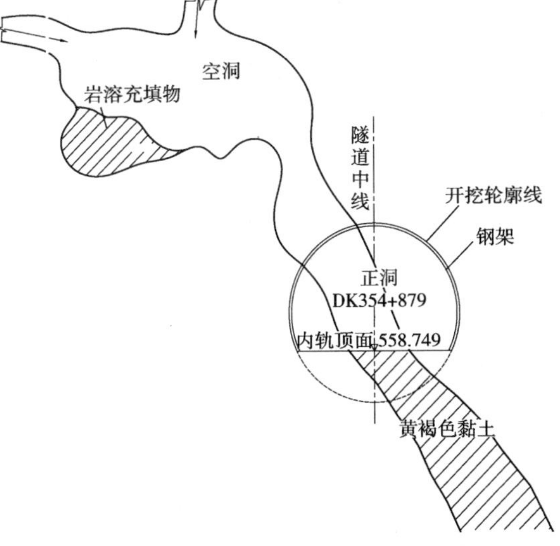

图6　DK354＋879溶洞正面形态示意图

（6）平导PDK354＋870～＋920溶洞段

位于毛坝向斜东翼P_1m灰岩、沥青质灰岩中。钻探揭示PDK354＋904～＋917段隧底以下12～17m发育溶蚀裂隙，裂隙宽度约0.5m，充填有黄褐色黏土；PDK354＋881.6～＋888.6段右侧拱顶以上1～2m发育溶洞，宽度最大达6.5m，最小3.3m，溶洞内充填灰黑色黏土，呈硬塑状，且含有机质。

4.4　桐麻岭背斜段岩溶涌水突泥

隧道穿越背斜东翼岩溶水垂直循环带→季节变化带→水平循环带→深部缓流带时，遇到了东翼岩溶强烈发育地带（即地下暗河或岩溶泉群的主管道网络发育地带），遭遇正洞DK360＋860～＋960、DK361＋764，平导PDK361＋592、PDK361＋740～＋920等地段多处多次大规模的涌突水、涌砂突泥。

（1）平导PDK361＋592溶洞涌突水涌砂段

位于桐麻岭背斜东翼$\in_3g$底部白云岩、白云质灰岩、灰质白云岩中。开挖至PDK361＋591.9时，在右边墙角处揭示直径3～5cm和直径15～20cm的2个小溶洞，突发大规模涌水突泥，射水距离30～40m，最大约45m，最大涌水量14000m³/d，喷泥沙量约5000m³/d；后涌水量减小，基本稳定在60～

65m³/d。

(2)平导 PDK361+740～+920 段涌突水段

位于桐麻岭背斜东翼$\in_3$g 中部结晶白云岩夹泥质白云岩中，岩溶与岩溶水十分发育，开挖时多处多次发生涌水突泥、突砂。

①PDK361+910～+895 拱部大面积线状滴水，在 PDK361+900 处右边墙大股状涌突水，最大涌水量 7250m³/d。

②PDK361+880～+870 右侧拱腰处揭露大股状裂隙突水，裂隙中泥质夹层厚 3～20cm，最大涌水量 6400m³/d。

③PDK361+850～+840 发育一层间小断层，厚 1～2cm 灰色断层泥，沿断层涌水，最大涌水量 3300m³/d。

④PDK361+773 右侧拱腰处揭露大股状裂隙水，最大涌水量 6400m³/d。

(3)正洞 DK360+873 涌突水(砂)段(DK360+860～+960)

位于桐麻岭背斜东翼$\in_2$p 与$\in_2$g 灰岩、白云岩、白云质灰岩夹泥质白云岩、钙质泥岩中，节理、溶蚀裂隙和层间滑动小断层发育，岩体破碎。开挖时 K360+950 右侧拱腰、DK360+890、DK360+873 左侧拱腰处有股状有压涌水，最大涌水量 250～300m³/h，涌水过程中夹带大量泥沙，水压达 1.0MPa。

(4)正洞 DK361+764 岩溶管道突水涌砂段(DK361+710～+790)

位于桐麻岭背斜东翼$\in_3$g 中下部重结晶白云岩、灰质白云岩夹泥质白云岩中，岩层产状 N25°W/42°NE。2001 年 7 月 14 日开挖至 DK361+764 时，左下侧边墙突发大规模涌水突泥，最大峰值涌水量达 63m³/s，涌水洪峰高达 2.5～3.0m，涌水持续时间 28min，总涌水量达 10×10^4m³。

7 月 25 日在该处施钻探水孔时，再次突发喷泥射浆，射距达 40m 以上。开挖揭示在 DK361+764～+755 段右边墙发育 5.4m×3.4m×10.0m 的顺层倾斜洞穴(图 7)。DK361+764 处右侧岩溶管道封堵工作结束后，由于圆梁山地区连续降雨，2002 年 3 月 3 日 DK361+764 左边墙拱腰处发生大规模涌水突泥，最大涌水量 216m³/min，涌水洪峰持续 10.3h，堆积泥沙厚 50～80cm；3 月 10 日在准备铺底时 DK361+764 左边墙基底处再次突发大规模涌水突泥，涌水持续时间 2h，其间最大流速 1.3m/s，最大涌水量 456m³/min，涌水洪峰高达 1.1m，突泥沙总量约 1400m³，冲出块石的最大体积达 1.61m×0.52m×0.40m。2002 年 7 月 4 日在衬砌预留封堵口处发生突水涌砂，洞内水深 1.6m，此次涌水抛射出大量岩块，抛射岩块撞击右边墙衬砌，致使衬砌粗骨料及钢纤维裸露在外，抛射岩块最大块径达 1.8m×1.5m×1.2m。后来在 DK361+764 线路左侧衬砌外发现 1 个体积约 3500m³ 的溶腔，溶腔内堆积大量碎块石(图 8)。

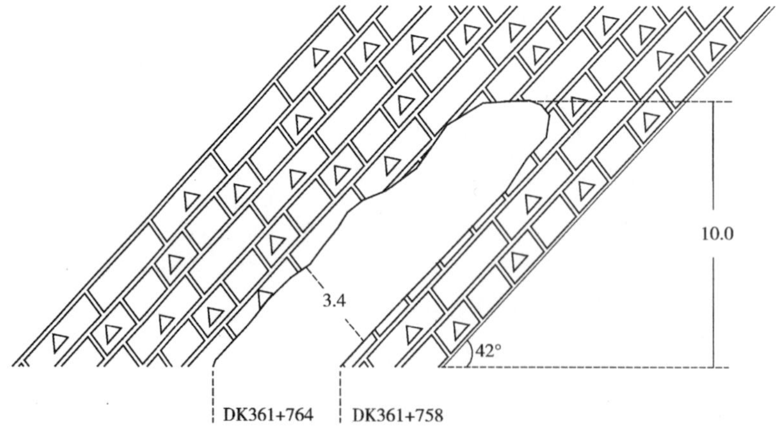

图 7　DK361+764 岩溶发育纵断面图(单位：m)

4.5　冷水河浅埋渗漏段

DK358+705～DK358+905 冷水河浅埋渗漏段开挖揭示地质情况与勘测阶段认识基本相同，施工中未发生大规模地表河水渗漏和岩溶涌(突)水、突泥与坍方，只是拱部滴水成线，边墙大量渗水，水量约为 2000m³/d。

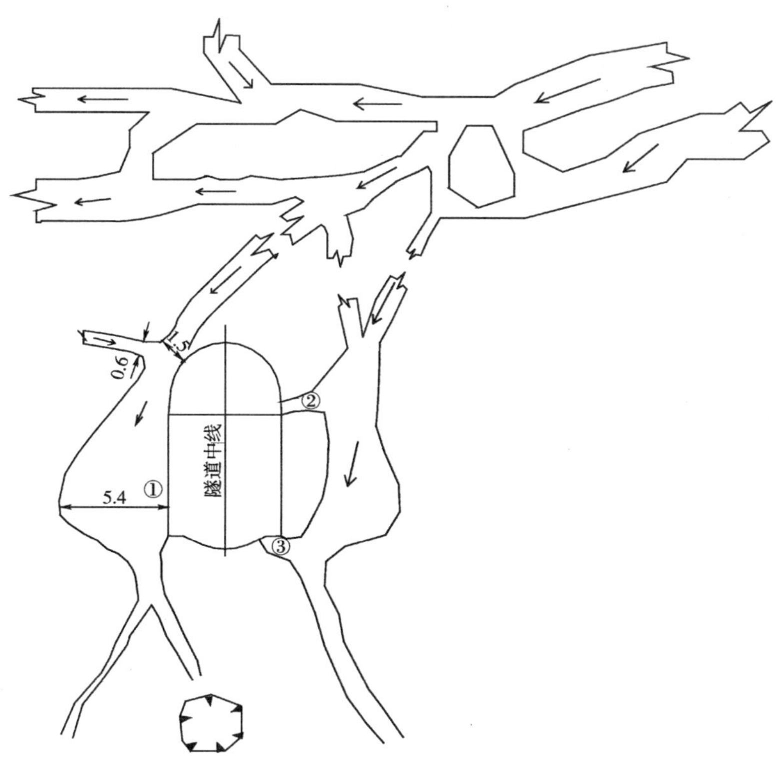

图 8 DK361+764 岩溶管道连通性示意图(单位:m)

5 结语

在 2003 年 1 月 4 日至 8 日工管中心组织的专家论证会上,与会专家认为:圆梁山隧道在岩溶水深部滞流带揭示多个大型充填溶洞,非岩溶发育的一般规律所能解释;圆梁山隧道所遇到的技术难题是国内外所没有的,目前在这类具高压岩溶水充填型溶洞地区开挖深埋隧道等地下工程是国内外罕见、具挑战性的技术难题,因而必须进行特殊的设计、施工和管理。

(1)圆梁山隧道勘测阶段通过开展扩大加深地质工作、初测、定测地质工作,全面查清了南北长 65km、东西宽 2～3.5km 的"毛坝向斜"的区域地质特征,抓住了控制圆梁山隧道的 5 个重点工程地质问题,即"岩溶发育形态、强度和深度"、"岩溶水的分布、涌水量和水压"、"纵、横断裂对向斜的切割程度和位置"、"高地应力"和"煤层瓦斯"对工程的影响程度,进行了比较深入和系统的研究,掌握了对这些问题宏观特征的认识。其工作范围之广、基础工作之扎实、研究程度之深,在铁路系统为首次。所有这些工作,不仅为线路方案的决策工作提供了必要的依据,同时也为圆梁山隧道这一"世界性技术难题"工程的建设打下了良好基础。

(2)圆梁山隧道方案的选择,是在满足线路方案设计需要基础上,通过区域地质测绘,在掌握毛坝向斜岩溶发育规律的前提下,查明了断裂构造和岩性条件对岩溶发育的控制作用,以及在岩溶暗河系统发育下限等诸多控制因素,对毛坝向斜的高压岩溶水问题也有了充分的认识。在此基础上,使线位避开横张断层和 F_3 纵向断层挤压带,在岩溶和岩溶水相对欠发育的岩溶地下水分水岭部位通过。现在来看,线路方案的选择应该是合理的、科学的、可行的,同时也可以说是唯一的。当然,方案也存在一些认识上的不足之处,主要是对紧密向斜层间滑移构造、向斜拐点部位深部岩溶的新类型和特殊性认识不够充分,但这主要是限于当时的勘察技术水平,以及从未有类似工程经验的原因造成的。

(3)目前岩溶理论普遍认为:岩溶溶蚀基准面以下地下水运动相对较缓慢,岩溶一般不发育,往往只有溶孔和溶蚀裂隙。圆梁山隧道毛坝向斜核部,在溶蚀基准面以下 400 余米揭示的多个大型充填溶洞,是目前国内外罕见的,是岩溶与岩溶水研究的一个新课题。

(4)圆梁山隧道毛坝向斜轴部发育的大型溶洞不是偶然的,是由该处特定地质结构提供了水循环通道所决定的。毛坝向斜是紧密向斜，在其轴部(转折端部)必然产生多个层间滑脱带和一系列纵向张裂隙，加之 F_3 纵向断层由此通过，使岩层十分破碎。这些纵向延伸的断裂体系与两侧的 NW 向横断层相连接，就构成了较为通畅的深部岩溶水循环通道，只要有水头差，地下水就会在这一通道中循环，通过循环水不断溶蚀就形成了颇具规模的溶洞。

(5)圆梁山隧道施工过程中应用了包括地表可控源音频大地电磁法、TSP202(地震影像法)、红外探水、超前水平钻探、地质雷达探测、常规地质法预报、HSP(地震反射法)、CT 法等方法和手段在内的综合地质超前预报，对指导施工和设计起到了重要作用，产生了良好的经济效益和社会效益，为今后类似工程的勘测、设计和施工积累了丰富的经验。

成渝高速公路中梁山隧道工程地质勘察与施工地质

涂正林　王子江

（中铁二院工程集团有限责任公司地勘岩土公司）

摘　要　成渝高速公路中梁山隧道是我国20世纪90年代最长的公路隧道，其工程地质及水文地质极为复杂，是成渝高速公路的重点工程。本文介绍了中梁山隧道先进的地质综合勘察技术方法及勘察成果，系统总结了隧道地下涌水、坍方、断层破碎带、岩溶、煤层与瓦斯等主要工程地质问题。依据施工地质详细论证了地质勘察设计成果的可靠性和完整性，为以后相似工程的勘察设计、施工积累了经验。

关键词　高速公路；中梁山隧道；综合勘察；施工地质

Engineering Geological Survey and Construction Geology of Zhongliangshan Tunnel on Chengdu-Chongqing Expressway

Tu Zhenglin　Wang Zijiang

(Geological Prospecting & Geotechnical Engineering Co. Ltd. of CREEC)

Abstract　Zhongliangshan tunnel on Chengdu-Chongqing expressway is the longest highway tunnel in 1990s in China; with very complex engineering geology and hydrogeology, it is the key and major project of this expressway. This paper introduces the advanced technique and achievement of geological integrated survey adopted for the tunnel construction, and systematical summary of the major engineering geological problems such as tunnel underground water burst, collapse, fault fracture zone, karst, coal bed, gas and so on. The reliability and integrity of the geological survey and design achievements have been demonstrated in detail according to construction geology, which accumulate experience for the similar projects in survey, design and construction.

Key words　expressway; Zhongliangshan tunnel; integrated survey; construction geology

1　引言

成渝高速公路中梁山隧道为两座单向行驶的双车道汽车专用隧道，其中左线隧道（K345＋725～K348＋890）长3165m，右线隧道（ⅡK345＋732～ⅡK348＋835）长3103m，两线相距50m。该隧道是我国20世纪90年代最长的公路隧道，其工程地质及水文地质极为复杂，是成渝高速公路的重点工程。

中梁山隧道1985年初测，1987年定测（详勘），1988年招标设计，1990年6月开工，1993年10月右线隧道贯通，1994年10月左线隧道贯通，1994年12月竣工通车，1995年7月1日正式营运。

2　工程地质勘察工作量及勘察方法

1985年初测线路方案的中梁山隧道在巴县含谷乡宋家沟进洞，在重庆西郊歌乐山乡石梯沟出洞。1987年6月线路方案改为上桥方案，中梁山隧道进口仍在宋家沟，出口向南移，改在新桥老鹰崖出洞。初测和定测两阶段共完成工程地质勘察工作量。

作者简介：涂正林（1942—　），男，高级工程师。

(1)1∶10000 区域岩溶工程地质测绘 38km^2。

(2)1∶2000 工程地质填图 3km^2。

(3)1∶500 工程地质测绘 0.2km^2。

(4)建筑物及水塘、水池调查 200 处。

(5)工程地质钻探 17 孔 1296.63m。

(6)综合测井 2 孔 501m,地震波探测 3.2km。

(7)压水试验 1 孔 4 段。

(8)暗河连通试验 1 处 1.3km。

(9)水土石试验分析 40 组。

(10)地下水及地面塌陷研究 2 个水文年。

中梁山隧道工程地质勘察工作严格遵照交通部颁布《公路工程技术标准》《公路工程地质勘察规程》《公路工程隧道勘测规程》,四川省交通厅发《成渝一级公路测设规定》(试行)并参照铁道部颁发有关勘测规程、规则、细则进行勘察工作,保证了勘察资料的完整、可靠。

工程地质勘察采用了地质综合勘察方法,将工程地质调绘、钻探、物探、水文地质试验、水土石室内试验、水文地质长期观测等各种手段有机地运用于中梁山隧道工程地质勘察中,对各种勘察资料进行综合分析,相互印证,做到了资料搜集齐全、内容完整,提高了勘察工作质量,缩短了工期,降低了勘察费用,取得了显著的社会、经济、环境效益。

3 自然地理概况

中梁山隧道在巴县含谷乡宋家沟进洞,穿黄桷坪、雄鸡庙分水岭,山城水泥厂,15 中学,在重庆西郊新桥老鹰崖出洞。进口地形狭窄,交通不便;出口地形平缓,有成渝公路相通,运输条件较好。

隧道位于中梁山北段,属山岭重丘区。地形地貌受地质构造地层岩性控制。中梁山对称背斜处碳酸盐岩与砂页岩的相间分布,形成了沿北北东向延伸的 3 条平行山脊(山岭)和 2 条岩溶槽谷相间的"笔架形"平行岭谷山地。中部雄鸡庙分水岭高程 630～655m;东西岩溶槽谷高程 460～500m,山脚红色丘陵区高程 300m。

区内横向沟谷发育,雨洪期有暂时性水流,平时由地下水补给的溪流流程较短,流入岩溶槽谷后大部渗入地下。宋家沟、流水崖、石梯沟、杨柳沟、溪水沟等横沟已切入碳酸盐岩地层,成为本区局部排泄基准面。

本区属亚热带气候区,温暖湿润,雨量充沛,具有春早夏长、冬暖多雾、秋雨连绵的特点。根据重庆市沙坪坝气象站(北纬 29°35′,东经 106°28′)1951—1980 年的统计资料:历年平均雨量 1079.4mm,集中在 5～9 月,占全年降水量的 69%;日最大降水量 192.9mm(1956 年 6 月 25 日),历年最大降水量 1497.4mm(1956 年),月最大降水量 442.6mm(1956 年 6 月);年平均相对湿度 79%;年平均气温 18.3℃,最冷月(1 月)平均气温 7.5℃,最热月(7 月)平均气温 28.6°;极端最低气温 −18℃,极端最高气温 42.2℃;年平均蒸发量 1138.6mm。

4 地层岩性

(1)第四系堆积层(Q)

第四系堆积层(Q)包括坡积、残积层、洪积层、崩积层亚黏土、块碎土石。分布于岩溶槽谷内和斜坡沟谷中和隧道出口成渝公路陡坎下方。

(2)侏罗系自流井组($J_{1\text{-}2}z$)

侏罗系自流井组($J_{1\text{-}2}z$)分布在隧道出口段,紫红色、灰紫色薄层泥岩、粉砂质泥岩夹黄灰色、灰绿色泥质粉砂岩,黄绿色介壳灰岩,岩性软,易风化剥落。其与下伏三叠系上统须家河组呈假整合接触。

(3)三叠系上统须家河组(T_3xj)

三叠系上统须家河组(T_3xj)分布在隧道出口段,按岩性可分为 4 段,1、3 段为灰色、灰褐色、灰黑

色、灰黄色薄层泥岩、泥质粉砂岩夹薄煤层、煤线，厚 55～80m。2、4 段为灰白色、浅黄色、棕黄色、黄褐色厚层中粒长石石英砂岩夹薄层泥岩，厚 110～190m。

(4)三叠系中统雷口坡组(T_2L)

三叠系中统雷口坡组(T_2L)为灰白、灰黄色，中厚层、厚层，白云岩；灰色、深灰色，中厚层—厚层石灰岩夹角砾状灰岩，厚 30m。分布在 15 中学东山坡。

(5)三叠系下统嘉陵江组(T_1j)

三叠系下统嘉陵江组(T_1j)分布在隧道进口段和中段两岩溶槽谷中。按岩性可分 4 段，1、3 段为灰色、浅灰色、深灰色中厚层状石灰岩、生物灰岩为主，厚 230～125m；2、4 段为浅灰色、灰白色、灰色、黄灰色薄—中厚层白云岩为主，夹角砾状灰岩、白云质灰岩，厚 80m。

(6)三叠系下统飞仙关组(T_1f)

三叠系下统飞仙关组(T_1f)分布在隧道中部，按岩性分为 4 段，其中，1 段为紫灰色、灰紫色、绿灰色中厚层状泥质灰岩、石灰岩夹泥岩，厚 135m；2、4 段为紫红色、暗紫色、灰紫色薄层—中厚层钙质泥岩与泥质灰岩互层，厚 240～80m；3 段为浅灰色、灰色中厚层—厚层状石灰岩、鲕状灰岩夹蠕虫状灰岩，岩质纯、性坚硬，厚 100m，不少山包已被当地开采作为石灰、水泥的原料。

(7)二叠系上统长兴组(P_2c)

二叠系上统长兴组(P_2c)为灰色、深灰色、黑灰色厚层石灰岩，含黑色燧石结核，夹黑灰色泥质灰岩，厚约 100m。分布在隧道中部。

(8)二叠系上统龙潭组(P_2l)

二叠系上统龙潭组(P_2l)地表未出露。据 Z_2-中-5 号钻孔揭露为灰色、灰黑色炭质页岩夹泥质灰岩，粉砂岩，下部夹 2～3m 厚的煤层。

5　地质构造及地震基本烈度

5.1　中梁山背斜

该背斜为川东南弧形构造带华蓥山帚状褶皱束之一的观音峡背斜南段。背斜轴向 NNE～SSW，向 N 倾伏，倾伏角约 7°。轴向扭摆多弯曲。轴部出露二叠系上统长兴组灰岩和三叠系下统飞仙关组泥质灰岩，岩层走向 N2°～20°E，倾角平缓(10°～15°)。向两翼对称出露三叠系和侏罗系自流井组地层，岩层走向 N5°～20°E，倾向 NW 或 SE，倾角 65°～75°。该背斜为平顶高角度紧密褶皱。中梁山隧道横穿中梁山背斜，轴部位于左线 K346＋990，右线Ⅱ K347＋000 附近(图 1)。

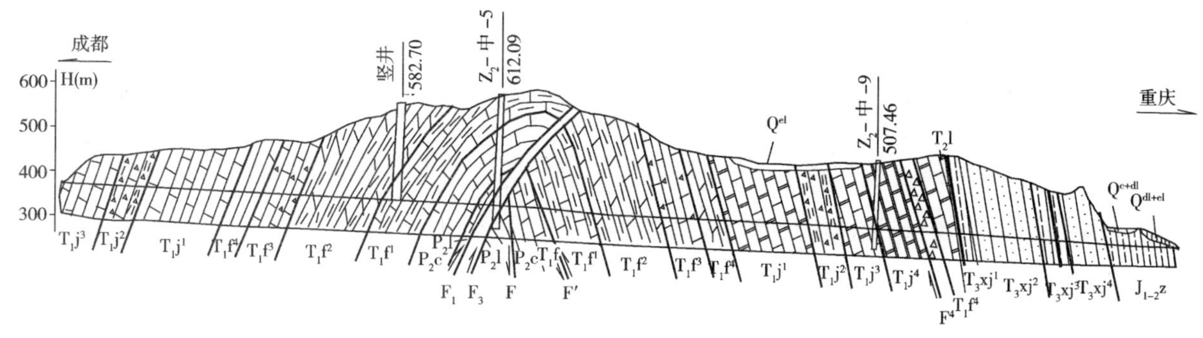

图 1　中梁山隧道地质纵断面示意图

5.2　断层

(1)F_1 断层：自南向北纵贯全区 9km。断层面走向 N5°～10°E，倾向 NW，倾角变化大，上部约为 35°，下部 50°，呈上缓下陡弧形状。断层破碎带位于左线 K346＋967、右线Ⅱ K346＋918～＋951 宽约 30m，由钙质胶结的压碎岩组成，断层带及附近岩体节理裂隙极发育，并有大量方解石脉、团块充填，层面和节理面擦痕明显，次级小错断发育。

在雄鸡庙岭见到断层上盘(西盘)长兴灰岩(P_2c)被 F_1 断层错断并向北移 1300m。据 Z_2-中-5 号钻

孔岩心计算 F_1 断层的垂直断距 54.8m,地层断距约 12.4m。该断层为压扭性断层。

(2)F_3 断层:自南向北伸入本区,在隧道以北 300m 处山坡与 F_1 断层相交,地形上形成缓坡及小陡坎。断层面走向近 SN,倾向 W,倾角变化大,呈上缓下陡弧形,倾角 40°～60°。断层带宽约 10m,由钙质胶结和方解石脉充填的压碎岩组成。断层上盘(西盘)为三叠系飞仙关组 1 段泥质灰岩夹泥岩,岩层倒转,向 W 倾斜,倾角 75°～80°,下盘(东盘)为飞仙关组 2 段泥岩,岩层倾 E,倾角 70°～75°,该断层带在 Z_2-中-5 号钻孔中可见大量擦痕和镜面,P_2l 炭质页岩和粉砂岩呈糜棱岩状、角砾碎块状,上盘岩层中方解石呈网状、团块状充填节理裂隙,岩石中矿物定向排列,呈千枚状构造。

(3)F_4 断层:在重庆至山洞公路小隧道西口可见为一条张性断层。断层面走向 N5°E,倾向 SE,倾角 60°～70°,呈向 E 突出之微弧形。断层带宽约 30m,由角砾岩、糜棱岩、断层泥等组成。该断层向南北延伸长 1km 以上。沿断层带发育一系列溶蚀洼地、落水洞,形成宽 40～50m 的岩溶槽谷。靠断层上盘 T_2L 角砾状灰岩、白云质灰岩因溶蚀作用后产生坍塌,形成高 20～30m 的陡崖。施工揭示断层破碎带位于左线 K348+153～+185,右线Ⅱ K348+144～+176。

(4)F_2 断层:自南伸入本区,在隧道以南 95m 山坡上与 F_1 断层相交,其性质与特征和 F_1、F_3 断层相同,对隧道工程无影响。

此外,施工中还见到一些走向小断层:F 位于左线 K346+992～K347+000,右线Ⅱ K346+975～+983,断层破碎带宽 8m,由糜棱岩组成,走向 NNE,倾向 SE,倾角 80°,施工中涌水、涌瓦斯。F′ 断层位于左线 K347+077～+084,右线Ⅱ K347.6+066～+073,断层面产状 N5°～15°E,倾向 SE,倾角 60°～70°,由断层角砾岩、断层泥组成,方解石脉发育,上下盘 T_1f^1 泥质灰岩具牵引现象。

5.3 节理

本区发育有 5 组节理,其特征如下:

(1)N60°～80°W/25°～40°NE,N60°～80°W/55°～75°NE 或 SW。本组节理最发育,数量多,延伸长,间距 0.2～0.4m,节理不平直,节理缝口宽为 3mm～2cm。灰岩中,沿此组节理溶蚀严重。

(2)N30°～45°E/20°～50°SE,间距 0.1～0.4m,剪节理,节理面光滑,稍呈波状弯曲。

(3)N5°～15°E/30°～45°SE 或 70°～90°SE,间距 0.4～0.6m,张性节理,节理口宽约 2～5mm,多分布在背斜轴部。

(4)EW/80°S 或 90°,间距 0.2～0.5m,微张开,比较发育。

(5)N10°～20°W/35°～50°NE,间距 0.1～0.2m,微张开,背斜轴部比较发育。

根据本区构造形迹分析,本区受四川运动 N70°～80°W、S70°～80°E 主压应力作用,形成中梁山背斜,伴生了 F_1、F_2、F_3、F_4、F 等断层和几组节理,形成完整的构造体系。

根据区域资料,本区新构造运动具有间歇性不均匀抬升与相对稳定性。

5.4 地震基本烈度

根据 1977 年《中国地震烈度区划图(1/300 万)》,本区地震基本烈度小于六度。

6 水文地质条件和涌水量预测

本区三叠系飞仙关组第 3 段(T_1j^3)、嘉陵江组(T_1j)、雷口坡组(T_2L)碳酸盐岩层含有丰富的岩溶水;须家河组 2 段($T_3\times j^2$)、4 段($T_3\times j^4$)厚层砂岩中含有孔隙裂隙水;二叠系长兴组灰岩(P_2c)含微具承压性质的裂隙水;其余地层中仅含有少量裂隙水,对于岩溶水和砂岩孔隙裂隙水而言,它们又成为相对的隔水层。

本区的地下水受地形地貌、地质构造控制,主要是沿构造线纵向补给径流,大部分集中在含水层与相对隔水层的界面和断层破碎带附近。各含水层之间,地下水的横向水力联系比较微弱。受区域排泄基准面—长江的控制,本区的地下水总体是向自北向南流。由于后期横向沟谷切穿各含水层的顶板或底板,使地下水流向又发生了局部改变。横向沟谷切穿含水层顶板的深度,成为各段地下水的局部排泄基准面。因而在不少横向沟谷两岸可见到地下水的露头。此外,在东西岩溶槽谷内的低洼地带还有岩溶泉出露。

本区的地下水主要接受大气降雨的补给，由于降雨量在时间上的不均匀分配和季节性变化显著，因此，地下水的流量亦是随季节而变化的，尤其是直接受降雨补给、补给范围较小、流程短的地下水，流量的季节性变化十分明显。有的岩溶泉在夏季降雨后，流量骤增，而天晴多日后，流量又立即减小甚至干枯。

本区的浅层地下水一般水质良好，无侵蚀性，而深部的地下水水质复杂，有的还具有硫酸盐侵蚀性。

根据中梁山隧道通过地段的水文地质条件，采用比拟法、地下径流模数法、大气降水入渗法、地下水动力学法。以左线隧道为例(因两线隧道相距仅50m)计算了1个隧道施工导坑和建成后隧道各段的涌水量。全隧道施工导坑平常涌水量为38863m^3/d，雨洪期最大涌水量为61336m^3/d。

7 不良地质问题

中梁山隧道主要不良地质有岩溶、瓦斯、压煤、塌方等，详见施工地质部分。

8 施工地质工作

8.1 中梁山隧道主要工作内容及完成工作量

中梁山隧道1990年6月开工，1994年12月竣工，期间施工地质工作的主要内容及完成的工作量，见表1。

主要工作内容及完成的工作量统计表 表1

工作内容		工作量
隧道地质	地质预测	6268m，外加若干超前探孔与地质雷达探测
	主要工程地质问题处理	塌方与掉块22段，方量1万方左右，涌水点115个，瓦斯段610m，溶洞与煤巷25个，地面塌陷4个
	设计中的地质资料修改	围岩类别变更2438.69m
	洞身地质测绘	6268m，竖井225.65m
	水质分析	60余组
	长期观测地下水及地面塌陷研究课题	地面沉降及水文观测12～15km^2，钻孔水位观测10孔，瓦斯监测左、右隧道各1座，围岩变形测量3100m；地下水及地面塌陷研究历时施工全过程(5年)，研究报告1套
	整理竣工资料	编制、整理施工地质记录、说明、图件等

8.2 对隧道地质勘测设计资料的评价

经对大量施工地质与勘察设计资料的统计对比分析表明：总的来看，勘察设计的地质资料与实际情况比较吻合，是偏安全的。各项评价见表2。

中梁山隧道地质勘察设计的正确性评价表 表2

评价项名		单位	总数	正确的	基本正确的	不正确的	$\frac{(正确的数+基本正确的数)\times 100\%}{总数}$
地层	地层分界线	处	58	43	8	7	88%
	岩性	组、段	58	43	13	2	97%
构造	背斜	个	1	1	—	—	100%
	大断层	条	6	4	1	1	83%
溶洞及煤巷		个	25	12	10	3	88%
涌水	涌水范围及方式	段	31	22	5	4	87%
	分段涌水量	段	31	14	6	11	65%
	总涌水量	—	—	—	—	—	设计的比实际的要大

续上表

评价项名		单位	总数	正确的	基本正确的	不正确的	(正确的数+基本正确的数)×100% 总数
地面塌陷		—	—	—	—	—	实际地面塌陷不如设计那么严重
高浓度瓦斯	范围	m	610	445	74	91	85%
	涌出量	—	—	—	—	—	设计涌出量偏大
主要塌方与掉块		段	22	11	7	4	82%
围岩分类		m	7420	4658.31	323	2438.69	67%
岩土力学指标		—	—	—	—	—	比较合理,是安全的

由于岩溶具不均一性,开挖未揭露较大岩溶管道(暗河),受局部排泄基准面、中梁山煤矿及铁路隧道大量排水的影响和采取以堵水为主的设计施工方案,实际涌水量比设计涌水量要小。由于及时注浆堵水,较为有效的防治了地下水疏干及地面塌陷。

8.3 主要工程地质问题及其处理

修建隧道遇到的主要工程地质问题有洞穴、涌水、塌方与掉块、瓦斯、地面塌陷等。

(1)洞穴

隧道开挖揭露的洞穴可分为两种,一是天然溶洞溶隙,另一种是人工煤巷空洞(表3)。

中梁山隧道主要溶洞与煤巷一览表　　表3

隧道名称		位置		空间形态及大小	充填情况	备注
		里程	部位			
中梁山	右线	ⅡK345+854～+858	—	直径0.8m,高2m	粉质黏土及碎石、无水	溶洞
		ⅡK345+865	—	宽1.8m,高5m	粉质黏土及碎石、无水	溶洞
		ⅡK345+905	右边墙及拱部	长7m,宽5m,沿层面延伸15m	流塑状黏土夹角砾	溶洞
		ⅡK345+920	左边墙	直径0.2m,高1m	粉质黏土及碎石	溶洞
		ⅡK345+932	左边墙	直径2m,沿层面延伸	粉质黏土及碎石	溶洞
		ⅡK347+963.5～+961	右边墙起拱线	3个,直径0.2～0.5m	流塑状黏土	溶洞
		ⅡK348+026.1～+029	左边墙	长2.9m,宽3.5m,高2.5m	碎块石、黏土	溶洞
		ⅡK348+021～+029	拱顶	多个,直径0.1～0.3m	黏土、线状滴水	小溶洞
		ⅡK348+250	拱顶	宽1m,高1～3m	古树木支撑巷坑	煤巷
		ⅡK348+537.5	—	宽1.2～1.5m,高1m	无	煤巷
	左线	K345+852～+858	—	直径0.1～0.2m	无	小溶洞
		K346+951.5	左边墙	直径0.3m	无	小溶洞
		K348+102	拱顶	3个,直径1m	黏土夹角砾	溶洞
		K348+137	左边墙	2个,长0.5m,宽0.2m	少量黏土、角砾	溶洞
		K348+250	右侧	2个,宽1m,高1～3m	古树木支撑巷坑	煤巷
		K348+546	左侧墙	宽1m,高1m	无	煤巷
		K348+547	拱顶以上	宽1.2m,高1m	无	煤巷

①溶洞溶隙:中梁山东西槽谷浅层岩溶发育,向深层延伸呈减弱趋势。施工中,除发现两个较大溶洞外,其余都是直径小于2m的小溶洞及溶隙,对施工影响不大。

右线ⅡK345+905溶洞位于路基面以上右半部及拱部、沿层面延伸15m以上,垂直线路方向上宽7m,顺线路方向上宽5m,由上向下洞体变大,充填流塑状黄色黏土,开挖下面黏土时,上体黏土全部滑下。采用架木板、环形钢花拱架、锚固挂钢筋网、喷混凝土、浆砌片石回填,右线ⅡK348+026.1～+029溶洞位于路基面以上左半部、垂直线路方向宽3.5m、顺线路方向宽2.9m、高2.5m,充填黄色黏土夹碎块石,它与宽约0.1～0.3m的层间溶隙和宽约0.1～0.5m的节理溶隙相连,附近发育许多溶孔。加强喷锚等初期支护处理溶洞。

②煤巷：因开采须家河组1、3段地层的煤，在左线K345＋282、K345＋292、K348＋250、K348＋546～＋547和右线ⅡK348＋250、ⅡK348＋537.5发现已采煤巷。由于采煤扰动围岩、围岩后期风化严重，稳定性差，开挖至此大都发生了塌方，采取强喷混凝土、架格栅钢支撑、锚杆、挂钢筋网等措施进行处理。

(2)涌水

该隧道的地下水可分为岩溶水及裂隙岩溶水、孔隙裂隙层间水，以岩溶水及裂隙岩溶水为主，具明显的不均一性，浅层岩溶水发育，隧道涌水主要发生在T_1j^1与T_1f^4接触带T_1f^3、P_2c及F_1断层上盘与F断层。

①涌水量：中梁山隧道涌水较大，出水点约115个，总涌水量为11738～12760m^3/d，施工中分段涌水量见表4。

中梁山隧道分段涌水量统计表 表4

分段编号		左线		右线		地层及构造
		里程	涌水量(m^3/d)	里程	涌水量(m^3/d)	
西槽谷	1	K345＋725～K346＋215	1173～1273	ⅡK345＋732～ⅡK346＋210	773	T_1j及与T_1f^4接触带
	2	K346＋215～＋270	173	ⅡK346＋210～＋260	95	T_1f^4
	3	K346＋270～＋385	426	ⅡK346＋260～＋374	2203～2323	T_1f^3
中部	4	K346＋385～＋619	869	ⅡK346＋374～＋615	350～400	T_1f^3及与T_1f^2接触带
	5	K346＋619～＋780	<50	ⅡK346＋615～＋765	<50	T_1f^1
	6	K346＋780～K347＋040	436～500	ⅡK346＋765～ⅡK347＋029	2560～2898	P_2c、P_2l；F_1、F_3、F断层
	7	K347＋040～＋221	<50	ⅡK347＋029～＋211	<50	T_1f^1及F′断层
	8	K347＋221～＋412	<50	ⅡK347＋211～＋402	<50	T_1f^2
东槽谷	9	K347＋412～＋515	150～200	ⅡK347＋402～＋505	<50	T_1f^3
	10	K347＋515～＋590	<20	ⅡK347＋505～＋564	<10	T_1f^4
	11	K347＋590～K348＋249	400～500	ⅡK347＋564～ⅡK348＋242	900～1000	T_1j、T_2l；F_4断层及与T_1f^4接触带
出口端	12	K348＋249～＋705	750～850	ⅡK348＋242～＋695	50	$T_3×j$及与$J_{1-2}z$接触带
	13	K348＋705～＋890	<30	ⅡK348＋695～＋835	<20	$J_{1-2}z$
合计		—	4577～4991	—	7161～7769	—
总涌水量		11738～12760m^3/d				

②涌水特征。涌水特征如下：

a.砂岩孔隙裂隙涌水一般初期涌水量较大，多在拱部或边墙沿张开裂隙呈细股流或线状股流漏水，有的拱部呈滴水或片状、带状渗水潮湿。与裂隙张开度、密度和充填延伸情况有关。例如，中梁山隧道出口段砂岩裂隙出水情况。

b.岩溶水的涌水量一般与降雨量补给有关，而且要比降雨滞后一段时间，涌水量的大小和涌水滞后时间的长短，与岩溶水的补给径流条件和岩溶发育程度及连通情况有关。

c.中梁山隧道岩溶涌水大部分发生在嘉陵江组灰岩、飞仙关组3段灰岩及其顶底板与泥页岩接触带，开挖面全断面超前探水孔或炮眼孔几乎全部涌水或喷水，总涌水量大于10m^3/h，单孔流量大于2m^3/h，如左线隧道K346＋187、K346＋199，右线隧道ⅡK346＋193、ⅡK347＋564～＋571等探水孔总流量30～33m^3/h，单孔最大流量为11.2m^3/h。

d.中梁山背斜核部长兴灰岩和断层破碎带呈大股状集中涌水，水中泥沙含量大，水色多呈黄色，如左线隧道K346＋781，右线隧道ⅡK346＋816、ⅡK346＋905～＋910、ⅡK346＋975等段探水孔最大单孔流量为11.8m^3/h。

e. 中梁山隧道一般岩溶裂隙水开挖初期涌水量不大，呈小股状涌水，随着岩溶裂隙水的不断渗漏，岩溶裂隙被疏通，甚至与上部或地表连通，岩溶裂隙涌水量逐渐增大，水中泥沙含量亦随之增加，水色也越来越混浊变黄。

f. 中梁山隧道溶洞规模不大，且被充填，受局部排泄基准面控制，岩溶溶洞水和暗河位置较高，隧道施工中未揭露过大溶洞和溶洞水。

③水质评价：经多处取样水质分析表明，水质类型以重碳酸钙型水为主，除少数几处具弱溶出性侵蚀或弱硫酸盐侵蚀外，都无侵蚀性。经多次试验表明，具有弱侵蚀性的地下水，侵蚀性随季节变化而变化。

④堵水：为防止地下水渗漏造成地表井泉干枯、地面塌陷及影响施工、运输安全，在开挖面全断面超前探水孔大量涌水地段采取全断面预注浆；在开挖面局部探水孔大量涌水地段采取局部预注浆；对开挖后部分暴露面仍涌水较严重的地段采用局部注浆堵水。截至隧道贯通为止，基本堵住了涌水。另外，在岩溶涌水地段采取全封闭式水压衬砌以进一步堵水。

(3)主要塌方与掉块

施工以来，中梁山隧道共发生了22余段塌方与掉块，见表5。

中梁山隧道主要塌方与掉块统计表 表5

隧道名称	左线		右线		主要地质特征
	里程	估计方量(m^3)	里程	估计方量(m^3)	
中梁山	K345+850～+945	多次塌方，最大30	ⅡK345+848～+935	多次塌方，最大30	T_1j^2 盐溶角砾岩、破碎、小股水
	K346+385～+780	多次掉块	ⅡK346+374～+770	多次掉块	T_1f^1、T_1f^2 泥质灰岩、钙质泥岩、很脆
	K346+906.5～+965	10～15	ⅡK346+892～+952	10～20	F_1、F_3 断层破碎带、P_2l 炭质页岩
	K347+040～+412	多次掉块	ⅡK347+029～+402	多次掉块	T_1f^1、T_1f^2 泥质灰岩、钙质泥岩、很脆
	—	—	ⅡK347+555～+583	掉块	T_1f^4 钙质泥岩、泥灰岩、很脆
	K347+837～+920	10～20	ⅡK347+827～+907	30～50	T_1j^2 盐溶角砾岩、破碎、少量渗水
	K348+153～+210.5	10	ⅡK348+144～+200	200～250	F_4 断层破碎带及影响带
	K348+250～+262	1000	—	—	$T_3 \times j^1$ 泥岩夹煤层、已采煤巷
	K348+430～+442	100～150	ⅡK348+413～+417	80	$T_3 \times j^2$ 砂岩、较碎、少量渗水
	K348+530～+560	50～100	ⅡK348+525～+550	100	$T_3 \times j^3$ 泥岩夹煤层、已采煤巷
	—	—	ⅡK348+753～+765	冒顶，3500	$J_{1-2}z$ 泥岩、风化严重、较破碎

最典型的大塌方特征及处理措施如下：

①K348+753～+765 塌方冒顶：中梁山隧道右线出口段表层2～10m为第四系崩坡积块石土及粉质黏土，其下为2～3m厚的全风化带，下伏 $J_{1-2}z$ 紫红色泥岩夹泥质粉砂岩，发育3组节理、间距0.2～0.4m，ⅡK348+754 发育一层间挤压破碎带，围岩呈碎块石状镶嵌结构，少量渗水，岩石质软，易风化剥落，属Ⅱ类围岩(相当于现行铁路规范Ⅴ级围岩)，开挖ⅡK348+753～+765 段发生大塌方，塌穿盖层(20m厚)至地表形成长14.5m、宽13m、深5.6m的陷坑，造成房屋垮塌开裂，危及既有成渝公路安全。后经洞外注浆加固松散体、回填陷坑，洞内采用大管棚预注浆处理塌方体，架设格栅钢架、挂钢筋网迅速强喷混凝土，及时衬砌成功处理塌方。

②K348+250～+262 大塌方：中梁山隧道左线 K348+250～+262 因存在已采煤巷，顶板泥岩已被扰动、风化严重、围岩松软，加之近EW走向、倾向SN 2组陡倾角(45°～50°)的X型节理和一组平缓节理切割岩层，构成块石状镶嵌结构，为Ⅱ类围岩(相当于现行铁路规范Ⅴ级围岩)，并且 K348+250～

+262段开挖后，初期支护不及时发生大塌方，塌方体约1000m³、块径大者2～2.5m、块体达4～5m³，堵塞整个隧道。塌方段的工程处理采用大管棚预注浆加固塌方体，且每开挖1m³塌方体，均及时强喷混凝土、架设格栅钢花拱架，随即做钢筋混凝土衬砌。

③ⅡK348+155～+170塌方：右线ⅡK348+155～+170位于F_4断层破碎带，围岩为Ⅱ类围岩(相当于现行铁路规范Ⅴ级围岩)，稳定性差。开挖过程中已发生多次小塌方，采用小管棚、格栅钢支撑、挂钢筋网、喷混凝土通过了此段，但几十天后，由于格栅钢架没有下到基岩上，挖边墙基础造成格栅钢架悬空太久以及地下水与施工用水浸泡边墙基底，左线相应层位放炮震动产生变形滑移，造成较大塌方，该段塌方总量约200～250m³。本段采用迅速强喷混凝土、随即做边墙混凝土衬砌、架设格栅钢架、提前2次衬砌，加以处理。

(4)瓦斯

据瓦斯监测资料，中梁山隧道瓦斯总涌出量为37.3×10^4 m³，主要分布在背斜核部断层带煤系地层及邻近地层的裂隙溶隙中。

①超前小导坑瓦斯涌出特征。

a.在进入煤系地层的超前钻孔中，ⅡK346+905处发生大涌水，水喷出孔口7～8m、流量为25m³/h，ⅡK346+905.3处出现瓦斯，涌出量0.8m³/min，ⅡK346+907.7处发生喷瓦斯，导坑内烟雾弥漫，遥测仪测得瓦斯浓度为5%(孔口瓦斯浓度达50%以上)，加强通风(双机通风有效风量750m³/min)后，导坑瓦斯浓度降至0.4%，涌出量2m³/min，持续72h，再往前钻进时，涌出量降到0.6m³/min。在ⅡK346+910断面的钻孔中，ⅡK346+916处孔中出现雷鸣般的响声，每3s喷射1次水和瓦斯，瓦斯涌出量1.4m³/min。这2个钻孔共排出瓦斯20376m³，占小导坑穿过煤系地层段瓦斯涌出量的47.4%，为小导坑安全掘进创造了良好条件。

b.在小导坑掘进中，煤系地层及断层带瓦斯涌出最严重。瓦斯浓度一般为0.2%～0.5%，有时达1%以上。长兴组灰岩段瓦斯涌出除F断层带比较严重外，只是在次生小断层、溶洞、溶隙、裂隙及与飞仙关组接触带发生瓦斯涌出。

c.小导坑掘进到背斜东翼非瓦斯段时，掌子面未检测到瓦斯。但因瓦斯段仍有瓦斯涌出，故小导坑回风道仍有瓦斯，但瓦斯浓度呈缓慢下降趋势，截至小导坑贯通为止，瓦斯浓度降到0.1%。

d.从小导坑开挖直至贯通，小导坑瓦斯总涌出量达11.3×10^4m³。

②全断面掘进瓦斯涌出特征：大量瓦斯通过溶隙、裂隙在右线小导坑得到释放，因此左线煤系地层及断层带或右线扩大掘进时瓦斯涌出不严重，回风流瓦斯浓度为0.01%～0.14%，涌出量为0.13～0.21m³/min。另外，隧道在须家河组1、3段泥岩夹煤层煤线中开挖，瓦斯浓度为0.011%～0.032%，涌出量为0.07～0.22m³/min。

③瓦斯的防治：为防止瓦斯爆炸，在背斜核部瓦斯溢出段，采取超前小导坑、钻孔探明瓦斯涌出具体部位及浓度，再释放瓦斯。严格按《煤矿安全规程》和《铁路隧道施工规范》施工，加强通风，重视防爆、严格监测、强化管理。2次衬砌结合水压采用带仰拱(或加厚铺底)的全封闭式复合衬砌堵住瓦斯，保证运营安全。

(5)岩溶地面塌陷

中梁山隧道进口端飞仙关组3段灰岩较长时间大量涌水，地下水位降落漏斗沿该地层分布不断向外扩展，扩展至距涌水地段240～400m(平面上)的落水洞等发育的小门坎低洼区，导致该低洼区发生4处塌陷，其中2处较小，体积分别为$(0.7\times0.6\times0.9)$m³、$(2.5\times1.5\times1.4)$m³；另两处较大，呈坛状，其中1处地面的直径为2.8～2.88m，坑底直径为4m、深3.4m，另一处地面的直径为1.8m，坑底直径为3.8m、深3.8m。为防止地下水位降落漏斗进一步向外扩展继续塌陷，进行了洞内加强注浆堵水、地表夯填陷坑的工程处理。

8.4 施工地质工作的体会

(1)中梁山隧道施工地质工作不仅及时核实、验证了原勘测设计的地质资料的准确程度，总结了经验教训，而且及时修正补充了地质资料，为变更设计和施工处理提供了地质依据，保证了施工进度和施工安全,得到建设、监理、施工各方好评。

(2)中梁山隧道岩溶水文地质条件较复杂,施工中采用超前地质探测,以堵为主的预注浆堵水处理岩溶水的措施,较为成功地防止了隧道洞顶岩溶地面大面积塌陷的发生,保护了地表生态环境,取得了较好的社会效益。

(3)中梁山隧道中部通过二叠系龙潭组煤系地层和断层带,瓦斯涌出量和压力大,勘测设计时预测涌出地段较准确。施工采取小导坑超前释放瓦斯和超前钻孔探明瓦斯涌出部位及浓度,并加强通风,加强瓦斯检测和安全管理,确保了施工安全,为铁路瓦斯隧道的勘测设计与施工提供了成功的范例和有益的经验。

9 结语

中梁山隧道在当时是我国长度第一的公路隧道,20 世纪 90 年代也居全国已通车运营的公路长隧道的第一位,其水文地质及工程地质条件十分复杂,隧道地下水涌水、坍方、断层破碎带、岩溶、煤层与瓦斯等不良地质与特殊工程地质问题类型多。施工中采用了地质综合勘察和先进的勘测技术方法,为隧道的顺利建成提供了齐全、完整、可靠的地质依据。受到设计、施工、监理、建设单位的高度好评。1996 年获全国优秀工程勘察项目铜奖。

武隆县政府滑坡特征与稳定性分析

李光辉

（中铁二院工程集团有限责任公司技术中心）

摘　要　武隆滑坡受河流、地下水作用以及岩性、构造的制约，在持续降雨、洪水、坍岸、动水压力变化等条件下，岸坡发生滑动而形成的岩质、深层、牵引式、顺层为主的大型古滑坡，危害严重，应予综合治理。

关键词　武隆滑坡；特征；稳定性

Landslide Characteristics and Stability Analysis of Wulong County Government

Li Guanghui

(Technology Center of CREEC)

Abstract　Wulong landslide is restricted by rivers, ground water effect, lithological characters and structure. In the conditions of sustained rainfall, flood, bank sloughing, and flowing pressure change, etc. the large ancient landslide formed due to bank slope sliding, predominating to lithological characters, deep stratum, pull-type and bedding is a serious danger, so it must be treated comprehensively.

Key words　Wulong landslide; characteristic; stability

1　引言

武隆县政府滑坡位于武隆县乌江北岸新城区。前期勘察认为：新城区范围发育有两个土质浅层推移式小型滑坡，整治投资估算额数百万元。重庆市将武隆县政府滑坡纳入三峡库区三期地质灾害防治紧急勘查治理的Ⅱ类项目。由于诸多原因，重庆市调整了勘察单位，直接委托铁道第二勘察设计院承担勘察、设计工作，我院派员经现场踏勘认为：该处可能为深层岩质大型滑坡。其后，我院组织成渝两地知名专家现场考察予以确认；进而在航、卫片解译、1∶10000 地形图对比分析的基础上，采用测绘、井探、槽探、室内试验、现场大面积剪切试验，特别是钻探全部采用单动双层钻具取芯及干钻方法等综合手段，查明了滑坡的规模，性质、范围分区和形成原因，见图 1、图 2。经中国国际工程咨询公司评估，确定为岩质古滑坡，工程总投资估算额达 1.9 亿元，成为三峡库区三期地质灾害防治工程中通过评估的最大工程项目，现已治理完成。

2　测区地质环境条件

2.1　气象水文

武隆县气候属中亚热带湿润季风气候类型，雨量丰沛、四季分明。但地势起伏大，山地立体气候特征显著。丘陵低山地带年均气温为 17.4℃，无霜期为 296d。多年平均降水量为 1111.1mm，5 年一遇暴雨 119.6mm，50 年一遇暴雨 189.4mm，雨量在时间上分配极不均匀，4～9 月降雨量占全年总量的78.75%。

作者简介：李光辉（1963—　），男，教授级高级工程师，中铁二院工程集团有限责任公司专业工程师。

多年平均气温16.86℃,极端最低气温-3.5℃,最高气温41.7℃。多年平均相对湿度76.8%。

图1　滑坡1、4区地形全貌

图2　滑坡2、3、5区地形全貌

境内河流均属乌江水系,乌江由东向西穿越滑坡前缘,江面宽150～600m,水力坡度0.034%,水位变幅30m,历史最高洪水位达208.13m;多年平均流量1653m^3/s,最大流量13900m^3/s,最小流量233m^3/s,乌江为区内侵蚀基准面,其枯水位为170m,50年一遇洪水位为206m,百年一遇洪水位为208m。大气降水沿地表径流,在滑坡体南部自北向南流入滑坡前缘的乌江;在滑坡北侧由西向东流入南溪沟中,最后也向乌江排泄。南溪沟中枯水季节无水,而雨季水量较大。

2.2　地形地貌

滑坡区所处地貌属中低山侵蚀地貌区,处于乌江右侧岸坡、南溪沟西侧的谷坡之上,为1.0～7.0m不等的陡坎与相对平缓的斜坡组成的斜坡体,地形整体向乌江及南溪沟倾斜,地面坡度12°～17°,局部为5°～10°,滑坡后壁为陡坡地形,坡度为30°～90°,整个滑坡区平面上呈不规则的扇形。后缘圈椅状滑坡壁陡坎之下分布不规则的缓坡平台,前缘下临乌江及南溪沟。滑坡系多级次深层岩质滑坡,年代久远,先发生的滑坡被后发生的滑坡挤压覆盖,加之经历了较大规模的人类工程活动改造,故滑坡中下部形态及边界已不清楚。我院充分利用1998年1∶12000比例尺航片,对该大型不良地质体进行了宏观判释。航片上古滑坡轮廓基本清晰,特别是原Ⅰ号、Ⅱ号滑坡后缘一带,滑壁陡坎组成的圈椅明显;圈椅轮廓内,滑体下坐形成缓坡平台的影像也很清楚。原Ⅱ号滑坡实验小学北侧突出的小山梁,向后延伸至滑坡后部的长五间(地名)一带山梁消失,而为滑壁下的滑坡平台所代替,前缘明显地挤压了南溪沟。县政府、国土局、移民局、县建委行政办公大楼、实验小学、人民银行、建设银行、新时代广场等政治、经济、商业中心均处于该滑坡体上。滑坡区划分为逐次下滑的5个区。

2.3　地层岩性

滑坡区上覆第四系人工填土(Q_4^{ml})、冲洪积层(Q_4^{al+pl})、残坡积层(Q_4^{el+dl}),下伏基岩为三叠系须家河组滨湖沼泽相含煤地层。

(1)人工填土(Q_4^{ml}):粉质黏土夹碎块石,局部含建筑垃圾和生活垃圾等,厚1～8m,杂色,稍湿、稍密。

(2)滑坡堆积层(Q_4^{del}):主要由滑动岩块组成,上部由于受扰动、风化作用,形成粉土、块石土,下部则主要由较完整的岩块组成,并保留一定母岩特征,厚10~35m。

(3)冲洪积层(Q_4^{al+pl}):主要为分布于乌江岸边的粉土及南溪沟中的漂石土。粉土为灰褐色,含有机质较多,潮湿—饱和,厚2~8m;漂石土为灰黄色,潮湿、中密,漂石含量约50%,粒径200~300mm,石质为灰岩和砂岩,夹少量圆砾及砂,圆砾磨圆度好,厚0~7m。

(4)残坡积层(Q_4^{el+dl}):粉质黏土夹砂岩块石,含砂量较高,碎、块石含量10%~40%不等,厚0~2m。下伏三叠系须家河组滨湖沼泽相含煤地层,其分为两个亚组:上亚组($T_3 \times j^2$)为灰白色厚层块状岩屑石英砂岩、长石石英砂岩夹数层砾岩透镜体及炭质页岩,岩体裂隙极为发育,岩层倾角为8°~18°,厚134~200m;下亚组($T_3 \times j^1$)为下部灰黑色炭质页岩及深灰色粉砂质页岩夹煤线,中部灰白色厚层块状长石岩屑砂岩夹少许页岩,上部灰黄、青灰色粉砂质页岩、炭质页岩夹煤线及钙质砂岩。厚34~131m,软质岩相变大,常呈透镜状产出。

2.4 地质构造及地震

滑坡位于武隆"心形"向斜北西翼南西端,未见断裂构造,但由于西边南北向洛龙背斜穿插干扰,向斜于目强坝一带,轴向由北东折转为近南北向,滑坡区岩层产状变化较大,小褶曲发育,但总体呈单斜倾向乌江及南溪沟。岩层产状N15°W~N30°E/10°~30°NE~SE。砂岩中发育两组裂隙:N30°~50°E/64°~70°SE,N61°W/90°,裂隙间距0.5~1.2m,地表张开2~5mm,向地下延伸逐渐闭合,裂面粗糙,充填有粉质黏土。

地震动峰值加速度值小于0.05g,地震动反映谱特征周期为0.35S。

2.5 水文地质条件

滑坡区地下水主要有松散岩类孔隙水和基岩裂隙水两类。

孔隙水主要分布于滑体松散土层中,埋深大于5m。斜坡地下水主要靠大气降雨补给,斜坡下部还接受地表生活废水补给。基岩裂隙水主要分布于滑坡后缘及侧壁砂岩中,为砂岩风化裂隙水,砂岩浅部裂隙水主要沿层面及裂隙运移。在滑坡前缘有渗水或泉、湿地分布,其水量,雨季大、枯季小,勘察工作中见4个泉点。地下水大多位于滑面以上,其水位的变化与降雨量关系密切,并排向乌江及南溪沟。勘察选择了12个钻孔做了简易抽水试验,滑体的综合渗透系数k=0.072~1.177m/d,变动范围较大,这主要是由于滑体物质的不均匀性所决定的。滑体上部岩块的裂隙发育、渗透性及排泄条件较好,含水率少。

取南溪沟水、钻孔水及挖孔桩水进行水质简分析:地下水对混凝土具有弱—中等碳酸型腐蚀,对钢结构具弱腐蚀。

2.6 不良地质现象

测区内不良地质现象除了古滑坡外,在该滑坡范围内,高切坡地带还发育有多个小型滑坡或溜坍,如县政府办公大楼北东侧发生的"5.8"滑坡,其主轴主向为S58°E,长约100m,宽40~80m(已由其他单位勘查整治)。

2.7 人类工程活动

武隆县处于亚热带季风常绿阔叶林区,气候温和湿润,过去是一个植被生长较茂盛的地区。但是,从20世纪50年代中期到70年代中期,全县的森林覆盖率由32.3%下降为12%,水土流失严重。

县城坐落于乌江峡谷两岸,城镇、公路建设常常需要削坡占地,坡脚往往形成临空面,破坏了原来斜坡的稳定性,使得地质灾害频发。近年来,随着乌江右岸新县城规模的扩大,人类工程活动更趋剧烈,对地质环境的破坏作用亦日趋严重,特别是古滑坡体上的县政府机关、时代广场、中国人民银行、中国建设银行、移民局、国土局等重要建筑以及实验小学、幼儿园等教育、福利设施,均在古滑坡体中下部大量开挖或堆填,对滑坡体破坏极大,由于滑体的覆盖土层十分松散,滑动岩块裂隙发育,较为破碎,故高切坡后形成的新地质灾害时有发生。

3 滑坡形成机理及基本特征

3.1 滑坡形成机理

该滑坡形成的主要因素如下：

(1)该区地壳上升作用较明显，河流下切作用显著；岸坡位于乌江凹岸(冲刷岸)，特别是在南溪沟与乌江的交汇地带，受到了乌江水流的强烈冲蚀及环流旁蚀作用，岸坡前缘的临空面不断增大。

(2)滑体岩性为砂岩夹页岩及煤线，岩层倾角为8°～18°，由于该滑坡位于心形向斜，即武隆向斜核部附近，经受了多向、多期的区域应力作用，加之受乌江下切作用影响，节理裂隙发育，岩体破碎。乌江边岩层倾向南东，南溪沟附近岩层倾向北东，与乌江及南溪沟均大角度相交。测区内，N20°W、N60°～70°E方向2组陡倾角节理裂隙发育，此2组节理应为滑坡边界的主控条件。

(3)该区降水较丰富，下渗形成丰富的地下水，地下水沿着相对隔水的页岩及煤线层面排向乌江及南溪沟，同时造成页岩及煤线长期受地下水浸泡而不断软化。

(4)虽然Ⅰ区滑坡前缘部分已被冲蚀，且远高于乌江河床，但在滑体内有冲洪积物存在，如Ⅰ区滑坡与南溪沟交汇处出现滑坡堆积物被冲积物覆盖，而冲积物上面又已经形成2m厚的坡积物；且据钻孔及挖孔桩揭示，在可见的滑面之下仍揭示有滑带土，形成多个滑面，故判定该滑坡为古滑坡。

综上所述，依据滑体厚度、物质组成、滑面与层面关系、诱发原因、运移形式及滑体体积等滑坡分类条件判定：在河流的长期冲蚀、旁蚀及地下水的软化作用下，受主控节理及顺层制约，在持续降雨、洪水涨落、坍岸、动水压力变化等不利条件组合下，高度临空的岸坡在重力作用下沿软弱面发生滑动，形成了深层、岩质、自然诱因、牵引式、顺层为主的大型古滑坡。

3.2 各区空间形态及其相互关系

结合现场地形地貌、航片判释和钻探揭示情况，将滑坡划分为逐次下滑的5个区，具体分区情况见图1和图2。其Ⅰ区、Ⅲ区滑坡先后下滑，Ⅱ区滑坡受Ⅲ区牵引发生滑动，Ⅴ区为Ⅰ区、Ⅱ区、Ⅲ区下滑时受牵引作用而引起的层间错动区，Ⅳ区则是受Ⅰ区滑坡下滑的牵引作用而形成的次1级滑坡。

Ⅰ区：住于乌江右岸，滑坡主滑方向S63°E，与乌江流向斜交，滑坡平面形态呈扇形，前缘高程为170m附近，直抵乌江岸边，后缘高程286m，位于森林公园小道外侧的陡壁下，前后缘相对高差116m，滑坡后缘呈似圈椅状，基岩出露处形成陡坎，滑坡中后部的左侧边界(按下滑方向分左右)呈直线状的陡壁，滑坡剪出口为乌江右岸陡坡，在乌江桥头至2号断面附近，滑坡前缘挤压乌江河道，部分已被冲蚀，在2号断面至南溪沟口挤压南溪沟口洪积扇，使该段南溪沟改向乌江上游方向。滑坡长约380m，宽160～440m，平均宽度300m，滑体厚15～35m，平均厚度25m，体积约$262.5\times10^4m^3$。

Ⅱ区：位于乌江右岸，南溪沟西侧谷坡之上。前缘高程223m，后缘高程301m，相对高差78m。后缘呈圈椅状，平面形态呈扇形，滑坡剪出口为南溪沟河床，分析其前缘部分已抵达南溪沟东岸，遭后期冲蚀、切割而形成现代沟槽。主滑方向N72°E，滑坡长340m，最宽560m，平均宽度280m，滑体平均厚度20m，体积约$158\times10^4m^3$。

Ⅲ区：位于实验小学，小学后面的近似呈圈椅状的斜坡为其后壁，中部及前缘已被人类活动所改造，滑坡痕迹不清晰。对其划分主要是基于航片原始地貌及钻孔揭示之滑床形态。其滑床明显低于Ⅱ区滑坡之滑床，故分析其先形成滑坡，然后才引发Ⅱ区的滑动。该区与Ⅰ区间存在小型背斜，在滑床等高线上也可以看到二者间有相对小梁，使该区与Ⅰ区主滑方向分向两侧。该滑坡分区的主轴方向为N74°E，滑体长238m、宽130～270m、厚20～35m，滑坡体积约为$107.5\times10^4m^3$。

Ⅳ区位于Ⅰ区西侧，为“猫耳”状地形，该区主滑方向S63°E，后缘及左侧边界明显，为森林公园小路下基岩陡坎。前缘边界与Ⅰ区分界不清晰，右侧边界不明显。本区的划分主要以建委老移民局及老国土局内建筑变形开裂情况作为边界区划条件。此区滑坡的形成，应是受Ⅰ区下滑牵引所致。其轴向长160m，宽300m，平均厚度19m，滑坡体积约为$53.2\times10^4m^3$。

Ⅴ区位于Ⅰ区与Ⅱ区之间突出于滑坡区内的较宽山梁，亦为Ⅰ区中后部左侧边界和Ⅱ区中后部右侧边界的分界山梁，原认为该区是稳定的，但据 Z_1K22 及钻孔 Z_1K26 揭示，同样有明显软弱面存在。该区可能是在Ⅲ区下滑临空的条件下，因Ⅰ区与Ⅱ区下滑过程中受牵引作用而发生过沿软弱页岩层间错动，故单独列为 1 个区。该区主滑方向 N89°E，长 240m，宽 250m，厚 15～19m，滑坡体积约为 $158\times10^4m^3$。

滑坡的 5 个区之间相互影响，互为因果。一旦一个区失稳，其余各区均可能直接或间接受到影响；尤其是滑坡的Ⅰ区、Ⅱ区、Ⅲ区的稳定性对滑坡整体稳定具关键作用。

滑坡区总面积约 $29\times10^4m^2$，厚度 15～35m，体积约 $630\times10^4m^3$。

3.3 滑坡物质组成及结构特征

(1)滑体特征

滑坡表层主要由第四系滑坡堆积的粉质黏土、块石土、碎石土等松散物质组成。其块碎石成分、含量极不均匀，厚度变化也很大。松散覆土之下，即为滑动岩块。滑动岩块呈块石状或巨块状，石质以砂岩为主，岩芯节长多为 200～1000mm。部分滑动岩块体积巨大，仍保持母岩的结构构造，貌似基岩的块体。滑动岩块是组成滑体的主要物质，厚度达 15～35m。

(2)滑床特征

滑坡各分区的滑床均为三叠系上统须家河组上亚组长石石英砂岩、页岩夹砂质页岩、炭质页岩，岩体裂隙极为发育。滑床形态中后部稍陡，分别向乌江和南溪沟倾斜，又以Ⅲ区相对位置最低，呈向南溪沟倾斜的下凹型斜坡(图 3)。Ⅰ区滑床坡度 14°～16°、Ⅱ区滑床坡度 12°～14°、Ⅲ区滑床坡度 8°～12°、Ⅳ区滑床坡度 15°～18°。Ⅰ区前缘乌江边有反翘现象，由于滑坡推力巨大，江边滑床前端基岩局部呈褶

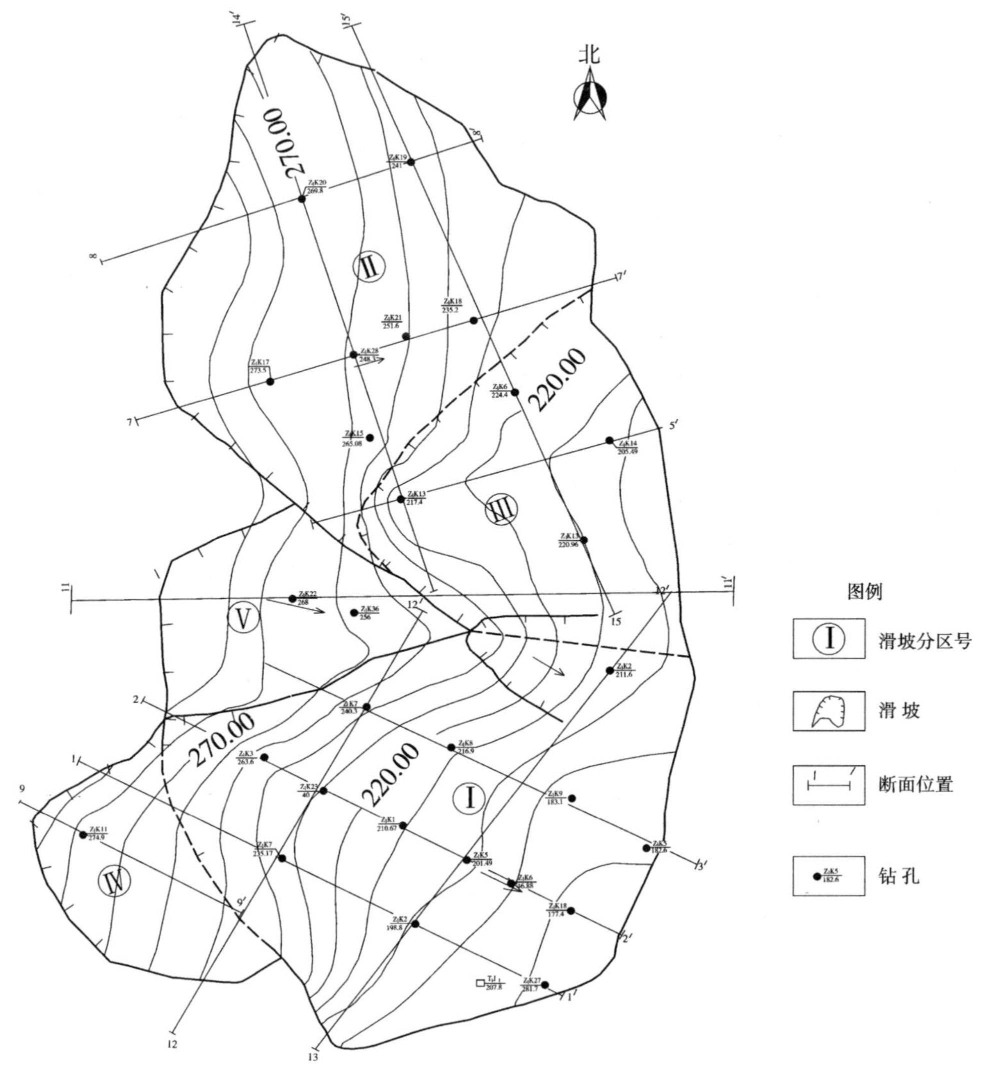

图 3 武隆县政府滑坡滑床等高线图

皱形态，此处倒转基岩起阻挡滑坡继续下滑冲下乌江作用，滑坡Ⅱ区前缘在南溪沟中有反翘现象。

(3)滑带(面)特征

滑带物质成分以粉质黏土、黏土为主，呈软塑-硬塑状，局部流塑状，含页岩及煤的碎屑、砂质页岩、砂岩角砾、碎石，含量约5%～45%，滑坡存在多个滑面，勘探孔(井)内基本上都见到了较为明显的滑面(表1)。

勘探点揭露滑带土特征一览表　　表1

勘探点编号	埋藏深度(m)	厚度(m)	特　征
Z1K1	10.25～10.80	0.55	粉质黏土：灰褐色，软塑，污手，包裹10%碎石角砾，石质为炭质页岩，呈次棱角状，见层间错动迹象
	29.91～32.80	2.89	粉质黏土：灰褐色，软塑—流塑状，污手，包裹20%碎石角砾，粒径10～50mm，易吸水，石质为炭质页岩，呈次棱角状，碎石角砾可擦痕及镜面
Z1K2	4.10～4.70	0.60	粉质黏土：黄褐色，软塑状，含10%页岩质角砾，呈次棱角状
	17.90～21.40	3.50	灰黑色粉质黏土，软塑-流塑状，夹20%角砾，石质炭质页岩，呈次棱角状，碎石角砾见擦痕及镜面
Z1K3	10.74～12.7	1.96	黏土：灰褐色，软塑，夹30%页岩质角砾，呈次棱角状，碎石角砾可见擦痕
	14.95～18.4	3.46	粉质黏土：灰黄色，软塑状，夹约20%砂岩质碎石角砾，呈次棱角状，见擦痕
	27.80～31.00	3.20	粉质黏土：灰黄色，软塑，含40%砂岩质碎石角砾，碎石呈次棱角状，局部表面可见擦痕
Z1K4	18.60～19.0	0.30	黏土：灰黑色，流塑状，手捻有砂感，页岩质角砾占15%，粒径2～20mm，呈次棱角状
	36.20～36.90	0.70	36.2～36.4m、36.7～36.9m为粉质黏土，软塑，夹20%角砾，为页岩质，具一定方向排列，角砾呈次棱角状，见明显擦痕。36.4～36.7m为碎石，见明显擦痕及镜面
Z1K5	8.80～9.10	0.30	粉细砂：黑褐色，潮湿，松散，夹较多黏粒及少量淤泥，砂粒为石英质，浑圆状
	17.60～17.80	0.20	粉质黏土：深灰、灰黑色，软塑状，夹30%～40%的页岩质碎石角砾，呈次棱角状—次圆状，碎石角砾可见明显擦痕及镜面
Z1K6	23.60～24.00	0.40	粉质黏土：灰黑色，软塑，黏性较重，含40%～45%的页岩质碎石，粒径20～50mm，呈次棱角状，可见擦痕
Z1K7	18.59～19.09	0.46	粉质黏土：灰黄色，顶部为灰色，软塑，含40%～45%的砂岩质角砾，呈次圆状，具一定磨圆，可见擦痕
	22.54～24.60	0.31	粉质黏土：灰黑色，软塑，污手，底部0.4m为页岩质碎石角砾，呈次棱角状，多处可见擦痕、镜面等滑动迹象，滑动面倾角23°
Z1K8	12.00～14.15	2.15	黏土：灰色、灰黑色，软塑，含碎石30%，以页岩为主，部分为砂岩，呈次棱角状，见轻微擦痕
	18.4～20.60	1.20	碎石土：20.2～20.6m为软塑状粉质黏土，碎石石质以砂岩为主，灰、灰黑色，呈次棱角状，见擦痕
Z1K9	13.45～14.21	0.76	粉质黏土：深灰色夹褐黄色，软塑，含40%页岩质碎石角砾，具一定磨圆度
	17.50～17.80	0.30	粉质黏土：灰黑色，软塑-流塑，含页岩质碎石角砾30%，呈次圆状，具一定方向排列，见层间错动迹象
	31.70～31.90	0.20	碎石土：灰黑色，中密，饱和，碎石占60%，石质成分为炭质页岩，粒径20～100mm，呈次楞角状，余为黏土
Z1K10	12.60～13.60	1.00	粉质黏土：灰黑色，软塑状，含约10%角砾及砾砂，石质为炭质页岩，呈次棱角—浑圆状，见镜面及擦痕
	22.40～22.55	0.15	粉质黏土：灰黑色，软塑，含约40%的角砾，石质为炭质页岩，角砾呈定向排列，次棱角—浑圆状，层间见镜面及擦痕

续上表

勘探点编号	埋藏深度(m)	厚度(m)	特　征
Z1K11	17.00～19.20	2.20	粉质黏土:灰白色、褐黄色、黑色混杂,夹 20%块石,块径 10～150mm,次棱角状,见擦痕等迹象
Z1K12	12.50～15.70	0.20	灰白、灰黑、灰黄色,母岩为页岩,软塑,局部流塑,12.6～12.8m 为灰白色,滑腻,14.6～15.7m 含 30%页岩质角砾,大部分页岩挤压呈土状,岩体结构扭曲严重
Z1K15	9.90～10.60	0.70	粉质黏土:褐色,软塑,夹少量的砂岩质角砾
Z1K16	23.80～26.40	2.60	粉质黏土:灰黑色、黑色,所夹角砾排列紊乱,有搓揉压密现象,少量角砾有磨圆度,呈次圆状,局部见镜面
Z1K17	9.50～12.40	2.90	深灰色、灰黑色,9.90～10.80m 岩芯受挤压,呈碎块状,12.3m 夹约 50mm 的土饼状页岩,见镜面及擦痕。10.8m 处角砾分布不均,有错动迹象,10.8～12.4m 岩芯较完整,母岩为页岩
Z1K18	25.50～29.00	3.50	粉质黏土:软塑,25.8～27.2m 呈流塑状,27.2～29.0m 含较多页岩角砾,少量有磨圆度,次圆状
Z1K19	13.22～14.22	1.00	粉质黏土:灰黑色、灰褐色,13.22～13.42m 呈流塑状,13.42～13.92m 硬塑状,其余为软塑状,夹少许圆砾
Z1K20	9.9～11.5	1.6	粉质黏土,灰褐色,呈软塑状
Z1K21	20.55～20.78	0.23	青灰色,岩芯呈土柱状,含 30%～40%角砾,角砾分布不均,有受挤压错动迹象
Z1K22	19.00～19.40	0.40	褐黄色、灰白色,岩芯呈土状,软塑,有滑腻感
Z1K23	18.89～19.19	0.30	角砾土:灰黑色,潮湿,中密,石质为页岩,占 70%,呈次棱角状,局部见镜面。余为粉质黏土及碎石
	34.60～36.30	1.70	34.6～34.77m 为粉质黏土,灰黑色,硬塑状,夹约 40%页岩质角砾。34.77～36.3m 为页岩质碎石角砾,呈次棱角状,见镜面等滑动迹象。疑为层间错动
Z1K24	5.60～5.70	0.10	粉质黏土:灰黑色,软塑,污手,夹约 30%角砾,岩质为炭质页岩,有一定磨圆度,见镜面
	8.40～8.50	0.10	粉质黏土:灰黑色,软塑,含 20%角砾,有一定磨圆度,石质为炭质页岩,角砾见擦痕,层间见镜面
Z1K26	18.60～19.00	0.40	灰黑色,软塑状,夹 30%～40%页岩质角砾,角砾呈次圆状,呈定向排列
Z1K28	21.25～21.36	0.11	灰黑色,岩芯呈土状及角砾状,软塑,角砾排列不均
T1J1	16.70～19.40	2.70	粉质黏土:灰黑色,软塑,夹 30%碎石角砾,粒径 10～30mm,见较多镜面及擦痕,滑面倾角 18°
T1J2	4.00～5.00	1.00	粉质黏土:灰黑色,软塑,黏性较重,污手,夹 20%～30%碎石角砾,石质为炭质页岩,角砾呈一定方向排列,具明显镜面及擦痕等特征
T1J3	4.60～5.00	0.40	粉质黏土:深灰、灰黑色,软塑—流塑状,污手,黏性重,夹少量炭质页岩角砾,见镜面及擦痕
T1J4	16.00～18.00	2.00	碎石土:灰黑色,松散,饱和,碎石占 50%,角砾占 20%,碎石被黏土包裹,呈次棱角状,角砾呈定向排列
T1C1	2.4～2.45	0.05	粉质黏土,灰白、灰黑色,软塑状,见镜面

滑面大都为硬塑—软塑状灰黑色黏土、粉质黏土组成,部分可见擦痕或镜面,含有大量碎石角砾,其母岩多为页岩及粉砂质页岩,所含碎石、角砾呈亚圆状,并呈定向排列。滑带厚度变化较大,一般为 0.5～3.5m,且在滑坡中、前部滑带土的黏粒含量高、厚度大且清晰,后部滑带土的碎石、角砾含量高、厚度小。代表性滑面,见图 4、图 5。

图4　乌江边挖孔桩滑带土特征

图5　钻孔 Z1K2 滑带土特征

3.4　滑坡岩土物理力学性质

(1)滑体岩土物理力学性质

勘察共取滑体粉质黏土原状样14组进行室内试验，并对滑体土进行了12组现场大重度试验。对试验结果进行了分区统计：Ⅰ、Ⅳ、Ⅴ区粉质黏土天然含水率18.08%，天然重度19.89kN/m³，孔隙比0.55，饱和度84.3%，液限指数0.34，塑性指数9.38，天然快剪峰值标准值 c=22.71kPa，φ=16.12°，饱和快剪峰值标准值 c=17.26kPa，φ=11.26°；Ⅱ、Ⅲ区粉质黏土天然含水率为18.84%，天然重度为19.42kN/m³，孔隙比0.61，饱和度79.12%，液限指数0.28，塑性指数8.70，天然快剪峰值标准值 c=23.43kPa，φ=19.32°，饱和快剪峰值标准值 c=29.25kPa，φ=19.03°。

(2)滑带土物理力学性质

勘察共取滑带土原状样17组进行室内试验，并对滑带土进行了4组现场大剪试验。对试验结果进行了统计，Ⅰ、Ⅳ、Ⅴ区天然滑带土含水率17.96%，天然重度19.17kN/m³，孔隙比0.61，饱和度84.99%，塑性指数12.15。天然快剪峰值标准值 c=20.68kPa，φ=11.01°，饱和快剪峰值标准值 c=14.37kPa，φ=8.32°。Ⅱ、Ⅲ区滑带土天然含水率为26.48%，天然重度为20.45kN/m³，孔隙比0.68，饱和度99.38%，塑性指数12.13，天然快剪峰值标准值 c=23.94kPa，φ=9.51°，饱和快剪峰值标准值 c=21.43kPa，φ=8.27°。部分滑带土具有膨胀性。Ⅰ、Ⅱ区分别进行了天然含水率、饱和含水率的现场大剪试验各1组，其结果见表2。

现场大剪试验表　　表2

分　区	Ⅰ区现场大剪试验强度值		Ⅱ区现场大剪试验强度值	
状态 / 强度值	天然	饱和	天然	饱和
c(kPa)	12.8	11.5	14.3	12.1
φ(°)	16.25	13.33	13.86	11.43

(3)滑床岩土物理力学性质

滑坡滑床均为三叠系上统须家河组砂岩、页岩，勘察共取中风化砂岩6组进行室内试验并统计：天然密度为2.52g/cm³，干密度为2.48g/cm³，饱和密度为2.53g/cm³，吸水率为0.66%，天然抗压强度标准值 R_c=37.26MPa，饱和抗压强度标准值 R_b=22.27MPa，内聚力 c=5MPa，内摩擦角 φ=46°；侧压6MPa时，弹性模量 E_d=19.55GPa，变形模量 E_0=14.25GPa，峰值应力为99.15MPa。

4　滑坡稳定性评价

4.1　滑坡区内的变形现象

Ⅰ区：县政府、国土局1993年建成后，在半年内楼房前的地坝即出现裂缝，宽0.2～0.5mm，墙体亦见裂纹。1994年，地坝上的裂缝变小，趋于闭合，而大楼西侧切坡坡体上有新裂缝产生，宽0.5～

1.5cm。县政府、国土局之间有小型溜坍分布，长约 40m、宽约 45m，溜坍体平均厚约 4m。1997 年，县政府大楼东北侧亦曾发生过小型溜坍。2000 年，10 层的政府大楼因变形严重，拆除重建，2003 年政协及人大办公大楼拆除 3 层减载。2005 年 5 月，县政府东北侧发生"5·8"滑坡。国土局办公楼墙体及地坝有裂缝分布，国土局下方临街挡墙也变形开裂，少数挡墙条石错断，错距为 10～30mm，局部挡墙因变形严重，已部分分段拆除重建。

Ⅱ区：变形集中于后缘斜坡及平台一带。1999 年，长五间平台西侧(即该区后缘)地面曾局部沉降，沉降面积约$(5\times25)m^2$；2000 年，长五间局部民房墙体开裂，勘测期间仍见其裂缝；2001 年，长五间平台北西侧斜坡发生局部溜坍，使附近一座光绪初年古墓开裂、倾斜。

Ⅲ区：1997 年，实验小学建成不久，其大门台阶及切坡后所建条石挡墙以及切坡后未挡护出露的滑动岩块，均出现裂缝，这些裂缝至今仍清晰可见，最宽处达 20cm，条石挡墙还有错移现象，错距近 20cm。实验小学东北侧，邻近切坡陡坎的场坪边缘，地面曾产生下沉。本区东南侧，通往交委、武隆汽车站一带的道路靠山侧，因切坡而建的挡墙也发生了外凸和开裂现象。

Ⅳ区：变形集中在建委和移民局大院。建委大院进门右侧的地面有裂缝分布，长约 10m、宽 5～15mm，裂缝呈弧形状；附近羽毛球场地坪开裂较严重，缝宽 5mm，并微有错台；院内二级平台上的圆形花台前半部下错；建委宿舍楼墙体及楼内走道严重开裂，缝宽 5～8mm；楼外右侧地表亦有裂缝，长 8m、宽 5～8mm，其旁挡墙有自上而下贯通裂缝，缝宽 10～20mm，挡墙条石错断。移民局办公楼前挡墙开裂，缝宽 10～20mm，墙体外倾；移民局大院内地坪有裂缝分布，院墙有贯通裂缝。由芙蓉大道登上移民局的石砌阶梯和沿途条石挡墙，多处均有开裂现象，如图 6、图 7 所示。

图 6 Ⅳ区建委挡墙纵向(新)裂缝

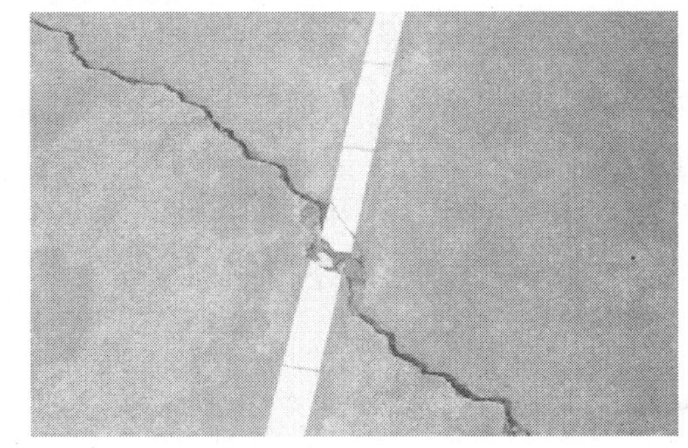

图 7 Ⅳ区建委场地开裂变形错缝

4.2 滑坡稳定性计算分析

在定性分析的基础上，滑坡稳定性计算采用极限平衡法，滑坡推力计算按传递系数法，分区选择了Ⅰ区主轴 1-1′、2-2′、3-3′剖面，Ⅱ区主轴 7-7′、8-8′剖面，Ⅲ区主轴剖面 5-5′剖面及 11-11′后缘，Ⅳ区主轴剖面 9-9′，Ⅴ区主轴剖面 11-11′前缘，作为稳定性计算主剖面(代表性剖面见图 8)。

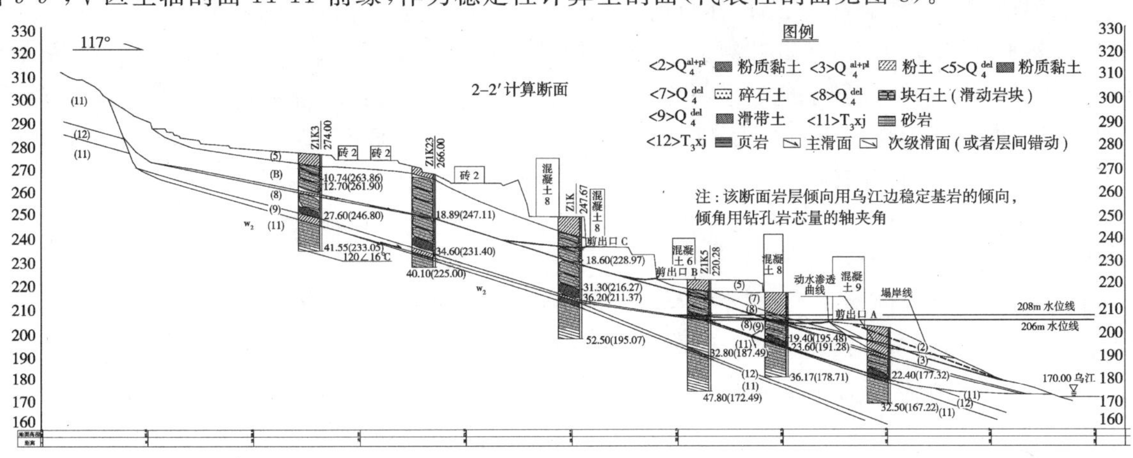

图 8 2-2′计算主剖面图

各种情况的定量解析:暴雨或长期降雨条件下,滑坡稳定系数下降幅度为20%～23%,其影响程度普遍较大。天然状态下,各区计算剖面均处于稳定状态;暴雨状态下,除Ⅰ区1-1′剖面、Ⅱ区7-7′剖面、Ⅲ区5-5′剖面、Ⅳ区处于欠稳定状态外,其余均处于基本稳定状态。稳定性计算结果见表3。

滑坡稳定系数计算结果表　　表3

计算剖面＼状态		稳定系数	
		天然条件	暴雨或长期降雨
Ⅰ区	1-1′	1.2377	1.0118
	2-2′	1.2898	1.0521
	3-3′	1.2929	1.0695
Ⅱ区	7-7′	1.2007	1.0001
	8-8′	1.339	1.112
Ⅲ区	5-5′	1.2665	1.045
Ⅳ区	9-9′	1.3322	1.0996
Ⅴ区	11-11′	1.2882	1.0571

4.3　岸坡稳定对滑坡稳定系数的影响

分析及计算表明:由于受乌江的长期侧蚀及洪水涨落的影响,滑坡Ⅰ区部分地段将产生新的岸坡稳定角,滑坡前缘发生崩塌,一定程度上影响滑坡的稳定程度,应对局部地段进行岸坡防护。

4.4　次级滑坡及潜在剪出口稳定性计算分析

由于滑体物质的组成特性及滑体上长期的人工活动,产生许多高切坡,致使滑体存在许多次级滑坡的潜在剪出口。特别是滑坡Ⅰ区上由于高层建筑较多,场地平整开挖深度较深。因此,对滑坡的次级滑面及潜在剪出口进行稳定计算分析得出:除1-1′剖面芙蓉大道剪出面外,其余天然状态下各次级滑坡及潜在剪出面均稳定,稳定系数大于1.2;饱和状态下,1-1′、2-2′断面芙蓉大道剪出面处于欠稳定状态,其余处于基本稳定至稳定状态,稳定系数大于1.05。Ⅲ区5-5′剖面稳定系数较高。

5　滑坡发展趋势及危害性预测

5.1　滑坡变形破坏模式及发展趋势

由于滑体岩土本身稳定性很差,且在古滑坡的滑床之上,尚存在埋藏相对较浅的软弱层,这些软弱夹层可能是古滑坡形成后,后期滑动的次级滑带物质,也可能是古滑坡下滑过程中,滑动岩块中形成的层间错动物质,无论归属何种成因,均说明滑体中存在此类贯通性较好的软弱结构面。在人为工程活动或大气降雨和地下水活动的诱发下,滑体目前出现变形、破坏,其发生、发展的模式应是:首先出现人工建筑物或天然坡体开裂、变形;随着开裂、变形的发展,引起小型溜坍、坍塌;由于前期变形、开裂、小坍滑的发生,改变了环境条件,加剧了地表水下渗和地下水的活动,使软弱层进一步软化,力学性质急剧降低,致使古滑坡体的各种变形不断扩大、加速,最终导致较大范围滑坡的形成。这一发展过程,可能为时短暂,也可能为时漫长,将随环境条件的变化而改变,也受控于防治措施的是否及时。滑体斜坡表层产生的滑坡如不及时防治,任其不断扩大、加深,切穿上述软弱夹层,则可能破坏古滑坡目前的稳定状态,甚至有造成滑体整体失稳的危险。

目前,滑坡处于基本稳定状态,但在大气降雨,河流水位的变化,河流的侵蚀和人类活动的共同影响和多种不利因素组合的条件作用下,滑体局部变形有加剧的趋势,有可能引起Ⅰ区局部古滑坡失稳,导致古滑坡局部复活,进而引起整体失稳。乌江与南溪沟深切,造成滑坡前缘临空,Ⅰ区在乌江桥头至2号断面附近,滑坡前缘挤压乌江河道,部分已被冲蚀,由于此处河道变窄,乌江水流变急,并在滑坡前缘形成大型旋涡状回水带,强烈冲蚀、侧蚀滑体前缘。目前,滑坡前缘残留的破碎倒转岩体对滑坡起到支挡、保护作用,但仍被乌江河水强烈淘蚀,一旦其不足以抗拒滑坡下滑力时,则会影响整个滑坡的稳定。

Ⅱ区前缘挤压南溪沟，部分已被冲蚀，降低了前缘反翘段抗滑力。

5.2 危害性预测

如果滑坡复活，将严重威胁武隆县新城区，包括县政府、玉龙大酒店至时代广场以及实验小学等众多重要建筑、街区和该范围内居民的生命财产安全，且严重威胁319国道、乌江航道和汽车站的安全运营，直接损失、间接损失无法估量，而且会给当地的自然、生态环境造成恶劣的后果。

6 防治工程方案建议

根据滑坡的形态、结构特征、变形情况以及保护对象在滑坡上的分布特征，结合对滑坡形成机制、各种情况下的整体稳定性，局部稳定性、失稳后的危害性的分析，建议在针对主滑面采取整治措施的同时，应充分考虑次级滑动或越顶剪出的可能性，防治工程宜采用抗滑支挡体系和地表排水体系相结合的综合整治方案。

6.1 排水

滑坡区由于岩土体自身结构的特点，表水易于下渗，而该区雨量丰富，夏季降雨集中，且滑坡地势较周围低，使得周围水体大量汇入滑坡区，这是滑坡形成和变形破坏的主要影响因素之一，故应沿滑坡各变形区后缘、两侧边界布设排水沟，且应与当地村落和城市排水系统相结合，形成截、排水系统。

6.2 护岸支挡工程设施

为防止滑坡前缘遭受乌江、南溪沟冲刷，特别是乌江边1-1′、2-2′断面间起支挡作用的倒转基岩免受乌江冲刷，应尽快实施自乌江桥头至3号断面之间江边及南溪沟边的护岸工程。

6.3 抗滑桩工程

根据计算结果及实际变形情况，建议在如下位置布设抗滑桩：

(1)滑坡Ⅰ区的沿乌江剪出口，Ⅱ区、Ⅲ区沿南溪沟的剪出口一线。

(2)在Ⅰ区中部沿公路一线，实验小学背后Ⅴ区前缘。

(3)Ⅳ区前缘及Ⅰ区后部政府大楼后一线。

6.4 反压措施

在Ⅱ区前缘7-7′断面、8-8′断面直到最北端边界处宜结合护岸支挡工程进行填土反压。Ⅲ区可以考虑反压措施与抗滑支挡相比较。

此外，应禁止在滑坡区再进行高切坡土木建设工程。

7 结语

(1)武隆县政府滑坡位于县城区，场地范围大，且地面建筑群林立，难于对滑坡取得全面、整体认识。在滑坡的工程地质勘察中，充分利用不同时期的航、卫片解译和1:10000地形图对比分析的资料，使勘察工作取得了较好的成效。此种勘察方法对于特大型滑坡的勘察是有效的，值得推广。

(2)武隆县政府滑坡整治勘测中采用了工程地质综合勘察的方法，根据需要查明的问题和要求选择了适当的勘探方法：工程地质测绘、井探、槽探、室内试验、现场大剪试验，特别是钻探全部采取单动双层取芯钻具及干钻方法等综合手段，查明了滑坡的规模，性质、范围分区和形成原因。

(3)特大型滑坡具分期、分块运动特征，且各块体的工程地质条件和稳定性等可能会有较大差异，工程地质勘察中应注意查明，提出适宜的工程措施和相应整治原则，力求达到分期施工，一次根治的目的。

南昆铁路柏子村1号隧道病害认识

杨文辉

(中铁二院工程集团有限责任公司昆明公司)

摘　要　南昆线柏子村1号隧道出现严重病害,通过综合勘探,查明病害性质为巨型巨厚层推动式滑坡,抗滑桩桩孔内最深约50m仍揭示清晰古滑面(带),施工抗滑桩最深超过地面下80m,为路内少见。

关键词　柏子村1号隧道;病害;认识

Cognition of Baizicun No. 1 Tunnel Disease on Nanning-Kunming Railway

Yang Wenhui

(Kunming Survey, Design and Research Institute of CREEC)

Abstract　Serious disease occured in Baizicun No. 1 tunnel on Nanning-Kunming railway. After comprehensive exploration, it is ascertained that the disease is suffered from a large thick pushing-type landslide, the ancient sliding surface (zone) is still clearly shown at about 50m deepest in the hole of the anti-slide pile, and in construction, the maximum depth of anti-sliding pile is up to 80 meters down to the ground. This is rare in the railway construction.

Key words　Baizicun No. 1 tunnel; disease; cognition

1　引言

1.1　勘察情况

柏子村1号隧道地处昆明市宜良县蓬莱乡,中心K731+719.23,长426m,最大埋深约50m,为穿越近东西向山体的短隧道。隧区地形地貌复杂,进口紧邻乐善村4号中桥、乐善村隧道和乐善村车站,出口紧接柏子村2号隧道。1999年9月,隧道出口段发现新裂缝,衬砌病害范围发展迅速,不断向进口端发展。病害严重段,拱顶纵向压裂、压溃掉块,拱脚、边墙、拱腰开裂、错台侵限;隧道顶地面出现各种性质的裂缝。隧道病害严重威胁运营安全,随时有长期中断西南重要出海通道的危险。

针对病害威胁,按"三边"抢险工程对病害进行整治。地质勘察采用了查阅竣工资料、调查测绘、地质钻探、取样试验、挖孔桩全程编录、隧道内设观测标观测、地面方格网布设观测点观测等综合勘察手段。经过地质调查测绘,对病害的性质、规模、成因等进行研判,在仅完成6个钻孔的情况下就进行了抗滑桩施工,并对施工的1号～29号单号抗滑桩桩孔开挖进行全过程地质编录,定期观测隧道内病害和地面裂缝的发展。在滑坡病害整治工程措施实施后,滑坡逐步稳定,再对隧道衬砌进行加固整治工程施工,达到预期效果。

1.2　原隧道施工简况

竣工文件记载,围岩为Ⅱ类、Ⅲ类,衬砌结构采用标准图。施工时,曾有多处发生拱部坍方,K731+730～+750(20m)、K731+754～+831(77m)塌方最为严重,施工后拱部衬砌出现裂缝进行修补。

作者简介:杨文辉(1965—　),男,高级工程师。

竣工文件工程检查证内地质情况栏围岩普遍描述为“砂黏土”或“砂黏土夹碎石土”。隧道于1998年建成。

1.3 区域构造与地震背景

隧道处小江断裂带东支中段地震破碎带。小江断裂带范围北起巧家以北，向南经蒙姑、东川、嵩明、寻甸、宜良抵华宁附近，南北约400km、东西宽30～50km。带内共发生6级地震13次，7级地震4次，最大为嵩明8级地震。小江断裂带是一束有明显控制性的长期活动断裂，在元古代断层雏形已形成，古生代和中生代直至新生代均处于活动状态。

1.4 气象要素

隧道所处的宜良县在昆明东南，属北亚热带季风气候区。统计30年平均降水量为896.3mm，1999年6月15日降雨量达46.3mm，为30年最大单日降雨量。隧道施工至建成期间的降雨量统计，见表1。

1997—1999年降雨量统计表(单位:mm) 表1

年份	1	2	3	4	5	6	7	8	9	10	11	12	合计
1997	7.7	38.7	55.7	56.4	7.6	190.8	332.5	187.6	152.4	87.3	1.7	15.6	1134.0
1998	3.7	14.1	6.4	44.0	56.8	318.3	202.2	80.3	56.3	28.2	35.1	11.0	856.4
1999	62.3	0.0	6.9	3.9	110.3	57.6	226.6	183.7	84.3	102.9	58.2	12.4	909.1

2 病害情况

1999年9月，隧道出口段衬砌开裂，随后隧道顶山坡出现较大开裂。同年12月底，严重地段拱顶沿纵向压裂、压溃掉块，边墙衬砌沿纵向开裂、内挤或错台侵限，以下详细进行介绍，见图1～图4。

2.1 隧道衬砌病害

1999年9月，隧道出口段发现新裂缝，10月病害段长28m，11月长80m，2000年1月长达115m。2000年2月23日，铁道部专家组现场研讨，衬砌开裂地段已超过用钢拱架临时加固的153m长，并继续向进口方向发展。

隧道内衬砌破坏最为严重的地段为K731＋840～＋920段，长约80m，拱顶纵向压裂、压溃掉块，掉块最大宽度40cm、最大厚度6cm，右侧拱腰纵向开裂，部分地段右侧边墙起拱线附近衬砌开裂内挤、错台侵限，并有环向裂缝自拱顶至边墙脚贯通。衬砌已接近其承载力极限，随时有垮塌的危险。隧道K731＋550～＋712有不同程度的纵向旧裂纹，主要部位为拱腰。竣工资料反映，K731＋712～＋840段衬砌全断面布置有双层钢筋，1999年11月调查时，仅有旧的嵌补裂缝痕迹，但2000年1月4日，施工单位进点进行洞内临时加固时再调查，发现该段有新的不同方向的裂纹，到2000年1月13日，裂缝范围向南宁端发展到K731＋720。

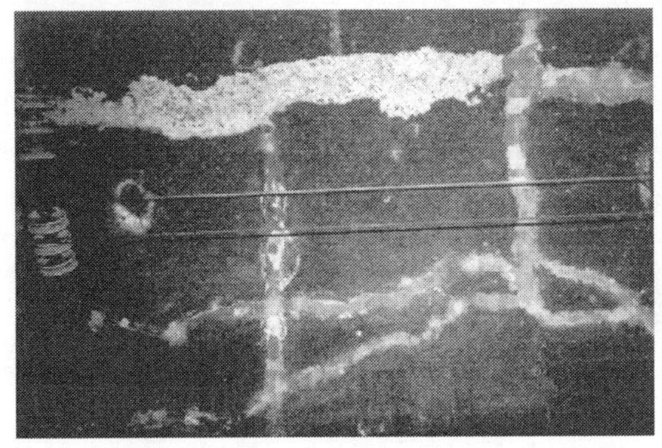

图1 隧道拱部嵌补过的纵向旧裂缝及沿纵向旧裂缝压溃掉块

图2 隧道拱部沿纵向压溃掉块

2.2 地表面变形开裂

2000年1月，线路右侧约150m隧顶地表拉张性裂缝呈弧形贯通并与侧翼裂缝相连，裂缝宽度大于0.5m，错台高1.5～1.8m。昆明端侧翼剪张裂缝明显，其延伸至1号、2号隧道连接处的沟谷；南宁端侧翼剪张裂缝由宽变窄，逐渐向进口发展，调查时最外一条裂缝延伸对应线路里程为K731＋766，裂缝仍向南宁端发展。地面裂缝向南宁端发展速度滞后于隧道内裂缝向南宁端发展速度，见图5、图6。

综合分析认为，隧道病害系山体滑坡所致，滑坡范围仍在迅速向南宁端扩大。

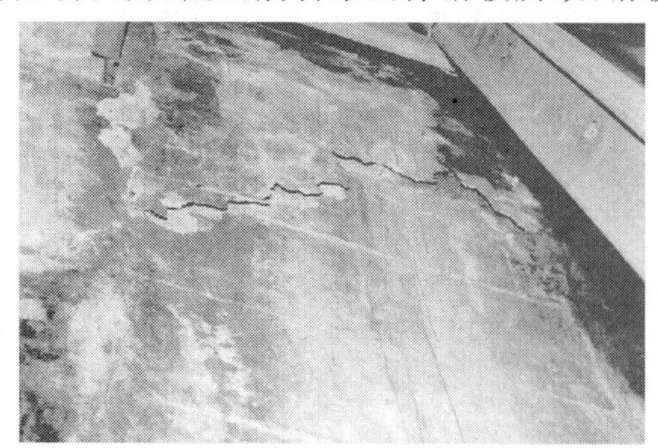

图 3　K731＋812 钢拱临时支撑后右边墙拱脚附近仍出现明显开裂外挤

图 4　K731＋848～＋855 钢拱临时支撑后右边墙仍出现开裂外挤并严重掉块

图 5　滑坡左后侧侧翼剪张裂缝

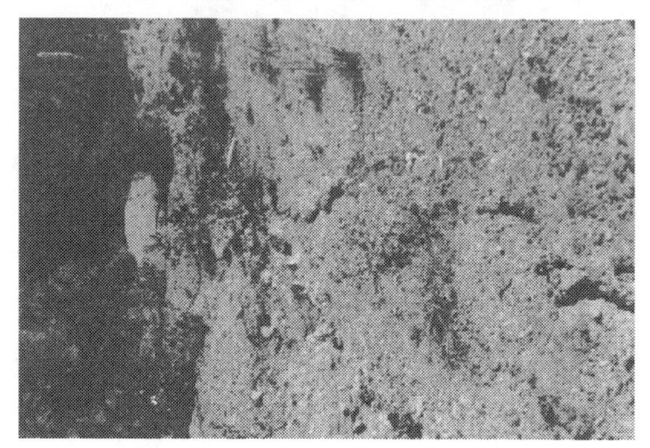

图 6　逐渐向隧道进口端发展的左后侧侧翼剪张裂纹

图 7 为滑坡工程地质与滑坡动态观测点布置平面图。

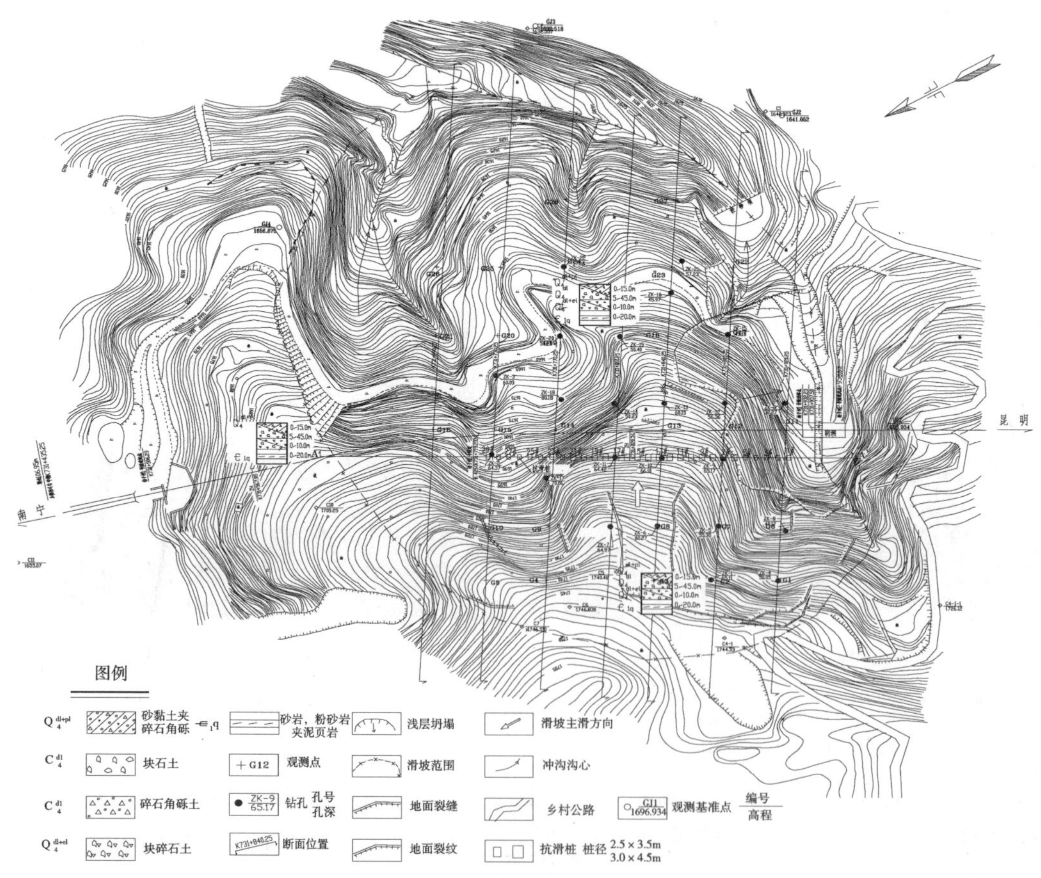

图 7　滑坡工程地质与滑坡动态观测点布置平面图

3 原因分析与评价

3.1 主要地质特征

隧道坡体表层为第四系坡洪积砂黏土夹碎石角砾，其下为坡积块石土、碎石角砾土，滑面(带)之下为坡残积块碎石土，基底为寒武系下统筇竹寺组砂岩、粉砂岩夹泥页岩。坡体结构类型为顺倾层状结构，具备形成顺层滑动的坡体结构特征(图 8)。

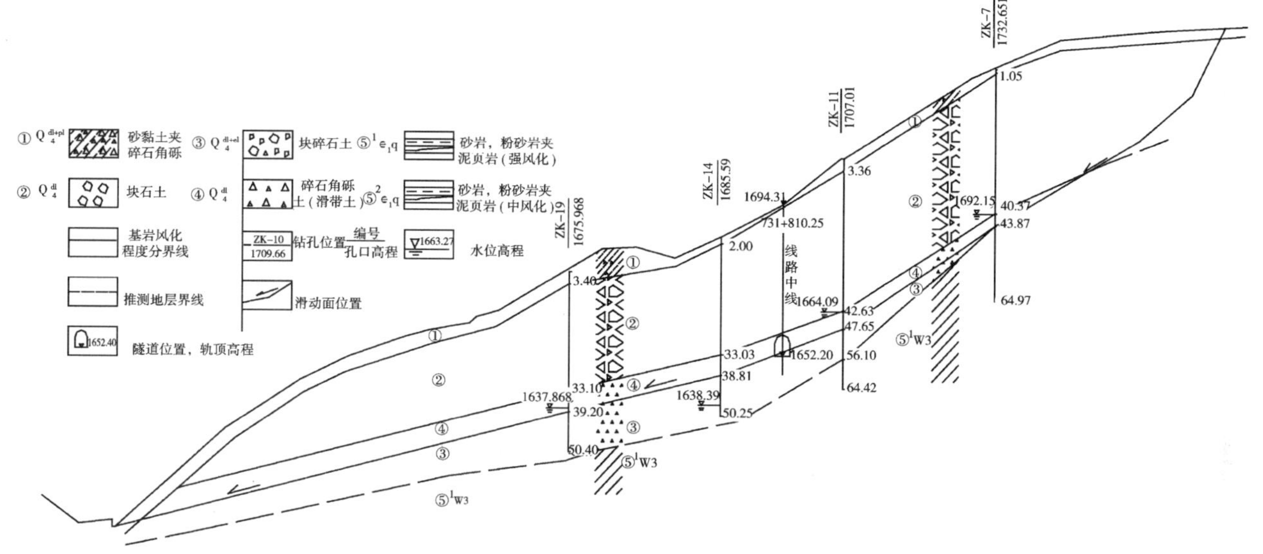

图 8 滑坡代表性工程地质纵剖面图(K731＋810.25)

构成滑坡体的岩土层工程地质特征由上至下分述如下：

(1)砂黏土夹碎石角砾(Q_4^{dl+pl})：灰黄、灰褐色，干硬，泥岩、泥质砂岩和粉砂岩碎石角砾占 5%～20%，棱状，粒径 50～100mm，夹块石，分布在地表。

(2)块石土(Q_4^{dl})：灰黄、青灰色，干燥，底部接近 4 层及地下水位附近潮湿。保存有完整的中厚层状母岩结构特征，局部块石间见有棕红色新鲜泥浆。为滑体的主要物质，厚度 5～45m。

(3)块碎石土(Q_4^{dl+el})：灰褐、青灰色，密实，位于滑带之下，潮湿，部分孔为干燥状。块碎石含量不均匀，多数岩芯块碎石、角砾石含量大于 60%，充填物为砂黏土。块碎石、角砾石主要成分为泥质砂岩及粉砂岩，部分钙质胶结的砂岩，块碎石石质较硬，块碎石以棱状—次棱状为最多，而碎石、角砾石中，多数孔内均见有呈圆—亚圆形者。该土层构成滑床上部，厚度不均，滑坡纵剖内面由坡下向坡顶厚度逐渐变薄至尖灭。

(4)碎石角砾土(Q_4^{dl})：灰黄、青灰色，取样分析，碎石角砾含量 58%～72%，充填砂黏土，砂粒、黏粒含量为 28%～42%，天然含水率 19%～23%；呈饱和稍—中密状为主，黏粒含量高者呈软—硬塑状，局部地段为软—可塑状砂黏土夹碎石角砾。ZK-16 号孔 26.14～26.24m、ZK-4 号 41.38～41.58m、ZK-15 号孔 25. 23～25.43m 土样，黏粒含量分别为 68%、65%和 76%，天然含水率分别为 24%、31%和 24%。厚度为 1.13～8.82m，层内绝大多数地段地下水较丰富，所含碎石角砾有呈次圆状者，局部地段岩芯内见有挤压痕迹，挖孔桩内见有明显的挤压光面，为坡体内软弱层、滑坡滑面(带)土。

(5)a 砂岩、粉砂岩夹泥、页岩($\in_1q$, W_3)：灰褐色或青灰色，强风化呈块碎石土状，部分块石土状，节理裂隙间距 2～20cm，该层为区内基底，岩层产状倾向山下。

(6)b 砂岩、粉砂岩夹泥、页岩($\in_1q$, W_2)：灰褐或青灰色，青灰色砂岩为主，中风化呈块石状，局部块碎石状，节理裂隙发育，该层为区内基底中下部，倾向山下。

3.2 滑坡分析

正确认识滑坡成因性质，有效合理地预防和治理滑坡，是滑坡防治关键技术的两个方面。其中，正确认识滑坡成因、性质是基础。

(1)古滑坡的4点判据

本次山体滑坡是由于古滑坡在多种因素作用下引起活动的,古滑坡的存在有4点判据。

①地形地貌方面。虽经长期地质营力改造,但仍可辨认出以下古滑坡地形地貌特征(图7):山坡前缘呈舌状,舌轴方向冲沟发育;K731+622地面弧形陡壁,其向上保持较陡趋势延伸至目前主裂缝地带,推断属古滑坡侧壁经改造后的地貌余迹;1号、2号隧道连接处的深冲沟,向下与坡前深沟相连,向上延伸至目前主裂缝带,沟谷土体极为破碎松散,侧蚀强烈,K731+880—隧道出口深冲沟段地表形成一个浅层坍塌,与古滑坡右侧剪张裂缝带的破坏作用有关。

②钻探、抗滑桩桩孔开挖揭示地层关系倒置。构成滑体的主要地层②层块石土,保存有完整明显的母岩结构特征(图9):层厚0.05～0.6m,倾向100°～150°,层面顺坡倾向山下,倾角18°～68°。层内滑带附近发现有沿层面或沿主滑方向的节理面留下的挤压光面、刻痕和压碎结构。外观看该层为基岩无疑,但该层之下揭示有明显软塑状、可—硬塑状粉质黏土夹碎石角砾(④层滑带土,见表2),其下为③层坡残积块碎石土,隧道轨底基本在该两层土内。与竣工文件工程检查证内地质情况栏记载围岩描述为"砂黏土"或"砂黏土夹碎石土",围岩类别为Ⅱ类相符合。隧道穿行的山体存在明显的地层倒置现象(图9～图14),排除构造成因,此为古滑坡所致。

钻探揭示清晰的滑面(带)位置及厚度(单位:m) 表2

孔号	ZK-2	ZK-3	ZK-4	ZK-5	ZK-10	ZK-11	ZK-12	ZK-15	ZK-16	ZK-17
滑带位置	25.88～30.81	21.40～27.67	38.15～42.10	44.47～48.70	41.78～50.60	42.63～47.65	34.00～40.10	22.00～25.45	27.62～31.50	39.00～43.64
厚度	4.93	6.27	3.95	4.23	8.82	5.02	6.10	3.45	3.88	4.64

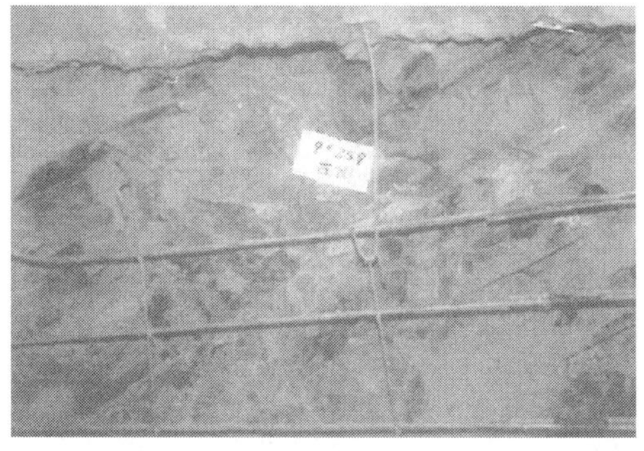

图9　9号桩挖孔桩深度25.9m桩孔右侧壁滑体②层块石土保存完好的母岩结构特征

图10　ZK-16号孔27.62～31.50m揭示软塑状黏土夹碎石角砾

图11　ZK-17号孔38.5～43.6m④层滑带土(可塑砂黏土夹碎砾石,样刀可剖切)

图12　ZK-2号孔35.84m滑床内③层坡残积砂黏土夹角砾(角砾呈次圆或者圆状)

③抗滑桩桩孔开挖揭示古滑坡滑面(带)痕迹。滑面(带)识别是滑坡勘察与整治工程的关键。以钻探判识的滑面(带)为指导,对抗滑桩桩孔开挖进行地质编录,在滑面(带)附近发现灰绿色黏土构成的泥

化带、摩擦镜面、擦痕。摩擦镜面倾向、擦痕尖灭方向与滑坡方向一致，无疑属古滑坡活动遗迹(图 15、图 16)。

图 13　ZK-17 号孔 49.6m 滑床内③层坡残积砂黏土夹碎石角砾(角砾呈次圆或圆状)

图 14　15 号挖孔桩 57.5m 滑床下⑤[1] 砂岩、粉砂岩夹泥、页岩($\in_1q$,W3)

图 15　13 号挖孔桩深度 50m 附近滑带内揭示的古滑坡滑动泥化带、镜面和擦痕

图 16　27 号挖孔桩约 34.5m 揭示的滑动摩擦光面

④滑体的位移情况 。滑坡体的主要物质②层保留有完整明显母岩结构特征，而地表调查及地面 28 个观测点观测资料显示，滑坡的滑体在中后缘产生了较大的水平和垂直位移，造成隧道变形破坏严重，而在前缘位移量较小，前后缘位移相差较大，具有明显的不均匀性；另外，②层呈“完整中厚层岩层状”，但钻孔采芯和抗滑桩桩孔内检查均发现在该层底部仍包裹有颜色与地表土一致的棕红色新鲜泥浆，认为山体曾经有过明显不均匀位移影响，为含黏粒的地表水下渗提供了通道，为新的不均匀位移创造了条件。

(2)引起古滑坡活动的原因

①古滑坡虽已滑动过，但山坡坡度及坡高仍然较大，坡前至目前滑坡后壁地带，高差仍达 155m，坡体中上部厚度大，重力势高；坡体中下部古滑坡面坡度约 13°，隧道右侧坡体中上部古滑坡面坡度达 30°，古滑坡残留的滑动面(带)仍较陡(图 7、图 8)。

②构成滑体的主要物质虽然保存有母岩结构特征，但其层面倾向与目前滑动方向及古滑坡滑动方向一致，经过古滑坡滑动破坏，使该层内残留与地表相连的渗水通道，而山坡地表 1740m 高程以上有一较大的平台，平台以上汇水面积大，病害区降雨丰富，降雨和地表汇水极易渗入②层下部软弱隔水的④层滑带土，增加坡体质量，软化软弱层，使软层强度降低。

③宜良地震基本烈度≥Ⅸ度，为高烈度地震区，地震频繁、强度高，周边常有强度不同的地震波及。

④隧道基本通过山体③、④两个相对软弱层(图 17)。隧洞开挖、围岩坍塌、围岩卸荷松动影响，在古滑坡滑带附近形成横向并具一定高度的“隧洞空间”和“坍塌、卸荷松动影响空间带”，坡体具备不均匀变形活动的“临空”条件。

(3)隧道病害原因及滑坡规模、性质分析

①隧道病害系山体滑坡所致。

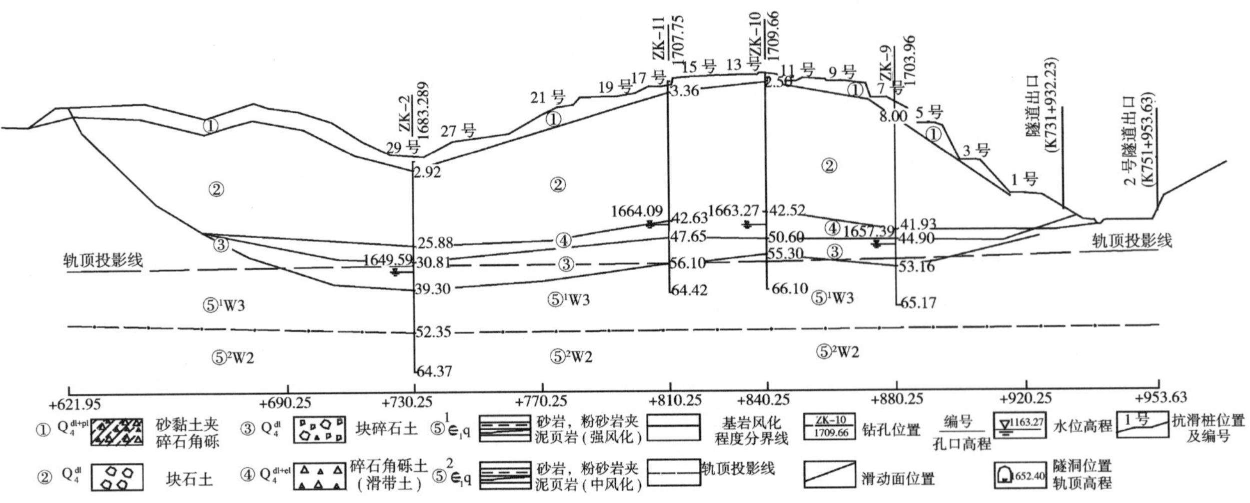

图 17 滑坡工程地质剖面图(抗滑桩位置 A-A[1] 剖面)

②滑体最大厚度达 50m,体积约 $286\times10^4m^3$,为巨型巨厚层滑坡。

③隧道右侧地表面变形及隧道衬砌变形破坏明显,线路左侧山坡下方地面仍未发现有明显的裂缝和剪出口,动态观测发现:水平、垂直位移均以隧道附近及隧道右侧山坡上部最为明显,中、前缘有位移,但量值极小,滑动以推动作用最为明显。

(4)滑坡主滑方向

隧道内病害和地表裂缝处于不断发展变化中,隧道出口附近受浅层坍塌影响,抗滑桩施工全面展开阶段,各方对地质勘察确定的滑坡方向仍有较大疑问,铁道部专家组 2 月 24 日现场调查研讨也明确提出"主轴方向尚须进一步判识"。综合研判,肯定滑坡主滑方向基本垂直线路。

①经过不同方向的工程地质剖面填图分析,钻探揭示的滑面最大坡度方向基本垂直线路。

②滑坡为顺层发生滑动过的古滑坡在新的诱发因素下活动,滑坡的滑动方向与古滑坡的滑动方向一致,与滑体地层保持的母岩层面倾向一致。

③隧道衬砌破坏,以纵向延伸为主,衬砌受到的主要应力与隧道轴线基本垂直。

④28 个观测点每月 2 次的观测位移矢量分析,平面最大水平位移方向基本与线路垂直。

3.3 滑坡稳定性评价及病害发展趋势

定性评价:发现隧道拱开裂,到拱顶、边墙纵向压裂掉块、拱脚及右边墙外挤侵限危及行车安全,隧道内病害发展迅速。地面调查,地表各种性质的裂缝,处于发展阶段,向进口方向发展。滑坡处于蠕滑变形阶段。

定量计算:选 K731+810.25、+840.25 两个代表断面,采用分块折线法计算,经验、类比和重塑土试验,滑带土内摩擦角 φ 取 14°,内聚力 c 取 5kPa,两个代表性断面滑坡稳定系数计算值分别为 0.99 和 0.97。

病害发展趋势:病害显露后,发展迅速,隧道衬砌严重裂损,中上部山体也已产生较大水平、垂直位移,滑坡的滑动如不能得到迅速有效的遏制,将会进一步对隧道衬砌产生更严重的破坏,造成隧道衬砌破坏性垮塌直至长时间中断西南重要出海通道,整治显得极为紧迫。

4 结语

(1)正确认识复杂大型不良地质需要一个不断深入的过程。柏子村 1 号隧道病害勘察,历时短暂。通过工程地质调查测绘,对隧道衬砌病害现状、地表面变形开裂现状进行全面调查,据此进行综合分析研究,推荐立即采取抗滑桩治理为主的滑坡综合整治措施,前期调查研究工作成效显著。

(2)采用综合勘察方案,各勘察方法有针对性,运用灵活。查明了形成滑坡的地质基础,以及滑坡范围、厚度、成因、滑动性质、山体蠕动与隧道变形破坏相互作用关系。勘察方案综合性、针对性强,经济社会效益好，有借鉴意义。

(3)古滑坡的存在有4点证据。钻探、抗滑桩桩孔开挖揭示地层关系倒置，抗滑桩桩孔开挖揭示古滑坡滑面(带)痕迹，是古滑坡存在的直接判据，其余两点是补充性判据。研判方法对古老滑坡的勘察、研究有指导意义。

(4)总结归纳出类似滑坡的主滑方向研判方法：主滑方向通常与地形最大坡度方向、山体软弱层最大倾斜方向一致；主滑方向通常与古滑坡的滑动方向、滑体地层保留的母岩特征中层面倾向一致；主滑方向与隧道衬砌受到的最大主压应力方向一致；主滑方向与平面最大水平位移矢量方向一致。研判方法对滑坡勘察有普遍的适用性。

(5)古滑坡部分活动的4点原因，前两点是物质基础，是内因；后两点原因是诱发因素，是外因。第4点是主要的直接诱发因素。滑坡处于蠕动阶段，推动作用明显，与主要的直接诱发原因有相关性。笔者认为类似工程施工中，如何采取恰当预加固和及时支护措施控制围岩坍塌、围岩卸荷松动影响带的扩大是预防类似病害产生的关键。

(6)稳定滑坡，实施隧道内衬砌加固整治工程。防渗、排水减少地表降雨和坡面径流渗入坡体；抗滑桩截断隧道山侧滑坡推力。滑面单一、埋深大，采用埋入式抗滑桩。经过多年运营检验，以抗滑桩为主的综合整治措施科学合理，经济社会效益良好。

(7)抗滑桩桩孔内最深约50m仍揭示清晰古滑面(带)、设计施工抗滑桩最大锚固深度超过地面下80m，为路内、国内少见。勘察成果对滑坡研究、滑坡工程地质勘察、滑坡防治工程设计和施工具有较强借鉴和指导意义。

昆明市主城二环快速路系统改扩建工程石虎关立交段、福德立交段详细工程地质勘察

刘　伟

(中铁二院工程集团有限责任公司昆明公司)

摘　要　昆明市主城二环快速系统改扩建工程是昆明市的重点项目,其中石虎关立交段和福德立交段是二环快速系统的两个重要节点工程。项目具有工程类型多、工程及周边环境复杂、岩土层次多、特殊岩土发育、水文地质条件复杂等特点。通过采用钻探、标贯、动探、静探、物探、试验等综合勘察技术,查清了场地的工程地质及水文地质条件。施工验证该项目勘察资料是准确和可靠的,项目获云南省2010年度优秀勘察一等奖。

关键词　立交段;复杂地质条件;工程地质勘察

Detailed Engineering Geological Investigation of Shihuguan and Fude Interchange Section of Rebuilding and Expansion Projects for the Second Ring Expressway System in Kunming

Liu Wei

(Kunming Survey,Design and Research Institute of CREEC)

Abstract　The rebuilding and expansion project of the second ring expressway system is the key in Kunming,of which both Shihuguan and Fude interchange sections are two important junction projects thereof. The projects are featured with their multi-type of engineering, complexity of the engineering and periphery circumstances, multi-layer of rock-soil, special rock and soil development and complex of hydrogeology conditions, etc. By the use of integrated survey technique, such as drilling、standard penetration test, dynamic penetration test, static cone penetration test, geophysical exploration, testing, ect. the engineering geology and hydrogeology condition of site is found out. It is proved during construction that the investigation data of the projects are correct and reliable, and this project won the first prize of excellent survey projects awarded by Yunnan province in 2010.

Key words　interchange section; complex geological conditions; engineering geological investigation

1　引言

昆明市主城二环快速系统改扩建工程是昆明市的重点工程,包含东、南、北二环改造,该项目为市政工程,高架层为快速系统,设计车道为双向六车道,设计时速 60km/h,桥梁设计荷载标准为城-A 级,地面层为城市慢速系统,为城市一级主干道,设计车速为 40km/h。项目业主为昆明城投基础设施建设管理有限公司,设计总体为广州市市政工程设计研究院。

我单位主要承担二环快速系统石虎关立交段和福德立交段(图 1、图 2)的勘察工作,该段是昆明市主城二环快速系统两个重要的节点工程,也是昆明主城区两个最大的立交工程,对昆明南市区的交通起

作者简介:刘伟(1967—　),男,教授级高级工程师。

到重要的作用。该项目有主线桥、立交桥、匝道桥共17座桥，地面匝道共19条，并涉及南二环跨盘龙江小桥、春城路立交桥、南二环跨清水河小桥拼宽、清水河和金汁河改河、既有主线道路的改造等工程，桥梁总延米为6869m，项目投资约9.6亿元。

图1 石虎关立交桥局部鸟瞰图

图2 福德立交桥全景图

2 勘察方案

该项目处于滇池盆地，工程地质条件及水文地质条件复杂，不良地质及特殊岩土发育，为详细查清场地的工程地质条件及水文地质条件，根据相关规范要求和项目的工程类型及特点，编制了《昆明市主城二环快速路系统改扩建工程(官南立交、福德立交及石虎关立交段)工程地质勘察大纲》，勘察大纲主要包含：概述、工程地质概况、勘察内容、工作方法、工作重点与难点、勘察技术要求、预计勘察工作量、勘察组织实施计划、勘察成果报告编制及其他。

2.1 勘察内容、工作方法、工作重点

(1)勘察内容

应严格按照规范要求，在充分收集、分析、研究既有资料的基础上，结合工程特点进行工程地质勘察，为桥梁、路基等专业施工图设计提供内容全面、深度符合要求的成果资料。

①充分收集、分析、利用已有勘察成果，在此基础上研究确定和优化勘探方法及勘探工作的布置。

②详细查明沿线地层岩土的分布、时代成因、层序、接触关系。

③详细查明沿线不良地质与特殊岩土的类型、分布与特征，在此基础上进行勘探成果的分析评价，

提出工程措施建议。

④详细查明沿线地下水类型、埋藏情况、渗透性、富水性，补给排泄条件与动态变化，查明不同层位的含水性及地表水与地下水之间的水力联系和水的腐蚀性。

⑤进行场地和地基土的地震效应判定。查明液化层的分布范围、厚度、性质，计算判定饱和砂土的地震液化指数与液化等级，评价对工程的影响。

⑥对工程地质条件作出全面评价，包括场地稳定性、均匀性、适宜性等；确定沿线土石工程分级；综合分析，按工点进行各岩土层物理力学参数的统计和分析，结合工程特点分层提供设计所需的各种设计参数建议值。

(2)工作方法

采用以钻探为主的勘察手段，配以静力触探试验、标准贯入试验、动力触探试验、土工试验、物探等相结合的综合勘察手段，查明工程区内各土层的工程地质条件及物理力学指标。

(3)工作重点与难点

①桥梁工程是本项目的重点工程，查明桥址区各土层的工程地质条件为勘察工作的重点。由于工作区位于市区繁华地带，交通繁忙，地下管线复杂，环境条件要求高，对勘探的实施影响大，应提前协调，作好统筹安排，拟订切实可行的安全保障措施。

②软土层的分布范围和软土层的物理力学性质是本次勘察的重点之一。

③饱和砂土为可能液化层，对确定基础形式及其埋置深度有一定影响，查清液化土层的分布范围和液化土层厚度是本次勘察的重点。

④查明场地的水文地质条件。

2.2 勘察技术要求

(1)基本要求

勘探点的布置及深度要求应满足各类工程基础设计需要；测试、取样试验要满足规范及勘察大纲的要求；路基勘察需满足稳定及地基变形分析的需要；桥梁工程勘察需满足基础设计需要。提供准确、合理的物理力学指标与设计参数。

(2)各类工程勘探技术要求

①特殊岩土及不良地质。

人工填土：查明人工填土的填筑年代、堆积方式、物质来源；查明填土的分布范围、厚度、物质成分、分布规律及原地面坡度；结合勘探及室内试验，查明填土的颗粒级配、均匀性、密实程度和压缩性。访问调查填土的工程地质病害，通过勘探试验，分析评价其稳定性，并提出相应的处理措施意见。

软土：对淤泥质土、软黏性土等，应加强取样试验和触探工作，查清其分布规律与工程特性，重点提供承载力和压缩模量值，满足路基稳定检算和沉降计算的需要。

砂土液化：对于饱和砂土，应结合钻探进行标准贯入试验，查明液化土层的分布范围、厚度、土体特征等，提出合适的处理措施。

②路基工程。

a.路基工程勘探。应结合沿线工程综合考虑勘探点的布置，原则上一般路基沿路线每100～200m应布置1个勘探断面，软土分布地段沿路线每50～100m应布置1个勘探断面，勘探点不少于2个(含静力触探孔、钻孔)，勘探点应尽量布置在地质条件最不利位置，如低洼积水处、水塘等处。

场区勘探深度以穿透软土层及可液化砂层为原则，孔深控制在20m左右。若软土层较厚，则加深孔深至软土层及可液化砂层底板1～2m。挖方地段，孔深一般应至路肩设计高程以下3～5m。

第四系土层取样：各勘探孔按不同土层分层取样，进行土工试验，具体试验项目应结合不同土层性质进行物理力学试验，软土层按《公路软土地基路堤设计与施工技术规范》中的有关规定执行。同一区段范围内，每一层岩土的土样数量应满足数理统计的需要，各项物理力学参数应至少有6组数据。

第四系松散层钻孔应分层进行标准贯入试验，试验间距一般不得大于2m；黏性土、粉土、砂类土应选择进行静力触探单、双桥测试，并按相关公式计算成果。

b.技术要求。查明地基土的成因类别、地层结构、厚度以及各层岩土的物理力学性质、地下水位、填料的来源等;详细划分软土的分布范围,综合分析及评价路基的稳定性及变形,重点评价路基基底的地质条件,提出路基工程的加固处理措施意见。

对于挖方地段,详细查明挖方地段的地层成因类别、地层结构、厚度以及各层岩土的物理力学性质、地下水水位及其发育程度,分段划分岩土施工工程分级,根据支挡工程的布设,重点评价路基基底的地质条件,提供地基土的设计参数。

③桥梁工程。

a.勘探布置。勘探密度除依据规范、规程要求外,还要根据地质条件、工程类型和设计要求综合确定,以满足工程设计为前提。根据场地的地质条件,桥梁勘察应以钻探为主,双桥静力触探为辅。钻孔按桥梁墩台位置布置,除主线桥一般按每墩一孔布置外、西道桥原则上按墩位隔墩布置一孔,双桥静探孔宜与钻探测试孔相配合,在钻孔附近布置,以便对比分析。

b.勘探深度。根据场地地层特点,桥梁基础采用摩擦桩基础。原则上,钻孔深度一般大于桩长3~5m,控制性钻孔深度大于桩长8~10m。控制性钻孔深度暂定70m,一般性钻孔孔深50m,公路桥梁控制性钻孔占一般性勘探孔的20%左右。

c.取样及测试。取样及测试钻孔为技术性钻孔,其数量宜占总钻孔数的一半(控制性钻孔均为技术孔)。各技术孔中地层取样、测试有遗漏时,要在相邻孔中及时补充。各桥梁钻孔选择具代表性地层的钻孔进行波速测试。

各勘探孔按不同土层分层取样,各土层必须要有对应的土样,每一层岩土土样数量应满足数理统计及有关规范的需要,各项物理力学参数至少应有6组数据。黏性土取原状土样,取样间距一般不大于2m,若同一土层分布较厚,且层位稳定,取样间距可适当放大,但间距不宜大于3m;砂土、碎石类土应取代表性扰动样,取样与标贯、动探试验相结合。

桥基采用摩擦桩基础,应重点加强标准贯入试验工作。测试间距为1.5~2.0m,层位较厚时可适当放宽测试间距,但不宜大于3m,试验从地表1m开始。标准贯入深度在60m以内,建议按有效能公式进行杆长修正。

软土层严格按软土取样及试验规程进行;土工试验项目除常规物理力学指标外,还应结合工程需要,提供有关的物理、力学指标。

所有钻孔均应测定初见水位和稳定水位,多层含水层要采取止水措施分层测定,承压含水层要测定承压水头。分别采取地表水及地下水进行水质简分析,承压水需分层取样。

d.技术要求。查明场地岩土种类、成因、性质、软弱土夹层的分布和厚度及其物理力学指标等工程地质条件;查明地下水类型、水位,隔水层、含水层分布等水文地质条件。

查明不良地质、特殊岩土的分布及对桥梁的影响。

通过勘探、室内试验、测试等成果的综合分析研究,提供设计所需的物理力学指标和设计参数值。

2.3 勘察完成工作量

详勘共计完成钻探205孔/11424.12m、取原状土样及试验1507组、取扰动土样及试验109组、取水样及试验6组、标准贯入试验1392点次、动力触探试验40.6m、静力触探试验27孔/805.9m、十字板剪切7孔/20点次、波速测试5孔/243.2m。

3 工程地质条件

3.1 地形地貌及自然地理条件

项目处于昆明断陷盆地北部边缘,地形平坦、地势开阔,地面海拔1888~1895m。区内水系属金沙江水系,气候属高原季风温凉气候,气候温和,冬无严寒、夏无酷暑,昼夜温差不大,年平均气温14.7℃,年平均降雨量为1094.1mm,年平均蒸发量1952.5mm,年平均日照时数2481.2h,年平均无霜期227天,主导风向南南西,年平均风速3m/s,最大风速23.6m/s。

3.2 地层岩性

工程范围内主要由一套湖泊沉积相及河流冲积相地层组成，为第四系全新统冲湖积(Q_4^{al+l})地层，厚度几十米至数百米不等，岩性变化大，主要岩性为黏土、粉质黏土、粉砂、砾砂、粉土、泥炭质土，地表主要由人工填筑土(Q_4^{me})覆盖。各土层一般呈带状及透镜状分布，具有一定的规律性。

3.3 地质构造及地震

昆明盆地位于扬子准地台、滇东台褶带中的三级构造单元昆明台褶束内，区域新构造运动强烈，主要表现为大面积间歇性掀斜隆升、断块差异运动、晚新生代盆地及晚新生界地层变形等四种形式。工程主要处于普渡河—滇池断裂东侧，小江断裂西侧，以断裂构造为主，主要构造线近南北向，少量褶皱，主要断裂为普渡河—滇池断裂、蛇山断裂、黑龙潭—官渡断裂、白邑—横冲断裂等，各断裂均为深厚的第四系覆盖层覆盖，为早第四纪断裂，晚更新世以来无活动迹象，为非活动断裂，对工程影响不大。

根据《建筑抗震设计规范》及《昆明市南二环路改扩建工程场地地震安全性评价报告》结论，场地抗震设防烈度为8度，设计基本地震加速度值为0.20g，地震反映谱特征周期0.55s。根据现场波速测试，场地卓越周期T_s为0.376s。场地地基土等效剪切波波速V_{se}为213.05m/s，属中软场地土，Ⅲ类建筑场地。

3.4 水文地质条件

沿线水文地质条件复杂，地下水类型主要为孔隙水，为发育于第四系松散堆积层砂土、圆砾土及粉土等主要含水层中的孔隙水，对工程影响较大，其在工程影响深度范围内呈多层分布，以潜水为主，具有弱承压性，具有含水层埋深浅、含水层层数多、层间透水性一般、补给条件较差等特点，总体富水性中等。地下水总体由北向南渗流，最终向滇池排泄。稳定水位埋深一般在地表下0.3～3.8m，旱季为1.5～5.5m，水位年变幅一般为1～1.5m。工程附近的主要河流有盘龙江、明通河等，对地下水有一定的补给关系。

沿线地下水水化学类型以$HCO_3^- + SO_4^{2-}$——$Ca^{2+} + Na^+ K^+$型水为主，地下水对混凝土结构及钢筋混凝土结构中的钢筋一般无腐蚀性。

3.5 不良地质及特殊岩土

(1)不良地质

工程区20m范围内分布有两层饱和砂土、粉土，测区属Ⅷ度地震区，地震动峰值加速度为0.20g，根据《建筑抗震设计规范》和《公路工程抗震设计规范》的有关规定，当构筑物地基(一般考虑在地表以下20m范围内)有饱和砂土和粉土时，应对其是否产生液化进行判别。通过采用标贯试验及波速测试综合判定，场地范围内的饱和砂土和粉土层为非液化土层。

(2)特殊岩土

工程区内特殊岩土为软土(软弱土)及人工填筑土。

软土层主要为②$_3$层淤泥质黏土和②$_9$层泥炭质土，呈灰黑、深灰色，软塑状，局部为流塑状，多呈透镜状及带状分布，分布较无规律，该层一般厚1～5m，个别地段厚达8.4m。软土具有压缩性高、承载力低、侧摩阻力小、工程性能差等特点，对工程不利。

由于区内居民点密集，人工填土普遍分布，为建筑房屋时填筑，多为杂填土，具一定密实度，局部分布人工弃土，土质不均，易产生不均匀沉降，对路基工程影响较大。

4 资料审查、配合施工、验收及评优

4.1 资料审查

勘察资料顺利通过了昆明市审图公司的审查，认为资料严格执行国家及行业相关规范、规定等，勘察大纲可行、采用勘察方法合理、勘察资料完整、准确，可满足施工图设计的需要。

4.2 配合施工

该项目配合施工过程中，地质专业派出了经验丰富的工程师进行配合，对重点工程，关键部位及隐蔽工程认真检查，施工过程中能够积极会同设计、监理、施工单位对工点进行现场踏勘检验、确认。勘察资料通过施工检验，土层的层次、埋深、高程、厚度与工程地质勘察报告基本吻合，有关物理力学指标及工程措施合理，勘察工作查清了场地的工程地质及水文地质条件，勘察资料可靠，未发生由于勘察原因造成的地质灾害和变更，未发生由于勘察原因造成的质量事故。确保了施工的顺利和完成。

4.3 竣工验收

2009年10月21日、22日在建设单位组织下，组织了由建设单位、施工单位、设计单位、勘察单位、监理单位、接管单位和监督单位等8家单位参加的竣工验收，项目评定为合格，顺利通过了验收。

4.4 评优

该项目在2010年参加了云南省优秀勘察设计评选申报，得到了专家的认可和好评。

评价为：

"该项目工程类型多、工程复杂、周边环境复杂，沿线岩土层次多、岩性复杂、均匀性差，特殊岩土发育，场地水文地质条件复杂，勘察场地地面建筑及地下管线密集、干扰大等特点。为详细查清该项目的工程地质条件和水文地质条件，采取了钻探、物探、静探、标贯、动探、十字板剪切、取样、测试等综合勘探的方法。

该项目在复杂的场地条件下，根据复杂的工程类型的特点，采用了合理的勘探、测试等综合勘察技术，实施动态勘察、设计，采用最新软件，对资料进行了综合对比分析，详细查明了场地的工程地质及水文地质条件，为设计提供了可靠的地质资料，通过施工及竣工两年来运营检验，资料可靠、工程良好。"

项目获2010年度云南省优秀勘察一等奖。

5 结语

(1)项目前期策划、准备工作非常重要，应在充分收集相关资料、熟悉工程方案及主要工程类型的条件下，认真编写勘察大纲，明确勘察的重点、难点，做好勘探、测试力量的准备，做到心中有数、有的放矢。

(2)该项目处于滇池盆地，以冲湖积层为主，地层具有一定的规律性，勘探除主线桥每墩布置钻孔外，其他匝道桥一般隔墩布置钻孔，通过实践，资料能满足技术要求，减少了钻探量。

(3)钻探过程中，地质技术人员应加强对地层岩性鉴定的统一，检查取样、原位测试等是否满足要求，确保基础资料收集完整、准确。

(4)针对市政工程周边环境复杂、与既有二环路工程干扰较大等特点，部分方案需根据地质资料进行调整、修改，无法一次全面完成勘探、测试等工作。勘察工作中，加强与各专业的沟通，建立动态勘察、设计的管理办法，最终确保了工期及项目顺利实施。

(5)场地地上及地下管线较多、地面交通繁忙，各孔位均需进行一定深度的开挖，确保无地下管网后再进行施钻，同时对施钻场地进行必要围挡，做好安全措施。

(6)配合施工很重要，应加强配合施工地质工作。

(7)勘察及配合施工过程中进行了报优策划，并进行了相关报优资料的收集和准备，为最终报优及成功获奖起到了很好作用。

南昆铁路家竹箐隧道地质条件及地应力特征

王　科

(中铁二院工程集团有限责任公司地勘岩土公司)

摘　要　家竹箐隧道是南昆线重要的控制性工点,地质条件复杂,主要的不良地质问题有高瓦斯、突出煤层、高应力比引起的软岩挤出性大变形、岩溶涌突水、玄武岩碎裂岩体。本文介绍了隧道的工程地质条件,各种不良地质病害的发生发展过程,还重点介绍了在软质岩地层中进行地应力测试的方法与原理,对类似地质条件的工程具有一定的参考价值。

关键词　南昆铁路;家竹箐隧道;瓦斯;突出煤层;软岩;大变形

Geological Conditions and Ground Stress Characteristics of Jiazhuqing Tunnel on Nanning-Kunming Railway

Wang Ke

(Geological Prospecting & Geotechnical Engineering Co. Ltd. of CREEC)

Abstract　With complex geological conditions, Jiazhuqing Tunnel is an important controlled project on Nanning-Kunming railway, the main unfavorable geological problems are caused by high stress ratio including high-gas content, outburst coal seam, large extruded deformation of soft rock, karst water-gushing and basalt cataclastic rock mass. The paper introduces the engineering geological condition of the tunnel, the occurrence and developing process of various unfavorable geological diseases and also, as key point, the method and principle of ground stress test in the soft rock strata, which gives reference to projects with similar geological conditions.

Key words　Nanning-Kunming railway; Jiazhuqing Tunnel; gas; outburst coal seam; soft rock; large deformation

1　引言

1.1　设计概况

家竹箐隧道位于南昆铁路威红段鲁番至上西铺区间,隧道全长4990m。隧道进口135m位于半径为500m的曲线上,出口110m位于半径为600m的曲线上。隧道纵坡为小人字坡,进口方向为1.08%、1.1%的上坡,仅出口200m为0.3%下坡。根据工期和揭煤的需要,设置了“一平、两横、四斜”的辅助坑道系统,如图1所示。其中,平行导坑穿过全部煤系地层,全长2764m,进口横洞长146m,出口横洞长50m,4个斜井总长1112m。

1.2　施工概况

家竹箐隧道于1992年12月26日开工,1996年5月14日先期通过铺架列车,剩余主体工程于1997年5月11日全部完工。

作者简介:王科(1964—　),男,教授级高级工程师,中铁二院工程集团有限责任公司地勘岩土公司总工程师。

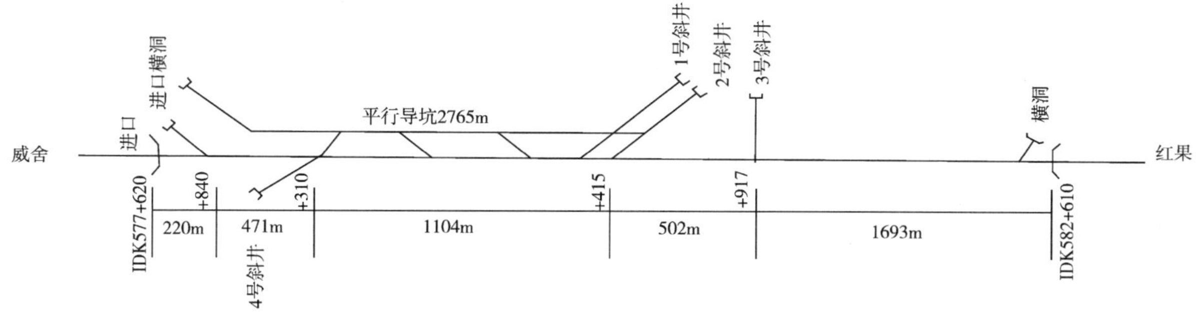

图 1　家竹箐隧道辅助坑道示意图

1993 年隧道进口开始掘进后，进口端位于玄武岩碎裂岩体中，岩体极度破碎，开挖后坍方冒顶严重，并造成隧道进口段斜坡出现蠕滑变形。1994 年 1 月 29 日进入煤系地层，至 1996 年 4 月下半断面最后一次过煤为止，两年多来始终在煤系地层中施工。针对煤层层数多，瓦斯含量高，压力大，且具突出危险的特点，施工方开展了瓦斯排放、抽放等防突措施，为安全揭煤创造了条件。1995 年下半年，隧道开挖进入煤系地层埋深最大地段，高地应力加之地层软弱，使隧道洞壁产生了 80～100cm 的大变形，造成钢架扭曲，喷层开裂，隧道稳定性受到严重威胁，在采取以长锚杆为主的一系列技术措施后，才使大变形得到抑制。1995 年雨季，隧道出口段发生岩溶大涌水，淹没坑道，施工几度被迫中断，为此施工方又设置了泄水洞和中心暗沟，并配合对岩溶管道进行注浆封堵，使岩溶涌水得到妥善处理。

总之，家竹箐隧道一系列的地质病害，给设计和施工带来了相当大的困难，也为同类地质条件下的隧道设计和施工积累了相当多的经验教训。

2　地质条件

2.1　地貌特征

家竹箐为南、北盘江之分水岭，北坡属北盘江水系，南坡属南盘江水系，高程 2222m，相对高差 500m，属中低山区。地貌受构造控制明显，属单面山，北坡较缓，25°～30°；南坡地形呈阶梯状，局部较陡。北坡可溶岩地层中多发育溶沟、溶槽、溶蚀洼地、漏斗、竖井等岩溶地貌景观；南坡多发育树枝状冲沟，沟床纵、横坡均较陡，为典型的碎屑岩构造侵蚀地貌。

2.2　岩性特征

隧道依次揭露峨眉山玄武岩、二叠系煤系地层、三叠系碎屑岩和可溶岩地层，各地层在隧道中的分布如图 2 所示。

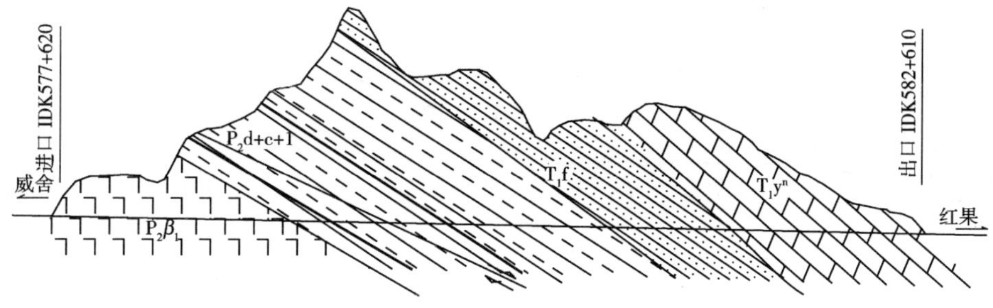

图 2　家竹箐隧道地质纵断面

各地层岩性特征分述如下：

三叠系下统永宁镇组（T_1y^n）：本组属滨海相、浅海相及泻湖相沉积环境，上、下部为浅灰色、中厚层状灰岩、蠕虫状泥质灰岩及白云质灰岩，近底部夹紫色粉砂岩及泥灰岩，中部为黄绿色、紫色薄层砂岩、泥岩、粉砂岩及薄—中厚层泥灰岩。

三叠系飞仙关组（T_1f）：本组为浅海相、滨海相沉积环境，按岩性可分为上、下两个岩性段。

上段（T_1f^1）：出露在假岩沟以上至分水岭地段间，为紫、紫红、暗紫色夹有绿色薄至中厚层岩屑砂岩与岩屑粉砂岩互层。

下段(T_1f^1)：出露于分水岭以南的斜坡上，为黄绿色、灰绿色岩屑砂岩和岩屑粉砂岩夹泥岩。

二叠系上统大隆、长兴、龙潭组(P_2d+c+l)：该组为煤系地层，各组界线难于区分，属海陆交互相沉积环境，岩性为深灰至灰色，上部为硅质胶结砂岩夹泥岩；中下部为砂岩夹泥岩、灰岩及煤层；底部为灰色铝土岩。

二叠系上统峨眉山玄武岩($P_2\beta$)：出露于隧道出口段，为基性火山喷出岩和暗灰、灰绿色玄武岩及凝灰岩，局部夹有薄层页岩及煤层，微晶结构，块状构造，岩层中原生柱状节理和构造节理发育。本组与上、下地层均呈假整合接触。进口段为玄武岩碎裂岩体，呈碎块状结构，局部夹风化极严重的玄武岩。

2.3 地质构造特征

隧道位于盘县向斜南段的东翼南端扬起端附近(图 3)，向斜南端轴部呈弧形，隧道轴线与向斜轴线大致平行。

隧道范围内为单斜构造，岩层产状为 N20°～35°E/18°～30°N，隧道高程处岩层产状较缓，10°～20°。受构造影响，隧道范围内发育三条次级张性断层，层间揉皱发育。如 $F_{家-1}$ 断层，为张性断层，产状 N65°E/13°NW，与隧道交于 IDK579＋455 处，断层破碎带宽 25m，将 10 号、11 号煤层错断，断距 2m。另外，在煤系地层中发育多条次级小断层，岩层产状变化较大。隧道范围内节理以构造节理为主，一组走向近东西向，倾南。另一组走向近南北向，倾东。隧道范围内的构造线和地层界线均与隧道大角度相交。

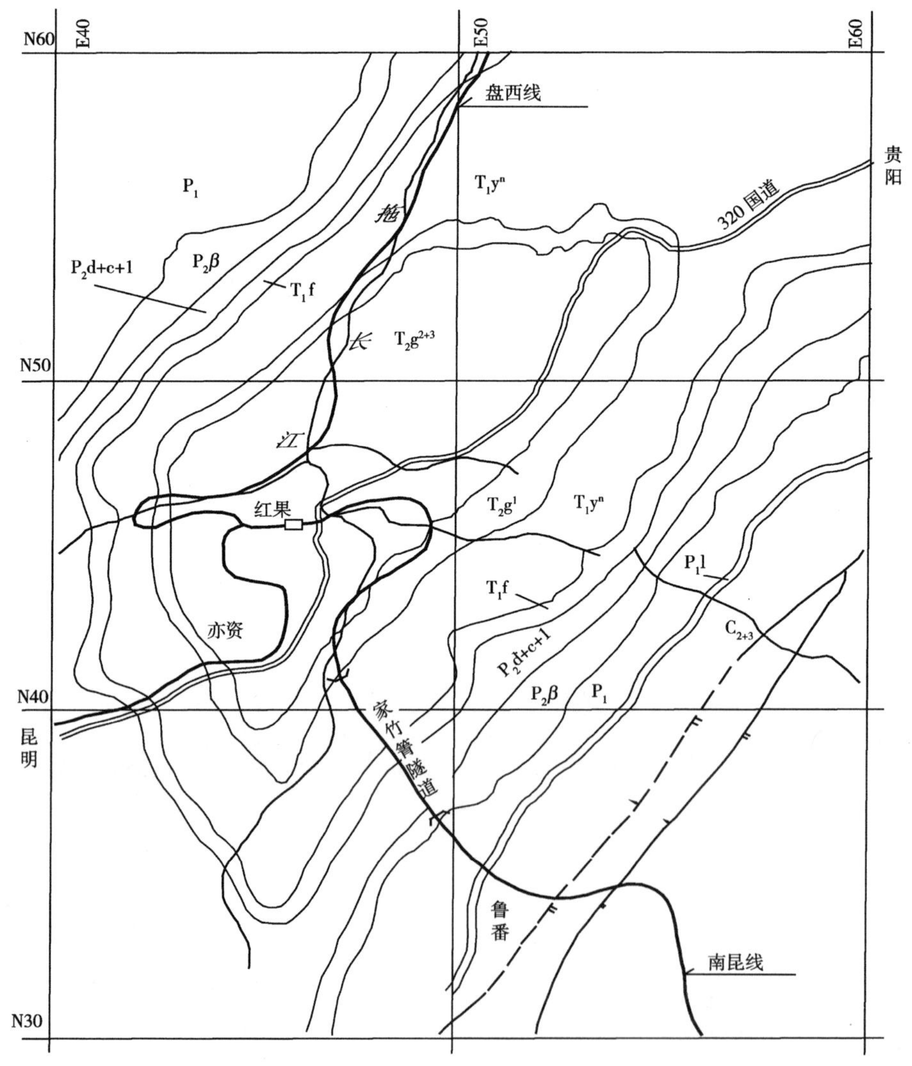

图 3　家竹箐隧道区域地质示意图

2.4 水文地质特征

隧道揭露的主要含水层为 T_1y^n 组中可溶岩的岩溶管道、岩溶裂隙含水层，含水层又可进一步划分为两个岩溶含水带。

IDK582＋390～＋610 处隧道位于岩溶水垂直循环带，地下水以岩溶裂隙水为主，具明显的季节性，一般雨季有水而旱季无水，流量不大，对隧道危害较小。IDK581＋373～＋605 和 IDK581＋720～IDK582＋110 区段隧道洞身位于岩溶水水平循环带，地下水以岩溶管道和岩溶裂隙水为主，受季节影响明显。雨季时流量倍增，并伴随有大量的泥、沙、卵石涌出。后两段施工中，分别于 1995 年 1 月、5 月、9 月在暴雨后发生过三次涌水。根据估算，最大流量分别为 $2.4\times10^4 m^3/d$、$8.0\times10^4 m^3/d$。涌水一般发生在暴雨后 1～2h。

2.5 煤层及瓦斯特征

隧道所揭露的煤层具有如下特点：

(1)隧道穿过的煤系地层长、煤层层数多，具有突出危险性的煤层多：隧道穿越的煤系地层长 1157m，占整个隧道的 23%。厚度大于 0.5m 的煤层共有 24 层，其中有 5 层煤层具有煤与瓦斯突出危险。

(2)瓦斯压力高、含量大、瓦斯涌出量多：在隧道施工中实测了一系列瓦斯参数，其中最大瓦斯压力为 1.585MPa(17 号煤层)，是岩脚寨隧道的 3.9 倍，云台山隧道的 5 倍。最高瓦斯含量 $20.17m^3/t$(17 号煤层)，是云台山隧道的 6.4 倍。隧道在揭 18 号煤层时，瓦斯涌出量高达 $10.56m^3/min$，是岩脚寨隧道的 4.29 倍，云台山隧道的 3.0 倍。5 层突出煤层共涌出瓦斯 $100\times10^4 m^3$。

(3)煤层倾角缓，过煤段落长：隧道处煤层倾角较缓，10°～15°，造成过煤段落长，其中 17 号煤层过煤段落长达 84.8m。煤系地层中煤巷和半煤巷长 907m，占整个煤系地层的 78%。

(4)受构造影响，煤质破碎，软分层发育，煤层局部增厚：煤系地层中小构造发育，造成煤质破碎，软分层发育，煤质多为暗煤、镜煤、糠煤，主要煤层的 f 值均小于0.55，最低为 0.16(12 号煤层)。断层上、下盘多发育牵引构造，使煤层局部增厚，如 17 号煤层，在家竹箐井田中一般为 3m，但在家竹箐隧道却达 10.7m。

2.6 区域地应力分析

家竹箐隧道位于盘县向斜南段的东翼，隧道轴向与向斜轴向近于平行，在隧道范围内尚发育多条东西向张性断裂，与隧道大角度相交。根据地质力学理论可做出应变椭球体，如图 4 所示。从应变椭球体可以看出，最大主应力方向应为北东向，即与隧道轴向近于垂直。

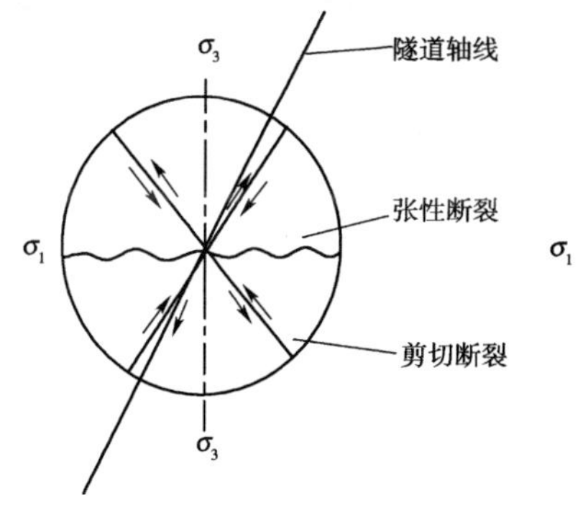

图 4 应变椭球体图

3 隧道施工中突出煤层揭煤的防突措施

隧道掘进穿过有突出煤层危险的煤层时，如果处理不当，很可能发生煤与瓦斯突出事故。在地应力和高压力瓦斯的共同作用下，大量的煤块、煤粉与瓦斯气体突然喷出与倾出，埋没巷道、破坏设备，并往往同时发生瓦斯爆炸，造成严重的灾害。隧道揭煤前，应采取以下防突措施：对隧道前方煤层位置进行探测，预测煤层突出危险性，对具有突出危险性煤层实施防突措施并检验防突措施效果。

3.1 煤层超前探测

由于地质构造的复杂性和多变性，隧道设计只能根据地质勘探资料和附近煤田地质资料推算隧道穿过煤层的大致位置。对于具有突出危险的煤层，必须掌握煤层的准确位置和参数，才能不致误揭煤层造成突出事故。煤层的超前探测采用超前钻孔，在石门距煤层 10m 处(垂距)、破碎岩层距煤层 20m 处，就应布置钻孔进行超前钻探，超前钻孔一般不小于 3 个，根据钻孔揭示的情况，确定煤层厚度及与隧道的空间关系。

3.2 煤与瓦斯突出危险性预测及其判别标准

在勘察期间，根据勘探以及煤炭部门收集的资料，可对煤层进行区域性煤层突出危险性预测，但具体到隧道开挖面处煤层是否会突出，仍需在隧道施工期间进行煤与瓦斯突出预测工作。家竹箐隧道根据煤规，采用解析指标 K_1 值、瓦斯瞬间解析压力 P_d、钻孔瓦斯涌出初速度 g_h、瓦斯压力 P 四个指标以及钻孔过程中的动力现象进行突出危险性预测。其临界指标及各主要煤层瓦斯参数如表 1 所示。

预测突出危险性煤层临界指标及各主要煤层突出指标表　　表 1

项　　目	解析指标 K_1 值 [$mL/(g \cdot min^{1/2})$]	瞬间解析压力 P_d (MPa)	初速度 g_h (L/min)	瓦斯压力 P (MPa)	施钻期间的动力现象	突出危险性
临界指标	>0.4	>0.03	>6	>1	喷孔顶水、顶钻、卡钻	属突出危险性工作面
12 号煤层	0.794	—	—	—	有动力现象	有突出危险
13、14 号煤层	0.864	—	—	—	有喷孔，动力现象明显	有突出危险
17 号煤层	1.096	—	—	1.335	强烈喷孔	有突出危险
18 号煤层	0.9507	0.23	70	1.585	强烈喷孔	有突出危险

3.3 防突措施

在揭石门施工之前以及在煤巷掘进时，如煤层具有突出危险，必须先采取防突技术措施，消除其危险性后，方可继续施工。防止煤与瓦斯突出的方法较多，煤炭系统广泛采用钻孔排放、真空抽放、水力冲孔、金属骨架等措施。这些措施的主要目的在于降低煤层中的瓦斯压力和减少瓦斯含量、防止煤层坍方。根据铁路隧道施工特点，结合防突细则，在家竹箐隧道防突施工中，采用了以“钻孔排放”为主的防突措施，以及“真空抽放”的试验。

4 高地应力与软弱围岩大变形

4.1 岩性特征

大变形地段岩层为龙潭、长兴和大隆组煤系地层，岩性特征为黑色泥岩、灰色粉砂质泥岩、粉砂岩、泥质粉砂岩夹煤层，钙、泥质胶结，具有水平层理和微波状层理，含瘤状菱铁矿结核或菱铁矿薄层，见腕足类、瓣腮类动物化石。

4.2 物理力学指标

在家竹箐隧道，曾从三个方面研究煤系地层的物理力学指标。

(1)洞内取样试验

施工中，在家竹箐隧道大变形地段共取 3 组岩样做室内试验，测试结果如表 2 所示。

岩石力学指标　　表 2

试　　样	c(MPa)	φ(°)	c_r(MPa)	φ_r(°)	R_a(MPa)	R_t(MPa)
1	9	56	1	40	106	3
2	2.5	39	0.4	32	12.6	1.66
3	7	48	1	43	66	3

注：c_r、φ_r 为残余值，R_a、R_t 分别为单轴抗压及抗拉强度。

因室内试验手段和方法的限制，只能测定到砂岩的物理力学参数，显然这样的参数对于煤系地层偏大。

(2)洞内实测弹性波速指标

在隧道内适当部位钻孔，孔深大于可能的塑性区，利用仪器测得孔内各类围岩的弹性波速度，在塑性区以外的波速大小基本可以代表围岩扰动前的数据，根据波速大小确定围岩的相应参数。家竹箐隧道实测弹性波速剖面，如图 5 所示。

由图5可见，弹性波速为4.5km/s(＋300)、3.6km/s(＋373)，属Ⅱ级围岩，但实际煤层属Ⅴ级围岩，实测波速偏大。其原因是：在煤层中打孔时难以成形，缺乏煤层波速资料，只能用砂岩数据代替煤系地层总的情况。

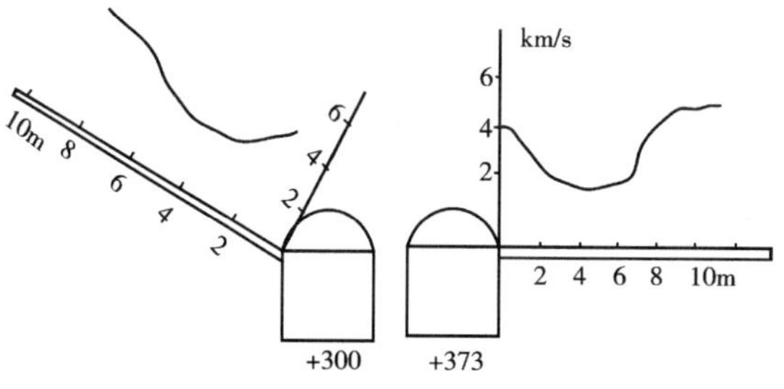

图5　隧道实测弹性波速断面图

(3)实测位移反分析

当隧道周边的围岩有多种不同的岩性，且相间分布时，显然不能以单一的某种岩层的参数代表总的围岩特征。

家竹箐隧道由于岩层倾角较缓，在隧道横断面上，煤层、砂岩、泥岩间隔分布。以洞壁实位移为依据，对岩石物理力学参数(表3)进行反分析。

家竹箐隧道煤系地层物理力学参数　　表3

E(MPa)	c(kPa)	φ(°)	γ(kN/m)	μ	G(MPa)	R_a(MPa)	R_t(MPa)
500	500	30	22	0.38	181	1.7	0.6

4.3　隧道变形特征

家竹箐隧道的支护变形有一个发展过程。从1995年4月开始，正洞掘进进入围岩压力显著增大地段，刚通过17号煤层，发现在里程ⅠDK579＋242～＋262段的喷锚支护虽然加强为喷混凝土厚12cm，工字钢(I14)间距加密为30cm，并设置有3m长系统锚杆，拱部仍发生严重变形，最大下沉317mm。以后随着开挖断面向前推进，支护变形的程度及范围不断扩大。同年7月，大变形的范围由初期的40m扩大到170m(ⅠDK579＋230～＋400)，变形量达到80～90cm，钢架严重变形挠曲，喷层开裂，并与钢架脱离。同年9月，变形范围进一步扩大，小里程延伸至ⅠDK579＋170，大里程延伸至ⅠDK579＋465，长295m，变形量达到100cm左右，而且当初侵限扩挖段的洞壁又产生新的下沉和内移。到1995年12月底，大变形的范围最终发展为ⅠDK579＋170～＋560，长390m。在变形最严重地段，拱顶最大下沉240cm，侧壁内移160cm，底板上鼓80～100cm，原来可以通行的正洞上半断面高度减少到不足1m。在一般地段，变形的最大下沉量一般不大于100cm，侧壁内移一般不大于60cm，隧底上鼓不大于80cm。其中，ⅠDK579＋330～＋380段的变形发展见图6。由图中可见，第一次开挖后至10月2日最大下沉量90cm，侵限70cm。至次年1月10日扩挖后的洞壁又发生变形，侵限50cm。

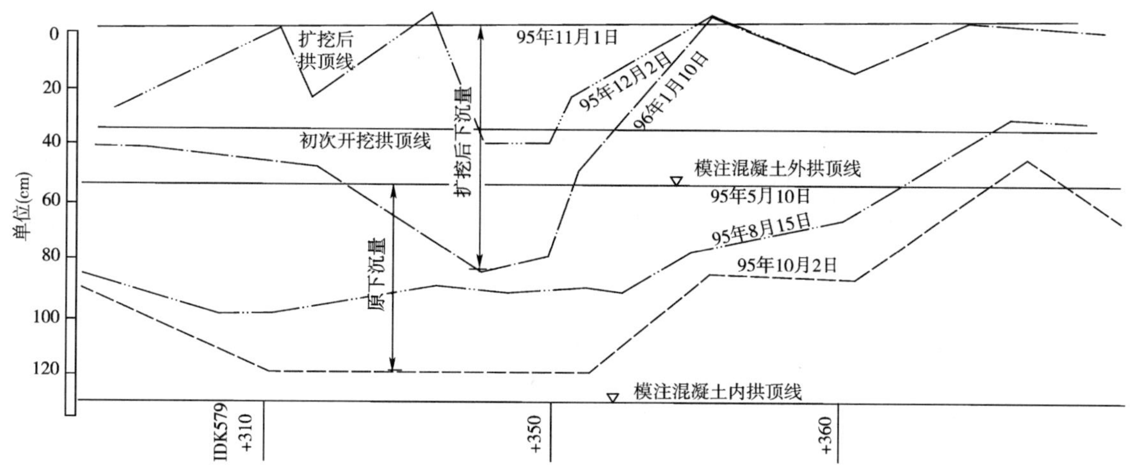

图6　ⅠDK579＋330～＋380拱顶下沉曲线图

针对支护严重变形现象，设计和施工多次研究对策，从1995年7月起，陆续提出整治措施。到1995年10月，形成一整套整治方案，从1995年12月起，随着长锚杆等一系列方案的实施，支护严重变形现象得到有效的控制。

5 地应力测量

5.1 地应力测量原理

本次地应力测量方法采用软包体法，它属于国内外广泛采用的导孔钻取岩芯的应力解除法，该种方法不仅有严密的理论基础，而且有成熟的试验技术和工艺，能可靠地测量原始地应力。

李曼(Leeman)早就提出了两个应变花直接粘贴到导孔壁上测量全应力状态的孔壁应变法。

以钻孔方向为 Z 轴，指向孔口为正，建立相应的直角坐标系和柱坐标系，该点应力为

$$[\sigma]^T = [\sigma_x, \sigma_y, \sigma_z, \overline{\tau_{xy}}, \overline{\tau_{yz}}, \overline{\tau_{zx}}] \tag{1}$$

$$[\tau]^T = [P_\theta, P_z, \tau_{\theta z}, P_r] \tag{2}$$

那么，孔壁上任意一点各应力分量的关系为

$$P_\theta(i) = (\sigma_x + \sigma_y) - 2(\sigma_x - \sigma_y)\cos 2\varphi_i - 4\tau_{xy}\sin 2\varphi_i \tag{3}$$

$$P_z(i) = -2\mu[(\sigma_x - \sigma_y)\cos 2\varphi_i + 2\tau_{xy}\sin 2\varphi_i] + \sigma_z \tag{4}$$

$$\tau_{\theta z}(i) = -2\tau_{zx}\sin\varphi_i + 2\tau_{yz}\cos\varphi_i \tag{5}$$

$$P_r(i) = \tau_{r\theta}(i) = \tau_{rz}(i) = 0 \tag{6}$$

φ_i 为三组应变花所粘贴的角度，本次测试探头三组应变花所粘贴的角度分别为 0、π/2、7π/6。

对于单个应变花，应变量为

$$\varepsilon_a = \varepsilon_\theta \cos^2\alpha + \varepsilon_z \sin^2\alpha + \gamma_{\theta z}\sin\alpha\cos\alpha \tag{7}$$

ε 为应变花中应变计的角度，一般一组应变花由 3 个应变计组成，各应变计对应的应变分量为 ε_a、ε_b、ε_c。

本次测试探头上的应变花中各应变计的角度分别为 0、π/4、π/2。

根据平面问题的物理方程，可知孔壁处各应变计应力与应变的关系

$$\varepsilon_a(i) = \frac{1}{E}\{[P_\theta(i) - \mu P_z(i)]\cos^2 a + [P_z(i) - \mu P_\theta(i)]\sin^2 a\} + \frac{2(1+\mu)}{E}\tau_{\theta z}(i)\sin a\cos a \tag{8}$$

将上式联立，可得各应变量与岩体应力分量的关系

$$\{\varepsilon\} = \frac{1}{E}[\boldsymbol{A}]\{\sigma\} \tag{9}$$

式中：$[\boldsymbol{A}]$——系数矩阵。

用最小二乘法对测量方程进行优化处理，求得初始应力$\{\sigma\}$，进而通过解特征方程，求得各主应力的大小和方向。

在方程组中，有两个岩石力学参数(E,μ)需要现场测定。本次测试采用对已成功进行应力解除的试件再施加一均匀的径向压力 P，即

$$\sigma_x = \sigma_y = P \tag{10}$$

其余分量均为零，则

$$P_\theta(i) = 2P \tag{11}$$

$$\varepsilon_a(i) = \frac{2P}{E} \tag{12}$$

$$\varepsilon_b(i) = -\frac{2\mu}{E}P \tag{13}$$

对试件施加径向压力 P，可以从每组应变花得到一组 $\varepsilon_a(i)$、$\varepsilon_b(i)$，由于对称，其值不随 i 发生变化。通过从低应力到高应力做多次试验，用线性回归得出应力—应变曲线，即可得出 E、μ 值。该种方法是对同一试件先测定原始地应力释放后的应变，后测定力学参数，针对性极强。

5.2 测量仪器

本次地应力测量采用的仪器为中科院武汉岩土所研制，它是在孔壁应变法的基础上发展起来的，特

别适用于软岩和破碎岩体，并能在一个钻孔中实现全应力测量。它由空心包体式孔壁应变计、定位器、力学参数测定仪组成，该仪器的结构和功能如下：

（1）空心包体式孔壁应变计

空心包体式孔壁应变计的结构如图 7 所示。它由密封插座、电阻补偿片、空心带洞圆筒和活塞组成。在空心带洞筒上粘贴 3 组应变花，各应变花的角度分别为 0、π/2、7π/6，每组应变花贴 3 个应变计，各应变计的角度分别为 0、π/4、π/2，空心带洞圆筒中预先装满环氧树脂。

（2）定位器

定位器位于空心包体式孔壁应变计与钻杆之间，采用重力原理，能够保证对 3 组应变花的空间定位。

（3）力学参数测定仪

力学参数测定仪结构如图 8 所示，它由密封圈、压力腔和一个外接油泵组成。压力腔中的压力由外接油泵提供，并通过压力腔内侧的橡胶膜向试件传递均匀径向压力，利用空心孔壁应变计测量该径向压力下的应变。

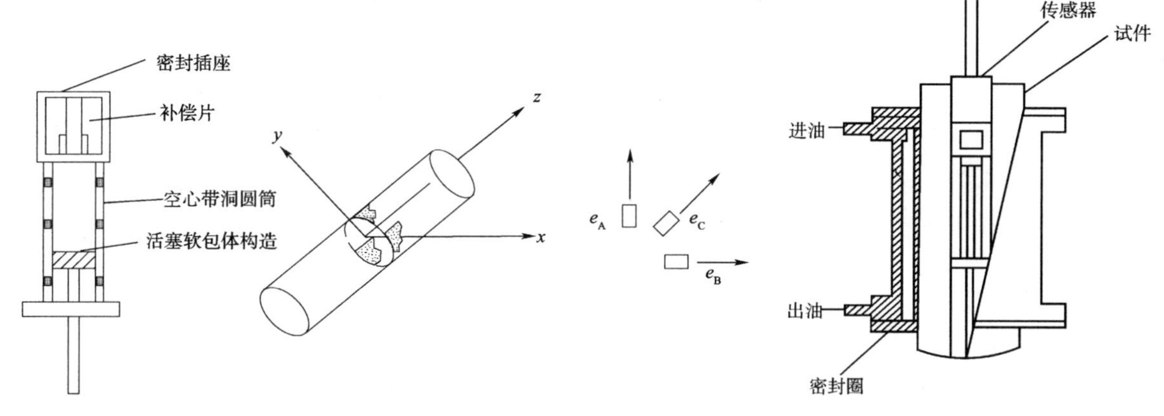

图 7　软包体孔壁应变计结构图

图 8　力学参数测定仪

5.3　测量程序

（1）在测量地点施工水平钻孔，钻孔孔径不小于 100mm，直到钻至需测量的深度。

（2）用小直径钻头打超前小导孔。

（3）将传感器探头放入超前小导孔中，并用定位器定位。

（4）推动活塞，将圆筒中预先装满的环氧树脂挤出，将应变花粘贴在围岩上。

（5）用取芯钻头将传感器和一部分围岩一并钻出，释放原始地应力。

（6）测量应力释放后的应变值。

（7）用力学参数测定仪测量岩石的 E、μ 值。

（8）重复上述试验全过程，可在新的深度上再测量一组数据，其操作过程如图 9 所示。

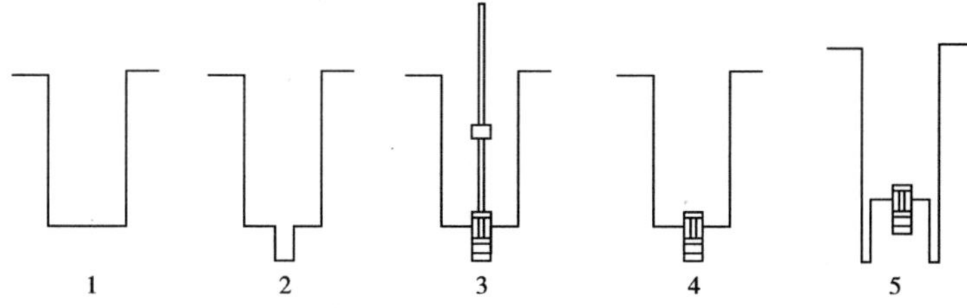

图 9　软包体法操作过程示意图

5.4　测量结果

本次地应力测量在平导 PDK1＋850 处共打 3 个水平钻孔，进行了 15 次全过程循环试验，取得了 3 次试验全过程的完整资料，对所得数据进行统计、分析，得出家竹箐隧道的地应力状态（表 4）。

家竹箐隧道地应力状态　　表4

主应力(MPa)	方位角	倾　角	隧道轴线上的分量(MPa)
19.62	N75.8°E	26.7°	$\sigma_x=8.34$
7.88	S5.1°E	17.6°	$\sigma_y=16.09$
5.48	S66.4°E	−57.6°	$\sigma_z=8.57$

注:倾角以仰角为正,俯角为负。σ_x、σ_y、σ_z 分别为隧道轴线方向、垂直隧道轴线的水平方向、铅直方向的应力分量。隧道轴线方位角为 N22°W。

从实测数据可以看出,地应力以水平应力为主,方向为 NE 向,与隧道大角度相交,且为垂直应力的2倍,即构造应力较为明显。

6　结语

(1)家竹箐隧道是铁二院首次较系统地按照瓦斯地质工作的要求,开展地质勘察的第一条铁路长大瓦斯隧道。由于勘察期间掌握了充分的资料,提供了内容丰富、可靠的地质勘察报告和具有一定指导性的设计文件,从而为顺利施工和安全地通过高瓦斯、有突出危险的煤层和高地应力地段创造了有利条件,也为进一步开展瓦斯地质工作,积累了宝贵的经验。

(2)受铁路隧道勘察设计阶段、流程和条件的限制,铁路瓦斯隧道地质工作,不可能像井田勘察那样大规模地投入,尤其是有关瓦斯参数、突出危险性评价很难在勘察期间开展井下测试。因此,铁路瓦斯隧道施工期间的瓦斯地质工作显得特别重要。瓦斯参数、突出危险性的有关指标的实测,特别是掌子面的煤层预探和煤与瓦斯突出危险的预测、预报,均应作为施工的必须内容。

(3)深埋隧道地应力所引起的软岩(煤系地层)大变形,在西南山区铁路建设中尚属首例(成昆铁路施工中,几座长大深埋隧道发生过岩爆)。目前,铁路规范对地应力引起的隧道围岩变形,尚无明确要求和规定。通过家竹箐隧道的科研项目和工程实践,对此问题进行了专题研究,对其形成条件和预测、评价方法以及防止措施进行了深入的研究,初步形成了一系列行之有效的整治措施。

(4)隧道岩溶涌水,是至今仍困扰勘察设计和施工的主要问题之一。尽管有各种预测计算方法,但由于岩溶发育的隐蔽性和不均匀性,使这些方法不同程度地受到限制。家竹箐隧道虽然采用了地下水动力学法、比拟法以及均衡法等方法估算可溶岩地段的涌水量,但预测水量偏小且与实际出入较大。这是由于隧道施工切断了地下暗河,导致暗河水涌入隧道。如何在勘察阶段弄清岩溶涌水量,特别是暗河对隧道工程的影响,作出可靠的定量评价,仍是值得研究的重要课题。

福厦铁路以凝灰岩作路基填料的地质问题

蒲增刚

（中铁二院工程集团有限责任公司成都公司）

摘　要　福厦铁路是我国沿海铁路客运通道的重要组成部分，设计速度 200km/h。部分线路通过凝灰岩地段，由于凝灰岩差异风化严重，强风化层岩质软、遇水易软化崩解、手捏易碎成粉末状的特性，造成部分地段以凝灰岩风化层作为填料不能满足相关规范要求，出现了较大变更。通过总结铁路经过凝灰岩地段填料不合格的经验教训，可使今后的勘察设计避免出现类似的问题。

关键词　福厦铁路；凝灰岩；路基填料；地质问题

Geological Problem of Tuff Filling for Subgrade on Fujian-Xiamen Railway

Pu Zenggang

(Chengdu Survey, Design and Research Institute of CREEC)

Abstract　Fujian-Xiamen Railway, with a design speed of 200km/h, is an important part of coastal railway passenger transportation corridor in China. Some railway sections pass by the tuff section. As the tuff is characterized by the seriously weathering, the soft litholgy in strong weathered layer, soften and disintegrate when meeting water, and frangibility like powder in hand. Hence in some of sections the stuff weathered layer is used as filling. This cannot meet the requirements of relevant specification, so must be given a great alteration. We must learn from the past and avoid the similar problems in survey and design in future.

Key words　Fujian-Xiamen Railway; tuff; subgrade filling; geological problem

1　引言

福厦铁路北起福建省省会福州市，经福清市、莆田市、惠安县、泉州市、晋江市，至厦门市。本线北接既有电气化铁路外（洋）福（州）线和已开工的温（州）福（州）线，南连既有电气化铁路鹰（潭）厦（门）线，并与规划中的厦（门）深（圳）、龙（岩）厦（门）线相衔接，是未来我国铁路客运专线通道的重要组成部分。福厦铁路设计速度 200km/h，预留 250km/h 条件，为有砟铁路。线路全长 265.728km，正线路基长 116.92km，占线路总长的 47.7%。凝灰岩地层分布于 D1K54＋050～DK76＋644 和 D1K113＋720～DK130＋000 段，全长 38.874km，占线路总长的 14.6%，占正线路基长的 33.2%。凝灰岩地层路基填料不合格的主要有三段，分别为 DK61＋150～DK61＋800、DK69＋120.14～DK76＋644 和 DIK120＋552～DIK122＋989.889。

本线凝灰岩为侏罗系上统南园组二段（J_3n^b）及三段（J_3n^c）地层，颜色较杂，呈灰白、灰黄、灰色、褐黄、浅褐、褐红、紫红等色，全风化带（W4）厚 16～30m，强风化带（W3）一般厚 4～15m，风化不均匀，分布无规律性。

2　现场核对情况

（1）DK61＋150～DK61＋800 段

作者简介：蒲增刚（1968—　），男，高级工程师，中铁二院工程集团有限责任公司成都公司副总工程师。

从开挖揭示情况看，除第一级平台以上部分为凝灰熔岩强风化（W3）外，向下路堑开挖揭示均为凝灰岩强风化层（W3）和全风化层（W4），局部存在弱风化凝灰岩（W2），差异风化严重，风化极不均匀，强风化（W3）、全风化（W4）岩层混杂，无规律性。全风化（W4）呈粉土状，局部由于地下水浸泡成软塑状；强风化（W3），褐红、灰黄、灰黑等色，风化后色杂，岩质软、手捏易碎成粉末状，遇水易软化崩解。

（2）DK69＋120.14～DK76＋644 段

从开挖揭示情况看，牛尾山隧道出口端长约 70m 为凝灰岩强风化（W3）；蒜岭隧道进口端长约 200m 为凝灰岩强风化（W3）；DK75＋000～DK75＋360 段路堑开挖基本达到路基面，为凝灰岩强风化层（W3）和全风化层（W4）。全段差异风化严重，风化极不均匀，强风化（W3）、全风化（W4）岩层混杂，见图 1。全风化（W4）呈粉土状；强风化（W3），褐红、灰黄、灰黑等色，风化后色杂，岩质软、手捏易碎成粉末状，易崩解。

图 1　DK75＋000～DK75＋360 路堑岩层开挖情况

（3）DIK120＋552.00～DIK120＋755.00 段

路堑在挖除表层覆盖粉质黏土层 0～2m 后，利用其下全风化凝灰岩（W4）作为填筑，向下开挖揭示，路堑所在山体前后 100m 范围及线路右侧，以全风化层凝灰岩（W4）为主，局部为凝灰岩强风化层（W3），差异风化严重，风化极不均匀。大部分全风化凝灰岩（W4）呈灰黄、灰白色粉土状，遇水后易软化呈软塑状。仅大里程端的部分挖方强风化层（W3）较为明显（同样与全风化 W4 混杂），可作为合格路基填料使用。

（4）DIK120＋912.00～DIK121＋135.00 段

路堑在挖除表层覆盖粉质黏土层 0～2m 后，往下路堑开挖揭示，路堑所在山体前后 100m 范围大里程端坡面及线路右侧均为全风化层凝灰岩（W4），风化程度极为严重，呈灰白色粉土状，遇水即可变成软塑状，局部含有部分强风化凝灰岩（W3），呈褐红、灰黄、灰黑等色，风化后色杂，岩质软、手捏易碎成粉末状，遇水易软化崩解。山体小里程端、大里程端左侧 15m 处，强风化层凝灰岩（W3）较为明显，可作为合格路基填料使用。

（5）DIK121＋270.00～DIK121＋577.00 段

路堑在挖除表层覆盖粉质黏土层 0～2m 后，往下开挖揭示（山体中心至大里程端范围及线路右侧），为全风化层凝灰岩（W4），差异风化严重，风化极不均匀，大部分全风化凝灰岩（W4）呈灰白色粉土状，遇水即可变成软塑状。仅山体小里程端坡面部分挖方全风化程度较轻，可作为合格路基填料使用。

3　施工图设计情况

（1）DK61＋150～DK61＋800 段

路堑挖方及扩大挖方共计挖Ⅲ、Ⅳ、Ⅴ类土石方 375515m^3，挖方中弃掉 123225m^3，实际利用 252290m³。

(2)DK69＋120.14～DK76＋644 段

此段共需要填料 58.8 万 m³，其中基床底层 A、B 组填料 14.265 万 m³，不易风化块石 30.01 万 m³，其他本体填料 14.508 万 m³。

土石方利用情况：路堑挖方Ⅲ、Ⅳ、Ⅴ类土共计 300333m³；牛尾山隧道弃渣 89702m³、蒜岭隧道进口弃渣 215189m³。共计 605224m³。

(3)DIK120＋552～DIK122＋989.889 段

此段共需要基床底层 A、B 组填料 25795m³，路基本体填料 153781m³。设计利用 DIK120＋600、DIK121＋000、DIK121＋400 三段路堑挖方作为填料。该三段施工图路堑挖方情况为：

①DIK120＋552.00～DIK120＋755.00 段，长 203m，路堑边坡最大高度 13m，挖方Ⅲ类土 65920m³，属 C 组填料。

②DIK120＋912.00～DIK121＋135.00 段，长 223m，路堑边坡最大高度 20m，挖方Ⅲ、Ⅳ、Ⅴ类土，共计 71508m³，分属 C、B、A 组填料。

③DIK121＋270.00～DIK121＋577.00 段，长 307m，路堑边坡最大高度 16m，挖方Ⅲ、Ⅳ类共计 44505m³，分属 C、B 组填料。

4 施工试验段检测情况

(1)DK61＋150～DK61＋800 段

施工单位根据施工图设计利用挖方凝灰岩强风化 W3 作为填料进行填筑试验，试验段的压实检测情况见表 1。

DK61＋150～DK61＋800 段路基压实质量检测表　　表 1

报告编号	里　　程	填筑部位	层次	检测日期	检测点数	检测结果	K30(孔隙率)检测结果
1	DK63＋380	基床以下路基	第 1 层	07.11.6	左、中、右，3 点	中点合格	31.4、30.6、31.8
2	DK63＋390	基床以下路基	第 1 层	07.11.6	左、中、右，3 点	不合格	33.7、34.5、33.3
3	DK63＋385	基床以下路基	第 2 层	07.11.6	左、中、右，3 点	不合格	36.0、35.6、34.5
4	DK63＋395	基床以下路基	第 2 层	07.11.6	左、中、右，3 点	不合格	34.1、34.5、36.4
5	DK63＋381 左侧 2m	基床以下路基	第 1 层	07.11.6	1 点 K_{30}	不合格	96
6	DK63＋406 中心	基床以下路基	第 1 层	07.11.6	1 点 K_{30}	不合格	97
7	DK63＋390 右侧 2m	基床以下路基	第 1 层	07.11.6	1 点 K_{30}	不合格	89
8	DK63＋400 中心	基床以下路基	第 1 层	07.11.6	1 点 K_{30}	不合格	93
9	DK63＋386 右侧 2m	基床以下路基	第 2 层	07.11.6	1 点 K_{30}	不合格	96
10	DK63＋408 中心	基床以下路基	第 2 层	07.11.6	1 点 K_{30}	不合格	92
11	DK63＋395 右侧 2m	基床以下路基	第 2 层	07.11.6	1 点 K_{30}	不合格	86
12	DK63＋400 中心	基床以下路基	第 2 层	07.11.6	1 点 K_{30}	不合格	86

从填筑试验检测指标看，孔隙率检测结果大都大于 31%，K_{30} 地基系数大于 90MPa/m 的占62.5%，小于 90MPa/m 的占 37.5%，判定为不满足细粒土要求的压实标准。

(2)DK69＋120.14～DK76＋644 段

施工单位根据施工图设计利用挖方凝灰岩全风化层(W4)、强风化层(W3)作为填料进行填筑试验，试验段的压实检测情况见表 2。

DK69＋120.14～DK76＋644 段路基压实质量检测表 表 2

里　　程	填筑部位	层次	检测日期	检测点数	检测结果	K_{30}检测结果
DK74＋580～DK74＋598	基床以下路基	第 1 层	06.10.19	3 点孔隙率	合格	—
DK74＋540～DK74＋598	基床以下路基	第 2 层	06.10.19	4 点孔隙率	合格	—
DK74＋500～DK74＋598	基床以下路基	第 3 层	06.10.19	6 点孔隙率	合格	—
DK74＋500～DK74＋598	基床以下路基	第 3 层	06.10.19	4 点 K_{30}	3 点合格	127,122,116,107
DK74＋440～DK74＋598	基床以下路基	第 4 层	06.10.22	10 点孔隙率	合格	—
DK74＋440～DK74＋598	基床以下路基	第 5 层	06.10.25	10 点孔隙率	合格	—
DK74＋400～DK74＋598	基床以下路基	第 6 层	06.10.27	10 点孔隙率	合格	—
DK74＋400～DK74＋598	基床以下路基	第 6 层	06.10.27	4 点 K_{30}	2 点合格	126,138,107,104
DK74＋380～DK74＋598	基床以下路基	第 7 层	06.10.29	13 点孔隙率	合格	—
DK74＋322～DK74＋598	基床以下路基	第 8 层	06.11.1	17 点孔隙率	合格	—
DK74＋322～DK74＋598	基床以下路基	第 9 层	06.11.3	17 点孔隙率	合格	—
DK74＋322～DK74＋598	基床以下路基	第 9 层	06.11.3	12 点 K_{30}	8 点合格	128,130,119,122,116,118,134,128,108,106,104,108
DK74＋322～DK74＋598	基床以下路基	第 10 层	06.11.6	17 点孔隙率	合格	—
DK74＋322～DK74＋598	基床以下路基	第 11 层	06.11.9	17 点孔隙率	合格	—
DK74＋322～DK74＋598	基床以下路基	第 12 层	06.11.12	17 点孔隙率	合格	—
DK74＋322～DK74＋598	基床以下路基	第 12 层	06.11.12	12 点 K_{30}	9 点合格	128,124,138,118,126,116,120,138,120,107,104,101

从填筑试验检测指标看，少部分测点 K_{30} 地基系数低于 110MPa/m(规范粗粒土控制标准)，但均大于 90MPa/m(规范细粒土控制标准)。

(3)DIK120＋552～DIK122＋989.889 段

施工单位利用挖方凝灰岩全风化层(W4)作为填料进行填筑试验，并进行了压实情况检测，压实检测情况如表 3 所示。

DIK120＋552～DIK122＋989.889 段路基压实质量检测表 表 3

报告编号	里　　程	填筑部位	层次	检测日期	检测点数	检测结果	K30 检测结果
1	DIK121＋220 左侧	基床以下路基	第 19 层	08.1.24	1 点 K_{30}	不合格	51
2	DIK121＋220 中	基床以下路基	第 19 层	08.1.24	1 点 K_{30}	不合格	53
3	DIK121＋240 中	基床以下路基	第 19 层	08.1.24	1 点 K_{30}	不合格	49
4	DIK121＋240 右	基床以下路基	第 19 层	08.1.24	1 点 K_{30}	不合格	51
5	DIK120＋830 左	基床以下路基	第 14 层	08.1.24	1 点 K_{30}	不合格	52
6	DIK120＋830 中	基床以下路基	第 14 层	08.1.24	1 点 K_{30}	不合格	53
7	DIK120＋850 中	基床以下路基	第 14 层	08.1.24	1 点 K_{30}	不合格	49
8	DIK120＋850 右	基床以下路基	第 14 层	08.1.24	1 点 K_{30}	不合格	49

从填筑试验检测指标看，K_{30} 地基系数大于 90MPa/m 的占 0%，小于 90MPa/m 的占 100%，判定为不满足规范细粒土要求的压实标准。

5 填料试验

(1)DK61+150~DK61+800 段

根据施工单位开挖揭示情况及填筑实验结果，设计院再次在 DK61+150~DK61+800 段现场取凝灰岩全风化层(W4)和强风化层(W3)样品进行室内填料试验，试验内容包括击实试验、筛分试验、液塑限试验、自由膨胀率试验等，具体试验数据见表 4。

DK61+150~DK61+800 段全风化凝灰岩填料试验数据表 表 4

送样编号	颗粒大小分析(mm)										液塑限			自由膨胀率	击实试验(重型)		土的分类与定名	填料分组
	漂(卵)石~砾(角砾)						砂粒			粉粒	液限	塑限	塑性指数		最大干密度	最佳含水率		
BT—	60~200	40~60	20~40	10~20	5~10	2~5	0.5~2	0.25~0.5	0.075~0.25	<0.075	W_l	Wp	Ip	δ_{ef}	ρ_{dmax}	w_{op}		
	%	%	%	%	%	%	%	%	%	%	%	%		%	g/cm³	%		
7-1	0	0	0	0	1.2	1.3	1.9	0.6	2.2	92.9	53.9	33.7	20.2	31	1.52	18.5	高液限黏土凝灰岩(W4)	D
7-2	0	0	0	0	0	0.3	0.5	0.6	3.1	95.6	60.7	39.2	21.5	22	1.51	18.1	高液限黏土凝灰岩(W4)	D

强风化凝灰岩(W3)点荷载强度为 2.66MPa，无法进行饱和极限抗压强度实验，为 C 组填料。

根据试验结果，凝灰岩全风化层(W4)填料定名为高液限黏土，为 D 组填料，凝灰岩强风化层(W3)为 C 组填料。从已开挖路堑揭示局部存在弱风化凝灰岩(W2)。

(2)DK69+120.14~DK76+644 段

根据施工单位填筑实验结果，设计院再次在 DK75+000~DK75+360 路堑取样进行室内试验，现场取凝灰岩 W4、W3 作为填料试验，试验内容包括击实试验、筛分试验、液塑限试验、膨胀率试验等，具体试验数据如表 5 所示。

DK75+000~DK75+360 段凝灰岩 W4、W3 填料试验数据表 表 5

颗粒大小分析(mm)										液塑限			自由膨胀率	击实试验(重型)		土的分类与定名	填料分组
漂(卵)石~砾(角砾)						砂粒			粉粒	液限	塑限	塑性指数		最大干密度	最佳含水率		
60~200	40~60	20~40	10~20	5~10	2~5	0.5~2	0.25~0.5	0.075~0.25	<0.075	W_l	Wp	Ip	δ_{ef}	ρ_{dmax}	w_{op}		
%	%	%	%	%	%	%	%	%	%	%	%		%	g/cm³	%		
0	0	0	0	0	2	6.1	6.3	25.1	60.8	29.9	20.9	8.9	12	1.75	12.8	低液限粉土	C

根据试验结果，凝灰岩全风化层及强风化层填料定名为低液限粉土，为 C 组填料。

根据该段附近弱风化凝灰岩(W2)样品室内试验结果，其饱和极限抗压强度大于 15MPa，依据《铁路路基设计规范》填料分组，饱和极限抗压强度大于 15MPa 的不易风化软块石，为 A 组填料。

(3)DIK120+552~DIK122+989.889 段

根据施工单位开挖揭示情况，设计院再次在 DIK120+535.00~DIK121+580.00 路堑取样进行室内试验，现场取样 15 组，全为凝灰岩全风化层(W4)。试验内容包括击实试验、筛分试验、液塑限试验、膨胀率试验等，具体试验数据见表 6。

DIK120＋552～DIK122＋989.889段全风化凝灰岩(W4)填料试验数据表 表6

送样编号	颗粒大小分析(mm)										液塑限			自由膨胀率	击实试验(重型)		土的分类与定名	填料分组
	漂(卵)石～砾(角砾)						砂粒			粉粒	液限	塑限	塑性指数		最大干密度	最佳含水率		
	60～200	40～60	20～40	10～20	5～10	2～5	0.5～2	0.25～0.5	0.075～0.25	＜0.075	W_l	Wp	Ip	δ_{ef}	ρ_{dmax}	w_{op}		
	%	%	%	%	%	%	%	%	%	%	%	%		%	g/cm³	%		
SⅡ-T-1	0	0	0	0	0.6	2.2	2.5	2.0	3.5	89.3	35.3	26.9	8.4	0.0	1.66	14.4	低液限粉土凝灰岩(W4)	C
SⅡ-T-2	0	0	0	0	3.2	1.5	3.9	3.7	10.7	77.1	33.2	25.3	7.9	0.0	1.77	12.6	低液限粉土凝灰岩(W4)	C
SⅡ-T-3	0	0	0	0	1.4	3.2	5.3	3.2	7.4	79.5	34.5	26.7	7.8	4.0	1.67	14.6	低液限粉土凝灰岩(W4)	C
SⅡ-T-4	0	0	0	0	0.2	1.7	3.0	2.1	4.2	88.8	35.2	26.2	9.0	0.0	1.66	13.0	低液限粉土凝灰岩(W4)	C
SⅡ-T-5	0	0	0	0	10.0	12.2	6.8	5.8	12.5	52.8	34.9	25.7	9.2	0.0	1.66	11.3	低液限粉土凝灰岩(W4)	C
SⅡ-T-6	0	0	0	0	20.9	16.7	12.7	4.5	4.1	41.1	26.0	18.1	7.9	5.0	1.99	10.3	低液限粉土凝灰岩(W4)	C
2008—福厦土—1	—	—	—	—	—	—	—	—	3.3	96.7	37.3	24.3	13.0	—	—	—	低液限粉质黏土凝灰岩(W4)	C
2008—福厦土—2	—	—	—	—	—	—	—	—	5.0	95.0	37.0	21.8	15.2	—	—	—	低液限粉质黏土凝灰岩(W4)	C
2008—福厦土—3	—	—	—	—	—	—	—	—	8.3	91.7	40.5	20.9	19.6	2	—	—	高液限黏土凝灰岩(W4)	D
2008—福厦土—4	—	—	—	—	—	—	2.3	0.7	9.0	87.3	36.0	25.6	10.4	8	—	—	低液限粉质黏土凝灰岩(W4)	C
2008—福厦土—5	—	—	—	—	—	—	11.4	1.3	6.3	76.7	31.1	18.5	12.6	16	—	—	低液限粉质黏土凝灰岩(W4)	C
2008—福厦土—6	—	—	—	—	—	—	9.0	2.6	10.7	75.0	37.2	24.3	12.9	13	—	—	低液限粉质黏土凝灰岩(W4)	C
2008—福厦土—7	—	—	—	—		—	2.7	0.6	2.7	93.9	39.2	25.8	13.4	7	—	—	低液限粉质黏土凝灰岩(W4)	C
2008—福厦土—8	—	—	—	—	—	—		0.3	1.0	98.7	50.8	30.7	20.1	2	—	—	高液限黏土凝灰岩(W4)	D
2008—福厦土—9	—	—	—	—	—	—	13.6	4.7	15.7	65.3	29.3	18.8	10.5	11	—	—	低液限粉质黏土凝灰岩(W4)	C

根据试验结果，6组样品定名为低液限粉土，7组样品定名为低液限粉质黏土(CL)，均为C组填料；2组样品定名为高液限黏土(CH)，为D组填料。

6 变更原因

(1)DK61＋150～DK61＋800段

该段岩性变化大，凝灰岩差异风化严重，且风化极不均匀，强风化（W3）、全风化（W4）岩层混杂，无规律性。根据土工试验指标判定，全风化层（W4）属高液限粉土，填料分组为D组。强风化层（W3）遇水易软化崩解，岩质软、手捏易碎成粉末状。在进行开挖施工后，部分强风化凝灰岩（W3）崩解为粉土，对块状强风化凝灰岩（W3）取样做填料试验，碾压后也变成粉土。通过填筑试验，凝灰岩全风化层（W4）及强风化层（W3）不能满足填筑的压实标准，不能用作路基填料。该段路堑挖方原设计利用Ⅲ、Ⅳ、Ⅴ类土共252290m^3，实际仅有表层少量开挖石方可以用作路堤填料，还需外借填料232290m^3。

（2）DK69＋120.14～DK76＋644段

通过外业地质调查结合地质钻探，判定该段凝灰岩强风化层（W3）可作为B组填料。但施工开挖后揭示凝灰岩差异风化严重，且风化极不均匀，强风化（W3）、全风化（W4）岩层混杂，且施工难以分开。经取样试验，其混合物属低液限粉土，填料分组为C组。原施工图设计利用挖方凝灰岩强风化层（W3）及隧道弃渣作为B组填料，由于凝灰岩强风化（W3）难以分离，且强风化层（W3）、全风化层（W4）混合物填料为C组，以及弱风化凝灰岩（W2）数量减少，造成基床底层填料和路堤浸水部分填料欠缺。根据现场核对情况和试验资料，凝灰岩挖方段强风化层（W3）及隧道弃渣强风化层（W3）不能用作浸水路基填筑。根据隧道开挖揭示和既有勘探资料，牛尾山出口段约70m和蒜岭隧道进口段约200m（含明洞180m）弃渣以及DK75＋000～DK75＋360段路堑挖方均不能用于浸水路堤填筑。因此，可用作浸水路基的填料弱风化凝灰岩（W2）隧道弃渣剩余数量仅223860m^3，较设计要求的浸水路基的填料300100 m^3少76240m^3。因此，需要外借符合浸水要求的填料76240m^3。

（3）DIK121＋900～DIK122＋989.889段

该段路堤利用前三段挖方路堑弃渣填筑，三段挖方路堑长733m，通过外业地质调查结合地质钻探，判定该三段凝灰岩全风化层（W4）为C组填料，可用作路基填筑。但施工开挖后揭示凝灰岩差异风化严重，且风化极不均匀，强风化（W3）、全风化（W4）岩层混杂，全风化层（W4）呈粉土状，遇水即可变成软塑状。经再次取样试验，属低液限粉土、低液限粉质黏土、高液限黏土，填料分组为C组、D组。通过填筑试验，凝灰岩全风化层（W4）不能满足填筑的压实标准，不能用作路基填料。由于该段路堑挖方设计利用方Ⅲ、Ⅳ、Ⅴ类土共181933m^3，其中Ⅲ类C组填料151632m^3不能用作填料；灵川隧道出渣设计利用方共30289m^3，其中灵川隧道出渣不可利用方为22965m^3，造成DIK121＋900～DIK122＋989.90段路堤欠缺填料174597m^3，需外借填料174597m^3。

7 结语

福厦铁路经过凝灰岩地段，以路堑挖方作为路堤填料时，由于大部分路基填料不合格而引起Ⅰ类变更的教训，值得认真总结，在以后勘察设计中应引起高度重视，避免出现同样的问题。

（1）由于福厦铁路凝灰岩地层差异风化极严重，强风化（W3）、全风化（W4）岩层混杂，分布极不均匀，无规律性，强风化层（W3）岩质软、手捏易碎成粉末状，遇水易软化崩解，利用凝灰岩风化层作为路基填料时，应慎之又慎。

（2）凝灰岩全风化层及强风化层仅可作为D组填料，若需采用更高级别填料，则应考虑其他合格路基填料料源。

（3）选用凝灰岩全、强风化层作为填料时，应加大样品试验力度，必须有充足的试验数据作为支撑。有条件时，可选点进行填方压实试验，以检测填料及压实质量。

（4）铁路经过凝灰岩地层时，因其风化的不均匀性，致使人工开挖边坡的自稳能力甚低，故宜尽量以浅挖路堑通过，以减少隐患，避免出现大量边坡支挡防护工程。

路基工程

八渡车站滑坡研究

李海光[1]　唐民德[2]

（1. 中铁二院工程集团有限责任公司公司办；2. 中铁二院工程集团有限责任公司离退休办）

摘　要　八渡车站滑坡是南宁至昆明铁路建设中关键工程，也是目前铁路建设中规模最大的滑坡整治工点。本文介绍了滑坡的环境地质条件、类型、性质，滑坡形成机制及古滑坡复活原因，滑坡稳定性分析及其整治工程措施。

关键词　滑坡；形成机理；复活；整治

On Landslide at Badu Railway Station

Li Haiguang[1]　Tang Minde[2]

（1. Administration Office of CREEC；2. Retirees Management Center of CREEC）

Abstract　The revival of landslide at Badu Railway Station was a pivotal project on Nanning-Kunming railway, and also the largest landslide renovation works of all the railway construction nationwide. The paper describes the causes that led to the landslide in respects of its environmental and geological conditions, sort, nature, formation mechanism and how it made the ancient slide revived. It also presents analysis on slide stability and measures for renovation.

Key words　landslide; formation mechanism; reviviscence; renovation

1　引言

八渡车站滑坡是南宁至昆明铁路建设的关键工程，也是目前铁路建设中规模最大的滑坡整治工点，当年曾一度成为南昆铁路铺轨通车的拦路虎，见图1。

图1　八渡车站

八渡车站位于黔、桂两省（区）界河—南盘江北（左）岸贵州省册亨县乃言乡。车站线路先后穿过9

作者简介：李海光（1964—　），男，教授级高级工程师，中铁二院工程集团有限责任公司副总工程师。

个向江边突出的山头，其中 2 号、3 号、4 号 3 个山头地貌与前后其他山头迥异，即八渡车站滑坡。滑坡地貌特征及周界较清晰，平面上呈一簸箕形，后缘为弧圈椅状，宽约 360m，滑壁顶高程 550～560m；两侧边界分别为 1 号、2 号山头和 4 号、5 号山头间的自然沟；前缘呈宽 540m 的弧形舌状，伸入并压缩南盘江。古滑坡主轴长 560m，详见图 2。

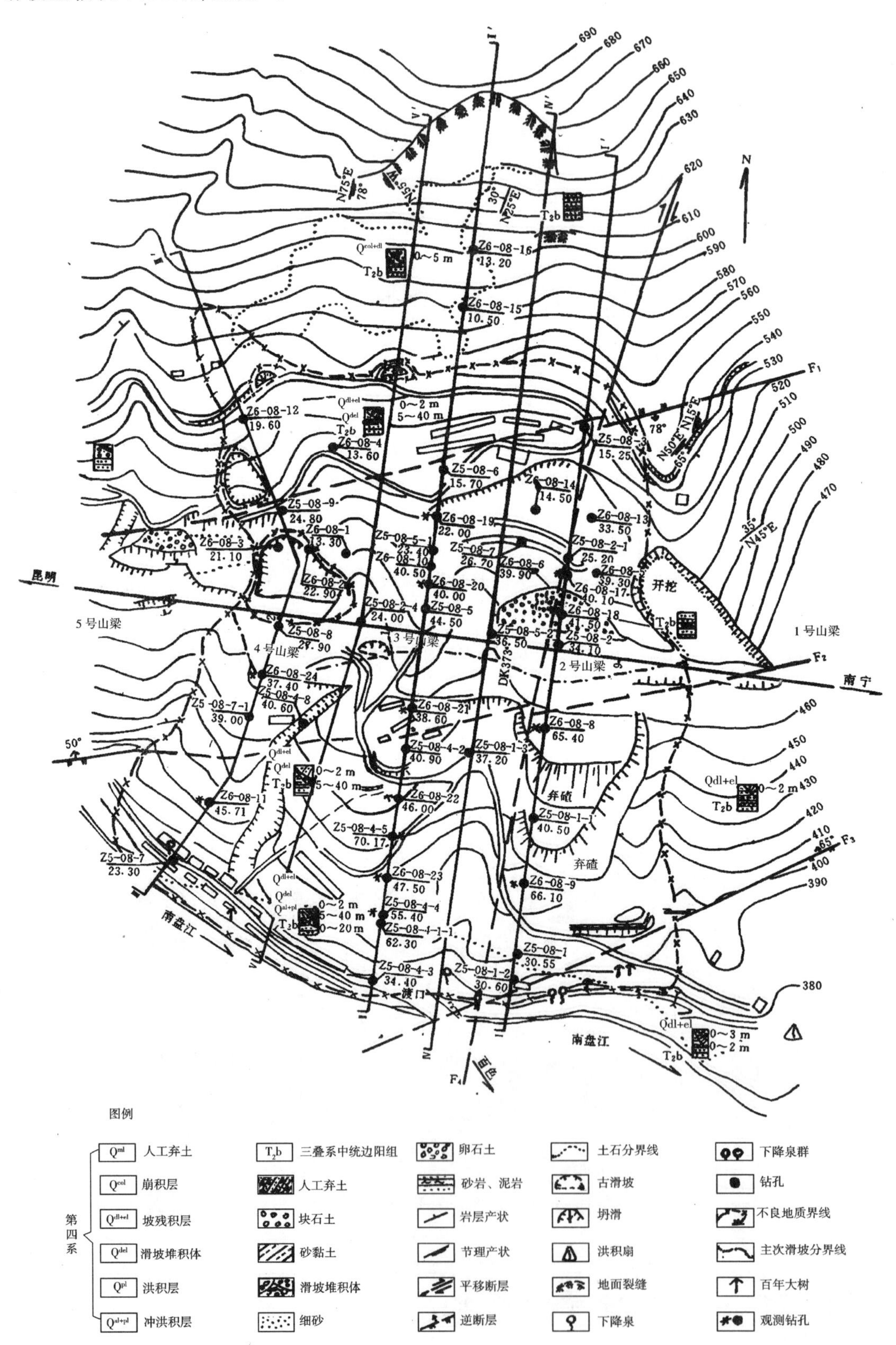

图 2　八渡滑坡地质平面图

2 滑坡环境地质条件

八渡车站地区属亚热带东南季风区，多年最低气温－2.8～0.5℃，最高气温37.7～40℃，多年平均降水量1131.63～1217.17mm，5～8月为雨季，降水量756.53～893.47mm。

测区内大部分坡面覆土薄，横坡大，降水主要转化为表水泄于南盘江。八渡2号、3号、4号山头滑坡堆积层，后缘部以砂黏土为主，坡面陡，排泄条件好，地下水不发育；滑坡中部和前部横坡变缓且有平台，以碎石、块石、角砾土居多，利于表水下渗，故孔隙潜水稍丰。滑坡前缘部分地下水以泉群形式溢出，流量0.02～0.1L/s，终年不干。地表水、地下水均无侵蚀性。

测区出露三叠系中统边阳组（T_2b）地层，以碎屑岩为主，上部夹多层1～4m厚的石灰岩，底部有厚13～50m的薄层灰岩、泥质灰岩。八渡车站一带主要为浅灰色、灰色中厚层状钙质、硅质石英砂岩夹中薄层灰黄色、灰绿色泥岩、页岩及黑灰色钙质泥岩。新鲜砂岩质坚性脆，风化颇重带岩石呈块状，层面或节理面呈灰黄色或褐黄色；风化严重带呈褐色碎石状；风化极严重带呈黄色、黄褐色黏砂土夹角砾状。泥岩、页岩质软，其风化颇重带呈黄色、褐黄色；风化严重带呈黄褐色碎石、角砾状；风化极严重带呈棕红色砂黏土。

上覆第四系，沟槽中为冲洪积（Q^{al+pl}）层，主要为漂卵石、块石层，灰黄色，砂岩质，松散、饱和；南盘江中为冲洪积（Q^{al}）卵石夹漂石，层厚0～30m；坡面以坡残积（Q^{dl+el}）为主，砂黏土，棕黄色，可塑～半干硬，局部为崩坡积（Q^{cd+dl}）碎块石土，层厚一般为0～5m。

测区属燕山期形成的隆林东西向构造带。在测区内，则表现为以近东西向的八渡背斜、委力向斜为一级构造并伴生有复式褶皱及走向断层的紧密线状褶皱带，具体又可分为八渡渡口及八渡4号桥两个应力相对集中区。两应力集中区大致在线路DK373＋600～＋900地带，呈现出交叉过渡性质。断层带内见三条走向逆断层（F_1、F_2、F_3），一条压扭性（平移）断层（F_4），F_2、F_3断层显示出了构造应力中心的特点，整个带内的岩体有不同程度的动力变质现象。紧密线状复式褶皱带由一系列褶皱组成，岩层走向约N70°E～EW向。

3 滑坡勘测

勘察期间，由于工期紧迫，本段地质工作深细度不够，加之现场地质人员经验不足，未提出滑坡问题。1994年8月，4号山头路堑边坡开挖，发生局部坍滑，于同年下达任务，对该段山体按滑坡开展复查。但因钻孔孔位、深度布置不当，此次复查未达预期目的。随着施工进展和对该段地质条件认识的深化，又于1995年12月至1996年6月，分两阶段对2号、3号、4号3个山头所在范围，采用综合勘探技术进行了全面复查。施工阶段对八渡车站滑坡进行的复查补勘中，开展了多种手段、方法相结合的地质综合勘探：采用航片判释，从宏观上判定区域地质构造背景、地层分布特征、地貌轮廓及古滑坡整体形态特征；在此基础上进行不同比例尺的地质调绘；物探采用浅层地震反射波法和电测深两种方法；滑坡复查补勘中完成31孔1025.92m，平均孔深33.1m，均钻入滑床以下较完整基岩中。1997年雨季的滑坡整治补勘中，又结合整治工程的具体布置和在原钻孔孔距较大处，补钻17孔603.3m。试验：水样14组，滑体石样9组，滑带土样9组，基岩石样16组；钻孔提水试验7孔11个落程；弱透水层渗透系数快速测定17次；同时，建立并开展简易气象观测及滑坡位移的地面观测和钻孔深部监测。

4 滑坡类型、性质

滑坡平面呈簸箕形，后缘呈弧形圈椅状，宽约360m，滑壁顶高程550～560m，前缘呈弧形舌状，宽540m，挤压并伸入南盘江（江水水位高程368～380m），压缩河床最宽约80m。前后缘高差约190m。滑坡主轴长560m，轴向S10°～20°W，滑体体积约420万m^3。

滑坡分主、次两级。主体滑坡长310～340m，宽350～540m，滑体厚20～40m，滑体体积约290万m^3；次级滑坡长约200m，宽380m，滑体厚10～20m，滑体体积约130万m^3。次级滑坡前缘位于车站堑顶以上高程约470m一带，覆压于主体滑坡之上。

滑坡表层为砂黏土夹碎石、角砾及块石，浅黄、棕黄、褐黄色，半干硬～可塑，局部软塑～流塑，层厚10m左右。其下为滑动过的岩块，呈碎块石土状，灰褐、黄褐色，密实、潮湿。碎块石以砂岩质为主，所夹泥质则为泥、页岩风化产物。滑坡物质具有不连续的成层性，产状多变、紊乱，但多倾山(北)，层厚10～30m。

滑动带多为砂黏土，灰绿色，软塑～流塑状，含次棱角状碎石、角砾，层厚0.3～3m。部分地段，滑动带底部有经牵动而呈次棱角状的碎块石，砂、泥岩质，风化颇重～严重，层厚1～3m。

滑床由风化轻微或颇重的钙质、硅质石英砂岩夹泥、页岩组成，浅灰、青灰色，岩心多呈长柱形。断层带附近岩体动力变质明显，破碎，风化颇重，岩心多呈碎块状，短柱状。

综上所述，八渡车站滑坡为一分级滑动的深层巨型切层古滑坡。古滑坡分主、次两级，次级滑坡系主体滑坡形成后，受其牵引，在其后部又一次形成滑坡。

5 滑坡形成机制及古滑坡复活原因

5.1 滑坡形成机制

(1)八渡车站2号、3号、4号山头位于测区内构造应力最强烈的地带，存在一组近EW向的压性结构面和一组近SN向的张性结构面。岩体受前一组结构面切割，具备了切层滑动的条件；而后一组结构面则控制了滑坡的东西侧边界。

(2)滑坡范围内基岩为砂岩夹泥、页岩。岩体在SN向主压应力和后期的旋扭作用下，形成一系列复式褶曲，造成岩体松弛而破碎。

(3)测区属构造强烈上升区，南盘江急剧下切，斜坡面冲沟发育，形成不利于稳定的坡陡沟深的地形。堆积层、破碎基岩和构造破碎带中汇聚的地下水向南盘江排泄时，既降低岩(土)体强度，又增加岩(土)体重量。

(4)测区内，南盘江两岸先后分布有3个古洪积扇，按上下游顺序，称其为“上扇”(左岸)、“中扇”(右岸)和“下扇”(左岸)。3处古洪积扇与此段河床的岩性、构造组合，形成此段江水特定的水动力条件，为水流在“上扇”至“中扇”段蓄存的势能，在“中扇”至“下扇”段充分地转化为动能提供了保证条件，释能的江水急剧冲刷左岸，河曲作用导致河道北移，左岸相应地段岸坡遭长期冲刷，遂临空失稳。

5.2 古滑坡复活原因

(1)古滑坡复活的主要原因是降雨。1997年雨季自5月开始，7月达到最大。7月降雨27d，降雨量482.4mm，为80年一遇的最大月降雨量。当年仅5～9月中旬，总降雨量达1416.4mm，已超过多年平均年降雨量。连续而又集中的降雨渗入滑坡体中，既恶化滑坡的岩土性质，又产生较大动水压力，导致古滑坡复活。据滑坡地面观测和钻孔深部位移监测资料分析，滑坡位移量与降雨关系十分密切，且反应灵敏，一般雨后5～7d位移量明显增加。

(2)洪水也是古滑坡复活的重要因素。伴随连续、集中的降雨，南盘江水位上涨，最高水位378m，持续达1个多月，为27年中，淹没滑坡前缘时间最久的一次。洪水冲刷、掏蚀前缘，造成前缘岸坡失稳，进而牵引滑坡中下部产生蠕动，引起地面开裂。

(3)车站动工4年，严重改变了原有自然环境，天然植被破坏殆尽，山坡坡面零乱不平，原建排水系统，后期施工又遭破坏，大量弃土堆置滑坡中下部，车站站坪外侧已形成村舍、集市，生活、施工用水渗入地下。这一切人为活动，对古滑坡稳定性产生极为不利的影响，是古滑坡复活的重要人为因素。

6 滑坡稳定性分析

6.1 施工前的稳定性评价与检算分析

滑坡形成年代已甚久远，且上百年未复活过。滑坡前缘，抗日战争时期修建的盘百公路，虽边坡曾有坍塌，但从未因滑坡活动而断道。铁路动工前，较长时期以来，滑坡范围内，虽局部曾有变形，但古滑

坡整体一直是稳定的。分别对3个山头的滑坡轴向断面进行稳定性检算，检算结果表明：施工前，主体滑坡各山头稳定系数 $K=1.07\sim1.08$；次级滑坡稳定系数 $K=1.15\sim1.40$。说明古滑坡整体都是稳定的。

6.2 铁路施工对滑坡稳定性的影响

线路以挖方通过滑坡中偏上部，未切穿主滑面。对主体滑坡而言，线路减载通过其上部，有利于滑坡稳定；但对次级滑坡，减载则又系在其前缘，故铁路动工后，3个山头路堑边坡或相应挡护工程，均发生不同程度的变形，尤以2号山头为甚。根据检算分析，施工后至1997年雨季前，主体滑坡仍是稳定的，主体滑坡稳定系数 K 为 $1.08\sim1.10$；但次级滑坡的2号山头及4号山头稳定系数 K 为0.93和0.85，已局部失稳。

6.3 1997年雨季滑坡稳定性评价及发展趋势预测

1997年7月以后，主体滑坡中、下部，地面相继出现多条张拉裂缝，贯通最长者达120m，裂缝最宽50mm，前缘民房开裂，公路下错断道；设于滑坡中、下部的5个深部位移监测钻孔中，测得深36～37m处的最大累积位移量达52.83mm。线路右侧次级滑坡范围内的2号山头路堑边坡及相应的挡护工程（包括部分抗滑桩、预加固桩及护坡）歪斜或外鼓错裂，护墙顶地面出现长约百米的弧形贯通裂缝，3号、4号山头护坡、护墙及天沟亦有局部开裂、下沉。

上述情况说明，雨季后八渡车站滑坡业已复活。主体滑坡处于蠕动加剧阶段，但整体滑动尚未产生；次级滑坡前缘已产生滑动，尤其是2号山头滑动日趋剧烈。鉴于滑坡位移量变化与降雨关系密切，反应灵敏，一旦再有连续、集中降雨，将引起古滑坡由下而上整体滑动的危险。

6.4 主滑坡稳定性分析

根据主滑坡变形特征，分析可能的滑面有4个，见图3。

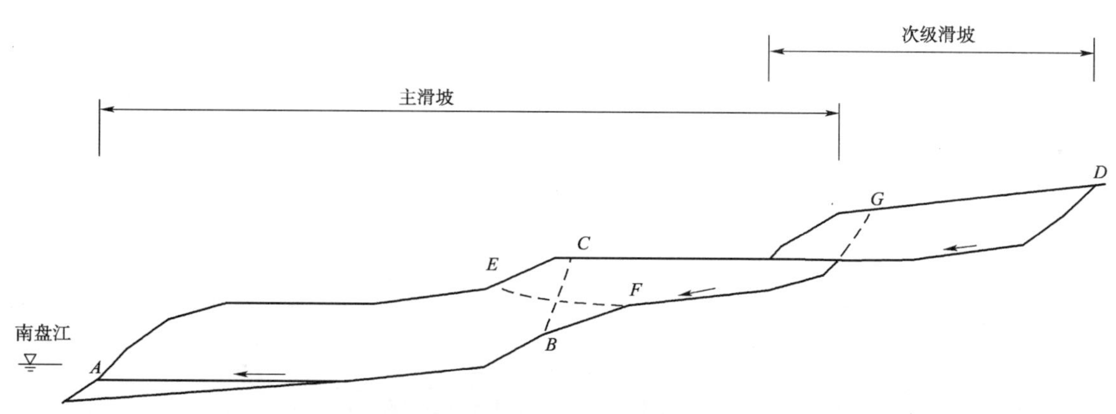

图3 八渡车站滑坡稳定分析示意图

(1)以中线左侧65m裂缝为后缘，滑面 ABC，形成下部滑坡。

(2)下部滑动牵引中部滑动，滑坡后缘在侧沟处，滑面为 ABG。

(3)ABD 滑面连成后为主滑坡。

(4)中后部滑坡自左侧80～150m处剪出，滑面为 EFD。根据极限平衡理论反算滑面 c、φ 值，并计算 $K=1.05$ 时出口下滑力为154t/m ～254t/m。

综合上述分析：古滑坡沿中下部贯通性裂缝处（车站场坪外侧）、沿次级滑坡前缘堑顶裂缝处及沿次级滑坡后缘，都存在滑动可能，而又以沿中下部裂缝滑动的可能性最大。因此，在整治已滑动的次级滑坡的同时，还必须在主体滑坡的中下部增设支挡抗滑工程。检算分析还表明：滑带土 c、φ 值变化，对下滑力和安全系数有很大影响。当 c 值不变，φ 值变化1°，下滑力将增减100t/m，安全系数将变化0.025。因此，截排地表水、防止地表水下渗、疏干地下水以提高滑带土的 c、φ 值，是整治八渡车站滑坡的重要措施。

7　滑坡整治工程

铁道部组织专家组审查并确定八渡车站滑坡整治工程采用支挡工程结合地表多道截排水沟、地下泄水洞以及平顺坡面恢复植被改善地质环境的综合整治方案。八渡车站滑波整坡工程主轴断面如图4所示。

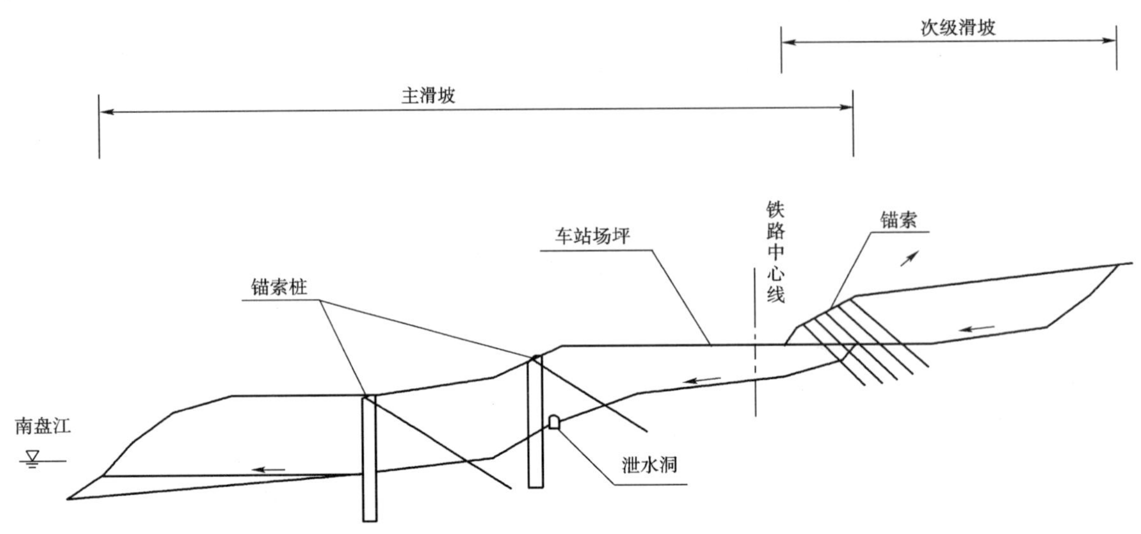

图4　八渡车站滑坡整治工程主轴断面示意图

7.1　支挡工程

支挡工程是八渡滑坡整治的主体工程,分为右侧锚索及抗滑桩等文档工程和左侧锚索桩工程(图5～图7)。线路左侧100m处设置第一排锚索桩,共54根,桩间距(中—中)7m,桩长28～50m,最大桩截面为2.5m×3.5m。线路左侧170～220m处设第二排锚索桩(53根)及抗滑桩(6根),桩间距7m,桩长23～55m,最大桩截面为2.5m×4m。线路右侧路暂边坡设置锚索,2号山头79根,3号山头52根,最长40m,坡脚设抗滑桩。

图5　右侧支挡工程

图6　右侧锚索工程

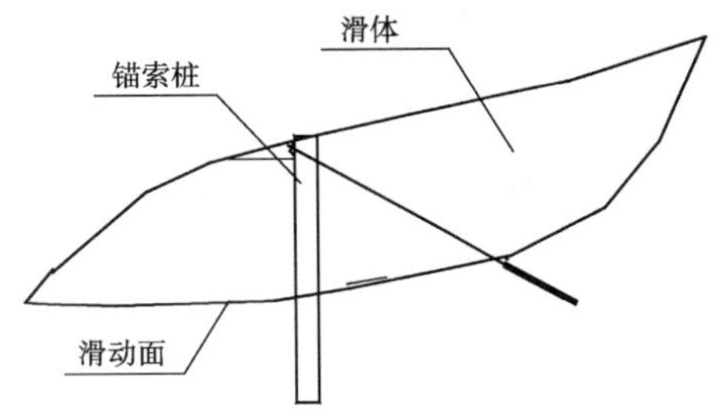

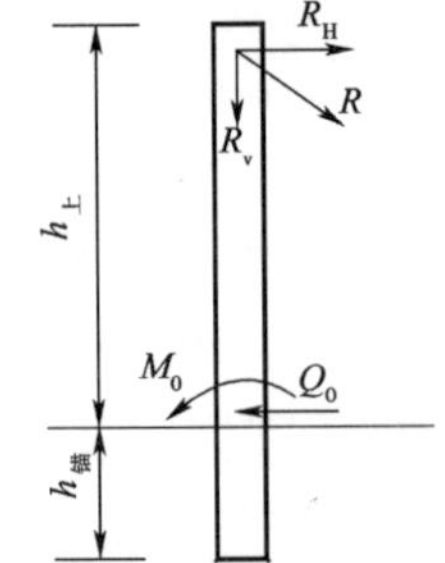

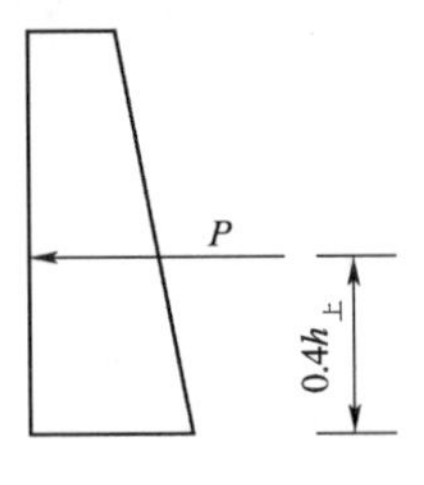

图7　左侧锚索桩受力计算示意图

7.2 地面排水工程

为迅速排泄滑坡范围的地表水，防止其下渗，改善滑坡环境，设置地表以三条自然沟为排泄通道的截水排水系统。在滑坡上缘外及滑坡范围内，设置与线路方向大致平行的截、排水沟8道，截排水沟均采用混凝土浇筑。

DK372＋905.6增设1～1.5m的钢筋混凝土盖板箱涵，全长61.36m。山头间自然沟铺底均采用30cm厚C13混凝土，沟边坡均采用35cm厚M50浆砌片石进行加固。站坪股道增设股道间纵向盖板排水槽、房屋区排水管沟及货场场坪硬化等设施。

7.3 地下排水工程(泄水洞)

线路右侧泄水洞为Y形，全长245m，设于2号、3号山头之间。泄水洞洞口位于1号涵进口，洞口高程461.88m，洞身纵坡1.5%～21%。线路左侧泄水洞为II字形，全长598.93m，设于1号与4号山头之间。洞口高程分别为408.08m及408.30m，洞身纵坡为1.6%～22%。

泄水洞主洞高×宽＝1.7m×1.4m(其中线路右侧支泄水洞由洞口至主洞交叉点，长54m，高×宽＝1.9m×1.9m)，采用模注混凝土花边墙衬砌，顶部设渗水竖孔。

7.4 其他工程

处于滑坡区的变电所($67m^2$)拆迁至DK373＋360车站广场昆明端。滑坡区内清除弃渣，封闭裂缝，平整压实坡面。要求达到坡面水入沟，坡面土不溜坍，坡面铺(种)草皮绿化。

7.5 建立滑坡保护区

为避免今后滑坡区内人为活动增加对滑坡稳定的不利因素，并考虑新增工程及平整场地的需要，故将滑坡区高便道以下至线路左侧第二排锚索桩之间划为滑坡保护区，均列为新征用地范围。建议工程建筑物之间的空地作为铁路苗圃用地。

7.6 现场试验及施工监测

八渡滑坡治理工程锚索桩最大深度达55m，锚索最大长度为75 m，其中富水破碎滑动体的深度达55 m，施工难度极大，为保证锚索桩和锚索施工能连续、迅速、保质、安全地进行，进行了现场工程试验(锚索现场拉拔试验、注浆体强度试验、锚索张拉试验等)，并采用多种监测手段(锚索上安装测力计、采用声波孔透法进行桩身混凝土质量检测、深部孔位移监测、建立滑坡区降雨量观测站等)，实施工程控制。

8 结语

八渡滑坡整治工程自1997年10月开工，至1997年11月首先完成右侧2号、3号应急锚索工程，抑制了次级滑坡变形；至1998年1月完成泄水洞施工，右侧泄水洞水量较小，雨后出水量增加，左侧泄水洞后期稳定排水量大于100t/d，效果明显；施工期间还增加了临时降水孔，对锚索桩的施工创造了有利条件，至1998年7月完成左侧锚索桩施工全部工程。施工总体上很顺利，部分桩井在滑面附近出现开裂、变形，采用钢管横撑加固，部分锚索孔钻凿困难，但均无废孔。施工中根据桩井揭示滑面及时调整桩长，除第一排20号～28号桩滑面加深2～5m外，其余变化均较小，现场变更设计仅增加C20桩身钢筋混凝土$123m^3$。

施工期间不间断的地表变形观测和钻孔深部位移监测表明，随着整治工程实施，变形趋于稳定，综合治理取得成效。施工后持续观测表明滑坡已稳定，监测无变形；施工中各种检测和试验表明，工程质量可控且运行良好。

铁道部曾组织有关专家进行整治工程验收，认为八渡滑坡整治工程采用强大的支挡工程结合完整的地上地下排水系统、地面环境治理等综合整治方案是成功的、有效的，符合自然和科学规律，是整治大型滑坡的成功范例，其经验和教训，均值得我们在今后的勘测设计工作中借鉴。

京珠北高速公路路堑高边坡设计与施工回顾

李　敏[1]　秦小林[2]
(1.中铁二院工程集团有限责任公司土建三院;2.中铁二院工程集团有限责任公司技术中心)

摘　要　本文根据京珠高速公路粤境北段路堑高边坡的工程地质特性和现场设计、配合施工所取得的经验,介绍了京珠高速公路粤境北段路堑高边坡在病害防治措施设计中的成功经验,并对各种工程措施的适用性进行了评价,为今后山区高速公路设计提供借鉴。

关键词　路堑高边坡;工程措施;设计

Design for Cutting High Slope on Beijing-Zhuhai Expressway and Review of the Construction

Li Min[1]　Qin Xiaolin[2]
(1. Third Civil Construction Design & Research Institute of CREEC;
2. Technology center of CREEC)

Abstract　Based on the geological characteristics and field design of cutting high slope on Beijing-Zhuhai expressway as well as the experience accumulated in construction, the paper presents the successful experience in dealing with cutting high slope defects on the expressway and makes an appraisal on engineering measures, which may provide reference for future design of expressway in mountainous areas.

Key words　cutting high slope; engineering measure; design

1　引言

京珠高速公路粤境北段全长109.93km,路线位于粤北中低山及重丘区,其中山岭区73km,重丘区37km,地形、地质条件极复杂;受地形和线路标准的控制,沿线路堑高边坡广布,全线20m以上的路堑高边坡多达140处(平均每公里1.3处),最大边坡高度:岩质边坡为90m,土质边坡为65m,专家称之为"地质博物馆"。在地形地质条件如此复杂多变的地段修建如此多的路堑高边坡在高速公路建设史上是少有的,如果在设计施工中处置稍有不慎就会造成重大的边坡失稳事故,给工程建设造成巨大的经济损失和不良的社会影响,在某种程度上也决定了京珠高速公路粤境北段工程建设的成败,世行专家称之为"中国最具挑战性公路项目"。京珠高速公路粤境北段路堑高边坡工程措施在设计中由于按照一套能确保路堑高边坡安全稳定的、科学的、系统的方法进行工作,对边坡进行了事前加固,而不是事后处理,从而使道路建设中工程滑坡坍塌大大减少,在边坡施工过程中未发生重大坍滑事故。至2001年10月,全线路堑高边坡全面竣工,至今全线所有高边坡均经受了几个雨季,尤其是2002年韶关地区经受了百年一遇的暴雨考验均安然无恙,不但保证了工程的顺利建成,而且减少了通车后的病害隐患,确保了京珠高速公路的畅通。

本项目取得的科研成果获2004年度中国公路学会科技进步二等奖,《京珠高速公路粤境北段工程建设成套技术》获广东省2004年度科技进步一等奖,《路堑高边坡病害预防及防治措施研究》为其子课题。现就路堑高边坡工程措施设计经验作如下简介。

作者简介:李敏(1963—　),男,教授级高级工程师,中铁二院工程集团有限责任公司土建三院副总工程师。

2 路堑高边坡工程地质特性

2.1 构成路堑边坡的岩土体具有复杂多样性

140 处路堑高边坡涉及的岩土类型有巨厚砂岩、厚层硅质、钙质石英砂岩、中薄层泥岩、粉砂质泥岩、页岩、炭质泥岩、炭质页岩、煤层、灰岩、白云质灰岩等。该段路沿线地层为灰岩、炭质灰岩、炭质页岩、煤系地层、泥质砂岩，砂岩夹泥岩、砂岩夹煤层、薄层页岩等。由于受断层的影响，岩层节理发育、破碎，风化严重，大部分已风化成土状。全～强风化层厚度达几十米，而且大部分岩层为软弱岩。中薄层的泥岩、炭质页岩、煤层、页岩及泥质粉砂岩，强度低、易风化、遇水易软化，边坡稳定性差。

2.2 地质构造作用强烈

路线小塘至南水水库一带位于区域南北向构造带中且路线与主构造线平行，南水水库至甘塘段位于东西向构造带内且与主构造线平行，再加上一系列的 NE、NEE 向构造的作用，沿线的褶皱断裂发育，岩体受到多次强烈的挤压褶皱，产状凌乱，节理裂隙发育，岩体破碎，风化剧烈。使部分岩体呈碎裂、散裂状结构，对路堑边坡的稳定极为不利。

2.3 沿线不良地质现象及特殊岩土种类齐全且分布广泛

沿线路堑高边坡遇到的不良地质现象有滑坡(包括自然滑坡与工程滑坡)、崩塌错落、岩溶、煤洞；遇到的特殊岩土体有红土及煤系地层，其种类齐全由此可见。大小滑坡有 9 处，有 3 处大的崩塌，地表岩溶地貌和地下岩溶(溶洞暗河)很发育。软质岩土及土体尤其是红土在路堑开挖后，暴露地表要产生风化分解，破坏岩土体的完整性。遇水则又要软化，导致强度降低。而本区域的气候条件又是干湿明显，雨量充沛、集中，暴雨强度大，使得路堑边坡的岩土体形状多变，大部分岩土体性状不稳定，更增加了工程地质条件的复杂性。

沿线不良地质如图 1～图 6 所示。

图 1 煤系

图 2 砂岩夹泥岩地层

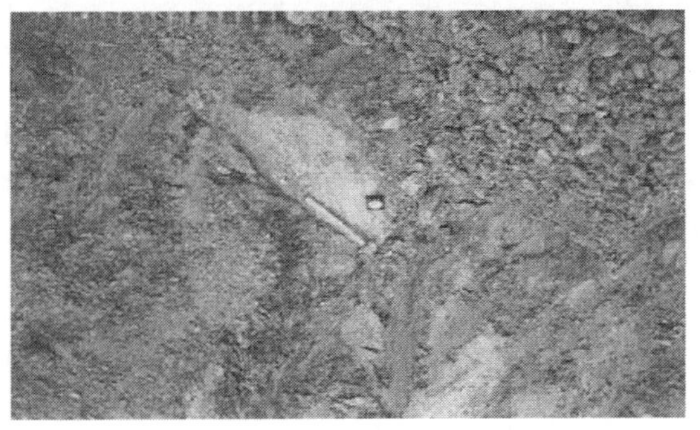

图 3 砂岩夹泥岩

图 4 错落体

图5　滑坡

图6　堆积层

2.4　路堑高边坡工程地质条件评价

针对京珠高速公路粤境北段路堑高边坡多，地形条件艰险，地质条件复杂，沿线地质灾害发灾频率高，构成路堑边坡的岩土体具有复杂多样性，沿线不良地质现象及特殊岩土种类分布广泛且工程地质条件差，边坡稳定性差的特性，在进行路堑高边坡病害预防及防治措施设计前，通过现场调查和有针对性的补勘，查明每一处路堑边坡的工程地质情况，依据不同的岩性组合、岩体结构、形成原因等因素将路堑高边坡地质划分为八种类型，即巨厚层红色砂岩类、碳酸盐岩类、厚层砂岩类、煤系地层类、砂页岩软硬相间类、红土类、残坡积冲洪积山前堆积层类和滑坡地段类路堑高边坡等。

表1为路堑高边坡工程地质条件分类表。

路堑高边坡工程地质条件分类表　　表1

类型		工程地质特征	工程地质条件评价
硬质岩路堑高边坡	巨厚层砂岩路堑高边坡	由白垩系第三系巨厚层红色砂岩组成，产状近水平，节理裂隙不发育，岩体强度低，地下水不发育且对其强度影响小，具有整体结构	好
	厚层灰岩路堑高边坡	由泥盆、石炭系中厚层石灰岩、白云岩组成，无软弱夹层，节理列裂隙虽发育，但多被方解石脉充填，岩体强度较高，地下水发育，但对其强度影响小，属整体块状或层状结构，边坡局部可能会产生危岩落石或小型楔体破坏，但不危及整体稳定	较好
	厚层砂岩路堑高边坡	由泥盆、石炭系中厚层硅质石英砂岩构成，节理裂隙发育中等无充填，岩体强度高，地下水不发育，属整体块状或层状结构，局部会因节理切割出现危石或楔体破坏，但不危及整体稳定	较好
软质岩路堑高边坡	煤系地层路堑高边坡	由石炭系、三叠系煤系地层构成，岩层强度低，节理裂隙发育，全强风化地层深达30～40m，岩体呈碎裂状或散裂状，地下水发育，岩层易软化，对堑坡稳定极不利	差
	软硬相间地层路堑高边坡	由砂岩灰岩与泥页岩互层或灰岩砂岩夹泥页岩构成，节理裂隙发育，岩体强度受软岩控制，软岩风化形成软弱结构面，强度低，地下水发育，对边坡稳定不利	较差
土质路堑高边坡	红黏土路堑高边坡	全部或部分由红黏土构成，红黏土天然含水率高，强度低，部分具有弱膨胀性，土体裂隙发育，且强度随干湿循环剧烈衰减，工程性质差。红黏土与下伏基岩接触带天然含水率高，呈软塑—流塑状，形成一个易滑软弱带，导致边坡失稳	差
	残坡积层路堑高边坡	全部或部分由残坡积块石土、全强风化砂页岩及下伏基岩构成，块石土松散强度低，地下水发育，易沿堆积层面产生滑动	差
	滑坡地段路堑高边坡	位于古滑坡上的路堑边坡，滑体物质松散破碎，强度低且富水，易导致古滑坡复活或产生新滑坡	差

3　路堑高边坡病害预防及防治措施设计

为保证边坡的稳定，在设计中，采用了一套科学的、系统的方法进行工作，设计方案按如下步骤进行，即：

(1)通过现场调查和有针对性的补勘，查明每一处路堑边坡的工程地质情况，并作出相应评价；

(2)根据路堑边坡的工程地质条件，确定合理的支护设计方案；

(3)依据工程地质条件及设计方案选取合理的施工工序及工艺；

(4)对重点边坡进行动态监测；

(5)动态设计，根据开挖揭露的地质情况和动态监测获取的信息，对设计及时进行修改。

3.1　路堑高边坡的破坏类型

根据上述八种类型路堑高边坡的物理力学性质、工程地质特性、分布范围，设计前对可能产生破坏的模式和稳定性进行了综合分析，其结果如图 7～图 14 所示。

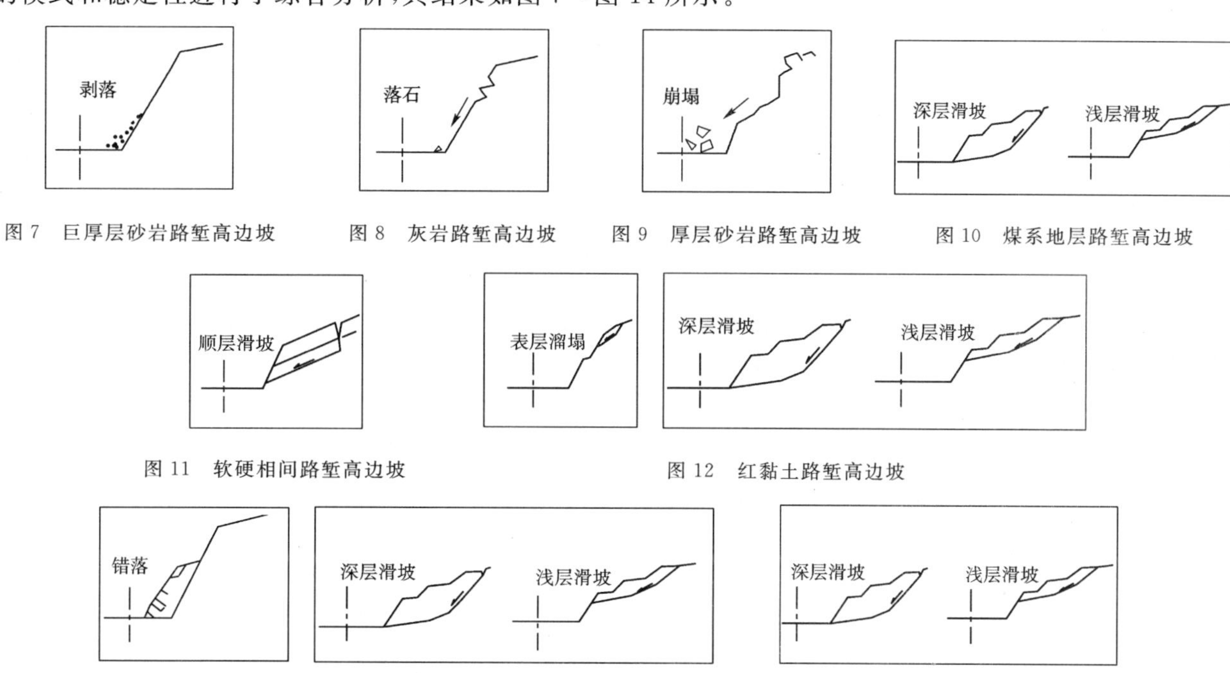

图 7　巨厚层砂岩路堑高边坡　图 8　灰岩路堑高边坡　图 9　厚层砂岩路堑高边坡　图 10　煤系地层路堑高边坡

图 11　软硬相间路堑高边坡　图 12　红黏土路堑高边坡

图 13　残坡积层路堑高边坡　图 14　滑坡地质路堑高边坡

3.2　路堑高边坡设计原则和技术路线

针对京珠高速公路粤境北段路堑高边坡复杂的地质情况，设计制定了科学的技术路线，即：

(1)通过现场调查和针对性的补充勘探，查明每一路堑高边坡的工程地质情况，并作出相应的工程地质评价。

(2)根据各边坡的工程地质评价对边坡的稳定性进行评估、分析。

(3)对评估为稳定性存在问题的边坡进行设计方案研究，选取合理的设计方案。

(4)依据边坡的工程地质条件及设计方案研究确定路堑高边坡的施工工序及工艺。

(5)对重点高边坡进行动态监测，根据获取的信息采取合理的工程措施。

(6)配合中施工采取动态设计，依据边坡开挖揭露的地质情况和施工过程中出现的问题以及动态监测对设计方案进行必要变更。

3.3　主要工程措施

根据防治原则，再结合各工点的工程地质特性，采用综合防治方法，构成综合的防护结构体系。采用加固工程措施的原则为：①预加固技术，边开挖边加固坡体；②施工期间尽量减少开挖扰动，保持坡体自稳能力；③减少自然营力(雨水渗入、风化等)的影响；④合理、及时。

(1)边坡加固工程

①软质岩边坡。为了保证边坡在施工过程中的稳定,配合机械大拉槽开挖,在软质岩边坡高度一般不超过30m地段,且有放坡条件时,采用了分级稳定的设计,即将每级边坡按该地层中的稳定边坡坡率放坡,并设护面墙或拱形骨架草皮护坡防护,每级之间设3~4m宽的平台,在施工至第一级平台高程时,停止土方开挖,先作坡脚锚固桩预加固,待锚固桩竣工达到一定强度后,再开挖桩前土体。

当软质岩边坡过高,且无放坡条件时,采用分级预应力锚索加固设计,即设计中采用台阶式边坡,每级高6~10m,边坡采用预应力锚索加固。各级边坡之间设3~4m宽的平台。这样既保证了边坡施工中的临时稳定,也确保了边坡的整体稳定。坡脚可采用桩或挡土墙固脚。

②煤层及土质边坡。煤层及土质路堑高边坡,由于边坡高,地质条件较差,坡脚往往会产生应力集中,边坡极易产生坍滑破坏。对该类地层,设计上采用放缓边坡、坡脚锚固桩加固方案。

③滑坡地段。在滑坡地带,设计上采用预应力锚索,锚固桩或锚索桩等工程措施对滑坡进行整治;边坡防护采用支撑渗沟疏干滑坡体内的水,使土体强度不会因水而降低;采用拱形骨架护坡对坡面进行防护,防止边坡土体浅层溜坍。

④其他地段。其他工程地质条件较好。边坡高度不高的路堑边坡,一般采用放缓边坡,坡脚设片石混凝土挡土墙加固,坡面采用拱形骨架草皮护坡,或六棱砖植草等防护工程。

(2)边坡防护工程

①支撑渗沟。当边坡土体含水率较高、地质条件较差时,设计中采用支撑渗沟。采用支撑渗沟能及时排除土体的水,疏干土体,使土体强度不会因水而下降,从而保证边坡不发生浅层溜坍,这种措施对加固土质边坡或滑坡地段边坡十分有效。

②拱形骨架草皮护坡。对土质边坡,在边坡自身稳定条件下,为了防止水对边坡的冲刷面引起表层溜坍和美化环境,设计上采用了拱形骨架草皮护坡对边坡进行防护。

③六棱砖草皮护坡。对岩质边坡,为美化环境,设计上采用了六棱砖植草防护。

④浆砌片石护坡。对一些土质较差的边坡,特别是煤系地层边坡,为了防止水的浸入对边坡造成危害,采用浆砌片石护坡对边坡进行全封闭防护。

⑤护面墙。设计上,护面墙主要用于一些地质条件较好,但岩体较松散、破碎的岩质边坡。

以上边坡防护工程在京珠高速公路粤境北段路堑高边坡防护上广泛采用,但这几种防护工程措施,在高边坡设计中一般不单独使用,而是与边坡加固工程组合使用。

(3)其他工程措施

在地下水或裂隙水较发育的地段,设计上采用了深层仰孔排水管,以及时排除土体内的水。

(4)其他地段边坡

其他工程地质条件较好,边坡高度不高的路堑边坡,一般采用放缓边坡,坡脚设片石混凝土挡土墙加固,坡面采用拱形骨架草皮护坡,或六棱砖植草等防护工程。

总之,在京珠高速公路粤境北段路堑高边坡设计方案,经实践证明对确保路堑边坡的稳定十分有效。其结果可概括见表2。

路堑高边坡支护设计一览表 表2

类　型	设计参数	设计方案
煤系地层路堑高边坡	c=5~15kPa φ=12°~16° γ=20kN/m³	①坡脚设桩板墙或在一级边坡平台上设桩;②边坡设预应力锚索或半坡设桩;③坡面浆砌片石护坡或骨架草皮护坡;④坡率1:1~1:1.75,台阶高6~8m,平台宽＞3m,设仰孔排水
红黏土路堑高边坡	c=10~20kPa φ=20°~25° γ=20kN/m³	①坡脚设挡墙(边坡不高)或桩;②边坡采用支撑渗沟加拱形骨架植草防护;③台阶高度6~8m,平台宽度不小于3m

续上表

类　型	设计参数	设计方案
软硬相间路堑高边坡	$c=10\sim20$kPa $\varphi=10°\sim20°$ $\gamma=20$kN/m^3	①台阶高度10m,平台宽度2m;②边坡设预应力锚索;③坡面设六方形预制块植草护坡或浆砌片石拱形骨架植草护坡
滑坡地段路堑高边坡	$c=10\sim20$kPa $\varphi=15°\sim35°$ $\gamma=20$kN/m^3	①台阶高度10m,平台宽度2～4m;②边坡设预应力锚索;③坡脚设桩板墙或锚索桩板墙,视边坡高度而定
完整岩质路堑高边坡	—	①台阶高度10～20m,平台宽度2～4m;②坡面喷锚,喷混植草,柔性网防护

4　施工方法及工艺设计

由于路堑高边坡施工是一个破坏山体原有力学平衡又用支挡加固工程重建力学平衡的过程,而所设工程措施往往都是在边坡开挖后才能实施,因此在边坡加固和防护工程措施未实施以前,边坡土体会产生应力松弛,强度衰减,从而影响边坡的稳定。因此,设计上针对不同地质条件的边坡,采用了与之相适应的工程措施,以便对边坡土体及时加固,防止土体应力松弛和强度衰减,保证边坡施工期间和竣工后的稳定。但是,经验证明,有许多路堑高边坡虽设计合理,但由于施工方法及工艺不当或工程措施未能及时实施,导致施工过程中边坡失稳破坏,造成重大损失。有些则留下隐患,影响边坡的稳定。所以,为了保证路堑高边坡的稳定,不但要有一个技术上可行、经济上合理的设计,而且要有一套科学的施工方法和施工工艺。在京珠高速公路粤境北段路堑高边坡设计上,针对一些地质条件较差的地段,提出了施工方法及工艺的具体要求。根据京珠高速公路粤境北段路堑高边坡施工所取得的经验和教训,在施工中对不同路堑高边坡所采用的工程措施的施工方法和工艺进行了改进,使路堑高边坡施工不但保证了施工中边坡的临时稳定,而且确保了边坡的长期稳定,减少了不必要的经济损失。因此,路堑高边坡的施工方法及工艺设计十分重要。

4.1　路堑高边坡施工一般应遵循的原则

不同的路堑高边坡因其工程措施不同,所采用的施工方法也不尽相同,但无论采用何种工程措施,其施工都必须遵循以下基本原则。

(1)施工工期:

①必须坚持旱季施工的原则;

②必须坚持雨季前竣工的原则;

③必须坚持快速施工的原则。

(2)做好施工过程中的排水措施。

(3)及时开挖及时支护。

(4)施工过程中必须做好边坡变形观测。

(5)必须坚持一旦产生坍滑应及时治理的原则。

4.2　路堑高边坡施工方法

为适应机械化土石方施工的特点,根据各工点的工程地质特性和工程措施,提出各类边坡的施工方法及工艺,即"先挖后支","随挖随支","先支后挖"和信息施工法,改变了传统的施工方法,确保了边坡在施工中的稳定,适应了机械化施工的要求。这是路堑高边坡设计和施工观念上的重大变革,对山区高速公路路基工程建设具有理论和实际意义。

(1)先挖后支的施工工序,即先开挖路堑土石方,挖到路基面后再自下而上施工支挡防护工程。这种施工工序要求路堑高边坡在不设支挡时仍能保持一段时间稳定。满足这一要求的路堑高边坡包括地质条件较好的较完整岩石高边坡、20m以下的地质条件较差的一段土质边坡和10m以下的红黏土路堑边坡。这类边坡在旱季开挖到路基面后边坡是可以自稳的。其施工流程图如图15所示。

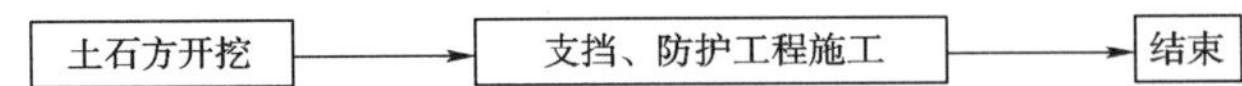

图 15 “先挖后支”法施工流程图

(2)随挖随支的施工工序，即自上而下分层开挖土石方，分层施工支挡防护工程的施工工序。这种施工工序要求路堑高边坡的单级边坡能够在不设支挡防护时自稳一段时间，以便施工该级支挡防护工程。满足这一要求的路堑高边坡包括地质条件较差但单级坡率较缓(缓于 1∶1)的土质边坡，台阶高度不高(6～8m)的煤系地层，软质岩路堑高边坡。这类边坡在旱季开挖后单级可以自稳。这类边坡施工流程如图 16 所示。

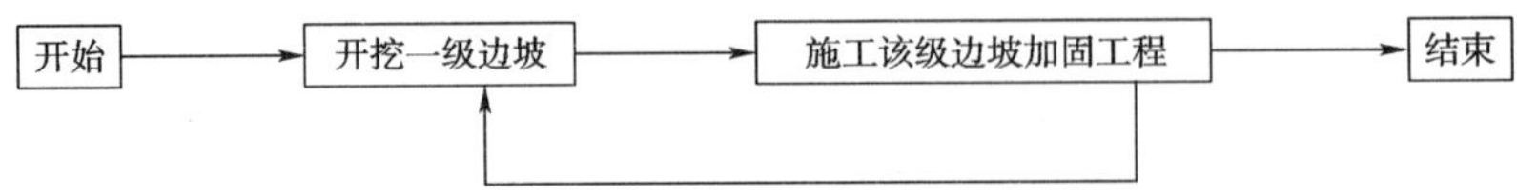

图 16 “随挖随支”法施工流程图

(3)先支后挖的施工工序，即先施工支护加固工程，再开挖路堑高边坡。这种施工工序表明边坡若不预先加固，开挖一级边坡都不能维持稳定。这类边坡包括坡率较陡的土质高边坡，煤系地层路堑高边坡，膨胀岩土路堑高边坡。预先加固的措施，包括花管注浆，微型桩，锚索抗滑桩，施工流程如图 17 所示。

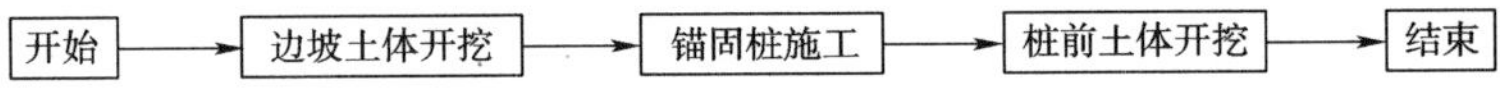

图 17 先支后挖施工流程图

5 结语

京珠高速公路粤境北段路堑高边坡设计之所以取得成功，正是由于重视了地质工作，并坚持了动态设计和信息化施工，避免了重大灾害性路堑高边坡失稳事故的发生，确保了全线 140 处路堑高边坡的安全稳定，提高了工程的科技水平，确保了工程质量和工期，创造了良好的经济效益与的社会效益，代表性工程照片如图 18～图 29 所示。

图 18 K16+940～ K17+200 平台设桩、边坡预应力锚索加固

图 19 K18+400～ +525 抗滑桩、预应力锚索加固、及仰孔排水

图 20 K51+225～ +525 坡脚挡墙、浆砌片石护坡、大平台、六棱块植草护坡

图 21 K67+800～ K68+100 坡脚设预应力锚索桩板墙、边坡预应力锚索加固 (60m 高)

图 22　K70＋380～＋470 柔性网防护危落石

图 23　K87＋317～＋560 护面墙、预应力锚索加固边坡

图 24　K98＋400～＋900 煤系地层坡脚设预应力锚索桩、边坡预应力锚索加固

图 25　K107＋060～＋325 坡脚设抗滑桩、边坡预应力锚索、堑顶微型桩

图 26　K116＋0～＋460 外挂桩板墙加固、拱形骨架植草护坡

图 27　YK131＋474 ～YK131＋940 全风化花岗岩预应力锚索加固、拱形骨架植草护坡

图 28　K151＋774 ～K152＋175 高边坡坍塌工点整治（大里程两排桩，小里程坡脚框架锚索、边坡锚索、锚杆，堑顶 25m 大平台）

图 29　K155＋026 ～ ＋300 坡脚框架锚索、边坡锚索、拱形骨架植草护坡

通过现场设计和配合施工，对高速公路路堑高边坡设计和地质勘测有如下体会：

(1)地质工作是山区高速公路建设的基础。京珠高速公路粤境北段位于工程地质条件十分复杂的山区,必须认真做好工程地质勘察工作,加强区域地质调查。每个标段、每个工点的工程地质条件或不良地质现象,均存在于区域地质环境之中,其性质和特点都受区域地质条件的制约。区域地质构造(断裂和褶皱)的存在和演变历史,不仅控制着沿线山脉、水系的发育特点,而且决定着地层岩性的分布和各种物理地质现象的发育状况。查明公路沿线的工程地质状况,提供准确的、合乎要求的工程地质资料,对于设计施工的顺利完成,对于高速度、高质量地建成高速公路,具有重要的作用。

(2)地质灾害防治应以预防为主、防治结合。

(3)进一步加强水文地质工作。地下水的存在与活动,直接影响岩土的物理力学性质,促进不良地质现象的发生和发展,水质与水量对工程建筑物的稳定性关系密切,突然的大量涌水会给施工带来困难。所以要预先做好区域水文地质状况及其规律性、地下水与岩性的关系、地下水水质的分析,以及地下涌水量的预测等工作。避免造成开挖边坡引起大量涌水,地下水水质对钢筋混凝土的侵蚀性以及含水地层对边坡稳定性的影响。

(4)地质人员参加设计、配合施工很有必要。地质人员经过地质调绘、勘探、试验的实践,分析地质情况,提出处理意见,交付设计与施工。在参加设计、配合施工的过程中,验证原地质资料与分析是否符合实际,及时发现问题,补充地质资料,能尽快解决施工中出现的各种地质问题,有利于变更设计和施工,减少隐患,保证工程质量。

(5)为解决设计、施工中的疑难工程地质问题,应组织专家会诊。京珠高速公路地质条件复杂多样,设计、施工中的疑难工程地质问题较多,比如对大型古滑坡的定性定量的认识、对重大工点工程措施技术经济的比选、对沿线边坡整治与环境保护的统一性等都组织了专家会诊,提出最佳方案。

(6)对稳定性存在问题的路堑高边坡工点,依据其工程地质条件及时进行变更设计,以避免造成不必要的损失。在变更设计时要针对每个工点的工程地质条件和地形条件采取支挡加固与防护相结合的设计原则,确保路堑高边坡的稳定与安全。

(7)路堑高边坡施工方法及工艺的选取以及工期安排,要充分考虑每个路堑高边坡工点的工程地质条件,以确保路堑高边坡的稳定和施工安全,对部分边坡高度大、工程地质条件差、易失稳的路堑高边坡工点,施工中要建立变形观测等动态监测系统,以指导路堑高边坡的施工,出现问题及时处理。

(8)加强施工地质工作,如开挖的地层岩性、岩性结构与设计不符或堑顶出现裂缝等险情应立即通知业主及设计、监理单位,以便及时处理解决,这样就可以避免重大灾害性路堑高边坡失稳事故的发生。

渝怀铁路若干重点地质路基问题的工程对策

冯俊德

（中铁二院工程集团有限责任公司土建一院）

摘 要 渝怀线沿线地形起伏大，地质条件复杂，岩性多变，广泛分布滑坡、顺层、岩溶、崩塌、水库坍岸、斜坡软弱地基、膨胀土等不良地质及特殊岩土。通过勘察和分析检算，采取针对性的工程措施，解决了施工中的难题，提出了加强特殊路基工点地质勘探力度、重视弃土场和路基防排水、铁路下方的自然陡坡（或人工陡坡）稳定性评价工程的建议。

关键词 不良地质；特殊岩土；弃土场；防排水

Countermeasures for Key Problems Concerning Geology and Subgrade on Chongqing-Huaihua Railway

Feng Junde

(First Civil Construction Design & Research Institute of CREEC)

Abstract The landform along Chongqing-Huaihua Railway features undulating terrains, complicated geology, varied rock formation, widely distributed landslides, bedding, karst, collapses, reservoir sloughing bank, soft foundation on slope, unfavorable geology like swelling soil and special rock-soil, etc. however, thorny problems were solved in construction through careful survey, analytic calculation and effective measures. Some proposals were made for strengthening geological exploration on special subgrade, more attention was paid to disposal site, waterproofing and drainage on roadbed and the stability appraisal on natural slope or artificial slope under the railway line.

Key words unfavorable geology; special rock-soil; disposal site; waterproofing and drainage

1 引言

渝怀线西起四川盆地重庆市内襄渝线上的团结村，沿长江而下至涪陵沿乌江逆流而上，先后穿越大娄山北部、乌江水系和沅江水系的分水岭（园梁山）、武陵山脉，终于沅麻盆地的怀化市怀化车站，全长约624km。沿线地形起伏大，复杂多变。团结村至涪陵为丘陵河谷区；涪陵至白马为低山河谷区；白马至龙潭为乌江峡谷及武陵山谷地区，该段山高坡陡，峡谷深切，山谷连绵，岩溶地貌发育，基岩多裸露；龙潭至怀化为丘陵谷地区及低山谷地区，地形相对平缓开阔。

2 主要地层岩性，地质构造及工程地质问题

2.1 地层岩性

全线地层除石炭系外，从第四系至震旦系均有出露，以碎屑岩及可溶岩为主。第四系地层广泛分布，侏罗系地层主要分布在重庆至涪陵和武隆车站前后、冯家坝车站前后，以紫红色泥岩为主，间有砂、泥岩互层、厚层砂岩；三叠系砂岩、页岩、灰岩主要分布于鱼嘴至龙池一带；奥陶系灰岩主要分布于武隆至梅江一带；寒武系白云岩、灰岩、板岩、砾岩主要分布于梅江至铜仁一带。

作者简介：冯俊德（1958— ），男，教授级高级工程师，中铁二院工程集团有限责任公司土建一院副总工程师。

2.2 地质构造

沿线地质构造复杂，褶皱及断层发育，其代表性断层有 DK259～DK260 前后通过的郁江压扭性断层，长约 90km，其对线路的影响长度 1km 多；秀山至怀化段褶皱平缓，断层极为发育，区域性大断层有从 DK490 前后通过的花垣～石耶正～平错断层，长 100km，水平错距达 4km，常伴有数条平行的小断层，破碎带宽；秀山至铜仁断层密集，岩体较破碎。

2.3 主要不良地质，特殊地质等路基问题

(1)滑坡；

(2)山区斜坡软弱地基(含膨胀土、岩)路基；

(3)顺层；

(4)岩溶；

(5)崩塌、危险落石及岩堆；

(6)沿江、河、水库、公路堑坡等自然和人工陡坡行进的路基；

(7)侵蚀性地下水；

(8)水库坍岸；

(9)硬质岩、软质岩及土质边坡加固防护问题(特别是破碎岩层边坡加固问题)；

(10)填料(含基床填料)的处理。

3 主要工程对策

3.1 滑坡

定测和补定测查明对线路有影响的滑坡共 12 处，其中极具代表性的如糯米溪滑坡、羊角渍和武隆纸厂滑坡。由于定测和补定测勘测阶段勘测和地质勘探到位，施工图设计根据其滑坡的形态、性质和当时的稳定性状况并考虑三峡水库建成蓄水后，可能引起滑坡复活以及路基开挖、隧道开挖、路堑开挖对滑坡复活的影响，采用了以抗滑桩整治为主，结合河岸冲刷防护为辅的工程措施，是行之有效的。上述 3 个滑坡(包括其他 9 处滑坡)整治工程均已施工完成，效果很好，施工过程中几乎没有进行过变更设计。

3.2 山区软弱地基路基(含膨胀土路基)

对定测和补定测已查明的软弱土物理力学指标、软弱土分布范围、厚度、下卧硬层横坡的路基工点，施工图采用了挖除换填，基底铺设土工格栅，设置反压护道、碎石桩、粉喷桩处理；当软弱基底有明显横坡时，则采用侧向约束桩结合地基加固等综合措施处理。全线定测和补定测查明的软弱地基路基共 244 处，大部分按施工图施工，效果是好的。但也有部分工点，由于软土加厚等原因，进行了变更设计，如蔺市车站 DK114＋250～＋400 和 DK325＋132～＋406 软弱地基高填方，由于软～流塑状软弱土厚度加厚，范围扩大，力学性质变差，沟槽处地下水发育，地表水丰富，在配合施工发现问题后，立刻安排了补勘，通过桥路比较采用改桥方案(均为Ⅰ类变更)，其中蔺市车站增加投资约 190 多万元，DK325 路改桥加投资 300 多万元外。另外，DK322、DK323、DK324 等段软弱地基高填方，也是由于软～流塑状软弱土厚度加厚、范围扩大、力学性质变差、沟槽处地下水发育、地表水丰富，施工单位施工侧向约束桩过程中又未及时上报地质变化情况，造成原设计并已施工完成的侧向约束桩截面偏小，锚固段长度不足，危及工程安全。因此安排了地质补勘，进一步落实软土分布范围、厚度和拟设工程处的地质条件等。变更设计方案为：在尽量利用已施工侧向约束桩抗滑能力的基础上，根据稳定性检测结果，增设侧向约束桩，加强填方基底排水等措施处理。其中冯家坝车站 DK327＋81～＋938 段增加的投资近 500 万元(包括涵洞采用桩基托梁基础处理增加的 100 多万元)。

为了吸取经验教训，提高设计水平，在这里重点介绍 DK319＋720～DK328＋050 段路基施工图及变更设计情况。

该段属于中、低山河谷侵蚀、剥蚀地貌，地形起伏较大，地形左高右低呈斜坡状。线路行走于濯水向

斜东翼，即阿盘江左岸，并行于319国道上方，地层岩性属坡、残积、冲洪积土层与泥岩、页岩等软质岩和灰岩、泥质灰岩的渐变过渡带上。其土层从上至下，多为软塑状、硬塑状弱～强的膨胀土、碎石土、块石土，局部出露有淤泥质土(甚至山包上也有，如DK324＋800附近)，下伏基岩为泥岩、泥岩夹砂岩，其中洼地、沟槽及缓处广泛分布有2～10m厚(最厚达13m)的软塑状、硬塑状膨胀土、砂黏土。

通过定测、补定测和配合施工过程中地质勘探，对本段工程地质条件有了更深的认识。由于受灌水向斜构造影响，左侧岩层一般顺层且岩层节理，裂隙发育，岩体破碎。又由于该段紧邻阿盘江，因此该段线路所通过的斜坡地层为阿盘江左侧岸坡山体地表水、地下水排泄的必经之路，因此地下水发育，地表水丰富(整个斜坡多为水田，甚至很多为冬水田，即可证明)，数处地表和约10处线路下方的319国道每年都有缓慢下沉和滑移等自然病害发生。该段土层无论是填方基底清淤，或是路堑、涵基开挖，开挖新鲜面上的硬塑状土极易软化，变为软～流塑状，因此极易发生表土溜坍，对路基工程、涵洞工程影响极大。

对本段软弱地基路基采取的主要措施如下：

(1)对沟槽地段的填方路基基底，采用清除表层软～流塑状软弱土，基底铺设碎石垫层和土工栅格，在低侧填方坡脚处，根据路堤稳定性检测结果，必要时增设侧向约束桩加固。

(2)对陡坡地段，当填方通过不利于路基稳定时，则设置挡土墙。要求挡土墙基础置于基岩上。不能置于基岩时，原则上采用桩基托梁挡土墙；对已按施工图施工完成，但挡土墙基础置于碎石土的挡土墙，由于基底块、碎土含水率、含泥量大，且所含泥具有膨胀性，不能满足承载力要求等诸多不利因素，因此采用了墙前帮桩或增设支撑墩的方案处理。

(3)重新进行土石方调配，将膨胀土全部除掉，改为Ⅳ、Ⅴ类土填筑，特别强调基床2.5m范围严格要求用石填筑。

(4)对本段原设计的4个弃渣场，由于弃渣不多，就引起挡渣墙开裂，地表滑移、开裂，因此重新补勘(包括地质钻探)，重新选定了3个渣场进行集中堆放，通过地质补勘，新设渣场挡土墙均采用桩基托梁挡桩基托梁挡土墙。

(5)对沟槽地段的挖方和土层较厚的挖方，原则上采用桩板墙、片石混凝土挡土墙加固。墙、桩顶上设骨架护坡结合支撑渗沟方案处理，严格控制路堑挡土墙高度。对于个别沟槽地段，当地下水、地表水特别发育，土呈软塑～流塑状，物理学指标极低时，挡土墙高度控制在3～4m。对基床的膨胀土进行挖除换填处理。

(6)加强地下水、地表水的拦截、排泄措施。

3.3 顺层

定测阶段调查发现全线顺层共214处，累计长度26.37km，施工图按照岩层走向与线路走向的夹角、岩层倾角大小、软弱夹层情况以及岩性，分别采用了顺层清方，设置抗滑桩、锚索桩、大小锚杆等抗滑工程进行加固处理。总体上看，效果是好的。但从配合施工实施情况看，以DK379、DK380、DK382、DK384、DK385(即麻旺～龙潭)为代表的硬质顺岩层和以DK586、DK592、DK615为代表的软质岩顺层增加抗滑桩、大锚杆等工程较多，究其原因主要为：

(1)上述工点定测和补定测时没有发现层间的软弱夹层，但施工开挖以后发现了软弱夹层，施工图仅采用光面爆破按较稳定坡率刷坡，几乎无抗滑支挡加固工程，因此引起变更设计，增加投资较多。

(2)当岩层走向与线路大角度相交时(如大于40°)要注意山体两侧地形，当顺层有向某一侧沟槽滑动趋势，特别是沟槽以挖方通过时，一定要设置抗滑工程(如DK586、DK592)。

(3)当采用顺层清方处理，边坡较高，清方坡率陡于1∶1，或陡于岩体本身稳定坡率时，单级边坡不宜太高，中部宜留2～3m平台，若岩体节理、裂隙发育，宜在每级边坡中部和底部设2～3排锚杆加固。

(4)对受断层、向、背斜和褶皱等构造影响的顺层边坡，若采用清方处理边坡太长、太高时，岩层产状容易出现频繁变陡或变缓，从而导致实际清方面与设计不符，甚至出现较大的切层坡，因此不宜采用顺层清方，也不宜采用单纯的锚索或锚杆加固，应优先采用锚固桩或锚索桩处理，如DK468。

3.4 沿江、河、水库、公路堑坡等自然和人工陡坡行进的路基

上述地段路基一侧下方为自然或人工陡坡(如公路堑坡)。由于定测阶段对其铁路下方自然或人工陡坡、岩层节理、裂隙及破碎程度及稳定性调查不够,因此施工图设计仅在个别地段设有喷锚网或素喷混凝土防护。从施工开挖揭示的地质情况来看,以DK515为代表的沿小江河和锦江河陡岸坡,以DK201为代表的沿乌江陡岸坡,九龙洞～郭公坪区间沿铜麻公路堑坡,以及妙泉水库陡坡,或是由于陡坡岩层X形节理,特别是竖向节理发育,岩层层面和节理面将岩体切割成块状,或是由于陡坡岩层风化严重边坡稳定性差。因此,变更设计根据地形、地质情况,增设桩基托梁挡土墙方案;对已按施工图施工完成的非桩基托梁挡土墙,则对稳定性差的边坡增设护墙,或肋柱式锚杆挡土墙、锚索格子梁进行加固。现已施工完成,取得了很好的加固效果。

3.5 填料(含基床填料)的处理

施工图设计中,设计者注意了膨胀土问题,并采取了相应的加固防护措施。但没有注意可溶岩地区坡、残积黏土(具弱膨胀性)的天然含水率、塑限、液限等物理指标。根据定测土样试验报告分析,大都为难以压实的D组填料,实际施工过程中,机械碾压成橡皮土,压实度难以满足设计要求。变更设计区间2.5m、车站1.2m基床范围内采用填石处理。为控制设计投资,基床以下采用分层摊铺、晾晒、再碾压的措施处理。从现场施工情况看,效果还可以,但施工难度确实很大。类似问题还在秀山～梅江和DK596一个近12万m^3的大填方出现。这就提醒设计人员,设计前一定要看地质说明及土样试验报告,对于不合格填料坚决弃之不用。

3.6 硬质岩、软质岩及土质边坡防护问题

根据渝怀线施工图设计原则,对灰岩、白云岩等硬质岩边坡采用光面爆破,按稳定坡率开挖。从现场实施情况看,效果不理想。究其原因,一方面是岩溶发育,岩体节理、裂隙发育,岩体破碎,灰岩、白云岩光面爆破效果不理想;另一方面,有的施工单位控制爆破水平低,有的则根本未采取控爆措施,虽然边坡的整体稳定性没有问题,但视觉效果差,局部还存在不稳定的小岩块,有掉落危险;白云岩边坡则容易受雨水冲刷形成坡面的鸡爪沟,容易风化剥蚀成砂状,增加了今后运营维修的工作量。另外,对软质岩边坡和土质边坡,当边坡高度小于6m时,仅设侧沟平台和液压喷播植草防护,措施偏弱,特别是沟槽地段(地表水汇集处)加固和防护措施偏弱。设挡、护墙地段,墙顶以上暴露的边坡还有些高,从交验和铁路建设为运营服务的角度出发,建议:

(1)硬质岩地段光面爆破可用,但必须用在岩体完整性较好,无不利结构或构造面影响,岩溶不发育的地段;

(2)白云岩边坡宜设防护;

(3)软质岩、土质边坡防护起点高度应适当降低;

(4)从DK615等风化破碎严重的软质岩变更设计工点情况看,坡脚应采用预加固桩或抗滑桩加固;当桩顶以上边坡仍然很高,地下水又发育,特别是岩层产状不利时,应采用锚索格梁或锚杆格梁加固。

4 结语

(1)为避免重大病害工点的变更设计发生,建议加大路基工点,特别是不良地质和特殊路基工点的勘测,尤其是地质勘探力度;重要工程结构物设置处应布置钻孔,查明地层和地下水情况,加强工点的现场调查,分析评估铁路施工,对不良(或特殊)岩、土及山体的影响,提出工程措施意见,以利采用正确的工程对策。对于斜坡软弱地基地段高填方应以桥代路,特别是沟槽处,避免高填方。

(2)斜坡软弱地段的弃渣场,应作勘测和地质勘探,避免因渣场选址不当造成新的工程滑坡和重新进行土、石方调配。

(3)对于挖桩井、挡墙挖基、附属工程挖基所产生的弃土,应纳入土、石方调配(按区间汇总),从设计上提供解决方案,避免施工单位乱挖乱弃,造成病害后,往设计上推卸责任。从法律角度上讲,也应如此。

(4)要注意调查沿江、河、水库、公路堑坡边行进的铁路下方自然陡坡(或人工陡坡)的稳定性并作评价,提出相应的工程处理意见,以便把这部分投资纳入施工图设计。

(5)做好铁路排水系统。尽量将路基两侧的侧沟、排水沟拉通设置(少作脚墙或作成带水沟的脚墙),天沟之水应汇入排水沟或侧沟。保护好当地居民的利益,原则上天沟、侧沟,排水沟的水不能排入耕地,更不能直接冲刷百姓的房屋(渝怀线在这方面增加投资较多)。勘测时应调查落实每段路堤、路堑(特别是桥后)排水沟、侧沟与自然沟渠的排水长度。

(6)新建铁路工程中,对临近公路,特别是高等级公路,临近村镇地段的石方爆破建议增加控制爆破和防护等措施。

武广线山区无砟轨道高速铁路路基工程设计综述

肖朝乾[1] 刘 洋[2]
(1.中铁二院工程集团有限责任公司土建一院;2.中铁二院工程集团有限责任公司技术中心)

摘 要 武广高速铁路韶关至花都段地处粤北艰险山区,地势险峻,构造发育,地质条件复杂,工程十分艰巨,是我国在复杂山区建设的第一条高速铁路。不良地质及特殊岩土遍布全线,设计难度空前,鉴于当时我国高速铁路设计技术水平,面临艰险山区槽谷透镜(鸡窝)状软土地基路堤工后沉降控制、厚覆盖型岩溶塌陷预测及防治技术、频繁变化的路桥(涵)隧等线下构筑物之间刚度协调控制、利用全风化花岗岩作路堤填料的改良方法与填筑工艺、路基工程长期服役性能与控制、陡坡路基下挡工程横向位移控制标准及控制技术等技术难题。设计过程中,有的放矢开展了多项科研攻关,借助科技力量解决工程设计问题,开创性地采用了钢筋混凝土桩板梁结构、桩网结构等新型措施处理岩溶路基工后沉降,采用路肩桩板墙控制陡坡路基横向位移,取得了事半功倍的效果。近3年来列车安全运营表明,路基结构稳定,支挡及边坡防护工程可靠,排水系统完善,满足列车稳定及平顺性要求,充分体现了设计的先进性、创新性、系统性、可靠性和经济性。经济效益和社会效益显著,为我国山区高速铁路建设奠定了坚实基础。

关键词 山区高速铁路;无砟轨道;工后沉降;桩板梁结构;横向位移控制;沉降评估

A Summary of Design for Ballastless Track Subgrade of High-speed Line in Mountainous Areas

Xiao Chaoqian[1] Liu Yang[2]
(1. First Civil Construction Design and Research Institute of CREEC;
2. Technology Center of CREEC)

Abstract The Shaoguan-Huadu section of Wuhan-Guanzhou high-speed railway, the first high-speed line built in mountainous areas in China, is located at the north region of Guangdong Province. Featuring precipitous terrains, developed structure and complicated geology, it presents special difficulties in construction and design. Restricted by the design and technique abilities for high-speed railway at that time, the project faced with many puzzles in engineering such as control of post-subsidence on soft foundation embankment in dangerous mountainous areas, prediction of the sinking of karst with heavy overburden and the preventive treatment, control of the stiffness between changeable offline structures such as road, bridge, culvert and tunnel, providing improved method and filling process by using fully-weathered granite as embankment filler, control on long-term service of subgrade and providing control standard and technique for lateral displacement in the formation of subgrade on steep slope. In the process of design, targeted scientific researches are carried out by which puzzled problems are settled, new technology including slab and girder supported by reinforced concrete pile and pile-net structures are employed to control post-subsidence of karst subgrade, shoulder sheet-pile wall is employed to control lateral displacement of steep subgrade, which is proved effective. Traffic free of accidents for 3 years indicates a stabilized

作者简介:肖朝乾(1976—),男,高级工程师。

subgrade, reliable retailing structure, well-protected slopes, perfect drainage system, which satisfies the requirement of stabilization and smoothness of trains and demonstrates the advancement, innovation, systematicness, reliability and economic efficiency in design. These achievements bring about both economic and social benefits and lay a solid foundation for high-speed railway construction in mountainous areas in this country.

Key words high-speed railway in mountainous area; ballastless track; post-subsidence; slab and girder structure supported by pile; control on lateral displacement; subsidence appraisal

1 引言

武广高速铁路全长1068km,见图1,于2005年12月开工建设,历时4年多,于2009年12月通过验收并开通运营,是我国最早建成、世界上首条时速350km无砟轨道客运专线长大干线铁路。韶关至花都段地处粤北艰险山区,线路长159.24km,路基长37.116km,桥隧比例高达76.7%,区间设有韶关车站、英德车站及清远车站。本段位于北江峡谷地貌区,地势险峻,山高坡陡,沟谷深切,构造发育,地质条件复杂,工程十分艰巨,是我国首次在复杂山区建设的高速铁路,见图2。沿线岩性分布以软质岩和灰岩、花岗岩为主,不良地质及特殊岩土主要有岩溶、采空区、滑坡、顺层、软土松软土、膨胀土、危岩落石等。鉴于当时我国高速铁路设计技术水平,路基设计需解决诸多技术难题:艰险山区槽谷透镜(鸡窝)状软土地基路堤工后沉降控制,厚覆盖型岩溶塌陷预测及防治技术,频繁变化的路、桥(涵)、隧等线下构筑物之间刚度协调控制,利用全风化花岗岩作路堤填料的改良方法与填筑工艺,路基工程长期服役性能与控制,陡坡路基下挡工程横向位移控制标准及控制技术。设计阶段,针对山区高速铁路的特点,与科研院校合作开展了一系列科学研究,攻坚克难,有效解决了设计技术难题,取得了多项创新成果,开创性地采用了钢筋混凝土桩板梁结构、桩网结构解决岩溶路基工后沉降问题,采用路肩桩板墙控制陡坡路基横向位移问题。路基竣工3年多、通车运营2年多来,列车运行平稳,路基基床及过渡段结构稳定,状态良好,路基边坡稳定,排水系统完善、通畅,充分体现了设计的创新性、合理性、全面性和前瞻性。运营部门路基检测结果显示,与有砟轨道相比,线路养护维修工作量显著减少,乘客舒适度大幅提高,取得了巨大的经济效益和社会效益。

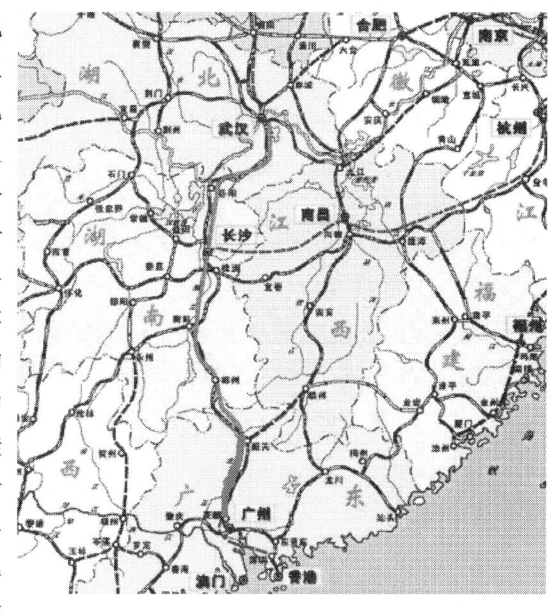

图1 武广高速铁路线位图

a)

b)

图2 粤北艰险山区北江峡谷阶地地貌

2 路基关键技术解决办法

针对武广高铁韶花段地形地质条件复杂、技术标准高的特点，以及当时我国高速铁路技术水平处于起步阶段的现实，设计立足科研、勇于创新，设计时力求工程的先进性、系统性、可靠性和经济性。有的放矢地开展了《高速铁路桥路分界高度选择原则研究》、《客运专线隧路过渡段设计技术研究》、《武广高速铁路花岗岩全风化层改良土工程特性试验研究》、《武广高速铁路路基加固与防护工程环境水侵蚀相关技术研究》、《武广客运专线厚覆盖型岩溶塌陷预测与防治技术研究》及《武广客运专线软土、松软土特性及工程措施研究》等一系列科学研究，取得了丰硕的科技创新成果，并将成果成功运用于路基设计。

3 路基设计关键技术

3.1 路堤稳定及填土变形控制技术

无砟轨道的高平顺性、高稳定性要求路基必须满足长期稳定要求，即严格限制工后沉降和不均匀沉降。高速铁路路基稳定性，最小稳定安全系数在不考虑轨道和列车荷载时不小于 1.30，在考虑轨道和列车荷载时不小于 1.15，考虑运架梁车荷载时不小于 1.05。路基铺轨后的残余变形(工后沉降)不得大于 15mm，路基与桥隧结构物之间的错台(差异沉降)不大于 5mm，路基与桥隧结构物之间以及任意两段路基之间的不均匀沉降所产生的折角不大于 1/1000。控制路基工程工后沉降主要是要控制地基沉降，设计从线路选线、纵断面优化、减少高路堤、合理确定桥路分界高度和路堤控制高度、路基填料及压实标准、地基处理等方面进行了系统工程优化。

采用优质路基填料、严格控制压实标准。基床底层和路堤本体均采用优质的 A、B 组填料或改良土。压实标准除了常规地基系数 K_{30}、压实系数 K 和孔隙率 n 外，还采用变形模量 E_{v2} 及动态变形模量 E_{vd} 等多指标控制，高度大于 6m 时提高路堤本体压实标准——采用与基床底层相当的压实标准。

3.2 地基工后沉降及不均匀沉降控制技术

山区沟槽内透镜状软土地基、工后沉降及不均匀沉降难以控制，为本线的技术难题。设计中根据地基条件，对包括软土、松软土、粉质黏土和岩层全风化层在内的非饱和土进行了大量的稳定和沉降计算，结合路堤填高、软弱地基土的厚度、埋深和详细物理力学参数，确定地基处理技术原则：埋深 3m 以内的浅层地基主要采用挖除换填和强夯处理，3～22m 的软土、松软土主要采用水泥搅拌桩、CFG 桩、旋喷桩等复合地基处理，深厚层软土松软土地基采取钢筋混凝土桩网、桩板结构等措施处理，见图 3。

a)

b)

图 3 地基加固 CFG 桩施工及成桩后照片

(1)复合地基处理技术

对于处理深度大于 3m 的地基，一般采用复合地基处理加固。根据交通、地基及施工条件，综合采用了水泥土搅拌桩、旋喷桩和 CFG 桩，以及少量的螺纹钻孔灌注桩进行复合地基加固。为确保复合地基加固区与桥台、涵洞等刚性基础和非加固区的平顺过渡，通过路基纵断面设计，在复合地基加固区的起终点划定了长度为 10m 的过渡区，对复合地基的桩间距和桩长进行必要调整。所有复合地基桩顶设置 0.6m 厚的加筋碎石垫层，垫层中铺设两层土工格栅。

水泥土搅拌桩用于路堤填高小于6m、埋深小于10m的软土地基和松软土地基加固。CFG桩用于桥路、涵路等过渡段地基，及路堤高度大于6m、处理深度大于10m小于22m的非过渡段地基。CFG桩加固的地基大多为非饱和土与松软土、软土的互层，或者为厚层非饱和土。旋喷桩用于部分表层分布薄层卵石土和块石土或施工场地上方分布高压线地段的地基加固。这是铁路行业首次大规模推广使用CFG复合地基加固技术，全部采用长螺旋管内泵送混合料施工工艺，所有混合料在混凝土拌和站集中拌和，集中运输。

(2)深厚层地基处理技术

当地基处理深度超过22m时，复合地基加固桩施工质量难以控制，经过大量理论及试验研究，提出了采用桩板梁结构和桩网结构的深厚层地基处理方法。

①桩板梁结构(图4、图5)

主要用于岩溶发育区深厚软土、松软土地基处理，能将岩溶塌陷与软土地基沉降问题一并解决，设计及施工阶段开展了桩板梁结构内力和变形的理论计算分析、数值仿真、室内缩尺模型试验、现场工程试验等研究，提出了端承类路基桩板梁结构的结构形式，设计桩及承台板的计算方法，以及承台板跨度5～10m、承台板高度0.6～1.0m、托梁高度0.6～1.0m的尺寸参数建议，成功实现了岩溶发育区深厚软土、松软土地基无砟轨道路基沉降的控制。

通过试验研究，在DIK2028＋100～DIK2028＋298等五段路基采用了由钢筋混凝土桩基、托梁和承台板组成的分幅托梁式桩板结构。结构类似于桥跨，桩基左右桩间距5m，一般跨度7.5m，桩径1.25m，在跨越较大孔径涵洞时采用10m跨度，最大桩长76m，承台板宽度为2×4.98m，两端设级配碎石过渡。此种结构的桩基采用钻孔成桩，多根桩可同时施作，施工便捷；经过经济比较，虽然桩板梁结构单价较高，但岩溶发育区取消了岩溶注浆整治工程及软土地基加固工程，比传统的加固措施略便宜，经济合理；由于采用的是端承类桩板结构，沉降量小，安全性高。此种新型地基处理技术为我国在岩溶软土地区建设高速铁路提供了坚实的理论基础及宝贵的实践经验，研究成果已在沪昆、成渝及西成等岩溶软土地区无砟轨道客运专线设计中广泛运用，经济效益及社会效益显著，成果工程意义重大，具有广泛的推广应用前景。

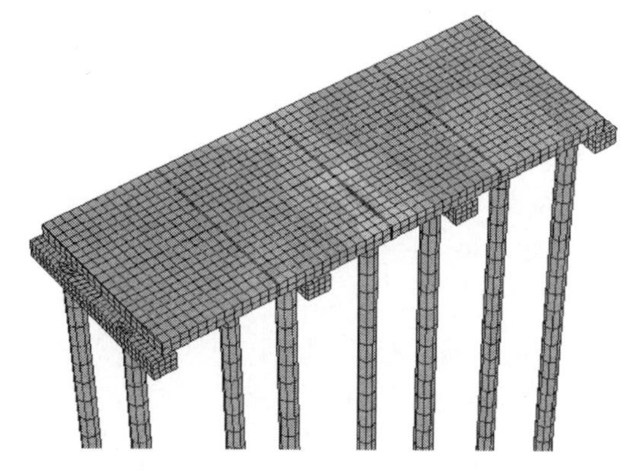

图4 桩板梁结构设计计算模型

图5 桩板梁结构施工

②桩网结构

高路堤深厚软弱地基尤其是桥头高路堤地基，设计采用了钢筋混凝土桩网结构，桩网结构均采用C30钢筋混凝土钻孔灌注桩，桩径60cm，桩间距2.0～2.5m，桩长22～35m。桩顶设边长为1.5m的正方形钢筋混凝土桩帽，上部设60cm厚的加筋碎石垫层。现场施工一般采用旋挖钻机或正、反循环钻机钻进，配合集中拌和站的混凝土罐车及混凝土泵输送混凝土灌注成桩。

3.3 厚覆盖型岩溶塌陷预测研究及综合整治技术

通过室内模型试验和现场试验，运用数值分析方法，研究了覆盖型岩溶区塌陷发育的基础条件及塌陷机理分析，岩溶塌陷危险性评价与预测方法，根据钻探和物探资料进行了岩溶塌陷评价分区。根据典型地层的渗流条件，研究了注浆孔扩散半径的影响，提出了覆盖型岩溶区塌陷防治设计原则和防治效果检验技术。

设计首次提出覆盖型岩溶大面积钻孔注浆施工孔位采用按孔间距由大到小分2序或3序布置的原则和方法。钻孔按施工顺序和用途分先导孔和注浆孔两类。对于岩溶极易塌陷区，原则采用7m→5m→3.5m的三序插点加密布置，对于岩溶易塌陷区原则采用7m→5m的两序插点加密布置。本项成果纳入了《铁路工程地基处理技术规程》。

3.4 路基与桥涵隧等结构物之间过渡段刚度协调控制技术

针对山区铁路桥路、涵路、隧路及路堤路堑过渡频繁的特点，设计开展了《客运专线隧路过渡段设计技术研究》，采用车—轨—路耦合动力分析、有限元空间数值模拟分析、综合实车试验等方法，研究了隧路过渡段动力特性及消除隧路分界点刚度突变及沉降"落差"的构造措施。总结归纳出了6种隧路过渡段类型：硬质岩过渡段、软质岩过渡段、全风化岩层及土层过渡段、半硬半软过渡段、复合地基过渡段、桥隧间短路基过渡段，并运用于设计中。研究并提出了客运专线隧路过渡段消除隧路分界点刚度突变及沉降"落差"的渐变厚度混凝土板、水泥稳定级配碎石、桥隧间刚性短路基、钢筋混凝土桩板结构等工程措施。首次在高速铁路路基施工图阶段全线采用路基纵断面图设计，通过横断面与纵断面的设计互补，对地基处理和过渡段等影响路基纵向刚度的因素进行优化匹配。

本线系统研究了客运专线无砟轨道隧路过渡段动力响应，填补了国内空白，提出了隧路过渡段纵向不均匀沉降限值及线下基础刚度平顺过渡技术标准，对我国高速铁路建设具有重要指导意义。研究成果已应用于武广、郑西等高速铁路，并已纳入《高速铁路设计规范(试行)》，为我国山区客运专线无砟轨道工程建设提供了有益的参考和指导，经济、社会效益显著。

3.5 花岗岩全风化层改良土填筑成套技术

武广线沿线分布大量的花岗岩全风化层，大多数具有结构松散、液塑限高、抗变形稳定性及水稳性差的特点，属于C、D组填料，不能直接用于高速铁路无砟轨道路基填料。通过现场取样，研究了室内原状土及改良土的物理力学和工程特性试验，研究对比了掺加水泥、石灰、水泥石灰混合改良的方案，提出采用水泥改良，并针对路基基床底层和本体分别确定了掺和比建议。

通过现场填筑试验，从选料、改良配比、拌和、施工、检测等方面进行了全方位的研究，提出了满足高速铁路无砟轨道高速铁路路基要求的花岗岩全风化层改良土的最佳掺和料及配合比、填筑施工工艺及参数、压实标准与质量检测方法等成套技术参数，指导现场填筑施工。研究提出花岗岩全风化层改良土路基填筑施工按3阶段、6区段、11流程施工，工作面控制在100 m较为合理。

设计提出了以压实系数、无侧限抗压强度为压实质量的主控指标，基床系数K_{30}或二次变形模量E_{V2}为压实质量的辅控指标，为制定适合我国高速铁路建设的路基填筑检测技术标准提供了宝贵的基础资料。

3.6 路基工程长期服役性能控制技术

(1)路基主体工程按土工结构物设计

填筑路基、承担列车和轨道荷载的支挡结构等路基主体工程按土工结构物进行设计，具有足够的强度、稳定性和耐久性。路肩挡土墙、路基桩板结构等承载结构工程设计使用年限按100年考虑，其余支挡结构设计使用年限为60年。

(2)强化路基基床结构

设计对路基基床表层和底层的刚度、强度、厚度和材料等提出了新的要求。基床表层采用0.4m厚级配碎石填筑，基床底层为土层及岩层全风化层时，挖除后采用2.3m厚A、B组填料或改良土填筑，确保基床满足变形、承载及水稳性等要求。

(3)加强路基支挡结构及边坡防护工程安全可靠性

深路堑设计贯彻"矮支挡、宽平台、缓边坡"的设计理念，安全可靠，提高了路基抵抗连续强降雨、洪水及地震等自然灾害的能力，确保列车高速运行安全。陡坡路堤考虑高速铁路列车动应力的影响，设计了重力式和桩板式路肩墙收坡，并采取墙背填料加筋等措施减小填方不均匀沉降。陡坡路堑设置预加

固桩、土钉墙及重力式路堑墙等支挡结构，稳固了坡脚。路堤和路堑边坡坡面采用灌草护坡、截水骨架护坡、锚杆(索)框架梁护坡等绿色防护，高陡深路堑及隧道洞口在边仰坡顶部或侧沟平台设置刚性防护网，以防止异物侵入，确保边坡工程安全可靠。

(4)设置了完备的路基防排水体系

高速铁路路基工程设置了完备的、系统化的防排水设施，避免地表水和地下水的侵扰。地面排水系统包括路堤排水沟、路堑侧沟、天沟和平台截水沟等，设置了排水沟末端防冲刷处理装置；路基面防排水系统包括路基面混凝土防水层、无砟轨道线间沟、集水井和横向排水管；地下防排水系统包括基床底层换填底部的复合土工膜、复合防排水板、纵向盲沟、检查井、边坡支撑渗沟和深层排水孔等，并与地面排水一起形成完整的防排水系统。

(5)路基工程抗地下水侵蚀防护成套技术

针对武广客运专线路基加固防护及地基处理工程抗环境水侵蚀存在的问题，基于环境水对工程结构物侵蚀机理的系统归纳和研究分析，首次结合铁路路基加固防护及地基处理工程特点，划分了环境水侵蚀作用类型及作用等级。

通过大量的室内与现场试验，通过研究水泥基材料的品种、品质及施工配比等，提出了 C_3A 含量限量值，且不得含石灰石粉混合材。研发了具有高可灌性、低收缩值，可显著改善锚杆(索)的耐久性的水泥注浆材料；针对强度不高、大水胶比的浆砌片石用砂浆耐久性要求研发了专用外加剂；研究提出了掺用粉煤灰可有效改善水泥搅拌桩、旋喷桩抗环境水侵蚀技术措施，提出了 CFG 桩用混合料满足泵送施工及耐久性要求的低强度混凝土抗侵蚀性技术措施及专用外加剂；针对含硫地层开挖施工，提出设置净化沉淀池和利用 $Ca(OH)_2$ 处理的设防原则及措施。

3.7 陡坡路基下边坡支挡横向位移控制技术

针对山区陡坡路基下挡工程横向挠曲位移会引起路基工后沉降及不均匀沉降这一特点，分析了桩顶位移与路基面沉降的关系。通过对陡坡路基桩板式路肩墙在设计荷载、动应力水平、桩顶位移及锚固地层等方面的计算分析和研究，提出在墙高 2～5m 时采用均布荷载、墙高 6m 及以上采用换算土柱的设计荷载。室内足尺比例模型试验认为，高速列车动应力对路肩墙的影响不大、挡墙外移 1.0m 后影响更小，设计提出桩板式路肩墙的桩顶高程放在路肩以下 1.0m，兼顾了无砟轨道和有砟轨道路基。根据路基不同填料的泊松比等材料参数对比分析，结合桩板墙桩顶变形特点，在分析桩顶水平位移与路基面沉降关系的基础上，首次提出高速铁路无砟轨道桩板式路肩墙桩顶总位移不大于 60mm、列车荷载施加前后位移差不大于 10mm 的控制标准，并采取墙背后铺设土工格栅加筋等措施减小填方不均匀沉降。经过大量计算对比分析，与常规铁路相比，除了因严格的桩顶位移差要求导致桩身锚固段长度稍长外，由于高速铁路动车组的轻轴重影响，桩身截面甚至还略小，并以此编制了通用参考图。经过现场沉降观测，后期工后沉降满足设计要求。

3.8 全面开展了沉降观测与系统评估

路基工程设置了系统全面的沉降观测设备，包括路基面沉降观测桩、地基基底沉降板和深厚层软土的单点沉降计等，经过不少于 6 个月的长期沉降观测，根据沉降观测资料对所有路基工点的工后沉降进行预测分析和评估，同时对包括路、桥、隧在内的所有线下工程进行沉降观测与评估，预测的工后沉降满足要求后方可铺设无砟轨道。对路基上的观测设备均进行了布置，满足了系统评估数据采集要求。

3.9 统筹规划和系统设计了路基上的机电设备接口预埋装置

高速铁路路基上的各种预埋设备及基础经过了统筹规划和系统设计，并分步实施，与路基工程保持了良好的接口关系。在路基填筑前和填筑中，及时预埋各种过轨管线和综合接地贯通线；接触网支柱基础采用对路基结构破坏较小的旋挖钻孔施工，并布置了铺轨测量的 CPⅢ 标识；根据过轨管线和接地贯通线引接线等分布合理布置电缆槽及手孔(电缆井)，并预留各类引接线端子；高陡深路堑及隧道洞口的落石隐患地段设置防护网并结合监控及预警系统。通过路基工程与上述四电设施的良好接口关系，减小了其后期施工对已建成路基结构的破坏，保证了路基强度、稳定性及防排水性能，确保行车安全。

4 路基设计主要创新点

针对武广高速铁路这种典型艰险山区的地形地质特点和高标准的技术的要求，设计开展了一列科学技术试验和研究，解决了设计中的技术难题。创新点归纳如下：

(1)针对山区槽谷透镜状不均匀软土、松软土及非饱和土地基，综合应用CFG桩、搅拌桩、旋喷桩、螺纹钻孔桩等复合地基，及钢筋混凝土桩—网结构、桩—板结构等工程处理措施，成功实现了高速铁路无砟轨道路基工后沉降及不均匀沉降的有效控制。

(2)针对艰险山区铁路隧道较多的特点，首次系统研究了隧路过渡段刚度控制技术，基于不同隧道围岩级别、不同隧路连接方式、连接处不同地基情况及路基填挖方式等情况，归纳总结了6种隧路过渡段类型，研究并提出了客运专线隧路过渡段消除隧路分界点刚度突变及沉降“落差”的渐变厚度混凝土板、水泥稳定级配碎石、桥隧间刚性短路基、钢筋混凝土桩板结构等工程措施。首次提出了两桥(隧)之间短路基等刚度结构与控制参数。保证了山区高速铁路频繁变化的路、桥、隧等线下构筑物之间纵横向的平顺过渡。

(3)首次提出覆盖型岩溶钻孔注浆施工孔位采用按孔间距由大到小分2序或3序布置的原则和注浆工艺，并纳入了《铁路工程地基处理技术规程》。根据典型地层的渗流条件，研究了注浆孔扩散半径的影响，提出了覆盖型岩溶区塌陷防治设计原则和防治效果检验技术。

(4)首次针对花岗岩全风化层填料提出采用石英、黏土矿物成分(云母)含量及液限等关键参数指标，作为其填筑高速铁路无砟轨道路基的选用标准；提出了满足高速铁路无砟轨道客运专线路基要求的花岗岩全风化层改良土的最佳掺和料及配比、填筑施工工艺及参数、压实标准与质量检测方法等成套技术。

(5)首次结合高速铁路路基加固防护及地基处理工程特点，划分了环境水侵蚀作用类型及作用等级，系统提出了相应的耐久性设计原则与方法；提出了环境水侵蚀条件下，路基工程水泥基材料中胶凝材料的品种及其品质，首次明确了其中C_3A含量限量值；研究提出了掺用粉煤灰有效改善水泥土搅拌桩、旋喷桩抗环境水侵蚀的技术措施，并纳入《铁路工程地基处理技术规程》。

(6)针对艰险山区铁路陡坡路基下边坡支挡横向挠曲变形会引后路基不均匀沉降的特点，首次提出高速铁路无砟轨道桩板式路肩墙桩顶总位移不大于60mm、列车荷载施加前后位移差不大于10mm的控制标准，并有效控制了桩顶位移。

5 结语

武广高速铁路是世界上首条高速铁路长大干线，是最早建成的设计时速350km的山区无砟轨道客运专线。针对武广高速铁路这种典型艰险山区的地形地质特点和高标准修建无砟轨道客运专线的要求，结合工程实际，通过数值分析、室内试验及现场测试试验等手段，开展了一列科学技术试验和研究，其中3项科技成果达到国际先进水平，3项达到国内领先水平，获集团公司科学技术一等奖4项，获中铁股份公司科学技术一等奖3项，三等奖1项，获四川省科学技术三等奖1项，取得发明专利4项，并成功将科研成果运用在路基工程勘察设计和建设中。提出的创新成果在本线韶关至花都段及其后的贵广、长昆、成渝高速铁路设计中得到了广泛应用，推广运用前景广阔，经济及社会效益显著。凭借设计的先进性，武广高速铁路韶关至花都段路基工程设计荣获2011年度中国中铁股份有限公司优秀工程设计一等奖。

武广高速铁路韶关至花都段路基竣工3年多、通车运营2年多来，运行平稳，轨检车检测结果表明，武广高速铁路韶关至花都段路基工程及其与桥隧之间过渡段工程结构稳定，状态良好，充分体现了设计阶段对地基加固、岩溶处理、支挡工程及过渡段设计的创新性、合理性、全面性和前瞻性。截至目前，国内外除武广高速铁路韶关至花都段外，尚无在山区建成时速350km无砟轨道高速铁路的实例，武广高速铁路韶关至花都段路基工程设计采用了一系列国际领先及先进技术，其艰险复杂山区无砟轨道高速铁路路基工程设计技术，总体上达到国际领先水平。

参考文献

[1] 铁建设[2004]157.京沪高速铁路设计暂行规定[S].北京:中国铁道出版社,2005.
[2] TB 10001—2005 铁路路基设计规范[S]. 北京:中国铁道出版社,2005.
[3] 魏永幸,蒋关鲁.客运专线无砟轨道路基关键技术探讨——以遂渝线无砟轨道综合试验段为例[J].铁道工程学报,2006,23(5):39-44.

遂渝线无砟轨道试验段路基工程设计综述

孙利琴[1] 魏永幸[2]
(1.中铁二院工程集团有限责任公司土建一院;2.中铁二院工程集团有限责任公司技术中心)

摘 要 无砟轨道铁路因具有整体性强、稳定性好、高平顺、少维修及坚固耐用等优点,已成为世界各国高速铁路发展的趋势。在此之前我国尚未进行过成区段铺设无砟轨道的试验,土质路基上成段铺设无砟轨道技术尚属空白。结合我国首条无砟轨道综合试验段——遂渝线无砟轨道综合试验的建设,路基专业开展了无砟轨道路基基床结构及动力特性、线下构筑物纵向刚度匹配技术、路基填筑压实标准、路基工后沉降控制技术、防排水技术等多个课题研究,取得了系列研究成果。综合科研成果,较好地完成了试验段路基工程的设计工作,首次取得土质路基上和成区段铺设无砟轨道铁路的技术突破。本文重点介绍了遂渝线无砟轨道综合试验段路基工程的设计情况。

关键词 遂渝线;路基工程;无砟轨道试验段;设计综述;桩网结构;桩板结构

A Summary of Subgrade Design for Ballastless Track Test Section on Suining-Chongqing Railway

Sun Liqin[1] Wei Yongxing[2]
(1. First Civil Construction Design & Research Institute of CREEC;2. Technology center of CREEC)

Abstract Ballastless track, superior in integrity, stability, smoothness, less maintenance and durability, has been increasingly employed in building high-speed railways worldwide. However, China has no experience in laying ballastless track in a full section before, not to say laying ballastless track on soil subgrade. Taking the building of first integrated test section for ballastless track——the test section on Suining-Chongqing railway as a case study, multiple researches are carried out which are involved in bed structure and dynamic properties of ballastless track, rigidity matching technology for structures under track, compacting criteria for sabgrade stuffing, technique for subgrade post-subsidence control and waterproofing and drainage, in which fruitful results have been achieved. The research achievements are helpful for the mapping out of design for subgrade trial section and initially make technical breakthrough in laying ballastless track on sectionalized soil subgrade. In this paper, emphasis is laid on the design for integrated test section for ballastless track on Suining-Chongqing railway.

Key words Suining-Chongqing railway; subgrade works; test section for ballastless track; design summarization; pile-net structure; sheet-pile structure

1 引言

无砟轨道以其整体性强、稳定性好、运营维护工作量小的优点,已成为世界各国高速铁路发展的趋势。但我国之前尚未进行过成区段铺设无砟轨道的试验,土质路基上成段铺设无砟轨道技术尚属空白。

作者简介:孙利琴(1969—),女,高级工程师。

为适应我国客运专线铁路建设的需要，推动高速铁路的发展，积累经验，铁道部于 2004 年 9 月决定在遂渝线建设首条无砟轨道综合试验段，是我国首次在路基上成段铺设无碴轨道。通过试验段建设，解决了我国客运专线无砟轨道路基工程的多项关键技术，主要包括：路基工后沉降控制技术、路基与其他构筑物不同线下基础纵向刚度匹配技术、无砟轨道路基基床结构及动力特性、路基工程耐久性及防排水技术等。遂渝线无砟轨道综合试验段如图 1 所示。

图 1　中国首条无砟轨道综合试验段—遂渝线无砟轨道综合试验段

1.1　试验段地理位置及地质概况

本试验段位于遂宁至重庆线引入重庆枢纽工程。段内为侏罗系“红层”地层，低山丘陵地貌，地形起伏不大，最大高差 100 余米，沿线丘包及缓坡坡槽依序相间，自然坡度为 20°～30°，槽谷间鱼池、河塘较多，植被发育。上覆为第四系人工填筑土，坡洪积、冲洪积层，峡谷、丘包基岩大多裸露。测区侏罗系红层丘陵区，风化节理普遍发育，主要见于地表及浅部的页、泥岩类，裂隙多而细小，且杂乱无章，地下水主要有第四系松散岩类孔隙水、基岩裂隙水。

1.2　试验段路基工程概况

试验段全长 13.16km，其中桥梁 3 座（总长度 0.74km），隧道总长度为 7.04km，路基总长度为 5.38km，区间路基长度为 3.89km，站场路基长度为 1.49km。无砟轨道试验段路基工程见表 1。

隧渝线无碴轨道试验段路基工程　　表 1

线路延长(km)	12.65
路基延长(km)	5.379
路堤延长(处/km)	17/2.463
最大路堤填方高度(m)	17
路堑延长(处/km)	21/2.916
最大路堑边坡高度(m)	40
路桥过渡段(处)	2
路涵过渡段(处)	22
隧路过渡段(处)	4
两桥(隧)之间短路基(处/延米)	3/104
软土、松软土路基(处/延米)	10/486

2　无砟轨道路基主要技术标准

2.1　路基标准横断面形状及宽度

结合无砟轨道结构要求以及电缆槽和接触网杆塔基础设置需要，综合确定如下：

区间路基面形状采用梯形，顶面宽度与轨道基础板等宽，单线顶宽 3.2～3.6m，双线顶宽 7.4～7.8m，两侧设 4%的横向排水坡。曲线地段不加宽。

区间单线（设计行车速度 200km/h）路基面宽度为 7.8m，双线（设计行车速度 160km/h）路基面宽度为12.0m。

2.2 路基基床结构、材料及参数

(1)基床结构(图2)

按《遂渝线无砟轨道综合试验段无砟轨道设计技术条件》规定,同时结合本项目的研究成果,采用以下标准。

①板式无砟轨道:基床表层级配碎石一般厚0.4m,个别地段0.7m;底层A、B组填料:路堤地段2.3m,路堑地段根据地层情况分别换填1.0~2.3m。

②双块式无砟轨道:基床表层级配碎石0.4m;底层A、B组填料:路堤一般地段2.3m,路堑地段根据地层情况分别换填1.0~2.3m。

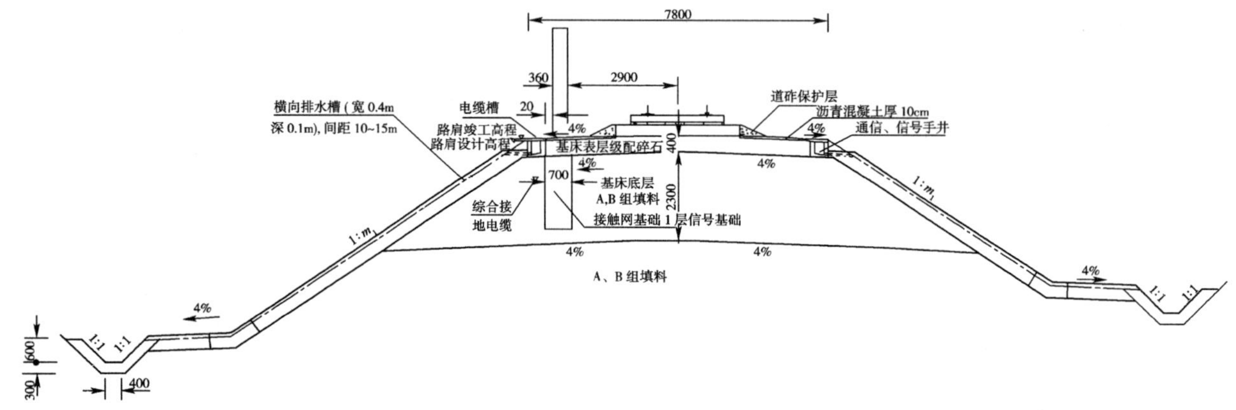

图2 无砟轨道路基基床结构

(2)基床材料及压实标准

基床表层级配碎石的材质和级配按《遂渝线无砟轨道综合试验段无砟轨道设计技术条件》执行。其粒径级配见表2,基床表层压实标准见表3,基床底层采用A、B组填料,压实标准见表4。

基床表层级配碎石粒径级配　　表2

方孔筛边长(mm)	0.075	0.1	0.5	1.7	7.1	16	25	45
过筛质量百分比(%)	0~7	0~11	7~32	13~46	41~75	67~91	82~100	100

路基基床表层级配碎石压实标准　　表3

填　料	厚度(m)	压实标准			
		地基系数 K_{30} (MPa)	动态变形模量 E_{vd} (MPa)	二次变形模量 E_{v2} (MPa)	空隙率 n (%)
级配碎石	0.7	≥190	≥55	≥120	<18
级配碎石	0.4	≥190	≥55	≥120	<18

路基底层填料及压实标准　　表4

填　料	厚度(m)	压实标准	粗粒土	碎石土
A、B组填料	1.0~2.3	地基系数 K_{30}(MPa)	≥130	≥150
		二次变形模量 E_{v2}(MPa)	≥80	≥60
		空隙率 n(%)	<28	<28

2.3 路基残余变形(工后沉降及沉降差)控制标准

无砟轨道对路基残余变形(工后沉降及沉降差)控制要求严格。根据德国、日本的经验,遂渝线无砟轨道综合试验段路基工后沉降控制标准采用15mm,其他要求如下。

(1)桥、隧与路基连接处的差异沉降不大于5mm。

(2)桥、隧与路基过渡段或任意两段路基的折角不大于1/1000。

(3)任意路基地段20m长度范围的不均匀沉降不大于20mm。

3 路基及地基工后沉降控制

无砟轨道结构由于钢轨扣件调高量十分有限,因此对路基工后沉降提出了严格要求。无砟轨道路基工程的设计必须采取有效措施,控制填土和地基压缩沉降,并加强路基工程防排水处理。控制路堤压实沉降主要从以下三个方面入手:采用优质填料,采用高标准的路堤填筑压实度,加强填土压实过程控制。

3.1 路堤填筑压实管理

(1)路基填筑分层厚度一般采用0.3m,采用横断面全宽、纵向分层填筑。

(2)两侧填土边坡按0.6m一层铺设土工格栅,土工格栅铺设宽度为2.5~4.0m,极限抗拉强度不小于20kN/m。

(3)按间距20~25m设置填筑密实度检测断面;必检点3个(中心及两侧边坡内1m处),随机检测点不少于两个。

3.2 地基沉降控制措施

试验段路堤地基分为三类:岩石地基、硬塑状黏土地基、局部软土或松软土地基。软土或松软土地基按有砟轨道设计已施工完毕,部分地段已填筑,填料为就近移挖作填的风化红层泥岩。根据补充勘察资料,分析检算地基沉降,分别采用以下措施进行处理。

挖除换填:适用于埋藏较浅、厚度小于4m的软土或松软土,且已采用红层泥岩填筑路堤部分的高度小于3m。

CFG桩补强加固:采用CFG桩对软土或松软土进行补强加固,路堤基底设置一层双向高强度土工格栅的加筋垫层。CFG桩桩体极限抗压强度不小于8MPa,桩径0.5m,桩间距1.5~1.6m。加固后复合地基承载力应大于路堤及上部轨道建筑、列车荷载产生的附加应力并不小于200kPa。

钢筋混凝土桩网结构如图3所示。对已填路堤采用冲击碾压追加压密,设置钢筋混凝土桩网结构补强加固,其上按无砟轨道路基技术标准填筑路堤。钢筋混凝土桩采用C30级混凝土,桩直径0.6m,间距2.0~3.0m。加固后地基承载力,应大于未填筑部分路堤及列车荷载产生的附加应力并不小于200kPa。

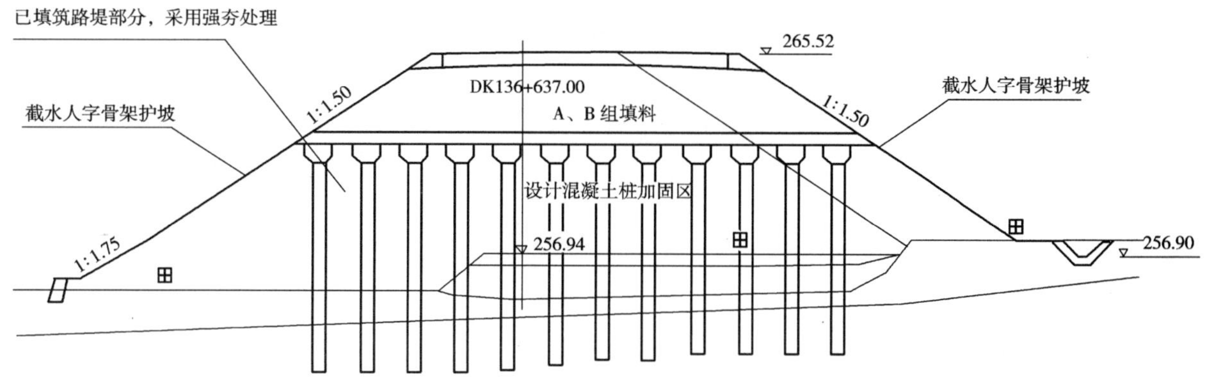

图3 钢筋混凝土桩网结构

钢筋混凝土桩板结构如图4所示。钢筋混凝土桩板结构由钢筋混凝土桩基和上部钢筋混凝土承载板组成,钢筋混凝土承载板直接与轨道结构相连接。钢筋混凝土承载板长度为20~30m,厚0.6m;桩基直径采用1.2m,桩横向间距为2.5~4.52m;板下桩基纵向间距采用5~10m。

强夯:地基为粉质黏土及砂泥岩全风化层地段,采用强夯处理,先点夯后满夯。加固后地基承载力应大于未填筑部分路堤及列车荷载产生的附加应力并不小于200kPa。

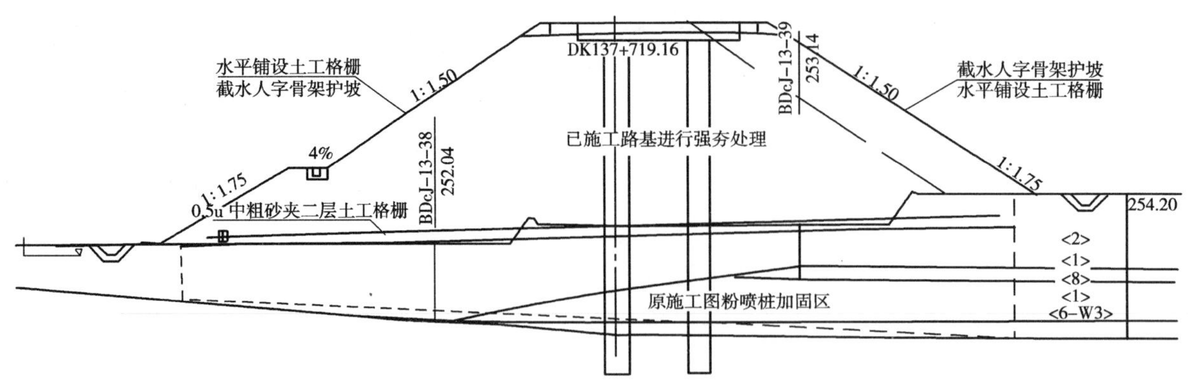

图4 钢筋混凝土桩板结构

4 路基与构筑物过渡段设计

在路基与(桥、隧、涵)构筑物的连接处，由于路基与构筑物的沉降特性不一致，在其连接处附近极易产生沉降差，导致轨面发生弯折变形，产生静不平顺问题；另一方面，路堤与构筑物的刚度差异也十分巨大，形成动不平顺问题。当列车通过该段落时，会加剧列车与线路的振动，加速线路的变形与破坏，影响行车的舒适性和平稳性。因此过渡段设计应加强过渡段刚度和变形的控制，使线下基础纵向变形和刚度协调一致。

4.1 桥路过渡段

以试验段内比较典型的桥路过渡段——张家院子中桥与路基过渡段为例。张家院子中桥遂宁端，路基为挖方，且为两桥(隧)之间短路基(龙凤隧道出口至张家院子中桥遂宁端长 65m)。在桥台后路基地段设计渐变混凝土板过渡段。张家院子中桥重庆端路基为填方，采用二次过渡方法，在桥台后路基地段设计水泥稳定级配碎石和级配碎石过渡段，路堤与桥台间加设钢筋混凝土搭板。

4.2 涵路过渡段

全段共有 22 座涵洞。路堤与横向构筑物(立交框构、箱涵等)连接处，设置过渡段。当涵洞顶部路堤最小厚度 $h>1.0$m 时，设置水泥稳定级配碎石(掺加 5%水泥)过渡段，长度为 $L=2H+2$。过渡段范围内的基床表层级配碎石掺加 3%～5%水泥。当涵洞顶部路堤最小厚度 $h<1.0$m 时，采用二次过渡方式，过渡段总长度为 $L=4(H+h-0.7)+2+b$，且不小于 20m(H 为横向构筑物高度)，如图 5 所示。

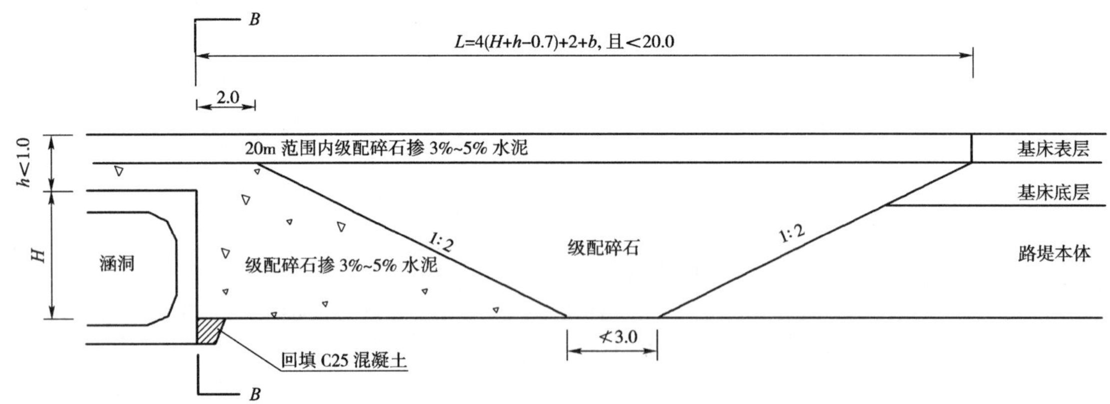

图5 涵路过渡段(单位：m)

4.3 路堤与路堑过渡段

路堤与路堑连接处，设置过渡段。路堤与硬质岩路堑连接过渡段采用级配碎石填筑，并在过渡段及其分布范围内基床表层的级配碎石中掺入 3%～5%的水泥；路堤与土质及软质岩路堑连接处过渡段，采用纵横向挖台阶方式，回填与路堤相同填料。路堤与路堑过渡段的台阶高度为 0.6m，并在台阶顶部设置横向排水盲沟，如图 6 所示。

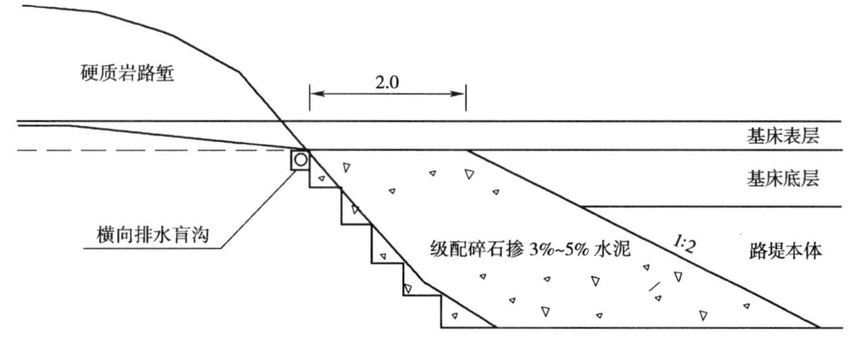

图 6 路堤与路堑过渡段(单位:m)

4.4 隧路过渡段

在路堑基床范围内设置厚度渐变的混凝土板,混凝土板长度一般为 20m,板厚 0.7～2.0m。当路堑长度短于 20m 时,按路堑实际长度设置。当隧路过渡段与路堤路堑过渡段相连,如木鱼山隧道出口端采用厚度渐变水泥稳定级配碎石填筑,如图 7 所示。

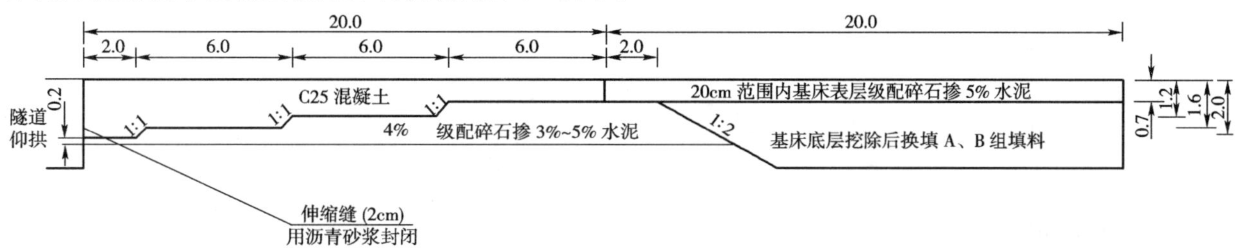

图 7 隧路过渡段(单位:m)

4.5 两桥(隧)之间短路基

为使路基与桥(隧)刚度协调匹配,可采用上部 0.7～2.0m 厚 C25 混凝土板,下部级配碎石掺3%～5%水泥的过渡段,或采用不同部位掺不同比例水泥的级配碎石过渡段,如图 8 所示。

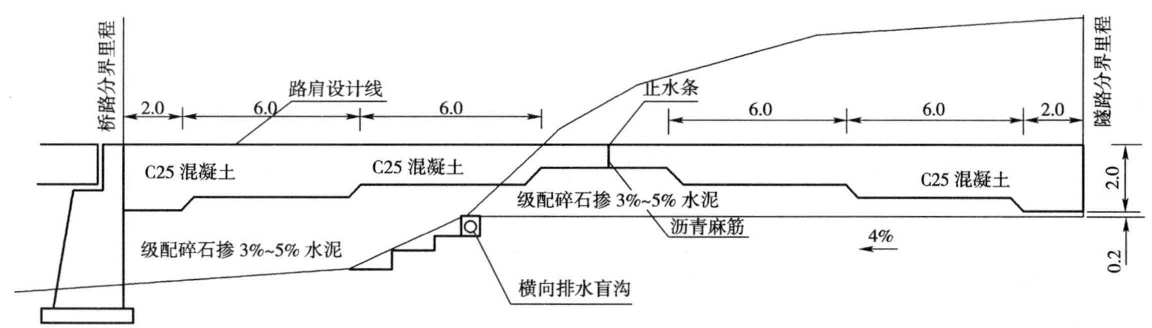

图 8 两桥(隧)之间短路基(单位:m)

4.6 有砟轨道与无砟轨道过渡段

在有砟轨道与无砟轨道之间设置 20m 长的过渡段,基床基底设级配碎石垫层(掺 3%～5%水泥)。图 9 为有砟轨道与无砟轨道过渡段纵断面设计图。

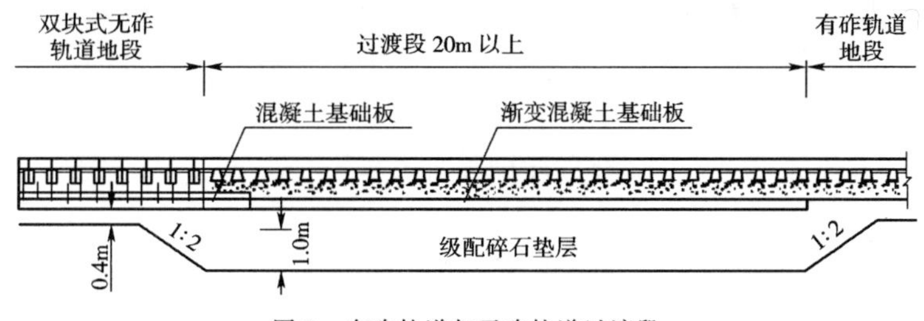

图 9 有砟轨道与无砟轨道过渡段

5 路堤边坡形式及边坡防护工程

路堤边坡用梯形断面。地基条件良好地段的路堤边坡坡度一般为1∶1.5;边坡高度大于6m时,增设边坡平台。长期受水浸泡的路堤,边坡相应放缓一级。受洪水冲刷的路堤边坡,在设防水位以下部分采用浆砌片石护坡防护,其余路堤边坡采用植物防护,一般采用液压喷播植草间植灌木灌草护坡,路肩及坡脚设浆砌片石镶边。边坡高度大于3m时,增设浆砌片石截水骨架,以加强坡面排水,保证边坡稳定性;当边坡高度大于4m,或半填半挖地段边坡高度大于3m时,增设土工格栅水平加筋,增强边坡稳定性。

6 路基工程防排水设计

路基工程是由岩土材料构筑于露天环境,其工程性质易受环境影响,特别是水的影响,将引起土体强度的降低,引发各种工程病害,从而影响路基工程的长期稳定性。因此无砟轨道路基应有良好的排水设施,保证路基基床、路堤边坡及地基的稳定性。本试验段主要采取以下防排水措施,以确保无砟轨道在使用年限内正常运营。

6.1 路基面防排水

为防止表水渗入路基本体,在轨道基础板两侧基床表层,铺设0.1m厚沥青混凝土封闭层,防止表水下渗。在无砟轨道路基左右两线的轨道板之间,设置贯通的纵向水沟,路堑侧沟外平台采用浆砌片石封闭。

6.2 路堑基床底层排水

软质岩全、强风化层及土层地段路堑基床换填层下均设置排水层,换填深度为1～2.3m,采用A、B组填料填筑。地下水发育的路堑地段,在两侧设置排水盲沟,防止地下水软化路基。在路堑地段的各种过渡段及基床底层换填地段的底部,铺设复合排水网反滤层,两侧设纵向盲沟。

6.3 路堤边坡防排水

路堤边坡设截水骨架并灌草,防止地表水冲蚀坡面。

6.4 路基排水系统

路基面排水系统、路基边坡截排水骨架、路基边坡平台截水沟、路堤坡脚排水建筑相互衔接,形成完善的排水系统。

(1)路基工程防排水设计

无砟轨道路基应有良好的排水设施,保证路基基床、路堤边坡及地基的稳定性。

(2)路基面防排水

为防止表水渗入路基本体,在轨道基础板两侧基床表层,铺设0.1m厚沥青混凝土封闭层,防止表水下渗。在无砟轨道路基左右两线的轨道板之间,设置贯通的纵向水沟,路堑侧沟外平台采用浆砌片石封闭。

(3)路堑基床底层排水

软质岩全、强风化层及土层地段路堑基床换填层下均设置排水层,换填深度为1～2.3m,采用A、B组填料填筑。地下水发育的路堑地段,在两侧设置排水盲沟,防止地下水软化路基。在路堑地段的各种过渡段及基床底层换填地段的底部,铺设复合排水网反滤层,两侧设纵向盲沟。

(4)路堤边坡防排水

路堤边坡设截水骨架并灌草,防止地表水冲蚀坡面。

(5)路基排水系统

路基面排水系统、路基边坡截排水骨架、路基边坡平台截水沟、路堤坡脚排水建筑相互衔接,形成完善的排水系统。

7 路基工程质量控制

7.1 地基条件检测

参考日本及德国高速铁路标准，结合本项目实际情况，采用如下标准。

路堤：黏性土及全风化岩层，均进行路基工后沉降分析，要求地基 $[\sigma]\geqslant$200kPa。

路堑：换填深度大于 1.5m，地基满足 $K_{30}>$120MPa，$E_{v2}>$ 80MPa 。换填深度$>$3.0m，地基满足 $K_{30}>$100MPa，$E_{v2}>$45MPa。对路堤和路堑地基，均按上述项目进行检测，不满足要求时，进行地基加固处理。

7.2 路基加固工程检测

检测软土地基 CFG 桩强度，并对 CFG 桩复合地基进行载荷试验检测。检测包括低应变对桩身质量的检测和静载荷试验对承载力的检测。静载荷试验采用单桩或多桩复合地基，根据试验结果评价复合地基承载力。要求复合地基承载力不小于 200kPa。静载荷试验数量取 CFG 桩总桩数的 0.5%～1%，但不少于 3 点；低应变检测数量一般取 CFG 桩总桩数的 10%。对钢筋混凝土桩网结构和桩板结构，检测其混凝土强度，并对钢筋混凝土桩进行载荷试验检测。

7.3 路堤填筑压实质量检测

(1)基床表层检测

检查位置：单线路基在轨道中心和轨道两侧设置检验点；双线路基在轨道两侧设置检验点。

(2)路基基床底层及以下检测

①地基系数 K_{30} 和二次变形模量 E_{v2} 检查

路堤每 0.9m 检查一层，检查点在路堤的中部及坡顶向内侧 2.0m 处；每层至少检查 3 点，随机检测点不少于 2 个。

②压实系数 K 和孔隙率 n 检查

压实系数 K、孔隙率 n 检查按 0.3m 分层厚度进行检测，检查点在路堤的中间及坡顶向内侧 1.0m 处；每层至少检查 3 点，随机检测点不少于 2 个。

7.4 路基面沉降监测

在路基基床表层施工后埋设观测桩，进行连续、系统的沉降观测。观测桩在无砟轨道基础板两侧同时设置。观测断面间距：一般地段 20m，各种过渡段均加密，采用 5～10m。要求观测时间不短于 6 个月，并对沉降数据进行分析，判断路堤沉降是否稳定以及路基工后沉降是否满足无砟轨道铺设要求。路基沉降稳定且路基工后沉降满足要求后，方可进行无砟轨道施工。

8 结语

遂渝线无砟轨道综合试验段，经过铁道部鉴定中心及有关专家的多次评审，同时经德国 PEC+5 公司设计咨询，于 2005 年 5 月开工建设，2007 年 12 月开通运营至今，路基工后沉降控制有效，路基及过渡段动力性能良好，路基基础情况良好，首次取得土质路基上和成区段铺设无碴轨道铁路的技术突破，并在武广、郑西客运专线建设中推广应用，部分研究成果已纳入《客运专线无砟轨道铁路设计指南》、《客运专线铁路无砟轨道铺轨条件评估技术指南》等行业规范，为我国客运专线建设提供了重要的技术支撑。

重钢浸水高填方路堤设计回顾

杨贵勇　霍嫦君　李　果

(中铁二院工程集团有限责任公司成都公司)

摘　要　重钢环保搬迁工程最高填方达74m的特大浸水高路堤,位置紧邻长江。本文通过对其设计回顾,从路堤稳定、地基处理和路堤填筑进行分析,介绍其设计过程。最后通过现场监测分析浸水高路堤稳定状态,验证设计措施较合理。

关键词　浸水高路堤;设计;稳定;软基处理

Design of Immersed High-fill Embankment for Relocation Project of Chongqing Steel Mill

Yang Guiyong　Huo Changjun　Li Guo

(Chengdu Survey, Design & Research Institute of CREEC)

Abstract　The extra-large immersed high-fill embankment for relocation project of Chongqing Steel Mill, with its highest fill up to 74m, is of immediate vicinity to the Yangtze River. In this paper, the authors review the design and present the design process on the basis of analysis of embankment stability, foundation treatment and fill of embankment. And finally verify the rationality of the design by field monitoring and analysis of stable state of the immersed high-fill embankment.

Key words　immersed high-fill embankment; design; stability; treatment of soft foundation

1　引言

重钢环保搬迁货运铁路站场位于三峡库区,填平山谷后,形成浸水斜坡路堤,厂区北面、东面均受长江河道位置控制,最大填方高度达74m,填方体积大,属于特大高填方。随着三峡库区蓄水,铁路路堤一部分将位于水位以下,路堤的稳定性和变形特性受浸水作用的影响。路堤除承载着普通路堤所承受的外力及自重力作用外,还要承受水的冲刷力、水的浮力、渗透动水压力作用以及渗透动水压力对填料力学性能的改变。随着蓄水位升降的影响,路堤可能产生诸多病害,如路堤的不均匀沉降、路堤边坡的失稳、路堤的整体下沉、受水影响支挡结构物的变形、受河水浸泡底部填料出现的湿化现象等。

浸水路堤的设计与施工和一般路堤有所不同。为保证浸水路堤的稳定,国内外浸水路堤的设计一般遵循下述设计原则:

(1)适当减缓坡比。

(2)选择透水性好的填料。

(3)边坡防护措施的设置:根据水流对路堤边坡的危害程度及地形、地质条件,采取适当的防护措施,防止水流冲刷和淘刷作用。

(4)路堤两侧水位差较大时,由于可能产生管涌现象,根据具体情况采取相应有效措施加以防止。

2　工程概况

重钢高填方路堤工况位于重钢车场内SDK3+180～+595段,东西走向,北侧临江,南面靠山,地形

作者简介:杨贵勇(1969—　),男,高级工程师,中铁二院工程集团有限责任公司成都公司副总工程师。

坡角多在 20°～30°之间，多为构造剥蚀浅丘地貌，长江沿岸受水流冲刷侵蚀，形成浅 V 形河谷岸坡地貌，沟河纵坡 5%～10%，切割深 10～30m。场坪高度约 228.7m，坡脚最低点约 155m，相对高差一般为 30～100m。车场路基面宽 105～175m，路基中心填方高度 25～70m，最大边坡高度约 74m，其平面如图 1 所示。

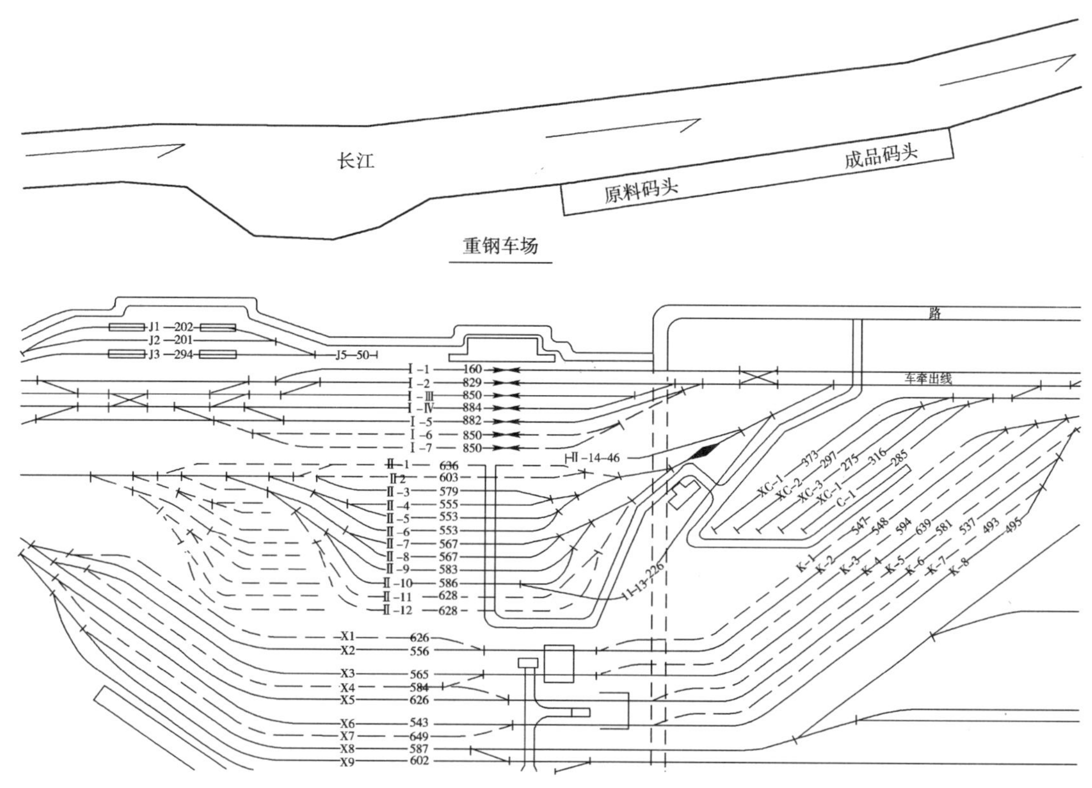

图 1　重钢车场平面示意图

地基表层上覆 2～9m 软土，由第四系坡洪积软塑粉质黏土、冲洪积流松散状淤泥质粉土、粉土、软塑黏性土等组成。其中粉质黏土厚 0～4m，粉土厚 0～5m，淤泥质粉土厚 5～10m，淤泥质粉土厚 5～10m。根据标准贯入试验：$2 \leqslant N \leqslant 6$，平均值为 4.5，取样分析得到该层土具有土质不均、含水率小、透水性强、厚度变化不大等特点。下伏基岩为侏罗系沙溪庙组(J2S)砂岩夹泥岩。淤泥质粉土基本承载力 $[\sigma_0]=80\text{kPa}$，压缩模量 $E_s=2.97\text{MPa}$。工程地质主要物理学指标见表 1。

地层主要物理学指标　　表 1

地层编号	地层名称	重度 (kN·m³)	凝聚力 (kPa)	内摩擦角 (°)	摩阻力 (kPa)	渗透系数 (m/d)	基本承载力 (kPa)
<2-1>	粉质黏土	19	10	7	—	0.8	120
<2-2>	淤泥质粉土	18	10	4	—	0.4	80
<2-3>	粉土	19	4	4	—	0.5	100
<6-1>	砂岩	25	—	60	0.55	0.48	700
<6-2>	泥岩	24	—	50	0.4	0.03	500

3　稳定计算

3.1　稳定分析

路堤边坡稳定分析中，较早出现有 K. Petetrosn 提出的瑞典条分法(该方法适用于圆弧滑面)以及后来的 Bihsop 条分法，1954 年的 Janbau 条分法和 20 世纪 70 年代的王复来分析方法等形成的极限平衡理论。1967 年，人们第一次尝试用有限元法研究边坡的稳定性问题，使其逐步过渡到数值方法。

Richards 将达西定律引入非稳定渗流中，使对浸水边坡的非稳定渗流研究更进一步。60 年代后，数值模拟被引入求解 Richards 方程中。极限平衡法由于计算简便，条件明确，能较好满足工程需要，从而广泛使用于工程实际当中。我国铁路部门传递系法采用较多，假定每侧条间力的合力与上一土条的底面相平行[1]，如图 2 所示，由力平衡可得：

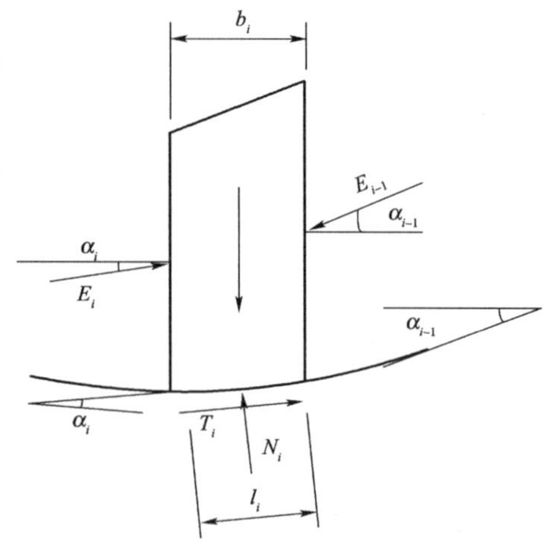

图 2　传递系数法图式

$$\begin{cases} T_i + E_i - W_i\sin\alpha_i - E_{i-1}\cos(\alpha_{i-1} - \alpha_i) = 0 \\ N_i - W_i\cos\alpha_i - E\sin(\alpha_{i-1} - \alpha_i) = 0 \end{cases} \tag{1}$$

T_i 用摩尔库仑抗剪强度除以安全系数 K 来表示，即：

$$T_i = \frac{1}{K}[c'_i l_i + (N_i - u_i l_i)\tan\varphi'_i] \tag{2}$$

可得：

$$E_i = W_i\sin\alpha_i - \frac{1}{K}[c'_i l_i + (W_i\cos\alpha_i - u_i l_i)\tan\varphi'_i] + E_{i-1}\psi_i \tag{3}$$

其中：

$$\psi_i = \cos(\alpha_{i-1} - \alpha_i) - \frac{\tan\varphi'_i}{K}\sin(\alpha_{i-1} - \alpha_i) \tag{4}$$

计算安全系数时先假定 K，然后从第一条土条开始逐条向下推求，直至求出最后的推力 E_n。当 E_n 接近于零时，所求 K 为边坡安全系数。

3.2　代表断面分析

选取代表断面 SDK3+480 和 SDK3+580 分别进行分析，地层参数如表 1 所示。填方路堤保证自身稳定情况下，考虑三种荷载组合进行计算：

(1)三峡水库蓄水位较低，考虑路堤自重+地表荷载；

(2)自重+地表荷载+水库坝前水位 175m+非汛期 50 年一遇暴雨($q_{枯}$)；

(3)自重+地表荷载+库水位降落。荷载组合见图 3～图 6。

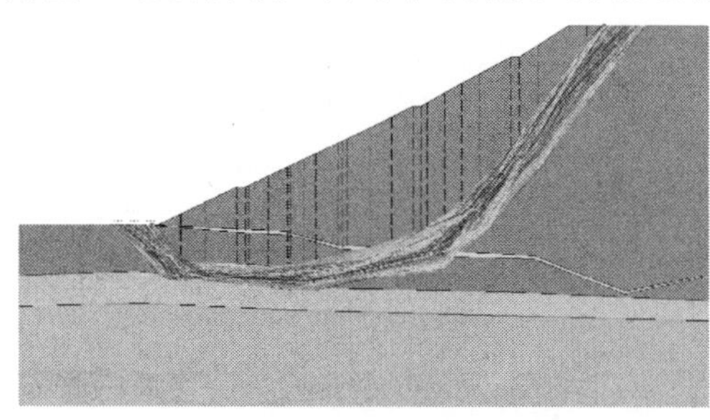
图 3　SDK3+480 断面危险滑面(荷载组合一)

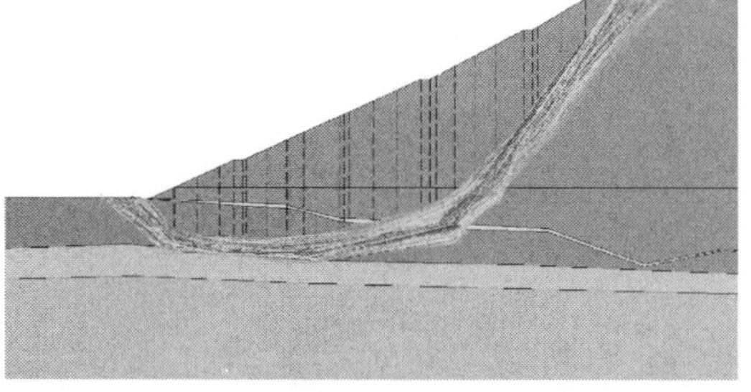
图 4　SDK3+480 断面危险滑面(荷载组合二)

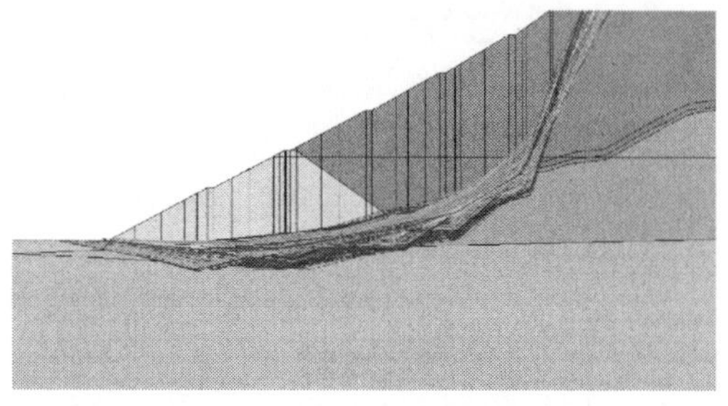
图 5　SDK3+580 断面危险滑面(荷载组合一)

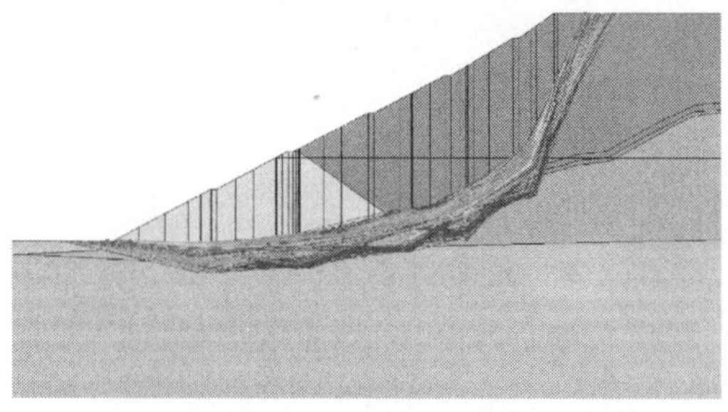
图 6　SDK3+580 断面危险滑面(荷载组合二)

根据《三峡地质灾害防治设计技术要求》，对一级涉水工程，静止水位边坡稳定一般要求最小安全系数 1.25，水位降落边坡稳定最小安全系数 1.20，选取断面 SDK3＋580 进行计算，荷载组合二与荷载组合三相比，安全度降低 0.046，故断面计算分析中选择荷载组合二作为控制性荷载组合。

从危险滑面可看出，边坡稳定性主要由基底软弱层控制，计算结果见表 2。表中滑坡推力为安全系数取 1.25 时力的值。由表中稳定系数可知，高边坡处于不稳定状态，需采取措施进行处理。

典型断面稳定系数及推力一览表　　表 2

断面里程	荷载	稳定系数	推力(kN)
SDK3＋480	荷载组合一	0.88	2835
	荷载组合二	0.75	3129
SDK3＋580	荷载组合一	0.36	16018
	荷载组合二	0.27	17864

4　工程设计

重钢专用线填方浸水路堤填方高度较高，最大填方边坡高度达到 74m，填方量巨大，并且有较厚软弱地基。与普通填方路堤相比，填料选取严格，压实度不易满足。为保证路堤满足稳定和沉降要求，设计需从两方面进行考虑，即必须保证填方本体自身的稳定和沉降的控制，另外从整体考虑填方体的稳定和沉降，需对地基进行处理。代表性断面设计如图 7 所示。

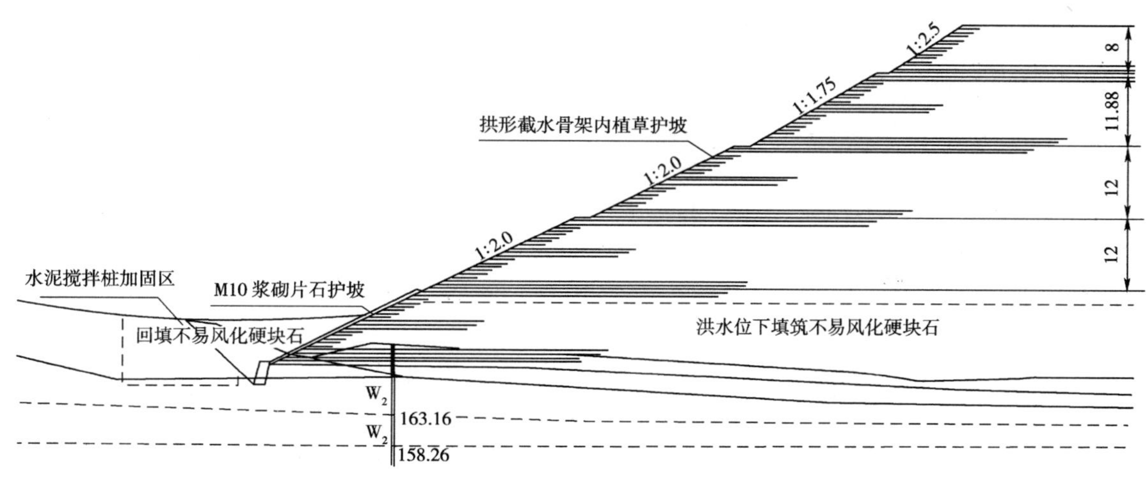

图 7　浸水高路堤代表性断面

4.1　填方本体稳定设计

(1)填料设计

高填方路堤的稳定性与填料的内摩擦角及黏聚力有很大关系，应选择黏性土、粉质土、砂类土等黏聚力较大的填料。砾石土、卵石土及不易风化的石质填料，其内摩擦角大，都是高填方路堤较适用的填料。浸水路堤部分，优先选择选用水稳性好、压缩性小、渗透性强的粗颗粒材料，以减少渗透压力的作用，洪水位下填筑不易风化的硬块石。填筑情况如图 8 所示。

(2)碾压设计

控制路基的压实度是高路堤路基稳定的前提之一，重钢高路堤填筑采用普通碾压与强夯相结合的施工工艺[2-3]。路堤填筑时自上而下分 6m 为一层作强夯加固处理。除上面两层采用满夯外，其余均采用点夯。点夯夯击能采用 2000kN·m，夯点布置为 6m×6m 的梅花形；满夯夯击能采用 1000kN·m，相邻夯印搭接宽度不大于 300mm，相邻两排夯点采用交错进行。为保证施工质量，每填 0.6m，采用重型振动分层压实措施。基床底层表面采用重型振动压路机压实平整，并分层填筑压实基床表层。现场施工如图 9 所示。

图 8　边坡填筑情况

图 9　路基强夯施工现场

(3)边坡设计

为保证边坡长期的稳定性，百年洪水位以下边坡采取 M7.5 浆砌片石护坡进行防护，百年洪水位以上采取人字形骨架护坡。为加强坡面稳定和整体性，铺设水平土工格栅。

4.2　地基处理设计

由图 3、图 5 及表 2 可知，断面潜在危险滑面通过软弱地层＜2-1＞、＜2-3＞，下滑推力较大，需对地基进行处理。对于淤泥质土、粉土、黏性土等软弱地基处理一般采取挖除换填法、水泥搅拌桩法、高压喷射注浆法、钢筋混凝土约束桩等加固处理措施[4-5]。

经综合比选，该段路基采取挖除换填法处理。由于地基上部填方量特别大，对地基施工要求严格。挖除换填法，措施简单、实施容易，适合机械化集中作业，工期相对较短。其缺点是换填基坑边坡较高，弃方较多，同时施工时间受三峡水库运营调度的限制。而刚性桩复合地基施工质量与软弱层及地层岩性有关，存在一定的不确定性。具体处理措施为：挖除地基软弱层，换填成不易风化的块石；基坑边坡采取水泥搅拌桩进行处理，同时对路堤坡脚起到侧向约束作用。采用传递系数法进行分析计算，路堤安全系数 $K=1.5$，满足设计要求。

5　现场监测及效果

该路堤为一特大浸水高路堤，受力复杂，需监测填方路堤沉降特性和整体稳定性，预测路堤最终沉降量和稳定期，为后期工程建设服务。浸水高路堤竣工后如图 10 所示，现场变形观测如图 11 所示。选取 SDK3＋580 附近监测断面进行分析。图 12 为路基不同深度土压力随时间变化曲线，图 13 为路肩下第一个路基平台处设置的观测孔数据，其中水平位移正值表示向着长江方向发生位移，图 14 为路基中心附近分层沉降曲线。

图 10　浸水高路堤竣工图

图 11　变形观测点细部图

对路基土中应力随时间变化曲线分析可知，2010 年 5 月以后，高路堤土体应力趋于稳定，如图 12 所示。由图 13 可知，坡顶受路基本体下滑力的影响，从 2010 年 12 月至 2011 年 7 月，该孔位处土体一直向着长江方向发生位移，在 2011 年 4 月趋于稳定，随路基深度的增加，土体侧向水平位移大致呈逐渐变小的趋势。由图 14 可知，路基深部土体沉降在 2010 年 12 月至 2011 年 3 月较为明显，之后趋于稳定，与路基侧向水平位移稳定时间具有较好的一致性。由现场监测资料可知，重钢浸水高路堤基本趋于稳定，设计措施达到了较好的效果。

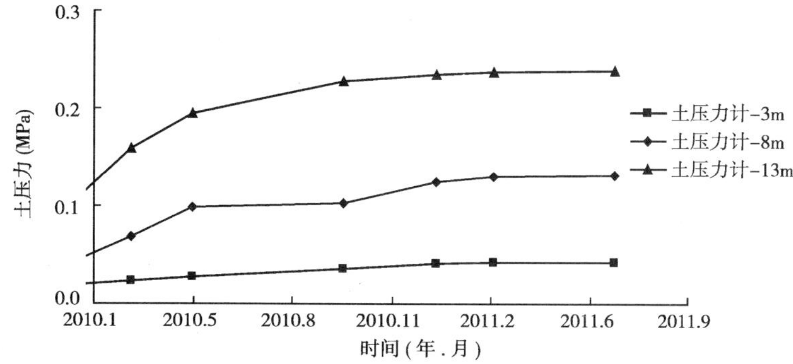

图 12　路基土中应力随时间变化曲线

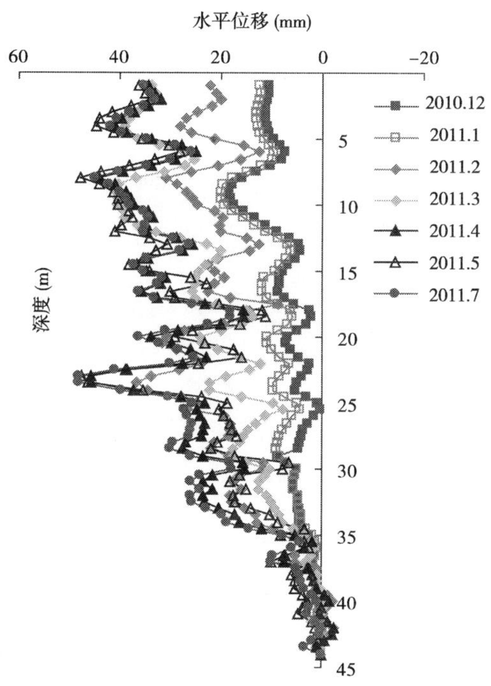

图 13　土体深层累计侧向水平位移与深度曲线

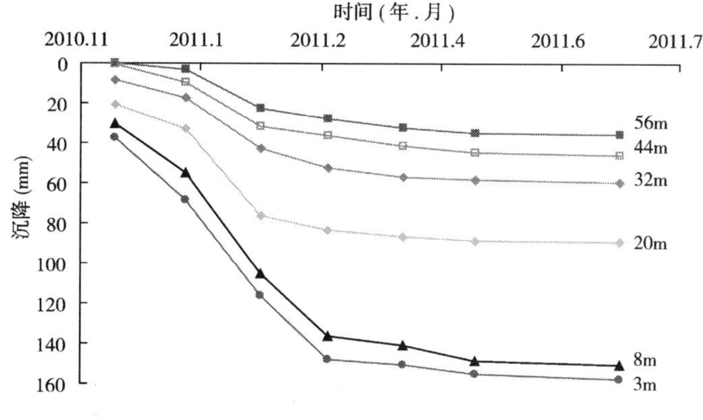

图 14　断面路基中心附近分层沉降曲线

6　结语

重钢浸水高路堤设计采用地基处理与强化高路堤本体相结合的措施，取得了较好的效果，从后期监测情况分析，路堤处于稳定状态，达到了设计效果。重钢环保搬迁专用线一期工程已投入使用一年多，运营状况良好。该项设计获得成都公司优秀设计一等奖、集团公司优秀咨询二等奖、四川省优秀咨询二等奖等多项奖项，取得了良好的经济与社会效益。

根据上述分析，对浸水高路堤设计提出如下几点建议：

(1)基底软弱层往往是浸水高路堤稳定的控制性因素，填方量特别大，在地基处理中须考虑施工难易程度，采取施工质量容易控制的措施是必要的。

(2)浸水高路堤填筑时填料必须严格控制，是路堤稳定的必要条件之一，必须做好填料设计。

(3)浸水高路堤填压实度的控制直接影响路堤的沉降和稳定，必须采取合理的工程措施。

参考文献

[1] 刘成宇. 土力学[M]. 北京：中国铁道出版社，2006.

[2] 吴铭炳，王钟琦. 强夯机理的数值分析[J]. 工程勘察，1989(3).

[3] 王成华. 强夯地基加固深度估算的等效拟静法[C]//第六届全国土力学及基础工程学术会议论文集，上海，1991.

[4] JGJ 79—2002 建筑地基处理规范[S].

[5] TB 10106—2010 铁路工程地基处理技术规程[S].

阿尔及利亚东西高速公路路基工程设计综述

缪胜林

(中铁二院工程集团有限责任公司公路市政院)

摘　要　阿尔及利亚东西高速公路穿越了沟谷纵横的白垩系泥灰岩地区,岩层强度低,高填深挖路基较多,存在顺层和高液限土。本文在总结泥灰岩工程特性的基础上,制定了挖方边坡的坡率和设计对策,运用中部宽平台和框架桩预加固增强高边坡的稳定性,对顺层和高液限土边坡进行了针对性设计;在承载力检算基础上,采用优质填料设计了大型填方体,采用土工布加筋土坡技术建造斜坡路堤,在地形陡峻和河流区域设置了钢筋混凝土和石笼挡土墙;总结了边坡的常见破坏形式和整治措施。

关键词　泥灰岩;宽平台;框架桩;加筋土;挡土墙

A summary of Roadbed Design for West to East Expressway in Algeria

Miao Shenglin

(Highway Municipal Institute of CREEC)

Abstract　The region in Algeria where the west to east expressway run across is deposited marl of Cretaceous system on its vast ravine. The topography in this area is fairly characteristic of low strength rock stratum, high-fill and deeply dug roadbed, bedding and high moisture limited soil. Based on the summary of engineering properties of marl, the paper describes the setting of slope ratio in excavation and principle in design as well as the planning designed for the slope with bedding and high moisture limit soil by stabilizing the high slope with the help of center broad platform and framework pile. Large-scale field to be filled with quality filler is planned based on calculation of its bearing capacity. Descent embankment is successfully built by employing geotextile reinforcement technique, and retaining wall made of reinforcement and rock filled gabion is arranged along precipitous area or river bank. The paper also describes slope common damages and treatment method for them.

Key words　marl; board platform; framework pile; reinforced soil; retaining wall

1　引言

本项目位于阿尔及利亚北部环地中海带,属阿特拉斯阿尔卑斯褶皱区,地形总体起伏大,地貌单元众多,穿越了森林和峡谷地区。路线经过区域依次为低山丘陵区、浅丘区、低中山峡谷区、高原台地区,见图1。项目建设采用设封顶价的单价承包模式,实行限额设计,高速公路必须尽可能地采用造价相对较低的路基通过,致使我公司承担的M1、M2段路基占比达94.7%,高填深挖路基、斜坡高路堤、顺层路堑、高液限土路基、沿河路基是设计的难点和重点。受施工设备和设计理念限制不能采用锚杆(索)工程、挖孔桩,高大挡土墙应采用加筋土结构,这些都大大增加了设计难度和技术风险。

作者简介:缪胜林(1969—　),男,高级工程师,中铁二院工程集团有限责任公司公路市政院副总工程师。

图1 路线穿越的森林地貌

2 泥灰岩工程特性

沿线地表覆土为第四系全～早更新统冲积、洪积、坡积和残积层，下伏基岩为中生界白垩系泥灰岩，局部为灰岩、石膏层。正确认识泥灰岩的工程特性是路基工程设计的关键。通过对泥灰岩结构面、矿物成分、抗压抗剪强度、破碎及降解系数等物理力学指标的统计分析，得出了“泥灰岩以灰、灰黑色为主，局部段落呈灰黄色；矿物成分以碳酸盐类矿物为主，其次为黏土类矿物；岩层倾角基本上大于20°，以薄层为主，少数为中厚层状，个别段落为页片状，层厚仅几毫米，见图2和图3；高角度节理裂隙一般2～3组，以3组居多，节理面充填黏土质薄膜和方解石脉；强度差异大，中厚层状强度最高，薄层状次之，而页片状强度极低；易破碎、具中等降解性，完整性差；岩体呈碎裂状～层状结构”的结论，提出了路堑宽平台缓边坡设计、路堤强化基底处理和边坡加固工程相结合的设计对策。

图2 薄层泥灰岩

图3 中厚层泥灰岩

3 挖方

3.1 稳定性分析方法

岩质边坡的失稳与破坏主要受岩体内结构面控制，其空间分布位置、组合关系(包括自然边坡或开挖面的产状)和结构面的物理力学性质等，对边坡的稳定起着至关重要的作用。采用赤平投影方法可以对边坡是否存在平面、楔形体、倾倒破坏等作出快速、定性的判断。据Serrano的研究，对泥岩、板岩、页岩等软弱岩体，由于岩块强度与结构面强度接近，即使其中只含一、二或三组结构面，也可将其视为各向同性的均质材料。岩体中的单个块体与边坡尺寸相比是极小的，且这些块体由于其形状的关系不是相互咬合的，在这种情况下，大型岩质边坡的破坏就会以圆弧形出现[1]。

由于白垩系泥灰岩岩体呈碎裂状～层状结构，节理裂隙发育，强度低，应首先采用赤平投影分析结构面的组合关系，研究外倾结构块体对边坡稳定性的影响，按平面或楔形体滑动进行稳定性计算；同时从宏观上假定岩体为各向同性均质材料，采用圆弧破裂面分析边坡的整体稳定性。

3.2 挖方边坡设计

(1)边坡坡率

泥灰岩的边坡坡率根据岩石强度、节理裂隙发育程度、结构面组合情况、边坡高度等综合确定，见

表1。

泥灰岩路堑边坡坡率 表1

岩层类别	中风化	强风化
中厚层状泥灰岩	1:1～1:1.25	1:1.25～1:1.5
薄层及页片状泥灰岩	1:1.25～1:1.5	1:1.5

(2)设计对策

通过对既有道路工程边坡的调研，结合本项目的投资状况，制定了宽平台、缓边坡设计的总体原则。对存在影响边坡稳定性的单一控制性结构面采用顺层清方，当组合结构面交线陡于33°时完全清除楔形体，缓于33°时可保留部分楔形体按缓边坡设计。高度超过35m的边坡在中部设置10m左右的超宽平台，高度超过50m的边坡在中部设置两道12m左右的超宽平台，以降低坡脚应力，避免岩层压溃，同时为今后边坡的养护维修提供便利。

(3)顺层路堑

泥灰岩路堑边坡不仅有沿层面的顺层，也有沿节理面的顺层，层厚一般小于30cm，以薄层状为主。泥灰岩的天然抗压强度低，高陡边坡坡脚应力过大容易产生压溃破坏，不宜设置支挡工程，一般采用顺层清方处理，见图4。由于节理裂隙发育、岩体强度较低，对于高度较大的边坡即使采用顺层清方仍需按圆弧破裂面分析边坡的整体稳定性。

a)

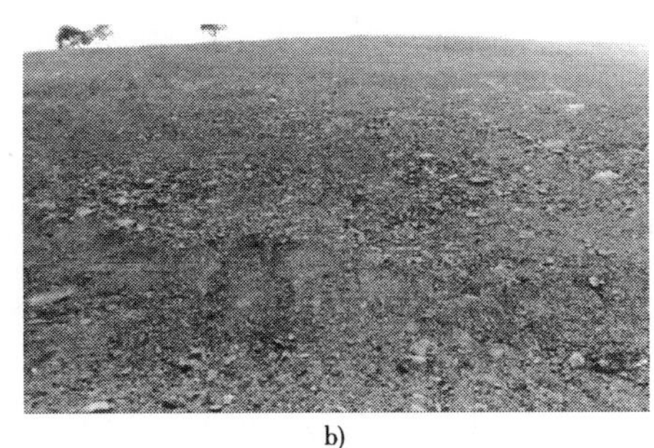

b)

图4 顺层清方边坡

(4)高液限土路堑

在低中山峡谷区与高原台地区过渡段内存在多处高液限土，位于缓坡地带，层厚2～10m，其物理力学指标见表2。

高液限土的物理力学指标 表2

项目	<0.002mm的粘粒含量(%)	ATTERBERGE极限			自由膨胀率 F_S(%)	膨胀比 R_g	膨胀力 δ_g (kPa)	黏聚力 c (kPa)	内摩擦角 φ (°)
		W(%)	W_L(%)	I_P(%)					
样本数	14	15	15	15	9	10	10	8	8
最大值	64.8	48.2	60.4	33.0	66	3.2	490	72	30.1
最小值	18.5	15.1	41.4	21.2	36	0.2	45	45	2.9
平均值	33.4	20.4	47.7	25.9	48	1.2	162	57	21.6
标准值	25.9	16.7	45.2	24.3	41	0.5	81	51	15.7

可见高液限土具有弱～中等膨胀性，边坡分级高度6m，平台宽度3m，坡率1:2，采用植树防护。

(5)超宽平台的运用

地面横坡较为平缓的大型深挖方，在中部设置超宽平台可大大降低坡脚的应力，避免强度低的泥灰岩被压溃。

K272+400～PK272+730段岩层产状为325°∠45°，主要节理产状为260°∠56°、100°∠48°，节理张开度一般小于1mm，无充填或充填方解石脉，节理间距一般小于40mm，连通一般1～3m；次要节理为25°∠49°，无充填或充填黏性土，间距大于1m，连通一般小于1m；中风化泥灰岩天然简单抗压强度0.211～0.871 MPa，各级边坡坡率为1:1.5，分级高度8m，边坡总高度74m，在距坡脚24m、48m处设置了宽度12m的平台,见图5。

a)

b)

图5 中部设超宽平台的挖方边坡

(6)框架桩预加固

地面横坡较陡的大型挖方,若采用超宽平台方案,边坡高度和工程量增加较多,应采用支挡工程加固。锚索或超长锚杆加固体系是行之有效的方法。但法国规范T.A.95要求采用P2级的防腐保护,与我国《岩土锚杆(索)技术规程》(CECS 22:2005)的规定"腐蚀环境中的永久性锚杆应采用Ⅰ级双层防腐保护构造"类似,并要求建立长期的养护维修体系,这对承包人不利,采用框架桩预加固较好地解决了这一难题。如PK264+040~PK264+252段岩层产状为342°∠40°,层厚20~50mm;节理裂隙发育,主要节理有210°∠58°,110°∠68°两组。节理张开度<1mm,无充填或充填方解石膜,表层节理中充填黏性土及风化碎屑物,节理间距20~50mm为主,局部大于100mm,连通性较好,一般为3~5m;次要节理为68°∠75°;设计框架桩桩径1.2m,排距15m,每排桩间距2.4m,桩顶采用钢筋混凝土冠梁纵横连接,桩长10.8~18.8m,见图6。

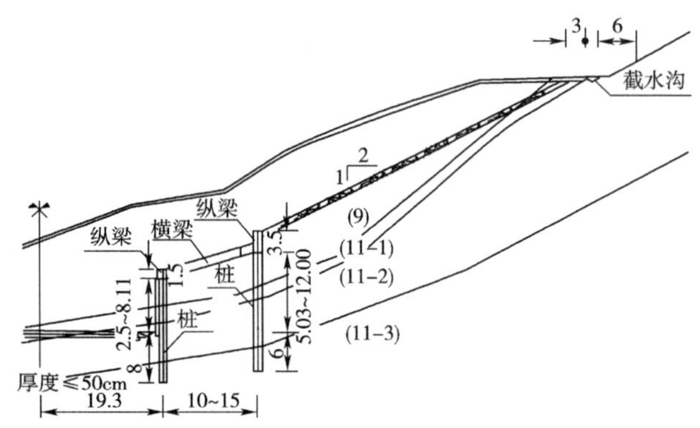

图6 框架桩加固路堑边坡(单位:m)

4 填方

4.1 填料

黏土、碎石土可直接作为填料使用,但挖方中的泥灰岩能否使用应进行研究。按《道路土方工程指南》GTR详细分类为R34ts、R32和R33。法国技术指导《填方和垫层工程》附件2中第47页R34(状态th,h,m)作为填方材料建议的使用条件为"应该伴随一个深入的思考,采用最合适的挖掘方法,特别是对碾碎的观点;……这种材料代表更多的发展危险,很容易被分裂,对这种岩石的特殊研究很有必要[2]"。为确保工程质量,降低工程造价,必须对泥灰岩能否作为路堤填料进行试验研究,为此在PK254+900~PK255+034建立了填方试验路,证明了R34经过压实转变为B5、C1B6(粗粒土),更多的呈现土的特性,可以作为填料使用,但碾压难度大、施工效率低。为确保项目工期,一般填方仍采用借土填筑,填料主要为A2、CiBi和Bi类。

4.2 稳定性分析方法

填方稳定性验算采用总体安全系数法,分为长期稳定性和短期稳定性,按照专用技术条款的规定:短期稳定性安全系数应不小于1.3,长期稳定性安全系数不小于1.5。长期状态下应考虑偶然荷载的作用，地震工况稳定性安全系数不小于1.2。

4.3 大型填方的承载力检算

大型填方体除进行稳定性分析外，还应进行地基的承载能力检算，根据法国咨询工程师的建议其计算方法如下。

地基承载力的安全系数：

$$F=\frac{q_{\max}}{q}=\frac{C_u\cdot N_c}{\gamma_t\cdot H_r}$$

式中：F——安全系数，一般大于1.3；

C_u——土壤不排水抗剪强度(kPa)；

γ_t——路堤填料容重(kN/m^3)；

H_r——路堤填土高度(m)；

N_c——系数，可以通过下列条件求得：

$0<\frac{B}{h}<1.49$ 时， $N_c=\pi+2$

$1.49\leqslant\frac{B}{h}\leqslant 10$ 时， $N_c\approx 0.468\frac{B}{h}+4.445$

$\frac{B}{h}>10$ 时， $N_c\approx 9.125$

B——路基基底宽度(m)；

h——土层厚度(m)。

大型填方的边坡形式，应根据填料的物理力学性质、边坡高度和工程地质条件确定。填料的来源、物理力学性质确定后，才能进行路堤设计，这是总承包项目路基设计的基本流程。根据图纸去找合适的填料是不会被认可的。因此，填料的选择显得尤为重要。利用优质的填料可以设计大型填方，并采用较陡的边坡。如PK274+030～PK274+350采用B5类填料，未设支挡工程的条件下在斜坡地基上填筑了高34m的路堤，各级边坡坡率均为1:1.5，见图7。

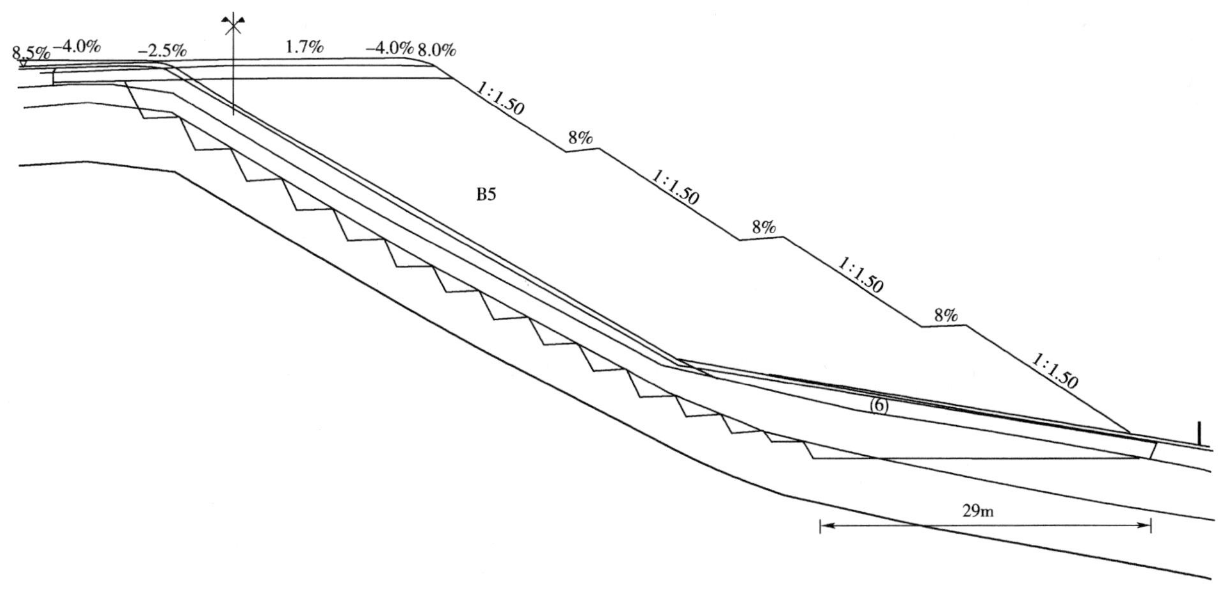

图7 PK274路基高填方

4.4 土工布加筋土坡

对于地面横坡较陡的填方，从技术和经济的角度来看，采用土工织物加固边坡是一种非常有利的技术方案。它克服了刚性挡土墙高度受限制和抗变形能力差的缺点，也避免了设置施工质量难以保证的直立式加筋土挡墙。运用加筋土坡技术可以设计坡度较陡的大型填方体，坡率选择较为自由，易与相邻构造物衔接,坡面可采用土工格室培土绿化、石笼、预制块防护,符合生态护坡的要求,在本项目得到了大量应用。如PK265+431~PK265+547右侧临河边坡高度24m,分级高度8m,底部两级为1:1的加筋土坡,顶级边坡1:1.5。

4.5 挡土墙

根据专用技术条款和价格定义要求,高度不大于8m时,采用钢筋混凝土悬臂式挡土墙;高度大于8m时,采用直立式加筋土挡土墙;石笼挡土墙主要用于沿河防冲刷路堤支挡防护,高度不大于6m。直立式加筋土挡土墙在本项目的应用成本较高,且施工质量难以保证,不主张采用,在本项目中被加筋土坡替代。

(1)悬臂式路肩挡土墙

在地形陡峻地段,为回收坡脚设置悬臂式路肩挡土墙。悬臂式挡土墙属轻型结构,对地基承载力要求不高,当高度较大时,往往受抗滑稳定性控制,需要设置较长的底板和增加稳定措施,比如抗滑键等,如PK271+489~PK271+550左侧和PK271+763~PK271+845右侧采用悬臂式路肩挡土墙,最大墙高7.5m,见图8、图9。

图8 PK271/1悬臂式挡土墙

图9 PK271/2悬臂式挡土墙

(2)石笼挡土墙

石笼挡土墙在国外应用较为普遍,其具有以下优点:

①易于施工,无需重型设备和熟练技术工人,水下施工方便,且施工质量易于保证;

②石笼为柔性结构,适应地基的变形能力强;

③就地取材,普通碎卵石可作为填料;

④石笼本身透水,不需设排水层;

⑤厚层的镀锌和PVC涂层可保证网笼的长期寿命;

⑥能提供植物生长的条件,与周围景观更加融洽[3]。在本项目穿越的河流区域设计了5处浸水路堤石笼挡土墙,见图10、图11。

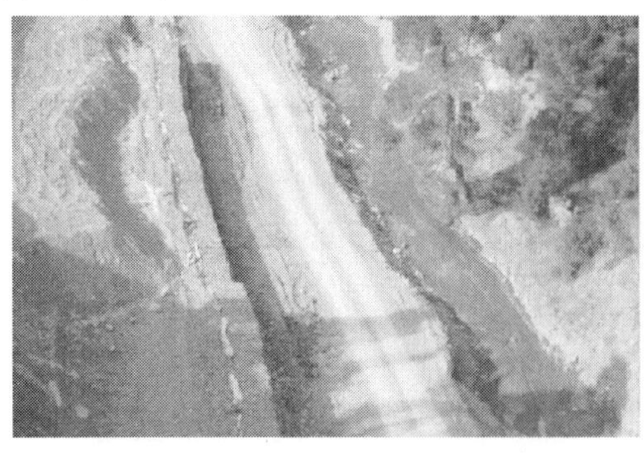

图10 PK264沿河路堤石笼挡土墙

图11 PK268沿河路堤土工布+石笼挡土墙

4.6 基底超宽台阶的运用

本项目专用技术条款规定,地面横坡大于15%时应开挖宽度不小于2m的台阶,这是一种构造性措施。当地面横坡较陡和表层土体强度低时，为减少挡土墙和加筋土坡工程，设计了 5～10m 的超宽台阶，坡脚处的台阶宽度更大，往往超过 10m，以改善路基与地表接触带的抗滑性能，见图 12、图 13。

图 12　PK239 高填方基底宽台阶

图 13　PK274 高填方基底宽台阶

5　边坡常见破坏形式和处理措施

5.1　路堑边坡失稳

泥灰岩的强度低，节理裂隙发育，完整性差，加上雨量大而集中，对边坡的稳定极为不利，容易发生坍滑，但主要以小型楔形体破坏为主，个别厚度大的表土会沿隔水性相对较好的岩土接触面发生滑动，长度一般小于 20m，滑体厚度一般为 1～3m，见图 14、图 15。整治措施为清除滑体，开挖台阶后回填碎块石，并在坡面培种植土、绿化。

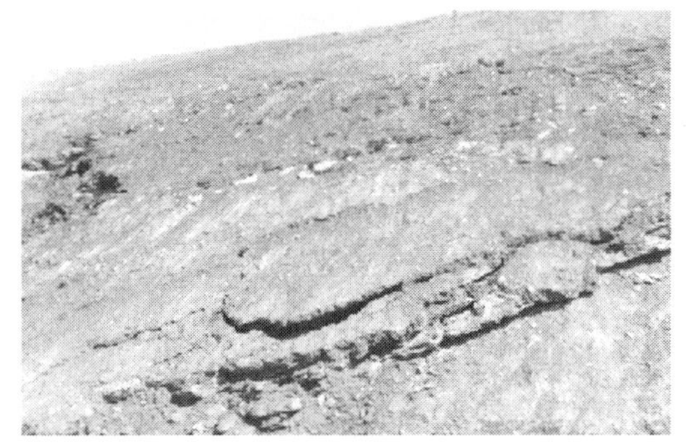

图 14　PK240 边坡楔形体破坏

图 15　PK232 边坡沿岩土接触面破坏

5.2　路堤基底失稳

在沟槽和陡坡地段，基岩裂隙水发育，排泄不畅而软化地基，极有可能引起路堤整体或部分失稳，见图 16、图 17。整治措施为在地形低洼处设排水盲沟，陡坡台阶应及时开挖，及时填筑，特别要避免台阶开挖，后放置时间过长、导致岩体风化形成地基软弱带。

图 16　PK269 渗水路基基底盲沟

图 17　PK276 边坡渗水盲沟

6　结语

阿尔及利亚东西高速公路是国际竞标的大型设计、建造总承包项目，按欧洲标准及法国规范建造，建设管理程序与国际接轨，M1、M2 段已于 2010 年 1 月 18 日建成通车。本文对路基工程设计进行了较为全面的回顾总结，认为框架桩预加固、宽平台及超宽台阶、加筋土坡、石笼挡土墙等具有鲜明的技术特点，极大地满足了总承包人投资控制和便于施工的要求，也符合欧洲道路工程的设计理念，对同类工程具有借鉴意义。

参考文献

[1] 陈祖煜. 岩质边坡稳定分析——原理·方法·程序[M]. 北京. 中国水利水电出版社，2005.

[2] J. F. CORTE S. H. EDME，等. Réalisation des remblais et des couches de forme (Fascicule 2 : Annexes techniques) (SETRA/LCPC) . 58，boulevard Lefevre-F-75732 PARIS CEDEX 15. Le laboratoire Central des Ponts et Chaussées . Juillet 2002 :47.

[3] 许士高. 现代河道规划设计与治理——建设人与自然相和谐的水边环境[M]. 北京. 中国水利水电出版社，2005.

磁铁矿采空区处理施工工艺与技术方法总结

曾德礼

（中铁二院工程集团有限责任公司土建一院）

摘　要　本文系统地介绍了采用地质钻机成孔，高压注浆机进行充填注浆的施工方法。为了把水泥砂浆和水泥粉煤灰浆填入采空区，采用能施加高压的输送泵和高压注浆设备、铸铁注浆管、水泥封孔的注浆工艺处理巨型磁铁矿采空区铁路路基。在信息化施工过程中，通过试验不断地调整设计方法和改进施工工艺，在处理巨型磁铁矿采空区工程实践中达到了预期的目标。在处理采空区的施工中，控制充填边界、封孔方法、施工工艺等方面有一定的创新，并提出了采空区的施工技术控制、质量检测和评价方法，对同类工程勘察、设计和施工具有一定的参考价值。

关键词　采空区；充填；工艺；控制技术；质量检测

Summary of Construction Workmanship and Technical Treatment for Magnetite Goaf

Zeng Deli

(First Civil Construction Design & Research Institute of CREEC)

Abstract　This paper describes in detail the construction methods of pore-forming by geological drilling rig and grouting by high-pressure slip casting machine. To inject cement mortar and cement coal ash mortar into the goaf, multi-methods were employed for the treatment of railway subgrade in the vast magnetite goaf, including high-pressure delivery pump, equipment for high-pressure grouting, cast iron grouting pipe and the technique of sealing holes by cement. In the informationized construction process, design and workmanship were constantly adjusted and improved through experiments, which made the anticipated objective to be achieved in the treatment of the vast magnetite goaf. Some new methods were created concerning control of grouting edges, technique of sealing holes and construction workmanship. Methods for control of construction techniques, quality test and assessment were also presented, which may provide reference for the similar projects in survey, design and construction.

Key words　goaf; grouting; workmanship; control technique; quality test

1　引言

国电河北龙山发电厂一期工程铁路专用线从邯长铁路井店车站接轨，穿过位于涉县井店镇台村南0.7～1.25km处两座磁铁矿采空区。鑫宝矿矿层平均厚度为6.9m，最厚19.75m，矿体深度90m。线位通过处采空厚度约为10.0 m。始建于1971年，2004年停采。采用房柱式炮采，采空区顶板自然垮落，回采率约为60％以上。南凹铁矿矿层平均一般为4.0～6.0m，矿体埋深40～85m。线位通过处采空厚度约为5.0m。始建于1976年，采用竖井开拓方式，以无底柱崩落法开采，采空区顶板自然垮落，回采率约为60％以上，至今仍在开采。

作者简介：曾德礼（1963—　），男，教授级高级工程师，中铁二院工程集团有限责任公司土建一院副总工程师。

2 采空区工程地质特征

采空区地处太行山东麓的黄土丘陵区，区内海拔为 535～577m，相对高差 42m，地形起伏较大。采空区勘探深度内揭露的地层主要为第四系全新统（Q_4^{ml}）人工堆积碎石土、第四系更新统冲洪积（Q_{3+2}^{al+pl}）黄土、奥陶系（O_2）灰岩及燕山期侵入闪长岩。

磁铁矿赋存于灰岩的接触带及接触带顶底板灰岩薄弱带中，矿床成因类型为接触型磁铁矿床。矿体总体走向为北东 30°～50°，倾向南东，倾角 9°～20°，含矿 1～3 层，单层平均厚度 2～4m，局部地段 5～7m。埋深一般在 30～90m 之间。铁路范围内有主采矿井三口，经过 30 多年的开采，矿区已达到充分开采，沿线路采空厚度为 5.0～10.0 m，从地表到采空层有多层空洞分布，空洞累计最厚达 10.5m。采空层厚度一般累计厚为 5.0～10.0 m，已经形成冒落带，移动角 60°，在冒落带的松散堆积碎石土层中存在大量可充填的空隙。在冒落带的顶部有一层高 2～4m 的空洞，其中，CK0＋290～CK0＋490 段只形成了裂隙带，并在裂隙带中夹有多层小空洞，CK0＋490～CK0＋750 段已经形成裂隙、弯曲带。在裂隙、弯曲带中夹有多层小空洞并伴有地表的剧烈变形。

3 采空区地表稳定性评价

地下矿层被开采后，采空区上覆岩层与底板岩层由于应力平衡状态遭到破坏，从而发生移动、变形和破坏。依其受破坏的程度，自下而上可分为冒落带、裂隙带和弯曲带。一般而言，路基除了承受垂直移动和变形外，还要承受纵向、横向的移动和变形。

依据掌握的资料，我们采用了开采条件判别法对 CK0＋200～CK0＋800 段采空区的地表稳定性进行了评价（线路中心纵断如图 1 所示），分析结果表明：采空区分布十分复杂，地基处于不稳定的强烈变形之中，地面变形的特征属非连续性移动变形，这种变形对铁路建筑物的影响远比连续性移动变形的影响大。影响范围内的竖向位移、水平位移、水平变形、斜率和曲率等的变化对作为承载上部结构及列车荷载的路基影响较大，地表稳定性差。

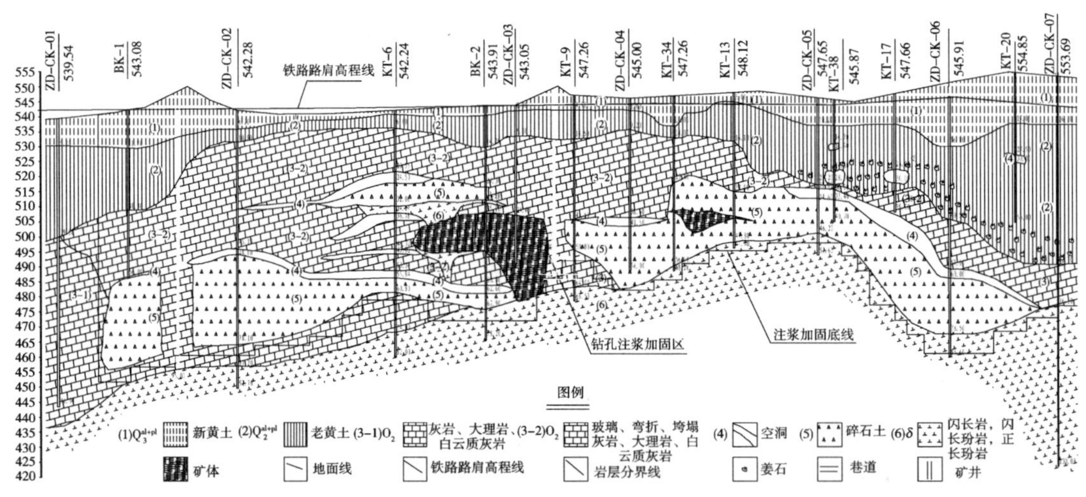

图 1 线路中心纵断图

我们采用了开采条件判别法对 CK0＋200～CK0＋800 段采空区的地表稳定性进行了评价：当在某深度以下采矿时，地表建筑物仅产生轻微变形，且此种变形不致威胁建筑物正常使用与安全，也不需要停产维修，这个深度与采厚的比值我们称为安全采厚比。

$$K = H/M$$

式中：H——安全开采深度（m）；

M——矿层采出厚度（m）；

K——安全采厚比。

根据《建筑物、水体、铁路及主要井巷煤柱留设与压煤开采规程》（煤行管字［2000］第 81 号）中规定的工矿企业专用铁路"薄及中厚层煤层的采深与单层采厚比小于40"、"厚层煤层及煤层群的采深与分层采厚小于60"需设防的要求，安全采厚比为：$K=40\sim60$。

分析结果表明：采空区其采深与单层采厚比分别为6～12，8～17，11～24，小于安全采厚比40～60，地基处于不稳定的强烈变形之中。

4 采空区处理工艺试验

在分析研究的基础上，我们拟采用水泥砂浆和水泥粉煤灰浆进行采空区的充填。试验时，采用水泥粉煤灰浆的配合比为水：水泥：粉煤灰＝1000kg：360kg：1440kg，由于浆液浓度较大，浆液流动缓慢。为达到设计扩散半径，施工采用配合比为水：水泥：粉煤灰＝1000kg：300kg：1200kg，配成1.64m^3、重度1.52、结石率83.5%的粉煤灰浆。进行竖井和斜井注浆试验时，水泥砂浆的配合比采用水：水泥：砂＝600kg：200kg：1400kg，配成1.22m^3，重度1.8，结石率96%的砂浆，效果较好，施工时予以采用，但在施工过程中，根据钻孔所揭示采空区的情况，仍可适当调整钻孔深度和浆液的类型、配比，以达到最佳充填效果。

在冒落带的松散堆积碎石土层中存在大量可充填的空隙，为了取得空隙的可充填率，在现场进行了松散堆积碎石土层模拟注浆试验。试验利用现场开挖的4个1m^3的立方体土洞以及4个0.125m^3的立方体木箱进行，并采用级配较好的碎石来模拟松散堆积层表层真实堆积情况。采用水泥砂浆和水泥粉煤灰浆进行注浆试验，结果表明：松散堆积碎石土表层中空隙的可充填率为23.49%。

工艺试验还修改利用既有钻孔7孔－565.9m；地质测绘1.6km^2；补勘10孔－634.86m；注浆试验2孔，用1253m^3水泥粉煤灰浆灌浆及充填，终孔压力10MPa；鑫宝铁矿的斜井和竖井的充填试验，用13641m^3水泥砂浆对矿井及周围40m范围的空洞进行充填。

采用地质钻机成孔、高压注浆机进行注浆的方法进行施工，为了把水泥砂浆和水泥粉煤灰浆压入采空区，采用能施加高压的输送泵和高压注浆设备，注浆管采用铸铁管，水泥封孔的注浆工艺，通过试验取得了成功，如图2所示。

a)

b)

图2 采空区松散层和充填情况

5 磁铁矿采空区处理的技术方法

5.1 施工顺序

施工孔序，按Ⅲ序进行，第Ⅰ序为线路中心附近的竖井或斜井充填；第Ⅱ序为线路左右侧8.6m、26.0m充填孔和处理边界的帷幕孔，充填孔间距20m，正三角形布置钻孔，帷幕孔间距10m，线形布置；第Ⅲ序为已形成正三角形的中心根据Ⅱ序孔所揭示采空区、冒落带及充填情况决定是否需要布置钻孔，为注浆补强孔，施工完成后形成新的钻孔间距11.5m，正三角形布置，施工平面布置如图3所示。

5.2 单孔注浆步骤

施放孔位→钻探成孔→下注浆管→浇注水泥砂浆封孔→充填浆液的配置→安装注浆加压系统→进行注浆施工。

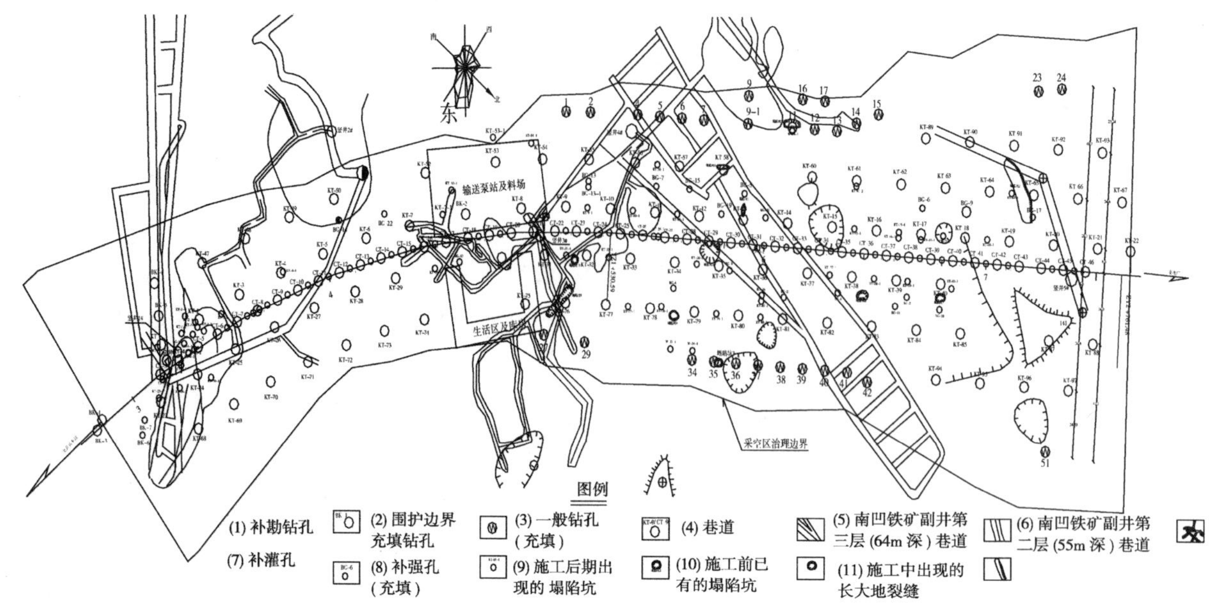

图3 施工平面布置

5.3 施工技术要求

(1)充填和注浆方式,采用自上而下全充填段注浆。

(2)充填、注浆压力采用高、低压相结合的方法,以求浆液均匀渗透,尤其在每一注浆段开始注浆时更应注意这一点,处理边界注浆孔,先低压,后再高压,注浆压力不小于1MPa。充填孔用高压,充填压力不小于5MPa,加大充填半径。

(3)充填物和浆液配制设置搅拌站,原材料严格按配合比计量,分两次搅拌,每次不得小于3min。

(4)除充填竖井和斜井外,注浆应先施工线路两侧的帷幕孔,再施工中间的注浆孔,采用先稀后稠的方法。一般帷幕孔采用砂浆,注浆孔采用粉煤灰浆。注浆过程中,要实时观测注浆泵的吸浆量和泵压,并根据实际情况及时调整浆液配比。

(5)单孔注浆结束标准:当孔口管压力在1.0～1.5MPa,泵量小于10L/min,稳定10～15min;当孔口管压力在≥10MPa时,不能继续灌注。施工全貌见图4、图5。

图4 从CK0+450看到输送泵站施工全貌

图5 从CK0+750看到高压泵站施工全貌

5.4 采空区施工结果

2005年11月16日施工机械设备和人员进场,随即开始补充勘察和注浆试验工作、施工图设计,在施工设计图和施工方法获得批准通过后,进行全面的施工,施工中相继建成了2座注浆站、1座输送泵站、1座高压泵站、3个蓄水池,铺设了3条供水管路道、326kV·A变压器及场内供电线路,投入钻机42台,各类人员240人。2006年6月14日完成检测孔的补充灌浆,采空区处理施工结束,历时7个月,共完成如下工作量：

(1)钻探：成孔 280 个，共计 16410.36m；

(2)清理矿井：3 口，共计深 147m，329.37 m^3；

(3)注浆：280 孔＋5 口矿井＋1 口斜井＋3 个塌陷坑，共计 129264m^3；

(4)检测孔的补充灌浆：18 孔-157.2 m^3。

6 采空区处理施工参数及效果评价

(1)在Ⅰ、Ⅱ序孔注浆施工的基础上，对线路中心、桥涵位置和对耗浆量较大及出现地面塌陷部位进行了加密补强钻孔注浆，处理区域内取铁路中线和桥涵基础位置已达到要求。

(2)根据钻孔注浆资料的统计分析和钻探过程的对比分析：未遇空洞、破碎带、变形裂缝的钻孔的单孔注浆量≤0.1 m^3/m，遇空洞、破碎带的钻孔的单孔注浆量≥2.0 m^3/m。已经充填过并且效果比较好的空洞、破碎带和变形裂缝的钻孔的单孔注浆量一般为 0.1～0.2m^3/m。

(3)地表剧烈人为活动加速了局部未处理到的空洞致塌(集中出现不均沉降)，在施工中、后期出现的地面塌陷也进一步说明该采空区的复杂和采空体积的巨大。在Ⅱ序孔施工、中线和重点部位补强的基础上，对耗浆量较大和出现地面塌陷部位进行加密补强钻孔注浆，达到了预期效果。

(4)从第Ⅲ序孔钻探和注浆情况看，土层中能看见充填的水泥粉煤灰浆结块，注浆量也明显减少，但破碎带中充填的水泥粉煤灰浆结块由于强度与灰岩反差大，钻探取心较难发现完整的块体。Ⅰ、Ⅱ序孔的充填加固效果明显，第Ⅲ序孔施工完成后，达到了充填率的控制要求。

(5)根据施工前后电测深、钻孔、注水、注浆、孔透、岩心等对比，采空区充填率达到 80%以上，局部独立空洞也部分充填，采空区其采深与单层采厚比可以达到 30～60，40～85，55～110，大于安全采厚比 40～60，处理后地基稳定。

(6)采空区处理后局部还有小于安全采厚比的小区域，所以需要采取以下措施：在路堤基底及路堑基床底层顶面进行冲击碾压，并于路堑地段基床底层顶面、路堤地段在基底铺设 1～2 层双向土工格栅；在采空区影响地段加强排水，避免地表、地下水的集中渗漏引起黄土的湿陷造成地面塌陷；在采空区处理范围内，还有许多磁铁矿，请严格对铁路影响范围 100m 的磁铁矿进行限采，以免影响行车安全；建立地表动态观测预警系统，发现异常应采取及时的预警措施。

参 考 文 献

[1] 铁道第二勘察设计院．路基采空区加固处理施工图及其设计说明书[R]．2006.

[2] 山西省交通厅、中交通力公路勘察设计工程有限公司．高速公路采空区(空洞)勘察设计与施工治理手册[M]．北京：人民交通出版社，2005.

[3] 国家煤炭工业局．建筑物、水体、铁路及主要井巷煤柱留设与压煤开采规程[M]．北京：煤炭工业出版社，2000.

襄渝线水库坍岸路基设计案例

叶世斌　李楚根

(中铁二院工程集团有限责任公司土建二院)

摘　要　襄渝线安康至重庆段增建二线工程途经州河金盘子水电站，受水库蓄水影响，存在陡坡水库坍岸不良地质，对既有线与新建二线工程造成一定的安全隐患。本文通过对水库土质边坡变形机理分析与稳定性检算，采用锚索桩基托梁路肩挡土墙对该段路基进行收坡处理，确保了铁路运营安全。

关键词　水库坍岸；变形机理；稳定性检算；工程措施

Design for Subgrade beside Reservior Sloughing Bank on Xiangfan-Chongqing Railway

Ye Shibin　Li Chugen

(Second Civil Construction Design and Research Institute of CREEC)

Abstract　The second line project from Ankang to Chongqing on Xiangfan-Chongqing railway passes Jinpanzi hydropower station at Zhouhe. Effected by reservoir storage, sloughing bank may occure which poses potencial danger to the existing line and the newly-built second line. Through analysis on deformation of reservoir soil slope and calculation on its stability, shoulder retaining wall with anchor pile foundation joist was employed to minimize the gradient of the subgrade on this section, thereby to ensure the safe operation of railway traffic.

Key words　reservoir sloughing bank; deformation mechanism; stability calculation; engineering measures

1　引言

本文所选线路为襄康至重庆段渝线安增建二线工程DK606+380.7～DK608+095，长1.714km。

2　地形地貌及地质概况

2.1　地形地貌

本段线路为低山河谷地貌，地形起伏较大，地面高程270～394m，自然坡度25°～60°，植被发育。线路前进于州河左侧岸坡上，沿线民舍散布，既有线位于增建二线左侧，右滨州河，线路距州河左岸30～160m不等，如图1所示。

本段线路除建设双线大桥、望水垭双线大桥、望水垭双线中桥外，其余地段以路基通过。均为陡坡路基，填挖不大，右侧横坡坡度35°～45°，局部为陡坎。

2.2　地质概况

地表覆盖第四系全新统人工填筑土(Q_4^{ml})、坡洪积层(Q_4^{dl+pl})、坡残积层(Q_4^{dl+el})，下伏基岩为中生代侏罗系(J)、三叠系(T)沉积岩。

作者简介：叶世斌(1974—　)，男，高级工程师，中铁二院工程集团有限责任公司土建二院副总工程师。

段内不良地质主要为水库坍岸。由于州河下游金盘子水库(水深 10～40m)于 2004 年建成后,受蓄放水水位涨落影响,斜坡覆盖土体(主要为既有线的部分填土、弃渣及崩坡积的粉质黏土及碎块石土,厚 0～10m 不等)存在水库坍岸。测段水库坍岸特点是:断续分布,坍落带在线路左侧 2～10m 或右侧 6～12m 范围皆有,坍岸深度与土层、风化层厚度及自然坡度有密切关系,坍岸深度在 2～10m,坍落物质被搬运的速度较快。

图 1　水库沿岸地貌

3　一般水库土质边坡变形机理

水库泄水时,水位不断下降,自然边坡土体内不稳定渗流对临库一侧自然土质边坡产生渗透压力和冲刷作用,在一定的渗透速率下,土体内的小颗粒将被冲走,土体的孔隙逐渐增大,渗透速度也相应加快,又会冲走较大的颗粒,这样不断的扩展,就会形成管涌。在渗透水流出口,因土体重量小于渗透压力而出现流土。管涌、流土加上波浪力作用,既有自然边坡被掏刷、磨损,失去了原来的自然平衡条件,发生坍塌破坏,岸线不断后退,塌落物质受波浪的搬运和分选作用在一定区域堆积。上述不良现象即为水库坍岸。

4　该段做路基的必要性

由于铁山煤矿采空区(移动盆地)的影响,线路靠山以隧代路通过存在安全隐患,故在可行性研究与初步设计阶段,对本段线位主要进行以桥代路通过与施工图线位方案进行重点比较。

从图 2、图 3 DK407＋480 代表性横断面可以清晰地看到,水位涨落及水库坍岸最终将会影响既有襄渝线的正常运营,靠水库以顺河深水桥通过的方案还需对既有襄渝线水库坍岸影响地段进行整治,故经过比选采用路基方案通过。

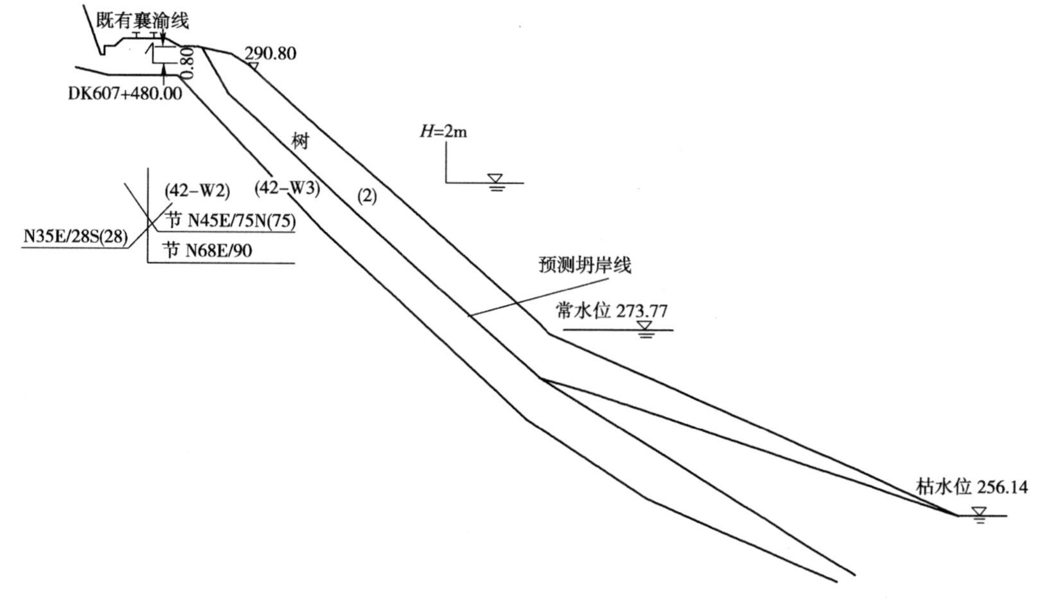

图 2　DK607＋480 代表性路基横断面

5　土体物理力学指标及稳定性检算

5.1　物理力学指标选取

根据该地貌单元进行土样(均为粉质黏土)试验,试验结果统计为:土样处于未饱和状态下,凝聚力 c＝26.4kPa,内摩擦角 φ＝13.13°;饱和状态下(饱和度按 95%～99%考虑);c＝22.38kPa,φ＝11.8°。

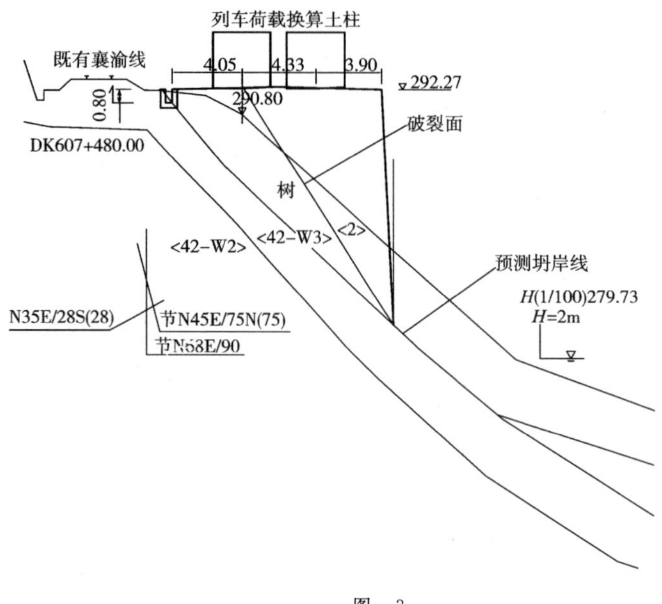

图 3

土颗粒密度 $\gamma_0=2.7\mathrm{g/cm^3}$，孔隙比平均值 $e=0.77$，计算饱和容重 $\gamma_b=\dfrac{\gamma_0+e\gamma_w}{1+e}$（$\gamma_W$ 为水密度），得饱和容重 $\rho_{sat}\approx1.96\mathrm{g/cm^3}$，浮容重 $\rho_{sat}\approx0.96\mathrm{g/cm^3}$。

碎石土、全风化基岩及人工填筑（碎石）土，颗粒密度 $\gamma_0\approx2.82\ \mathrm{g/cm^3}$，孔隙比平均值 $e=0.35$，计算饱和容重 $\rho_{sat}=2.34\mathrm{g/cm^3}$，浮容重 $\rho_{sat}\approx1.3\mathrm{g/cm^3}$，天然状态下，$c=0$，$\varphi=35°$，饱和状态下 $c=0$，$\varphi=25°$。

5.2 力学计算模型

(1)土压力

①计算理论

按路基手册中，各种边界条件下的库仑主动土压力公式计算土压力。

②计算模型

(2)根据水位变化、水库库岸再造完成后的形态来分析土体沿预测坍岸线的稳定性，按滑坡推力计算，其分析计算荷载主要有：土体自重，地下水产生的静水压力和动水压力，稳定水位所产生的浮托力以及水位变化产生的动水压力。作用于土体上的特殊力系见图 4 和图 5。

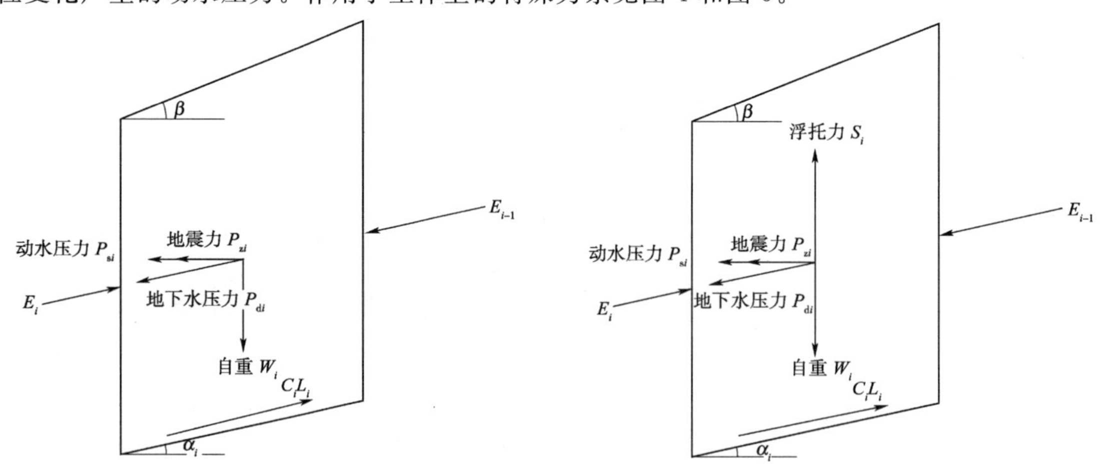

图 4 一般地段滑坡推力力学计算图　　图 5 水库地段滑坡推力力学计算图

①动水压力（渗透压力）P_{di}

$$P_{di}=A_{0i}\cdot n_i\cdot r_w\cdot I \tag{1}$$

式中：A_{0i}——第 i 条块滑体地下水位以下部分的面积，即渗流区面积（$\mathrm{m^2}$）；

n_i——滑体的孔隙度，$n_i=e_i/(1+e_i)$，e_i 为滑体孔隙比；

r_w——水的重度(kN/m^3);

I——水力梯度,$I=\sin\beta$,β为水力坡度角。

动水压力的作用方向为水流的切线方向,本次设计拟设动水压力的方向平行于本条块滑体的滑面。

②浮托力 S_i

$$S_i = A_{1i} \cdot (1-n_i) \cdot r_w \tag{2}$$

式中:A_{1i}——第 i 条块滑体的饱水面积(m^2);

n_i——滑体的孔隙度,$n_i=e_i/(1+e_i)$,e_i 为滑体孔隙比;

r_w——水的重度(kN/m^3)。

浮托力的作用方向竖直向上。

③水库地段滑坡稳定性计算系数 F_s

$$F_s=(\sum D_i \cdot \tan\varphi_i + \sum c_i \cdot l_i)/ \sum T_i \tag{3}$$

式中:c_i——滑带土黏聚力;

l_i——每一条块滑面长度;

T_i——滑体切向分力 T_i;

$$T_i=W_i \cdot \sin\alpha_i + P_{si} \cdot \cos\alpha_i + P_{zi} \cdot \cos\alpha_i + P_{di} - S_i \cdot \sin\alpha_i \tag{4}$$

D_i——滑体法向分力;

$$D_i = W_i \cdot \cos\alpha_i - P_{si} \cdot \sin\alpha_i - P_{zi} \cdot \sin\alpha_i - S_i \cdot \cos\alpha_i \tag{5}$$

α_i——第 i 条块滑体的滑面倾角(°);

φ_i——第 i 条块滑体的滑面上的内摩擦角(°)。

(3)稳定性计算

①设计工况

根据水库运营状况与气候情况的影响,结合本工程的特点,拟定如下设计工况。

工况一:天然自重+水库常水位(现状)。

工况二:饱和容重+地震力+水库常水位+铁路荷载。

工况三:长期降雨+地震力+常水位骤降至枯水位+铁路荷载。

工况四:长期降雨+地震力+百年水位骤降至常水位+铁路荷载。

②代表性断面稳定性计算结果(表1)(以 DK607+480 为例)

从表1看出:在现状条件下,坡面土体岩土石界面的稳定系数为1.634,坡面土体沿坍岸线下滑的可能性比较小;但在长期暴雨下,水位由百年水位骤降至常水位与常水位骤降至枯水位时,其安全系数为0.889~0.941,表明坡面沿预测坍岸线下滑的可能性比较大,将直接影响铁路运营安全。

表1

工况	工况一	工况二	工况三	工况四
稳定系数	1.634	1.125	0.889	0.941

(4)设计推力的选取

土压力的设计安全系数 $K=1.3$,滑坡推力的安全系数 $K=1.25$,本次设计最终采用的设计力为土压力与设工程处的滑坡推力的大值。

6 主要工程措施

(1)DK606+380.70~DK606+490.0、DK607+244.00~DK607+569.10、DK606+522.00~DK607+109.65、DK607+711.00~DK608+095.00 右侧共长 1406m,设衡重式路肩挡土墙或(锚索)桩基托梁路肩挡土墙,见图6。最大墙高 12m,挡土墙墙身采用 C15 片石混凝土浇筑,墙身片石掺入量不大于 20%。共设桩 176 根,桩截面 1.5m×1.75m ~2m×3.0m,桩长 8~28m,其中锚索桩 6 根。DK607+244~DK607+292 段水库坍岸线较深,桩间挂设挡土板,挡土板范围为桩顶至坍岸线以下 1m。其余地段挡墙基础或托梁埋设在坍岸线以下不少于 0.5m。

(2)对挡墙和托梁施工时的基坑开挖影响既有线运营安全的地段,为确保既有线运营安全,基坑开挖按照 1∶0.5 形成临时开挖线。为此,对本工点设计中重点强调了施工顺序(图 7),要求施挖边坡采用自钻式中空注浆锚杆加固,锚杆与坡面垂直施作,锚杆外径 29mm,孔径 17mm,孔内灌注 M30 水泥砂浆,注浆压力不小于 0.4MPa。锚杆采用梅花形布置,间距为 2.0m。锚杆长度 4.0 ~8.0m。临时坡面采用挂网喷混凝土防护。

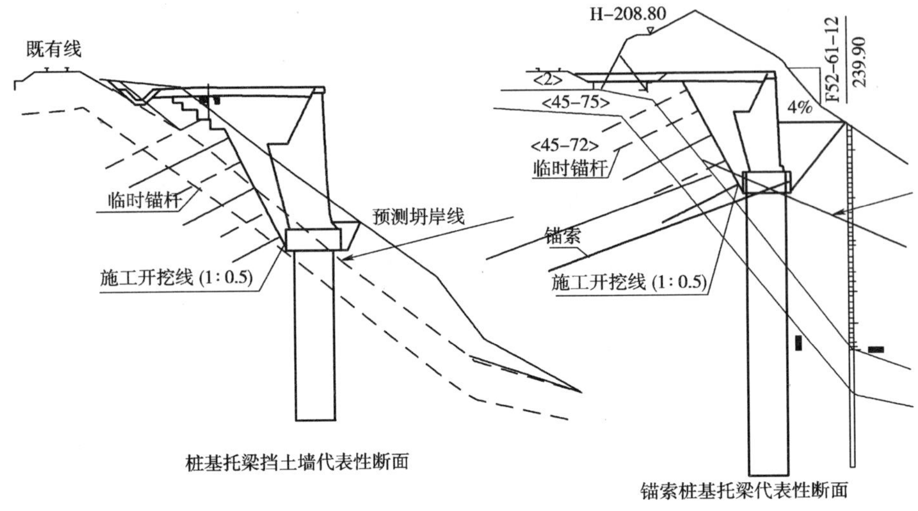

图 6 桩基托梁

(3)施工顺序

由于本工点左紧邻既有襄渝线,右滨水库,施工条件十分困难。施工中稍有不慎,将会严重影响既有线行车。施工单位严格按设计提出的施工顺序施工。施工顺序如下(图 7):按设计坡率每 1~2.0m 分层开挖临时边坡→及时施作自钻式锚杆→采用挂网喷混凝土→再分层开挖临时边坡→施作自钻式锚杆→挂网喷混凝土防护,直到托梁顶高程→开挖桩井,设置锁口、护壁→绑扎钢筋笼→一次性连续灌注桩身混凝土→整平并夯实托梁基底→绑扎桩基与托梁的连接钢筋及托梁钢筋笼→一次性连续灌注托梁混凝土→待桩身及托梁达到设计强度 80%后,填实托梁前后基坑后→立模现浇路肩挡土墙→填筑路基本体现场照片见图 8。

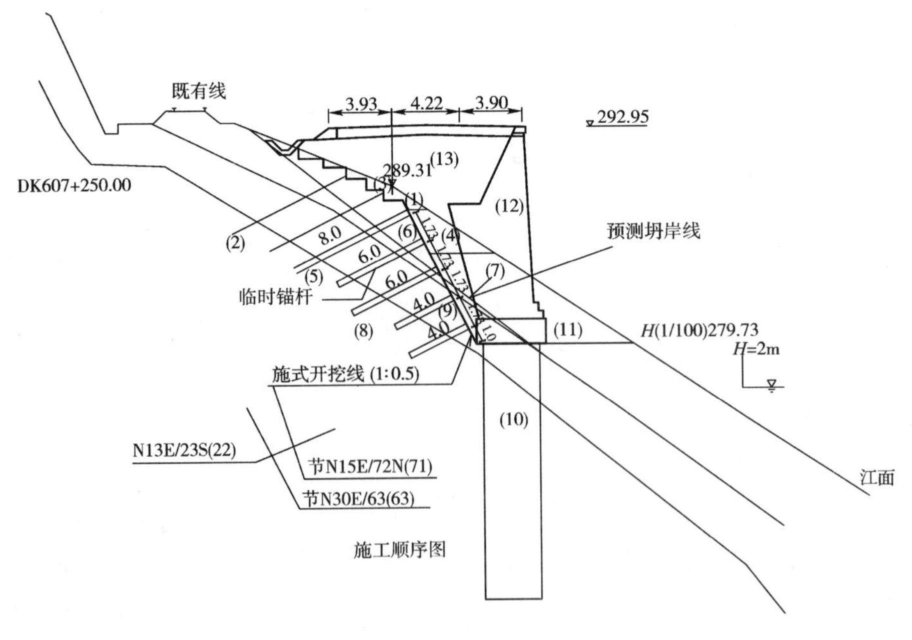

图 7 施工顺序图

7 结语

该工点于2008年施工完成后(图9),2009年6月投入运营至今,未见任何不良病害。2010年8月的科技查新报告表明,该段挡墙连续长度为国内同类工程最长。通过对本工点稳定性分析及力学计算,合理地进行了方案比选,为今后类似陡坡坍岸路基设计提供了参考。

图8 现场施工照片

图9 竣工后照片

重庆市丰都县斜南溪沟谷回填造地工程暨渝利铁路桥改隧工程

李楚根[1]　周　刚[2]　李安洪[3]
(1. 中铁二院工程集团有限责任公司土建二院；2. 中铁二院工程集团有限责任公司海外部；
3. 中铁二院工程集团有限责任公司公司办)

摘　要　重庆丰都斜南溪沟谷回填造地工程，上游为人造堰塘，下游连接长江，长2100m，造地1800亩。填方达1600万m^3，填土最大高度60m，在渝利铁路位置填高57m，城市高程高于铁路27m。渝利铁路原桥梁工程以隧道工程通过，隧道修筑在高填方上。工程涉及铁路、公路、城市道路、水利工程、市政工程、地质灾害等多学科多专业，工程规模之大为世界少见，在高填方上修建铁路隧道更是世界首次，排水系统工程、铁路隧道对工后沉降以及隧道结构变形、斜南溪沟回填工程整体及局部稳定成为重要控制因素。

关键词　斜南溪沟谷回填造地工程；渝利铁路桥改隧工程；排水系统工程；整体及局部稳定

Making Land by Refilling at Xienanxi Valley and Replacing Railway Bridge by Tunnel on Chongqing-Lichuan Railway

Li Chugen[1]　Zhou Gang[2]　Li Anhong[3]
(1. Second Civil Construction Design and Research Institute of CREEC;
2. Overseas Business Management Dept. of CREEC;
3. Administration Office of CREEC)

Abstract　The project of making land by refilling at Xienanxi Valley of Fengdu, a prefecture in Chongqing, with an artificial pond at its upper reach and connection to the Yangtze River at its lower reach, is of 2,100m in length and 1800 mu in area. The land was made by 16000000 cubic refilling with the maximum height up to 60m and 57m on Chongqing-Lichuan railway which causes the city's elevation 27m higher than that of the railway line. The originally-planned bridge on Chongqing-Lichuan railway was replaced by a tunnel which was to be built on high refilling. The project, involved in many engineering professions including railway, highway, urban road, water conservancy works, municipal works and geological hazard, boasted one of the largest railway projects in the world and an initiative project to build a tunnel in a high refilling land. The key control factors in the project include drainage works, post-subsidence in tunnel, structural malformation of tunnel and overall and partial stability of the refilling.

Key words　the project of making land by refilling at Xienanxi Valley; the project of replacing a bridge by a tunnel on Chongqing-Lichuan railway; drainage project; overall and partial stability

1　引言

重庆丰都县是著名的旅游名城，历史悠久，是举世闻名的“鬼城”，被誉为东方“神曲之乡”。境内有

作者简介：李楚根(1962—　)，男，教授级高级工程师，中铁二院工程集团有限责任公司土建二院副总工程师。

名山、雪玉洞两个4A级景区和国家级森林公园双桂山、鬼王石刻等众多景点，年均接待游客百万人次以上；同时，丰都县是一个典型的移民大县，县城是重庆市唯一跨江全淹全迁的新县城。

斜南溪沟位于重庆市丰都县境内，沟谷北窄南宽呈带状展布，由南至北蜿蜒蛇曲流入长江，断面呈V字形，两岸斜坡整体稳定，谷内以坡地为主，谷底及后缘有部分水田，即将修建的沿江高速路至长江二桥纵向穿越整个沟谷。

根据丰都县规划，斜南溪沟谷回填后作为丰都县城商业中心和城市南北、东西交通主干道交汇区域，既可解决渝利铁路、沿江高速公路及城市道路等工程产生的约800万m^3弃渣，又能改善斜南溪用地条件。对该沟谷进行回填，可造地1206多公顷，为城市建设提供宝贵的土地资源，同时空间上使得丰都新县城区（规划中）具备了良好的横向连续性，实现经济、社会和环境效益的统一，见图1。

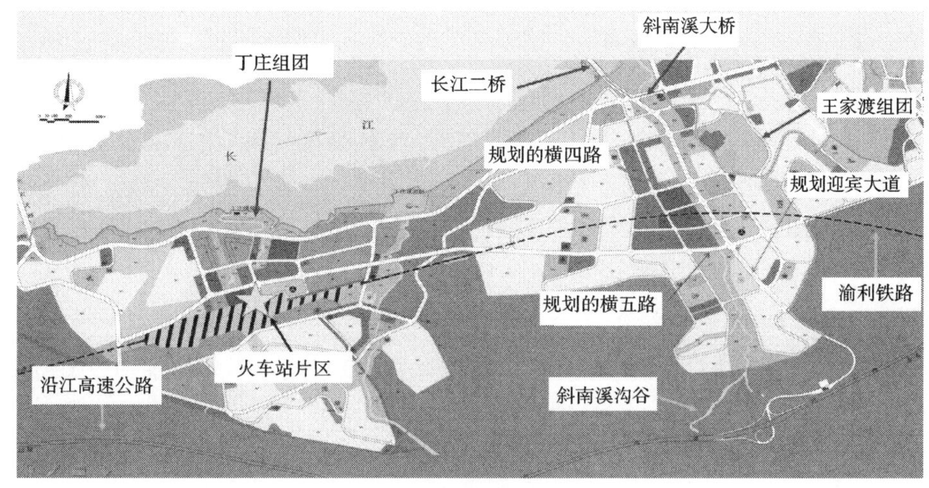

图1 丰都新县城区规划

渝利铁路（重庆—利川）为设计速度200km/h的客货共线，在斜南溪沟谷中部设计一大桥通过，大桥轨顶高程为245m，桥下沟谷地形最低点高程为215m，桥梁最大墩高30m。

斜南溪沟谷回填造地工程，上游为人造堰塘，下游连接长江，长2100m，造地1206公顷。填方达1600万m^3，填土最大高度60m，在渝利铁路位置填高57m，城市高程高于铁路27m，见图2、图3。渝利铁路原桥梁工程以隧道工程通过，隧道修筑在高填方上。高填方路基应满足铁路平顺、工后沉降以及隧道结构变形的要求，并保证回填土体的整体稳定。工程涉及铁路、公路、城市道路、水利工程、市政工程、地质灾害等多学科、多专业，工程规模之大为世界少见，在高填方上修建铁路隧道更是世界首次。

图2 斜南溪沟谷铁路设计虚拟图

图3 斜南溪沟谷回填高程

斜南溪沟回填工程须重点解决以下问题：

（1）桥梁改隧道工程上部高填土对明洞结构安全；

（2）隧道基础结构工程应对上部的隧道提供足够的承载力和变形要求；

（3）斜南溪沟回填造地排水系统工程；

（4）斜南溪沟回填工程整体及局部稳定。

2 工程地质环境

2.1 地层岩性

场区地层为第四系全新统人工填土层(Q_4^{ml})、第四系全新统坡洪积(Q_4^{el+pl})、坡残积层(Q_4^{dl+el})及崩坡积层(Q_4^{dl+col})、侏罗系中统沙溪庙组(J_{2s})地层。

碎石土呈黄褐色、黄灰色等,中密,稍湿,块石含量55%~60%,粒径20~350mm为主,石质均为弱、强风化的砂岩和泥岩,余为粉质黏土充填。

泥岩夹砂岩(J_{2s}):泥岩为紫红色、暗紫红色,泥质结构,中厚层状,质软。砂岩呈灰色、浅灰色,中~细粒结构,泥质胶结,矿物成分以长石为主,石英等次之。强风化带厚2~4m,岩质呈角砾碎石状,质软,浸水后迅速崩解,强风化岩石属Ⅳ级软石。

2.2 地质构造

场地位于方斗山背斜西翼,场地内岩层呈单斜产出,岩石层理清晰,由于工作场地随斜南溪沟谷基本呈条带型分布,岩层产状及裂隙产状随沟谷走向有所变化。

经地质调查,场地内未见断层发育。场地裂隙较为发育,三组裂隙:J_1 倾向N5°~55°E/20°~45°NW,J_2 倾向N10°~50°E/60°~85°SE,J3垂直节理,N10°~50°E/90°。

2.3 地震动参数

据国家地震局《中国地震动参数区划图》(GB 18306—2001),地震动峰值加速度0.05g,地震动反应谱特征周期为0.35s。

2.4 工程地质条件

(1)堰塘拦水坝工程地质条件

上游的拦水坝基础覆土较薄,无软弱土层,但局部为块石土,土层较厚,岩层倾角约14°。基岩为泥岩夹砂岩。现场调查未见失稳变形现象,现状整体稳定。

(2)渝利铁路桥改隧基础工程地质条件

根据钻探揭示,沟心宽缓地带上覆为0~3m的松软土及0~7m的碎石土。局部风化层较厚。基岩为泥岩夹砂岩,岩层产状为N55°E/12°NW,J_1 产状N25°W/90°,J_2 产状E-W/90°。边坡均为切向坡,边坡稳定性不受层节理面控制,对边坡稳定性影响小。现场调查未见失稳变形现象,现状整体稳定。

2.5 岩土物理力学指标

碎石土,重度20kN/m^3,基本承载力300kPa,桩周土极限摩阻力60kPa。

泥岩夹砂岩W2,重度20kN/m^3,单轴饱和抗压强度5MPa,基本承载力800kPa,桩周土极限摩阻力100kPa。

3 工程措施

3.1 斜南溪沟渝利铁路桥改隧道明洞工程(图4)

渝利铁路桥改隧道明洞工程为高填方明洞,明洞上部最大填方高度达到28m,且上部回填造地后为重庆市丰都县城规划城区,对明洞的结构安全性提出了更高的要求,主要解决高填方明洞衬砌结构安全,图5为顶部回填土水平荷载—结构模式稳定性分析。

3.2 隧道底部基础混凝土结构工程

斜南溪沟谷回填造地工程渝利铁路范围铁路轨面设计高程为243.91~245.07m,沟谷回填高程272m,铁路以隧道形式通过。隧道基础结构工程应对上部的隧道提供足够的承载力,满足变形要求以及混凝土耐久性要求(《混凝土结构设计规范》、《混凝土重力坝设计规范》、《混凝土结构耐久性设计规范》、《铁路混凝土结构耐久性设计规范》、《大体积混凝土施工规范》),并保证回填土体的整体稳定性,隧

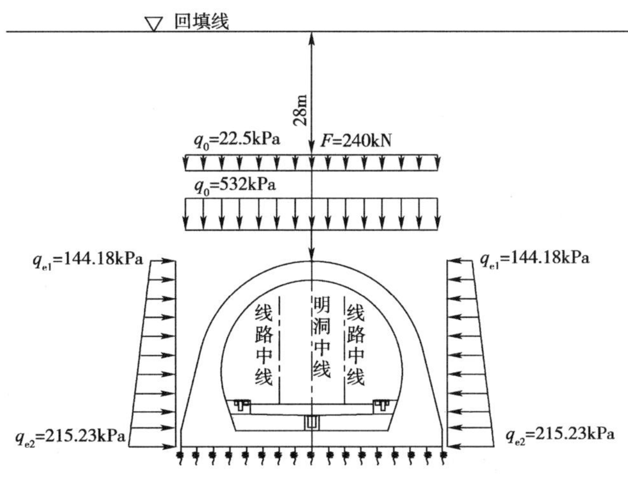

图 4　桥改隧道明洞工程

道底部基础工程采用 C30 混凝土结构。混凝土结构须进行稳定、承载力、变形等计算，主要内容如下：

①按挡土墙进行抗滑、抗倾覆稳定性计算；

②结构荷载承载力强度计算；

③按重力坝进行坝基强度计算；

④混凝土结构弹塑性变形计算。

(1)混凝土基础结构设计(图 5)

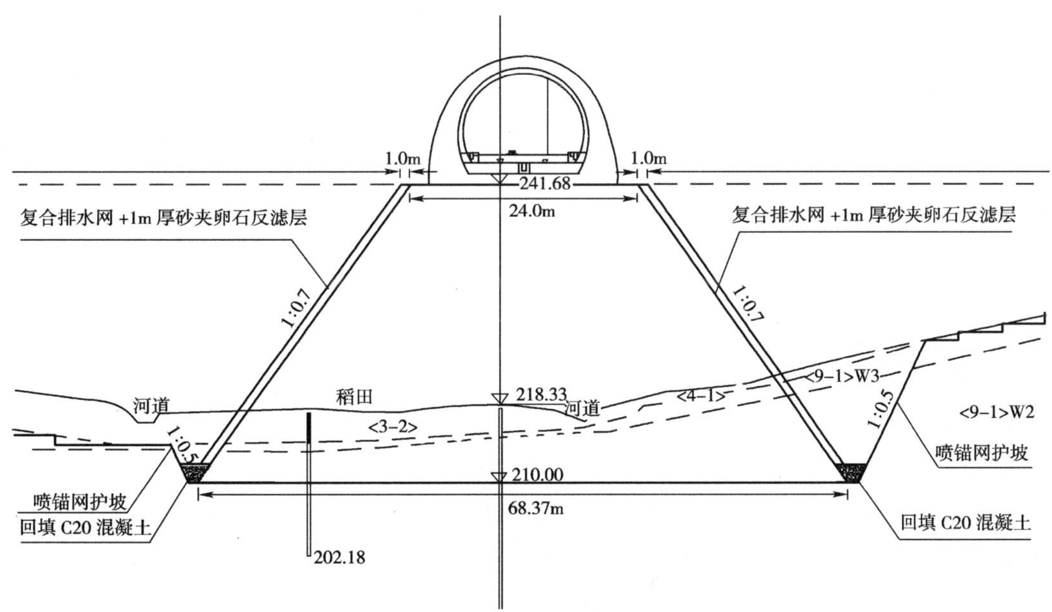

图 5　混凝土基础结构设计

混凝土基础顶部宽度 24.0m，最大高度 31.718m。

混凝土基础坡度：采用台阶式，台阶连线坡率 1∶0.7。

混凝土基础横缝设置：垂直线路方向每隔 10m 设置一贯通横缝，缝面不设键槽，不灌浆。

混凝土基础纵缝设置：纵缝间距 15～30m，错缝设置，缝面设键槽，并注浆。

混凝土基础浇筑方式：采用水平分层台阶法浇筑，分层厚度 2.0m。

混凝土基础嵌岩要求：嵌入泥岩夹砂岩弱风化层 W2 中不少于 3.0m。

(2)混凝土结构按挡土墙进行抗滑、抗倾覆稳定性计算

将混凝土基础视为重力式挡土墙进行验算(图 6)，计算参数为：墙高 31.69m，人工填土天然重度 $\gamma=20\text{kN/m}^3$，墙后边坡率 1∶1000，填土综合内摩擦角 $\varphi=25°$。混凝土基础的抗滑动、抗倾覆稳定性及基

底应力验算结果如下：

混凝土结构按挡土墙进行抗滑动稳定系数 $K_c=3.32>1.30$；抗倾覆稳定系数 $K_0=30.04>1.50$，满足要求。

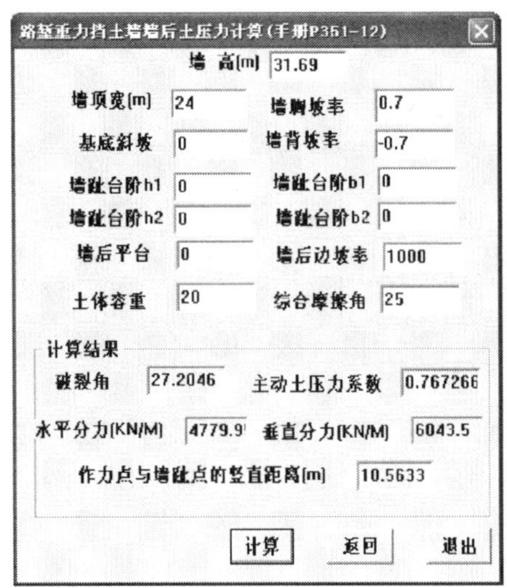

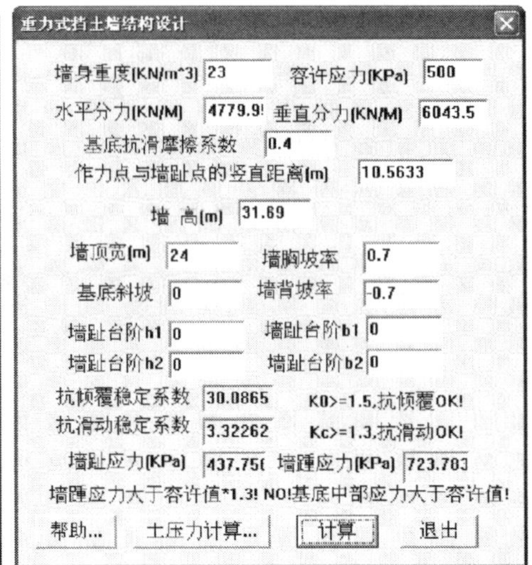

图 6 墙后土压力盒结构设计计算

(3)混凝土结构荷载承载力强度计算

①施工期基底承载力计算

结构顶宽 $2b=24$m，坡率 1∶0.7，最大结构高度 $H=31.7$m，结构底宽 68.38m。

结构自重 $P=23\times(24+68.38)\times31.7/2=33677$kN/m。

结构基底自重应力：$P=33677/68.38=492\text{kPa}<[\sigma_0]=800\text{kPa}$(满足要求)。

②使用期承载力强度计算

a. 结构基底自重应力

$$P_1=23\times31.7+20\times(272-241)=1349\text{kPa}$$

b. 混凝土强度检算

根据《混凝土结构设计规范》(GB 50010—2002)，C30 混凝土中心受压容许应力 $[\sigma_c]=9.7$ MPa。

$P_1=1.34\ \text{MPa}<[\sigma_c]=9.7\text{MPa}$ (验算合格)。

(4)混凝土结构按重力坝进行坝基强度计算

①计算分析

由于基底自重应力为 1349kPa，大于坝基容许应力 800kPa，小于坝基极限承载力 5MPa。坝基岩体的压缩变形导致坝基破坏的岩体失稳形式，主要是压缩变形和滑动破坏。压缩变形对重力坝来说，主要是引起坝基的沉陷。当坝基岩体软弱，或岩体虽坚硬但表部风化破碎层没有挖除干净，以致岩体强度低于坝体混凝土强度时，则剪切破坏可能发生在浅部岩体之内，造成浅层滑动。

计算浅层滑动的抗剪强度指标要采用软弱或破碎岩体的摩擦系数，由于滑动面埋藏较浅，其上覆岩石重量和滑移体周围的切割条件可不予考虑。

坝基面抗滑稳定按《混凝土重力坝设计规范》(SL 319—2005)抗剪强度公式 $K=\dfrac{f\sum W}{\sum P}$ 计算，安全系数满足表 1 要求。

坝基面抗滑稳定安全系数 K 表 1

荷载组合	坝的级别		
	1	2	3
基本组合	1.10	1.05	1.05

续上表

荷载组合		坝的级别		
		1	2	3
特殊组合	(1)	1.05	1.00	1.00
	(2)	1.00	1.00	1.00

坝体混凝土与坝基接触面的抗剪摩擦系数 f 按以下原则选取：

a. 现场两组岩体大面积直剪试验均沿预定剪面剪断，峰值较明显；各组试验的5个试体土质基本一致，剪切层面一致，各试体相互无不良应力影响，客观反映了各试验层面的剪切性能，见表2。

剪切性能试验 表2

试验点编号	试验点性质	试点状态	试验点深度(m)	抗剪强度(峰值强度)		抗剪强度(摩擦强度)	
				摩擦系数 $f(\varphi)$	黏聚 c(kPa)	摩擦系数 $f'(\varphi)$	黏聚力 c(MPa)
D1-1号	泥岩与砂岩结构面	天然	3.0	0.534 (28°5′)	129	0.449 (24°11′)	74
D1-2号	泥岩与泥岩结构面	天然	4.5	0.446 (24°4′)	79	0.366(20°6′)	52

b. 根据《水利水电工程地质勘察规范》附录M，本工程岩体强度小于15MPa，结构面中等发育，坝基岩体工程地质分类为Ⅳ类；根据《混凝土重力坝设计规范》(SL 319—2005)附录D，取表D2 坝基岩体力学参数(混凝土与坝基接触面0.40～0.55)，表D3 结构面、软弱层和断层力学参数(无充填结构面0.40～0.65)。

c. 综上，取 $f=0.40$。

②坝体抗滑稳定计算

根据《混凝土重力坝设计规范》(SL 319—2005)6.4.1条，坝体抗滑稳定计算主要核算坝基面滑动条件，按抗剪断强度公式计算坝基面的抗滑稳定安全系数。计算结果见图7～图9以及表3～表5。

a. 沿岩层结构面(无填土)：计算结果 $K=2.06>1.10$(验算合格)。

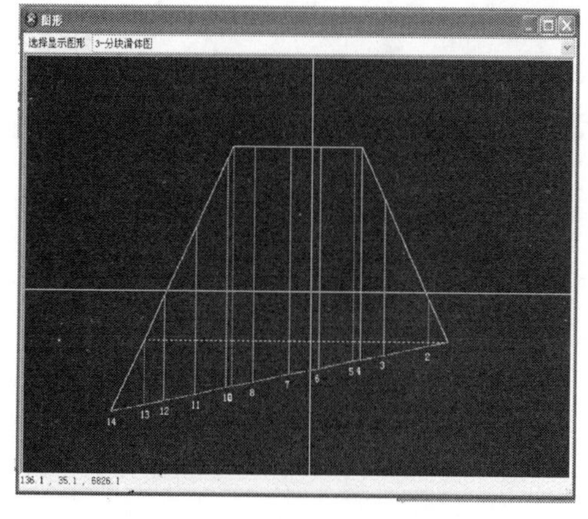

图7 沿岩层结构面计算

沿岩层结构面(无填土) 表3

沿岩层结构面(无填土)
各土层重度(kN/m³)(自下而上)：$R_1=22$，$R_2=23$
水平地震力系数：DZXS=0
滑面抗剪强度：$c=0$ (kPa)，$\varphi=21.8°$
滑坡稳定系数：2.0646，下滑力：7293.4，抗滑力：15058.1

b. 沿岩层结构面(单侧填土至渝利铁路路基面)：计算结果 $K=1.20>1.10$(验算合格)。

c. 沿坝基平面(单侧填土至渝利铁路路基面)：计算结果 $K=5.70>1.10$(验算合格)。

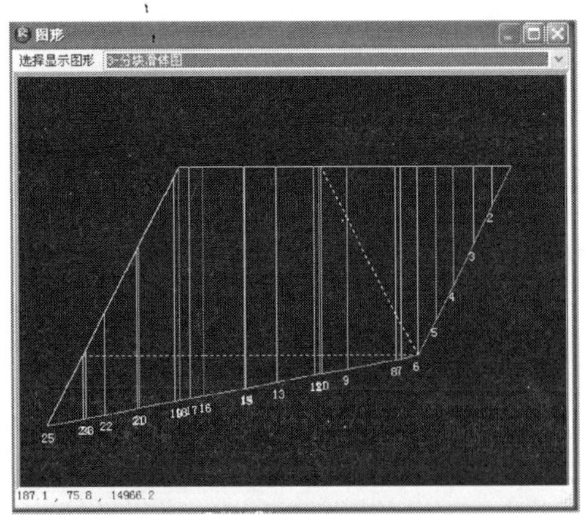

图 8　沿岩层结构面计算

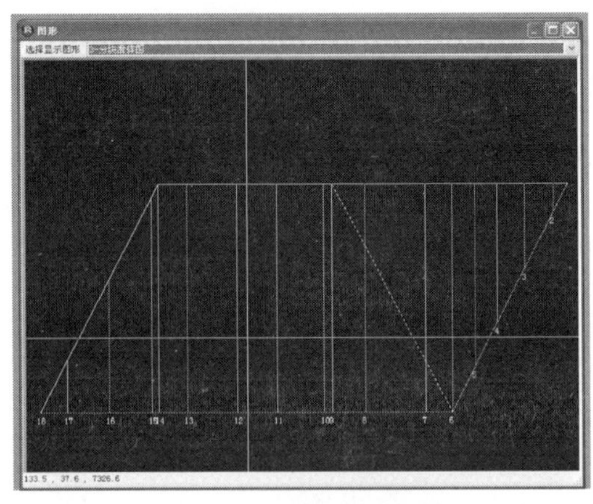

图 9　沿坝基平面计算

沿岩层结构面(单侧填土至渝利铁路路基面)　　表 4

各土层重度(kN/m³)(自下而上):$R_1=22$,$R_2=23$,$R_3=20$
水平地震力系数:DZXS=0
滑面各段抗剪强度:
第 1 至第 8 分块滑面的 $c=0$(kPa),$\varphi=0°$
第 9 至第 25 分块滑面的 $c=0$(kPa),$\varphi=21.8°$
滑坡稳定系数:1.1991,下滑力:11544.5,抗滑力:13843.5

沿坝基平面(单侧填土至渝利铁路路基面)　　表 5

各土层重度(kN/m³)(自下而上):$R_1=23$,$R_2=20$
水平地震力系数:DZXS=0
滑面各段抗剪强度:
第 1 至第 6 分块滑面的 $c=0$(kPa),$\varphi=0°$
第 7 至第 18 分块滑面的 $c=0$(kPa),$\varphi=21.8°$
滑坡稳定系数:5.706,下滑力:2083.8,抗滑力:11890.4

(5)混凝土结构弹塑性变形计算

混凝土结构弹塑性变形采用现场泥岩平板载荷试验、有限元分析进行检算、按照材料力学方法计算变形量分别进行计算。

①现场泥岩平板载荷试验

为确保渝利铁路高填方隧道明洞工程在软质岩地基的承载力和变形要求,现场三个泥岩体平板载荷试验模拟混凝土结构施工期荷载、使用期混凝土结构和上部填土荷载情况下的岩体变形情况,并加荷至破坏,且比例界限明显,客观反映了各试验点的承载性能。根据现场泥岩平板载荷试验(图10、表 6),基岩在 1750kPa 以内处于弹性变形,在施工期荷载700kPa 时变形量为 0.56mm,在使用期荷载 1400kPa 时变形量为 1.27mm,满足隧道和回填土对变形的要求。

图 10　现场泥岩平板载荷试验

平板载荷试验成果表　　表 6

试验点编号	试点状态	700kPa 时变形模量及沉降量(MPa/mm)	1400kPa 时变形模量及沉降量(MPa/mm)	比例界限时变形模量(MPa)	最大沉降量(mm)	比例界限(kPa)	极限荷载(kPa)	基本承载力(kPa)
J-1 号	天然	276.8	246.3	225.5	10.825	1750	2900	1750
		0.562	1.269					
J-2 号	天然	280.7	263.2	228.6	15.300	2100	3600	2100
		0.554	1.182					
J-3 号	天然	290.7	273.8	238.4	14.410	2100	3600	2100
		0.535	1.136					

②混凝土结构弹塑性有限元分析

计算选取 D5K149+630 断面作为典型断面进行计算分析，由于本次计算主要是模拟<9-1>W2 和<9-1>W3(泥岩夹砂岩)在填筑完毕时的屈服情况，因此计算中将<9-1>W2 和<9-1>W3 设置为弹塑性材料，其他材料设置为弹性材料，各材料的具体取值情况见表 7。

有限元计算参数表 表 7

材料号	材料名称	重度(kN/m³)	凝聚力(Pa)	内摩擦角(°)	弹性模量(Pa)	泊松比
1	<9-1> W2	25	20×10^{3}	45	1.11×10^{10}	0.23
2	<9-1> W3	21	25×10^{3}	35	9×10^{8}	0.25
3	<3-2>松软土	18	—	—	2.8×10^{6}	0.30
4	<1>人工填土	20	—	—	7.0×10^{6}	0.28
5	C20 混凝土	23	—	—	2.80×10^{10}	0.20
6	隧道拱体混凝土	25	—	—	3.225×10^{10}	0.20
7	保护层填土区	21	—	—	9.0×10^{6}	0.27
8	普通填土区	20	—	—	7.0×10^{6}	0.28

a. 有限元模型的建立共划分了 2530 个四边形单元，约束条件为模型左右两侧水平向约束，模型底部竖向约束。模型的材料分区图和网格剖分图如图 11 和图 12 所示。

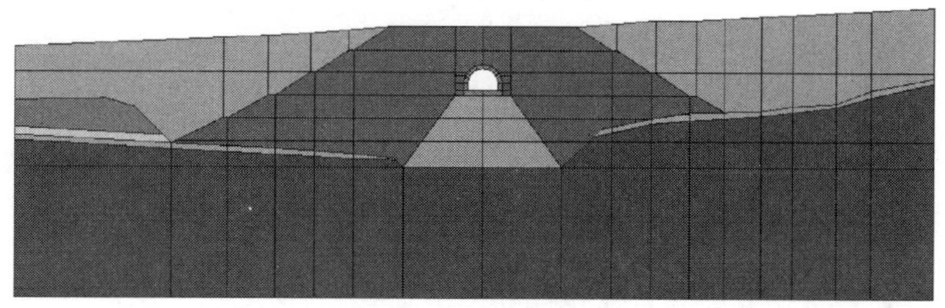

图 11 模型材料分区图

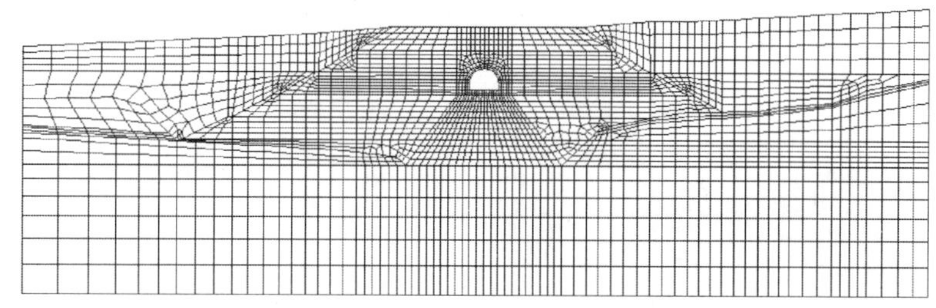

图 12 模型材料网络剖分图

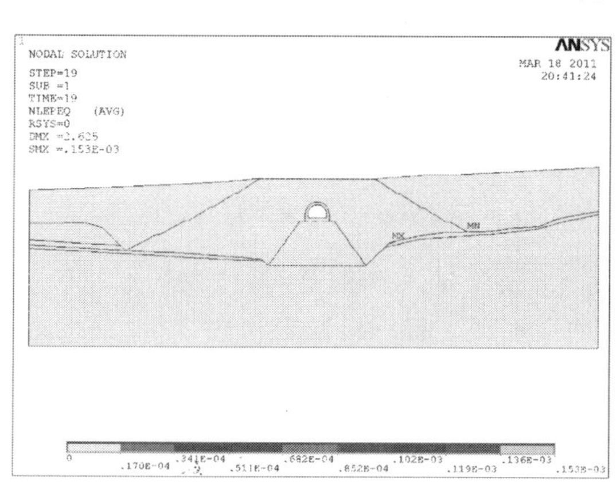

图 13 有限元分析

b. 计算中模拟了混凝土基座和填土的填筑过程，填筑完毕后基底的塑性区显示，从塑性区的分布情况来看，混凝土基础底部并未形成塑性区，因此混凝土基座不会出现屈服破坏。

按隧道拱圈修筑完毕即铺轨的情况计算，见图 13，基底发生的工后沉降为 3.564mm，整个工程填筑完毕时基底发生的总沉降为 6.425mm。

③按照材料力学方法计算变形量

侧限变形模量 E_s 与变形模量 E 的关系为：$E_s=\frac{1}{\beta}E$；$\beta=1-\frac{2\mu^2}{1-\mu}$。

根据＜9-1＞W2 的弹性模量为 $E=11.1\mathrm{GPa}$，泊松比为 $\mu=0.23$，因此：$\beta=0.8626$；$E_s=12.868\ \mathrm{GPa}$。

混凝土基座高度：31.69m。

基座上方填土高度：30.31m。

基底上部荷载为：31.69×23000＋30.31×20000＝1.33507MPa。

有限元模型中＜9-1＞W2 的厚度大约为 60m。

因此填筑产生的总变形量为(1.31169/12868)×60＝6.231mm。

④混凝土结构变形计算结论

通过现场泥岩平板载荷试验、弹塑性有限元分析、材料力学方法等计算，可得出如下结论：

a. 混凝土基础底部并未形成塑性区，因此混凝土基座不会出现屈服破坏。

b. 在使用期荷载为 1400kPa 时：现场泥岩平板载荷试验变形量为 1.27mm，弹塑性有限元分析总变形量为6.425mm，材料力学方法总变形量为 6.231mm，变形量极小；混凝土结构满足上部隧道承载力和变形的要求。

(6)混凝土结构大体积混凝土设计

混凝土基础总长 160m，顶部宽度 24.0m，混凝土基础高度 31.718～10.878m，最大高度 31.718m，混凝土总体积 $168295\mathrm{m}^3$。混凝土基础按大体积混凝土有关要求施工。

混凝土基础横缝设置：垂直线路方向每隔 10m 设置一贯通横缝，缝面不设键槽，不灌浆；混凝土基础纵缝设置：纵缝间距 15～30m，错缝设置，缝面设键槽，并注浆；混凝土基础浇筑方式：采用水平分层台阶法浇筑，分层厚度 2.0m。

《混凝土重力坝设计规范》(SL 319—2005)中规定，对高度在 15～30m 的低坝，可参照类似工程的经验，进行温度控制。设计重要内容：①混凝土基础温控设计；②混凝土基础监测设计；③混凝土基础质量控制与检查。

(7)现场施工照片(图 14)

3.3 斜南溪沟回填造地排水系统工程(图 15)

斜南溪沟谷是区域内重要的排水渠道，区内地表水分布在斜南溪水沟、支沟及水田、鱼塘内，主要受大气降水及居民生产生活废水补给，水量季节性变化明显，雨季斜南溪水位上涨 1.0～2.0m，而旱季斜南溪水深 0.1～1.0m。

图 14　现场施工照片

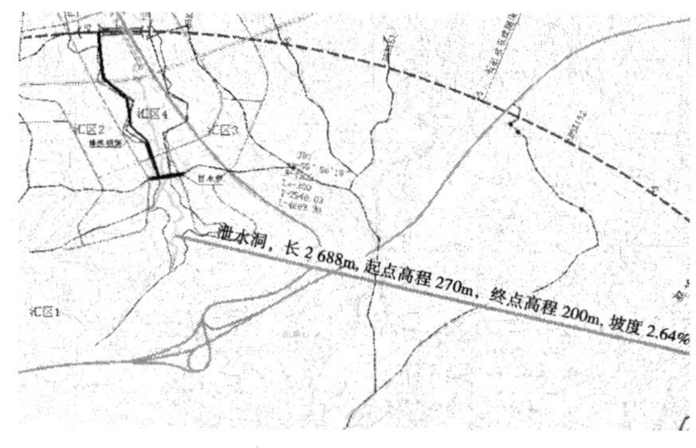

图 15　回填造地排水系统工程

斜南溪沟上游汇水区地表水，通过在建沿江高速公路的桥梁、涵洞排入斜南溪沟，须在场地回填工程道路上游斜南溪沟归槽处(距渝利铁路上游 1200m)设置堰塘拦水坝工程。根据渝利铁路和拦水坝的位置，可以将斜南溪流域分为 4 个汇区，其中斜南溪沟回填工程堰塘拦水坝以上汇水面积 $3.96\mathrm{km}^2$ 为汇区 1，堰塘拦水坝至渝利铁路高程 272m 以上左右侧汇水面积分别为汇区 2、汇区 3，堰塘拦水坝至渝利铁路高程 272m 以下汇水面积为汇区 4。

汇区 2、汇区 3、汇区 4 所在区域为规划城市区域，汇区 2、汇区 3 流量在施工期通过临时排水沟引排，汇区 4 流量在施工期通过临时涵洞引排，汇区 2、汇区 3、汇区 4 流量使用期通过城市排水设施引排至长江。因此,斜南溪沟谷回填工程安全的重中之重是解决汇区的排水问题。

(1)斜南溪沟谷回填造地地表排水工程方案比较

汇区1为斜南溪沟谷最大的汇水区,100年一遇洪水流量为 $91m^3/s$,为了能顺利将汇区1的汇水排走,共设计了三个排水方案:长涵方案,拦水坝结合排洪道方案,拦水坝结合泄水洞方案。

①长涵方案(图16):沿着斜南溪沟谷的谷底修建一条长2.7km的长涵洞,将斜南溪沟谷的上游来水全部从涵洞排至长江。

图16 长涵方案

方案优点:排水速度快、工程结构形式简单。

方案缺点:涵身顺沟形布置造成转折点甚多,极易受山洪暴发带来的杂物堵塞,一旦发生堵塞渗水,很可能造成铁路基底受浸泡软化发生沉降变形,影响结构及行车安全;涵洞上方填土高50～60m,结构受力复杂,造价极其昂贵,涵洞每延米造价约6万元,工程投资约1.5亿元。

②拦水坝结合排洪道方案(图17):在斜南溪沟谷的上游修建一座拦水坝以拦截上游汇水,形成的水库库容为142万 m^3,坝前水深28m。在拦水坝的左岸修建一条排洪道,待水库的水位上涨至排洪道的沟底高程时,水库中的水经排洪道排至长江。

图17 拦水坝结合排洪道方案

方案优点:工程投资约3800万元,工程造价低;库容面积大,有利于城市景观建设。

方案缺点:在城市中开挖排洪沟,对城市建设干扰大;排洪沟易淤积,将影响排洪能力;由于库容水位高,正如在城市上空顶着大水库,对城市危害的风险大。

③拦水坝结合泄水洞方案(图18):在斜南溪沟谷的上游修建一座拦水坝,形成的堰塘,坝前水深8m,堰塘水经泄水洞排至龙河。

图18 拦水坝结合泄水洞方案

方案优点:工程投资约4300万元,工程造价低;工程安全;对城市建设干扰小。

方案缺点:堰塘库容低,不利于城市景观建设。

④斜南溪沟谷地表排水工程方案比较结论

从可实施性、经济性、安全性、对城市发展的干扰程度、是否有利于城市景观以及时效性6个方面进行分析评估,最终选定拦水坝结合泄水洞方案为设计采用方案。

(2)斜南溪沟谷回填造地地表排水工程

为确保斜南溪沟回填工程的安全,应对汇水区地表水采用永临结合进行拦截和引排。距渝利铁路上游1200m处设置堰塘拦水坝和泄水洞排洪工程,利用堰塘拦水坝面板和基底注浆进行防渗处理,地下水采用"树枝状" 盲沟引排。

地表排水工程包括上游堰塘拦水坝工程、泄水洞排洪工程、地表截水沟工程、渝利铁路基础涵洞工程;地下排水工程为"树枝状" 盲沟。以下介绍堰塘拦水坝工程、泄水洞排洪工程、地下排水工程。

①堰塘拦水坝工程

在斜南溪沟上游汇水区地表水,通过在建沿江高速公路的桥梁、涵洞排入斜南溪沟,在场地回填工程道路上游斜南溪沟归槽处设置堰塘拦水坝工程,沟床段趾板建基高程为254.70m,泄水洞入口洞底高程265m,泄水洞入口积水高程约269m左右,坝顶高程采用270.00m,坝顶宽7m,坝顶高程以上按一般城市道路设计。坝体上游270m高程以上边坡采用浆砌片石骨架内灌草护坡绿化,270m高程以下钢筋混凝土面板防护。

堰塘设计水位高程265m,库容体积5.14万m^3,最大水深约5m。参照《浙江省山塘综合整治技术导则(试行)》(2009-3),确定本工程等级为山塘工程VI级。

堰塘拦水坝工程,其目的是拦截斜南溪上游区域的汇水,将地表水通过泄水洞引排出场地,同时控制坝身和坝底的下渗,保证下游渝利铁路的运营安全和填土体的整体稳定。

堰塘拦水坝填筑材料、防渗设计参照面板堆石坝工程进行设计。

a.堰塘拦水坝断面设计

堆石区顶部高程270.00m,河床段趾板建基面高程为254.70m。堆石区上部场坪填土区边坡于290m高程、280m高程和270m高程各设一级平台,平台宽4.0m,290m平台以上边坡坡率为1:1.75,290~270m平台之间边坡坡率为1:2.0,270m平台以下边坡坡率为1:2.25。从堆石区上游面270.00m高程以下设钢筋混凝土面板、黏土铺盖及石渣盖板,趾板布置在岩体弱风化下部,采用7m等宽布置。为加强防渗,对趾板基础进行固结灌浆加固处理。趾板以上边坡按永久边坡进行喷锚支护。

b.堰塘拦水坝坝基防渗设计

坝基下透水率$q \leqslant 10 \sim 42$Lu的岩体具强~中透水性,基础防渗采用灌浆处理。沿趾板线布置4排灌浆孔,从上游至下游第一排和第四排为固结灌浆孔,孔深8m;第二排和第三排为帷幕灌浆孔,孔深25m。灌浆孔排距2m,孔距2m,正方形布置,孔径为60mm,采用循环式灌浆,各孔灌浆结束后采用全孔灌浆封孔法进行封孔。帷幕灌浆压力在灌浆孔第1段为0.2MPa,以下各段逐渐增加,孔底段为0.3MPa;固结灌浆压力在不抬动趾板及坝基岩体前提下可适当提高,但不大于0.4MPa。坝基下透水率$q \leqslant 5$Lu的岩体具微~弱透水性,不再灌浆。

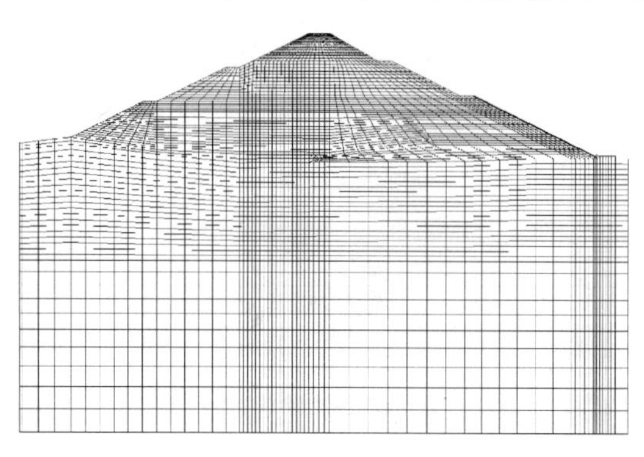

图19 模型网络剖分图

c.堰塘拦水坝体防渗有限元分析

计算选取堰塘拦水坝在斜南溪沟心处的断面作为典型断面进行渗流计算分析,渗流计算的目的是为了获得堰塘拦水坝在建成后的渗流量。有限元模型的建立共划分了7452个四边形单元,7701个节点,模型的网格剖分图如图19所示。

渗流有限元计算采用的是固定网格有限元全场渗流分析方法,计算分析了丰都造地工程上游拦水坝在水位270m时,设置防渗帷幕和不设置防渗帷幕两种工况下的渗流场,计算结果见表8、表9。

拦水坝单宽渗流量(无防渗帷幕) 表8

水位(m)	面板单宽渗流量(m^3/s)	基岩单宽渗流量(m^3/s)	总单宽渗流量(m^3/s)	拦水坝每天的渗流量(m^3)	拦水坝的渗流量(L/s)
270	0.084×10^{-6}	10.365×10^{-6}	10.449×10^{-6}	142.641	1.651

拦水坝单宽渗流量(有防渗帷幕) 表9

水位(m)	面板单宽渗流量(m^3/s)	基岩单宽渗流量(m^3/s)	总单宽渗流量(m^3/s)	拦水坝每天的渗流量(m^3)	拦水坝的渗流量(L/s)
270	0.098×10^{-6}	1.451×10^{-6}	1.549×10^{-6}	21.146	0.245

根据计算结果可得如下结论：

堰塘拦水坝每天的渗水量较小。

防渗帷幕的设置对堰塘拦水坝整体的渗透量有一定的影响，防渗帷幕注浆可减少基岩裂隙的进一步发展。

②泄水洞排洪工程

泄水洞断面除满足排水量的要求外，还须满足施工作业、抗冲刷、耐久性、清淤维修等要求。

根据现行《洪水标准》(GB 50201—1994)及《水利水电工程等级划分及洪水标准》(SL 252—2000)，确定本泄水洞的建筑物等级为IV等小(1)型水利工程，主要建筑物级别(泄水洞及进出口引渠)为4级，次要建筑物(防护、铺砌)级别为5级，从泄水洞安全重要性看，泄水隧洞设计频率为100年一遇，校核频率为300年一遇，堰塘拦水坝上游汇区面积3.96km²，$Q_{1/300}=123\text{m}^3/\text{s}$。泄水洞结构尺寸按照300年一遇流量确定，泄水洞断面尺寸为5.0m×5.75m(宽×高)，见图20。

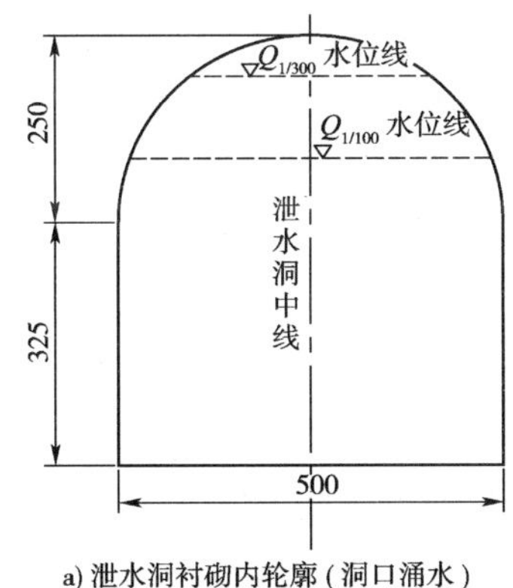

a) 泄水洞衬砌内轮廓(洞口涌水)

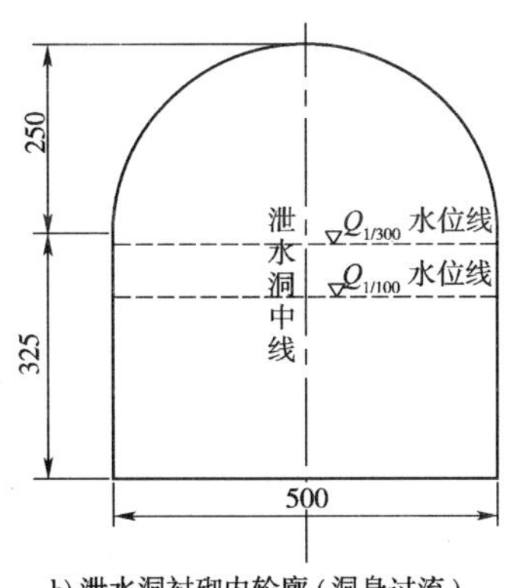

b) 泄水洞衬砌内轮廓(洞身过流)

图20 泄水洞砌内轮廓(尺寸单位：cm)

按照《铁路桥涵地基与基础设计规范》(TB 100025—2005)及《水工隧洞设计规范》(SL 279—2002)要求，排洪结构按无压结构进行设计，本泄水隧洞结构尺寸按照300年一遇频率进行设计。根据桥渡水文公式和铁路工程建设参考图计算，300年一遇频率洪水情况下泄水隧洞内积水深H_k约3.2m，隧洞入口积水高度H_p约5.2m，满足无压结构的涵身节段高度不小于4.82m。本泄水隧洞结构净高5.75m，满足无压结构的要求，不会出现明满流交替的运行情况。考虑泄水洞施工方法、施工机具等，于泄水洞内设置错车道，错车道按200m一处，每处错车道长度为30m，错车道尺寸为7.7m×7.1m(宽×高)。

③地下排水工程

a.地下水构成

斜南溪沟谷回填工程场区面积约1.2km²。地下水的构成主要有基岩裂隙水、堰塘水下渗、城市管网漏损引起下渗、地表雨水下渗。

基岩裂隙水：根据水文地质资料，拦水坝与铁路大坝之间地下水净流量约为5 L/s=0.005 m²/s，铁路大坝与靠近长江边公路桥之间地下水净流量约为11L/s=0.011 m²/s。

堰塘水下渗:堰塘拦水坝基岩通过灌浆后,整个坝区的渗水量约0.24L/s=0.0002 m²/s;

城市管网漏损引起下渗:城市管网漏损可采用两种方法进行估算。一是根据《城市供水管网漏损控制及评定标准》以及供水管网漏损资料,漏损量按供水量的20%计算,污水按供水量的80%计。因此,下渗量=城市管网供水量×1.8×20%,经计算,下渗量=0.022 m²/s;二是根据国内外的经验,如同济大学"区域供水管网漏失水平评价方法",平均42.7L/(人·d),根据本区域预计城区人口1万~2万人,经计算,下渗量=0.018 m²/s。

地表雨水下渗:城市地表可分为透水区和不透水区两类,城市的不透水表面如屋顶、混凝土街道、人行道、车站、停车场等,这些不透水区域在城市中占到总区域面积的60%以上,甚至可能达到80%~90%;透水区主要为各种红砖、级配碎石、非铺砌土地面及绿化草地等,其产流损失主要以下渗为主。

根据丰都县1965~2009年降雨量表可以推算出新增用地区最大的雨水下渗量为51.27L/s(0.051 m²/s)。

b. 地下水疏排工程措施

地下水总流量计算:地下水最大总量=0.011+0.0002+0.022+0.051=0.084 m²/s

地下水疏排设计:软式透水管的排水能力按曼宁公式计算。

$$Q=vA=\frac{1}{n}R^{2/3}i^{0.5}A$$

式中:n——粗糙率,取0.014;

R——水力半径(m),圆管的水力半径取$d/4$;

i——水力梯度,取同管道坡度,纵坡为0.03,横披为0.016;

A——水力断面。

经计算,采用主盲沟埋设2根DN/OD250mmPVC带孔双壁波纹管(外径250mm)可满足疏排要求。

c. 地下水疏排工程措施

地下水采用"树枝状"盲沟引排,沿沟心至长江,设置一道主盲沟。主盲沟总长1768m,主盲沟埋设2根PVC带孔双壁波纹管(外径250mm);从沟槽侧壁向沟心分设7道支盲沟,支盲沟总长792m,支盲沟埋设PVC带孔双壁波纹管(外径100mm)。

4 斜南溪沟回填工程整体及局部稳定检算

根据地质场地适宜性评价"斜南溪沟谷整体坡度很缓,坡度为3°,上部回填土层不会沿沟底产生整体滑动",其整体是稳定的。

根据《建筑边坡工程技术规范》(GB 50330—2002),本工程边坡工程安全等级为一级边坡,折线滑动法的稳定安全系数$k_c \geq 1.35$,稳定性计算采用传递系数。斜南溪沟自上游至出口,弯折较多,为计算方便,计算中采用直线式。

附加荷载:公路荷载,按城市A级荷载考虑;三峡库区动水压力。

物理力学指标(表10):根据地质资料,取饱水状态下土石界面的c、φ值进行稳定性分析,人工填土的c、φ值分别取20kPa、18°,填土重度20kN/m³。

土石界面c、φ值 表10

采用值 / 名称	天然状态		饱水状态	
	c(kPa)	φ(°)	c(kPa)	φ(°)
粉质黏土(硬塑)	15	18	10	8
碎石土	5	22	5	22
块石土	4	25	4	25

计算简图和计算过程略,计算结果如下。计算结果说明"斜南溪沟回填造地工程整体及局部均满足

安全要求”。

(1)斜南溪沟谷回填造地工程前缘出口至上游200m稳定计算

计算结果：k_c=1.35，满足安全要求。

(2)斜南溪沟谷回填造地工程前缘出口至渝利铁路稳定计算

计算结果：k_c=2.72>1.35，满足安全要求。

(3)渝利铁路回填工程在上部场地单向回填稳定计算

计算结果：k_c=1.44>1.35，满足安全要求。

(4)堰塘拦水坝坝体稳定计算

计算结果：k_c=3.39>1.35，满足安全要求。

(5)斜南溪沟谷回填造地工程前缘出口至堰塘拦水坝稳定计算

计算结果：滑坡稳定系数k_c=2.59>1.35，满足安全要求。

5 结语

城市建设过程中严格落实环境保护基本国策，实施可持续发展战略，促进经济建设和环境保护协调发展。认真贯彻“在保护中开发，在开发中保护”及“资源开发和节约并举，把节约资源放在首位”的原则；遵循“十分珍惜和合理利用每寸土地，切实保护耕地”的基本国策。

当前我国正处于工业化、城镇化快速发展时期，建设用地供需矛盾突出。优先开发利用空闲、废弃、闲置和低效利用的土地，提高建设用地利用效率，是符合我国国情的土地利用新路子。

利用铁路、公路弃土回填斜南溪沟谷既节约了堆土土地，又实现了弃土造地功能，为丰都县未来的发展创造了用地，实现了城镇建设的科学规划发展。

桥 梁 工 程

渝利铁路韩家沱长江大桥

陈克坚[1] 曾永平[2] 袁 明[3] 陈思孝[2] 戴胜勇[2] 陈天地[2] 许烈生[2]

(1. 中铁二院工程集团有限责任公司公司办;
2. 中铁二院工程集团有限责任公司土建二院;
3. 中铁二院工程集团有限责任公司技术中心)

摘 要 渝利铁路韩家沱长江大桥,是沪汉蓉大通道上关键工程之一,为200km/h客货共线双线铁路桥。主桥(81+135+432+135+81)m钢桁梁斜拉桥是目前世界上跨度最大的铁路钢桁梁斜拉桥,也是已建成的首座铁路钢桁梁斜拉桥。通过设计研究,获得了一系列技术创新成果,积累了大跨铁路斜拉桥的设计建设经验,并改变了大跨度铁路斜拉桥长期在快速铁路上得不到应用的局面,其成功的经验将会在高山深谷及大江大河的铁路桥梁建设中得到广泛的应用。本文重点介绍其技术标准、结构体系、结构构造及开展的设计研究情况。

关键词 铁路桥;斜拉桥;钢桁梁;桥梁设计

Hanjiatuo Changjiang Bridge on Yu Li Railway

Chen Kejian[1] Zeng Yongping[2] Yuan Ming[3] Chen Sixiao[2]
Dai Shengyong[2] Chen Tiandi[2] Xu Liesheng[2]

(1. Administration Office of CREEC; 2. The 2nd Civil Construction Design and Research Institute of CREEC; 3. Technology Center of CREEC)

Abstract Hanjiatuo Changjiang Bridge on Yu Li Railway, one of key projects on Hu-Han-Rong railway line, is a 200km/h mixed passenger and freight railway bridge, its main bridge (81+135+432+135+81)m is the first completed steel truss girder cable-stayed railway bridge with the longest span in the world at the present. Based on the design and research, a series of technological innovation results are obtained, the design and construction experience for long span railway cable-stayed bridge is accumulated, the situation that long span railway cable-stayed bridges haven't been applied for express railways is changed, and the successful experience shall be largely applied in the construction of railway bridges over high mountains and great rivers. This focuses on its technical standard, structural system, structural formation as well as design research status.

Key words railway bridge; cable-stayed bridge; steel truss girder; bridge design

1 引言

渝利铁路是沪—汉—蓉客运通道的重要组成部分,也是我国铁路"四纵四横"快速客运网的组成部分。该铁路地处我国中、西部地区的结合部,西起重庆市渝北区,向东途经重庆市江北区、长寿区、涪陵区、丰都县和石柱县,止于湖北省利川市,线路总长264km,如图1所示。

渝利铁路韩家沱长江大桥于涪陵城区长江下游6km附近跨越长江,大桥全长1137.49m,孔跨布置为(8×32+81+135+432+135+81)m。桥区河段属三峡水库常年回水区,受三峡库水位的运行模式的影响,桥位处水位高差变化大,最高与最低通航水位分别为180.11m与145.43m。桥位处河段通航

作者简介:陈克坚(1966—),男,教授级高级工程师,中铁二院工程集团有限责任公司副总工程师。

图1　渝利线地理位置图

等级为国家Ⅰ级航道标准，其代表船队为1-(2)级航道代表船队，通航净宽不小于350m，净高不小于18m。韩家沱长江大桥是渝利铁路上技术含量高、设计施工难度大的控制性关键工程，是世界上最大跨度的铁路钢桁梁斜拉桥。该大桥2008年12月开工建设，2011年6月合龙，2011年底建成，如图2所示。

2　技术标准

(1)线路等级：I级、有砟轨道。

(2)正线数目：双线。

(3)正线线间距：4.4m。

(4)旅客列车设计行车速度：200km/h。

(5)设计荷载：中—活载。

(6)线路资料：主桥小里程侧梁端52m、大里程侧39.4m长范围位于凹形竖曲线(E=2.3cm)上，其余均为平坡、直线。

图2　建成后的韩家沱长江大桥

(7)铁路限界：满足通行双层集装箱要求，不小于7.96m。

3　结构设计

主桥采用(81＋135＋432＋135＋81)m钢桁梁斜拉桥结构，为半漂浮体体系，塔墩固结，塔梁分离。主梁与桥塔之间设置支座约束主梁竖向及横向位移，纵桥向设置速度锁定装置与阻尼器，以减少在列车制动力作用与地震荷载作用下结构的动力响应，并改善结构的内力分配，见图3。

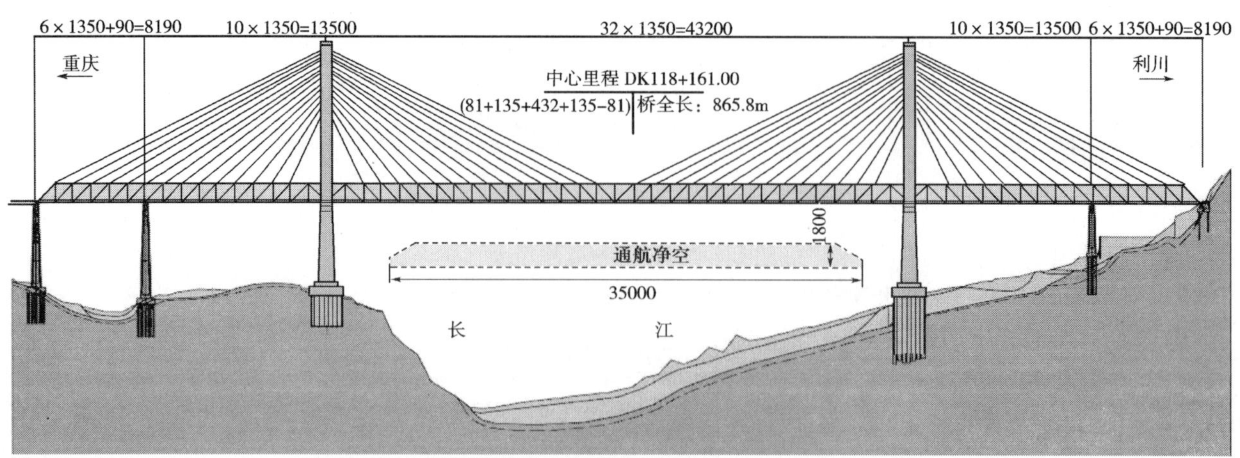

图3　韩家沱长江桥主桥总布置图(单位：cm)

3.1 主墩基础

10 号与 11 号主墩基础采用直径 2.5m 的钻孔桩基础，桩底嵌入 W2 基岩内，其极限抗压强度不小于 5MPa。其中 10 号主墩设置 34 根长度为 23m 的柱桩，11 号主墩设置 38 根长度为 40～46m 的柱桩，桩间距均为 5.4m，按梅花形布置。

为减少流水阻力与通航船舶的撞击力，承台与塔底垫块均采用圆弧端面形式。承台厚 6m，外形尺寸 10 号墩为 50m×25m，11 号墩为 55.4m×25m。

3.2 桥塔设计

综合考虑结构造型、受力需要施工难度等因素后，本桥主塔顺桥向采用单柱式、横向采用刚度相对较大、基础要求相对较小、构造、受力、施工相对简单的花瓶形（折线 H 形）桥塔，见图 4。

主塔采用 C50 混凝土，由垫块、下、中、上塔柱及下横梁、上横梁 6 部分组成，10 号塔高为 182.5m、11 号塔高为 187.5m。塔柱采用矩形空心截面，四角设有 60cm×60cm 倒角。下塔柱纵横向均变坡，横桥向宽：10 号塔为 5.02～9.59m、11 号塔为 5.02～10m，顺桥向宽 10 号塔为 10.38～12.83m、11 号塔为 10.38～13.06m。中塔柱横桥向等宽为 5.0m，顺桥变坡尺寸为 7.5～10.38m。

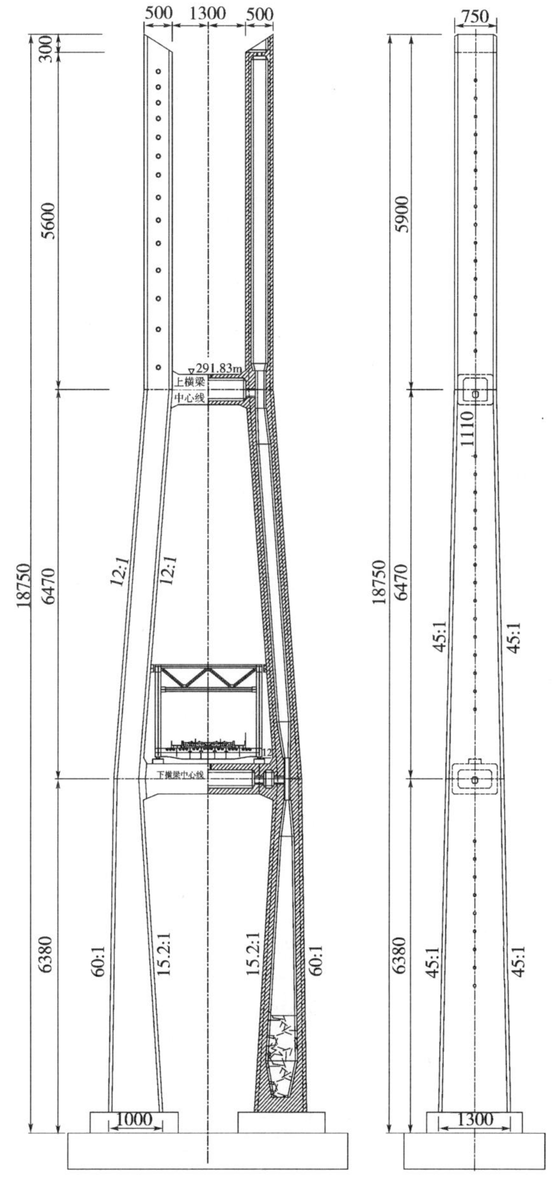

图 4 11 号主塔构造图（单位：cm）

上塔柱采用等截面，截面尺寸为 5×7.5m，为部分预应力混凝土结构。

为解决以往锚固区环向预应力损失大且难以准确计算的难题，设计首次研究并应用了索塔锚固区新型低回缩环向预应力锚固结构，提高了钢束的有效应力。锚固区采用弯曲井字形环向预应力，配套采用低回缩锚具，预应力束采用 $7\phi^s15.2$mm 和 $9\phi^s15.2$mm 预应力钢绞线。为控制提高钢束的有效应力，采用单端张拉，锚下张拉控制应力取 1209MPa 与 1265MPa。为增加景观效果，上塔柱顶部设施 3m 高的塔冠，塔冠上安装防雷设施。

上下横梁均为矩形空心截面。下横梁高 5m，宽 8m，其中布置 58 束 $15\phi^s15.2$mm 钢绞线，为全预应力混凝土结构。上横梁高 5m，宽 6.3m，为钢筋混凝土结构。

3.3 主梁设计

主梁为平行弦钢桁梁，N 形桁架，两片主桁，桁间距 18m，桁高 14m，节间长度 13.5m。主桁采用焊接整体节点结构形式，最大板厚 50mm。主桁与桥面系均采用 Q370qD 材质的钢材。主梁横断面与横向视图见图 5。

主桁上下弦杆均采用箱形截面，杆件内宽 1002mm，上弦杆高 1300mm，板厚 24～40mm；下弦杆高 1400mm，板厚 24～44mm。根据受力的不同，腹杆采用箱形截面和 H 形截面，腹杆箱形截面外宽 1000mm，高 800～1000mm，板厚 30～40mm。腹杆 H 形截面外宽 1000mm，高 760～900mm，板厚30～40mm。

为便于斜拉索锚固并提高索梁锚固区的疲劳性能，主梁上弦设计中试验研究了整体复合式索梁锚固结构。经近 20 种方案的风洞试验研究，首次提出在主梁下弦分段设置了抗风导流板，以抑制主梁的涡激振动。

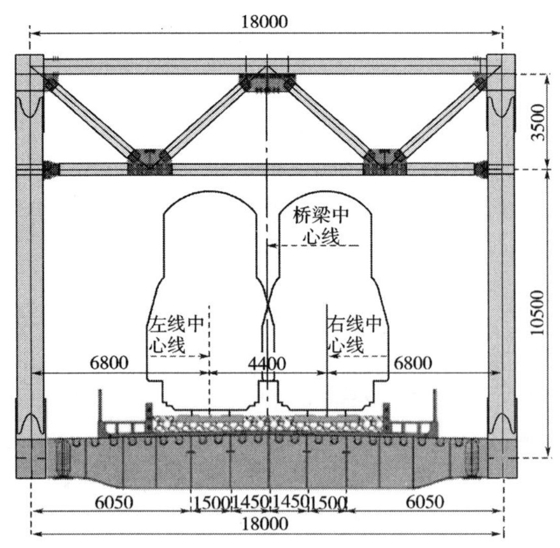

图5　主梁横断面与横向视图(单位:mm)

桥面采用正交异性板整体钢结构桥面,由纵肋(梁)、横梁及其加劲的16mm厚钢桥面板组成。为承载道床等桥面设施恒载,其下部设置间距600mm的U形纵肋。U形纵肋板厚8mm,顶宽300mm、底宽180mm、高度260mm。在每条线路的轨道之下设置两道高600mm的倒T形纵梁。顺桥向每隔3.375m设一道倒T形横梁,横梁的高度为1.4~1.556m,端部与主桁下弦杆等高,并与下弦杆采用螺栓连接;在主桁的节点处横桥向连接有1.4~2.0m高的横梁。

下弦杆宽1.40m,节间长13.5m。两桁间的桥面板宽15.602m,因面积和质量都较大,为了便于制造和安装,纵桥向每节间桥面板分成两段,均长6.75m,与横梁焊为一体出厂,最大的桥面板块重约40t。各块件在工厂制造时均为焊接连接。

上平联为交叉式斜杆的构造,斜杆为工字形截面,高520mm,宽540mm。横撑杆为箱形截面,高520mm,宽520mm。每个上弦节点处均设有横联,横联为三角形桁架形式,桁架高约3.5m,杆件截面都是H形,高500,宽400mm。边墩、辅助墩及桥塔处主桁均设置有桥门架。

为增强钢桥面板在有砟道床使用条件下的耐磨、防腐蚀性能,在钢桥面板与道砟层之间设置厚15cm、宽13.2m的混凝土板,与两侧挡砟墙、人行道栏杆底座、立柱构成整体。道砟槽为钢筋混凝土结构,混凝土采用C40,在钢桥面板顶焊接ML15的ϕ19×100mm圆柱头栓钉,与道砟槽底板结合成一体。

3.4　斜拉索设计

斜拉索采用镀锌高强钢丝束斜拉索,布置为平行的扇形双索面,全桥共56对斜拉索。斜拉索规格型号为:PES7-301、PES7-283、PES7-253、PES7-223、PES7-211。塔上索距为2.5~4m,最外侧斜拉索倾角为26.5°。钢桁梁上索距均为13.5m,为减少锚固点上非铰效应的影响,梁端锚具设计成球铰。

4　科研项目与新技术成果

渝利线韩家沱长江大桥是目前世界上最大跨度铁路钢桁梁桥斜拉桥,也是世界上首次采用钢桁梁斜拉桥结构的铁路桥梁,具有跨度大、质量轻、动力效应明显等特点。为解决大跨度铁路斜拉桥静动力效应、抗风、抗震、疲劳、细部构造等关键技术。设计过程中以此项目为背景进行了铁道部重大课题《大跨度铁路斜拉桥建造关键技术研究》13项子课题研究的工作。

通过研究,合理解决了结构受力体系,刚度限值标准,抗风、抗震设计,列车运行限速风速标准,桥面、索梁、索塔锚固构造,斜拉索耐久性,运营养护标准,健康监测等大跨度铁路斜拉桥建造中一系列技术难题。发现了钢桁梁斜拉桥在低风速下存在竖向涡激振动现象,创造性地提出了在钢桁梁下分段设置导流板以抑制主梁涡激振动的方案;研发了利用带控制开关的新型速度锁定装置控制列车制动力引起的结构振动与粘滞阻尼器控制地震响应的综合控制系统,400~500m级大跨度钢桁梁铁路斜拉桥合理刚度取值范围及已知风速的车速限定标准;在铁路桥上首次采用了索塔锚固区低回缩环向预应力构造及整体复合式索梁锚固结构。获得了大跨度铁路斜拉桥建造关键技术研究成果，取得了4项发明专利、3项实用新型专利。

5 结语

随着经济与科技的飞速进步，大跨度铁路桥梁的需求正在不断增长，而斜拉桥以其跨越能力大、抗震性能好等优势，逐渐成为大跨度铁路桥梁的一种合理桥型，将在铁路的建设中将得到越来越普遍的使用。近年来在一些新线的桥梁方案研究中也提出了斜拉桥方案，但真正的大跨度铁路斜拉桥的桥梁建设在我国尚处在起步阶段。以渝利铁路韩家沱长江大桥为背景，对大跨度铁路斜拉桥建造关键技术进行系统研究，填补了我国大跨度铁路斜拉桥建造技术的空白，解决了建造中的一系列技术及工程难题，对促进铁路斜拉桥的发展和推广应用具有重要意义。

随着该大桥的成功建成，将世界铁路斜拉桥跨度由254m突破至432m，改变了大跨度铁路斜拉桥长期在铁路上得不到应用的局面，积累了大跨度铁路斜拉桥的设计建造经验，为铁路跨越大江大河、高峡、深谷、艰险山区提供了强有力的技术支持，为铁路斜拉桥的进一步发展奠定了坚实基础。该大桥将成为我国铁路斜拉桥发展史上一座重要的里程碑，具有显著的经济效益和社会效益。

水柏铁路北盘江大桥简介

徐　勇[1]　马庭林[2]
(1. 中铁二院工程集团有限责任公司土建一院;2. 中铁二院工程集团有限责任公司公司办)

摘　要　水柏铁路北盘江大桥为国内第一座铁路钢管混凝土拱桥,主跨236m,拱圈施工采取平面单铰转体,重力为104000kN,本文介绍了该大桥设计及转体施工的情况。

关键词　水柏铁路;北盘江大桥;钢管混凝土拱桥;转体施工

Introduction of Beipanjiang Bridge on Liupanshui-Baiguo Railway

Xu Yong[1]　Ma Tinglin[2]
(1. The 1st Civil Construction Design and Research Institute of CREEC;
2. Administrative Management Office of CREEC)

Abstract　Beipanjiang bridge on Liupanshui-Baiguo railway is the first concrete filled steel tube arch railway bridge with the main span of 236m in China, plane single hinge swing with the weight of 104000kN is adopted for arch ring construction. This paper briefly introduces the bridge design and construction by swing.

Key words　liupanshui-baiguo railway; beipanjiang bridge; concrete filled steel tube arch bridge; construction by swing

1　引言

北盘江大桥为水柏铁路重点控制工程。水柏铁路位于贵州省西部,北起贵昆线六盘水站,南至盘西支线的柏果站,全长118.65km,为一次新建电气化铁路。沿线地形、地质复杂,山高谷深,桥隧相连,工程艰巨。铁路等级为Ⅰ级,桥上线路为单线、平坡,牵引类型为电力机车,设计活载采用铁路"中—活载",地震烈度小于6度。

北盘江,峡谷深切呈V形,谷底至桥面高达280m,两岸地形陡峭,场地狭窄,基岩裸露,如图1所示。

图1　桥址地形

作者简介:徐勇(1971—　),男,教授级高级工程师,中铁二院工程集团有限责任公司土建一院副总工程师。

北盘江大桥为山区谷架桥，水文不控制设计。在沿峡谷上下50多公里范围内进行了桥位勘测比选后，决定大桥在峡谷较窄、地质条件较好的老鹰岩桥位，以全线最低点跨越北盘江。桥型孔跨布置为：3×24m简支梁＋236m上承式钢管混凝土提篮拱＋5×24m简支梁，桥梁全长468.20m，如图2所示。

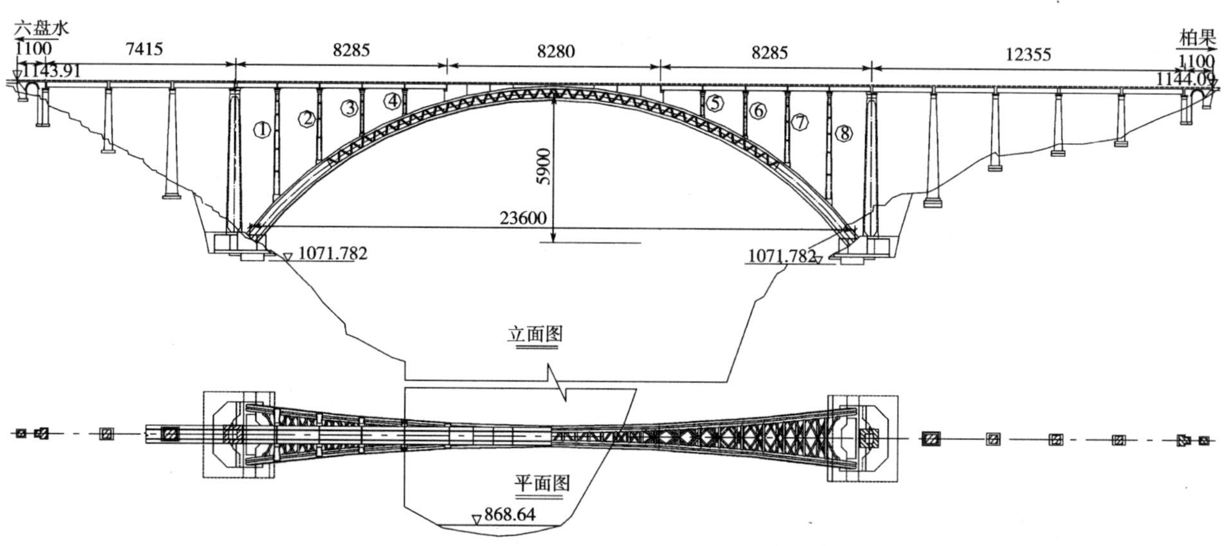

图2 北盘江大桥总布置图(尺寸单位：cm；高程单位：m)

2 有关技术参数

主桥混凝土用量：25063m^3。

主桥钢材用量：3238t。

造价：10500万元。

建成日期：2001年11月。

3 主桥设计和施工

主桥拱圈中心跨度236m，矢高59m，矢跨比1/4，拱轴系数$m=3.2$。拱肋高5.4m，宽2.5m，每肋主要由4肢直径1m钢管构成。拱肋横向内倾6.5°，拱脚处拱肋中心距19.6m，拱顶处拱肋中心距6.16m。拱肋上下弦在拱脚段采用实腹钢板连接，中段采用H形杆连接，如图3所示。拱肋钢管及实腹板内均灌注C50级微膨胀混凝土。两拱肋之间通过上下两层“Ж”字形和“N”字形钢管平联实现连接，构成横向联接系。拱圈采用Q345D钢，钢结构表面涂装采用热喷铝体系。拱上结构布置为：5×16m简支梁＋82m拱顶Π形钢筋混凝土刚架＋5×16m简支梁。拱上墩柱采用带K形横联的钢筋混凝土空心刚架墩。

为保证拼装、焊接质量，并结合拱座基础位于陡峻岸坡挖方区的特点，主拱采用有平衡重单铰平转法施工。即依地形在两岸搭设支架，支架上拼装、焊接拱肋，再转体合龙。

转体结构系统由上盘、下盘、球铰、交界墩、扣索、背索和牵转系统等组成，如图4和图5所示。上盘宽26m，长20m，厚6m，为三向预应力混凝土结构。扣索总拉力11000kN、背索总拉力96000kN，均采用高强度钢绞线，如图6所示。

交界墩采用钢筋混凝土空心墩，是转体时拱圈承力的塔架，也起平衡压重的作用。转体重10400t，转体时全部质量都作用在直径3.5m的球铰上。转体由两对(4台)连续张拉千斤顶提供牵转动力。

北盘江大桥于1999年1月开工，2001年1月20日转体成功，2001年11月竣工，2002年4月进行了大桥静动载试验，2002年8月开通运营。大桥的静动载试验结果及多年来的运营表明，列车在大桥上运行平稳、安全舒适。

图 3　主桥结构

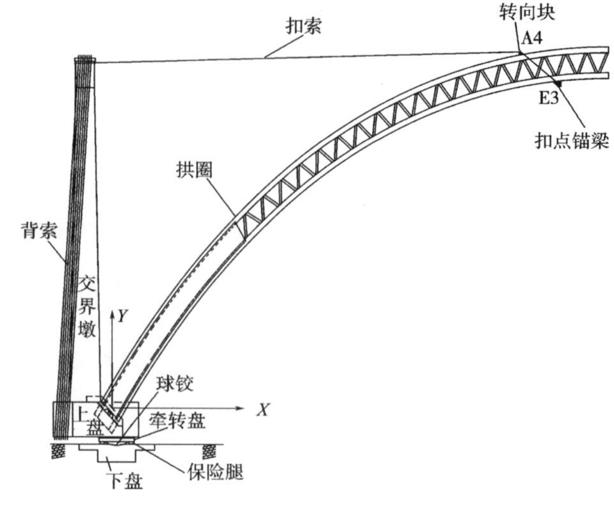

图 4　转体总图

图 5　半跨转体

图 6　转体底座

4　主要技术特点和创新点(图 7 和图 8)

(1)通过对大跨度铁路桥梁设计理论进行了完整的研究,建成了我国最大跨度的铁路拱桥,主跨236m也是目前世界上最大跨度的单线铁路拱桥。对全桥结构进行了详尽的静、动力分析和仿真计算,模拟了施工各阶段和运营加载的全过程。经过车桥耦合动力分析,提出了满足大桥横向刚度的具体结构措施,为设计提供了科学依据。经静动载试验,拱桥横向第一自振频率,实测值 0.674Hz,计算值0.649Hz,吻合良好。

(2)建成了我国首座铁路钢管混凝土拱桥,钢管混凝土和焊接管结构均填补了在我国铁路桥梁上的应用空白。针对不同的疲劳应力幅,对拱肋腹杆和横向联结系分别采用了节点板和管管相贯焊接连接,既保证了结构安全,又方便了施工。其中节点板栓接腹杆形式为我国钢管混凝土拱桥首次采用。

图 7　半跨转体

经过对钢管拱桁架的制造、运输、现场拼装、现场焊接等工艺的专题研究,制订了技术先进,措施可行的《北盘江大桥钢管拱制造与验收技术规定》,保证了大桥的拼装和焊接质量。

(3)采用有平衡重单铰平转法施工实现转体合龙,转体施工质量10400t,为当时世界单铰转体施工最大质量,实现了单铰转体施工质量由3600t到10400t的跨越。首次采用了钢与填充式聚四氟乙烯复合滑片作为摩擦副的转体球铰,球铰凹面向上,使转体结构更趋于稳定。通过对承受复杂应力的上盘及交界墩仿真分析,对扣索、背索、上盘预应力逐段加载及张拉次序优化比较,对转体结构整体稳定性反复验算,对转体过程中可能出现的问题进行了详尽的分析,制订了安全可行的转体施工工艺及监测

监控措施，编制了转体过程“即时监测监控程序及数据处理系统”。历时仅 5h 实现转体。

(4)拱圈管结构实现现场全方位焊接，制订了《北盘江大桥钢管拱工地焊接工艺规程》。工地焊接量巨大，焊缝长度达 5.6km，在我国乃至世界铁路桥梁建筑史上罕见。焊缝经 100%超声波和 20%X 射线探伤，质量优良。

围绕北盘江大桥开展“铁路大跨度钢管混凝土拱桥新技术研究”，曾先后获贵州省科学技术进步一等奖、国家科学技术进步二等奖。北盘江大桥勘察设计曾先后荣获铁道部优秀工程勘察一等奖、铁道部优秀工程设计一等奖、国家优秀工程设计银奖。大桥建设曾先后荣获中国建筑工程鲁班奖，詹天佑土木工程大奖。图 8 为北盘江大桥仰视图。

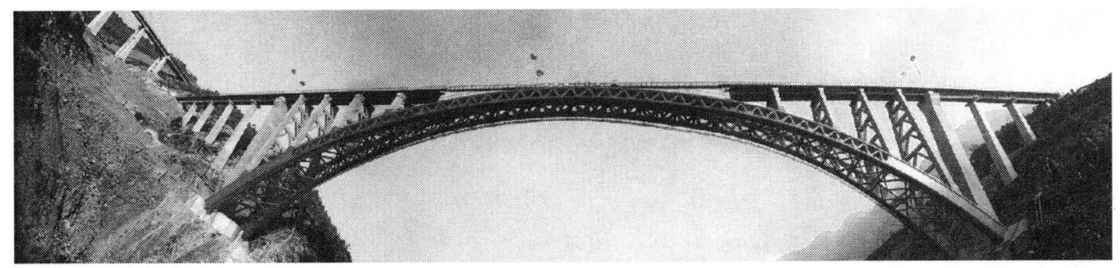

图 8　北盘江大桥仰视图

渝怀铁路长寿长江特大桥

袁　明[1]　马庭林[2]　游励晖[1]　陈建峰[3]　李慧君[4]
(1. 中铁二院工程集团有限责任公司技术中心;
2. 中铁二院工程集团有限责任公司公司办;
3. 中铁二院工程集团有限责任公司土建二院;
4. 中铁二院工程集团有限责任公司土建一院)

摘　要　渝怀铁路长寿长江特大桥全桥孔跨布置为2×24m+3×32m简支梁+(144+2×192+144)m下承式连续钢桁梁+2×32m简支梁,为目前我国最大跨度的双线铁路下承式连续钢桁梁桥,主桁采用整体节点技术,支座为新型铰轴滑板钢支座。主桥基础施工采用平台围堰一体化双壁吊箱围堰,钢桁梁架设采用单层吊索塔架进行悬臂拼装,悬拼过程中采用了预应力后锚技术,有效解决了钢桁梁拼装压重的问题。

关键词　渝怀铁路;长寿长江;连续钢桁梁;吊箱围堰;铰轴滑板支座;吊索塔架;悬臂拼装

Changshou Changjiang Super Major Bridge on Yu Huai Railway

Yuan Ming[1]　Ma Tinglin[2]　You Lihui[1]　Chen Jianfeng[3]　LI Huijun[4]
(1. Technology Center of CREEC;

3. Second Civil Construction Design and Research Institute of CREEC;
4. First Civil Construction Design and Research Institute of CREEC)

Abstract　Changshou Changjiang super major bridge on Yu Huai railway adopting 2×24m+3×32m simply-supported beam +(144+2×192+144)m through continuous steel truss beam+2×32 m simply-supported beam for the span of whole bridge, is the longest span through continuous steel truss beam double-line railway bridge currently in China, the integral node technology is adopted for main truss and new-type hinged shaft sliding plate steel bearing is used. The platform and coffer-dam integration double wall suspension box-cofferdam is adopted for the construction of main bridge foundation; suspension assembly is performed for steel truss beam erection by adopting single layer hanging cable frame. During suspension assembly, prestressed post-anchor technique is used, effectively solving the issues of steel truss beam assembly.

Key words　Yu huai railway; changshou changjiang; continuous steel truss beam; suspension box-cofferdam; hinged shaft sliding plate bearing; hanging cable frame; suspension assembly

1　引言

长寿长江大桥位于重庆市长寿区境内,为渝怀铁路跨越长江的重点桥梁。桥址处属丘陵及长江河谷地貌,地形起伏较大,地面相对高差50～80m。长江河谷本段范围呈U形,谷底宽300～400m,河道较顺直;水流顺畅,水深最大处约60m,流速3.5～4.5m/s。桥渡区覆土较少,在河床底部段有3～11m

---

作者简介:袁明(1963—　),男,教授级高级工程师,中铁二院工程集团有限责任公司专业工程师。

厚卵石土层，下伏砂岩或泥岩。航道等级按三峡水库建成正常蓄水后的Ⅰ—(2)级航道标准进行设计，两通航孔主跨均不小于192m，通航净空高度在设计最高通航水位以上不小于18m。

该桥位于线路120km/h速度区段，桥跨布置为2×24m＋3×32m简支梁＋(144＋2×192＋144)m下承式连续钢桁梁＋2×32m简支梁，全桥长898.36m。全桥均在平坡上，主桥位于直线上。全桥墩台均按一次复线设计；上部按近期单线(Ⅰ线)、远期复线设计，见图1。

图1　渝怀铁路长寿长江大桥

2　结构设计

2.1　主桁

(1)主桁结构形式

钢桁梁主桁结构形式结合跨度、线路高程、通航净空、桥址地形、工厂制造、运输、安装、行车条件和维修养护等因素，经技术、经济综合比较而确定。采用有竖杆平行弦三角桁、中间支点采用下弦加劲桁式，平行弦桁高18m，中间支点桁高34m，节间长度12m，主桁中心距为12m。

(2)主桁整体节点

主桁采用腹杆插入式、弦杆节点外拼接的整体节点。根据主桁杆件在节点交汇的数量及角度不同，分为8种不同的节点形式，图2、图3展示出了其中两种典型节点构造。主桁节点板厚度选用考虑了弦杆和斜杆对节点板厚度的要求，并进行了节点板的局部稳定、撕裂应力等检算，节点板最大厚度为50mm。节点板圆弧半径的取值考虑了节点板圆弧端的应力集中因素。整体节点最大高度达3.5m。

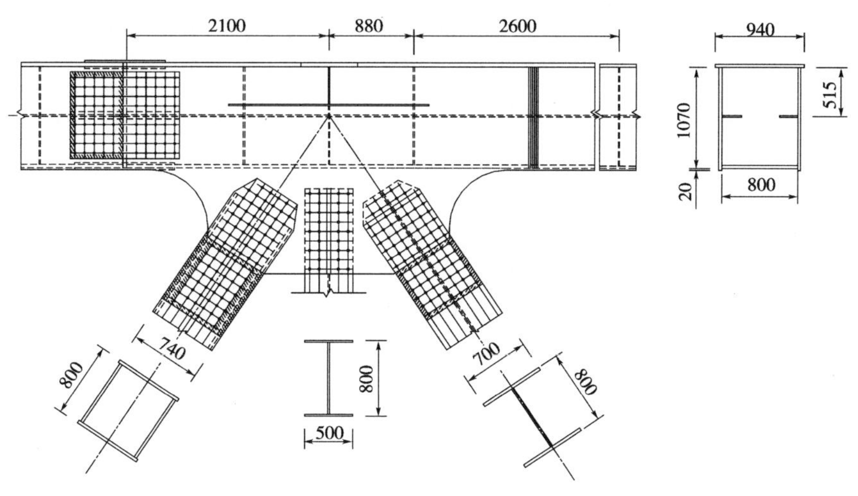

图2　主桁典型上弦节点构造图(单位：mm)

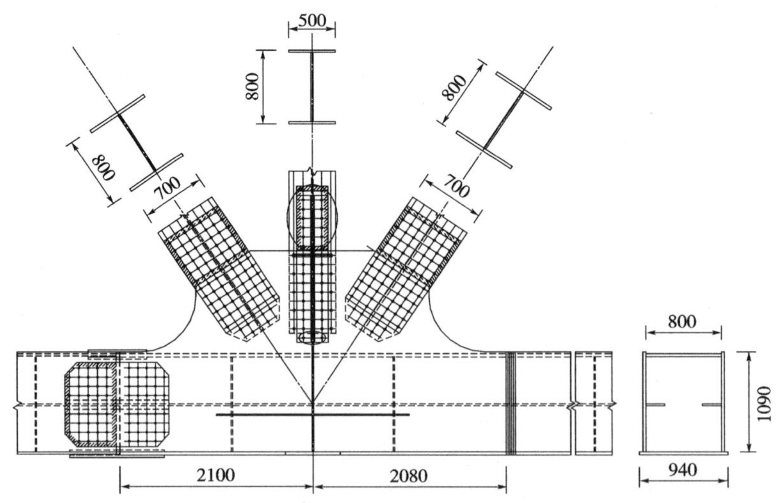

图3　主桁典型下弦节点构造图(单位:mm)

(3)主桁杆件

主桁上、下弦杆、中间支点加劲弦杆及部分腹杆采用箱形截面,其内宽800mm;部分腹杆为H形截面杆件,外宽800mm。采用截面板厚20～46mm。主桁最长杆件19.7m,最重杆件26.3t。

2.2　桥面系及联结系

(1)桥面系

桥面系双线纵梁中心距为4m,每线两片纵梁间距2m,纵梁高1480mm,采用工字形截面。为减少与主桁弦杆共同作用,在两边跨中设置一套纵梁断开装置,在两中跨各设置两套断开装置。端横梁及中间横梁均采用工字形截面。

(2)联结系

上、下平纵联采用交叉式结构,上、下平纵联节点板与主桁节点板为焊缝连接。加劲弦处平纵联除与下弦相衔接处采用K式桁架外,均采用交叉式结构。根据纵梁断开位置在两边跨各设2套,在两中跨各设3套制动联结系。端支点处两端沿斜杆平面设斜桥门架,采用交叉型眉杆形式,杆件采用工字形截面。顺桥向平行弦部分每立杆顶设置一道横向联结系,采用交叉式横联。加劲弦部分每立杆顶设置一道V形或交叉式横联,各杆件均采用T形截面。

2.3　主桥铸钢滑板支座

钢桁梁采用新型(聚四氟乙烯滑板式)铰轴支座,与传统的铸钢支座相比,该支座具有传力均匀,疲劳寿命长,建筑高度低,节省钢材等优点。既保留了铸钢支座的结构特征,又运用现代减摩材料,使铸钢支座的缺点得以克服。

2.4　主桥下部结构设计

主桥桥墩均采用圆端形空心墩,为满足船舶撞击墩身的影响,在各墩圆端处墩壁加厚,提高混凝土强度等级,并加强配筋。位于江中的桥墩设计为钻孔桩基础,采用双壁吊箱围堰施工。

3　材料选用

本桥主桁箱形截面杆件、节点板及个别H形截面杆件、横梁采用14MnNbq钢,主桁大部分H形截面杆件、纵梁、平面联结系、横联、制动联结系等采用16Mnq钢;员工走道、检查设备等辅助结构采用Q235－B.Z钢,型钢及主结构板厚小于或等于8mm的钢板均采用16Mn钢;高强度螺栓均采用35VB钢,其中主桁采用M30,桥面系及联结系采用M24。

本桥位于酸雨多发区,根据国内外钢结构目前防腐涂装体系的应用情况,本桥主结构采用防腐涂装

体系为：水性无机硅酸锌涂料 IC531 底漆 1 道（干膜厚度 1×75μm）；环氧云铁中间漆 1 道（干膜厚度 1×40μm）；脂肪族聚氨酯面漆 2 道（干膜厚度 2×35μm）。纵梁上盖板采用电弧喷铝 200μm，其上涂棕黄聚氨酯底漆 2 道，银灰聚氨酯面漆 4 道（工厂二道，工地二道）。

4 钢桁梁施工

桥位两侧施工场地较狭窄，地形高差较大，对钢桁梁构件的进场、预拼和存放影响很大。经过各方面综合比较，钢桁梁架设采用从南岸（怀化端）往北岸（重庆端）方向拼装的架设方案。第一孔钢桁梁采用临时支墩半悬臂拼装，由于怀化端无条件设置第二孔的平衡梁，因此采用预应力后锚系统代替平衡梁压重。第二孔及第三孔由于悬拼跨度大 192m，设计采用单层吊索塔架进行架设，悬臂端最大挠度为 2.5m。第四孔采用全悬臂拼装，见图 4。

图 4　钢桁梁悬臂拼装图

5 结语

长寿长江特大桥主桥采用（144＋2×192＋144）m 下承式连续钢桁梁，为目前我国最大跨度的双线铁路下承式连续钢桁梁桥；它是继孙口黄河大桥、长东黄河二桥和芜湖长江大桥之后又一座钢桁梁采用整体节点技术的大桥，并首次将整体节点用于带加劲弦的钢桁梁桥上；主桥钢桁梁采用我国当时最新研制的桥梁结构用钢 14MnNbq 钢，有效地解决了杆件强度、疲劳及整体节点焊接等高要求的问题；主桥采用了新研究的新型铰轴滑板钢支座，避免了钢桁梁桥采用的传统辊轴支座所常产生的病害，减少了养护、维修工作量，最大支承吨位达 44000kN，为当时国内外同类型支座之最；在国内首次创新使用平台围堰一体化双壁吊箱围堰；本桥钢桁梁辅以单层吊索塔架进行架设，悬拼跨度 192m，吊索塔架高 60m，吊索水平距离 108m，横桥向跨度 12m，索力 13500kN/桁，各项指标在国内位居前列；在钢桁梁的悬拼过程中采用了预应力后锚技术，每桁预应力张拉力为 10000kN，有效解决了钢桁梁拼装压重的问题，并降低了拼装对施工场地的要求。

该桥获 2007 年度铁道部优秀工程设计二等奖、第八届中国土木工程詹天佑奖。

襄渝增建二线铁路牛角坪特大桥

刘 伟[1] 陈思孝[2]
(1. 中铁二院工程集团有限责任公司土建一院;
2. 中铁二院工程集团有限责任公司土建二院)

摘 要 襄渝增建二线铁路牛角坪特大桥主跨192m,是世界第二、亚洲最大跨度预应力混凝土连续刚构铁路桥。通过专项研究,确定了铁路大跨度预应力混凝土连续刚构桥合理构造及刚度,该桥的成功经验将为铁路混凝土桥梁修建技术的进一步提高奠定了基础。本文介绍了该桥的设计概况和主要技术成就。

关键词 大跨度连续刚构;悬灌施工;横向弧形放坡;刚度

Niujiaoping Major Bridge on The Additional Second Line of Xiang Yu Railway

Liu Wei[1] Chen Sixiao[2]
(1. First Civil Construction Design and Research Institute of CREEC;
2. Second Civil Construction Design and Research Institute of CREEC)

Abstract Niujiaoping super major bridge with the main span of 192m on additional second line of Xiang Yu railway is a prestressed concrete continuous rigid frame railway bridge with the 2nd longest and longest span respectively in the world and Asia. Based on the individualized study, rational structure and stiffness of long span prestressed concrete continuous rigid frame railway bridge is determined. The successful experience of the bridge promotes the improvement of concrete railway bridge. This paper presents the design and main technique achievement of the bridge.

Key words long span continuous rigid frame; cantilever casting construction; horizontal arc slope development; stiffness

1 引言

襄渝增建二线铁路牛角坪特大桥位于陕西省汉中市镇巴县,桥位属大巴山高山河谷地貌,跨越既有襄渝铁路及川陕高速公路。两岸自然坡度较陡,约 30°～50°,谷底下伏松树坝断层,其破碎带宽 80～160m,桥高近 120m,桥位处地震动峰值加速度为 0.05g。牛角坪特大桥主桥为(100+192+100)m 预应力混凝土连续刚构,采用对称悬臂灌注法施工。

大桥主要技术标准如下:

线路等级:Ⅰ级;

正线数目:双线,线间距 4.2m;

设计行车速度:140km/h;

设计荷载:中—活载;

使用年限:正常条件下为 100 年。

该桥是世界第二、亚洲最大跨度预应力混凝土连续刚构铁路桥,入选了中国企业新纪录。牛角坪特

作者简介:刘伟(1977—),男,高级工程师。

大桥设计概算为 8575 万元，竣工决算为 7771 万元。大桥 2005 年 12 月开工建设，2008 年 8 月主桥合龙，2009 年 6 月铺轨架梁通过，同年 10 月交付运营。静动载试验和运营情况表明，大桥行车平稳、舒适，结构安全可靠，运营状态良好。如图 1、图 2 所示。

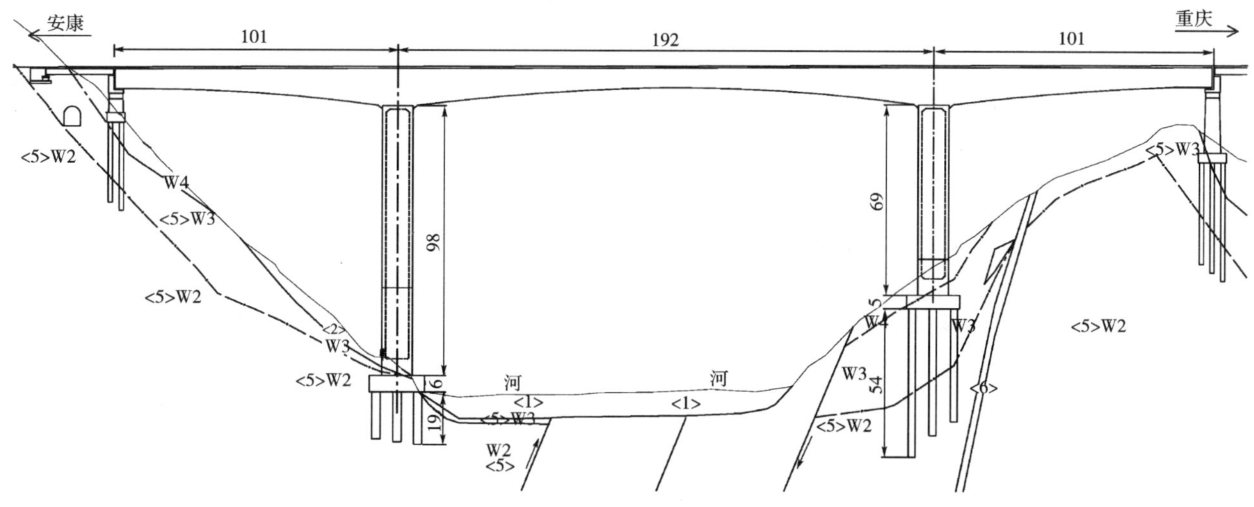

图 1　主桥布置图(单位：m)

图 2　大桥照片

2　总体设计

2.1　上部结构构造

连续刚构桥梁全长 393.90m，边跨支座中心至梁端距离 0.95m，计算跨度为(100＋192＋100)m。梁体为单箱单室、变高度、变截面箱形截面。

梁端和主跨跨中梁高 7.2m(高跨比 1/26.7)，中墩处梁高为 13.5m(高跨比 1/14.2)。中支墩处等高两端 10m，主跨跨中等高段长 18m，边跨梁端等高段长 13.95m。变高梁段梁底曲线按二次抛物线变化。箱宽 9.2m，箱梁顶板宽 11.2m，全桥顶板厚 62cm，底板厚为 51～120cm，腹板厚为 60～120cm。梁体在边墩支座处及主墩处设横隔板，全联共 6 道，横隔板中部设有孔洞，以利检查人员通过。

2.2　梁体材料

梁体采用 C55 混凝土，按全预应力设计，纵向、横向、竖向均设预应力。纵向采用 19-15.2mm 高强度低松弛钢绞线，钢绞线 $f_{pk}=1960$MPa，并对该类钢束进行疲劳试验；横向采用 4-15.2mm 高强度低松弛钢绞线，钢绞线 $f_{pk}=1860$MPa；竖向采用 ϕ32mmPSB830 预应力混凝土用螺纹粗钢筋，在腹板内双排布置。

针对大跨度预应力混凝土桥可能出现下挠的特点，在梁体底板预应力钢束的备用孔道内，设置环氧涂层钢绞线，若以后梁体出现过大下挠时，再张拉以调整梁体线形，同时作为运营阶段的安全储备束。

2.3 下部结构构造

主墩采用钢筋混凝土空心墩,墩顶、底部分别设置1.2m、6m高的实体段。墩顶横桥向宽9.2m,顺桥向宽11.0m,墩身顶部壁厚为1.5m。纵向不放坡,内外均采用直坡。

主墩横向采用圆弧端形二次放坡,合理将圬工集中在墩身下部,有效地增加了横向刚度,并将结构的重心下移,提高了行车性能。

小里程侧主墩高98m,梁底以下66m范围横桥向外坡为12∶1,下接圆弧端形二次放坡,半径为97.34m;大里程侧主墩高69m,梁底以下56m范围横桥向外坡为12∶1,下接圆弧端形二次放坡,半径为41.88m。横桥向内坡均采用直坡。

主墩基础采用群桩基础。小里程侧主墩采用挖孔桩,桩径3.0m,共18根桩,桩长为17～19m不等;大里程侧主墩采用钻孔桩,桩径2.5m,共21根桩,桩长为39～54m不等,见图3。

图3 大桥主墩

3 主要成果

根据大桥结构特点,完成了铁道部部控科研课题《襄渝线牛角坪主跨192m大跨刚构桥建设技术试验研究》中地震—车—桥动力分析、空心墩温度应力分析及模型试验等七个子课题研究,形成了主跨192m大跨刚构桥建设关键技术。取得了如下主要技术成果。

(1)首次系统地开展了厚壁空心墩的温度分布与温度应力的变化规律研究,得到了日照引起的温度应力对厚壁空心墩的影响规律和空心墩壁厚与温度场的关系,提出了温度应力简化算法,并研发了相应的计算软件,为相关规范的修订提供了参考依据。

(2)研究了厚壁混凝土箱梁在日照、寒潮作用下的温度场随板厚的变化规律,提出了适用于厚壁混凝土箱梁温度应力的计算参数,可供同类型桥梁温度应力计算时借鉴。

(3)通过对梁部构造尺寸的对比计算分析,确定了箱梁合理的构造尺寸,确保了梁部设计的安全性和合理性。

(4)通过研究,确定了梁部纵、横向预应力钢束的合理布置形式;分析了大跨度箱梁桥纵向预应力钢束的径向力效应,有针对性地提出了合理的解决方案,保证了箱梁的安全。

(5)针对刚构主墩墩高相差29m、受力不均匀的结构特点,通过合理设计基础,降低了主墩墩高相差过大对体系受力的不利影响。

(6)在国内首次提出了大跨度刚构桥梁墩节点内外侧底板厚度之间、横隔板厚度与墩壁厚度之间的合理比例关系。

(7)刚构主墩在国内首次采用横向圆弧形二次放坡,将结构的重心下移,经济有效地提高了大桥的横向刚度。其中横向弧形放坡桥墩的获得国家实用新型专利。

(8)通过对牛角坪主跨192m大跨刚构桥施工及运营阶段的空间仿真分析,计算出各控制工况下结构的稳定安全系数，对该桥在施工和运营各阶段的安全性做出评价；验算梁体、墩身截面强度；研究了大跨箱梁的收缩徐变影响及箱梁的剪力滞效应影响。

(9)通过车桥动力分析研究，确保了大桥行车的安全性、平稳性及舒适性。

(10)在国内首次将增量动力分析方法、残余位移用于高墩大跨连续刚构铁路桥梁的抗震性能分析及评估。

(11)在国内首次利用模态反应谱—抗弯能力方法，考虑高阶振型对高墩大跨连续刚构桥梁结构响应的影响，确定了薄壁空心变截面混凝土桥墩危险截面位置。

(12)在梁部线形控制及施工监控研究中，比较了空间实体模型与平面杆系模型对结构挠度计算的差别，保证了梁体成桥后的线形符合设计要求，合龙口两端最大误差仅为4mm。

(13)进行了成桥动、静荷载试验，检验了大跨度预应力混凝土连续刚构桥的应力、承载能力及动力特性，验证了大桥设计和施工的质量。

4 结语

2010年6月，牛角坪大桥科研成果通过了铁道部科技司组织的技术审查，该课题通过系统研究，将国内预应力混凝土连续刚构铁路桥跨度突破至192m，研究成果总体达到国际先进水平，为相关规范修订提供了参考依据，社会、经济效益显著。

牛角坪大桥荣获“二○一○年度中国中铁股份有限公司优秀工程设计一等奖”；牛角坪主跨192m大跨刚构桥建设技术实验研究荣获“中国铁路工程总公司科学技术奖一等奖”、获“中国铁道学会科学技术奖二等奖”、获“中国施工企业协会科学技术奖一等奖”，大桥全景照片见图4。

图4 大桥全景

南昆铁路清水河大桥

马庭林[1]　陈克坚[1]　何庭国[2]
(1. 中铁二院工程集团有限责任公司公司办;
2. 中铁二院工程集团有限责任公司土建一院)

摘　要　南昆铁路清水河大桥的建成,使我国预应力混凝土铁路桥梁上了一个新台阶,为我国铁路发展谱写出新篇章,对我国铁路桥梁建设具有深远的指导意义。本文介绍了南昆铁路清水河大桥的总体设计情况和主要技术成就。

关键词　南昆铁路;连续刚构;大跨;铁路桥梁

Qingshuihe Bridge on Nan Kun Railway

Ma Tinglin[1]　Chen Kejian[1]　He Tingguo[2]
(1. Administration Office of CREEC;
2. Fivst Civil Construction Design and Research Institute of CREEC)

Abstract　The completion of Qingshuihe bridge on Nan Kun railway brings the pretressed concrete railway bridges in China to a new level, contributes to China railway development, posses-ses profound and lasting guiding significance to China railway bridge construction. This paper introduces the overall design and main technique achievement.

Key words　Nan Kun railway; continuous rigid frame; long span; railway bridge

1　引言

清水河大桥位于贵州省兴义市、兴仁县和普安县三地交界处,为南昆铁路上由桥位确定线路的大桥之一。大桥跨越云贵高原南盘江上游支流清水河峡谷,谷底至桥面高 183m,是当时我国最高的铁路桥梁。桥型为 2×32m 简支梁+(72+128+72)m 预应力混凝土连续刚构桥,桥梁全长 360.6m。全桥设四墩两台,4 号墩为嵌岩基础,挖深 49m,墩身为矩形空心墩,墩高 100m。主桥连续刚构的梁体采用单箱单室变高度,变截面箱形梁,刚构两主墩采用 300 号(约现在的 C30)钢筋混凝土矩形空心单柱墩,顶部与梁体采用两箱体正交连接,图 1 为大桥实景照片。

南昆铁路按单线电化铁路设计,桥上为直线平坡,设计荷载为中一活载。

清水河大桥于 1995 年完成设计,1995 年 2 月 16 日主体工程开工,于 1996 年 6 月 6 日全桥合龙,1996 年 8 月 26 日建成通车,如图 1 所示。

2　总体设计

2.1　孔跨布置(图 2)

清水河大桥的孔跨布置主要考虑以下因素:线路高度;峡谷上口宽度及其岸坡陡壁的稳定条件;昆明端云南寨 1 号隧道进口和南宁端马堡树大桥台尾的制约;连续刚构桥边跨与中跨的合理比例以及其他地形、地质控制因素等。根据上述因素综合考虑,确定采用 2×32m 简支梁+(72+128+72)m 连续刚构的布置,在南宁端采用 17.9m 长的带洞桥台代替小跨度梁来满足大桥孔跨需要,使整个桥跨布置更

作者简介:马庭林(1944—　),男,教授级高级工程师,全国工程勘察设计大师,中铁二院工程集团有限责任公司副总工程师。

为协调、简洁、美观。

图 1　清水河大桥实景

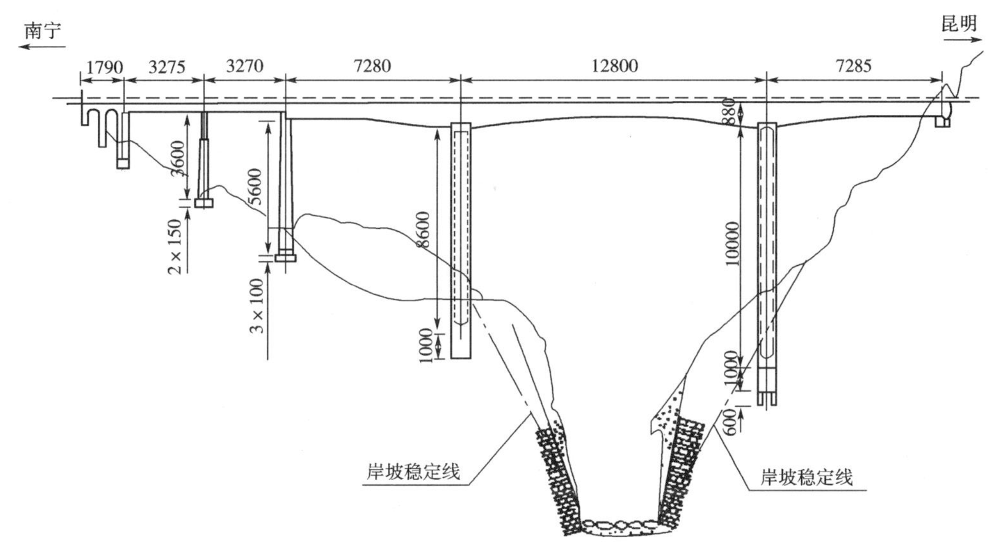

图 2　设计总图(单位:cm)

2.2　主墩墩型的选择及其结构尺寸的确定

由于线路较高,且受峡谷两岸陡壁岩体稳定性的控制,连续刚构两主墩墩身高度分别为 86m(3 号墩)和 100m(4 号墩)。墩与梁的相对刚度决定两者的弯矩分配,且梁体的收缩、徐变及温度应力也与刚构墩柱抗推刚度直接相关,既要满足全桥的纵向刚度,又要尽可能地改善梁体内力分布,因此,选择合适的墩柱纵向刚度是连续刚构设计的一个重要内容。以前国内的连续刚构桥多采用双薄壁墩柱,但由于清水河大桥主墩较高,采用空心单墩柱本身已较柔,为了改善全桥的纵向刚度,并增大墩侧壁到岸壁临空面的距离,有利于主墩在岸坡上的稳定,经反复比较决定两主墩采用整体的钢筋混凝土空心矩形墩。它比双薄壁墩节省圬工且方便施工。

对于高墩连续刚构,其主墩本身的刚度对主桥纵、横向刚度十分敏感。因此,矩形空心墩的结构尺寸由主桥的纵横向刚度控制设计。考虑施工方便,确定矩形空心墩在纵向的内外壁均采用直坡,外壁宽 8m,壁厚 1.10m;为了使墩身材料分布在增大横向刚度方面更有效地发挥作用,横向墩身外坡采用分段双坡,即梁底以下 30m 内采用 25∶1,基顶至梁底以下 30m 采用 40∶1。而墩壁横向内坡则采用 60∶1 的单坡。墩身在基顶以上设 4.0m 的实体段。

两主墩的基础均采用 10m 深的嵌岩基础,4 号墩考虑边坡的稳定以及基础的地质情况,为了将力传至更深的岩层,以嵌岩基础作为承台,下设 6 根长 6m 截面为 2.0m×20m 的挖孔方桩。

1 号、2 号桥墩为了使其在外观上能与主墩协调,分别采用矩形墩和矩形空心墩。其结构尺寸主要为纵向墩顶位移控制。2号墩为主桥刚构的边墩，其横向尺寸受梁部支座底板的构造要求及连续刚构横向刚度控制。0号桥台采用带洞T台与坚质岩陡坡地形相适应，两孔洞内径均为4.50m；5号台采用挖方内重力式桥台，嵌岩基础。

3 主要成就及先进性

(1)在20世纪90年代中期建成单线铁路深基、高墩、大跨预应力混凝土连续刚构桥梁，填补了我国该项记录的空白。为西南山区铁路选线提供了较大的自由度，钢梁也不再是铁路大跨桥梁的唯一选择。

(2)采用矩形空心墩体及箱形墩梁正交连结的结构，应力分布状态较好，有效解决了局部应力集中的问题。

(3)制定了整体结构的横向第一自振周期不大于1.7s和跨中水平挠度$f<L/4000$作为两个主要的横向刚度控制指标，对我国混凝土连续梁、连续刚构铁路桥梁建设具有深远的指导作用。

(4)梁部顶板横向预应力束采用曲线布束形式，对环框应力有较好的改善。

(5)49m深基础施工中采用了分部台阶开挖微裂松动爆破技术，保证了坑壁的稳定，为类似工程提供较好的借鉴。

(6)合龙段采用顶梁、体外支撑、钢楔和临时预应力束锁定制作的挂篮，在当时国内属领先水平。

4 结语

结合该桥的科研项目《铁路百米高墩大跨预应力混凝土连续刚构桥建造技术》于1998年3月5日通过铁道部鉴定，本成果指导的设计及施工整体技术达到国际先进水平，其中铁路百米高墩技术达到国际领先水平。该成果获1998年中国铁路工程总公司科技进步一等奖，桥梁设计获1998年度中国铁路工程总公司优秀工程设计一等奖，大桥建造获2000年国家建筑工程鲁班奖，获2001年贵州省科技进步一等奖。

清水河大桥的建成使我国预应力混凝土铁路桥梁上了一个新台阶，为我国铁路发展谱写出新篇章。

南昆铁路板其2号大桥

曾昭强[1]　马庭林[2]　何廷国[3]

(1. 中铁二院工程集团有限责任公司咨询监理公司；
2. 中铁二院工程集团有限责任公司公司办；
3. 中铁二院工程集团有限责任公司土建一院)

摘　要　南昆铁路板其二号大桥为我国第一座铁路平弯大跨度梁桥，尤其是铁路平弯桥梁采用悬臂灌注，国内外都缺乏经验，该桥的建设填补了我国一项技术空白，为铁路选线提供了较大的自由度。为铁路大跨度平弯梁桥的设计建设积累了宝贵的经验。本案例介绍了南昆铁路板其二号大桥的设计概况和主要技术成就。

关键词　南昆铁路；连续刚构；平弯梁；悬灌施工

No. 2 Banqi Major Bridge on Nanning-Kunming Railway

Zeng Zhaoqiang[1]　Ma Tinglin[2]　He Tingguo[3]

(1. Consulting and Supervision Co. Ltd. of CREEC;
2. Administration Office of CREEC;
3. First Civil Construction Design and Research Institute of CREEC)

Abstract　No. 2 Banqi major bridge on Nanning-Kunming railway is the first plane curved long span beam bridge in China. The construction of the bridge, especially adopted with cast-in-place cantilever construction, fills in a technology gap in China, provides larger freedom for railway route selection, accumulates valuable experience for the design and construction of plane curved long span beam bridge. This paper introduces the design and main technical achievements of No. 2 Banqi major bridge on Nanning-Kunming railway.

Key words　Nanning-Kunming railway; continuous rigid frame; plane curved beam; cast-in-place cantilever construction

1　引言

山区铁路地形险峻，跨越深沟峡谷时，需用较大跨度桥梁，大跨度多要求线路为直线。为了满足这个条件，桥的两端增大了工程，有时会出现较长的隧道，对线路不利。近年来预应力混凝土桥向大跨度方向发展，其运营养护性能都比钢梁好，为解决大跨度桥梁在曲线线路上的应用提供了条件，因此，研究采用沿线路平面为曲线形的铁路预应力混凝土梁桥十分必要。大跨度平弯梁桥在铁路上的应用，将会给山区铁路选线增加更大的自由度。此外，平原地区靠近城市的线路，为了避开有些几乎是不可拆迁的建筑物，或者为了美观，也有可能要用平弯梁桥。

铁路桥梁较窄，横向刚度和抗扭刚度小，而铁路荷载又大，平弯曲线桥建设未有突破。虽然铁路桥存在着这一不利因素，但铁路线路限制的最小曲线半径较大，也有它的有利条件。在南昆铁路的桥梁建设中，选取了板其2号大桥作为预应力混凝土平弯连续刚构桥进行试点。该桥位于450m曲线半径的线路上，跨越V形河谷，桥高近60m，需用较大跨度。如采用钢梁，桥上线路需改为直线，增长隧道435m，

作者简介：曾昭强(1965—　)，男，教授级高级工程师。

见图 1。因此,采用平弯梁桥有较大的经济优势。

板其 2 号大桥位于贵州册亨县境内中低山区,位于线路曲线半径 450m 和 11‰的坡道上。根据板其 2 号大桥的桥梁高度和所处的自然环境,主跨为 44m+72m+44m 预应力混凝土连续刚构(图 2),采用顺线路弯曲的平弯梁结构形式,桥全长 271.58m,跨一 V 形沟谷,桥高近 60m。单箱单室梁,矩形空心墩,悬灌法建造,总造价 2411.36 万元,1997 年 1 月建成通车。

图 1　板其 2 号大桥全景

主要技术标准:客货共线铁路,客车速度 120km/h,有砟轨道,单线桥。

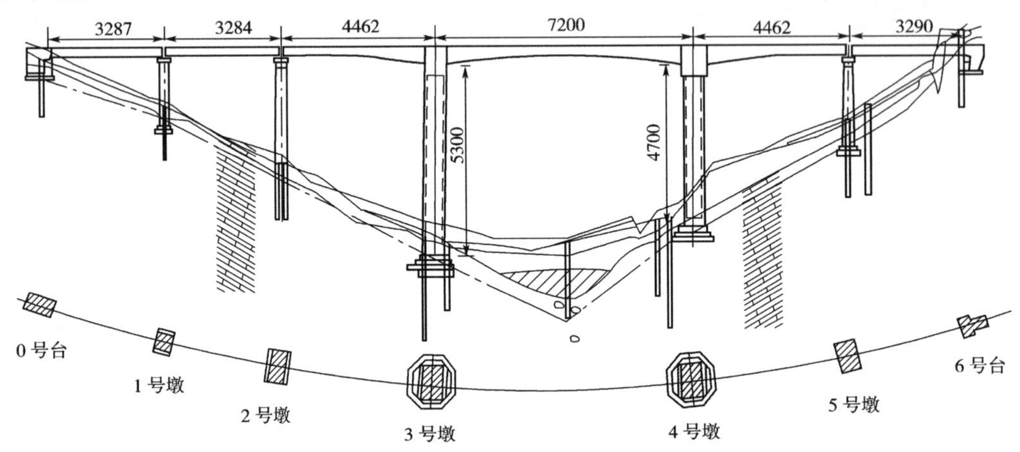

图 2　板其 2 号大桥总布置图(单位:cm)

2　主桥结构

板其 2 号大桥连续刚构梁体为单箱单室、变高度、变截面结构,主梁与主墩交界处梁高为 5.0m,中跨中和边跨端部梁高为 2.6m,箱梁顶宽 7.0m,底宽 3.3m,顶板厚全梁均为 38cm,底板厚 37~65cm,腹板厚 32~70cm(图 3)。在中跨中、边跨端部各设横隔板一个,在墩梁连接处设两个横隔板,全桥共设 7 个横隔板。梁体采用 C48 混凝土,按全预应力设计,纵向、竖向和局部横向设预应力。顶板预应力钢束采用 9-7ϕ^s5 钢绞线构成,金属波纹管成孔,直径 87mm。底板预应力钢束采用 12-7ϕ^s5 钢绞线构成,金属波纹管成孔,直径 92mm。腹板设竖向预应力粗钢筋,间距 30~50cm。主梁两端各设两个盆式橡胶活动支座。

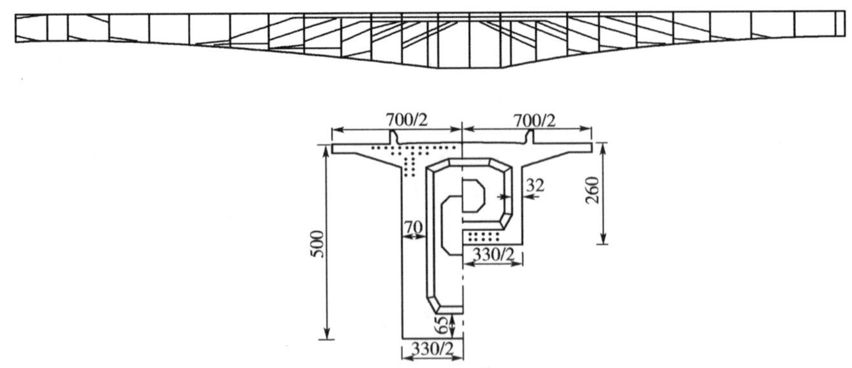

图 3　主梁墩顶及跨中截面示意图(单位:cm)

3 号、4 号主墩采用矩形空心墩,墩高分别为 52.6m、46.6m;纵向宽 6m 为直坡,等壁厚 55cm;横向顶宽 Sm,外坡 45∶1,内坡 50∶1;墩顶处壁厚 50cm,至空心墩底部渐变为 60.5cm、59cm。墩身混凝土采用 C28。主墩基础为适应地形斜向坡度陡的情况,避免掉角太多,采用了八角形基础。

3 墩梁连接节点

由于连续刚构桥主墩两侧梁的不平衡弯矩折角传递至桥墩，引起该两侧梁截面弯矩相差较大，理论上最好在节点内设置交叉斜隔板，梁内预应力束经斜隔板通入桥墩。但斜隔板构造复杂，难以采用。因此，在边跨方向适当缩短预应力束，而在墩上的两个横隔板中设置较强的竖向预应力筋传递内力。

该桥主墩和梁的连接是空心墩和空心梁相接，节点的刚性很强，次应力作用显著。由于桥墩刚性较大，来自梁上的弯矩大部分成直角折向传递至墩上，其内力传递路径从顶、底板通过腹板、隔板，本来已经相当复杂，现增加平弯的空间效应，问题更为复杂。设计时除用有限元分析其局部应力外，并采取了三向预应力予以特别加强，另外进行了大比例尺 1/5 预应力混凝土模型进行局部应力测试校核，确保安全。

通常空心墩梁的支座集中力作用于顶帽中心，为使集中力比较均匀地分布于空心墩壁上，一般设置 2～3m 实体过渡段。对于空心墩与箱形梁相接的刚构，如果墩壁与梁的横隔板、腹板能布置成互相对齐，板与壁直接传递应力，实体段过渡似不是必需的。该桥纵向墩壁虽然与横隔板对齐，但因横向梁宽仅 3.3m，而墩顶横向宽度为了使横向边坡不过于平缓，采用了 5m，梁的腹板未与墩壁对齐，因此，采用了 3m 厚的实体段过渡。

4 平弯梁的悬灌施工

连续刚构采用悬臂灌注法施工，首先在两主墩用万能杆件和型钢组成托架，灌注 0 号段。然后在其上安装轻型挂篮，依次灌注各节段，形成两 T 构；先合龙中跨，形成稳定 Π 形结构，然后向两侧悬灌边跨 4m 节段。同时，在边墩上安装支座，墩上预埋构件，塔设小型托架，灌注 3.5m 梁段。最后灌注 2m 边跨合龙段，完成连续刚构体系。在实际施工中，由于挂篮长度足够将边跨最后 3.5m 和 2m 两段梁长 5.5m一次灌注完成，取消边跨合龙段，简化了施工。施工时平弯连续刚构梁实际是由直梁段折线构成，折线直梁段的灌注靠转动及平移方便的斜拉组合式挂篮在每次前移时作平面转动来完成。

5 结语

板其 2 号大桥于 1997 年 1 月建成。经动、静载试验验证结构安全可靠。该桥成桥线形优美，质量优良。南昆铁路板其 2 号大桥为我国第一座铁路平弯梁桥，其跨度与线路曲线半径之比居世界首位。尤其是铁路平弯梁桥采用悬臂灌注，国内外都缺乏经验，值得研究总结。

该桥的建成，拓宽了铁路桥梁设计领域，填补了一项技术空白，改变了过去大跨度桥梁要求线路为直线，导致增大桥头线路工程的现状，为铁路选线提供了较大的自由度。

本桥实践还揭示，鉴于铁路线路曲线半径大的特点，铁路平弯梁桥有向更大跨度发展的可能。

本桥获 1998 年度中国铁路工程总公司优秀工程设计一等奖，获 1998 年度铁道部优秀工程设计二等奖。并于 1998 年入选中国企业新纪录。1998 年获铁道部科技进步二等奖。

广元嘉陵江双线特大桥

陈克坚[1] 刘忠平[2] 袁 明[3] 鄢 勇[2] 陈扬义[2] 辛跃辉[2]
(1. 中铁二院工程集团有限责任公司公司办;
2. 中铁二院工程集团有限责任公司土建二院;
3. 中铁二院工程集团有限责任公司技术中心)

摘 要 兰渝线广元嘉陵江特大桥受通航控制,主桥设计为(82+172+82)m 连续梁—拱组合桥。采用钢管混凝土拱肋辅助主梁受力,有效地降低了主梁高度,满足了通航净空要求。相对于已建的连续梁—拱组合桥,该桥主梁首次采用单箱单室截面,突破了同类型桥梁均采用单箱双室的设计思路,有效地解决了单箱双室的三腹板与两拱肋之间传力不均匀、顺畅的问题,充分发挥钢管混凝土拱肋对主梁的加劲作用。该桥的设计创新对于类似桥梁建造具有较好的参考价值。

关键词 铁路桥梁;连续梁—拱;组合桥;单箱单室

Jialingjiang Double-line Super Major Bridge in Guangyuan

Chen Kejian[1] Liu Zhongping[2] Yuan Ming[3] Yan Yong[2] Chen Yangyi[2] Xin Yuehui[2]
(1. Administraion Office of CREEC;
2. Second Civil Construction Design and Research Institute of CREEC;
3. Technology Center of CREEC)

Abstract Controlled by navigation, the main bridge of Jialingjiang double-line super mMajor bridge in Guangyuan on Lan Yu railway is designed as (82+172+82)m continuous beam-arch composite bridge, which is stressed auxiliarily with the main beam by adopting concrete filled tube arch ribs to reduce the main beam height and meet the requirement of navigation clearance. Contrast to the completed continuous beam-arch composite bridge, the main beam firstly adopts single-box single-cell section, differ from the design thoughts of the similar bridges adopting single-box double-cell, effectively solve the issues of single-box double-cell, suffiently presents the strengthen effect of concrete filled tube arch ribs to the main beam. The design innovation of the bridge provides good reference to the construction of similar bridges.

Key words railway bridge; continuous beam-arch; composite bridge; single-box single-cell

1 引言

新建兰州至重庆铁路是设计时速 200km 的客货共线双线铁路,采用有砟轨道,设计活载为中—活载。

兰渝铁路广元嘉陵江双线特大桥位于广元市南端梁家营村附近,桥址属于丘陵河谷地貌,地势较为平坦,多为旱地,有少量林木;桥址两端地势较陡,自然横坡为 25°~45°,地面高程为 450~530m,相对高差约 80m。桥位处交通条件较差,见图 1。

大桥横跨嘉陵江,河道在此处较为弯曲,河槽甚宽,内有沙滩凸起淤积,滩地较宽,占了河槽的 3/4 左右。桥址处水面坡度较缓,线路与水流方向近似正交,轨底距江面最大高度约 39.7m。

作者简介:陈克坚(1966—),男,教授级高级工程师,中铁二院工程集团有限责任公司副总工程师。

图 1　桥址实景照片

基础主要持力层为泥岩砂岩互层 J2s。桥址范围内覆盖层主要为第四系中上更新统冲洪积层(Q_{2+3}^{al+pl})、全新统第四系冲积层(Q_4^{al})、崩坡积层(Q_4^{dl+col}),下伏基岩为侏罗系中统沙溪庙组(J_2s)泥岩砂岩互层。桥址处地震动峰值加速度为 0.15g,反应谱特征周期为 0.50s。

2　桥梁方案设计

控制大桥设计的主要因素是地形、水文和通航要求。通航等级为 IV-(3)级,该桥主跨系通航控制。

本桥位于嘉陵江河槽的弯道上,紊流混乱,横向流速超过 0.8m/s。应一跨过河或在通航水域中不得设置墩柱。本桥最低通航水位水域宽度为 356m,规划航迹线两侧宽度为 153m,一跨过河可以满足通航要求但很不经济,设计采用在通航水域中不设桥墩的方案。

主桥采用连续梁—拱结构,桥长 828.74m,桥高 36.2m,主跨所需最小跨度为 6.5m(墩宽)+153m+11m(紊流宽度)=170.5m,取 172m。孔跨布置为 24m+4×32m+(82+172+82)m+10×32m,T 形桥台、圆端形桥墩,基础采用 ϕ1.25m、ϕ1.5m、ϕ2.0m、ϕ2.5m 钻(挖)孔桩,概算投资 1.18 亿元。

3　主桥结构设计

主桥采用(82+172+82)m 预应力混凝土连续梁—钢管混凝土拱组合结构,见图 2、图 3。

图 2　广元嘉陵江双线特大桥主桥效果图

3.1　上部结构设计

主桥上部结构由(82+172+82)m 预应力混凝土连续梁和 172m 钢管混凝土拱组合而成,梁拱组成整体共同承受结构自重及列车活载,见图 4。

(1)主梁(图 5)

主梁采用单箱单室变高度、变截面箱梁,梁长 337.8m;中跨中段 20m 和边跨端部 6.9m 为等高梁段,梁高 4.5m,高跨比为 1/38.2;中墩处梁高为 10m,高跨比为 1/17.2,其余梁段梁底下缘按二次抛物线 $Y=5.5X^2/712+4.5$(m)变化。箱梁顶板宽 13m,拱脚处顶板局部加宽至 15m,箱底宽 9.8m,宽跨比

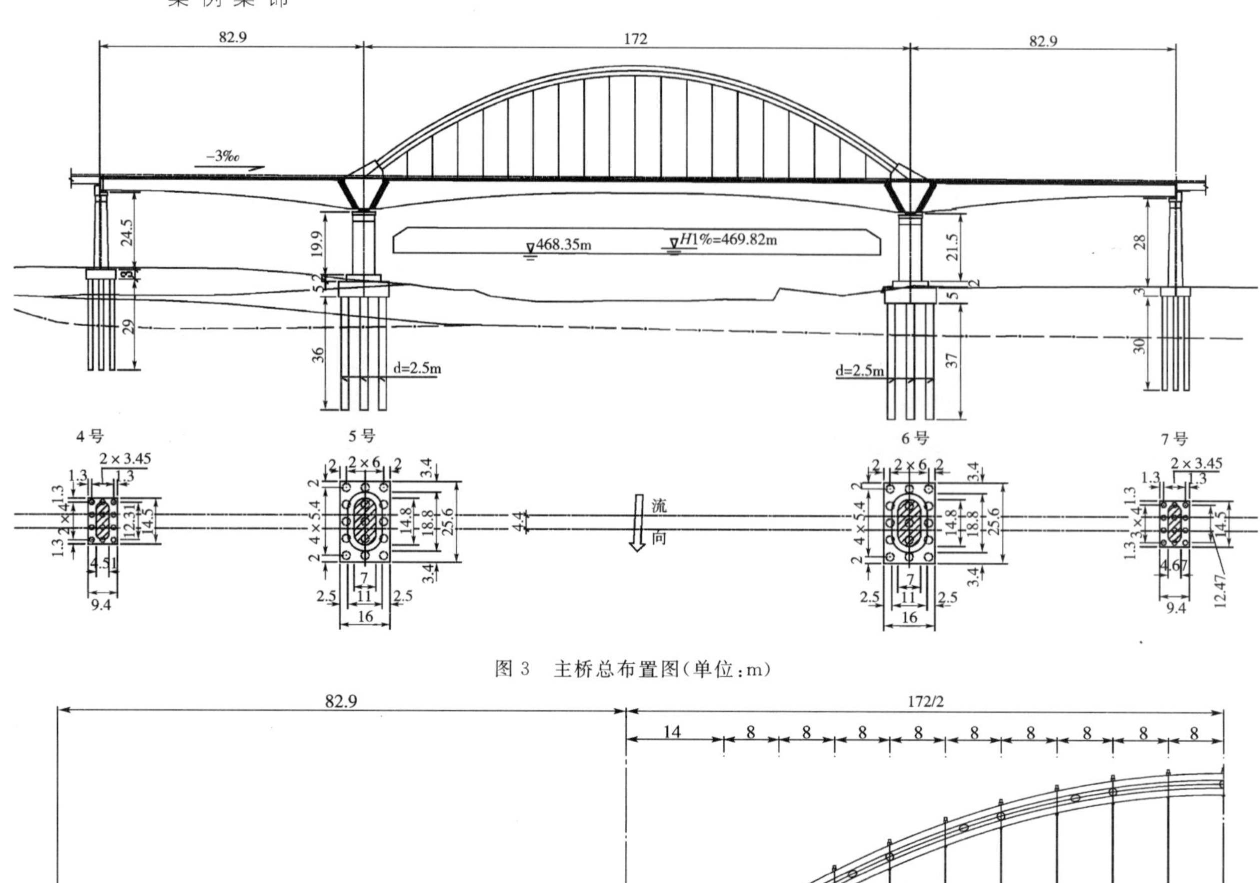

图3 主桥总布置图(单位:m)

图4 1/2主桥上部结构构造图(单位:m)

为 1/17.6;跨中顶板厚 45cm,因钢束布置需要,距中支点每侧 27m 范围顶板加厚至 63cm;底板厚 47～100cm,按二次抛物线变化;腹板厚 60～105cm,按折线变化;梁体在支座处设横隔板,中支座横隔板厚 4.2m,边支座处横隔板厚 1.8m。

(2)拱肋

拱肋计算跨度 $L=172\text{m}$,设计矢高 $f=34.4\text{m}$,矢跨比 $f/L=1:5$。拱轴线采用二次抛物线,设计拱轴线方程:$Y=-X^2/215+0.8X$。两榀拱肋之间横向中心距为 11.2m。拱肋采用哑铃形钢管混凝土截面,截面高 3.1m。拱肋弦管直径 1.1m,由 20mm、24mm 厚的钢板卷制而成,弦管之间用 16mm 厚钢板连接。拱肋弦管及腹板内均填充 C50 微膨胀混凝土。

考虑到加工及运输条件,将每榀拱肋划分为 15 节段(不含预埋段、合龙段、嵌补段),最大节段长度为 13.062m。拱肋接头均避开横撑及吊杆位置。每榀拱肋上下弦管分别设一处灌注混凝土隔仓板;腹板内设 5 处灌注混凝土隔仓板,拱肋腹板内按间距 0.5m 均匀设置加劲拉筋,以加强腹板局部受力。

(3)横撑

两榀拱肋之间共设 9 道横撑,拱顶横撑为“一”字形,其余 8 道为“K”字形。“一”字形横撑及“K”字形横撑直钢管截面为 $\phi1000\text{mm}\times20\text{mm}$,“K”字形横撑斜钢管截面为 $\phi800\text{mm}\times16\text{mm}$,横撑钢管内均不填充混凝土,见图 6。

(4)吊杆

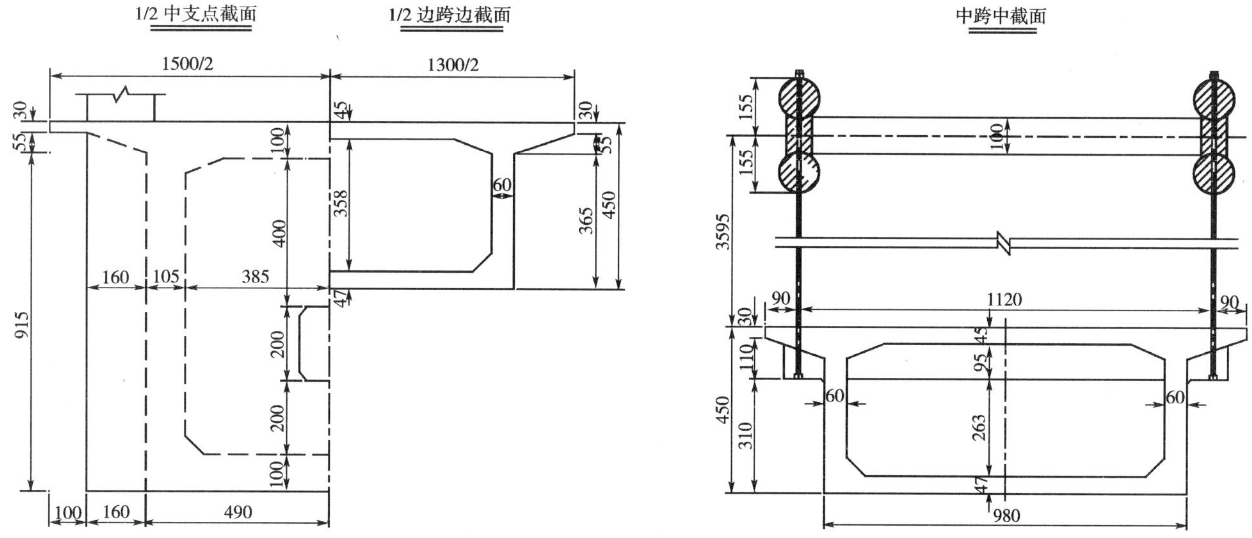

图 5 主梁主要截面构造图(单位:cm)

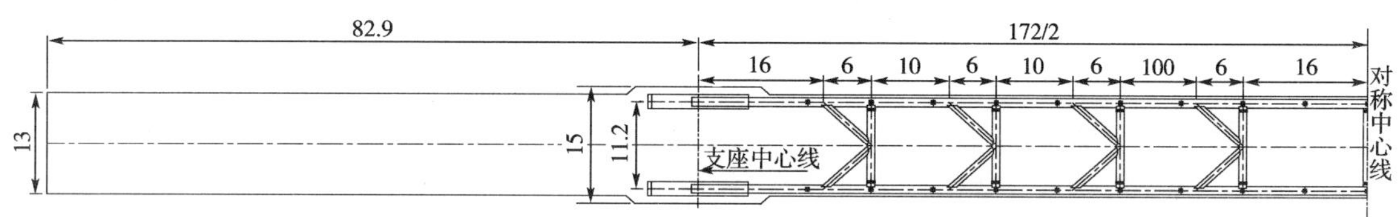

图 6 1/2 主桥横撑布置图(单位:m)

全桥共设 19 组吊杆,顺桥向间矩 8.0m。吊杆采用 OVM.GJ15-31 钢绞线整束挤压拉索,上端穿过拱肋锚于拱肋上缘张拉底座;下端锚于吊点横梁下缘固定底座,设计在拱肋端进行张拉端。

(5)施工工序

主桥采用"先梁后拱"施工方法,主要施工步骤如下:利用挂篮悬臂浇筑主梁;合龙主梁边孔,悬浇中跨不平衡段,合龙主梁中孔,拆除临时支座。以桥面为工作面,支架拼装钢管拱肋,合龙拱顶、固结拱脚;依次灌注拱肋管内、腹板内混凝土;按指定次序张拉吊杆,调整吊杆力;施工桥面系;调整吊杆力到成桥设计索力。

3.2 主桥下部结构设计

广元嘉陵江双线特大桥主桥对应墩号为 4～7 号,主墩、边墩均采用圆端型实体墩、矩形承台和群桩基础,主墩承台上设 2m 厚的圆端型垫块,主桥下部结构布置如图 3 所示。

主墩支座采用 TJGZ-LX-Q110000-0.15g 型球型支座,边墩支座采用 TJGZ-LX-Q10000-0.15g 型球形支座。为减小地震荷载作用下 6 号固定主墩墩身及基础受力,在 5 号主墩墩顶设置了 4 个 TJGZ-LUD3300-e200 型速度锁定装置。图 7 为支座和速度锁定装置布置示意图。

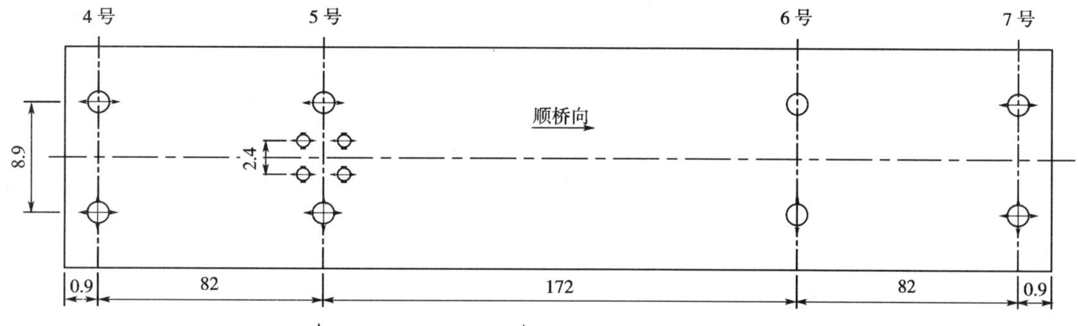

图 7 支座和速度锁定装置布置示意图(单位:m)

4 主要技术指标和工程量

4.1 变形、变位及梁端转角(表 1)

变形、变位及梁端转角 表 1

内 容	主梁边跨		主梁中跨		拱 肋		下挠引起梁端转角(‰)
	挠度(cm)	跨挠比	挠度(cm)	跨挠比	挠度(cm)	跨挠比	(rad)
静 ZK 载双线	－1.47	5578	－3.53	4873	－1.46	11781	－0.753
静中活载双线	－1.59	5157	－3.65	4712	－1.51	11391	－0.828

4.2 动力分析

拱肋一阶失稳系数为 4.761,失稳模态见表 2 和图 8。

梁 体 自 振 周 期 表 2

模 态 号	自振周期(Hz)	振 型 描 述
1	2.024	拱肋对称横弯
2	1.217	拱肋反对称横弯
3	1.118	主梁对称横弯
4	0.842	主梁反对称横弯
5	0.741	主梁反对称竖弯

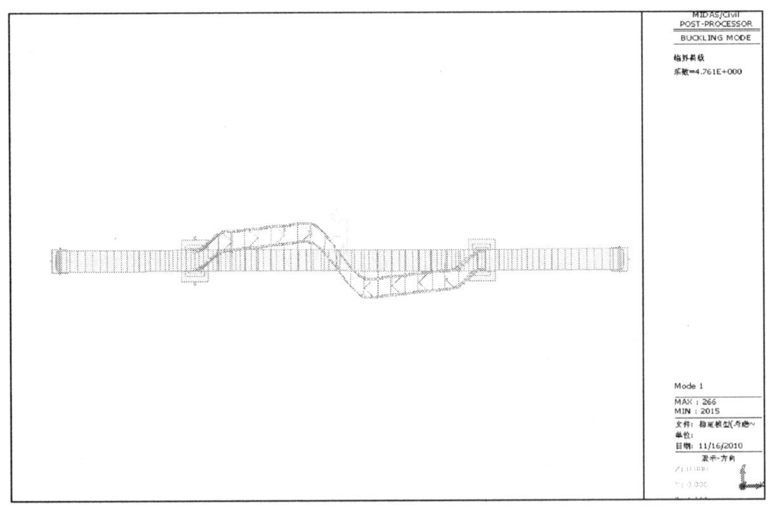

图 8 拱肋一阶失稳模态

4.3 主要工程数量

主 要 工 程 数 量 表 3

项 目 内 容		材 料 规 格	单 位	数 量
主梁及拱座	梁体混凝土	C55	m^3	9949.4
	纵向预应力钢绞线	$19\phi^s15.2$mm	t	517.75
	横向预应力钢绞线	$5\phi^s15.2$mm	t	50.32
	PSB830 螺纹钢筋	ϕ32mm	t	106.77
	普通钢筋	HRB335	t	1355.27
		HPB235	t	37.95

续上表

项目内容		材料规格	单 位	数 量
拱肋	拱肋混凝土	C50	m^3	890.78
	钢材	Q345qD	t	635.13
		Q235qD	t	19.05
	普通钢筋	HRB335	t	7.17
吊杆	整束挤压钢绞线	OVM. GJ15-31	t	48.45
	磁通量传感器	CCT140	套	38
	数据采集仪	—	套	2

5 关键技术及创新点

(1)主桥采用连续梁—拱组合体系,有效地降低了梁体结构高度,充分满足了通航净空高度要求。

(2)相对于已建的铁路连续梁—拱组合桥,该桥主梁首次采用了单箱单室截面,使主梁箱梁的两个腹板与两片拱肋之间传力顺畅、受力均匀,充分发挥钢管混凝土拱肋对主梁的加劲作用。

(3)采用哑铃形钢管混凝土拱肋并设置数道横撑,有效地提高了梁体结构刚度,满足了列车动力作用下的安全性、平稳性要求。拱肋的设计也使桥梁结构的强度、稳定性、抗疲劳性能及耐久性满足了设计要求。

(4)大桥位于7度地震区,为了减小固定主墩地震荷载作用下墩身及基础的受力,在活动主墩上设置4个速度锁定装置。这样,结构体系在混凝土收缩、徐变等荷载下能自由伸缩,为典型的连续梁—拱组合梁受力特征,而在地震荷载及制动力作用下,通过速度锁定装置约束活动支座处梁体的纵向位移,使活动主墩和固定主墩共同承担地震力(或制动力),从而使主墩受力更加均匀合理。与不设速度锁定装置相比,设速度锁定装置可使固定主墩墩底及墩顶(支座)受到的地震力减小20%以上。

6 结语

兰渝铁路广元嘉陵江双线特大桥是我公司目前设计的最大跨度的同类桥,该桥的建造,有利于丰富高速铁路大跨度桥梁的选型,通过本桥的分析计算和施工实践,对于指导类似桥梁的建造具有较好的参考价值。

渝怀铁路黄草乌江大桥

何庭国[1]　陈　列[2]
(1. 中铁二院工程集团有限责任公司土建一院；
2. 中铁二院工程集团有限责任公司公司办)

摘　要　黄草乌江大桥是渝怀铁路上最大跨度的预应力混凝土桥梁，采用(96＋168＋96)m 预应力混凝土连续刚构，也是当时国内最大跨度的双线铁路预应力混凝土连续刚构桥。该桥设计采用圆形渐变到矩形的瓶胆形空心墩结构，首次在国内连续刚构主墩中采用。该桥的设计打破了大跨度混凝土箱梁桥跨中设置横隔板的一贯做法，取消了跨中横隔板，方便了合龙施工操作，更有效地保证了合龙段的施工质量。它的建成，是我国山区铁路大跨度预应力混凝土连续桥设计的一次重大突破，奠定了我公司桥梁设计团队在国内乃至国际上大跨度预应力混凝土连续桥设计的领先地位。本文介绍了黄草乌江大桥的总体设计、技术难点和解决方案，总结了主要技术成就。

关键词　渝怀铁路；大跨桥梁；连续刚构；桥墩；横隔板

Huangcao Wujiang Major Bridge on Chongqing-Huaihua Railway

He Tingguo[1]　Chen Lie[2]
(1. First Civil Construction Design and Research Institute of CREEC;
2. Administration Office of CREEC)

Abstract　Huangcao Wujiang major bridge is a prestressed concrete bridge with the longest span on Chongqing-Huiahua railway, adopting (96＋168＋96)m prestressed concrete continuous rigid frame, is also a prestressed concrete continuous rigid frame double-line railway bridge with the longest span at that in China, which is designed adopting hollow pier structure from round turning into rectangular and applied in domestic continuous rigid frame pier for the first time. The design of the bridge cancels diaphragm set in the span of concrete box girder bridge to be convenient to closing up operation and ensure the construction quality of closure section. The completion of the bridge has an important significance for the design of long span prestressed concrete continuous bridge of China railway in mountainous area, leading the advantage level of such bridges in China even in the world. This paper introduces the overall design, technical difficulty and solving methods as well as main technical achievements.

Key words　chongqing-huaihua railway; long span bridge; continuous rigid frame; pier; diaphragm

1　引言

黄草乌江大桥位于重庆市武隆县黄草乡，见图 1，是渝怀铁路上一座大跨度双线铁路重点桥梁，地质、地形条件的限制，线路斜跨乌江，与主航道成 50°夹角。主要技术标准如下。

设计荷载：双线铁路，中—活载。

作者简介：何庭国(1971—　)，男，教授级高级工程师。

线路等级：I级。

航道等级：Ⅳ-(3)级。

基本风压：500Pa。

地震基本烈度：6°。

经航道部门论证，168m跨度才能够满足乌江未来Ⅳ—(3)级航道的通航净空要求，为此，主桥采用(96＋168＋96)m预应力混凝土连续刚构。由于斜交角度太大，而且高水位较墩底高出40余米，连续刚构常用的薄板式双壁墩或圆端形墩将对水流及船舶航行干扰很大，为保证航行和大桥的安全，设计采用了圆形空心墩，两主墩分别高56m和52m。

全桥布置为32m简支梁＋(96＋168＋96)m预应力混凝土连续刚构，两端均接T形桥台。主桥(96＋168＋96)m预应力混凝土连续刚构，是当时国内最大跨度的双线铁路预应力混凝土连续刚构桥。主墩为圆形空心墩，在国内同类桥梁中也是首次应用。

全桥立面布置见图2。

图1　黄草乌江大桥实景

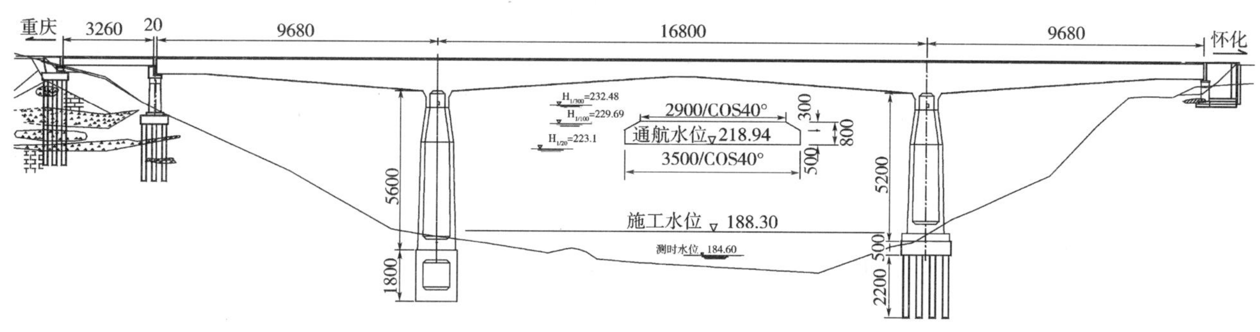

图2　全桥立面(单位：cm)

2　结构设计

(1)梁体为单箱单室变高度直腹板箱梁结构，主墩处梁高11.0m，跨中及边跨梁端处梁高5.5m，梁体下缘除中跨中部10m梁段和边跨端部17.8m梁段为等高直线段外，其余按二次抛物线变化。箱梁顶板宽11.0m，箱底宽7.8m，顶板悬臂长1.6m，见图3和图4。

(2)墩形及墩梁连接特点。为解决桥轴法线与航道大斜交角度的问题，采用独柱圆形空心墩，这在国内同类桥梁中也是首次采用。对主墩墩形的比较和选择，考虑了以下因素。

①圆端形墩及双壁墩：可较好满足连续刚构桥纵向要求较小的抗推刚度，横向要求较大刚度的要求，但由于乌江河道方向与铁路斜交50°，桥墩与水流方向交角过大，阻流和挑流作用强烈。

②圆端形墩并设置斜向导流屏：由于最高洪水位距离墩底高达50m，且高、中、低洪水位时水流方向有一定摆动，技术经济

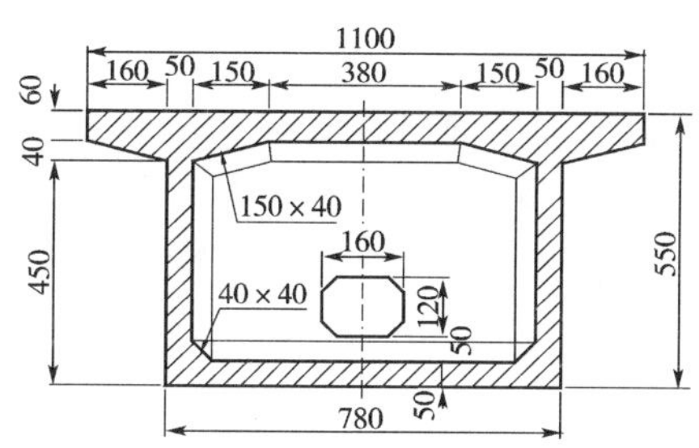

图3　箱梁跨中横截面(单位：cm)

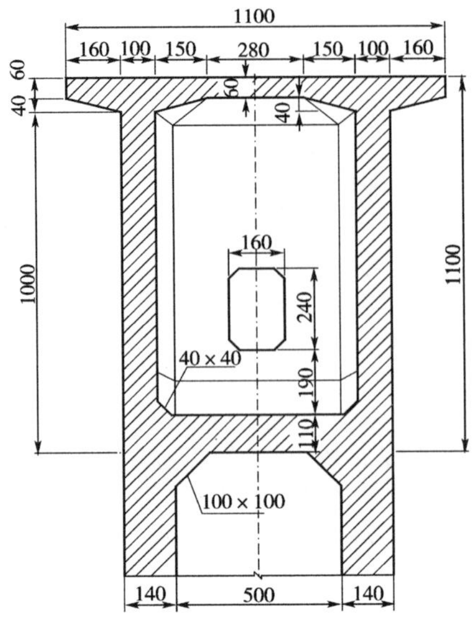

图 4　箱梁根部横截面(单位:cm)

比较不合理。

③圆形桥墩:桥墩与梁体连接构造和受力较圆端形桥墩复杂,附加内力也较大,但阻流和挑流作用较小,水流引起的桥墩受力较小,对航道安全有利。

综合比较后确定采用圆形空心桥墩,为与梁顺接,墩顶 6m 采用矩形空心截面,其下为 12m 高过渡段,通过空间变化曲线从矩形空心截面逐渐变化为圆形空心截面,渐变段为复杂的空间几何形状,其受力更为复杂(图 5)。

(3)超大挖井基础。2 号墩采用 14m 超大直径挖井基础,在国内外也是罕见的。

3　设计难点和解决方法

黄草乌江大桥所采用的新的结构形式,对设计和施工都是新的挑战,要求设计和施工必须在技术上有所突破和创新。

就设计而言,由于梁跨与墩高之比为 3∶1,而桥墩为圆形,纵向抗推刚度大,必将在桥墩和基础内产生很大的附加内力。设计中主墩基础采用桩基和挖井基础,以降低整体刚度。同时通过改变墩身直径、壁厚、边坡进行循环比较,逐渐优化墩身设计,使其在强度、刚度、稳定等方面均达到较优的状态。

对桥梁的横向刚度必须作合理的限制,本桥横向刚度通过限定横向第 1 自振周期进行控制设计,同时进行横向振动分析和车桥耦合动力计算,其脱轨系数、横向振幅、舒适度等计算值,都满足有关规定。行车安全性能可以得到保证;列车平稳性能和行车舒适性能均合格;列车通过时,桥梁各梁跨最大横向水平位移为 1.46mm,最大竖向位移为 20.44mm,最大横向加速度为 0.124g,最大竖向加速度为 0.088g,都在允许范围内。

刚构 0 号段和墩梁连接部位构造复杂,墩壁、梁体、横隔板在此交接,加之纵、横、竖三向预应力,应力分布极为复杂。但此处是全桥重要部位,若受力不合理将引起梁体开裂,危及大桥安全。为了弄清

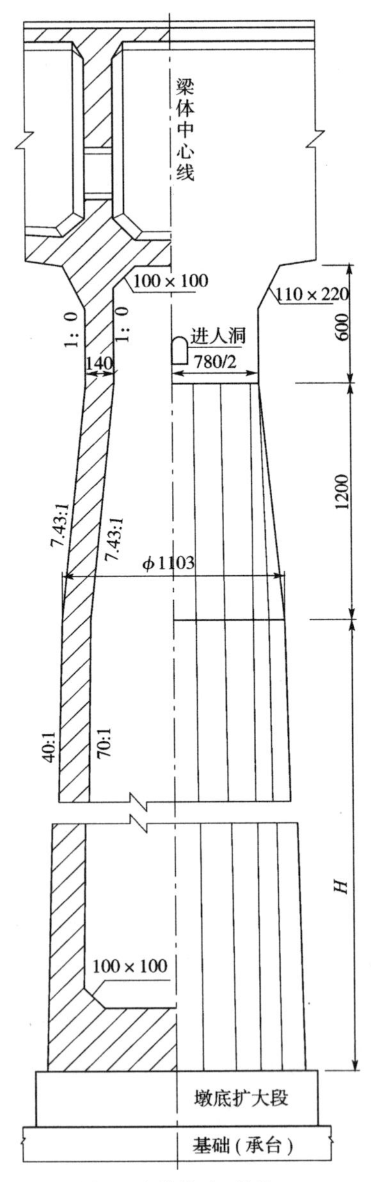

图 5　主墩构造(单位:cm)

楚 0 号段墩梁连接处的应力分布，设计利用有限元分析进行了局部应力计算，计算表明最大最小应力均在允许范围之内。

大跨度预应力混凝土连续刚构通常在跨中和支承处设置横隔板。由于跨中段又是桥梁悬灌施工的合龙段，设置横隔板将增加施工难度。黄草乌江大桥由于墩高和跨度的比值偏小，对合龙时温度要求较严，如施工季节不能满足合龙温度要求时，需采用在跨中向两侧纵向顶梁等措施合龙中跨，因而若在跨中设置横隔板又会进一步增大了施工难度。通过细致的计算分析认为，跨中横隔板的设置对改善其变形甚微，反而会引起一定的应力集中，跨中横隔板设置意义不大。同时从降低施工难度，保证合龙段施工质量来看，不设跨中横隔板更有利。最终设计取消了跨中横隔板。

4 主要技术成果

大桥的设计在多项内容上取得了先进技术成果：

(1)主桥跨度 168m，创国内双线铁路预应力混凝土连续刚构桥梁新纪录。设计对主桥结构进行了深入细致的静动力分析和车桥动力响应计算，对受力复杂部位进行了局部空间分析，对结构各部分尺寸进行了反复优化，模拟了施工各阶段和运营加载的全过程，确保施工和运营中的结构安全。

(2)由于桥轴法线与水流流向交角太大，为减缓桥墩对水流的挑流作用，首次在连续刚构主墩中采用了圆形空心墩。

(3)首次采用圆形渐变到矩形的瓶胆形空心墩结构。为解决墩梁衔接问题，墩身从最高通航水位起向上渐变过渡为矩形空心截面，渐变段内外壁曲线从 4 个方向采用变半径的圆曲线逐渐过渡为矩形空心截面。设计对过渡段的线形和受力行为进行了详细的分析。

(4)通过对跨中横隔板作用效果的细致分析，在大跨度预应力混凝土连续箱梁桥中取消了跨中横隔板。打破了铁路预应力混凝土大跨度连续箱梁桥跨中设置横隔板的一贯做法。方便了合龙施工操作，更有效地保证了合龙段的施工质量。

(5)根据合龙温度和长期收缩徐变大小，计算出了跨中合龙时对合龙口两侧 T 构施加水平预顶力的大小，有效地调整了大桥成桥后结构的内力分配。

5 结语

黄草乌江大桥是我公司继南昆、内昆铁路之后，在山区铁路设计的大跨度预应力混凝土连续梁桥的一次重大突破，它的建成，奠定了我公司桥梁设计团队在国内乃至国际上大跨度预应力混凝土连续梁桥设计的领先地位，为我国铁路现在上百座预应力混凝土连续梁、连续刚构的建造，起到了良好的指导、借鉴作用。

玉蒙铁路曲江大桥

游励晖[1] 陈建峰[2] 戴晓春[3] 郭建勋[3]
(1. 中铁二院工程集团有限责任公司技术中心;2. 中铁二院工程集团有限责任公司土建二院;
3. 中铁二院工程集团有限责任公司土建一院)

摘　要　玉溪至蒙自铁路曲江大桥全桥孔跨布置为3×32m简支T梁+3×96m下承式简支钢桁梁+1×32m简支T梁+2×24m简支T梁,主墩最高达92m。本桥位于8度地震区,主墩采用延性设计。由于受桥位地形及主桥梁部结构形式控制,梁体采用单端大悬臂拼装钢梁架设方案。

关键词　玉蒙铁路;曲江大桥;下承式简支钢桁梁;8度地震区;高墩;单端悬臂拼装

Qujiang Major Bridge on Yuxi-Mengzi Railway

You Lihui[1] Chen Jianfeng[2] Dai Xiaochun[3] Guo Jianxun[3]
(1. Technology Center of CREEC;
2. Second Civil Construction Design and Research Institute of CREEC;
3. First Civil Construction Design and Research Institute of CREEC)

Abstract　The whole span of Qujiang major bridge on Yuxi-Mengzi railway is arranged with 3×32 m simply-supported T beam +3×96 m through simply-supported steel truss beam+1×32 m simply-supported T beam+2×24m simply-supported T beam, the main pier reaches up to 92m. The bridge locates in VIII degree earthquake area, thus the main pier is adopted with ductility design. As controlled by bridge site terrain and main bridge beam structure, single-ended large cantilever-assembling erection scheme is adopted for the beams.

Key words　Yuxi-Mengzi railway; qujiang major bridge; through simply-supported steel truss beam; VIII degree earthquake area; high pier; single-ended cantilever-assembling

1　引言

曲江大桥是玉溪至蒙自铁路的一座重点桥渡,主桥3×96m下承式简支钢桁梁,桥位处地质条件复杂,属低中山剥蚀、溶蚀地貌,地面高程1308～1480m,相对高差约180m,自然横坡变化大,地质新构造运动强烈,地震活动频繁,震级大,地震峰值加速度为0.20g,地震动反应谱特征周期为0.40s。主桥最大墩高为92m,为矩形空心墩,基础采用桩径1.5m的钻孔桩基础,如图1所示。

2　结构设计

2.1　主桁

(1)主桁结构形式

钢桁梁主桁结构形式结合跨度、结构受力、维修养护等因素进行技术、经济综合比较而确定。采用无竖杆平行弦三角桁,平行弦桁高12.8m,节间长度12m,主桁中心距为7.5m。

(2)节点

主桁采用拼装式节点,弦杆、腹杆通过节点板及拼接板连接在一起。全桥主桁腹杆夹角一致,均为

作者简介:游励晖(1963—　),男,教授级高级工程师,中铁二院工程集团有限责任公司专业工程师。

图1　全桥效果图

50.2°。图2和图3中示出了其中两种典型节点构造。主桁节点板厚度选用考虑了弦杆和斜杆对节点板厚度的要求，并进行了节点板的局部稳定、撕裂应力等检算，节点板最大厚度为40mm。

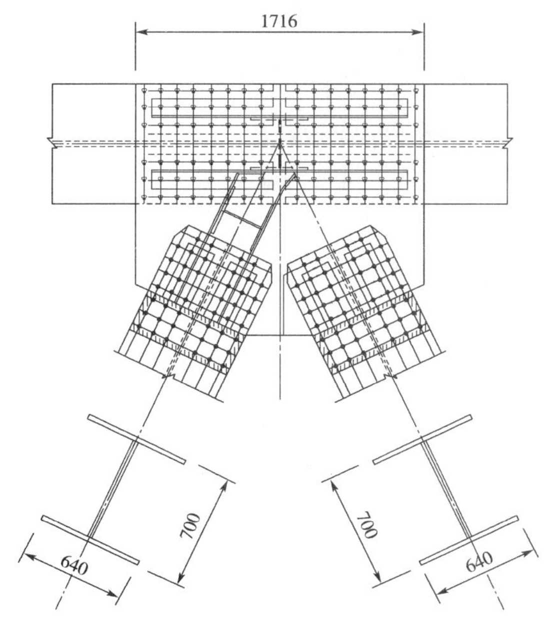

图2　主桁典型上弦节点构造图(单位:mm)

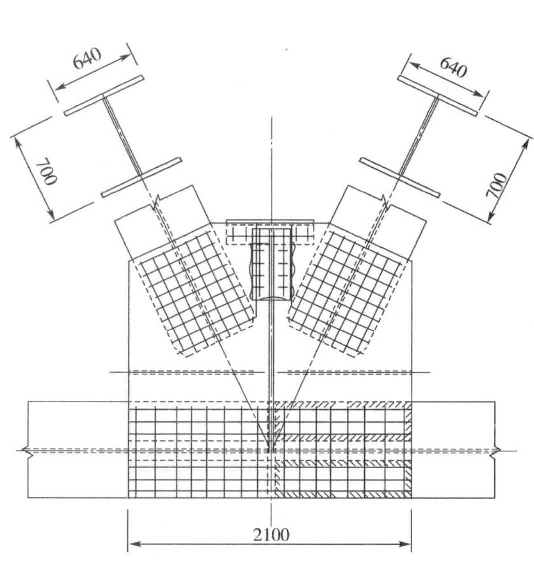

图3　主桁典型下弦节点构造图(单位:mm)

(3)主桁杆件

主桁上、下弦杆均采用H形截面，其宽700mm，高度为720mm，板厚20～36mm；腹杆除端斜杆采用箱形截面外，余均采用H形截面，宽700mm，端斜杆高700mm，余均为640mm，板厚20～32mm。主桁节点板的最大厚度为40mm。

2.2　桥面系及联结系

(1)桥面系

两片纵梁间距2m，纵梁高1480mm，采用工形截面。为减少与主桁弦杆共同作用，每跨设置一套纵梁断开装置。端横梁及中间横梁均采用工形截面，横梁梁高1787mm。

(2)联结系

上、下平纵联采用交叉式结构，上、下平纵联节点板与主桁节点板为螺栓连接。根据纵梁断开位置在跨中两侧各设两套制动联结系。

端支点处两端斜杆平面设斜桥门架，采用交叉杆式，工形截面，杆件翼缘宽350mm，杆件高度400mm。顺桥向在A2、A4、A4′、及A2′处设置一道横向联结系，采用交叉干式，杆件翼缘宽350mm，杆件高度 320mm。

2.3 支座

本桥位于 8 度地震区，主桥采用双曲面球形减隔震钢支座。

2.4 主桥下部结构设计

主桥桥墩均采用矩形空心墩，见图 4，为满足 8 度地震区抗震设计要求，主桥各墩进行了延性设计。主墩基础均采用 1.5m 直径钻孔桩。

图 4 主桥矩形空心墩

3 材料

根据桥梁用钢的发展和《铁路桥钢结构设计规范》(TB 10002.2—2005)要求，结合本桥的具体设计情况，主结构钢材采用 Q345qD，其技术标准应符合《桥梁用结构钢》(GB 714—2000)，实物交货技术条件见《铁路桥梁钢结构设计规范》(TB 10002.2—2005)附录 A；其他作业通道、检查设备等辅助结构采用 Q235-B.Z，其技术标准应符合《碳素结构钢》(GB 700—2006)规定。

高强螺栓：材料 35VB；10.9S 符合《钢结构用高强度大六角头螺栓、大六角螺母、垫圈和技术条件》(GB/T 1231—2006)规定。

4 钢桁梁施工

桥位两侧施工场地较狭窄，地形高差较大，主墩高达 92m，对钢桁梁构件的进场、预拼和存放影响很大。经过各方面综合比较，本桥钢桁梁采用单端大悬臂拼装方案，见图 5。拼装由小里程端开始，首先在 0～3 号墩支架搭设军便梁，利用军便梁形成的平台先拼装一孔 96m 简支梁，利用第一孔梁压重向大里程侧悬臂拼装，悬拼至第 6 个节间，然后在 3 号墩顶搭设吊索塔架(可移动)，利用塔架的钢索分别对称锚固在钢桁梁两侧，通过张拉钢索调整钢桁内力及位移，使钢桁梁能继续悬拼剩下的两个节间至墩顶。按此方式循环至完成三孔主桥的架设。

5 结语

曲江特大桥桥址位于地震频发区，且地震烈度高，加之桥梁墩高大跨度大，从抗震要求考虑，设计采用了上部结构轻巧的钢桁梁方案。经过连续钢桁梁、简支钢桁梁的比较，采用了震后易于恢复的简支钢桁梁桥。

该桥是在 8 度地震区修建的首座高墩大跨简支钢桁梁，主桥墩高达 92m；主桥 3×96m 下承式简支钢桁梁施工采用单端悬臂拼装方案，施工中先把简支梁临时连接成连续结构，利用吊索塔架辅助架设，

图 5 钢桁梁架设

是钢桁梁施工架设方案的一次新的尝试；主墩设计考虑抗震设计进行了延性设计，主桥支座采用减隔震支座以减小地震力对结构的影响。

渝利铁路蔡家沟特大桥

陈克坚[1] 钟亚伟[2] 陈思孝[2] 袁 明[3] 李 锐[2] 刘 挺[2] 王 聪[2]
(1. 中铁二院工程集团有限责任公司公司办;2. 中铁二院工程集团有限责任公司土建二院;
3. 中铁二院工程集团有限责任公司技术中心)

摘 要 蔡家沟双线特大桥是渝利铁路的重点控制工程之一。主桥为(80+3×144+80)m 刚构—连续组合梁桥,刚构墩采用 A 形桥墩、三墩固结的结构形式,墩高最高达 139m。该桥型结构新颖、经济美观、跨越能力强,为世界铁路桥梁中首次采用,促进超高墩在铁路桥梁建设中的应用,有利于推动山区铁路桥梁的技术进步与发展。本文介绍了蔡家沟双线特大桥 A 形桥墩结构的基础选择、墩身设计的特殊问题及长联大跨结构梁部设计的特点。

关键词 铁路桥;刚构连续梁;超高墩;A 形墩;群桩基础;设计

Caijiagou Super Major Bridge on Yu Li Railway

Chen Kejian[1] Zhong Yawei[2] Chen Sixiao[2] Yuan Ming[3] Li Rui[2] Liu Ting[2] Wang Cong[2]
(1. Administration Office of CREEC;
2. Second Civil Construction Design and Research Institute of CREEC;
3. Technology Center of CREEC)

Abstract Caijiagou double-line super major bridge is one of the important controlling projects on Yu Li railway. The main bridge is a (80+3×144+80)m rigid frame-continuous composite beam bridge, the rigid frame pier adopts three A-type piers consolidated structure with the pier height up to 139m. The novel, economic, artistic bridge structure with strong spanning capacity is firstly used for railway bridges in the world, promoting the application of super high pier in the railway bridge construction, availing the technique progress and development of railway bridges in mountainous area. This paper presents the basic selection of A-type pier structure, special issues on pier body design as well as design characteristics of beam part of long span structure.

Key words railway bridge; rigid frame continuous beam; super high pier; A-type pier; pile group foundation; design

1 引言

渝利铁路是沪汉蓉铁路客运通道的重要组成部分,地处我国中、西部地区的结合部,西起重庆市渝北区,向东途经重庆市江北区、长寿区、涪陵区、丰都县和石柱县,止于湖北省利川市,线路总长 264km。蔡家沟特大桥位于重庆市涪陵区李渡镇蔡家沟,是渝利铁路的一座高墩大跨双线铁路重要桥梁,主桥为(80+3×144+80)m 预应力混凝土刚构—连续组合桥梁,桥址处地震动峰值加速度为 0.05g,地震动反应谱特征周期为 0.35s,如图 1 所示。

本桥主要技术标准如下:

线路等级:I 级铁路。

线路情况:双线,线间距 4.40m;位于直线上,线路纵坡 5‰。

设计活载:中—活载。

作者简介:陈克坚(1966—),男,教授级高级工程师,中铁二院工程集团有限责任公司副总工程师。

图1 蔡家沟双线特大桥效果图

设计速度:旅客列车 200 km /h,货物列车 120km /h。

桥址处覆盖土层主要有粉质黏土、泥岩夹砂岩及砂岩,泥岩夹砂岩层强风化带厚 2～6m,砂岩层全风化带厚 0～8m,强风化带厚 2～5m,局部厚度达到 10～28m,基本承载力 500kPa。

2 桥梁设计

本桥桥址位于低山区,地面高程 160～360m,相对高差达 150～200m。主桥跨越蔡家沟,蔡家沟沟谷深切,地形高差很大,沟谷呈 U 形,孔跨布置受地形控制。由于线路高程与沟底高程相差大,且 U 形谷谷底较宽,因此主桥必须采用高墩大跨方案,同时结合铁路桥梁的荷载特点及刚度要求,采用混凝土梁式桥较为合理。

经多方案比较后最终孔跨布置采用:1×24m ＋2×32m ＋(44＋80＋44)m 预应力混凝土连续梁＋1×32m ＋(48＋88＋48)m 预应力混凝土连续刚构＋10×32m ＋(80＋3×144＋80)m 刚构连续组合梁＋1×32m ＋(44＋3×80＋44)m 刚构-连续组合梁＋8×32 m ＋1×24 m,全长 2057.4m。主桥采用(80＋3×144＋80)m,见图 2。主跨跨越沟底,主墩墩高分别为 61.5m、136.0m、139.0m 和 97.5m。超百米高墩有两个,主墩相对较高,边墩墩高可控制在 70m 以下,工程量相对较小,刚构墩采用新型 A 形桥墩,可以使主桥刚度满足要求,只需在 21 号墩上设置支座。

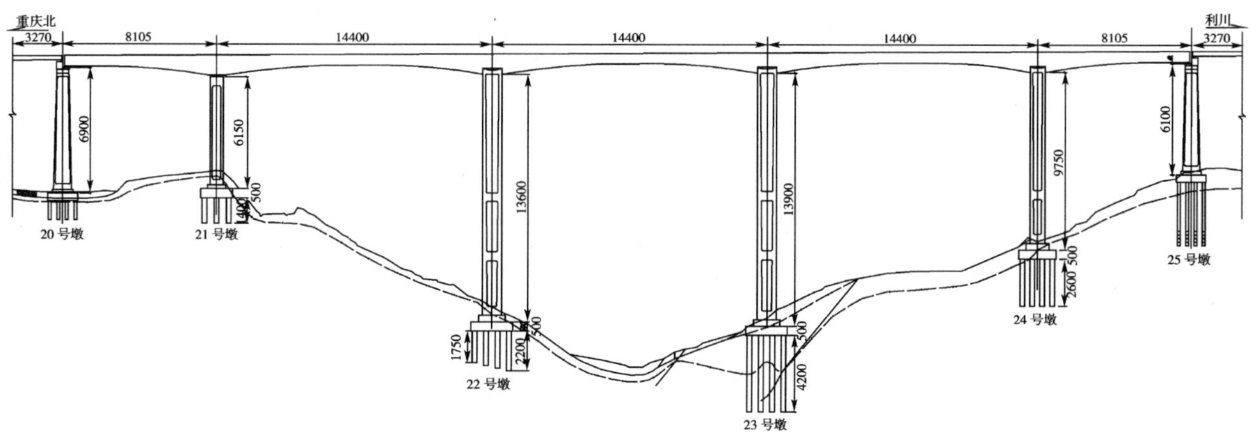

图2 蔡家沟双线特大桥主桥(80＋3×144＋80)m 刚构连续总体布置图

3 上部结构

3.1 梁体构造

该桥主桥位于直线上,双线线间距 4.4m,道砟桥面,轨底至梁顶高度为 0.7m,两侧人行道宽各 0.8m,桥面全宽 10.96m,人行道栏杆在梁体翼缘板外侧。

主梁各控制截面梁高分别为:中跨中部 18m 梁段、边跨端部 17.85m 梁段为等高梁段高 6m;22、23 号墩顶处 10.0m 梁段、24 号墩顶处 8.0m 梁段、22 号墩顶支座处 8.0m 梁段为等高梁段,梁高 11.0m,

其余梁段梁底下缘按圆曲线变化，圆曲线半径 R=350.62m。

为方便施工和节省圬工，主梁采用单箱单室直腹板截面，如图 3 所示。

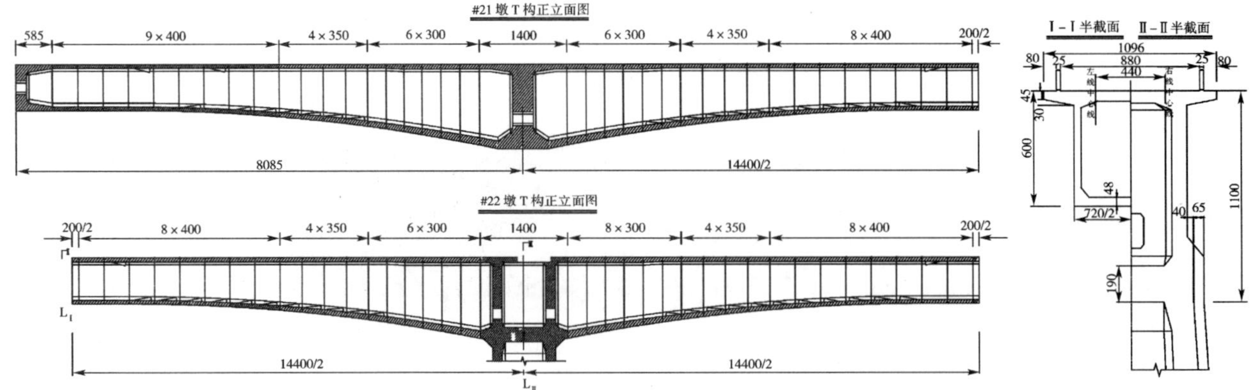

图 3　梁纵断面示意(单位:cm)

箱梁底板宽 7.2m。全桥顶板厚 53cm，在支点附近加厚至 65cm；底板厚 48～100cm，在梁高变化段范围内按抛物线变化；腹板厚 45～100cm，按折线变化。箱梁采用 C55 混凝土。

全梁共设 9 道横隔板。梁端支座处设 1.7m 厚的端横隔板，21 号墩支点处设 3.3m 厚的中横隔板，22～24 号墩支点处设置两道 1.5m 厚的横隔板，与墩壁边对齐，以利传力。各横隔板中部均设置人洞，以便施工和养护维修。

3.2　梁体预应力体系

箱梁为三向预应力混凝土结构，纵向全预应力。纵向钢束采用 17ϕ^s15.2mm 钢绞线，M15A-17 圆塔形锚具锚固，张拉千斤顶采用 YCW350B，采用内径 90mm，外径 104mm 塑料波纹管成孔，并采用真空压浆工艺。为简化构造及降低张拉摩阻损失，所有钢束仅在竖直平面内弯曲，无平弯，亦无全联通长束。全桥共设 596 束纵向束，其中顶板 318 束，腹板 128 束，底板 150 束。最长束长 142m，最短束长 14 m；并在顶板预留 8 个备用孔道，中跨底板预留 6 个备用孔道，边跨预留 4 个备用孔道。

为改善顶板横向应力状况，减小顶板跨中和悬臂根部横向弯矩，在梁体顶板每隔 0.5m 设置 1 束 4ϕ^s15.2mm 横向预应力钢束，采用 YCW100B 型千斤顶单端张拉，张拉端采用 BM15-4 扁形锚具，固定端采用 BM15P-4 扁形锚具。张拉端与固定端交错布置。

在 21 号墩横隔板范围梁体底部及 22～24 号墩墩梁结合部的梁体底部及局部纵向墩壁上，采用 ϕ32mmPSB830 预应力混凝土用螺纹粗钢筋对该部施加横向预应力。

梁体腹板内设竖向预应力。在梁高较高及主拉应力较大区域，腹板竖向预应力采用 3ϕ^s15.2mm 钢绞线，采用直径 50mm 的塑料圆管成孔，YCD750-75 型千斤顶张拉，采用单端张拉，张拉端设于梁顶，张拉端采用 DSM15-3 型低回缩锚具锚固，固定端采用 OVM. M15-3PT 锚具锚固。其余梁段采用直径 32 mmPSB830 螺纹粗钢筋，采用直径 45mm 的铁皮管成孔，JLM-32 锚具锚固，YCW60B 型千斤顶张拉，均采用单端张拉。由于中跨跨中区域剪应力较小，未设置竖向预应力。

3.3　梁体主要施工顺序

箱梁 0 号段梁长 14m。施工中 4 个 T 构各划分为 18 对梁段，梁段长度从根部至中跨跨中分别为 6×3m、4×3.5m、8×4m，累计悬臂长为 71m，中跨合龙后两边跨各有 1 个 4m 长延伸悬臂段，最大悬臂长度为 75m。1～18 号梁段及边跨延伸悬臂段为挂篮悬灌施工。挂篮、机具、人群等施工荷载设计重不超过 1000 kN。中跨合龙段长度均为 2m。

本梁合龙顺序根据各跨受力状态进行优化比较分析确定。先合龙第三跨、第四跨；然后合龙第二跨，并悬灌浇筑第五跨的不平衡梁段；接着悬灌浇筑第一跨的不平衡梁段，最后浇筑边跨墩顶部分，合龙边跨，实现全桥合龙。刚构墩间中跨合龙前对合龙段两侧施加对顶力。

3.4　梁部主要计算结果

运营阶段，梁体顶板最大压应力为 14.5MPa，最小压应力为 0.2MPa；底板最大压应力为13.5MPa，最小压应力为 1.18MPa,梁体各截面均不出现拉应力。施工阶段,梁体顶板最大压应力为 17.3MPa,最大拉应力为－0.54MPa,底板最大压应力为 15.3MPa,最大拉应力为－1.6MPa。

4　下部结构

4.1　刚构墩墩身

本桥主墩较高,连续梁墩 21 号墩墩高 61.5m,刚构墩 22 号墩墩高 136.0m,23 号墩墩高 139.0m,24 号墩墩高 97.5m,相对比较柔。由于铁路桥梁横向刚度限制,对墩高大于 80m 的铁路连续刚构高桥墩一般采用空心薄壁墩(扫帚形墩),横向放坡,纵向放坡或不放坡。若采用此传统设计的高墩结构形式,本桥主墩需要较大的尺寸,墩身混凝土方量较大,工程造价很高。

为了保证整个结构具有足够的刚度,同时结构合理、工程量较小,本桥 22～24 号墩采用 A 形结构桥墩,此桥墩结构形式首次应用于铁路梁桥中。A 形桥墩结构见图 4。该桥下部结构尺寸的确定结合了全桥静力和动力方面受力的合理性、构造要求,以及经济性、美观性、施工方便等因素。

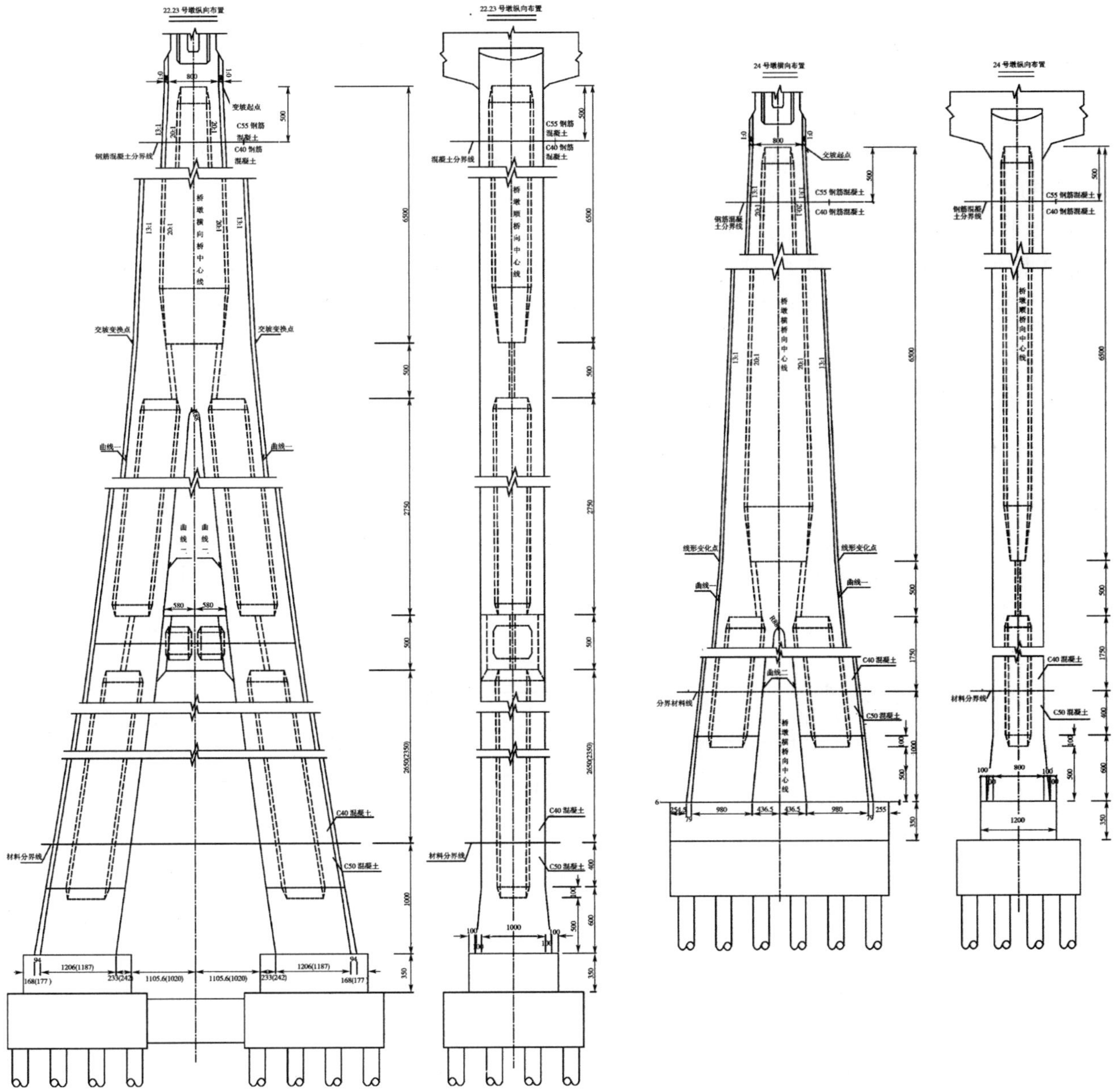

图 4　刚构墩 A 形桥墩构造图(单位:cm)

22～24 号桥墩采用钢筋混凝土 A 形桥墩,桥墩采用矩形空心截面,为减小风振与风力对高墩的影响并考虑美观,墩身横向端面加设圆弧。22、23号墩圆弧矢高65cm,24号墩圆弧矢高50cm。A形墩沿桥横向墩宽8m,壁厚1.5m,考虑全桥的美观,A形墩上部单柱空心墩高均取65m,横向外坡按13∶1放坡,内壁按20∶1放坡;墩顶以下65m至墩底为A形墩叉区及斜腿部分,墩壁外侧边缘按曲线一:$x=5h^2/65^2+4$曲线变化,墩壁内侧边缘按曲线二:$x=4h^2/65^2-4$曲线变化,(h为计算点距墩顶的距离,x为曲线与桥墩横桥向中心线的距离)。墩顶以下65~70m范围为A形墩叉区,采用5m厚的实体段;叉区以下为A形墩斜腿部分,22、23号墩斜腿壁厚按$t=(h-70)^2/60.5^2+1.5$变化,24号墩斜腿壁厚按$t=0.3\times(h-70)^2/19^2+1.5$变化。22、23号墩在距墩顶97.5m处设置横梁连接两斜腿,以提高A形墩的横向刚度,横梁采用高5m、壁厚1m的箱形截面,与横梁相交的斜腿部分采用实体段。为方便检查,在叉区及斜腿实体段均开设检查孔。

22、23号墩在墩顶处沿桥纵向墩宽10m,外坡为直坡,壁厚墩顶1.5m,墩底2.5m,线性变化;24号墩顶处沿桥纵向墩宽8m,外坡为直坡,壁厚墩顶1.5m,墩底2.0m,线性变化。A形墩在墩底设5m厚的实体段。

22~24号墩墩顶5m范围采用C55混凝土,墩底10m范围采用C50混凝土,其余采用C40混凝土。

4.2 基础

(1)刚构墩承台基础

由于A形墩在横向放坡,因此随着墩高的加大,A形墩承台横向尺寸也相应加大。墩身与群桩基础通过承台连接,承台的尺寸必须保证将墩底的巨大荷载向群桩基础传递,本桥22~24号墩承台横向尺寸分别为59.4m、61.11m和35m,承台厚5m。为减小工程量,根据A形墩的受力特点,将22、23号承台设计为哑铃形承台,如图5所示。为抵抗A形墩墩底的水平拉力,使两侧承台共同受力,在承台内布置预应力,预应力采用17ϕ^s15.2mm的钢绞线,预应力张拉在主墩和全桥合龙后分两批张拉完成。

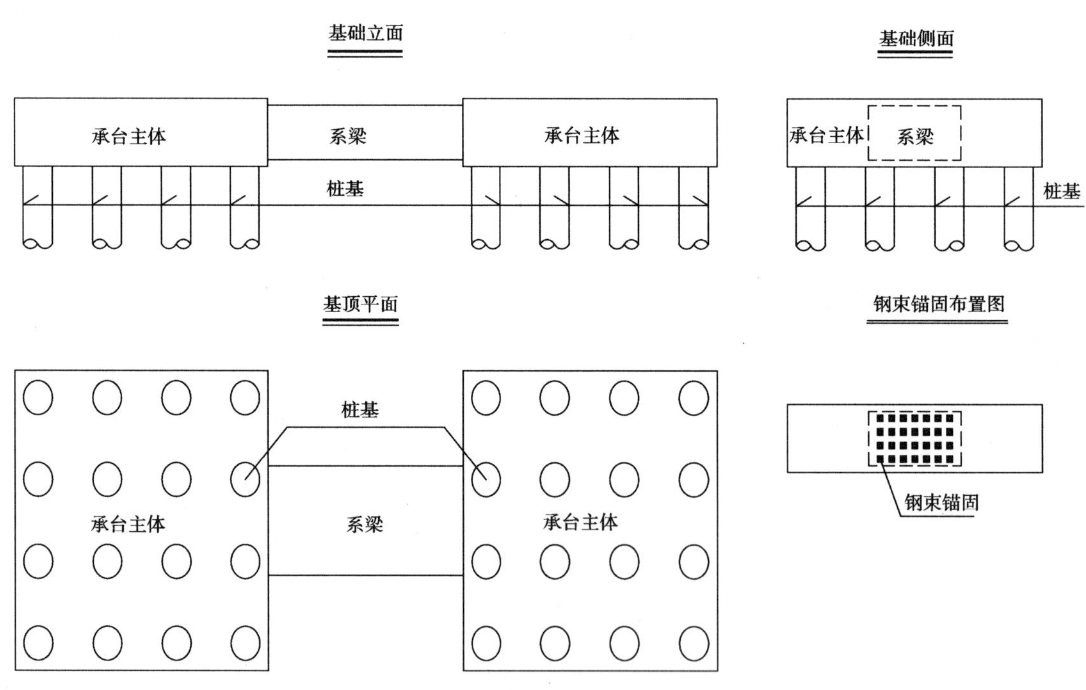

图5 哑铃形承台示意

(2)桩基础

本桥主桥均采用桩基础,按柱桩基础考虑。20号墩采用20根ϕ1.5m的挖孔桩,21号墩采用15根ϕ2.5m的钻孔桩,22、23号墩每侧承台下设置16根ϕ2.5m的钻孔桩,24号墩采用24根ϕ2.5m的钻孔桩,25号墩采用20根ϕ1.5m的钻孔桩,其中23号墩桩长达42m。

5 主桥动力特性与横向刚度

由于本桥墩高较高，因此本桥的动力特性与横向刚度问题为设计的关键，在设计中采用车桥耦合动力分析程序对全桥结构进行了反复计算与优化，使其成为在满足安全运营条件下的最佳结构。

由于年温度变化、支座不均匀沉降及混凝土收缩徐变引起的位移是缓慢发生的，不会影响结构的运行平稳性及安全性。因此检算瞬间发生的动荷载，即列车活载、纵向风力及制动力、牵引力作用下产生的纵向水平位移，是控制墩身纵向抗推刚度的指标。经检算 22～24 号墩纵向水平位移均满足简支桥梁墩台顺桥向弹性水平位移 $\Delta \leqslant 5\sqrt{L}$（$L$ 为桥梁跨度）的规定。

另选取国产 300km/h 动力分散式车组、先锋号、中华之星，普通货车 4 种类型列车，对本桥进行了车桥耦合动力分析。对于客车共进行了 5 种车速情况下（160km/h、180km/h、200km/h、220 km/h、250km/h），两种轨道不平顺（欧洲低干扰谱、高干扰谱）的车桥计算，对于货车共进行了 3 种车速计算（60km/h、70 km/h、80km/h）的车桥计算。经分析得出：三种类型客车均可以设计速度 200km/h 通过本桥，车辆运行安全性和车辆运行平稳性满足要求，且客车车辆横向及竖向舒适度指标均为优秀。普通货车以 80km/h 运行时能满足车辆运行安全性和运行平稳性要求。

6 结语

蔡家沟双线特大桥是渝利铁路上技术含量高、设计施工难度大的控制性关键工程之一，本桥最高墩墩高达 139.0m，建成后将是目前世界上墩高最高的刚构—连续组合铁路梁桥。为保证本桥具有足够的横向刚度，同时节省工程量，本桥首次将 A 形桥墩应用于刚构—连续组合梁桥中。本桥集超大群桩基础、超百米高墩、大跨、长联等高技术。通过本桥设计，为今后高墩、大跨度铁路预应力结构的设计提供了有益的经验。

南昆铁路喜旧溪大桥

陈　列[1]　马庭林[1]　何廷国[2]
(1. 中铁二院工程集团有限责任公司公司办;
2. 中铁二院工程集团有限责任公司土建一院)

摘　要　喜旧溪大桥是南昆铁路重点桥梁之一,采用带横联的双薄壁墩预应力混凝土连续刚构桥,是大跨预应力混凝土桥梁的一种新型桥式,其设计在国内外大跨度铁路桥梁上属首次应用。双薄壁墩能有效降低梁部内力,梁部及墩身工程量更为节省,桥梁外形更为轻巧美观,有较好的经济效益和社会效益。本案例介绍了喜旧溪大桥的结构设计和主要技术成就。

关键词　南昆铁路;双壁墩;连续刚构;横联

Xijiuxi Major Bridge on Nanning-Kunming Railway

Chen Lie[1]　Ma Tinglin[1]　He Tingguo[2]
(1. Administration Office of CREEC;
2. First Civil Construction Design and Research Institute of CREEC)

Abstract　Xijiuxi major bridge, one of key bridges on Nanning-Kunming railway, adopts double thin-wall piers with sway bracing prestressed concrete continuous rigid frame, is a kind of new type bridge of long span prestressed concrete bridge, which is applied for the first time at home and abroad. The double thin-wall pier can effectively reduce the internal force of the beam part to save more quantities of beam part and pier body, make the bridge appearance more light and artistic and possess better economic benefit and social benefit. This paper introduces the structural design and main technical achievements of Xijiuxi Major Bridge.

Key words　Nanning-Kunming railway; double wall pier; continuous rigid frame; sway bracing

1　引言

喜旧溪大桥位于云贵两省交界处,在岔江至小得江车站之间,跨越山区河谷,桥高约70m。全桥在直线上(图1、图2)。

图1　喜旧溪大桥鸟瞰

作者简介:陈列(1962—　),男,教授级高级工程师,中铁二院工程集团有限责任公司副总工程师。

图2 实桥照片

主桥为(56+88+56)m带横联的双薄壁墩预应力混凝土连续刚构，主墩高为59.5m，双壁墩间距为8m，主跨净跨为80m，箱宽采用4m，箱梁横断面经济合理；梁部选用大吨位群锚体系，设纵向和竖向预应力，在双壁墩与梁部连接处局部加设横向预应力，结构处于三向预应力状态；横联在制动力等纵向力作用下，为拉弯杆件。

主要技术标准：客货共线铁路，客车速度120km/h，有砟轨道，单线桥。

喜旧溪大桥于1996年3月竣工，1996年5月建成通车，是南昆铁路最先建成的两座大跨度预应力混凝土连续刚构桥之一。1997年5月对大桥进行了静、动载检定试验，证明结构设计理论和内力分析正确，满足运营要求。

2 桥型比选

结合该桥址情况作了4个主跨为预应力混凝土连续梁和连续刚构的桥型方案。

预应力混凝土连续梁有建成后养护维修工作量少、列车通过时梁体挠度曲线平缓连续、行车条件好等优点，但它需要大吨位支座，施工时需将主梁与桥墩做临时固结处理，在梁合龙前还要拆除，增加了施工工序。

采用预应力连续刚构则在施工中可避免悬灌过程中设置临时支座的工序。

如果刚构主墩采用双薄壁柔性墩支承，则相当于在连续梁墩顶设置双支座，使梁跨增大而支承处的弯矩并未增加，跨中弯矩也相应减少，悬灌过程中稳定性也好。但是，连续刚构对地基承载能力要求更高，若基础发生过大的不均匀沉降，对连续梁可以用顶高支座来调整高程，而连续刚构则做不到。该桥地基为石英砂岩夹页岩，允许承载力为0.8MPa，基础不会有大的沉降。

经比选，采用了32m+(56+88+56)m预应力混凝土连续刚构+3×32m方案(图3)，全长344.45m。两个中墩为有两个横联的双薄壁高墩，呈构架形式。桥型新颖，工程较省。

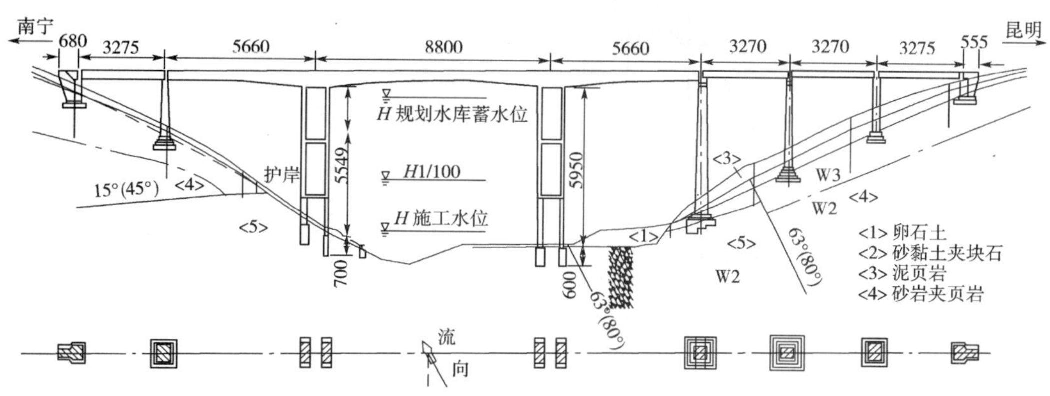

图3 喜旧溪大桥总布置图

3 大桥结构

喜旧溪大桥连续刚构梁为单箱单室、变高度、变截面箱形梁,根部高 5.8m,跨中及边跨端部直线段高 3.3m,梁下缘按二次抛物线变化,边跨有 17.5m 直线段,中跨有 10m 直线段,以方便施工。箱梁顶板宽 6m,箱宽保持不变,为 4m;顶板厚33cm,系按锚具所需最小尺寸确定的,以尽量减少梁重;腹板厚 30~50cm,底板厚 33~60cm。在边跨端支座梁段,因锚固需要,顶底腹板均有所加厚。因梁宽不大,为了简化施工,锚固齿板做成整块式。全联在端支座和双壁墩支承处设 6 个横隔板。由于为单线铁路直线桥,荷载作用的扭矩不大,为减少合龙段施工困难,中跨跨中未设横隔板。

箱梁为 C48 号混凝土。纵向预应力钢束选用 9-7ϕ^s5mm 钢绞线,抗拉强度 1500MPa,布筋均匀,每个悬灌梁段一般分别只张拉 2 根或 4 根,施工也较简单。钢绞线孔道用波纹管成孔,YCD-200 千斤顶张拉。孔道横向间距为 18.5cm,波纹管外径 8.5cm,管间净距 10cm,满足振捣棒 ϕ55mm 要求。腹板内竖向预应力筋采用直径 25mm 的冷拉Ⅳ级钢筋 $40ST_ZMnV$(40 硅 2 锰钒),抗拉强度 850MPa,铁皮管成孔,YC-60 千斤顶张控。另外,在双壁墩与梁部连接部位局部也布置横向 ϕ25mm 预应力粗钢筋。

128 号混凝土双壁式主墩壁厚 1.5m,顶部与梁固结。上部 40m 墩高范围为矩形,横宽 4~6m;百年水位以下的 20m 高范围为圆端形(喜旧溪大桥受水文控制),横宽 7.5m。双壁中心距为 8m,中间设两个高 1.6m 的横联。C38 号混凝土横联为单箱双室矩形截面,设有纵向 ϕ25mm 预应力粗钢筋。主墩采用分离式嵌固基础,以节省较多圬工,基础深 6m 和 7m,横截面为 1.9m×7.9m,为 C18 号混凝土。边墩横截面选用 H 形,以便从外形上与双壁主墩相协调,并可节省圬工。墩身为 C18 号混凝土加设护面钢筋,翼缘板厚 0.8~1.22m,腹板厚 1.2m,其基础为扩大基础。在边跨、中跨跨中及墩梁连接部位共设置 11 个检查用挂篮。

箱梁采用悬臂灌注法施工,每节长 3~4m。两个 T 构完成后,合龙跨中 2m 长梁段,再悬灌边跨两个 4m 长梁段。同时,边跨墩顶设托架,灌注 3.5m 长端梁段后,再合龙边跨 2m 长梁段,形成刚构体系。采用以上施工方法,避免搭设边墩旁约 23m 和 50m 高的灌梁支架。主墩构造如图 4 所示,箱梁构造如图 5 所示。

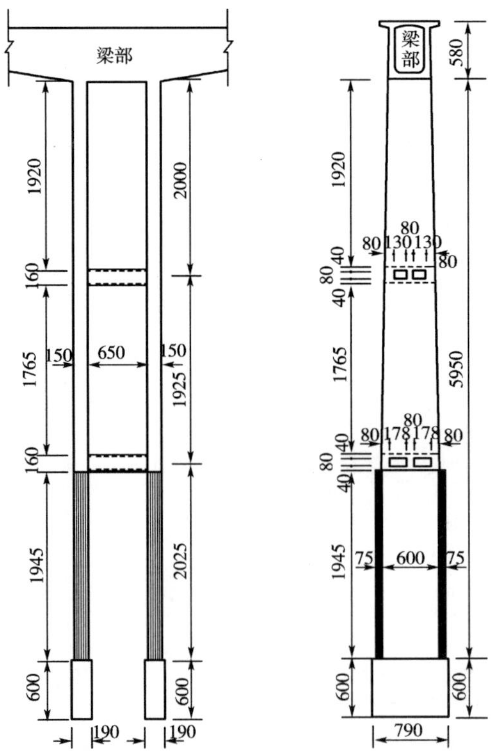

图 4 主墩构造(单位:cm)

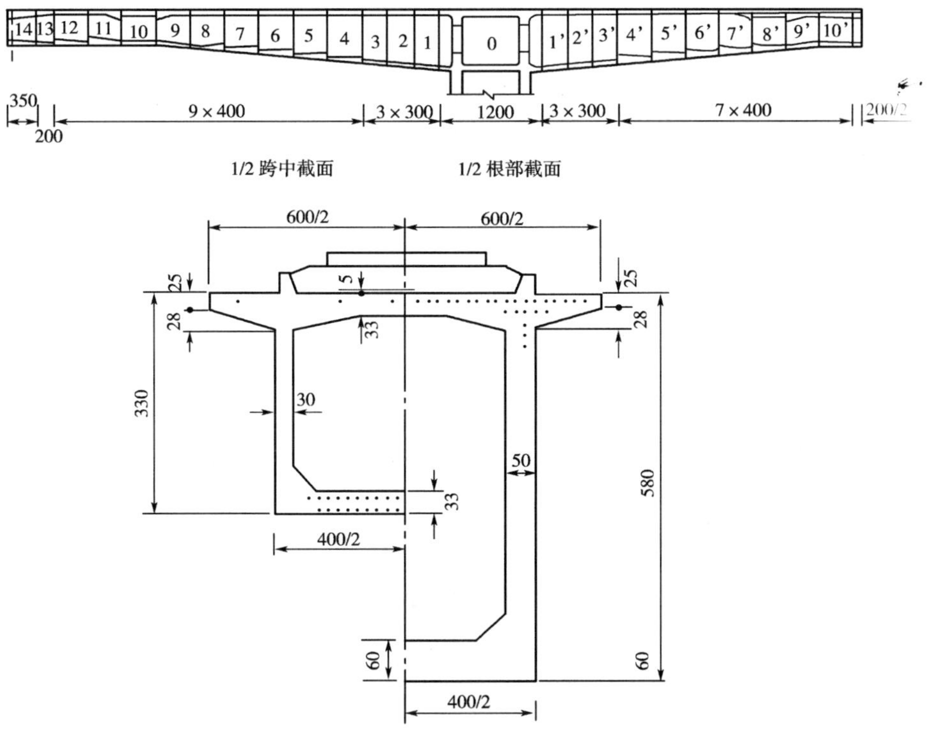

图 5 箱梁构造(单位:cm)

4 结语

采用带双横联的双薄壁墩预应力混凝土连续刚构桥,作为高桥大跨预应力混凝土桥梁的一种新型桥型,其设计在国内外大跨度铁路桥梁上属首次应用。

双薄壁墩能有效降低梁部内力和温度变形影响,在竖向荷载作用下,较薄的双壁板承受不同的压力以抵抗弯矩,薄壁板本身的弯矩不大,结构安全系数大。

该桥型除具有一般连续刚构的优点,外形轻巧美观,梁部及墩身工程量更为节省,有较好的经济效益,整体技术达到国际先进水平。

墩梁固结,节省了大吨位支座,设置横联能减少墩壁厚度,增加墩体纵向刚度,在制动力,风力作用下,双壁高墩的上下横取承受了较大的弯矩,减少了双壁墩的纵向变形,使得高达 59.5m,壁厚 1.5m 的双壁墩顶纵向位移仍能满足要求。

墩身外形纤细美观,使梁部、墩身及基础工程量均有所节省,成桥后养护工作量少。

1997 年 12 月该工程被铁道部南昆铁路建设指挥部评为优质工程,科研成果于 1998 年 3 月通过铁道部鉴定,获铁道部第二勘测设计院科技进步特等奖、中国铁路工程总公司科技进步二等奖、中国土木工程学会优秀工程项目奖、1998 年度中国铁路工程总公司优秀工程设计二等奖。

阿尔及利亚东西高速公路 OA.251 弯坡悬臂梁桥

陈玉刚

(中铁二院工程集团有限责任公司公路市政院)

摘　要　本案例介绍了阿尔及利亚东西高速公路 OA.251 悬臂梁桥的设计和施工。着重介绍在山区复杂地形条件下,弯坡悬臂梁桥的方案选定,孔跨布置、结构体系、桥梁断面形式、预应力体系、线形监控措施及施工方案等。

关键词　海外项目;山区高速公路桥梁;悬臂梁桥;弯坡桥

OA. 251 Curved Slope Cantilever Beam Bridge on West-East Expressway in Algeria

Chen Yugang

(Highway and Municipal Design Institute of CREEC)

Abstract　This paper introduces the design and construction of OA. 251 cantilever beam bridge on west-east expressway in Algeria, focusing on the scheme selection, span arrangement, structural system, bridge section pattern, prestressed system, alignment monitoring measures and construction schemes, etc. of curved slope cantilever beam bridge under the condition of complex terrain in mountainous area.

Key words　oversea project; expressway bridge in mountainous area; cantilever beam bridge; curved slope bridge

1　引言

阿尔及利亚位于非洲北部,地中海南岸,阿尔及利亚东西高速公路位于该国北部山区,该项目是面向国际招标的设计施工总承包项目,中信—中铁建联合体于 2006 年中标,框架合同总额 62.5 亿美元。我公司承担该项目中标段 M1、M2 标段勘察设计任务,见图 1。

图 1　阿尔及利亚东西高速公路 M1 标段局部路段

M1、M2 标段位于布维拉省和 BBA 省之间山区地貌,地震加速度 0.25g,相当于国内 8 级抗震设防烈度。OA.251 悬臂梁桥位于 Ouled Sidi Brahim 村庄北部,桥梁小斜交角度(夹角约 25°)向东连续跨

作者简介:陈玉刚(1971—　),男,高级工程师,中铁二院工程集团有限责任公司公路市政院副总工程师。

过 Chebba 河、N11 号铁路和 N5 公路，桥梁平面曲线半径为 700m，见图 2 和图 3。

图 2　OA251 桥位 N5 公路和 N11 号铁路

图 3　OA251 桥位 N11 号铁路和 Chebba 河

2　项目的主要特点

(1)采用国际通行的设计施工总承包模式，受封顶价控制，受合同及相关技术条款控制。

(2)采用欧洲标准及法国规范，高地震烈度区的抗震设计是方案设计的重要内容。

(3)山势陡峻，地形、地质条件复杂。

(4)阿尔及利亚的建设资源匮乏，材料、设备大量依靠进口，施工组织困难。

(5)水资源缺乏，必须注重对环境的保护。

3　影响 OA.251 悬臂梁桥方案的主要因素

OA.251 悬臂梁桥是阿尔及利亚东西高速公路上唯一一座大跨度景观桥梁，见图 4，也是一座弯坡异形桥梁，桥梁的设计采用欧洲及法国标准。桥梁的设计和施工方案研究是设计的核心内容，也是决定工程成败的关键，影响桥梁方案的因素主要有以下几个方面：

图 4　OA251 弯坡悬臂梁桥桥面系

(1)复杂、陡峭的地形地貌。

(2)桥梁小斜交角度(夹角仅 25°)连续跨越 CHEBBA 河、铁路、N5 公路，仅在铁路与 CHEBBA 河之间有狭窄场地可供桥墩布置。

(3)地震烈度高，按照欧洲规范，桥梁的抗震设计要求高，桥梁所处场地为II_a地震区，地震加速度 0.25g，相当于国内 8 级抗震设防烈度。

(4)CHEBBA 河为季节性河流，最大设计流量达 730m^3/s，桥位处河床狭窄，桥墩必须避开主河床。

(5)桥梁平曲线半径小，平曲线半径仅为 700m。

(6)桥梁纵、横坡大。纵坡：3.4%，横坡：3.7%。

(7)施工设备、施工工艺受到国外条件的极大限制，施工期间铁路、公路的运营安全是影响桥梁方案的重要因素。

(8)桥梁的景观要求高。

4　OA.251 桥型方案、跨径及墩位布置

根据桥梁所处位置的各种控制条件，尤其着重考虑桥梁的平、纵条件和施工条件两大因素，梁式桥成为 OA.251 桥最优也是最终的桥型选择。

埃及 HAMZA Associates 公司编制的 APD 设计文件提供了两个桥型方案(方案一、方案二)，经过对现场地形、地貌的勘察核对，对各种控制条件的研究比较，最终确定采用桥型方案三作为实施方案。

方案一：主跨为 60m＋100m＋100m＋60m 的连续梁(图 5)。

方案二：主跨为 81.2m＋140m＋140m＋81.2m 的连续刚构(图 6)。

方案三：主跨为 64m＋106m＋106m＋64m 的连续刚构(图 7)。

主体工程完成阶段的 OA251 悬臂梁桥见图 8。

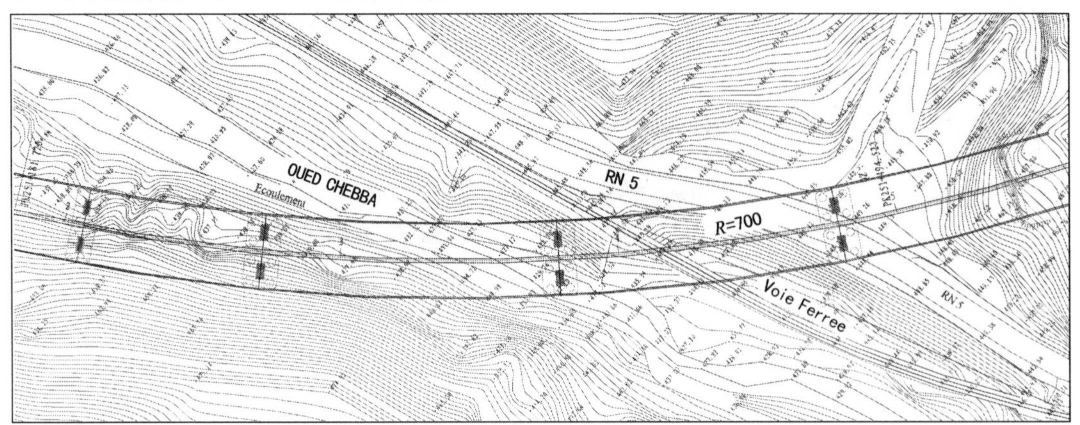

图 5　方案一(主跨为 60m＋100m＋100m＋60m 的连续梁)

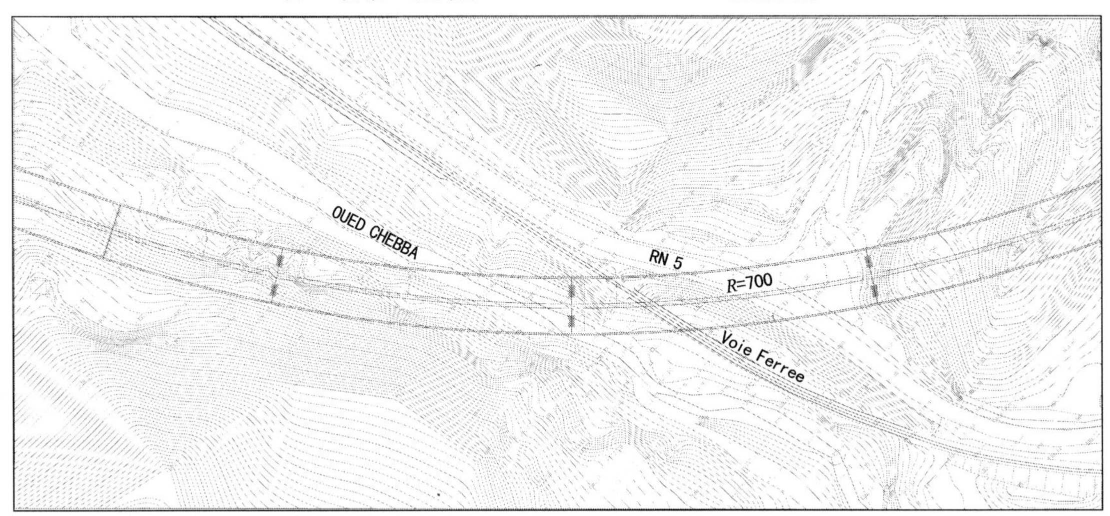

图 6　方案二(主跨为 81.2m＋140m＋140m＋81.2m 的连续刚构)

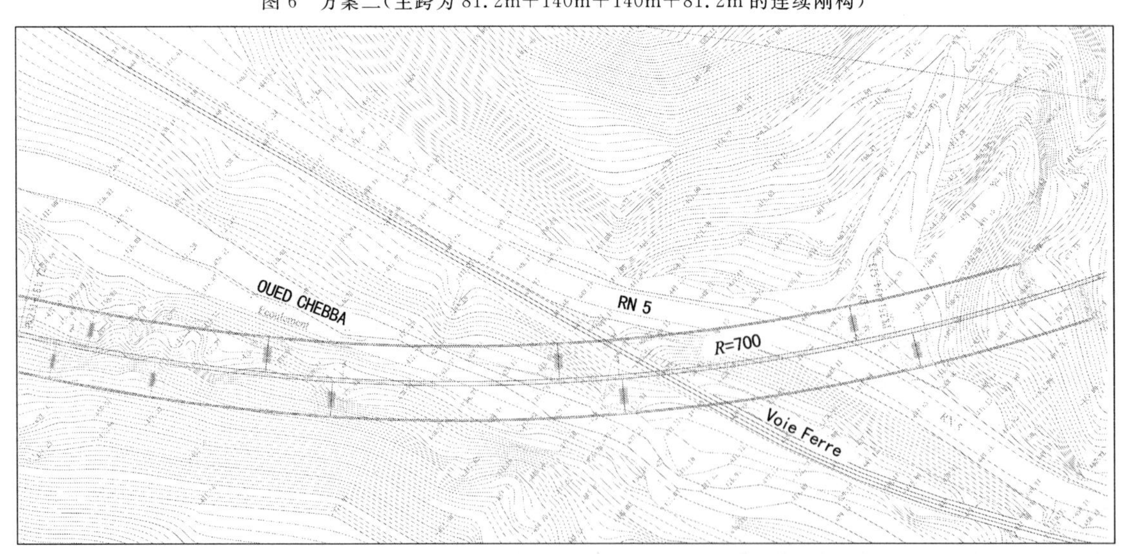

图 7　方案三(主跨为 64m＋106m＋106m＋64m 的连续刚构)

三个桥型方案中，埃及 HAMZA Associates 公司提交的两个桥型方案(方案一、方案二)均存在不同的缺陷，没有完全解决桥梁对 Chebba 河、N5 公路的影响和干扰，工程造价也较高，桥型方案三较为合理。三个方案比较见表 1。

桥型方案比较表　　表 1

项目	方案一	方案二	方案三
主跨跨径	60m＋100m＋100m＋60m	81.2m＋140m＋140m＋81.2m	64m＋106m＋106m＋64m
平面单跨最大圆心角	8.19°	11.46°	8.68°
平面单跨最大弦矢距	1.78m	3.5m	2.0m
桥墩布置形式	左右幅桥墩并列布置	左右幅桥墩并列布置	左右幅桥墩错墩布置
是否避开 CHEBBA 河主河床	否	否	是
是否避开 N5 公路	否	是	是
主要优缺点论述	本方案桥梁跨径适当，在平曲线半径为 700 的条件下，平面单跨最大弦矢距为 1.78m，但没有避开 CHEBBA 河主河床，更没有避开 N5 公路（N5 公路没有迁改的条件）	本方案桥梁跨径过大，在平曲线半径为 700 的条件下，平面单跨最大弦矢距达 3.5m，跨径增加使结构设计异常困难：为了克服桥梁的扭转、保证桥梁上部结构的稳定，必须增大主梁尺寸和桥墩尺寸，虽然避开了 N5 公路，但仍然没有避开 CHEBBA 主河床，由于跨径过大，大里程端边跨全部处于挖方段内，极大地增加了工程造价，也破坏了桥梁的景观	本方案桥梁跨径适当，在平曲线半径为 700 的条件下，平面单跨最大弦矢距达 2.0m，完全避开了 CHEBBA 主河床和 N5 公路，由于左右幅桥墩错墩布置，对桥梁景观稍微有点影响，可通过适当的墩型设计消除错墩布置的影响
综合评价	由于 N5 公路事实上没有迁改条件，本方案不成立	桥梁跨径过大，结构设计严重不合理，景观效果差，造价高，本方案基本不成立	桥梁跨径适当，解决了所有的控制条件，景观效果好，施工图采用本桥梁方案

图 8　主体工程完成阶段的 OA251 悬臂梁桥

5　桥梁的结构体系

桥梁的结构体系的选定受桥梁跨径、桥墩（相对高差较大）高度以及虑温度影响力、汽车制动力、风力、地震力等外部因素的影响，在高地震烈度区域，尤其应着重考虑地震力对桥梁结构体系的决定性作用。

横桥向：主要考虑横向地震力和横向风力对桥墩的影响，因为各桥墩横桥向的刚度大，桥梁在横桥向的自震周期短，横向地震力和横向风力大，对大跨径桥梁，桥梁横向宽度远远小于纵向长度的情况下，由个别桥墩承受全桥横桥向的作用是不合理的，也势必削弱桥梁在横桥向的稳定，因此，确定三个主墩（4 号、5 号、6 号），通过固定支座或墩梁固结与上部结构连接，承受传递下来的作用力。

纵桥向：主要考虑纵桥向地震力对桥梁结构体系的决定性影响，同时考虑温度影响力的作用，在桥梁跨径、桥墩高度确定的情况下，拟定以下6种桥梁结构体系方案(方案A～方案F)进行地震力效应的比较，其比较结果见表2。

结构体系方案比较表 表2

方案	墩与梁的连接形式(纵桥向)	第一阶自震周期(s)	桥墩号	各桥墩墩底内力值				
				恒载反力	$Ex+0.3Ey$		$0.3Ex+Ey$	
				竖向(kN)	纵向弯矩(kN·m)	纵向剪力(kN)	横向弯矩(kN·m)	横向剪力(kN)
方案A	4号、5号墩设固定支座，其余滑动支座	2.3459	4号	48629	132405	7126	144171	8086
			5号	55291	111817	5138	197889	9448
			6号	45427	19963	2252	139967	12448
方案B	5号墩与梁体固结，其余滑动支座	2.2390	4号	48614	38538	2682	147261	8272
			5号	55298	162136	12073	194717	9300
			6号	45431	19963	2252	139649	12422
方案C	4号、5号墩与梁体固结，其余滑动支座	1.3756	4号	48342	125869	12272	146792	8228
			5号	54960	110246	8751	204948	9776
			6号	45737	19963	2252	141745	12594
方案D	4号墩与梁体固结，其余滑动支座	1.8550	4号	48508	160395	14929	149446	8384
			5号	55145	42645	2814	199269	9498
			6号	45510	19963	2252	140067	12468
方案E	6号墩墩顶设固定支座，其余滑动支座	1.6174	4号	48610	38538	2682	156269	8797
			5号	55298	42645	2814	192013	9165
			6号	45434	199420	16680	139940	12466
方案F	6号墩与梁体固结，其余滑动支座	1.1707	4号	48715	38538	2682	160068	9104
			5号	55086	42645	2814	175964	8473
			6号	45288	127822	18145	149793	13332

从表2中看出：以上方案各有优缺，方案E固定支座剪力较大，支座设置较为困难，方案A、C设两固定墩，受温度力和混凝土收缩徐变的影响较大，方案B、D、E分别在5号、4号、6号墩设一个固定墩，墩底弯矩基本相当，但方案B的固定墩位于桥梁结构的对称中心。与其他方案相比，只有方案B基本不受温度力和混凝土收缩徐变的影响，纵向自震周期也较长，受到的纵向地震力也较小，经过筛选比较，选择方案B作为施工图的结构体系方案，见图9。

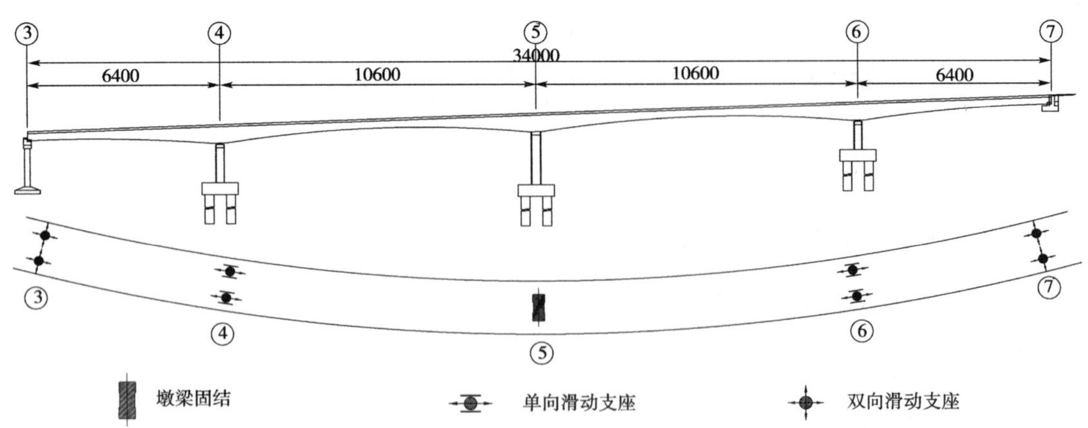

图9 桥梁结构体系图(尺寸单位：cm)

6 悬臂梁的断面及构造尺寸

悬臂梁桥宽为 2×13.25m，左右半桥分修后，半幅桥选取较为普遍适用的单箱单室的箱形断面(图10)。同一般悬臂梁桥相比，本桥悬臂梁的断面尺寸除考虑施工方法、施工工艺、预应力体系、内力及变形曲线外，还应着重研究因路线平曲线半径小、路拱横坡陡对断面尺寸拟订的影响。

为了增加箱梁的抗扭刚度，减小箱梁的扭转应力，适当增加了箱梁底板的宽度(底板宽 7.25m，悬臂长 3.0m)。

为了适应 3.7%的路拱横坡，选取以下两个方案进行比较。

方案一：箱形梁采用底板保持水平，左右腹板不等高，形成路拱横坡。

方案二：箱形梁底板、顶板按路拱 3.7%的横坡倾斜，腹板保持垂直。

通过比较，由于方案一的箱形梁左右腹板不等高，结构和质量重心向曲线外侧偏离，减小了箱梁扭转的不利影响，同时，底板保持水平，有利于施工立模及线形的控制，因此，选取箱形梁采用底板保持水平，左右腹板不等高的断面形式。

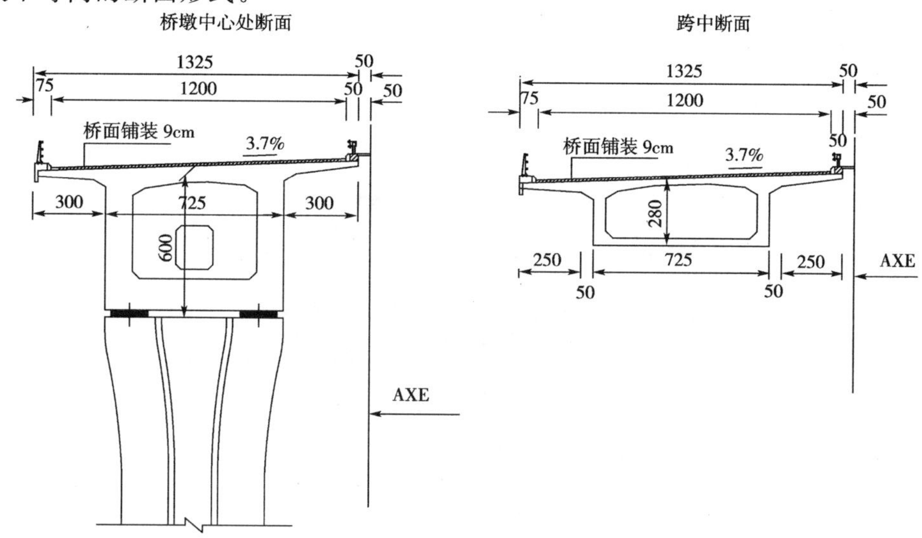

图 10 横断面图(单位：cm)

7 悬臂梁的预应力体系及预应力钢束布置方案

在国内，一般的悬臂梁都采用三向预应力体系，其施工工艺也已经非常成熟。但是，在阿尔及利亚，悬臂梁施工面临着设备、资源相对缺乏的不利条件，为了保证施工质量，应优先选择施工工艺简单、施工流程快捷的预应力体系方案。

悬臂梁半幅桥宽为 13.25m，桥宽较窄，计算表明：在汽车局部荷载下，不设置横向预应力钢束，适当加大顶板横桥向普通钢筋的直径(钢筋直径加大到 $\phi25$)，悬臂梁的顶部也能完全满足受力要求。因此，设计取消横向预应力钢束，从而施工工艺得到简化，也加快了施工进度。

悬臂梁主跨的最大跨径为 106m，经过计算：在这种跨度下，取消竖向预应力粗钢筋，采用纵向预应力钢束中的腹板钢束弯起代替竖向预应力粗钢筋的作用，是完全可行的，完全能够控制悬臂梁的主拉应力和满足抗剪强度要求。因此，设计取消了竖向预应力粗钢筋。取消竖向预应力粗钢筋后，纵向预应力钢束布置得到了极大的优化，尤其是腹板钢束和底板钢束。腹板钢束，其空间布置更加自由，下弯和锚固不受腹板厚度的控制。中跨的底板钢束，很大一部分钢束可以布置在腹板内，其他钢束布置与腹板靠近的底板上，避免了钢束布满底板，预应力传力不直接，底板和腹板之间容易产生裂纹的毛病，本桥悬臂梁中跨跨中断面的底板钢束布置如图 11 所示。

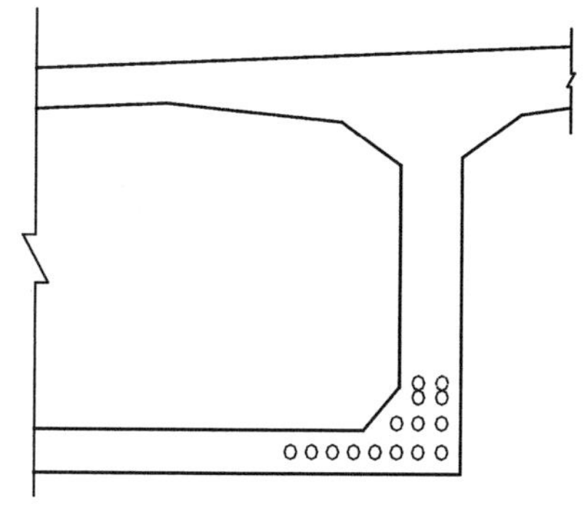

图 11 中跨跨中断面底板钢束布置图

边跨底板钢束，几乎完全可以布置在腹板内，仅在张拉时平弯出底板锚固。这样，底板钢束不仅代替了竖向预应力粗钢筋的作用，也节省了纵向预应力钢束的数量。边跨底板钢束立面如图 12 所示。

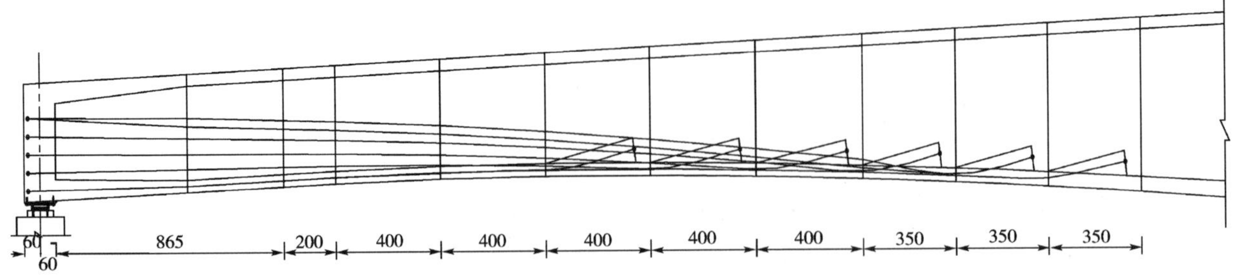

图 12　边跨纵向钢束立面图(单位:cm)

8　桥梁的下部结构方案

悬臂梁桥的桥墩高度在 10～18m 之间，采用实体桥墩方案。桥墩的外轮廓形状主要考虑美观和视觉的效果，构造尺寸根据计算确定。计算表明：浅埋基础无法满足抗震要求，因此，设计采用桩基础。按照施工单位提供的水钻法施工工艺，采用 4 根 3m 直径的桩基，便于施工(图 13)。承台尺寸根据计算确定，为了减少承台施工对铁路的不利影响，承台平面尺寸尽量取小值，并采取截角处理。6 号桥墩构造如图 14 所示。

图 13　水钻法施工 3m 大直径桩基

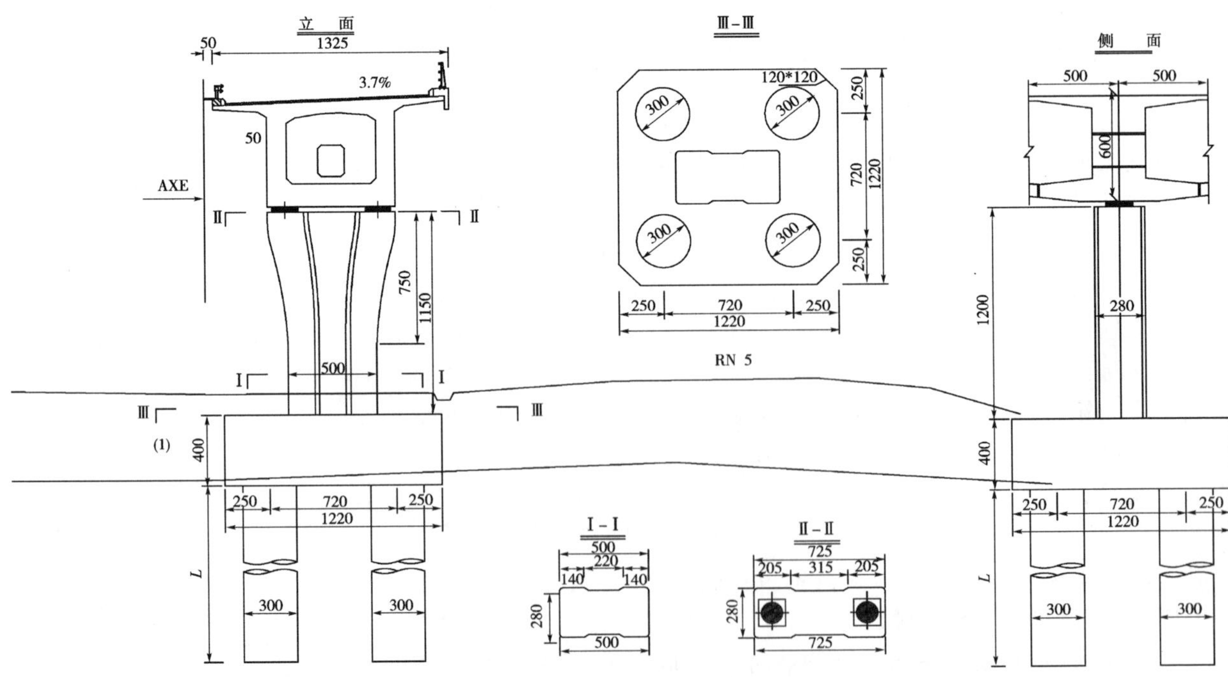

图 14　6 号桥墩构造图(单位:cm)

9 桥梁的线形控制和施工监控措施

分节段施工的悬臂梁桥，施工阶段的线形控制是非常关键的。桥梁的线形控制包含平面线形、纵面线形的控制。对弯桥、坡桥而言，平面线形控制和纵面线形控制同样重要。

按照悬臂梁桥的施工过程，进行施工期间的位移(变形)积累进程的常规计算外，根据本桥的特点，着重对以下几个影响桥梁线形的重要因素进行研究。

(1)温度场作用下桥梁的变形计算和监测核对

温度变化包括整体温度变化(大气温度影响)和局部温度变化(日照影响)两个部分。当主梁处于平曲线上，整体温度变化除了会引起梁体沿纵向伸缩以外，还会引起梁体横桥向的偏移。局部温度的变化则更为复杂，不但会引起结构内力分布的改变，还会引起结构应力分布的改变，引起结构的各个方向的挠曲、偏移。

(2)预应力作用下桥梁的变形计算和监测核对

预应力钢束张拉对主梁的变形影响比较复杂，应特别注意：钢绞线张拉的时间和混凝土的龄期、钢绞线与波纹管之间的孔道摩阻系数和孔道偏差系数、钢绞线张拉的顺序、预应力钢束张拉引起的梁体横桥向的偏移、翘曲、扭转。

(3)施工顺序及体系转换过程对桥梁的变形影响

施工顺序对主梁变形的影响监测主要是指体系转换前后、底板钢束张拉前后主梁的变形情况监测。应特别重视底板钢束张拉和临时支座拆除(体系转换前后)的变形计算和监测，这是决定主梁顺利合龙的关键环节。

10 结语

OA.251悬臂梁桥是阿尔及利亚东西高速公路上重要的景观桥梁，其桥梁设计方案受到复杂地形条件、路线平纵面条件、高地震烈度、施工工艺等多重因素的影响。通过本桥桥梁方案选择过程的介绍和论述，为类似桥梁的设计和施工提供参考。

渝利线新桥特大桥工程设计

陈克坚[1] 吴再新[2] 陈思孝[2] 袁 明[3] 李 锐[2] 辛跃辉[2]
(1. 中铁二院工程集团有限责任公司公司办;
2. 中铁二院工程集团有限责任公司土建二院;
3. 中铁二院工程集团有限责任公司技术中心)

摘 要 渝利线新桥双线特大桥主桥采用(52+7×96+52)m刚构连续组合梁桥,联长777.7m,4个刚构墩墩高分别为107.5m、116m、108m、104m,采用人字形超高空心墩设计。在保证主桥横向刚度前提下,自主编制参数化设计优化程序,对人字形墩构造尺寸进行自适应优化设计,提高设计效率的同时,最大限度地降低了桥墩工程数量。本桥设计可为艰险山区超高墩长联梁桥设计提供重要借鉴。

关键词 客货共线铁路;刚构连续梁桥;人形高墩;横向刚度;参数化设计

Engineering Design of Xinqiao Super Major Bridge on Yu Li Line

Chen Kejian[1] Wu Zaixin[2] Chen Sixiao[2] Yuan Ming[3] Li Rui[2] Xin Yuehui[2]
(1. Administration Office of CREEC;
2. Second Civil Construction Design and Research Institute of CREEC;
3. Technology Center of CREEC)

Abstract Xinqiao double-line super major bridge on Yu Li line adopts (52+7×96+52)m rigid frame continuous composite beam bridge with the unit length of 777.7m for the main bridge, heights of 4 herringbone super high hollow rigid frame piers are respectively 107.5m、116m、108m、104m. On the premise of guaranteeing horizontal stiffness of the main bridge, the parameterization design optimization program is compiled independently, self-adaptive design optimization is performed for structural dimensions of herringbone piers and design efficiency is improved, meanwhile, the quantities of piers are reduced to the maximum. The bridge design provides important reference for the design of long continuous span beam bridge with super high piers in the dangerous mountain area.

Key words mixed passenger and freight line; rigid frame continuous beam bridge; herringbone high pier; horizontal stiffness; parameterization design

1 引言

渝利铁路是我国新建铁路沪汉蓉大通道的重要组成部分,新桥双线特大桥地处重庆涪陵区,丘陵地貌,为渝利线重点控制工程之一,设计时速200km/h,客货共线,孔跨组成为21×32m +(52+7×96+52)m +5×32m +3×24m。全桥立面布置如图1所示。

新桥特大桥主桥一联长达777.7m,且超百米高墩多达4个,分别为107.5m、116m、108m、104m,均采用墩梁固结,其余主墩采用墩梁铰接,该桥创下我国已建成铁路桥梁中联长及一联超百米高墩数目之最,而刚构墩数目亦在目前刚构连续梁桥型中罕见。因此,在满足全桥纵、横刚度设计要求前提下,必须

作者简介:陈克坚(1966—),男,教授级高级工程师,中铁二院工程集团有限责任公司副总工程师。

进行桥墩创新性结构设计，最大程度地节省工程投资。

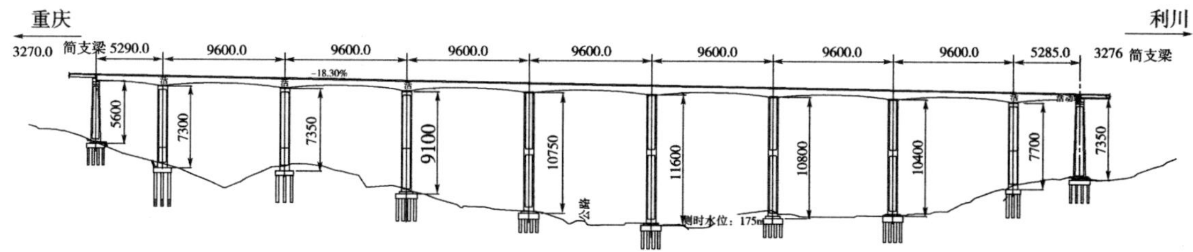

图 1　新桥双线特大桥立面布置图(单位:cm)

经过初步设计阶段的方案比较及充分论证，提出超百米高墩采用横向人字形墩。该墩由基础(整体或分离式)、横向分离式支腿、分岔区节点、岔区以上空心墩体等四部分组成。支腿的横向间距及分岔区节点高度等可根据不同桥梁横向刚度要求调整，且不显著增加工程投资。

2　上部结构

主桥位于直线和缓和曲线上，双线线间距 4.4～4.47m；桥型为(52＋7×96＋52)m 预应力混凝土刚构连续组合梁，有砟桥面，道砟槽宽 8.93m，单侧人行道及挡砟墙共宽 1.05m，桥面全宽 11.03m。人行道栏杆在梁体外侧，采用钢栏杆。

主梁各控制截面梁高分别为：端支座处及边跨直线段和中跨中处为 4.7m，边跨直线段长 9.7m；刚构主墩及连续梁主墩支点处梁高 7.7m，平段长 6.0m；梁高按二次抛物线变化，为方便施工和节省圬工，并使主梁具有足够的抗扭刚度，主梁采用单箱单室直腹板截面(图 2)。

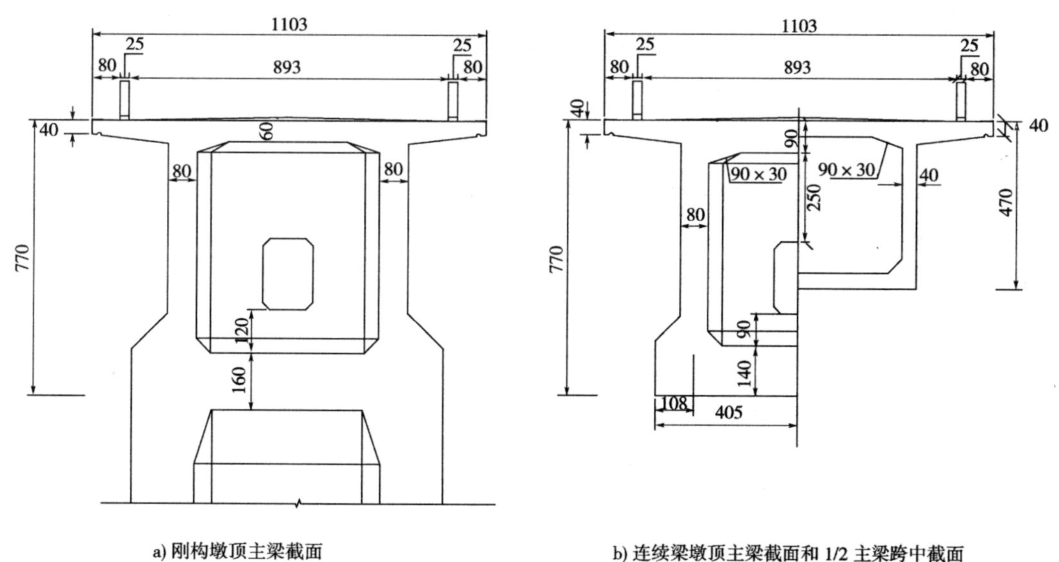

a) 刚构墩顶主梁截面

b) 连续梁墩顶主梁截面和 1/2 主梁跨中截面

图 2　主梁截面尺寸(单位:cm)

全桥箱梁底板宽 6.7m，顶板宽 11.03m，2%的人字排水坡。顶板厚 0.45m(未计入梁人字排水坡的厚度)，腹板厚 0.4～0.8m，底板厚由跨中的 0.45m 变化至中支点梁根部的 1.2m；箱梁腹板上梗肋 30cm×90cm(竖×横)，下梗肋 40cm×40cm(竖×横)。箱梁采用 C55 混凝土。

箱梁在每个连续梁主墩顶处设置一道 3.0m 厚横隔板，在每个刚构主墩处设置 2 道横隔板，每道横隔板厚 1.0m，中心间距 6.6m (与墩壁边对齐)，以力传力，梁端支座处设置厚 1.5m 的端横隔板。各横隔板均设置人洞，以便施工和养护维修。

全梁采用悬臂现浇法施工，单悬臂划分为 11 个节段及一个合龙段，中支点 0 号块长 12m，一般梁段长度为 3.0m、3.5m、4.0m，合龙段长 2.0m，边跨墩顶梁体不设合龙段，现浇段长 5.7m。悬臂浇筑段最大重力为 1016kN。每套施工挂篮及附属设备自重不大于 1000kN。该桥悬灌施工的合龙分步进行，具体合龙顺序为：①合龙 2、、5、7 中跨；②合龙两侧边跨，并对第 6 跨两悬臂端施加对顶力各 2500kN；③合龙第3、6跨;④合龙第4、8跨,完成全桥合龙。

箱梁采用三向预应力混凝土结构。纵向预应力索采用12ϕ^s15.24钢绞线,采用内径85mm的塑料波纹管制孔,真空压浆技术。为简化构造及降低张拉摩阻损失,所有钢索仅在竖直平面内弯曲,无平弯,亦无全联通长索。为防止意外,在中跨及边跨底板各预留2个备用孔道,顶板不设预留孔。箱梁顶板横向预应力索采用4ϕ15.24钢绞线,单端张拉,张拉端与固定端交错设置,采用内径70mm×19mm的扁金属波纹管制孔。箱梁腹板竖向及0号块墩梁结合部横向预应力钢筋采用直径32mm冷拉Ⅳ级高强精轧螺纹钢筋,JLM32型锚具,采用内径45mm的铁皮管制孔,均采用单端张拉。主梁每个边支点各设2个7000kN级的球形钢支座,分别为纵向活动和双向活动型;连续梁主墩顶设置2个40000kN级球形钢支座,分别为纵向活动和双向活动型。

3 下部结构

新桥特大桥主桥联长长,高墩多,横向刚度问题突出,若采用常规墩型,则桥墩体积量巨大,外形极不美观。经过综合研究分析,超百米高墩创造性地采用人字形桥墩构造,其余桥墩采用扫帚形墩,各墩外形曲线完全一致以确保结构美观。大桥在满足横向一阶自振周期小于或等于1.6s前提下,下部结构总体方量明显减小,使得该桥下部结构设计由不利因素转化为一道靓丽的风景,取得重要的社会经济效益。该桥最高的扫帚形墩构造见图3,人字形主墩构造见图4。

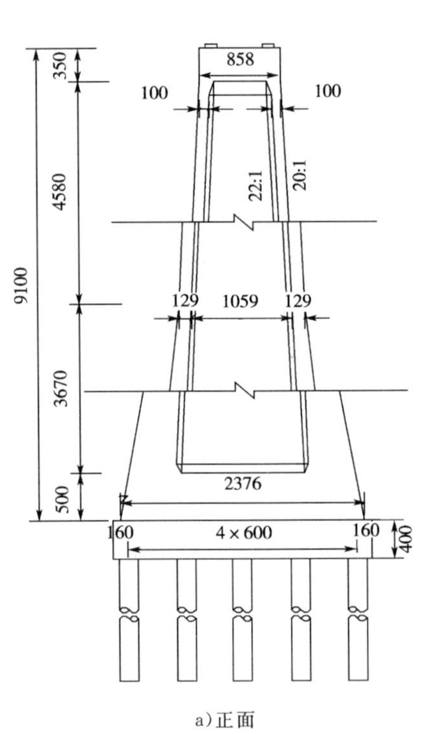

a)正面

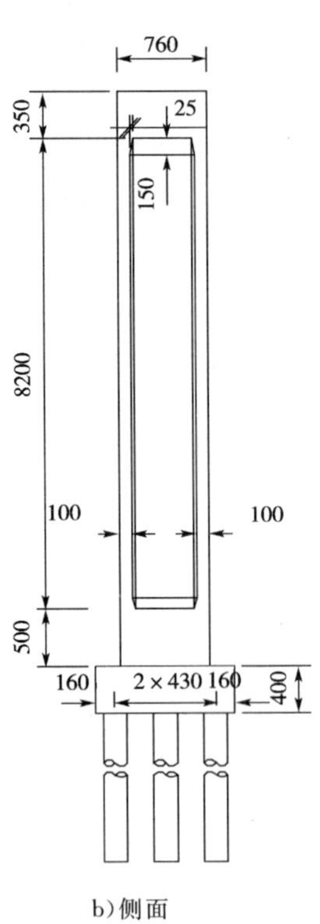

b)侧面

图3 最高扫帚形主墩构造(单位:cm)

该桥的扫帚形主墩采用了矩形截面单柱空心墩,墩壁截面横向外侧倒圆弧(图3)。在墩顶处沿桥纵向墩宽7.6m,壁厚1.0m;沿桥横向墩宽8.6m,壁厚1.0m。主墩沿桥纵向墩壁内外侧坡度均为直坡,横向在顶部50m范围内外侧墩壁坡度约为20∶1,内侧墩壁坡度约为22∶1,50m以下桥墩外壁线形为圆弧形,圆弧半径为448.42m,内侧坡度约为22∶1;为了便于施工和养护维修,在主墩顶部纵向设置一处人洞。主墩采用C40混凝土,最高扫帚墩墩高91m,混凝土体积方量为5603.8m^3。

该桥的人字形主墩岔区以上采用了矩形截面单柱空心墩,岔区以下采用矩形截面双柱式空心肢墩,墩壁截面横向外侧倒圆弧(图4)。在墩顶处沿桥纵向墩宽7.6m,壁厚1.0m;沿桥横向墩宽7.7m,壁厚1.25m。主墩沿桥纵向墩壁内外侧坡度均为直坡,横向在顶部50m范围内外侧墩壁坡度约为20∶1,内侧墩壁坡度约为22∶1,50m以下肢墩内外壁线形均为圆弧形,外侧墩壁圆弧半径为448.42m和

512.19m，内侧圆弧半径为455.93m和502.29m，为了便于施工和养护维修，在主墩顶部纵向设置一处人洞，在分岔区设置两道从单体空心墩向双肢空心墩通行的通道。主墩在墩顶5m范围采用C55混凝土，墩底5m范围采用C50混凝土，其余部分采用C40混凝土。最高人字形墩墩高116m，混凝土体积方量为6222m³，与扫把墩相比，人字形墩工程数量降低明显。

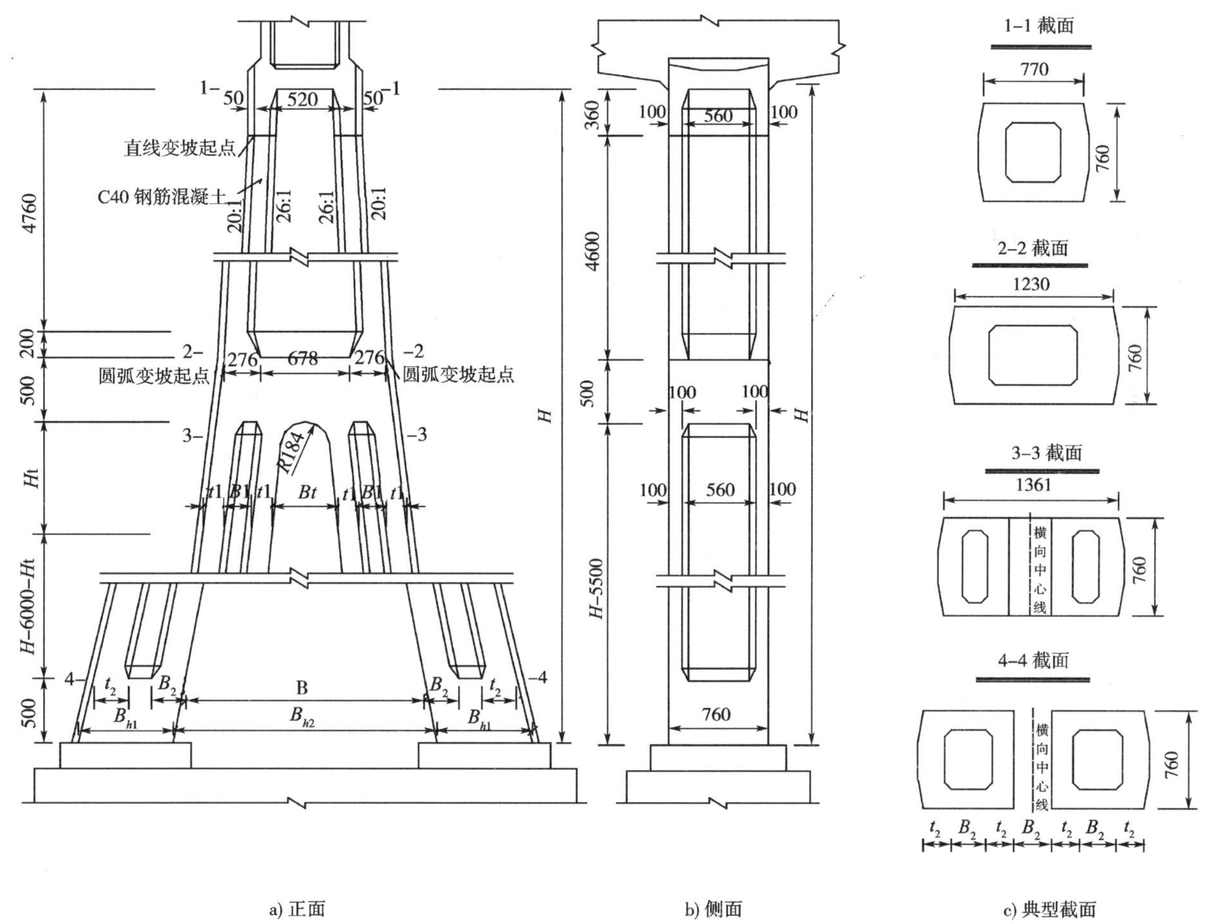

图4 人字形墩主墩构造(单位:cm)

主墩基础为钻孔灌注桩基础，行列式布置，人字形墩采用整体式承台，承台厚5m，直径2.0m钻孔灌注桩。主墩承台及钻孔桩均采用C30混凝土。

4 设计计算

主梁在施工阶段的最大压应力为16.9MPa，最大拉应力为−0.23MPa；在运营阶段的最大压应力为15.49MPa，最小压应力为1.0MPa；在运营阶段的正斜截面强度安全系数均大于2（主力时）和1.98（主力加附加力时）；在运营阶段的抗裂安全系数大于1.2。

中活载作用下竖向挠度：边跨7mm，为跨度的1/13700；中跨连续梁最大38mm，为跨度的1/2530；刚构跨竖向挠度最大值为20mm，是最大跨度的1/4800。

最不利荷载组合产生纵向水平位移合计31mm；小于规范容许限值$5\sqrt{L}$。最不利荷载组合产生中跨横向水平位移为14mm，小于规范限值$L/4000$；最不利荷载组合产生边跨横向水平位移为7mm，小于规范限值$L/4000$。

最不利工况下全桥横向第一阶横向自振周期为1.57s。

5 结语

新桥特大桥属超长联高墩刚构连续梁桥，横向刚度与下部结构工程造价之间矛盾突出。施工设计时采用创新型人字形墩设计，在确保全桥一阶横向自振周期满足要求的情况下，显著降低了下部结构的工程数量，经济效益明显。总体而言，人字形桥墩具有如下显著特征：

(1)由于人字形墩支墩横向间距和分岔区位置可调，能满足各种超高墩梁桥对横向刚度的要求，为未来山区铁路高桥建设提供了重要解决方案。

(2)人字形高墩采用分支腿设计方案，不再依靠增大单柱墩截面尺寸提高全桥横向刚度，与传统墩型相比，工程数量降低明显，经济价值较高。

(3)人字形高墩构造简单，与斜拉桥塔外形类似，施工方法成熟，便于推广应用。

(4)人字形高墩外型可选择为流线型，结构美观轻盈，克服了过去铁路高墩的笨重之感，符合现代桥梁发展趋势。

渝利线新桥特大桥于2010年初开始施工，已于2011年5月建成。该桥超百米高墩数目、主桥联长、墩梁刚接数目等均为目前我国同类型铁路桥梁之最。随着我国国民经济不断发展，全国铁路网将越来越发达，在高山峡谷地区铺路建桥的情况将更加常见。人字形桥墩由于其刚度优越、外形美观，工程造价相对低廉等特点，必将迸发出强大的生命力。该桥的设计及施工将有力促进我国铁路特高墩大跨连续刚构桥的进一步发展。

西安市东二环下穿铁路站场公路立交

孙　杰

（中铁二院工程集团有限责任公司西安公司）

摘　要　本文介绍了西安东站立交穿越大型铁路站场下施工时对于运营组织和大跨度线路架空的施工方法。采用8m＋12m＋12m＋8m框架结构下穿站场，本文详细论述了整个设计、施工方案，对类似结构的建造提供了思路和参考。

关键词　下穿铁路；大型铁路站场；框架；线路架空

Highway Interchange Under-crossing Xi'an East Railway Station

Sun Jie

(Xi'an Survey, Design and Research Institute Co. Ltd. of CREEC)

Abstract　This case introduces the construction method for operation organization and long span overhead line in the project of Xi'an east station interchange under-crossing large railway station and yard by adopting 8m＋12m＋12m＋8m frame construction. This paper discusses the whole design and construction scheme in detail, providing the thought and reference for similar structure construction.

Key words　under-crossing railway; large railway station and yard; frame; overhead line

1　引言

工程位于西安市东二环路中段与西安东火车站相交处，主要功能是道路下穿西安东火车站，贯通二环路（图1）。立交拟建场地地势平坦，铁路以北地面高程介于403.67～405.59m之间，铁路以南地面高程介于406.32～407.74m之间。编组站内股道轨面高程介于406.339～407.347m之间。场地内另有华清路与铁路平行，华清路现有路面宽度10m，规划宽度40m。规划华清路红线边界至陇海铁路下行正线48.5m。

西安东火车站日通过客车55对，日到达、出发列车126列，日编组列车70列，东二环路穿越了该站的陇海上、下行正线，上行到发场（Ⅳ场），下行到发场（Ⅱ场）及编组场（Ⅲ场），共计30股道，其中11股道为电气化铁路；总宽度220m。根据西安铁路枢纽总体规划拟在上行正线北侧建设客运专线。二环路中心线与陇海铁路下行正线交角68°51′42″，与上行正线夹角68°40′04″。铁路站场内建筑物较多，主要有电气化接触网，场内作业照明设施，办公房屋等，工程范围内尚有通信、信号电缆及上下水等管道通过，所有这些建筑物都给立交的设计和施工带来较大的影响。

2　结构形式

陇海上下行正线，Ⅱ、Ⅳ场处立交采用8m＋(2×12m)＋8m钢筋混凝土框架桥，顶进施工，见图2。

由于陇海上下行正线和到发场Ⅱ、Ⅳ、Ⅲ场处立交在施工期间不得中断行车，且限速分别不低于60km/h和45km/h，故采用三座立交并行对孔布置，以减少施工架空便桥，保证行车安全。1×8m框架结构尺寸为：顶板厚70cm，底板厚80cm，边墙厚70cm，净宽8m，净高5.7m。2×12m框架结构尺寸

作者简介：孙杰（1972—　），男，高级工程师。

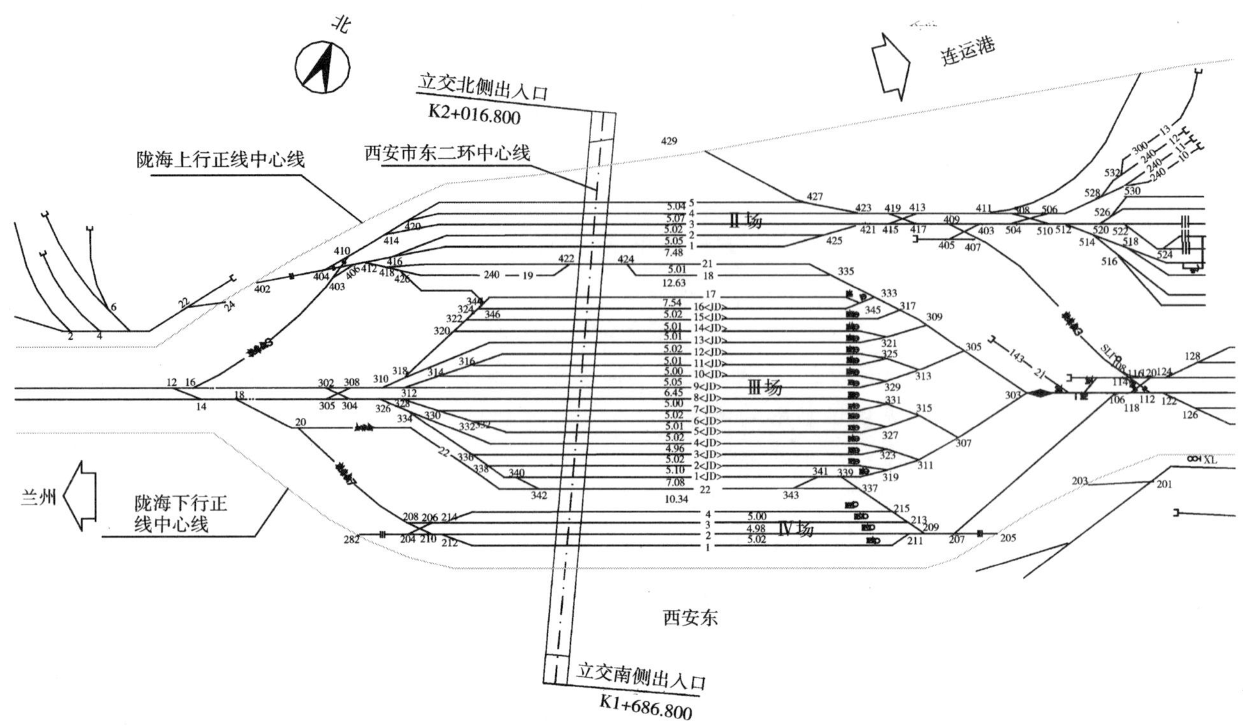

图1 工程平面示意图

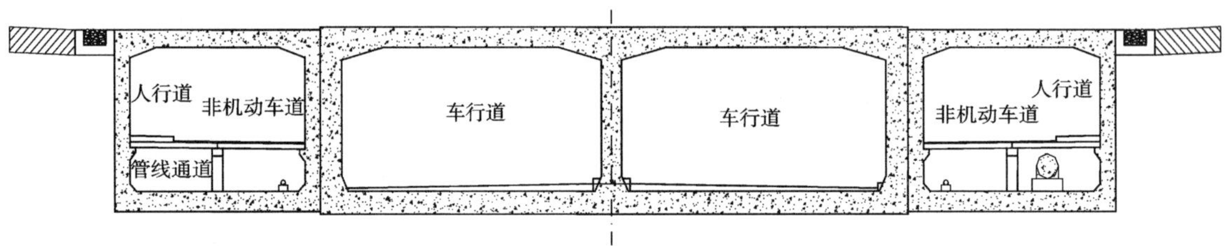

图2 框架桥横断面

为:顶板厚80cm,底板厚90cm,边墙厚100cm,中墙厚90cm,净宽2×12m,净高5.7m。

Ⅱ场段和Ⅳ场段各53m长主体结构分三节顶进,每节之间设后浇段。下行正线下顶进结构长10m,Ⅱ场下顶进结构长12.48m和12.45m;分别在下行正线与Ⅱ场1道间,Ⅱ场2道与3道间设17m和1.07m长后浇段。上行正线下顶进结构长11m,Ⅳ场下顶进段结构长17.9m和20.28m;分别在上行正线与Ⅳ场5道间,Ⅳ场2道与3道间设2.75m和1.07m长后浇段。Ⅲ场为架空现浇段。框架结构总长330m。非机动车道下铺设有关管线。

3 工程要点

该工程的主要难点在于施工组织和大跨度立交的顶进施工上。

(1)施工组织

下行正线及Ⅱ场处34.93m长立交,陇海上行正线及Ⅳ场处49.18m长立交,共计73.11m长结构采用顶进施工。

施工顺序为南北同时顶进下行正线及Ⅱ场段、上行正线及Ⅳ场段中孔2×12m结构,工期为3个月20d;中孔就位后作为进料出土通道,由北向南施工Ⅲ场-Ⅳ场段、Ⅲ场段和Ⅱ场-Ⅲ场段明挖现浇段120m长结构,工期11个月。

Ⅲ场-Ⅳ场过渡段、Ⅲ场段和Ⅱ场-Ⅲ场过渡段120m长立交主体结构采用明挖现浇施工,分6段进行,每段工期55d。施工时需拆除并封闭股道。股道封闭从北向南分6次进行,每次封闭2个月,第一

次和第六次封3股道，其余三次封4股道，总计22股次。每次封闭股道时，紧邻封闭股道的南侧行车线路用3-5-5-3吊轨梁进行加固，并对路基开挖坡面用挖孔桩和浆砌片石护墙防护。每完成一个现浇段，可重新恢复3股道开通运营。依次向南推进一个现浇段。

(2)顶进施工

线路架空：

顶进施工期间陇海上、下行正线限速为60km/h，Ⅱ、Ⅳ场限速为45km/h。

顶进工作坑分别设在上行正线北侧和下行正线南侧，结构分三节，中继间顶进。预制结构如图3所示。

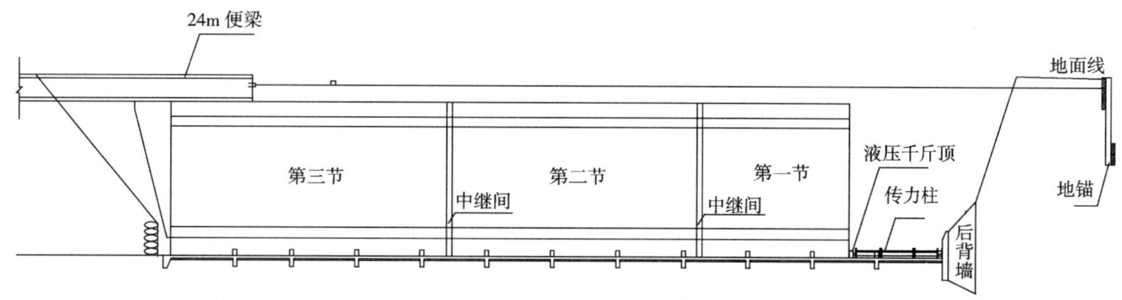

图3　顶进框架纵断面

上、下行正线架空：中孔2×12m结构纵向采用2孔16m便梁和2孔8m便梁拼接后纵向架空线路，接头处采用高强螺栓连接，架空梁两端采用挖孔桩和枕木垛作为支点，横向在拼接处采用1孔24m便梁横抬支承2孔16m便梁，横抬的24m便梁一端支承在下行线和Ⅱ场1道之间的挖孔桩上，另一端支承在主体结构顶板上。考虑列车荷载及设备自重对结构的反力造成的扎头影响，将支撑横向24m便梁的支点尽量设置在结构主体顶板上靠中后部，见图4。支点和横向便梁之间采用滚杠，结构主体沿滚杠在横向便梁下顶进就位。

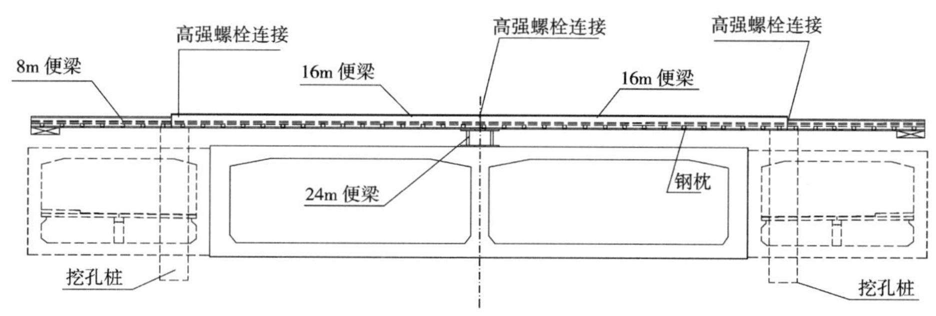

图4　结构架空立面图(一)

Ⅱ、Ⅳ场线路架空：采用纵、横梁结合扣轨梁架空。各股道两侧纵向采用一片I56工字钢梁，并配合两组9扣轨束梁纵向架空线路。纵向设两排枕木垛支撑纵向I56工字钢梁。横向用I50工字钢梁横抬，以减小纵梁跨度，见图5。钢木支撑和架空线路的另一侧路基分别作为横梁的支点，并在各股道间放置卧木支撑横抬梁，以减少横抬梁跨度。各钢构件之间采用高强度螺栓紧密连接，形成稳定的平面体系。

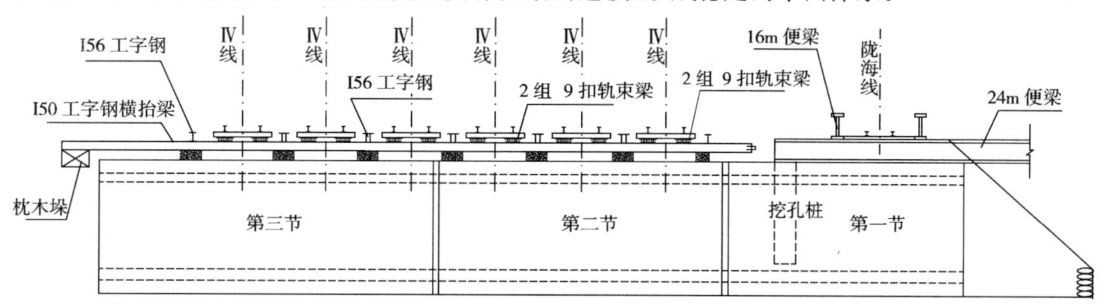

图5　结构架空立面图(二)

(3)施工中路基防护及站场排水

①由于顶进施工中对结构边墙两侧路基产生扰动，为加固路基，在结构顶进就位后，对结构两侧路基进行压浆处理，增加路基密实度。

②Ⅲ场现浇段施工开挖面积大，工期长，相邻股道吊轨加固防护，并对路基开挖坡面范围内采用挖孔桩和 M10 浆砌片石护墙防护。挖孔桩在顶进期间施工。在Ⅲ场每一节段南端与路基之间的倒三角形范围内采用浆砌片石防护。立交施工完成后，结构两侧与线路路基间超挖部分回填土夯实。

③为排除立交桥顶面雨水，顶板设置人字坡，并在顶板外两侧设浆砌片石排水盲沟，纵坡与立交纵坡相同，盲沟两侧设 3、宽 1m 厚黏土层横坡为 5%。将水引出路基以外与市政排水系统连接，确保路基安全。

4 结语

该工程的主要难点在于如何在不影响大型铁路站场正常运营的情况下解决大跨度市政道路的施工问题。本工程中为解决大跨的架空问题采用了纵向便梁拼接，横向用便梁横抬的方法，较好地解决了架空问题。施工组织结合铁路的运营组织合理安排工序，做到了既保证运营又最大限度地节省工期。采用三节中继间顶进使预制与顶进同步，较好地解决了工期问题。本工程的实施对类似结构的施工提供了一个较好的借鉴和参考。

本工程 2005 年获陕西省优秀工程设计(工业类)二等奖。

资阳沱江特大桥(90+180+90)m连续梁－拱组合结构

陈　列[1]　辛跃辉[2]　陈思孝[2]　袁　明[3]　陈扬义[2]　刘忠平[2]
(1. 中铁二院工程集团有限责任公司公司办；
2. 中铁二院工程集团有限责任公司土建二院；
3. 中铁二院工程集团有限责任公司技术中心)

摘　要　连续梁拱组合桥作为一种组合结构，具有跨越能力大、梁高矮、结构刚度大、施工工艺成熟、造型美观等优点，近年来在桥梁建造中获得了较为广泛的应用。本案例介绍了成渝客专资阳沱江特大桥(90+180+90)m连续梁—拱组合桥的设计、施工概况，可供同类桥梁建造借鉴和参考。

关键词　连续梁拱组合桥；高速铁路；预应力混凝土；钢管混凝土拱

Continuous Beam-arch Combination Structure of Tuojiang Super Major Bridge(90+180+90)m in Ziyang

Chen Lie[1]　Xin Yuehui[2]　Chen Sixiao[2]　Yuan Ming[3]　Chen Yangyi[2]　Liu Zhongping[2]
(1. Administration Office of CREEC;
2. Second Civil Construction Design and Research Institute of CREEC;
3. Technology Center of CREEC)

Abstract　As a combination structure, possessing advantages such as strong spanning capacity, short beam depth, large structural stiffness, mature construction technology and attractive appearance, etc., continuous beam-arch composite bridge is widely applied in bridge construction in recent years. This case presents the design and construction of continuous beam-arch combination structure of Tuojiang super major bridge(90+180+90)m in Ziyang, providing reference for similar bridge construction.

Key words　continuous beam-arch composite bridge; high-speed railway; pretressed concrete; concrete-filled steel tube arch

1　引言

成都至重庆客运专线资阳沱江特大桥位于资阳市雁江区宝台镇雷音村四组，桥址处通航等级为Ⅴ级，大桥孔跨布置受通航净空、河槽地形及水文条件的控制，主桥采用(90+180+90)m预应力混凝土连续梁—钢管混凝土拱组合桥，设计列车时速小于或等于350 km/h，采用CRTS-Ⅰ型双块式无砟轨道，桥梁位于6度地震区，设计地震动峰值加速度为0.05g，见图1。

连续梁具有变形小、结构刚度好、行车平顺、伸缩缝少、养护简易的特点，但这种桥型材料指标高，特别是腹板的混凝土材料及较多的预应力束都使得连续梁的造价居高不下；而以受压为主的拱桥造型美观，但由于存在外部超静定的水平约束，导致拱桥要求有良好的地基以承担拱脚的水平推力。因此将两者组合成连续梁—拱组合桥型，以连续梁桥墩代替拱肋的基础，通过大吨位预应力索平衡拱脚水平推力，用拱来改善梁的受力，发挥混凝土拱桥造价较低的优点。梁拱组合结构可以加大结构的竖向刚度，减小梁体弯矩和剪力峰值，从而减小梁体截面高度，使结构外形更加轻巧，特别适应承受较大竖向荷载

作者简介：陈列(1962—　)，男，教授级高级工程师，中铁二院工程集团有限责任公司副总工程师。

图1　资阳沱江特大桥

的大跨度铁路桥梁。

该桥主跨采用(90＋180＋90)m连续梁—拱组合体系，跨度居全国同类型铁路桥梁前列，也是国内铺设无砟轨道最大跨度连续梁—拱组合桥之一。主跨180m一跨跨越沱江的设计，不仅满足了通航要求，也避免了在水中设置深水基础，减少了桩基、承台的施工费用和施工期间对航道的影响；钢管混凝土拱肋加强了主跨的整体竖向刚度和稳定性，使中跨主梁的结构高度得以降低，增加了桥下净空；从景观上来看，该桥作为成渝高速铁路上的一个最大的亮点，拱结构在视觉上给人以跌宕起伏的韵律感，全桥与青山绿水融和在一起，显得更加宏伟和壮观。

2　工程设计

2.1　主梁设计

(1)截面形式

主梁采用单箱双室变高度变截面箱梁，箱梁普通段桥面宽14.2m，箱宽10.8m，中支点处桥宽16.6m，箱宽13.8m。跨中梁高4.5m，边支点处梁高4.8m，中支点处梁高10.0m，底板采用圆曲线过渡。

箱梁顶板厚0.45m，中支点处局部顶板厚1.05m，边支点处局部顶板厚0.72m；箱梁底宽10.8m，中支点处局部底宽13.8m；底板厚度0.4～1.06m，中支点处局部底板厚1.50m，边支点处局部底板厚0.85m；横向三腹板等厚，厚度沿纵向分为40cm、55cm、70cm三种，边支点局部加大至110cm，中支点局部加大至172.5cm。

(2)横隔板设置

全梁共设置4道横隔板，其中边支点、中支点各2道，厚度分别为1.6m，4.0m。

(3)吊点横梁设置

对应全桥18道吊杆，梁部设置18道吊点横梁，横梁高1.5m，宽1m，横向长12.7m。

2.2　拱肋及横撑

(1)拱肋线形

主拱采用钢管混凝土结构，计算跨度$L=180.0$m，设计矢高$f=36.0$m，矢跨比$f/L=1/5$，拱轴线采用二次抛物线，设计拱轴线方程：$y=-1/225x^2+0.8x$。

(2)拱肋截面(图2)

拱肋采用等高度哑铃形截面，高度3.1m。拱肋弦管直径$\phi1.1$m，由$\delta=20$mm和$\delta=24$mm厚的钢板卷制而成，弦管之间用$\delta=16$mm厚钢缀板连接，拱肋弦管及缀板内填充C50混凝土。

(3)横撑(图3)

两榀拱肋中心距11.9m，之间共设8道K字撑和1道米字撑，横撑直管采用$\phi1000$mm×20mm空钢管，斜管采用$\phi900$mm×16mm空钢管。

(4)拱肋的分段与连接

拱肋钢管在工厂制作加工后，运至现场拼装，为便于运输，每榀拱肋划分为14运输节段（不含预埋段、嵌补段）。拱肋管节接口避开吊杆位置，制作拱肋钢管时，可据运输条件、加工材料规格调整管节长度和运输节段长度。

拱肋的连接采用瓦管衬管的方式，即先在衬管衬托下对接焊接钢管，然后通过弯管外包补强。待钢管焊接完成以后，将腹板对接焊。

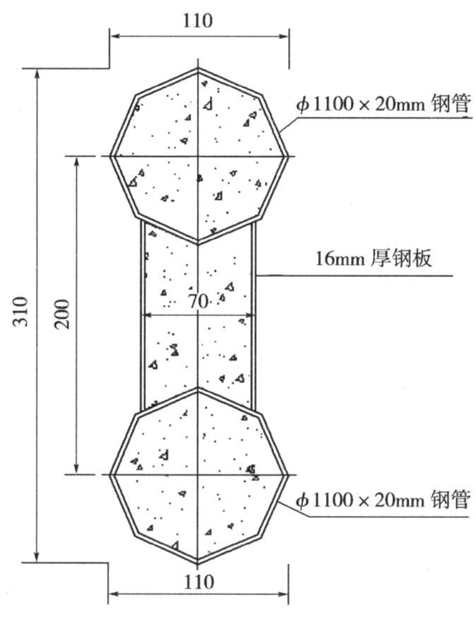

图2 拱肋截面（单位：cm）

（5）拱肋混凝土的灌注

单根钢管混凝土一次灌注完成，在两侧拱脚设灌浆孔，在拱顶设隔仓及排浆孔；为防止腹板鼓胀，腹腔内混凝土分三次灌注完成，设五道隔仓。拱肋灌注顺序：上弦管⟶下弦管⟶腹腔。

2.3 拱脚设计及施工

（1）拱脚尺寸

纵向12m，横向1.9m，对应边腹板范围由2.2m加宽至2.8m，以将拱脚竖向力传至支座、桥墩。

（2）施工顺序

拱脚混凝土浇筑分为两期，一期混凝土随0号块一起施工，混凝土浇筑之前、定位角钢、预埋钢管及预应力筋锚固端精确定位、预埋，待0号块纵向索张拉完成后，张拉拱脚竖向预应力筋；随后悬臂浇筑并合龙梁部，在梁上搭设原位支架拼装拱肋，合龙拱肋，施工拱肋嵌补段，浇筑拱脚二期混凝土。

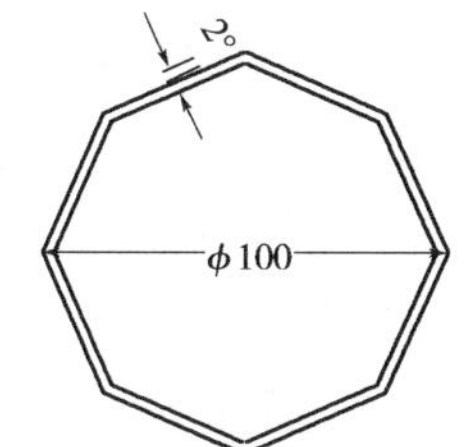

图3 横撑截面（单位：cm）

（3）预埋钢管

沿拱脚混凝土浇筑分层线以下，预埋钢管外壁满布剪力钉，钢管底部封圆形钢板并通过加劲肋加强，圆形钢板下设4层承压钢筋网。

（4）预应力筋及普通钢筋设置

拱脚段沿拱肋轴线两侧满布 ϕ32mm 的竖向预应力筋，下端固定在梁底，普通钢筋主要是面筋，沿纵、横向设置两层圈梁式面筋，沿预埋钢管轴向设置 ϕ16cm 的箍筋。

2.4 吊杆

吊杆顺桥向间距9m，全桥共设18组吊杆。吊杆采用GJ15-31成品钢绞线整束挤压索，外套复合不锈钢管，配套使用GJ15-31成品钢绞线挤压型锚。吊杆上端穿过拱肋，锚于拱肋上缘张拉底座，下端锚于吊点横梁下缘固定底座。

2.5 桥面布置（图4）

普通梁段桥面全宽14.2m，双线中心距5.0m，防护墙内侧到相邻线路中心为1.9m，左右防护墙内侧间距 8.8m,防护墙宽 0.2m,人行道宽 2.4m,吊杆(拱肋)中心距 11.9m。

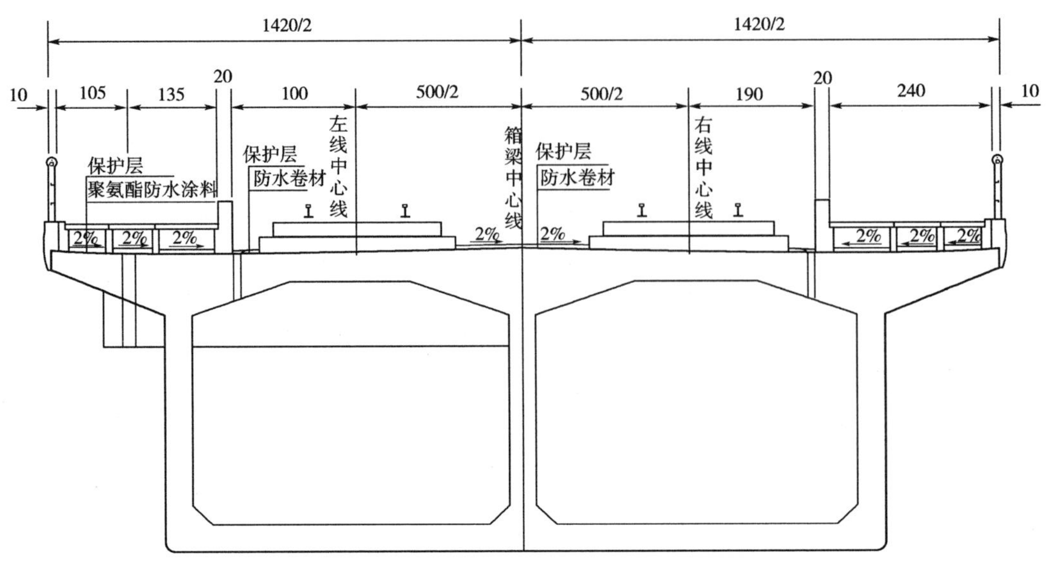

图 4 普通梁段桥面布置及排水示意图(单位:cm)

桥面采用两侧排水,即两侧防护墙内侧各设一处排水管,排水孔中心距梁边缘 278cm,在两个箱内各设一条纵向排水管,将水从桥墩处引至桥下。

3 技术关键点

3.1 无砟轨道连续梁拱桥边、中跨刚度的匹配问题

目前设计的一般连续梁、连续梁—拱的常规做法是边跨支点梁高与中跨跨中梁高相等。但是从连续梁—拱的受力角度讲,中跨因为有拱肋作为加劲,中跨梁高和中支点梁高都比同等跨度的连续梁梁高低很多,但是边跨没有拱肋的加劲作用,如果连续梁拱还设计成边跨支点梁高与中跨跨中梁高相等的话,就会造成刚度不匹配的问题,对于无砟轨道连续梁拱来讲,对梁端转角的限制值较小,如果边跨刚度较小,梁端转角就会超限。所以应适当增大边跨的刚度。

3.2 钢管混凝土拱肋的稳定性

作为大跨度拱桥,钢管混凝土拱肋的长细比较大,在保证拱肋强度的前提下,拱肋的稳定性问题突出。由于钢管制作、安装于混凝土灌注过程中,使得结构缺陷必然存在,在保证稳定性的设计中,需考虑几何及材料非线性的影响。

3.3 梁体的徐变变形控制

高速铁路无砟轨道桥梁除了需要较大的竖向刚度外,徐变变形也应严格控制,因为其会影响轨面的平整度,对高速行车的安全性和舒适性产生影响。需要找出在设计、施工方面影响徐变变形的各种因素。

在设计方面主要是控制恒载应力幅、增加梁体竖向刚度;施工方面要求梁体的弹性模量达到设计值的 100%后方可张拉钢束,并及时进行孔道压浆(24h 之内),控制二期恒载上桥时间(本桥要求在成桥 180d 后铺设无砟轨道)。

3.4 车桥耦合动力响应分析

通过对资阳沱江多线特大桥(90+180+90)m 连续梁—拱组合桥车桥耦合系统仿真分析模型进行动力响应分析,对列车行走安全性和舒适度做出评价,并提出相应的建议,供以后同类桥梁的车桥动力设计参考。确定列车运行安全性与乘坐舒适性评判标准;研究时速 250km,预留 350km 连续梁—拱组合桥横、竖向刚度限值标准;计算桥梁跨中竖向与横向动位移、加速度,墩顶横向位移与加速度、动力系数;检算机车车辆的安全性和舒适度指标,包括脱轨系数、轮重减载率、竖、横向加速度及斯佩林指标,据

此对安全性和舒适度进行评价。必要时把扣件无法调整的长期变形作为轨道附加不平顺进行车桥耦合验算。

3.5 主梁横向计算

主梁为三腹板，吊杆对各腹板的约束程度不同，在列车活载及恒载的作用下，各腹板的受力存在差异，主梁可能出现横向下挠，设计时需研究无吊杆区和有吊杆区的横向内力情况。

4 结语

大跨度无砟轨道连续梁拱桥的残余徐变上拱应予以严格控制，并应控制吊杆二次张拉引起的梁体变形，这两者都会影响到行车的安全性和舒适性。无碴轨道预应力混凝土桥梁通过采用较大的高跨比加大梁的刚度，调整配索原则，降低梁体下缘应力水平，是有效降低结构徐变上拱的前提，而严格控制预应力张拉时间以及桥面轨道铺设时间是控制无碴轨道预应力箱梁残余徐变上拱值的关键。对于采用无碴轨道的桥梁，除了在设计中要采用较大刚度，按梁体弯矩共轭轴合理地控制预应力筋位置外，施工中还应严格控制混凝土质量和工艺，合理控制水泥用量和水灰比，要求其弹性模量不低于设计值，施加预应力实行“双控”，不得超张拉，以满足预应力徐变变位限值的要求。

隧 道 工 程

渝怀线歌乐山隧道注浆堵水设计

李泽龙

（中铁二院工程集团有限责任公司土建一院）

摘　要　歌乐山隧道具有地表水环境保护要求高、地下岩溶水发育、地下水与地表水联系紧密、水压高、富水段落长等特点，设计和施工要达到的核心目标是水环境保护。本文就实现该目标过程中采用的超前预报措施、堵水措施等进行了研究、总结，对相似隧道的建设具有一定的参考价值。

关键词　隧道；注浆堵水

Design of Grouting-Blocking Water in Geleshan Tunnel on YuHuai Railway

Li Zelong

(First Civil Construction Design and Research Institute of CREEC)

Abstract　The Geleshan tunnel is characterized by a high demand of surface water environment protection, underground karst water development, close contact of groundwater with surface water, high water pressure, the long section with rich water, etc. The core goal to be required in the design and construction is the water environment protection. The advanced prediction measures, blocking water measures adopted to achieve the goal thereof are herein summarized and researched, which have the certain reference value to the similar tunnel construction.

Key words　tunnel; grouting-blocking water

1　引言

隧道作为地下工程，在施工及以后的运营当中不可避免会遇到很多与地下水相关的问题。一方面，隧道施工中揭示地下水，将恶化隧道地质条件，软化隧道周边围岩，处理不当会造成隧道塌方，严重的会导致涌水突泥，对施工安全造成严重威胁；另一方面，隧道建设打破了地下水渗流场的原有平衡，隧道将会成为一个新的泄水通道，施工及运营期间的长期泄水会造成隧址区域地表自然环境的恶化，导致地表水源干涸，水资源匮乏，地表植被干枯，进而影响局域生态平衡及气候。在以往的隧道建设中，有关隧道施工影响到地表环境的案例也不胜枚举。

有关地下水对施工环境条件造成的恶化，通过调整和加强支护、周边围岩加固等措施，在谨慎施工的前提下可避免灾害性事故的发生，保证施工安全，这在以往的隧道建设中已经积累了大量经验。

对于因隧道建设排泄地下水而影响地表自然环境的问题，一直是隧道设计、施工的先驱者想解决而一直未能很好解决的事情。渝怀铁路重庆枢纽引入工程歌乐山隧道，由于其所处的特殊地理位置，地表水源和环境的敏感性，地表众多的人口、企业和学校，以及该隧道地表植被在重庆市生态平衡维持、局域气候调节等方面的作用等原因，解决该隧道施工对地表水环境的影响和破坏问题是刻不容缓和毋庸置疑的。

作者简介：李泽龙(1971—　)，男，高级工程师。

2 工程概况

2.1 隧道地理位置、地表人文环境、社会环境及用水条件

歌乐山隧道全长4050m,是渝怀线西端第一座隧道,为全线控制工程。隧址地表为重庆市沙坪坝区下属的歌乐山镇和中梁山镇,并聚集了许多工矿企业、学校、部队等单位,共6.4万人在此生产、生活。

地表居民的生产、生活用水基本上取自山上的泉、井、暗河及附近的凌云水库、普照寺水库等,在历史上基本属于雨季尚能满足供水,旱季则缺水的状况。但随着近年经济的发展,工矿企业、学校、部队等的迁入,以及山顶原居民人口的不断膨胀,隧道地表已成为重庆市严重缺水的区域之一。

隧道地表植被发育,为重庆市自然生态环境保护区,被誉为"重庆市自然绿色屏障",在维持重庆市生态平衡、保持水土、调节本地气候等方面发挥着不可估量的作用。平坦、开阔的洼地中广布良田,为重庆市比较重要的蔬菜基地之一。由于山顶空气清新、气候宜人,除拥有诸多企业、学校、部队外,也是重庆市旅游度假的重要场所。

如果由于本隧道施工造成地表水泄漏,将影响到地表居民的生产、生活,造成地表植被的干枯,破坏生态平衡。由于地表本来就是重庆市的严重缺水地区,一旦发生泄漏水事件,将影响到社会安定团结、造成社会不稳定因素。

2.2 主要地质条件

隧道近垂直穿越歌乐山山脉,隧道的地貌、地层特征受观音峡背斜控制。该背斜为区域性地质构造,轴线近南北走向,与山脉的走向基本一致。背斜两翼为泥岩夹砂岩及须家河组煤系地层(隧道穿越1600m),核部为雷口坡组、嘉陵江组、飞仙关组灰岩、白云岩、泥灰岩及泥岩等可溶岩地层(隧道穿越2450m)。隧道最大埋深280m。

隧道地下水在背斜两翼的泥岩夹砂岩及须家河煤系地层以基岩裂隙水为主,核部可溶岩地层以岩溶水为主。

可溶岩地段于地表漏斗、洼地、溶洞、落水洞、溶沟、溶槽等溶蚀现象发育,地下岩溶水水位较高(最高220m)。由于岩溶裂隙、通道的发育,地下岩溶水与地表水源连通性好。隧道预测最大涌水量为$5.3\times10^4 m^3/d$。

3 地下水处理

要解决隧道建设、运营排水对地表环境的破坏,其核心理念就是要在隧道建设后形成新的渗流场条件下维持地下水环境的动态平衡,也就是隧道长期排水量与原自然泄水点泄水量之和不得大于隧址范围地下水的补给量,这样地下水环境才不会恶化,并能逐步恢复。因此在确定隧址后,有必要对隧址区域的地下水补给量、自然泄水点排水量进行调查,以此确定隧道允许的排水量。

隧道允许排水量确定后,要结合隧道地层分布、富水段落、分段涌水量预测等制定分区限排段落、限排措施等,以保证隧道建设实际排水量小于地下水补给量,从而维持地下水的动态平衡。

3.1 地下水处理原则

根据隧址区域地下水补给量、自然泄水量调查,结合隧道施工涌水量预测,如不采取措施,隧道建设后的长期泄水将造成地表水源点的疏干,影响地表企业、居民的生产、生活用水,破坏生态环境。基于维持地下水动态平衡、保护环境的理念,必须对隧道施工及运营期间的排水量进行限制。因此确定本隧道地下水处理的原则为:非可溶岩段对地表生态无影响的地下裂隙水以排为主,可溶岩段地下水以堵为主,限量排放。

3.2 隧道容许排水量

前文根据本隧道所处环境条件的调查资料拟定了可溶岩段地下水"以堵为主,限量排放"的处理原则。因此"限量排放"的"量"的确定就成为措施方案制订、地下水治理措施成败检验的重要标准。根据隧址区域地下水补给量、自然泄水量调查资料、隧道涌水量预测,参考相邻、相似隧道容许涌水量的标

准，并经专家论证，本隧道建成地下水的排放标准拟定为平均不大于 $1m^3/m \cdot d$。

3.3 分区限排段落的确定

地勘资料揭示，隧道穿越的三叠系雷口坡组、嘉陵江组、飞仙关组灰岩地层都不同程度存在岩溶发育现象，其岩溶发育的最大特点即顺层面发育与地表连通。如果出现较大涌水，造成大量的地下水泄漏，将袭夺地表水，造成地表泉、井、水库干涸。在历史上该区域曾发生过由于修建隧道、深孔钻井而导致地表水干涸的事件。

因此确定隧道穿越的雷口坡组、嘉陵江组、飞仙关组灰岩地层为本隧道地下水“限量排放”区域，总长 2450m。

3.4 限排措施

对隧道地下水的限制排放，必须进行堵水。堵水是通过打孔注浆进行的，即在一定的安全岩柱的保护下，在工作面往富水带施作注浆孔，注浆孔施作完成后通过预埋的孔口管向孔内压注浆液（水泥浆或水泥—水玻璃浆），在一定的高压作用下，浆液扩散到注浆孔周边的节理、裂隙中或挤出节理、裂隙中的水、黏土等，在裂隙中凝固，使裂隙被具有一定强度的浆液结晶体或结石体充填，并与岩体固结为一体。通过多循环、多孔（应保证有一定的重叠）的注浆，在隧道周边形成一定厚度的止水帷幕。

根据隧道地下水特点、水压力、水量及隧道周边的地质条件，按照工序隧道注浆分工前（开挖前）预处理和工后（开挖后）后处理两种方式。

（1）工前处理

根据超前预测预报资料，预测掌子面前方存在高压富水区，且根据探孔资料验证，如掌子面总涌水量大于 $10m^3/h$ 时，或掌子面总涌水量虽小于 $10m^3/h$，但个别探水孔出水量大于 $2\ m^3/h$ 时，则应进行工前预处理。

①掌子面处理

由于本隧道最高水压达 2.2MPa，要进行工前预处理，必须有一定厚度的安全岩柱作为施工安全屏障，并为将来的注浆堵水起到止水、止浆的作用。安全岩柱的厚度根据水压、水量的差异而不同，但一般情况下其厚度不应小于 5m。因此在掌子面至富水区厚度不足安全厚度的前提下，进行注浆前须先施作止浆墙以达到要求的安全岩柱厚度。

当开挖掌子面至富水区岩柱厚度满足安全厚度时，如掌子面围岩较好，岩体完整，能够起到安全屏障作用且能较好地起到止水、止浆作用，则一般不施作专门的混凝土止浆墙，对掌子面喷混凝土封闭或对岩体中的较大裂隙进行注浆加固，即可作为止浆岩盘。

当开挖掌子面至富水区岩柱厚度满足安全厚度时，但掌子面节理发育，裂隙连通性较好，通过喷混凝土或注浆加固难以改善其整体性，使其起到止水、止浆效果时，则也要施作一定厚度的混凝土止浆墙。

②全断面超前帷幕注浆

根据超前探孔资料，如掌子面前方大面积出水，且涌水总量大于 $10m^3/h$ 时，则进行全断面超前帷幕注浆。注浆加固圈厚度按照第四强度理论计算（如下式）。

$$E = R \times \left[\frac{\sigma}{(\sigma - \sqrt{3P})} - 1 \right]$$

式中：E——注浆加固圈计算厚度（m）；

R——隧道毛洞半径（m）；

P——最大静水压力值（MPa）；

σ——注浆加固体综合强度抗压（MPa）。

根据本隧设计，R 为 4.6m，P 为 2.2MPa，σ 取 4.8MPa，得 E 值为 5.53m，故采用注浆加固圈，厚度为衬砌开挖轮廓线外 6m。

对于每循环帷幕注浆，其注浆段落长度一般为 25～27m，如段落太长，则注浆孔长度加大，施作困难，施工速度较慢。

注浆孔单孔扩散半径按 2.5m 考虑，钻孔终孔间距不大于 3m，以保证各孔注浆范围有足够的搭接。预设计每循环注浆共设 6 环共 107 个注浆孔，其中前三环 1～72 号孔主要是对隧道周边来水进行封堵，施工顺序为先外圈后内圈，由近渐远，采用前进式注浆；后三环 73～107 号孔是对隧道正面来水进行封堵，施工顺序为先外圈后内圈，采用后退式注浆，在连续帷幕注浆段兼顾对下一循环注浆的止浆岩盘进行加固，注浆长度一般为 5～7m，如图 1～图 3 所示。

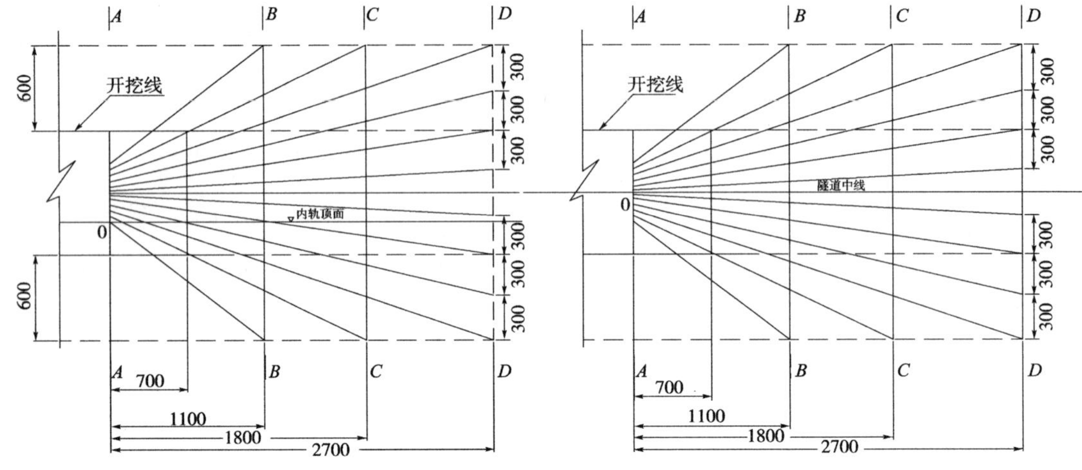

图 1　注浆钻孔纵断面布置图(单位：mm)　　图 2　注浆钻孔平面布置图(单位：mm)

在实际的施工中，注浆钻孔应根据每循环的出水情况对每环钻孔的终孔位置、钻孔数量进行调整，以保证更有效地注浆堵水并节约投资。

③超前局部注浆

当掌子面总涌水量虽小于 $10m^3/h$，但个别探水孔出水量大于 $2\ m^3/h$ 时，则需对这些孔眼进行超前局部预注浆。

超前局部注浆是以超前帷幕注浆设计为基础，根据出水点的位置，采用其局部注浆孔，并在其他位置设检查孔，对整个隧道范围内掌子面前方的地下水情况进行检查。

(2)工后处理

隧道开挖后，围岩较差，节理较发育，洞室周边漏水、渗水点较多，但水压力较小或无水压，采用系统的径向注浆措施对围岩予以加固并堵水。

隧道开挖后，若围岩较好，节理裂隙不发育，只有局部点以股状水流出，采用径向局部注浆予以封堵，采用注浆材料为水泥—水玻璃双液浆。注浆时以出水点为中心布孔，先外圈，后内圈，层层注浆，最后对出水点集中注浆封堵。

(3)主要注浆参数

①注浆压力

注浆压力是注浆过程中非常重要的参数，它对浆液扩散、裂隙充填效果等影响很大，是注浆效果的控制参数之一。注浆压力与通道、水压力及浆液材料有关，一般情况下注浆压力为实测水压力＋1.0MPa或略高于静水压力；注浆终压为 2～3 倍的实测静水压力。

②注浆结束标准

单孔注浆压力上升至设计终压，并持续注浆 10min 以上；

单孔注浆结束时进浆量小于 20L/min；

全段注浆结束后，所有注浆孔均符合单孔注浆结束条件；

全段注浆结束后检查孔出水量小于 0.2L/min；

每一循环注浆结束后，至少施作 5 个检查孔对注浆效果进行检查，要求每个孔内的出水量均小于 0.4L/min · m。

(4)注浆材料

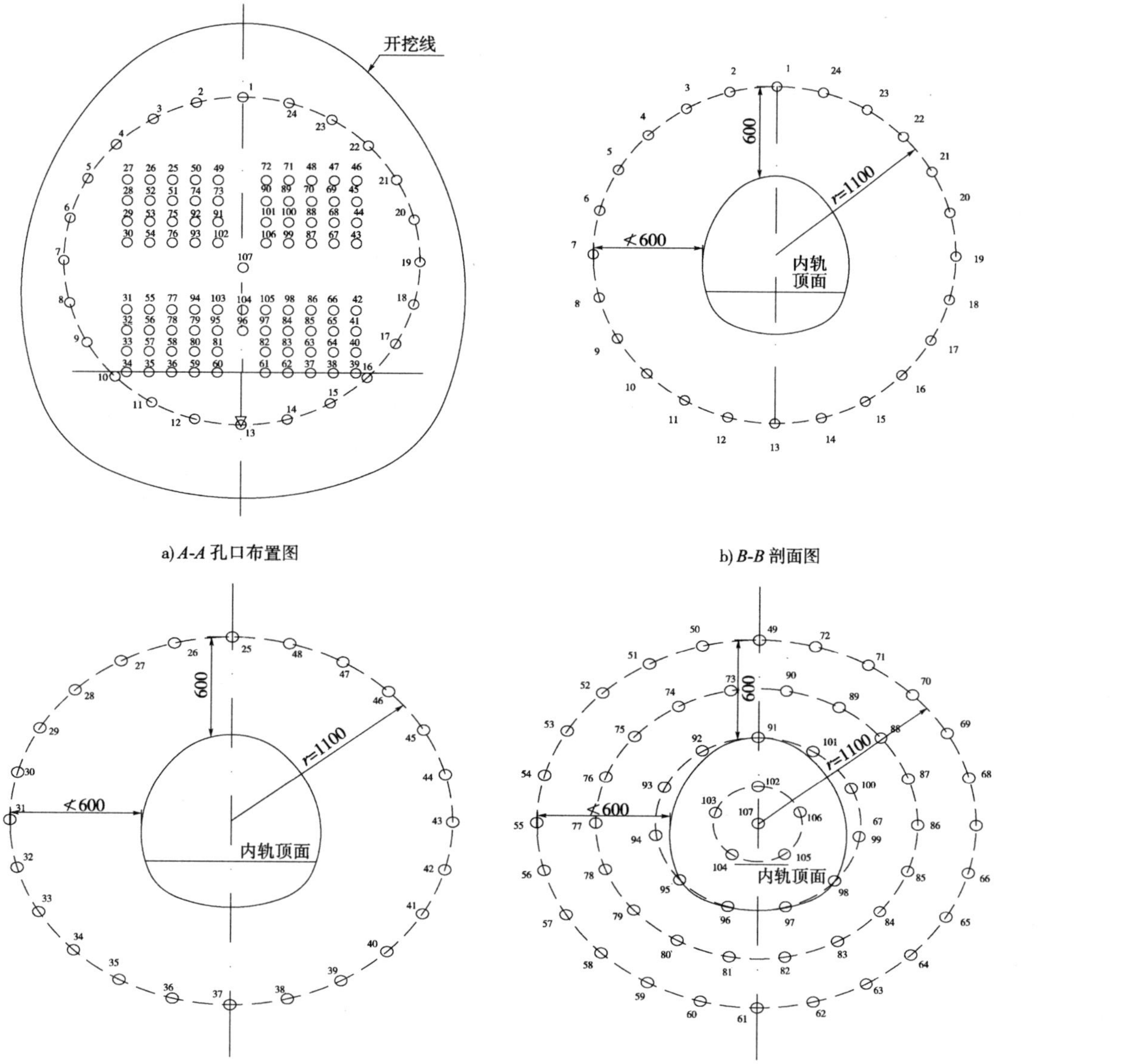

a) *A-A* 孔口布置图

b) *B-B* 剖面图

c) *C-C* 剖面

d) *D-D* 剖面

图 3 （单位：mm）

本隧道地下水通道以岩溶裂隙为主，通道一般较大且通畅，注浆过程中浆液消耗量大。鉴于水泥单液浆所具有的特点，尤其是价格低、结石体后期强度高等优点，因此在隧道超前帷幕注浆堵水的过程中，注浆材料以单液水泥浆为主。水泥—水玻璃双液浆一般用于掌子面加固、埋设孔口管及注浆结束时的封孔。

4 结语

在本隧道可溶岩地段的施工中，须贯彻“先探水、预注浆、后开挖、补注浆、再衬砌”的施工方针，并在隧道建成后进行长期监测。有关本隧道采用的超前探测地下水的措施、方法另有撰文介绍，在本文中就不再赘述。

为了对堵水成果及地表水环境的保护效果进行评价、检验，隧道开工前于地表主要水源（如井、泉眼、暗河、水塘、水库等）布置了监测点，进行实时监控量测。根据监控资料分析：在隧道施工期间，由于地下水的流失，在短时间内造成了地表水位的下降。但在隧道堵水完成并经过一个雨季后，地表水源均恢复正常。目前隧道已竣工并运营多年，隧道内日排水量约 4000m^3 左右，达到了隧道建成地下水排放量平均不大于 1m^3/m · d 的目标，保护了地表水环境。

参考文献

[1] 林平.洋碰隧道软岩浅埋段设计与施工浅析[J].公路工程,2000 (9).

[2] 张高展.新型抗水分散和抗水溶蚀双液注浆材料的设计与应用[J].新型建筑材料，2007.

[3] 赵存明.隧道含水断层破碎带的探测与治理[J].公路工程，2007(06).

[4] 徐伟.劈裂帷幕注浆法在超浅埋隧道施工中的应用[J].交通科技与经济，2007(06).

[5] 庄金波.圆梁山隧道岩溶管道群涌水处理技术[J].隧道建设,2004(03).

[6] 张志强.圆梁山隧道在高水位条件下支护结构体系研究[J]. 岩石力学与工程学报，2004 (05).

[7] 张民庆.圆梁山隧道深埋充填粉质粘性土溶洞注浆加固技术[J].铁道工程学报，2004(01).

[8] 杨秀文.回弄山隧道断层破碎带特大涌水和突泥施工[J].山西建筑，2007.

[9] 张顺忠.野三关隧道特大溶洞崩塌堆积体处治施工技术[J].隧道建设，2007(3).

[10] 陈铁林.厦门翔安海底隧道富水砂层注浆试验[J] .岩石力学与工程学报,2007.

渝怀线武隆隧道大型岩溶综合整治设计

林本涛　杨昌宇

（中铁二院工程集团有限责任公司土建一院）

摘　要　武隆隧道位于渝怀铁路土坎车站与武隆车站区间，隧道全长 9418m，为渝怀线第二长隧道。该隧横洞工区揭示的 1～3 号大规模岩溶暗河，具有隧道通过岩溶段落长、岩溶涌水量大、溶洞发育复杂等特点。2～3 号暗河之间 200m 长范围隧道均处于富水全充填溶洞内，隧底最大充填深度达 24m；施工期间最大涌水量达 $718.7\times10^4 m^3/d$；溶洞除充填型外，还发育有半充填和空溶洞，与隧道关系复杂。该溶洞群溶洞发育之复杂、涌水之大为隧道修建史上罕见。本隧道的岩溶整治因其复杂性、困难性被列为全线的重点、难点攻关工程。隧道设计从岩溶暗河水的处理、施工安全防护措施、隧道结构、基础处理等方面开展了岩溶综合整治方案研究并完成了设计，施工整治完成后，取得良好效果。

该隧道岩溶整治设计的设计思路和整治措施已应用于黔桂、渝利、洛湛、襄渝二线、云桂、沪昆等项目的隧道岩溶整治中。并先后荣获 2007 年度中国中铁股份公司优秀设计二等奖、铁道部三等奖，武隆隧道泄水洞创 2008 年国内已建成的铁路隧道泄水洞最大排泄能力的企业新纪录。

关键词　渝怀线；隧道岩溶；暗河；综合整治

Design of Comprehensive Control for Large Karst in WuLong Tunnel on YuHuai Railway

Lin Bentao　Yang Changyu

(First Civil Construction Design and Research Institute of CREEC)

Abstract　Wulong tunnel 9418m long is located between Tukan station and Wulong station. It is the second longest tunnel on Chongqing-Huaihua railway line. In the transverse gallery work area of this tunnel, three large underground karst rivers are revealed, so this tunnel has many characters, such as crossing long distance of karst area, huge water inflow quantity and complicated cave development. Between the number 2 and the number 3 underground karst river, there is about 200 metres filled karst cave with abundant water, the maximum depth is 24 metres, the maximum water inflow quantity is 718.7×104m3 /d, and there are also semi-filled and non-filled karst caves. This karst cavern is rare in tunnel construction history for its complication and huge water inflow quantity. And the treatment of karst in this tunnel is listed as a tackling engineering item in this line for it's complexity and difficulty. The treatment of karst scheme research is studied separately from the treatment of the underground karst rivers, the measures of construction safety protection, the tunnel structure design and the foundation treatment, which achieves good results after construction.

The design idea and the treatment measures of karst in this tunnel is already used in Guiyang-Nanning Line, Luoyang -Lichuan line, the second Xiangfan-Chongqing line, YunGui line and HuKun line. This design wins the second prize of outstanding design in China Railway Group

作者简介：林本涛（1975—　），男，高级工程师。

Limited and the third prize in Ministry of Railway, the discharge capacity of the drain tunnel of the Wulong tunnel makes a new enterprise record among the completed railway tunnels in 2008.

Key words chongqing-huaihua railway; tunnel karst; underground river; comprehensive control

1 引言

武隆隧道地处乌江峡谷，穿越武陵山脉，地形、地质、地貌极为复杂，地势北高，向南逐渐降低。西部属中低山地貌，绝对高程 170～1200m，地表植被差，基岩大部分出露，主要为碳酸盐岩地层；东部属低山地貌，高程 230～602m，地表植被发育，树木成林。

隧道主要通过侏罗系、三叠系、二叠系及志留系等地层，岩层为泥岩、砂岩、页岩以及灰岩、泥灰岩和盐溶角砾岩等。隧道位于武隆向斜北西翼，为单斜构造，节理以垂直节理为主。地下水赋存主要受地形岩性控制。隧道通过地段地势陡峻，水力坡度大，地表水排泄畅通。地下水最低潜水位大致为乌江水面，低于隧道设计高程约 65m。隧道中部为可溶岩地层，隧道通过该地层长度为 3800m，其岩性多为二叠系 T_1j、T_1f 灰岩夹白云岩，以及三叠系 P_{2c}、P_{2w}、P_{1m}、P_{1q+1} 灰岩，局部地段含薄层页岩，具一定隔水作用，其地表缺水严重，岩溶发育，乌江边出露四个主要岩溶泉点，隧道岩溶地下水较为丰富。在枯水季节隧道均衡涌水量约为 $7\times10^4m^3/d$，雨洪季节将成倍增长。

隧道内采用双人字坡，进口段 1916m 以 3‰上坡，而后 1320m 采用－3‰坡度，再以 3490m 的 3‰上坡，最后采用－4‰的坡度至出口。隧道出口线路左侧 25m 设置平行导坑，长 2415m；隧道中部(距进口3216m)线路右侧设置双联横洞一座，长 446.27m；横洞向出口方向引入中部平行导坑，中部平导位于线路右侧，与正洞线间距 20m，中部平导长 1487.27m。全隧按进口、出口及横洞三个施工工区组织施工。

2 施工揭示岩溶情况

2.1 岩溶暗河发育特征

该隧道横洞工区向出口方向施工中，先后于正洞及中部平导段揭示 4 条溶洞暗河，通过施工揭示后测绘、物探、钎探、钻探等手段，基本查明岩溶形态，见表 1。其中，2 号、3 号暗河间 210m 隧道均在溶洞充填物中通过，充填物上部为碎石土，下部为卵石土，隧底以下充填深度一般为 6～8m，局部段深度达20m，隧道拱顶充填物厚 6～16m，其上为空洞，最大净高约 15m。该段暗河发育，雨季中发生多次涌水，最大涌水量达 $718.67\times10^4m^3/d$。2 号、3 号暗河形态如图 1 所示。

隧道内出露的溶洞状况　　表 1

序　号	里　程	溶洞描述
1号	$D_2K192+280\sim+287$	$D_2K192+280\sim+287$ 正洞揭示 1 号岩溶暗河，暗河宽约 7m，水面宽 2m，水深 3m，低于路肩设计高程约 2.5m。暗河与线路中线近于正交；洞壁较完整，实测平时暗河流量 $7\times10^4m^3/d$，洪水期流量 $26\times10^4m^3/d$
2号	$D_2K193+185\sim+210$	暗河平面上呈一"T"形分布，沿隧道纵向长约 18m，向隧道左侧发育延伸约 16m，暗河溶腔最高约 18m，线路右侧暗河及坍塌体宽 24m，再向外暗河形态呈裂隙状，其底部堆积卵石及粗砂，呈半胶结状，下部充填碎块石土厚 5～7m；溶洞中常年有水流出。该暗河平时流量较稳定，约 1000 m^3/d，雨季时流量较大，水质清澈
3号	$D_2K193+320\sim+370$	基本发育于隧道右侧边墙外，在平面上呈矩形，长约 50m，宽 8～18m，高 4～17m。洞壁基岩较完整，其下发育暗河，暗河在 $D_2K193+340\sim+375$ 横穿线路，暗河水位高程较路肩设计高程低 11.6m，雨季时地下水流量较大，水位上升至路肩高程，大量地下水从隧道内向外排泄。根据历次涌水情况分析，2 号、3 号暗河存在水力联系
4号	D2K193＋546～＋565	隧道穿过全充填溶洞，充填物为圆砾土，圆砾含量占 70%，砾径 3～5mm，石质成分为灰岩，隧底以下充填物最深 27m。经地质分析，该溶洞不是地下水过水通道，且充填物不会流失

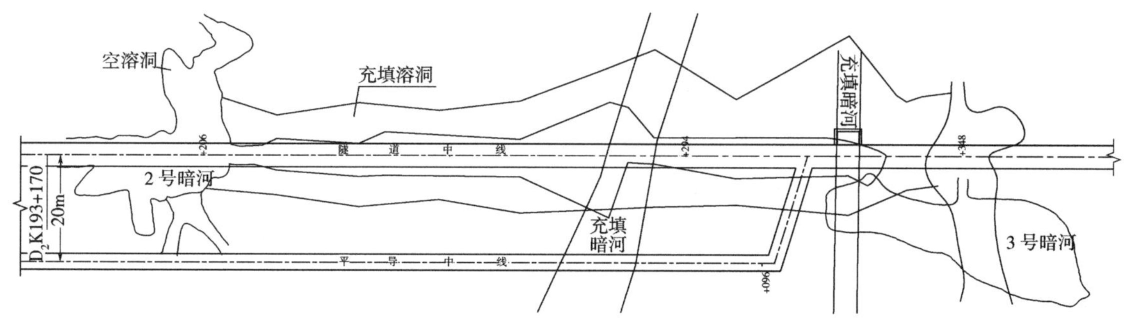

图1　2～3号暗河平面示意图

2.2　岩溶及岩溶水对工程的影响

2002年雨洪季节该隧道暗河发生3次较大规模涌水，最大涌水量达$138\times10^4 m^3/d$；2003年雨洪季节发生两次较大规模涌水，最大涌水量达$718.7\times10^4 m^3/d$。涌水量之大是在国内铁路建设史上是极为罕见的。岩溶涌水对隧道工程主要造成以下方面影响：

洞口施工场地损毁、施工设备受损：2002年雨季先后出现6次较大涌水，造成洞口施工场地被毁，施工风机、充电房冲入乌江，洞内装碴设备受损；2003年雨季以来，溶洞段多次涌水，其最大涌水量较上一个雨季时成倍增加，造成洞口场地再次被冲毁，矿车等设备冲至乌江边；洞内支护、排水系统损毁：2003年雨季的涌水，导致洞内1～3号暗河段中部分段落已施作的初期支护变形侵限，局部段落发生坍塌，造成已压浆的岩溶充填物被冲出，形成空洞，见图2；位于溶洞充填段的泄水洞掌子面亦发生大规模涌水，多处被涌水冲出大空洞主要的出水点集中在2～3号暗河间的充填溶洞段隧底以及2号、3号暗河处。

图　2

2.3　水文地质条件及涌水量分析

为了查明岩溶水文地质条件，采用遥感技术等手段开展了大量的补充调查工作，从宏观到微观对水文地质条件进行了分析。

(1)水文地质条件

隧道位于乌江右岸岸坡坡脚处，距乌江边1000m左右。该段乌江为峡谷地段，乌江两岸多为陡崖。陡崖顶上线路左侧见两级岩溶平台，第一级岩溶平台位于龙洞坪、石朝门、黄家湾带，高程在1100～1400m之间；第二级岩溶平台位于仙女山、倒角梁子、余家屋基一带，高程在1600～1800m之间，这两级岩溶平台面积较大，第一级平台面积为$42km^2$，第二级平台面积为77 km^2，其上分布有众多的岩溶洼地、漏斗、落水洞等，是岩溶水的主要补给区。

第一级岩溶平台的岩溶水主要向两个方向排泄，向西北方向排至桥子溪内，最后排至乌江，上坎电站利用这股岩溶水发电；向西南方与第二级岩溶平台之间的斜坡地段为S页岩，为隔水层，第二层岩溶平台上的岩溶水多在可溶岩和非可溶岩的界线上以暗河、岩溶泉的形式出露，成为地表水，排泄点的高程多在1600～1800m之间，流至第一级岩溶平台后通过落水洞再次成为地下水。第一级岩溶平台的岩溶水向乌江排泄点的高程在180～190m之间，在乌江边上可见多处暗河出口。第一级岩溶平台北侧的阳水河为早期的暗河，“武隆天生三桥”位于该河流的中游地带。由于乌江的强烈下切，该河流的水量逐渐被袭夺，现该河流基本无水。隧道位于第一级岩溶平台向乌江排泄的排泄区附近，隧道高程与地下水高程相近，因此隧道揭露多处暗河、充填溶洞，雨季时隧道涌水量较大。

(2)隧道2～3号暗河段涌水量分析

武隆隧道的历次涌水，具有岩溶水量的变化相当大的特点。在进行方案比选前，从以下几个方面进行了岩溶水调查：

岩溶发育区范围,岩溶暗河的上下游情况:从上游两级岩溶平台的面积及下游乌江边岩溶的调查分析,武隆隧道的岩溶水是十分丰富的,且在乌江边有明显的岩溶通道,通过连通试验发现1号暗河与乌江直接相通。

隧道内涌水观察记录:建立有效完善的洞内涌水观察记录资料,武隆隧道在揭示2号暗河后(2002年2月)开始建立起水量观察记录,在3号暗河揭示后,即2002年雨季,降雨半天后洞内水量逐渐增大,最大水量达到$138\times10^4m^3/d$;通过一个雨季后,降雨1~2h后洞内水量增大,且很快达到最大水量,其观测记录的最大涌水量为$718.6\times10^4m^3/d$。

当地气象资料的收集:当洞内水量达到$718.6\times10^4m^3/d$,当地降雨量为189.4mm,通过对当地气象资料调查分析,该雨量为50年一遇;而百年一遇最大降雨量为211.7mm。在旱季时充分调查暗河的形态、断面大小,根据其过水断面痕迹,推算分析溶洞内可能的涌水量。

通过以上几方面的调查,2~3号岩溶暗河涌水量应不小于$810\times10^4m^3/d$。

3 岩溶整治需要解决的问题及处理思路

针对武隆隧道的岩溶地段长、岩溶水量大、岩溶性质多样(充填和半充填溶洞、空溶洞均有分布)等特点,从岩溶水处理、隧道结构、施工安全等方面进行了系统的研究处理。

3.1 岩溶水处理

岩溶地区的地下水为岩溶暗河管道水及岩溶裂隙水,一般宜采用防、排、截等措施。这是由于岩溶及岩溶水发育在宏观上有一定的规律性,但从微观上有许多不确定性,造成堵水困难,代价高,风险大。

武隆隧道施工揭穿了岩溶暗河系统,人为破坏了该岩溶暗河系统的自然平衡条件,主要采用了以下排水方案:

(1)1号岩溶暗河排水方案

1号岩溶暗河与隧道及平导基本正交,位于隧底以下3m左右,且具有四个方面的特点:暗河通道洞壁完整;溶洞底沉积物相对较少;岩溶地下水基本通过自然通道排泄;下游排泄距离短,通过连通试验,在乌江边发现了暗河口,距离约500m。基于此,采用清理疏通施工影响范围的岩溶管道,设引水洞连通暗河上、下游,恢复岩溶水排泄通道。引水洞下穿线路段采用1-3.5m钢筋混凝土拱涵断面,涵洞孔径按岩溶管道最小断面控制,采用孔径3.5m的涵洞,并按有压涵管设计,对暗河前后40m范围隧道衬砌结构进行相应加强。引水洞轴线与线路中线平面交角78°,引水洞长64.45m,引水洞净空采用3.5m(高)×3.2m(宽)。若出现排泄不畅,造成隧道病害,可在平导内开孔接通引水洞,以引排岩溶水。

(2)2~3号岩溶暗河排水方案

从2~3号段暗河溶洞的发育形态及涌水情况分析,雨季时地下水流量较大,因暗河下游过水能力有限,水位上升至路肩高程,大量地下水涌入隧道内向外排泄,用自然排泄通道的恢复与疏导来处理无法完全引排岩溶水。必须设置人工排泄系统来引排岩溶暗河水,根据岩溶管道与隧道的相对位置关系,在隧道周边设置人造排泄通道与岩溶管道相连接,并结合溶洞发育形态,设置必要的检查、清淤条件。

2~3号暗河之间存在多处出水点,两暗河具有一定的水力联系,其岩溶水采取集中引排处理。根据该岩溶涌水的季节性特点以及水文地质条件分析,岩溶水来源主要是线路靠山侧两级岩溶平台水,故根据涌水量在线路右侧2~3号暗河之间设置集水廊道,集中引排2、3号岩溶暗河水,并汇集、截排来自2~3号暗河段线路左侧(靠山侧)的岩溶水。集水廊道与线路平行,距线路中线20m,集水廊道高程较隧道高程低4m左右。集水廊道通过下穿隧底的涵洞将岩溶水汇集至3号溶腔,因3号溶腔的宣泄能力有限,又在3号溶腔位置增设泄水洞,将岩溶水引入乌江。其排水系统见图3。

根据正洞在雨洪期间出水点位置,结合集水廊道施工组织,在集水廊道和正洞出水点之间设置了6个横通道,以汇集引排岩溶水。集水廊道与横通道衬砌采用钢筋混凝土,且拱墙及底板均应留出集水孔,孔中心间距0.8~1m,孔径10cm,梅花形布置。施工中需根据出水点涌水情况,在其位置设置集水钻孔,钻孔孔径108mm,孔长5~10m,并需在孔内安装塑料硬管。

通过在隧道两侧设置了集水廊道和行洪通道,并以隧底涵洞相连接,创造性的采取了“体外循环”

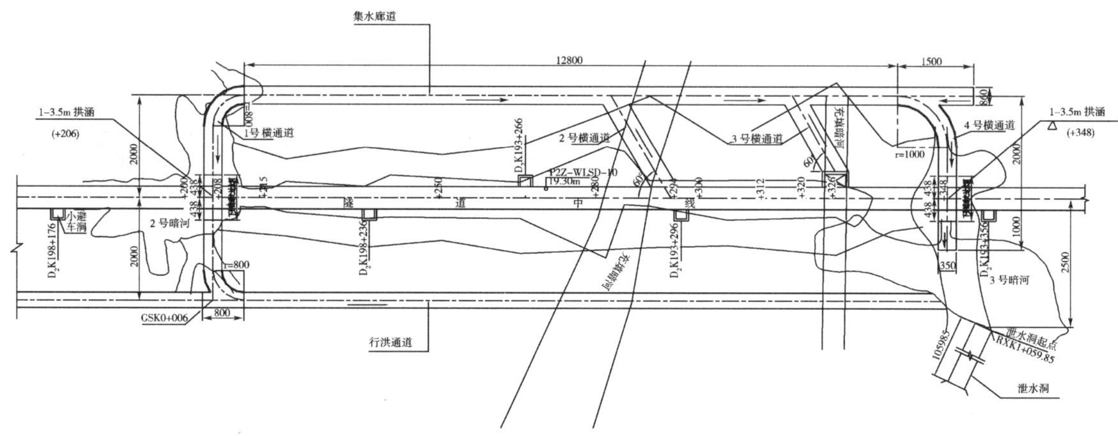

图 3　2～3 号岩溶暗河排水系统布置图

的排水模式，最终通过泄水洞将汇集的岩溶水排出洞外，确保岩溶暗河系统的排泄顺畅，成功克服了岩溶暗河水对施工及结构的危害。

防冲刷处理：武隆隧道 2～3 号暗河排水系统集水廊道铺底揭示有集中出水点，常年流水不断，雨季发生较大涌水，并携带泥沙和块石，淘蚀铺底以下溶腔中的堆积体和周围岩壁，造成铺底及边墙悬空，如不及时进行防冲刷处理，随着淘蚀空间的扩大会逐渐影响相邻正洞的结构安全。为保证排水系统的畅通和结构的安全，采取拦石措施：在铺底以下的淘蚀溶腔内设置三道钢轨拦石网和干砌块石过滤层（块径不小于钢轨拦石网格的 1.5 倍），为防止涌水压力过大冲走拦石结构，铺底出水口处设置锁口结构以固定钢轨拦石网，见图 4。

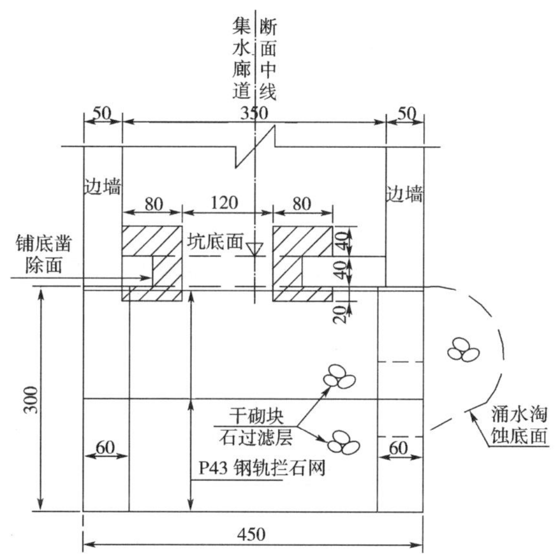

图 4　集水廊道铺底出水口设计图（单位：mm）

武隆隧道泄水洞边墙出水口的拦石处理：在已施作的泄水洞衬砌内侧设置钢筋混凝土拦石封堵墙，封堵墙通过锚杆固定，封堵墙中间设置钢轨拦石网并预留出水口。经过几个雨季检验，武隆隧道拦石防措施较好的起到了拦石、防冲刷的效果，见图 5。

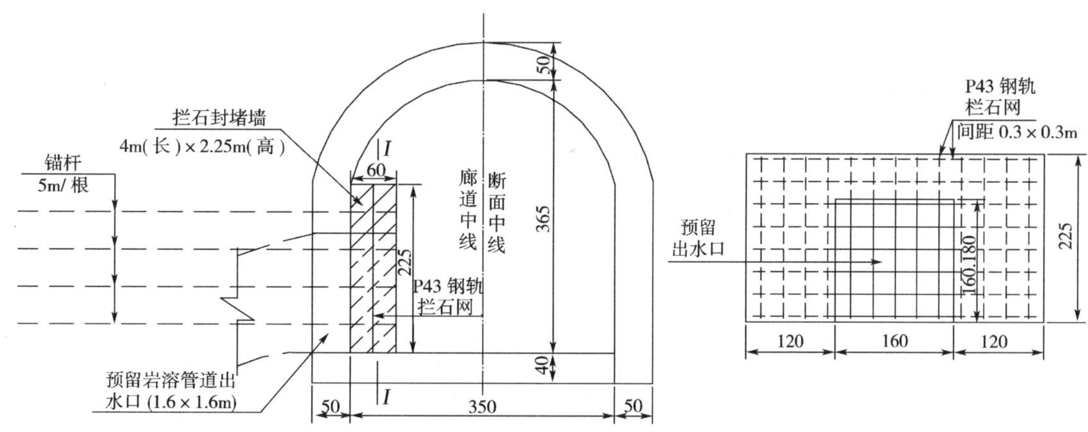

图 5　泄水洞边墙出水口、拦石封堵墙设计图（单位：mm）

3.2　隧道通过岩溶段结构处理

（1）隧道基底处理

武隆隧道2、3号暗河之间的岩溶段隧底溶洞全充填圆砾土，充填物最大厚度为27.6m，砾径3～5mm，钻孔揭示隧底溶洞充填物有水，主要是受暗河影响所致，需要进行加固处理。

①对于隧底充填深度0～3m地段采用浆砌片石换填，3～8m地段采用复合地基加固处理，考虑到充填物主要为块、碎石夹卵、砾石，采用钢管群桩注浆加固处理，注浆花管采用ϕ75钢管(壁厚6mm)，管上钻注浆孔，孔径为10～16mm，孔间距15～20cm，呈梅花形布置，注浆管尾部留有不钻孔的止浆段，注浆花管沿两侧边墙基底布设两排，间距0.5m，其余按1m间距，梅花形布置。注浆采用水泥砂浆，边墙底水灰比0.7∶1，仰拱底水灰比1∶1，注浆压力1.5MPa，先对边墙底进行注浆，再对行车部分隧底进行注浆。注浆注完后，进行注浆效果检查和评定，必要时补注浆，见图6。

图6　武隆隧道隧底钢管群桩加固

②对于隧道底充填深度大于20m地段研究考虑了两种跨越方案：

方案一：衬砌边墙采用桩基托梁，线路行车部分采用拱桥跨越，隧道衬砌基础采用桩基托梁跨越，边墙设桩4根，桩径2×1.5m，长13m；线路行车部分采用1×24m拱桥跨越，见图7。

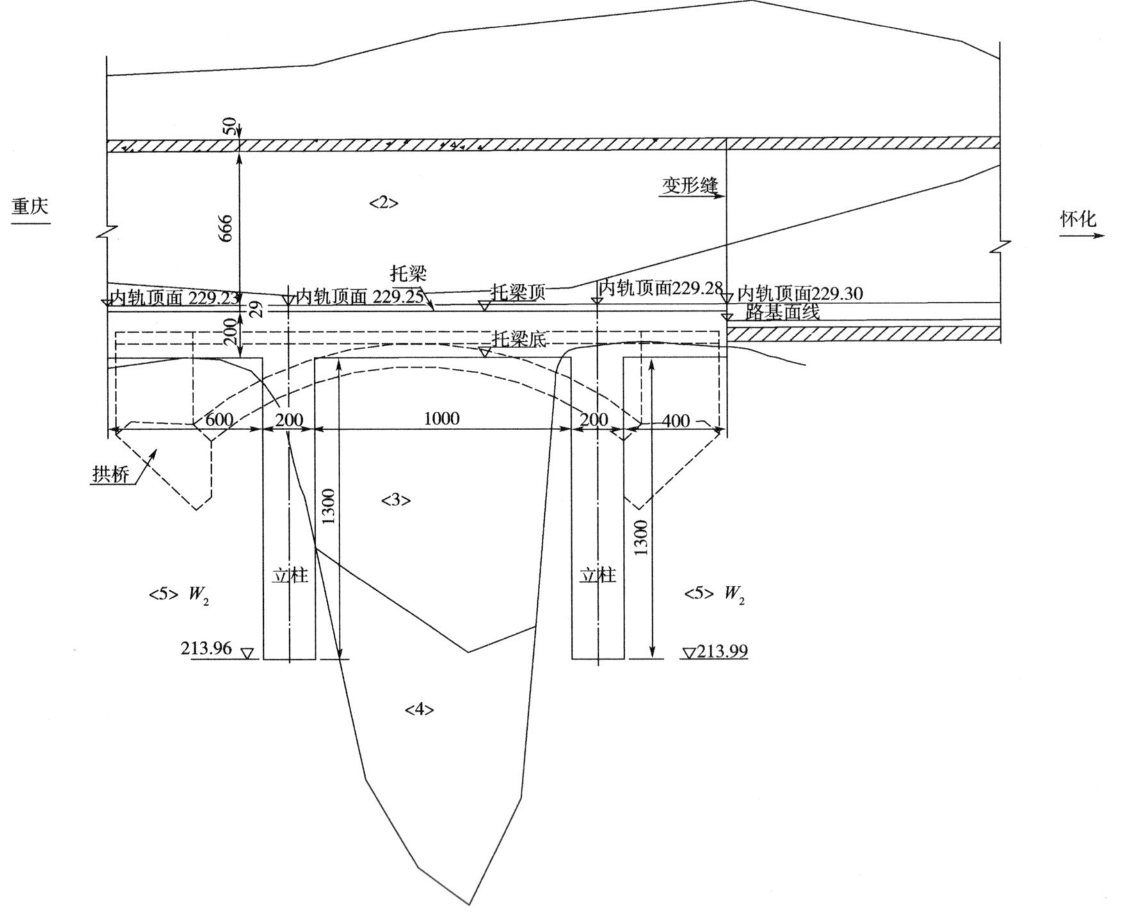

图7　武隆隧道桩基托梁及拱桥跨越(单位：mm)

由于岩溶水大量由隧底涌出，线路行车部分采用的拱桥方案无法克服岩溶水涌入隧道影响运营安全的弊端，故放弃该方案。

方案二：采用框架结构基础，框架结构是主要是梁、柱刚性组合的超静定结构，其主要适用于隧道内施做空间有限的岩溶工点，并将衬砌结构、围岩的静载及线路行车部分动载均施加于框架结构之上。通过这种结构形式替代动静分离的跨越结构，既节省了工程投资，又避免了因两种跨越结构在有限隧道空间施工造成相

互干扰困难。框架跨越结构模型,见图8。

为防止岩溶水涌入隧道内,危及线路行车安全,行车部分的整体板与隧道衬砌连为一体,且整体板下充填物采用注浆加固以改善其力学性质,钢管桩加固深度5m,间距1m,梅花形布置。由于框架基础3号、4号挖孔桩施工至托梁底下8m时,开挖面揭示为暗河充填沙砾、卵石,且持续涌水,导致施工无法进行,为此采取了对挖孔桩周围及桩基底进行压注水泥—水玻璃浆液止水,见图9。

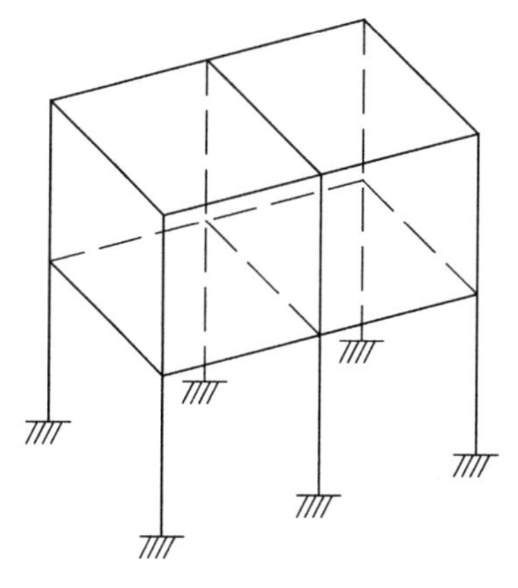

图8 武隆隧道框架结构模型

(2)岩溶段隧道衬砌结构处理

在岩溶水有效处理的前提下,隧道衬砌结构及基底处理须加强,以保证结构安全及运营安全。针对武隆隧道通过2～3号充填溶洞段的情况,揭示充填溶洞,首先按加大的隧道开挖轮廓(加高50cm、加宽40cm)开挖,预留足够的沉降量及变形量,避免施工衬砌结构时,由于开挖断面净空不够,造成拆支护、重新扩挖。其支护措施则采用超前导管注浆结合全环钢架加强支护,并配合锚网喷支护。钢架间距一般0.6～0.8m一榀,喷混凝土20cm,开挖后及时封闭成环,同时拱墙范围再辅以小导管注浆加固围岩,一般加固

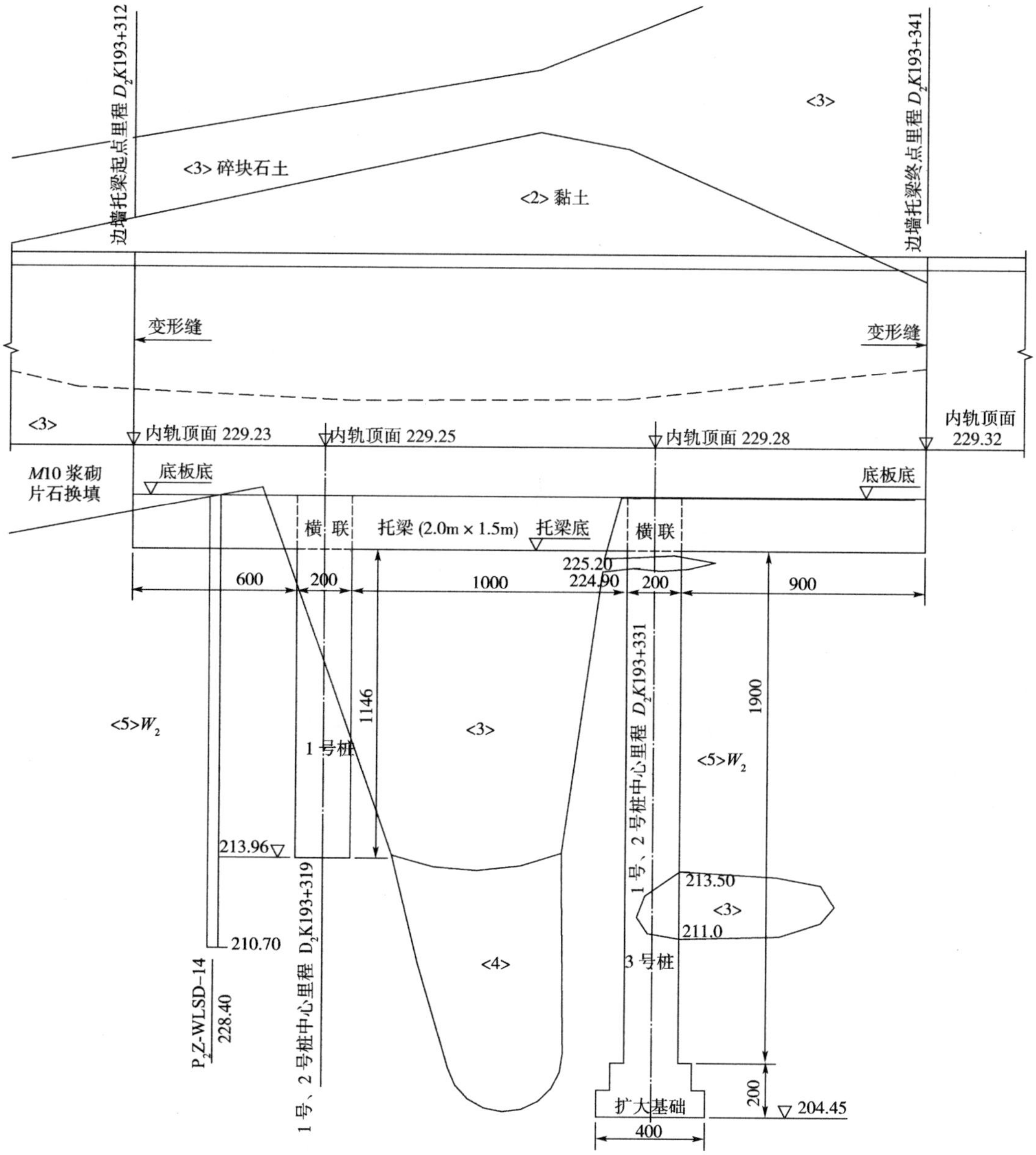

图9 武隆隧道整体板下充填物注浆加固(单位:mm)

深度按3m控制。对于隧道衬砌结构，宜采用钢筋混凝土全封闭结构，全环设置复合防水板。

4 结语

4.1 岩溶水的“滞后效应”

根据渝怀线武隆隧道以及其他隧道的岩溶水整治经验教训，总结提出了岩溶水“滞后效应”的特点及理论，即在隧道揭穿岩溶管道后，其原有的水力平衡条件被打破，径流条件发生改变，随着岩溶水向隧道内的汇流速度加快，使原有的岩溶排泄管道被逐渐疏通，岩溶水的运移速度加快，对降雨的反应愈敏感，岩溶涌水量愈大；同时还提出了“衬砌结构不仅应考虑围岩级别条件，还应考虑一定抗水压能力”的观点。这些理论和观点在工程实践中得到了检验和印证，并进一步推动了隧道岩溶整治理论及技术的发展。

4.2 “体外循环”的创新排水模式

根据武隆隧道岩溶及岩溶水的发育特征，研究提出了“体外循环”的排水模式，成功克服了岩溶地下暗河对隧道施工及隧道衬砌结构的危害，国内外尚未见有类似的文献报道。

4.3 基础处理成套技术

针对武隆隧道暗河段充填物的性质、深度不同，采取换填、复合地基、跨越等多种处理手段，摸索出大范围软弱充填溶洞地段基础处理成套技术。尤其是充填溶洞复合地基处理技术，不但发挥了天然地基承载力，还能够减少开挖，降低成本，而且能较好利用增强体和天然地基两者共同承担外荷载的潜能，具有极大的应用推广价值。

4.4 动、静载结合式框架结构

采用在动、静载条件下修建框架结构跨越溶洞技术，成功解决了以往采用动静分离结构投资高、施工期间相互干扰、施工难度大的弊端，节省了投资；同时框架结构与封闭衬砌相结合的新颖处理方式，有效防止了岩溶水涌入隧道危及运营安全的隐患。

4.5 隧道内“M”形线路纵坡

针对隧道中部岩溶及岩溶水发育的特点，并结合辅助坑道设置及施工排水需要，在满足线路技术条件的基础上，并巧妙利用辅助坑道将隧道内线路纵坡设为“M”形(即双人字形)，打破了以往长大富水隧道设置人字坡的传统观念。

参考文献

[1] 铁道部第二勘察设计院. 铁路工程技术手册. 隧道[M]. 北京：中国铁道出版社，1995.
[2] 曾艳华. 地下结构 AMSYS 有限元分析[M]. 成都：西南交通大学出版社，2008.
[3] 杨昌宇. 武隆隧道岩溶整治设计构思[J]. 现代隧道技术，2004(3)：52-57.

乌蒙山一号隧道揭煤防突设计
——六沾铁路宣威群煤层的案例分析

郑 伟 李 敬

（中铁二院工程集团有限责任公司土建一院）

摘 要 在具有煤与瓦斯突出危险的瓦斯隧道设计中，为降低煤与瓦斯突出或瓦斯爆炸的风险，揭煤防突措施是设计的重中之重。六沾铁路多处以隧道形式穿越煤系地层，其中乌蒙山一号、三联、新且午等隧道通过预测具有突出危险的煤层，且具有穿越煤层段落长，有突出危险的煤层多的特点。本文结合六沾铁路隧道穿越的二叠系上统宣威群煤层来介绍铁路隧道揭煤防突设计，为今后类似工点设计提供参考。

关键词 铁路隧道；揭煤防突；设计

Coal Outburst Prevention Design of Wumengshan Tunnel 1-Case Analysis Xuanweiqun Coal Seam on LiuZhan Railway

Zheng Wei Li Jing

(First Civil Construction Design and Research Institute of CREEC)

Abstract In the design of a coal and gas outburst tunnel, in order to reduce the risks of coal and gas outburst or gas explosion, the coal outburst prevention measure is the most important in design. Many tunnels on LiuZhan railway will meet the coal-bearing formation, such as Wumengshan tunnel 1, Sanlian tunnel, Xingqiewu tunnel, etc. and characterized by the long coal bed section and many dangerous coal seams. Based on the LiuZhan railway tunnel passing through the Permian series Xuanwei coal seam, this paper introduces the coal outburst prevention design of railway tunnel and provides for future reference for the design to the similar worksite.

Key words railway tunnel; coal outburst prevention; design

1 引言

一直以来，如何预测和预防瓦斯灾害发生，确保安全生产，始终是煤炭生产部门的研究课题，也取得了许多引人注目的成果。但铁路隧道不同于煤矿采煤巷道：煤矿巷道断面小，遇危险煤层可改变掘进方向或进行绕避，巷道使用年限短、支护标准低，条件不利时可重新开拓；而铁路隧道断面大，增加了"防突"的困难，而且线路位置一旦确定后，隧道的方向和位置就不能随意改变，常常发生斜交揭煤的困难情况；隧道建成后需长期使用，不允许支护发生大量变形和开裂，对支护的要求高。巷道掘进穿过有突出危险的煤层时，如果处理不当，很可能发生突出事故。在地应力和高压力瓦斯的共同作用下，大量的煤块煤粉与瓦斯气体突然喷出与倾出，埋没巷道，破坏设备，并且往往同时发生瓦斯爆炸，造成严重的灾害。所谓研究揭煤防突技术，就是研究在巷道掘进通过煤层时，如何防止突出事故的发生，以及应采取的技术措施。

2 工程概况

六沾铁路多座隧道穿越煤层，共计穿煤 45～70 层，煤层厚度 0.13～6.73m 不等，煤层瓦斯含量最

作者简介：郑伟（1979— ），男，工程师。

大 18.72 m^3/t,全断面最大绝对瓦斯涌出量达 20.624 m^3/min,通过的煤系地层主要为:石炭系下统大塘组旧司段页岩夹煤线、二叠系下统梁山组砂岩夹煤层、二叠系上统宣威群组页岩、砂岩夹煤层。地勘资料显示,上述煤层中宣威群组煤层危害最大,隧道穿越该套煤系地层的段落具有埋深大、煤层分布广、煤层厚、瓦斯压力大、瓦斯含量高、瓦斯涌出量大的特点,且全线预测有突出危险的煤层均集中在此套地层中,受煤与瓦斯突出影响的隧道主要为:乌蒙山一号隧道(6454m)、三联隧道(12214m)、新且午隧道(3980m),下面主要以乌蒙山一号隧道为代表对宣威群组煤层概述如下:

2.1 煤层分布

二叠系上统宣威群组煤系地层位于隧道洞身靠近出口 DK274+380～DK274+980 段,长 600m,隧道埋深 93～172m,含煤层 10～30 层,当地小煤窑及有规模的矿井均在该组地层中采煤,由于小海子断层影响,在隧道轴线上仅见 C_2、C_3、C_4、C_5、C_7 等五层煤,层厚 0.5～6.73m,五层煤预测均具有突出危险,突出煤层放大纵断面及平面见图 1。

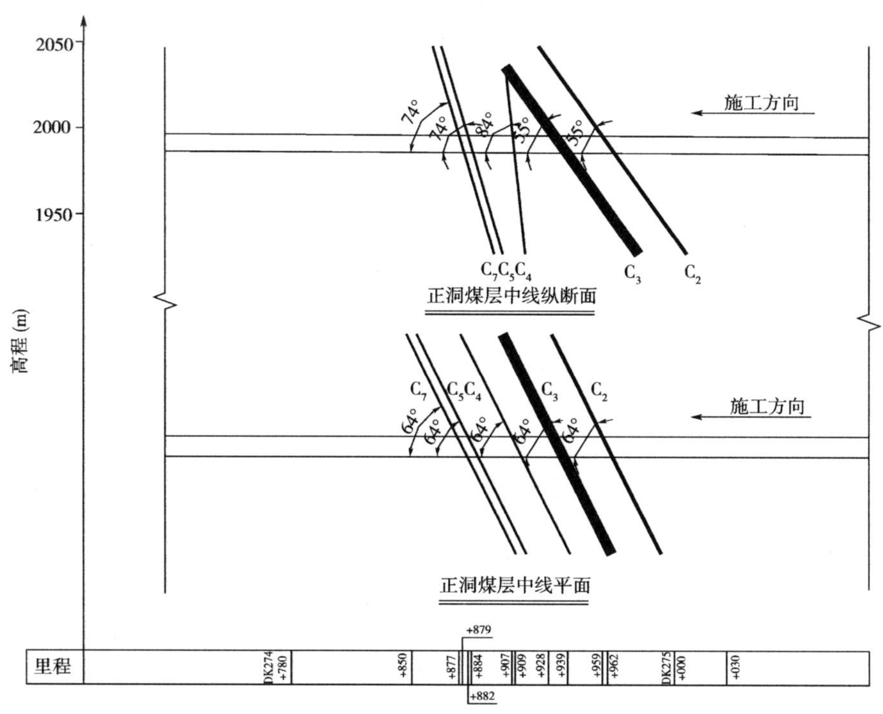

图 1 煤层放大纵断面及平面

2.2 主要煤层的参数

(1)瓦斯压力

五层主要煤层的瓦斯压力大,介于 1.706～2.054 MPa 之间,具体见表 1。

煤层瓦斯压力表 表 1

地 层	宣威群(P_2xn)					
煤层名称	C_2	C_3	C_4	C_5	C_7	炭质泥岩
埋深(m)	113	127	136	131	127	136
瓦斯压力(MPa)	1.706	1.918	2.054	1.978	1.918	0.475

(2)瓦斯涌出量

隧道内瓦斯涌出量主要由掘进工作面爆破落煤瓦斯涌出量、新暴露煤壁瓦斯涌出量及喷射混凝土地段洞壁瓦斯逸出量三部分组成,设计按中壁法①→②→③→④→⑤的步骤(图 2)分步开挖,并计算分步瓦斯涌出量(表2)。

中壁法施工瓦斯涌出量表 表2

块段号 / 煤层			瓦斯涌出量(m^3/min)				
			1	2	3	4	5
宣威群(P_2xn)	C_2	煤	3.81	3.92	3.71	4.15	3.03
		岩石	0.02	0.02	0.02	0.02	0.02
		总量	3.83	3.94	3.73	4.17	3.05
	C_3	煤	7.25	7.82	7.51	8.04	4.99
		岩石	0.02	0.02	0.02	0.02	0.02
		总量	7.27	7.84	7.53	8.06	5.01
	C_4	煤	1.05	1.10	1.07	1.14	1.04
		岩石	0.03	0.03	0.03	0.03	0.02
		总量	1.08	1.13	1.10	1.17	1.06
	C_5	煤	4.89	5.09	4.90	5.31	4.43
		岩石	0.03	0.03	0.03	0.03	0.02
		总量	4.92	5.12	4.93	5.34	4.45
	C_7	煤	2.50	2.61	2.52	2.71	2.31
		岩石	0.03	0.03	0.03	0.03	0.02
		总量	2.53	2.64	2.55	2.74	2.33

(3)煤层突出危险评价,见表3。

突出地质指标分级与对比分析表 表3

判别指标	突出危险程度			隧道区地质指标				
				宣威群(P_2xn)				
	严重突出	一般突出	无突出危险	C_2 煤层	C_3 煤层	C_4 煤层	C_5 煤层	C_6 煤层
瓦斯含量(m^3/t)	>15	15～10	<10	9.686	14.261	3.368	15.43	7.288
瓦斯压力(MPa)	>1	1～0.6	<0.6	1.706	1.918	2.054	1.978	1.918
地质构造	复杂	中等	简单	复杂	复杂	复杂	复杂	中等
埋深(m)	>300	300～100	<100	113	127	136	131	127
煤层厚度(m)	>1	1～0.55	<0.55	1.7	6.73	0.33	0.7	0.7
坚固性系数 f	<0.3	0.3～0.5	>0.5	0.6	0.6	0.6	0.6	0.6
放散初速度$\triangle p$	>15	15～10	<10	—	11.783	14.49	—	—
判别结果				一般突出	一般突出	一般突出	一般突出	一般突出

3 煤与瓦斯突出危害

煤矿井下采掘过程中,在煤和地应力的作用下,突然从煤岩体内喷出大量的煤岩与瓦斯的动力现象叫做煤与瓦斯突出。根据其动力现象的力学特征分类,包括煤与瓦斯突出、煤与瓦斯压出、煤与瓦斯倾出。

近年来,煤与瓦斯突出在隧道施工中频繁出现,也发生了较多安全事故,它严重威胁着瓦斯隧道的施工安全。由于煤与瓦斯突出能在一瞬间向采掘工作面空间喷出巨量的煤与瓦斯流,不仅严重地摧毁巷道设施,毁坏通风系统,而且使附近区域的井内全部充满瓦斯与煤粉,造成瓦斯窒息或煤流埋人,甚至会造成煤尘和瓦斯

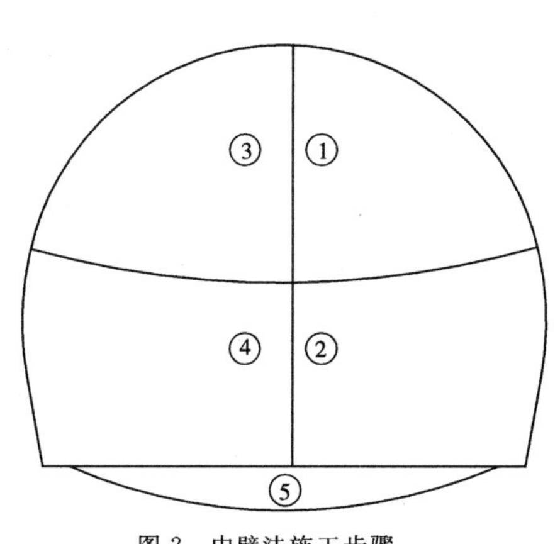

图2 中壁法施工步骤

爆炸等严重后果。

4 煤与瓦斯突出危险性预测方法和标准

4.1 煤与瓦斯突出危险性预测方法

根据预测预报范围和时间的不同，预测方法可分为3类：第一是区域性预测，主要是确定煤田、井田、煤层和采掘区域性的突出危险性；第二是局部预测，它是在区域性的基础上，根据钻探、采掘工程等资料，进一步对局部地区或要点的突出危险性作出判断；第三是日常预测，它是在区域性预测、局部预测的基础上，根据突出预兆的各种异常效应，对突出危险发出警告。

瓦斯突出危险性预测方法有以下五种：石门揭煤可采用瓦斯压力法、综合指标法或钻屑指标法；煤巷掘进宜采用钻孔瓦斯涌出初速度法、钻屑指标法或"R"指标法；至少选用其中的两种方法进行相互验证。

4.2 煤与瓦斯突出危险程度判定

突出煤层判定应首先根据实际发生的瓦斯动力现象进行，当动力现象特征不明显或者没有动力现象时，应根据实测的数据进行判定。突出危险性预测方法中有任何一项指标超过临界指标，该开挖工作面即为有突出危险工作面。其预测时的临界指标应根据实测数据确定，当无实测数据时，可参照表4所列突出危险性临界值。

突出危险性预测指标临界值　　表4

序号	预测类型	预测方法	预测指标	突出危险性临界值
1	石门揭煤突出危险性预测	瓦斯压力法	P(MPa)	0.74
		综合指标法	D	0.25
			K	20(无烟煤)、15(其他煤)
		钻屑指标法	$\triangle h_2$(Pa)	160(湿煤)、200(干煤)
			K_1[mL/(g·min$^{1/2}$)]	0.4(湿煤)、0.5(干煤)
2	煤巷开挖工作面突出危险性预测	钻孔瓦斯涌出初速度法	Q	4
		"R"指标法	R_m	6
		钻屑指标法	$\triangle h_2$(Pa)	160(湿煤)、200(干煤)
			K_1[mL/(g·min$^{1/2}$)]	0.4(湿煤)、0.5(干煤)
			最大钻屑量(kg/m)	6

5 揭煤防突设计

5.1 揭煤流程

首先采用综合超前地质预报，以预测煤层位置、产状、煤层厚度等，在距推测煤层10m垂距处，施作探测孔，以掌握煤层参数、瓦斯赋存情况。在距煤层5m垂距处，施作穿透煤层全厚的预测孔，测定煤层瓦斯压力等参数。揭煤前进行煤与瓦斯突出危险性预测，且预测方法不得少于两种，以相互验证。当预测煤与瓦斯有突出危险时，在中壁法开挖的第一部分施作瓦斯排放孔(图3)，瓦斯排放措施实施后，应进行瓦斯排放效果检验，合格后再行震动放炮一次揭煤。第一部分揭煤完成后，利用其坑道在煤层处沿煤层走向布设扇形排放孔(图4)排放剩余部分的瓦斯，检验合格后再分部揭煤。具体作业流程见图5。

5.2 分部揭煤防突

在煤系地层地段围岩软弱、破碎、自稳能力差，易造成坍塌，因此石门揭煤断面越小，发生危险可能性越小。针对六沾铁路隧道断面大、煤层与线路交角小的特点，设计采用中壁法分部揭煤，减小一次揭煤面积，以保证围岩的稳定，控制瓦斯涌出量，保证揭煤与施工通风安全。

(1)防突措施的确定

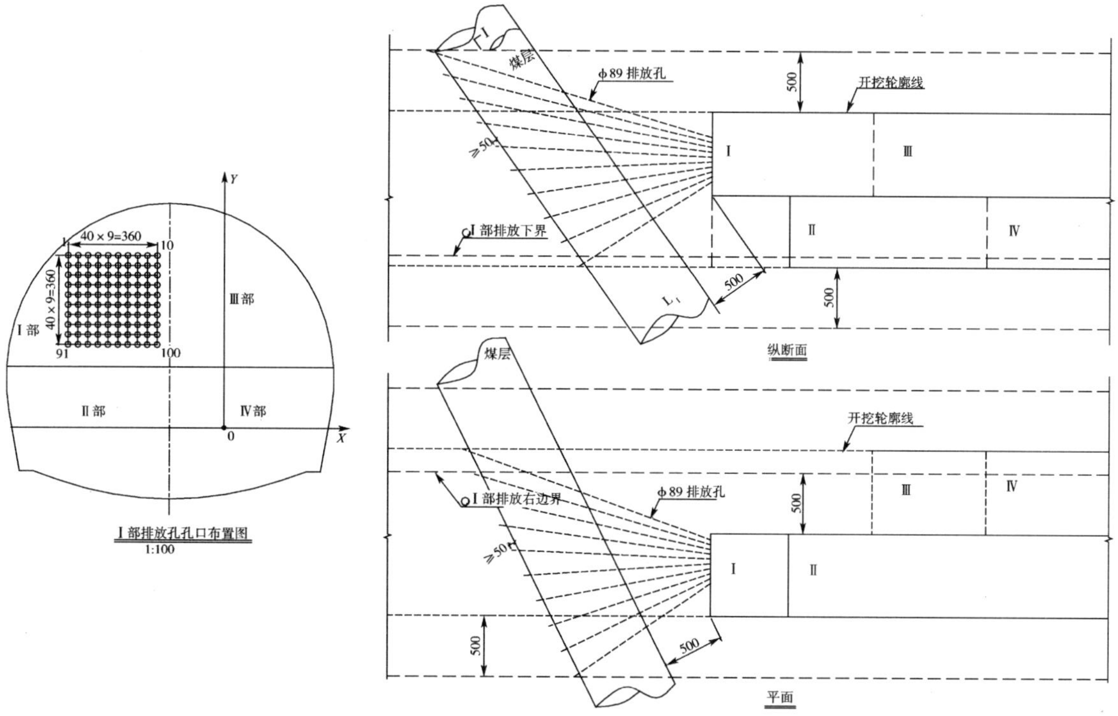

图 3　I 部排放孔布置(单位:mm)

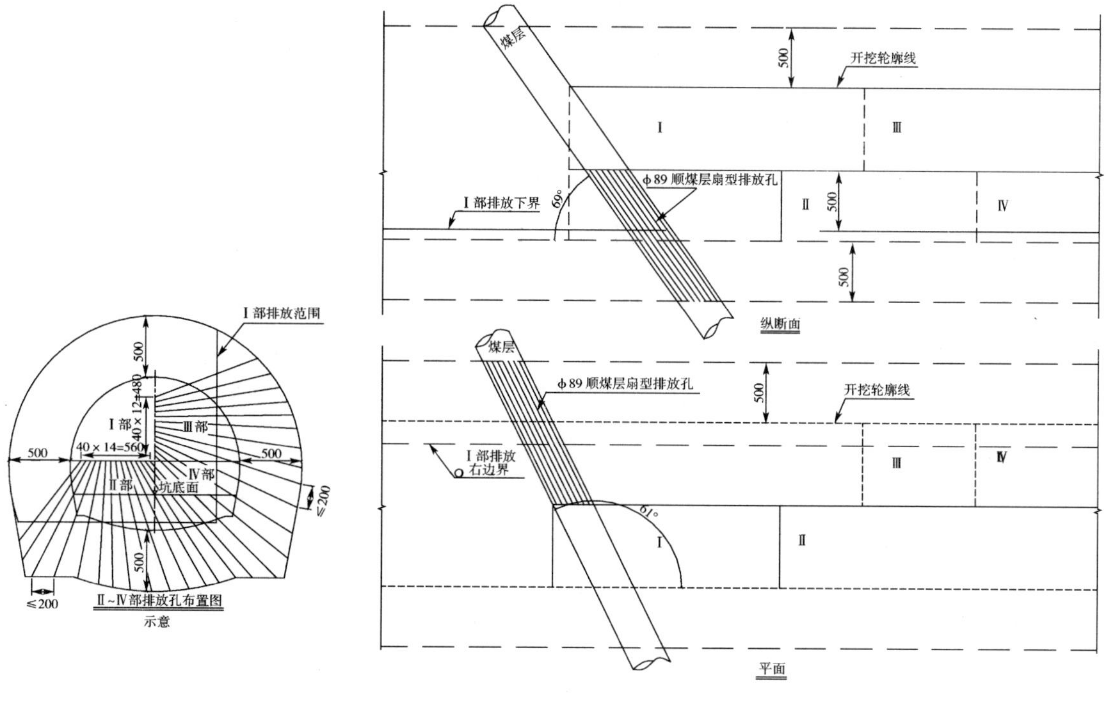

图 4　II～IV 部排放孔布置(单位:mm)

防止煤与瓦斯突出可用钻孔排放、瓦斯抽放、水力冲孔、金属架等或其他经试验验证有明显效果的措施。经煤矿部门介绍和家竹箐隧道试验总结,钻孔排放瓦斯具有技术简单、施工难度小、设备投入少、排放时间短、安全可靠等优点,且结合铁路隧道多数是空过煤层,接触煤层小,属小范围防突,因此,六沾铁路采用钻孔排放瓦斯进行煤层的防突设计。

(2)揭煤方式及排放孔布置

由于六沾线隧道开挖断面积较大(约 $125m^2/m$),隧道与煤层交角较小(仅 20°),穿越煤层段落较

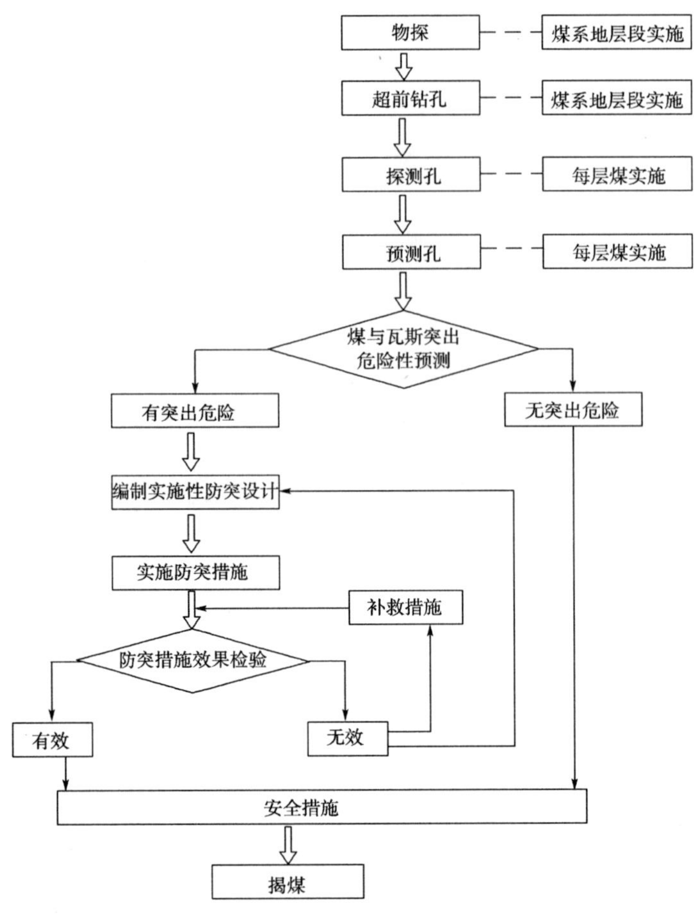

图 5　揭煤工作流程图

长，一次进行全断面揭煤，施工难度大且安全系数低。为减少瓦斯涌出量、降低通风难度，经过仔细比选采用中壁法开挖分部揭煤。

6　结语

现场施工至宣威群煤系地层时，通过瓦斯探测、瓦斯排放、分步揭煤、加强支护、加强通风、加强监测等一系列切实有效的工程措施，通过科学合理的工序管理，安全顺利地通过了宣威群煤系地层段的突出煤层，目前六沾线正线已经全部贯通，计划于 2012 年年底通车。

旧寨隧道高温地下水处理

杨 翔[1] 陈 松[2] 郦亚军[3]
(1.中铁二院工程集团有限责任公司昆明公司;
2.中铁二院工程集团有限责任公司地勘岩土公司;
3.中铁二院工程集团有限责任公司土建一院)

摘 要 本文通过对玉蒙铁路旧寨隧道地下热水发育段及影响段的勘察设计及施工,研究分析了高温地下水成因,并通过现场试验、测试、方案设计及施工验证,在适应当前国内隧道施工水平的基础上,提出了"通风降温+减少热源+个体防护+局部机械制冷+调整施工组织"的地热处理理念。

关键词 隧道;高温;地下热水;处理

High Temperature Groundwater Treatment for Jiuzhai Tunnel

Yang Xiang[1] Chen Song[2] Li Yajun[3]
(1. Kunming Survey, Design and Research Institute Co. Ltd. of CREEC;
2. Geological Prospecting& Geotechnical Engineering Co. Ltd. of CREEC;
3. First Civil Construction Design and Research Institute of CREEC)

Abstract According to the survey and design and construction of underground hot water development and influence section in the Jiuzhai tunnel on YuMeng railway, the analysis and research have been herein made of the high temperature groundwater causes, and through the field test, test, project design and construction test and verification, based on the current domestic tunnel construction level, the geothermal treatment concept of "ventilation cooling + reduce heat source + individual defend + local mechanical refrigeration + adjust construction organization" was herein put forward.

Key words tunnel; high temperature; underground hot water; treatment

1 引言

地热作为能源应用,已渐受关注,但对地下工程而言,危害较大。高温高湿的施工环境不仅危害作业人员的健康和安全,降低劳动生产率;还将造成机械设备的工作环境恶化,故障增多甚至损坏。这些均较大的增加了施工难度并严重影响施工进度,造成施工成本大幅度提高。

目前,国内在矿井热害方面已有部分研究,但在以往的铁路隧道建设中,尚未遇到较严重的热害,也缺乏系统的理论和成熟的治理经验。本文通过玉蒙铁路旧寨隧道遭遇地下热水后所采取的一系列专题研究、试验、测试以及最终采用的处理方案,提出了一种较适应目前国内施工水平的地热处理理念,供广大同仁们参考、完善。

2 工程概况

2.1 隧道概况

旧寨隧道(设计时速 120km,单线)位于玉溪至蒙自铁路燕子洞站—鸡街站区间,全长 4460m,洞内

作者简介:杨翔(1975—),男,高级工程师。

线路为单面下坡(15.5‰)。隧道区址为高原溶蚀、剥蚀低中山地貌,最大埋深约150m,见图1。本隧道分进口、出口两个工区组织施工,分别于2006年5月、2006年4月开工,于2009年8月1日成功贯通,贯通点里程为DK120+695。

2.2 地质概况

该隧道穿越主要地层为断层角砾(F_{br}),上第三系(N)泥岩(膨胀岩)、砂岩、砾岩夹褐煤,三叠系个旧组上段(T_2g^2)灰岩、白云质灰岩夹泥灰岩、页岩。隧址位于石屏—建水活动断裂带东端,洞身DK120+500之后位于小江断裂带与石屏—建水断裂带交汇处,两断裂带均属新构造运动活动断裂带,是现代地震的发震构造,曾多次发生强烈地震,地质构造复杂。该区域地震动峰值加速度为0.2g,地震动反应谱特征周期为0.45s。地下水以孔隙水、裂隙水及岩溶水为主,全隧正常涌水量为22500 m^3/d,最大涌水量为27000 m^3/d。主要不良地质为地热、顺层、岩溶、断层破碎带及有害气体;特殊岩土为弱膨胀土、上第三系(N)膨胀岩。

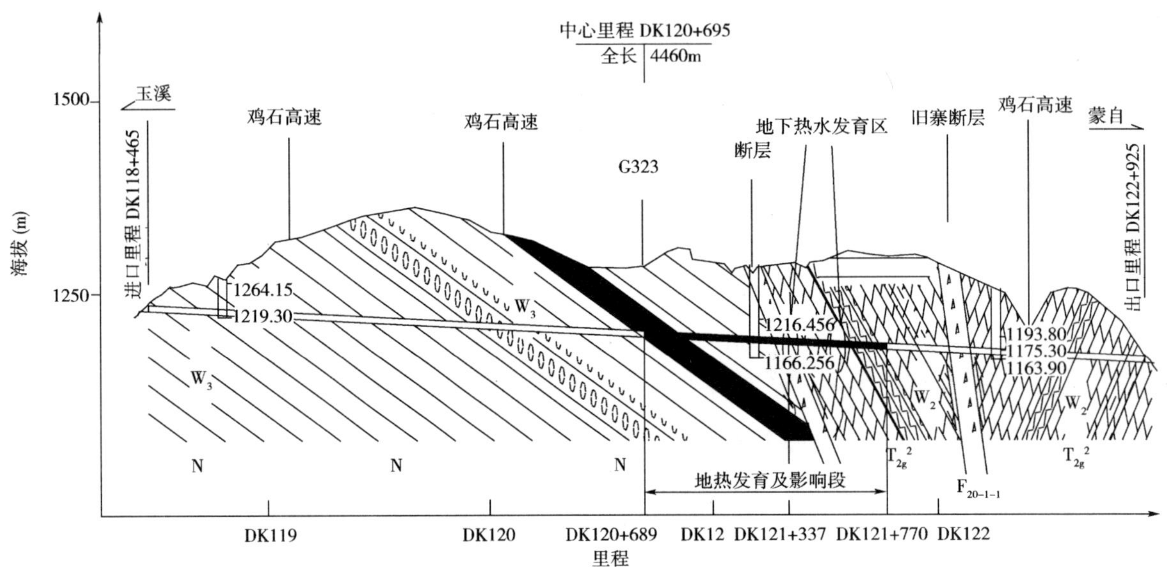

图1 旧寨隧道地质纵断面图

3 地热段施工情况

3.1 施工揭示地下热水情况

2007年6月,出口工区施工至DK121+770时(独头掘进1155m),洞内温度突然升高。随洞身前行,洞内气温基本维持在40℃左右,拱顶、边墙、隧底多处揭示出水点,水温在37~47℃之间(局部最高达55℃),气温在34~43℃之间(局部最高达52℃)。施工揭示热水地段多为活动断裂带,岩性为泥岩夹灰岩块石,岩体破碎。施工共揭示13处股状或暴雨状热水,其中水量最大者为DK121+337处(2007年12月20日揭示),水温41℃,流量约8000~9000m^3/d,该处地层为灰岩块石、泥岩,岩体破碎。根据水温及涌水量统计资料分析得出:旧寨隧道以DK121+200~DK121+490、DK121+510~DK121+540两段为中心,水温、气温及水量向两端有下降的趋势,此与构造环境、岩溶发育程度等相关,沿断裂带地下热水较丰富,见图2、图3。

3.2 施工困难状况

由于洞内温度、湿度均较高,见图4、图5,现场施工人员无法正常着装工作,劳动强度及难度大大提高,初期时常发生施工人员中暑晕厥现象;部分人员出洞后眼睛红肿(洞内温水无腐蚀);现场作业人员工作10min即需进入低温室休息,冷热交替的环境易造成施工人员突患恶心、呕吐、高烧等疾病。曾多次发生工班集体请辞现象,现场也多次处于半停工甚至停工状态,严重影响了施工进度。此外,洞内机械设备经常熄火，损耗严重，维修率高，亦对进度产生不利影响。由于长期受高温水汽影响，现场风管较易损坏，洞内电缆、灯座、漏电保护器等施工用电设备均曾遭损坏。

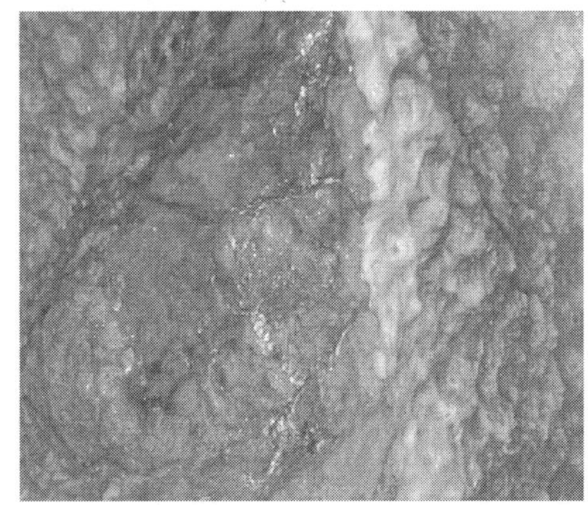

图 2　地热段开挖岩面

图 3　洞口热水流量

图 4　洞内热水流至洞口形成热蒸气

图 5　地热段施工实况

3.3　施工进度概况

遇地热前，该工区月进尺基本保持在百米左右，但自 2007 年 6 月遭遇地热以来，施工进度一度极为低下(13m/月～40m/月)，甚至偶尔处于停工状态。通过试验、测试、研究，并采取一系列措施后，洞内施工环境得到一定改善，进度也得到一定提升(50m/月～70m/月)。

4　地热危害分析

4.1　作业人员生理不适可能引发疾病

根据国内外一些高温矿井的调查资料及相关文献资料，人们在长期的高温环境中作业，可能产生一系列生理功能的改变：

(1)体温调节发生障碍，主要表现为体温和皮温升高；

(2)盐、水代谢出现紊乱，有机体的机能受到影响；

(3)神经系统、循环系统、消化系统和泌尿系统等均会因高温下机体大量失水，改变正常的功能，甚至引发疾病。

4.2　劳动效率降低并导致事故率增高

人们长期在地下高温环境中作业，人的中枢神经系统易产生抑制失调，大脑皮层兴奋过程减弱，条件反射潜伏期延长，从而造成人精神恍惚、疲劳、浑身无力、昏昏沉沉，这种状况成为劳动生产率低下的主要原因，同时，由于作业人员注意力不集中，共济协调较慢，反应迟钝，在洞内易导致生产事故发生。调查表明，高温矿井的劳动效率仅为常温矿井的 30%～40%；高温矿井的事故发生率为常温矿井的 3～4 倍。

4.3 隧道高地温热害分析评估标准厘定建议

目前隧道内地热危害评估标准尚无规范可循,《铁路隧道工程施工技术指南》规定,符合职业健康及安全的作业环境为“隧道内气温不得高于 28℃”;《地热资源评价办法》中对热储温度从“冷水～高温”进行了五档划分。根据中铁二院正在进行的铁道部科技研发课题——“大瑞铁路复杂地质艰险山区重大工程地质问题研究”的“阶段研究报告”,结合上述《指南》、《办法》及旧寨隧道遇地热后的工程实况,按热害对施工和营运的影响程度,厘定隧道高地温热害分析评估标准为:t≤28℃,无热害;28℃＜t≤40℃,热害轻微;40℃＜t≤60℃,热害较严重;t＞60℃,热害严重。

5 地热段处理

针对旧寨隧道出口工区地热水引发的一系列问题,通过专题研究、现场试验、测试及相关理论计算,从加强施工通风、减少热源、个体防护、调整施组等方面进行深入研究,制定了“通风降温＋减少热源＋个体防护＋局部机械制冷＋调整施工组织”的地热处理方案。

5.1 专题研究及现场试验测试

针对地下热水,设计方进行了专题研究,并与施工方合作,在现场进行了一系列试验、测试,为处理方案的制定提供了坚实的基础资料。

(1)《旧寨隧道地下热水专题研究报告》成果

通过对隧道附近区域地表温(热)泉的特征调查、洞内外热水的取样、氢氧同位素组成特征分析与氚放射性同位素测定等一系列工作,结论如下:

①该隧道地热水来源于大气降水补给。隧址区具备补给来源、径流通道、热储来源等地热水形成条件。南西侧高山区接受大气降水入渗,通过断裂带循环、加温后,向临安河运移排泄。隧道轴线与地热水流向大角度相交,开挖后,热水涌出产生洞内高温。

②温泉水的热源为较高的大地热流供热;局部岩体表面温度是热水通过岩体裂隙热传导作用产生的。

③综合分析,隧道内的热水对地表温水塘无明显影响。

(2)通风系统现场测试及成果分析

分别对隧道原通风系统以及利用既有设备优化后通风系统进行了一系列现场测试,测试的主要项目为:隧道内干、湿球温度;相对湿度;风管出风口风速;隧道内回风速;洞内外大气压力;洞内水沟水温。共布置 25 个测试断面。

①原通风系统设备状况及测试成果分析

原施工通风系统采用两台风机串联接力模式,洞外风机风筒末端与洞内风机存在 2～3m 的间距,如图 6。

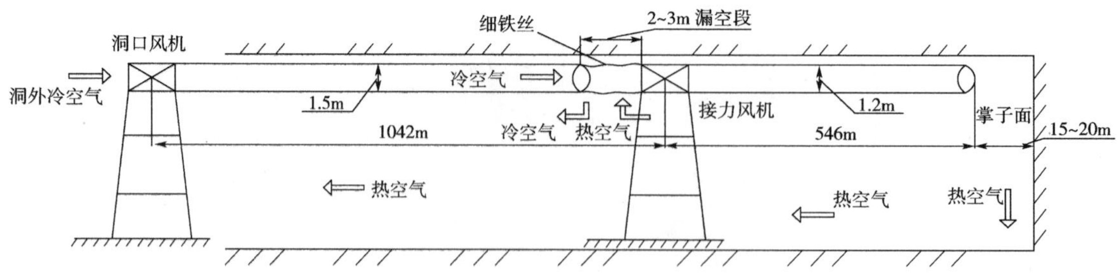

图 6 原施工通风系统示意图

通过对试验测试数据的回归整理、分析,初步结论如下:

A.既有通风系统对洞内温度和湿度均有一定改善,但对集中出水点处水温影响不大。在开始通风的 1h 内洞内干、湿球温度和相对湿度下降明显,干球温度下降 1.2～1.5℃,湿球温度下降 1.5～2℃;掌

子面后方 100～150m 范围内湿度下降明显，150m 以外下降 10%～20%；1～2h 后下降趋缓；2～3h 后洞内热平衡趋于稳定。

B. 在洞口附近的测点各项测试参数与洞内相比，趋势差异较大，说明洞口附近受大气环境影响较大。根据测试数据，洞外气候可影响洞口段 300～500m 范围。

②优化后通风系统设备状况及测试成果分析

考虑既有通风系统在接力处存在热空气和污浊空气的循环问题，故在原设备基础上，取消洞内风机，只采用洞外风机独头压入式通风，如图 7。

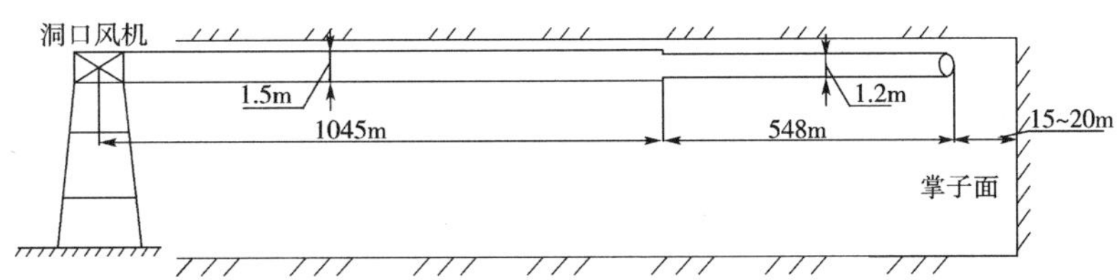

图 7 优化后通风系统示意图

通过对试验测试数据的回归整理、分析，初步结论如下：

A. 通过对比，优化系统后风管出风口风量与原通风系统基本一致，表明：

a. 原通风系统中的洞内风机基本未起作用。

b. 造成洞内气温始终居高不下的主要原因有：风机功率不够；风筒直径不一；风筒节与节之间漏风严重；风筒沿隧道纵向不平直。

B. 通风系统优化后，在开始通风 1h 内，洞内温度下降明显，掌子面附近 150m 范围内干球温度下降了 2.5～3℃，湿球温度下降了 2～3℃；通风 1～2h 后降温速度趋缓；2～3h 后基本趋于稳定，显示优化后降温效果有一定的改善，但由于风管的漏风率和沿程风阻无法达标，故未能达到理想效果。

③小结

A. 既有通风设备在风量与风压上均无法满足通风降温要求；既有风管漏风严重且直径不同；既有风机接力形式存在热空气和污浊空气循环现象；采用的单层胶皮风管不能有效隔绝风管内外的热交换，降温效果较差。因此，有必要对通风系统进行改进，以降低出风口风流温度。

B. 洞内多段出露的集中股状热水和漫流于初期支护表面的散状热水向洞内传递大量热量，出水点水温在不同通风时间段基本维持不变，附近相对湿度基本维持在 100%，高温高湿的环境对人员健康、机械运行、生产工效等产生了巨大的不利影响。如何有效减少洞内热水的出水量及其向洞内空气的传热量，是解决本隧道热害的关键。

(3)冰块降温测试及成果分析

①现场测试

为改善洞内施工环境，在掌子面附近放置冰块进行物理降温，改善施工环境。经现场实测，该措施可降低气温 2～3℃。

②理论计算

根据 1kg0℃的冰化为 0℃的水需要吸收 80×10^3 Cal(3.347×10^5 J)的热量，且融化后的水温升至洞内温度也需吸收热量，故每天 20t 冰块融化后可吸收热量：

$$Q=CM\Delta T=2.0\times10^9\,\text{Cal}。$$

按隧道断面约 50m^2，洞内掌子面附近 200m 范围气流平均流速 0.33m/s，冰融化时间 1d 计算，则气温降低：

$$\Delta T=Q/C_{气}\ M_{气}=4.53℃。$$

该计算结果与现场实测基本相符。

③成果分析

综上所述，若要使地热水流量 $8000\text{m}^3/\text{d}$、影响长度约 1000m 的洞内环境温度降至 28℃以下，采用冰块进行物理降温的方法，每天约需消耗冰块1000多吨，用量极大，并使洞内每天的排水量增加；此外，大量使用冰块将增加洞内空气相对湿度，反而恶化施工环境。从技术、经济两方面综合分析、比较，长期利用冰块降温方案不可行；但在气温较高的局部地段使用冰块配合通风降温，对改善作业环境还是十分有效的。

5.2 通风降温

(1)理论计算确定方案

在既有通风系统作用下，地热发育及影响段洞内温度基本维持在33～39℃之间，无法满足洞内作业环境要求，根据计算，对通风系统作如下调整：

为使洞外较低温新鲜空气有效送入洞内，风机均设于洞外，采用独头压入式通风。

根据计算结果，需在洞外设置两台风机，每台风机接一根风管送至掌子面，为防止风管内外空气热交换，通风管宜采用双层隔热风管。设计推荐设备如下，见表1。

通风降温风机和风管设备参数 表1

项目	形式	参数	数量
风机	ZSDF(II)-NO12.5型	每台流量 1.2×10^5 m³/h，全压4800Pa，功率110×2kW	2台
风筒	胶皮型软式双层	内径1.5m，外径1.52m	2200m×2根

采用该系统降温，理论计算结果，见表2。

通风降温效果计算成果表 表2

洞外气温(℃)	16	17	18	19	20	21	22	23	24	25	26
掌子面温度(℃)	25.2	25.9	26.5	27.2	27.8	28.5	29.2	29.8	30.5	31.1	32.0

该地区年平均气温为19.25℃，冬季最低气温为−3.25℃，夏季最高气温为36.6℃，根据计算成果，在全年大部分时间内，采用该通风系统可将洞内气温控制在28℃以下；但在夏季，由于洞外气温较高，洞内气温难以满足要求。

(2)现场实施方案

综合考虑设备现状、设备调配能力等因素，本着经济便捷解决问题的原则，施工方实际采用方案如下：

增设至5台风机，全天不间断通风。其中主风机2台(2×115kW、2×132kW)，均设于洞外，采用独头压入式通风，每台风机接一根单层风管送风至掌子面。洞内设3台局扇(2×55kW、45kW、45kW)，往洞外通风，以加大热气外排效率。

经现场实测，通风系统优化后，洞内温度可降低2～3℃。

5.3 减少热源

相关研究成果表明：地热水是洞内气温、湿度居高不下的主要原因，如何有效减少热源，减少热水与空气之间的热交换及热水气化量，是降低洞内气温、湿度的关键。根据该隧道地热水溢出特性，确定“以排为主，以堵为辅”的治水原则：对分散出水点采用径向或局部注浆封堵，对集中出水点设管引排。

(1)分散出水点处理措施

针对散流、漫流热水采用径向或局部注浆措施予以封堵，见表3。

地热散水点封堵措施表 表3

序号	段落	热水现状	处理措施
1	DK121+536	小股涌水	局部径向注浆
2	DK121+495	左侧隧底散水	前后4m范围隧底局部径向注浆
3	DK121+463～DK121+477	全断面散水	全环径向注浆
4	DK121+455	右侧拱腰散水	前后4m范围右侧拱腰局部径向注浆
5	DK121+428～DK121+438	全断面散水	全环径向注浆
6	DK121+355～DK121+360	全断面散水	全环径向注浆

(2)集中股状热水引排

①施工中临时引排措施

在对散状出水点采用注浆封堵措施的同时,对洞内集中股状热水采用保温水管予以引排,见表4。

地热股状集中出水点临时引排措施表 表4

序号	出水点	热水现状	处理措施
1	DK121+530	小股涌水(约 $100m^3/d$)	采用排水管统一引排
2	DK121+520	集中涌水(约 $300\sim400m^3/d$)	
3	DK121+337	集中涌水(约 $8000\sim9000m^3/d$)	出水口预埋 $\phi500$ 带法兰盘铸铁管,并浇筑早强C30混凝土封堵出水口,然后采用2根 $\phi150$ 排水管统一引排

现场实施该措施后,温度较之前降低3℃~5℃。

②竣工后永久引排措施

全隧贯通后,洞内原三股地热水水量较之前均有所减小,其中DK121+520、DK121+530两处已基本无水,而DK121+337处涌水量约为 $6000m^3/d$,水温40℃。为避免热水长期在水沟内漫流对运营产生不利影响,通过水力计算,采用2根DN150钢塑复合管将DK121+337处集中股状水引排至洞外。洞内两根水管均布置于线路左侧水沟内距沟底18cm处。

③洞外热水引排措施

地热水出洞后仍采用钢塑复合管连接引排至临时蓄水池(长10m×宽10m×深1m),由于出水量较大,难以将热水降至常温,故待池中蓄水涨至一定水位后,通过新建沟渠排水至附近河沟内,与河沟水混合降温。

5.4 施工组织调整

(1)施工人员调整

维持三班倒作业形式,增加每个班组作业人员,按环境温度分段,将原班组每班12~16人,增至每班27~36人。每班分两组,每组工作1~1.5h,即进入低温室休息,下一组进行施工,如此轮流循环作业。

(2)施工机械调整

针对洞内作业设备经常出现故障等问题,增加一套机械设备,两套设备轮流工作,在洞外对机械设备及时维修和保养。

5.5 辅助措施

除采用上述主要措施外,为最大程度改善作业环境,保障施工人员身心健康及施工安全,从而确保施工效率,根据现场实际情况,还采用了一系列辅助措施:

(1)增设低温室

洞内温度过高,施工人员无法长时间持续工作。利用DK120+983、DK121+283、DK121+583三处大避车洞并在DK121+853处新建一洞室,作为低温室,室内布置立体空调、风扇及防暑用品等,供班组人员轮流休息,见图8、图9。

图8 DK121+853处新建低温洞室

图9 低温洞室内空调制冷设备

(2)冰块降温

根据现场测试及分析成果,在工作面附近放置一定数量的冰块进行物理降温。经现场实测,采用该措施后,局部温度可降低 2～3℃,见图 10、图 11。

图 10 洞内掌子面台架设冰块降温

图 11 洞内二衬作业面附近设冰块降温

(3)做好劳动保护

根据国家相关规定,用人单位不能采取有效措施将工作场所温度降低至 33℃以下的,应向劳动者支付高温补贴。因此,施工现场采用以下劳保措施:工人工资增加一倍以上;购买防暑降温食品,加倍发放劳保用品;现场增设医疗救治小组以应付突发状况;制定高温环境应急救援预案;定期对所有参建人员进行体检。

5.6 处理效果

采用上述综合治理措施后,洞内施工环境得到较大改善,根据季节不同,洞内气温维持在 28～35℃,湿度基本恢复正常,但夏季仍较难将洞内气温降至舒适温度。施工队伍得到稳定,施工效率得到较大提高,月进尺从处理前的 13～40m(甚至偶尔停工)提升至 50～70m,目前全隧已竣工近三年,衬砌结构及防排水系统未采取特殊加强措施,洞内气温、湿度正常。

6 结语

(1)根据目前国内施工水平,针对以地下热水为主的地热隧道,采用"通风降温＋减少热源(集中引排或局部封堵热水)＋个体防护＋局部机械制冷＋调整施工组织"的处理方案是可行的。其中,"减少热源"为关键所在。

(2)根据笔者全过程亲身体验,相对高温而言,高湿环境对作业人员影响更大,令人胸闷、缺氧。在对地下热水进行治理、归管后,较干燥环境下通过通风降温使气温降至 35℃以下时,人员难受程度大为降低,通过调整施工组织即可较为正常施工。因此,建议在地热发育区选择隧道线位时,尽量选择环境温度在 35℃以下的低温走廊带通过,极限温度不宜超过 40℃,如此,可采用较为常规的方案处理通过。

(3)施工通风系统虽经优化,但降温效果不甚显著,主要原因在于单层风管不能有效隔绝风管内外空气的热交换,因此,在地热发育段采用双层隔热风管是必要的,只有如此,才能确保洞外较低温空气送至掌子面。

(4)本隧道地热段个体防护措施仅采用"增设低温室＋局部冰块降温"的较常规方法,有一定效果,但仍导致人员增加及工效降低。若将来经济条件允许,给作业人员配备冷却服,将可较好的解决个体防护及工效降低问题。

参考文献

[1] 中铁二院工程集团有限责任公司. 旧寨隧道地下热水专题研究报告[R]成都,2007.

[2] 中铁二院工程集团有限责任公司. 大瑞铁路复杂地质艰险山区重大工程地质问题阶段研究报告

[R]. 成都,2007.

[3] 中铁二院工程集团有限责任公司. DK120+695 旧寨隧道出口工区地热处理Ⅰ类变更设计方案[R]. 成都,2010.

[4] 铁道部第二勘察设计院. 铁路工程设计技术手册·隧道[M]. 北京:中国铁道出版社,1995.

国道317线鹧鸪山隧道冻害处理

万建国
(中铁二院工程集团有限责任公司公路市政院)

摘　要　鹧鸪山隧道长4448m,是国道317线(川藏公路北线)的重点控制性工程,具有"两高三低一大一复杂"(高海拔、高严寒、低气温、低气压、低含氧量、埋深大、地质复杂)和通风防灾救援困难等工程特点和难点。设计开创了单洞双向行车条件下平导两端压入分段纵向式通风的特长公路隧道建设模式,建立了系统设计理论、营运控制与灾害救援技术体系;形成了冻胀冻融区特长公路隧道结构抗防冻、复杂地质条件下隧道综合处理技术,为全国高寒、高海拔及复杂地质条件下隧道建设及营运管理积累了宝贵经验,在"5.12汶川大地震"中为抗震救灾作出了巨大贡献。本文主要介绍了处理冻胀冻融的工程措施。

关键词　高严寒;低气温;冻胀冻融;综合抗防冻技术

Frost Treatment of Zhegushan Tunnel on National Highway 317 Line

Wan Jianguo
(Municipal Highway Design Institute of CREEC)

Abstract　Zhegushan tunnel, 4448 metres long, is the key controlling engineering of national highway 317 line (North line of Sichuan-Tibet highway) and characterized by the difficulties of high altitude, frigid weather, low temperature, infrabar, low oxygen levels, large buried deep, complex geology and difficult ventilation and disaster relief, etc. In the design, construction mode for special long highway tunnel to adopt section longitudinal ventilation pressed on both ends of the parallel adit under the single hole two-way driving conditions has been initiated. The system of design theory, operation control and disaster relief technology has been established; the tunnel comprehensive treatment technology thereof has been formed in frost heave freeze-thaw area; the valuable experience thereof in the whole nation has been accumulated, which makes a great contribution to "5. 12 Wenchuan earthquake relief". This paper mainly introduces the frost heaving freeze-thaw engineering treatment measures.

Key words　frigid weather; low temperature; frost heaving freeze-thaw resistance; comprehensive technology for frost resistance

1　引言

鹧鸪山地处四川省西北部阿坝藏族羌族自治州境内的理县与马尔康县交界处,东距离成都约300km,它是成都通往马尔康的必经之地,也是国道317线(川藏公路北线)的第一座大山隘口(见图1)。鹧鸪山隧道于2001年4月正式开工建设,2005年3月正式竣工通车,隧道的建成,缩短了既有国道317线45km,彻底解决了既有国道317线翻越鹧鸪山段的因气候而产生的恶劣交通条件,确保了国道317线鹧鸪山段全年交通畅通。

作者简介:万建国(1970—　),男,高级工程师,中铁二院工程集团有限责任公司公路市政院副总工程师。

鹧鸪山地区属北温带、川西北高原气候区，历年平均气温 3.3℃～3.8℃，每年 9 月至次年 4 月为冬期，平均气温－5℃～－15℃，极端最低气温－31.1℃；空气气压 0.6MPa，为海平面的 60%；空气中含氧量 13.7%，是平原地区 67%；冻结最大深度 1.01m，最大积雪厚 47cm(图 2)。

图 1　鹧鸪山隧道地理位置图

图 2　国道 317 线鹧鸪山段冬季积雪

鹧鸪山隧道全长 4448m，按山岭重丘二级公路和时速 40km 设计，隧道海拔高程 3334～3361m，最大埋深 1025m。为了通风、救灾、避难、排水、加快施工进度、超前地质预报，在隧道左侧 30m 处设一长 4446m 的贯通平行导坑，隧道与平行导坑间设 9 条横通道连接。

隧道和平行导坑出口 43m 及其洞外场坪位于冰川泥石流堆积体内，堆积层厚 10～26m，堆积体为碎石土夹黏土、粉细砂土及淤泥，局部含块石，松散、饱和，稍密，属Ⅱ级普通土。碎石属冰碛、冰水沉积、冲洪积、崩坡积碎石角砾土，并含少量砾石。地下水极其发育，局部见地下水股状涌出地表。隧道洞门右侧为阎王曲沟，常年流水，且同一横断面处沟底高程高于隧道路面及洞外场坪高程，沟内水通过堆积体大量渗透到隧道及洞外场坪。

2　设计需要解决的主要问题

鹧鸪山隧道位于季节性冻胀冻融区，进出口围岩地下水较为丰富，特别是隧道出口位于富含地下水的冰川泥石流堆积体内，堆积体组成物质复杂，粒径变化大，结构松散，地下水位高，易产生冻胀冻融现象。因此，冻胀冻融成为设计需要重点解决的问题之一。

对于隧道来说，冻胀冻融威胁着隧道结构稳定，可能侵占建筑界限，影响行车安全，使隧道不能正常使用，且治理及维护费用高昂。通过分析，冻胀冻融对隧道的影响主要表现为如下四个方面：

(1)隧道支护背后围岩在反复冻融循环下抗拉强度降低，并在地下水不断侵蚀下造成支护背后围岩的严重风化，节理裂隙不断扩张，围岩自承力减小，产生更大的形变压力和松动压力，导致作用于隧道结构的荷载加大。围岩对隧道结构的约束条件恶化。

(2)隧道支护结构背部富存地下水在寒冷月结冰膨胀形成冻胀力，其中部分冻胀力作用于隧道支护体系上，使隧道支护承受荷载加大。一般条件下，支护刚度越大，冻胀力越大。

(3)地下水通过隧道混凝土裂缝、结构施工缝、变形缝等渗漏通道进入混凝土内，冬季结冰冻胀，在冻胀力的作用下，衬砌中的裂缝扩展并使相邻裂缝连通。当冻结的渗漏通道水在暖季融化后，随着冻胀力消散，衬砌中裂缝扩展量会有所减小，但裂缝不会完全恢复，总会有残余的变形存在，在冻融循环的作用下，衬砌中的裂缝越来越大，并逐渐形成贯通裂缝，严重时会产生衬砌错台、掉块等威胁结构稳定性(图 3)。本隧道进出口所处位置地下水较为丰富，混凝土结构渗漏通道中地下水会更多，冻胀冻融病害会更严重。

(4)混凝土毛细孔内水反复冻融会造成混凝土内部胶结结构破坏，使骨料间胶结结构体松散，产生裂缝，从而降低混凝土的强度，常年的冻胀冻融循环使混凝土逐渐劣化，支护体系刚度降低，进而影响支护结构整体安全。

隧道冻害表现形式主要有：

①衬砌结构失稳，隧道衬砌结构部分被推出，甚至隧道整体塌陷。

②隧道衬砌混凝土大面积酥裂、剥落、开裂。

③隧道衬砌背部冻结,出现融解漏水,甚至涌水。

④隧道拱部出现冰柱或冰凌子,见图4。

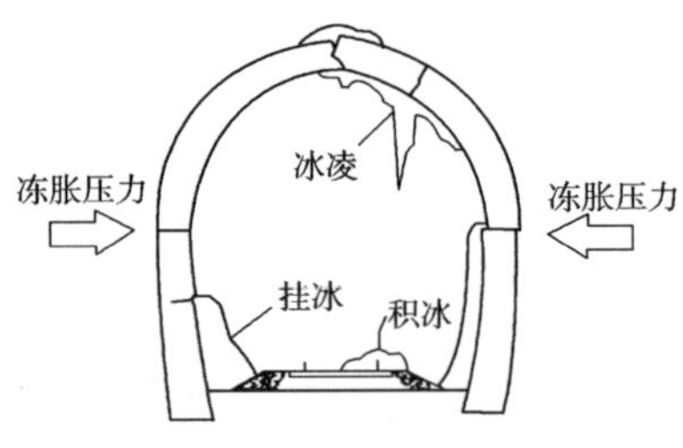

图3　因冻害隧道开裂错台

图4　隧道内挂冰

⑤隧道侧墙出现冻结产生壁冰。

⑥隧道底部漫水、结冰。

3　抗冻胀冻融工程设计方案

由季节性冻胀冻融产生机理知,产生冻胀冻融病害的根本原因在于岩土和混凝土结构中水循环结冰融化所致,在热固耦合分析基础上,设计重点从减阻岩土地下水和混凝土结构孔隙水、提高隧道内空气温度、采取保温措施保障隧道混凝土及其背后岩土温度维持在零度以上等三方面采取工程措施,防止地下水和混凝土毛细孔内水结冰。

(1)隧道和平行导坑抗冻胀冻融设防段长度确定

设防段长度确定是隧道抗冻胀冻融设计的基础和关键,只有在合理确定了设防长度基础上,才能保障隧道抗冻胀冻融的可靠性和经济性。在收集隧道区历年和月平均温度基础上,设计阶段利用冬季地道风温升原理,计算出隧道洞口400m范围、平行导坑洞口600m范围为抗冻胀冻融设防段,并要求施工阶段结合现场温度、保温材料测试和研究,进一步优化设防段长度和保温材料选型设计。

施工阶段,在准确测定围岩(砂岩、炭质板岩和炭质千枚岩等)及衬砌混凝土热物理参数基础上,结合鹧鸪山隧道施工进度情况,对贯通前后洞外空气温度、隧道进出口端一定长度范围内(进口700m,出口500m)的隧道空气温度及隧道围岩一定深度范围内的温度进行了两年多时间的连续系统监测,取得了大量现场实测数据,通过对实测数据的统计分析,得到了鹧鸪山隧道内气温和围岩温度场的分布与变化规律,隧道内纵向温度变化规律如下:

$$T(h) = t_m + A_y \sin\frac{2\pi(d-d_0)}{365} + A_d \sin\frac{2\pi(h-h_0)}{24} \tag{1}$$

式中:t_m——洞外年平均气温;

A_y——洞外年温度振幅;

d_0——洞外温度相位;

h_0——洞内温度相位;

A_d——洞内日温度振幅,隧道进口段按 $A_d = 6.01 \cdot e^{-0.0086 \cdot x} + 3.56$ 计算,出口段按 $A_d = 8.40 \cdot e^{-0.045x} + 4.73$ (A_d公式中 x 为距隧道洞口距离)计算。

取衬砌内表面日最低温度为 T_{hmin},则有:

$$T_{hmin} = t_m - A_y - A_d$$

由一维圆筒壁热传导原理知,衬砌背后围岩年平均温度要高于衬砌内表面处,且年温度振幅和日温度振幅小于衬砌内表面处,所以当衬砌内表面处日最低温度 $T_{hmin}=0$ 时,相应位置处衬砌背后的日最低温度≥0℃,即在衬砌表面不受冻时,衬砌背后围岩也不会冻结。因此用衬砌表面日最低温度 $T_{hmin}=0$ 作为临界温度来进行设防长度计算,得到隧道进口端设防长度438m,出口端设防长度384m;在考虑隔热效应和边界效应修正计算后,隧道进口端设防长度为578m,出口端设防长度为508m。平行导坑洞口设防段长度近期 600m，远期 800m。

(2)加强设防段防排水设计与施工，减阻地下水和混凝土结构孔隙水

①阻隔截排洞口段冰川泥石流堆积体内含水。针对隧道和平行导坑出口富水冰川泥石流堆积体易产生冻胀冻融，采取地表钢花管注浆、高压旋喷、地下盲沟等措施阻隔截排地下水，防止冻融影响范围外地下水流往支护背后。

a. 采用高压旋喷注浆、地表钢花管注浆及截水渗沟截排地表水及地下水，降低冻胀冻融对隧道及其附属结构(洞门墙、挡墙、外风道、变电所、风机房等)的危害。对粉细砂土、黏性土及淤泥占主要成分且地下水流速较小范围采用二重管高压旋喷注浆处理；对以碎石土为主、局部含块石范围采用地表钢花管注浆加固；为防止远处水流从地表及地下渗到隧道区域，在隧道区域外设截水渗沟一道，渗沟顶面设截水天沟，见图 5。

b. 防止隧道坍方，隧道、平行导坑洞口段采用大管棚预加固。

c. 阎王曲沟靠隧道侧设拦洪墙防止暴雨期间沟水翻入隧道场坪，同时对本段沟进行改造和疏通。

采取以上措施综合处理后，基本截堵了隧道区域外水进入隧道区域内，经过 11 年施工和营运时间考验，洞口段隧道、洞门、挡墙及场坪等构筑物均未出现渗漏水现象，完全达到了设计目的。

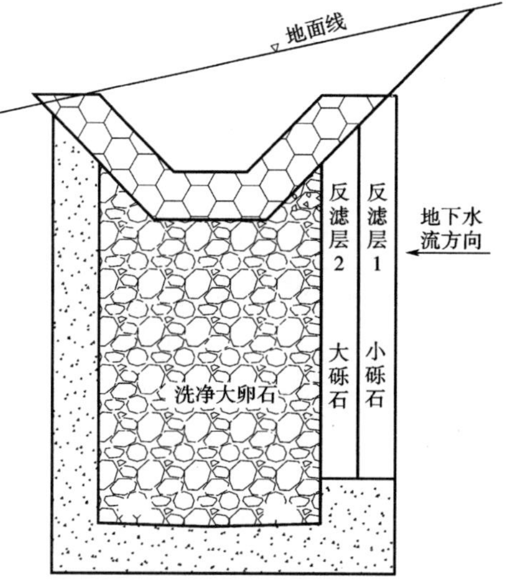

图 5　截水渗沟图

②设防段隧道衬砌背后排水盲沟(环向、横向)加密至 2～5m，使地下水尽快疏通排出，防止出现大面积淤积水或水囊。

③设防段隧道采用中心沟排水，沟深位于冻结线以下 0.25m，并设保温水沟盖板。

④加强隧道设防段防水层、混凝土和“三缝”施工质量管理，达到衬砌防水、堵漏的设防目的，减少隧道冻害危害。

(3)充分利用围岩地热资源及隧道内热源提高隧道设防段空气温度

①利用冬季地道风温升原理，通过营运通风风流在平行导坑及隧道中部吸收地热，在隧道洞口段散热来提高设防段隧道内空气温度，减轻冻胀冻融，确保营运安全。

结合隧道采用的平行导坑压入式通风，冬季洞外低温空气自平行导坑两端洞口压入，流动至平行导坑中部，通过横通道进入隧道中部，再自隧道中部向隧道两端洞口流出(见图 6)。冷空气在 4km 多的流动过程中，不停地和隧道结构及其背后的围岩发生热交换。当空气温度低于隧道结构及其背后围岩温度时则吸收其热量，提高自身温度，当空气温度高于隧道结构及其背后围岩温度时则散发热量，提高隧道结构及其背后围岩温度。经计算，在隧道中部地温 20℃条件下，洞外－10℃的冷空气经平行导坑和隧道中部增温作用后流出隧道洞口时，空气温度可达到 7.3℃，这样，隧道洞口结构及其背后围岩和地下水温度均能保证在 0℃以上，从而达到不冻胀冻融的目的。

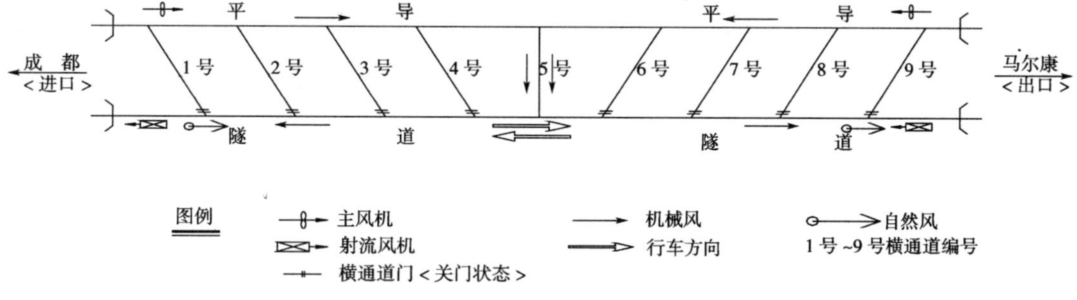

图 6　平行导坑压入式通风空气流动方向图

②利用隧道内照明、车辆行驶、通风机械运转散热来提高设防段隧道内空气温度。

(4)设防段采用保温防冻措施防止地下水及混凝土内水结冰

①隧道和平行导坑设防段衬砌内表面设保温隔热层。设计阶段，根据鹧鸪山隧道所处地区气温条件及隧道和平行导坑进出口的工程水文地质条件，为减少冻胀冻融的危害，在隧道和平行导坑设防段的衬砌内表面设保温隔热层。为了验证设计选择隔热材料的合理性及保温材料厚度数值选取的安全性，设计选用了三种保温隔热材料在平行导坑出口段进行现场试验(见图7～图9)，以验证保温隔热层防冻效果。施工阶段共设计了六个试验方案，每个试验段长度30m，在每一试验段保温材料背后都安装了环向、径向、纵向的电阻式温度计(见图10)。

图7　试验段隔温层施工

图8　隔热材料安装完毕

图9　保温层外保护层安装完毕

图10　温度计监测保温层后温度

通过对现场温度数据实测，并采用有限元法，假定隧道为二维稳态无热源、常物性无限长圆筒壁和二维有热源、常物性非稳态无限长圆筒壁，分别对选用的三种保温隔热层的厚度进行计算，并对各种材料保温性能及外保护层现场实用性进行可靠评价，最后确定隧道选用聚酚醛泡沫板＋FL纤维增强板保温，平行导坑分别采用硬脂聚氨酯泡沫板和硅酸铝纤维板＋纤维增强硅酸钙板保温。

结合隧道近远期通风方式的变化，隧道近期保温长度为洞口600m范围，远期也为600m；平行导坑近期为洞口450m(包括1号、9号横通道)范围(近期平行导坑进出口不进风，处于常闭状态，因此洞口保温长度较理论计算值600m短)，远期为洞口800m范围，见图11。

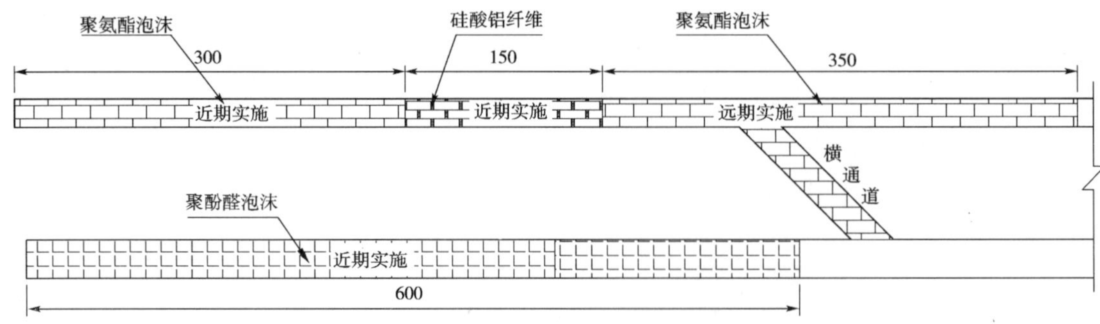

图11　隧道和平行导坑保温隔热层设防长度(单位：m)

根据2年多的现场实测数据，施作保温隔热层后，隧道衬砌表面温度均在4～9℃之间，即使考虑到

鹧鸪山地区历年平均最低气温与历年平均气温存在差值，在年平均气温最低的年份，衬砌表面的温度也不会降到0℃以下，因此衬砌背后围岩不会冰结。

②隧道和平行导坑设防段采用保温排水沟。为防止隧道内中心沟水在冬季结冰，设计时将中心沟置于冻结线以下0.25m，并采用双层盖板结构形式，两盖板间敷设导热系数低、憎水率高的聚苯乙烯泡沫块保温隔热材料保温(图12)，洞外排水沟出口采用保温出水口(图13)。

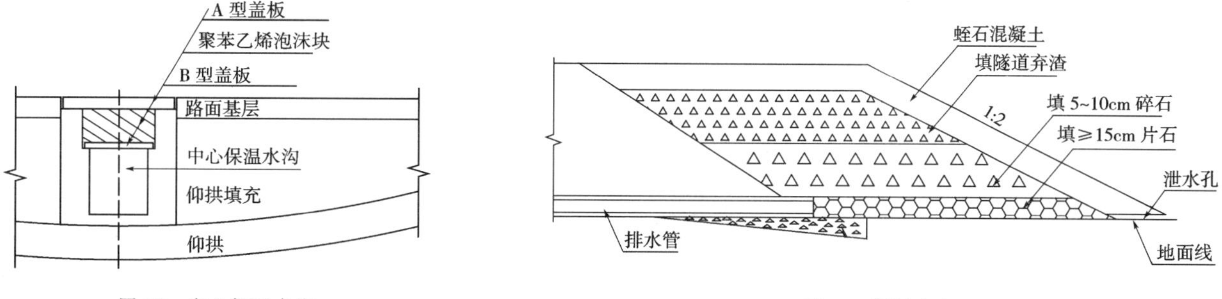

图12　中心保温水沟

图13　保温出水口

4　结语

广大参建单位克服了高海拔、高寒、低温、低压、低含氧量的恶劣自然环境和复杂地质条件，经过四年的共同努力，顺利完成隧道施工。通过鹧鸪山隧道的设计、施工和科研，总结形成了主要包括冻胀冻融区抗防冻技术、运营通风防灾技术和复杂地质条件下的综合处理技术等的一整套高原高海拔和冻胀冻融地区隧道建设综合配套技术，从而大大提升了我国建设高原、高海拔地区隧道的综合能力，其建设与营运技术模式为在建的拉脊山隧道(5530m)、雪山梁隧道(7957m)、巴朗山隧道(7945m)和正在设计的蓝家岩隧道(8125m)、雀儿山隧道(7048m)等30余座高海拔高寒复杂环境地区公路隧道所采用，鹧鸪山隧道(图14、图15)已成为我国公路隧道的标志性工程之一。

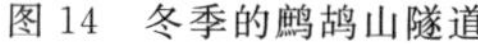

图14　冬季的鹧鸪山隧道

图15　夏季的鹧鸪山隧道

大断面黄土隧道下穿公路地表沉降控制技术

杨建民[1]　喻　渝[2]
(1. 中铁二院工程集团有限责任公司贵阳公司 2. 中铁二院工程集团有限责任公司公司办)

摘　要　大断面黄土隧道地表沉降控制的研究是一项复杂的工作,涉及的因素很多,本文依托郑州—西安客运专线阌乡隧道,选取隧道下穿高速公路前40m作为试验段,采用现场试验和理论分析相结合的方法,对大断面黄土隧道的支护参数、施工方法及工艺进行了分析研究,提出了大断面黄土隧道下穿高速公路段侧导洞和全断面封闭的时间、距离双控制标准以及合理的支护参数,有效控制了地表高速公路路面的沉降,确保了隧道施工的安全和高速公路运营的畅通,对黄土隧道及类似工程的设计和施工具有一定的指导意义和参考价值。

关键词　大断面;黄土隧道;下穿;地表沉降控制

Control Technology of Surface Settlement for Large Loess Tunnel Underpassing Highway

Yang Jianmin[1]　Yu Yu[2]
(1. Guiyang, Survey, Design and Research Institute of CREEC;
2. Administrative Office of CREEC)

Abstract　The study on control of surface settlement of loess tunnel with large cross section is complex because of many factors. Based on Wenxiang Tunnel on Zhengzhou-Xi'an high-speed passenger dedicated line, 40 meters before underpassing highway are chosen as testing objects. Supporting parameters, construction method and technology of loess tunnel with large cross section are analyzed by means of field test and theoretical analysis method. Time and distance control criterions of sealing side pilot and full-face, and rational supporting parameters, which can be taken as a reference for the design and construction of loess tunnel and similar projects, are presented while the large loess tunnel underpassing highway, with the result that the safe construction, smooth traffic of highway and surface settlement of the pavement of highway has been ensured.

Key words　large section; loess tunnel; underpassing; surface settlement control

1　引言

郑州至西安客运专线是我国在黄土地区修建的第一条时速350km的高速铁路。全线共有10处隧道浅埋下穿高速公路,超大断面隧道浅埋下穿高速公路,而不中断公路交通,是该线一大工程难题。

其中阌乡隧道下穿连霍高速公路工程最具代表性,该隧道同时是“高速铁路大断面黄土隧道公铁立交浅埋段地表沉降控制研究”、“高速铁路超大断面黄土隧道衬砌设计及工法研究”重点科研试验工程。

阌乡隧道下穿连霍高速公路段地面及洞内情况见图1。

2　工程特点

阌乡隧道全长770m,洞身中部下穿连霍高速公路,高速公路超重、超载车辆多、动载影响大,要求下

作者简介:杨建民(1968—　),男,教授级高级工程师,中铁二院工程集团有限责任公司贵阳公司副总工程师。

图1　下穿段高速公路及洞内双侧壁导坑法施工

穿施工期间路面不中断行车；同时，下穿施工为进出口双向施工，公路行车道路面下方贯通。另外，隧道下穿施工期间，正值北方各省大量救灾物资通过连霍高速公路运往四川汶川地震灾区的关键时刻，安全风险大。

该工程难点主要包括：

(1)开挖断面大：隧道下穿段开挖面积 175m²，为目前国内外开挖面积最大的黄土隧道，隧道设计和施工均无类似工程可借鉴。由于黄土特有的垂直节理发育的特点，导致浅埋隧道在施工过程中极易出现地表整体下沉的情况。

(2)地质条件差：砂质黄土极为松散，围岩无自稳能力。黄土成分以粉粒为主，质地均匀，结构疏松，孔隙比大，具肉眼可见之大孔隙，具高压缩性，遇水易崩解或湿陷。地基属中等～很严重自重湿陷性黄土场地，湿陷性黄土厚 15～30m。阌乡隧道物理力学性质指标见表1。

阌乡隧道物理力学性质指标　　表1

黄土类型	密度(g/cm³)	含水率(%)	弹性模量(MPa)	黏聚力(kPa)	内摩擦角(°)
Q3 砂质黄土	1.55	10.3	65	53.0	26

(3)下穿距离长：由于隧道与公路交角仅 15°，使得下穿段长达 270m。

(4)隧道埋深浅：隧道拱顶距公路路面 10m，公路超载、重载车辆多。

(5)地表沉降量小：要求控制沉降不超过 5cm。

阌乡隧道下穿连霍高速公路示意图见图2。

图2　下穿高速公路断面示意图

3　设计方案的确定

3.1　工程类比

通过对几座类似工点的分析比较可以看出，浅埋黄土隧道在下穿施工过程中，地表下沉普遍较大。在隧道支护设计中都有大管棚和型钢钢架，施工方法有弧形导坑法，CRD 法、双侧壁导坑法，可以看出采用双侧壁导坑法对控制沉降较为有利。郑西线类似工程比较情况见表2。

类似工程比较情况 表2

序号	名称	隧道概况	主要支护类型及工法	结果
1	盘东隧道	进口斜交下穿310国道段长60m,覆盖层10m,砂质黄土	ϕ108大管棚、工25a型钢钢架间距0.6m,CRD法施工	公路路面实际发生沉降>20cm
2	函谷关隧道	进口下穿连霍高速公路,Q3砂质黄土,隧顶距公路路面40m,交角35°,公路路面下10m为填方路堤	ϕ89大管棚、工25a型钢钢架间距0.6m,CRD法施工	公路路面实际发生沉降>20cm
3	高桥隧道	出口下穿南同浦铁路,斜交23°,下穿段长100m,隧道拱顶至铁路轨面埋深13m,砂质黄土	双层ϕ159大管棚和双层初期支护,二次初支为工25a型钢钢架,间距0.5m/榀。弧形导坑法施工	每天定时整道,最大累计下沉量超过10cm

3.2 试验段测试分析

为了掌握浅埋黄土隧道地层变形和支护受力的规律,将阌乡隧道进口下穿连霍高速公路前60m范围作为试验段,开展正式下穿前的试验测试分析。

试验段主要支护参数:拱部设一环长70m的ϕ159大管棚,环向间距0.4m,临时双侧壁及初期支护采用工25a型钢钢架,间距0.8m,喷混凝土厚度35cm,并于边墙脚处每榀钢架设两根锁脚锚管。采用双侧壁导坑法施工。

(1)地表沉降

阌乡隧道DK298+765断面地表纵向沉降历时曲线见图3。

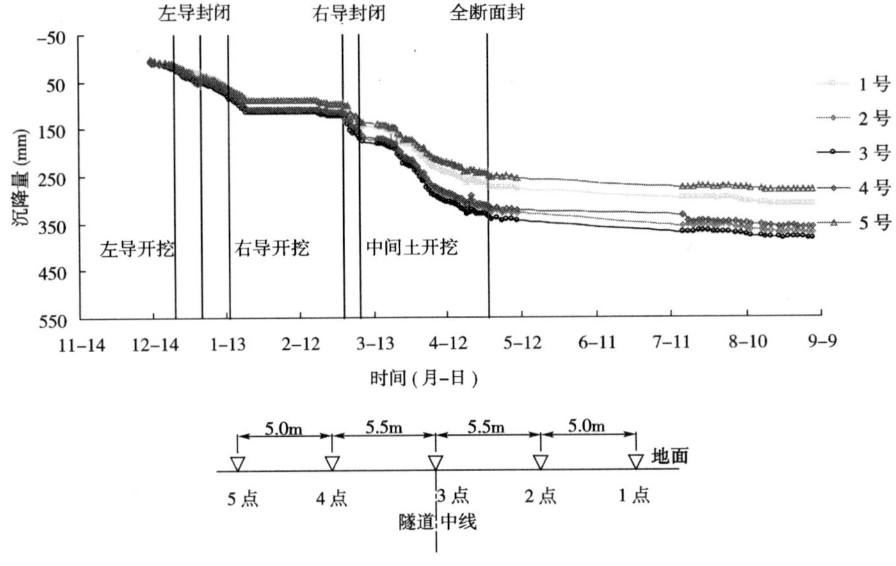

图3 DK298+765断面地表沉降历时曲线

从图3可以看出:

①地表最大沉降量为360mm;②导洞开挖引起的沉降占总沉降约35%~50%;导洞封闭后到全断面封闭前的沉降占总沉降约40%~50%;全断面封闭后的沉降占总沉降约3%~9%;③采用双侧壁导坑法施工,导洞封闭后能有效的控制地表沉降,但沉降速率仍然较大,只有全断面封闭后沉降才逐渐趋于稳定,所以全断面及时封闭对控制沉降起关键作用;④断面封闭后的断面仍然有沉降发生,但沉降速率逐渐减小,大约要一个月才能稳定。

(2)拱顶沉降与地表沉降比较

为了研究隧道施工过程拱顶土体的沉降规律,以及拱顶沉降与地表沉降的关系,在DK298+780断面埋设三个拱顶沉降测点,分别测试左导洞拱顶沉降、隧道中线拱顶沉降和右导洞拱顶沉降。测点的埋设方法:在地面打钻孔到拱顶位置,将钢管固定在孔底,并将钢管头露出地面,测试钢管的沉降即为隧道拱顶的沉降。隧道中线拱顶沉降与地表沉降隧道比较见图4。

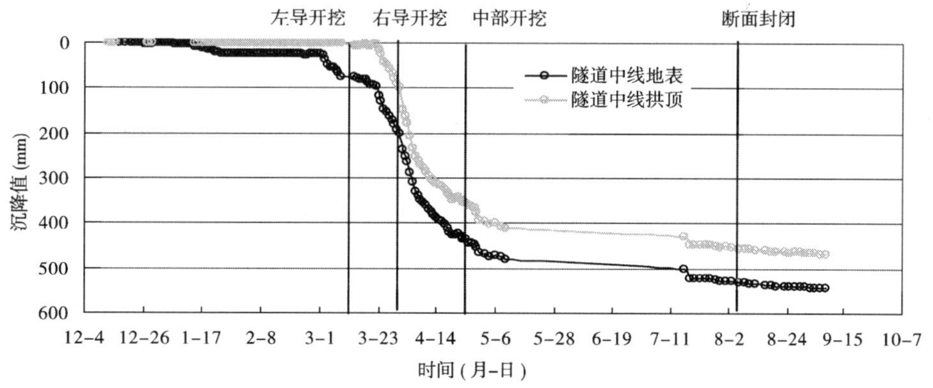

图4 隧道中线拱顶沉降与地表沉降比较

从图4可以看出:

①隧道拱顶的总沉降比地表总沉降小,拱顶沉降在310～460mm之间,地表沉降在480～540mm之间,拱顶总沉降为地表总沉降的65%～94%。这一点和拱顶土体分层沉降规律一致(分层沉降地表大于拱顶)。

②左导洞拱顶超前沉降占总沉降11%,左导洞地表超前沉降占总沉降18%;右导洞拱顶超前沉降占总沉降15%,右导洞地表超前沉降占总沉降22%;中间部分拱顶超前沉降占总沉降72%,中间部分地表超前沉降占总沉降58%。

③左、右导洞上下台阶法开挖,拱顶沉降的超前影响距离均为4m左右,地表沉降的超前影响距离均为8m左右;中间土体三台阶法开挖,拱顶沉降的超前影响距离8m左右,地表沉降的超前影响距离12m左右。

④地表沉降与拱顶沉降曲线规律一致,在侧导洞开挖到DK298+780断面之后到中间土体也开挖到该断面时,这段时间内发生较大沉降,占总沉降的65%～80%,中间部分土体开挖引起的沉降占15%～20%,全断面封闭后的沉降仅占3%。

(3)掌子面前方土体全位移

结合已知的土体水平位移和垂直沉降,即将垂直测斜与分层沉降的监测数据综合分析,从而得到掌子面开挖影响前方土体变化的等值线。在现场监测中,地质钻孔于DK298+780(此时掌子面里程为DK298+756)打入。为了分析方便,分别取掌子面距离钻孔5m,10m和15m时,土体的水平与垂直变形为主要分析对象,土层以2m为一个单位。

掌子面距离钻孔10m之内,土体的垂直位移才发生了显著变化,变化值远远超过了其水平位移。而在10m之外,土体的垂直位移基本保持不变。在已经有了某一土层高度的水平位移增量值与垂直位移变化值,可以通过其矢量和,确定这一土层在一定距离受掌子面开挖的影响程度。再将不同距离和不同高度土层相结合,即可以得到掌子面影响前方土体的等值线图。阌乡隧道掌子面影响前方土体的位移等值线见图5。

从图5可以看到掌子面的开挖,对前方土体产生的时空效应。掌子面开挖对距其5m左右的土体位移影响最为显著,而5m之外不是很明显。通过该图能够得到管棚以上土体受掌子面开挖的影响范围。通过观察这个范围,能够发现,掌子面开挖对管棚上方土体的影响距离在30m以上。实际在DK298+756这个里程上打的管棚长度为70m,满足了穿过影响层的最小长度要求。从等值线的分布范围来看,管棚在隔离上覆土层的作用较为显著。

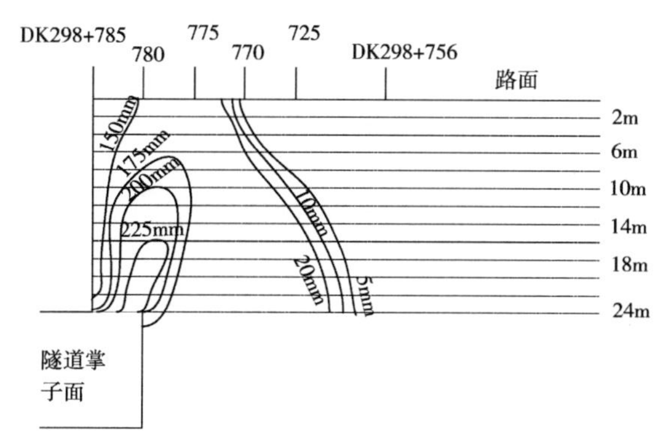

图5 掌子面影响前方土体的位移等值线

(4)管棚应力应变

隧道拱顶18号管棚中分别在DK298+777(测点3和6)、DK298+781(测点2和5)、DK298+785(测点1和4)3个位置埋设了6个应变片。18号管棚各测点应力时态曲线见图6。

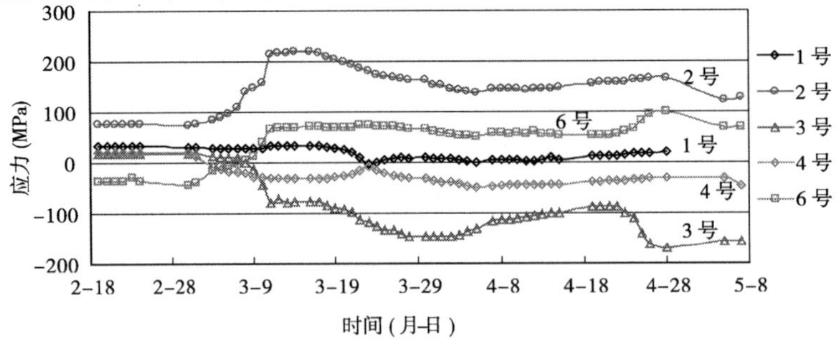

1号、2号、3号点位于管棚正上方孔口、中部、孔底位置

4号、5号、6号点位于管棚正下方孔口、中部、孔底位置

图6　18号管棚各测点应力时程曲线(隧道拱顶)

由图6可以看出:

①施工过程中管棚的受力较大,18号管棚最大拉应力达210MPa,最大压应力-150MPa,管棚作用效果较明显。管棚上方受拉,分析原因由于测试元件在管棚内距孔口20~30m处埋设,管棚施工没有设工作室,前面部分管棚侵入限界施工中需逐段截除,实际施工中测试段管棚起悬臂作用。

②掌子面前方大约15m处,管棚开始受力,掌子面过后大约15m,管棚的受力趋于稳定,掌子面处管棚受力最大。管棚起到转移荷载的作用,将掌子面上方的土压力一部分转移到掌子面前方土体,一部分转移到已做好的支护上。

(5)初支钢架内力

在DK289+785断面钢架共布设了12处测点,每个测点的钢架内外侧各布设1个应变计,共24个应变计,监测时间8个月。DK298+785断面型钢拱架应力分布见图7。

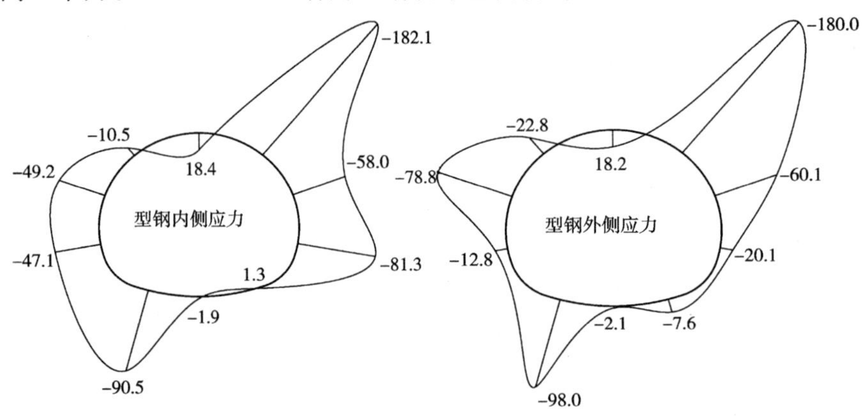

图7　DK298+785断面型钢拱架应力分布(单位:MPa)

由图7可以看出:

①初支钢架的拱顶内外侧均受拉,其他部分钢架内外侧均为受压。拱顶应力大小在20MPa左右;右导坑拱顶压应力最大,达-182.1MPa;边墙应力大小达-81MPa;仰拱中间受力较小、两侧受力较大达98MPa。

②先开挖左右导坑的钢架受中间部开挖影响明显,中间拱部土体的开挖能使两侧导坑钢架的应力改变10~40MPa。

③全断面封闭能使钢架应力稳定,但在拆除临时支撑的双侧壁时,断面钢架应力会有明显变大,直到二衬施工完成后才最终稳定。

3.3　下穿高速公路方案

根据试验段的实测结果,地表沉降300~500mm,按照上述控制标准,试验段的地表沉降值远远超

标。因此，在下穿段必须改进支护参数、施工方法及工艺。

下穿段设计主要措施：双层大管棚、双层初期支护、双侧壁导坑法施工。及时封闭双侧壁和整个初期支护。下穿高速公路段初期支护见图8。施工中加强了工序间的衔接，左侧上导坑（1部室）距仰拱的距离控制在23～28m，仰拱距二衬的距离控制在22～32m。左中右上半断面完成一个循环的时间为13.5h。

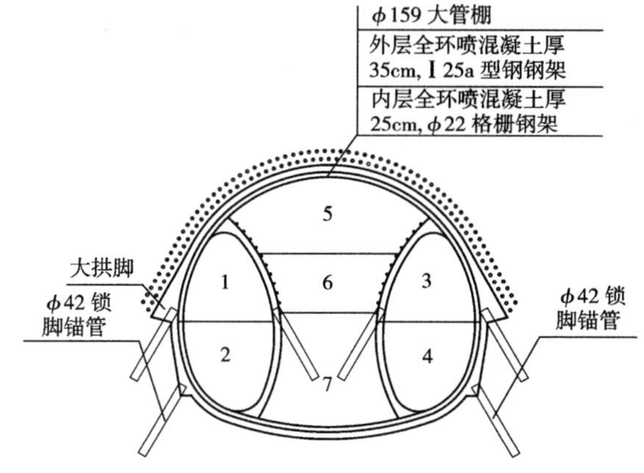

图8 下穿高速公路初期支护及工法示意

阌乡隧道下穿段初期支护及施工方法见图8。

（1）超前支护

单层大管棚间距过大，管棚间土体剥落、坍塌，对地表沉降影响很大，且管棚受力较大，达214MPa。因此超前支护采用双层 ϕ159 大管棚，环向设置范围均延伸至边墙最大跨度位置。

（2）初期支护

初期支护的刚度越大，抵抗变形的能力越强；双侧壁钢架很难控制在同一平面，无法连成整体，支护承载能力大大降低。因此采用双层初期支护。第一层全环喷35cm厚C25混凝土，设全环I25a型钢钢架，钢架间距0.5m一榀；第二层采用全环C25喷混凝土结构，厚度25cm，设全环4肢 ϕ22 格栅钢架加强支护，钢架间距1.0m一榀。

（3）双侧壁导坑法

临时侧壁喷C25混凝土厚35cm，设工25a临时钢架，间距0.5m；临时侧壁上半断面设 ϕ50 超前小导管。施工要求侧导洞分上、中、下台阶及仰拱开挖，中间土体分上、中和下台阶开挖，上台阶预留核心土。快速施工、快速封闭仰供。侧导洞封闭时间小于10d，封闭距离小于10m；全断面封闭时间小于25d，封闭距离小于25m。

（4）辅助施工措施

①设置锁脚锚管：在初支及临时支护拱脚处的每榀钢架两侧设4根 ϕ42 锁脚锚管，每根长4.0m，插入角30°。在初支墙脚处的每榀钢架两侧设2根 ϕ42 锁脚锚管，每根长4.0m，插入角30°。

②设置大拱脚：在初支拱脚处设置大拱脚，并设置I25a型钢牛腿和1.6cm厚钢板垫板。

3.4 结论

（1）通过试验揭示了浅埋大断面黄土隧道地层变形规律，为阌乡隧道下穿连霍高速公路设计方案的制定提供了依据。针对大断面砂质黄土隧道浅埋长距离下穿高速公路，采用双层大管棚、双层初期支护、双侧壁导坑法的下穿方案，并辅以锁脚锚管、大拱脚及施工过程控制等措施，顺利完成了隧道下穿高速公路的施工，表明本工程的设计方案是成功的。

（2）浅埋黄土隧道土体以整体沉降为主，越靠近地表沉降越大，越靠近拱顶沉降越小。全断面封闭后地表还有约占总沉降6%的沉降，施工中应尽快施作二次衬砌，减少初期支护封闭后的残余沉降。

（3）试验段也曾进行了纤维锚杆加固掌子面的试验，从试验监测结果看，纤维锚杆的使用具有稳定土体，阻止土体向开挖掌子面水平位移的作用。但纤维锚杆对控制地表沉降效果不明显，分析原因和黄土垂直节理发育有关。

（4）浅埋黄土隧道二次衬砌钢筋大部分受压，且值较小。结合高速铁路隧道二次衬砌裂缝控制较严、结构的耐久性以及地表长期扰动影响等因素，二次衬砌设置钢筋是合理的。

3.5 路面沉降控制结果

按照上述方案已经顺利完成了阌乡隧道下穿段的施工，在阌乡隧道下穿连霍高速公路的施工过程中，公路路面未发生开裂及可见沉陷现象，洞内初期支护拱顶沉降6cm，公路路面最大沉降量4.5cm，保证了施工及运营安全。

4 关键技术

阌乡隧道于2006年5月开工建设,2009年4月竣工,建设工期为36个月,其中下穿公路段工期14个月。路面沉降控制在5cm以内。

其关键技术为:

(1)双侧壁导坑法之侧导洞分上、中、下台阶及仰拱开挖,中间土体分上、中和下台阶开挖,上台阶预留核心土。快速施工、快速封闭仰供。

(2)侧导洞封闭时间小于10d,封闭距离小于10m;全断面封闭时间小于25d,封闭距离小于25m。

(3)双层大管棚超前支护可增大管棚刚度,减小管棚间距,避免管间土体剥落,有效减小开挖对地表的影响。

(4)两侧弧形导坑钢架很难控制在同一平面内,支护能力降低,采用双层初支加强。

(5)锁脚锚管、大拱脚控制沉降。

5 工程创新点

阌乡隧道于2006年5月开工建设,2009年4月竣工,建设工期为36个月(下穿公路段工期14个月)。路面沉降控制在5cm以内。

5.1 揭示了砂质黄土隧道土体沉降的全位移规律

通过在阌乡隧道开展科研测试,掌握了黄土隧道沉降大的主要原因,揭示了浅埋大断面黄土隧道土体以整体沉降为主,地表超前沉降占总沉降10%,地表沉降的超前影响距离为8~12m的基本规律。

土体沉降试验情况见图9~图11。

图9 洞内土样

图10 地表测斜

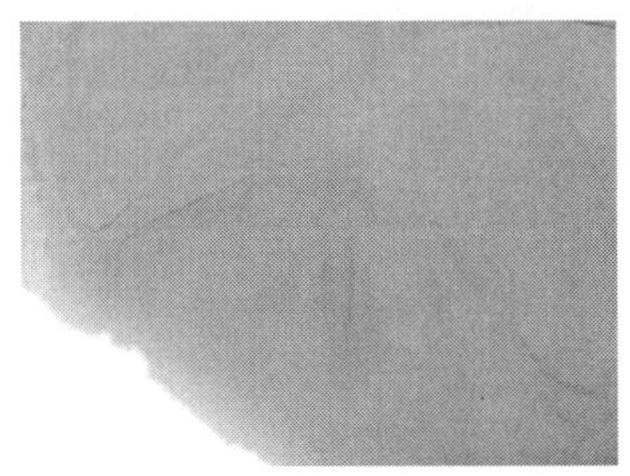

图11 掌子面露出的测斜管

本工程与国内外已有同类工程综合对比,有以下突破。

当前浅埋黄土隧道在土体变形规律方面的研究,主要针对开挖断面100m^{2}以下的普通隧道,研究一般采用地表水平测量、裂缝调查的方法,不能揭示黄土地层内部土体的变形规律;本项目采用垂直测斜等研究手段,紧密结合施工中各开挖工序,系统地揭示了开挖面积175m^{2}的浅埋黄土隧道地层内部土体的超前沉降、分层沉降及水平位移规律。

5.2 研发了超大断面黄土隧道地表沉降控制技术

在掌握了土体变形规律的基础上,研发了浅埋大断面砂质黄土隧道:双层大管棚及双层初期支护、大拱脚、锁脚锚管联合支护体系控制地表沉降的关键技术。

洞内大管棚试验情况见图12、图13;洞内施工及地表高速公路通车情况见图14、图15。

在黄土隧道超前大管棚施工中结合黄土隧道的特点在路面下采用一次性导向跟管钻进新工艺,施作长度80m超长定向大管棚新技术。

5.3 提出了施工步长控制及沉降控制标准

隧道合理施工步长是保证施工安全、控制初期支护及地表沉降的关键,提出了双侧壁导坑法施工全断面封闭时间小于25d,封闭距离小于25m的双控标准。通过阌乡隧道的成功实践,提出了大断面浅埋砂质黄土隧道下穿公路,路面5cm以内的沉降控制标准,为今后类似工程提供了设计依据。

图 12　施工好的大管棚

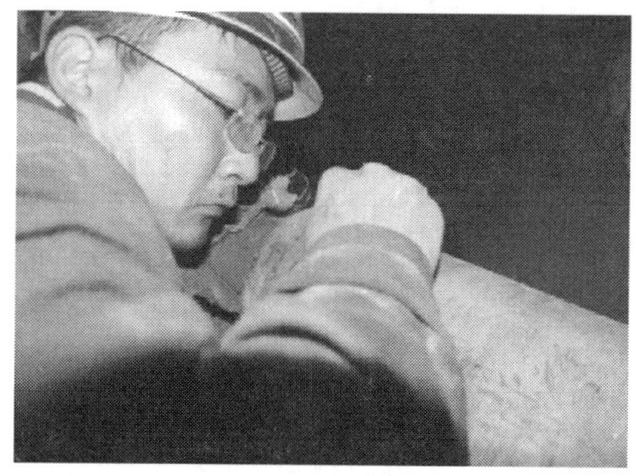

图 13　科研人员在对大管棚标记

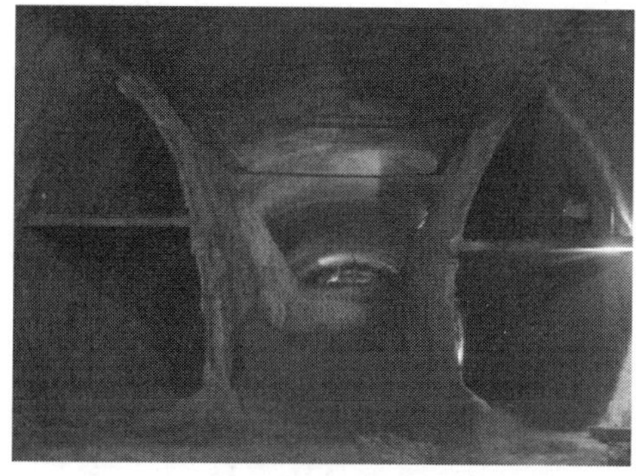

图 14　双侧壁导坑法贯通

图 15　施工期间的连霍高速公路

阌乡隧道下穿期间公路地面沉降曲线见图 16。

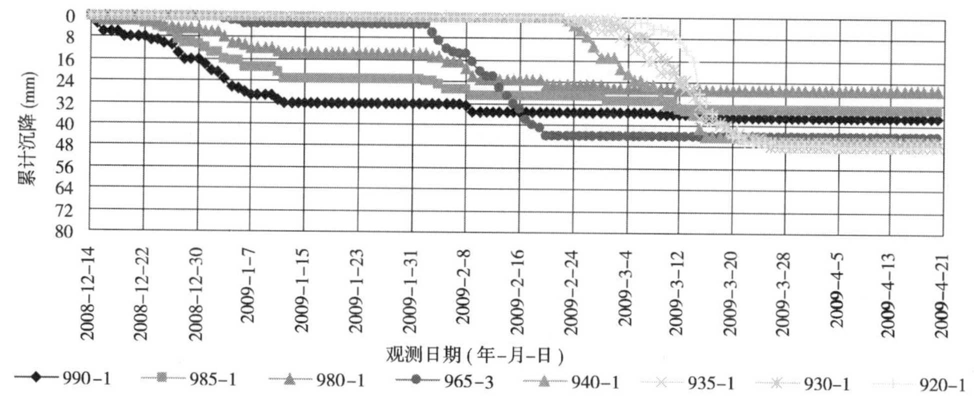

图 16　阌乡隧道下穿段地表沉降曲线

6　结语

通过该项工程的科研、设计及施工，证明了在软弱围岩地层条件下，下穿地表高速公路的工程中，采用大管棚超前支护能有效防止隧道塌方；采用双侧壁导坑法在土质隧道中对控制地表及洞内沉降效果较好；工序紧跟，特别是初期支护及时闭合成环是保证施工安全和控制地表沉降的关键环节。

特大跨度浅埋隧道施工工法

卿伟宸　朱　勇

(中铁二院工程集团有限责任公司土建一院)

摘　要　我国是一个多山的国家,尤其是西南山区地形、地质条件极为复杂。因此,为提高艰险山区修建高速铁路选线、设站的自由度,使得山区车站布置形式更为灵活、车站功能更易得到保证,特大跨度四线车站隧道的修建将越来越多。贵昆线六盘水至沾益段增建二线上的乌蒙山2号出口四线车站隧道浅埋段,其开挖面积超过350m^2,该段主要通过泥岩地层。然而特大跨度隧道支护结构的安全性不仅取决于工程地质条件及断面跨度与形状,而且在很大程度上受开挖方法的影响。因此,为保证施工安全,选择合理的施工工法成为工程成败的重要环节。本文从工程实际出发,采用数值模拟手段对拟定的三种工法的施工力学行为进行比较分析,并对开挖步序进行合理优化,提出适用于浅埋地段特大跨度隧道的施工工法,为其他相关的同类设计提供有益的参考。

关键词　特大跨度;浅埋隧道;施工工法

Construction Method of Ultra Large-span Shallow Tunnel

Qing Weichen　Zhu Yong

(First Civil Construction Design and Research Institute of CREEC)

Abstract　China is a mountainous country. The topography and geological conditions are extremely complicated in southwest China. Therefore, in order to make the layout of rapid transit railway line and Station more flexible, to make the station function more easily be guaranteed, ultra large-span station tunnel with four tracks will be more and more. The exit of No. 2 Wumengshan railway station tunnel with four tracks is shallow buried, which is crossing mudstone. The excavation area is more than 350m^2. The safety of the ultra large-span tunnel's supporting structure depends on not only engineering geologic and sections condition but also excavation method. Based on the engineering practice, this paper applies numerical simulation method to analysis the mechanical behavior of the tunnel under three construction methods. This paper optimists the excavation schedule which is appropriate for ultra large-span shallow tunnel. This research would be for reference to the similar projects.

Key words　ultra large-span; shallow tunnel; construction method

1　引言

随着我国铁路跨越式发展、路网规模快速发展、路网密度迅速增大、路网质量快速提高,铁路科技技术水平实现跨越式发展。进入21世纪后,时速200km/h及以上的客货共线铁路、250km/h城际铁路、350km/h客运专线大量修建,目前已建或在建的高标准时速200km以上的铁路大部分集中我国的东中部、东北、华北等地势较为开阔的地区,沿线设置车站的条件较为便利,车站基本在地面或部分在桥上。然而西部山区地形、地质条件极为复杂,桥隧比重大,在建及拟建的大部分铁路隧道占线路总长的50%以上,部分段落隧道占线路总长的90%以上,由于受地形、运能等限制,受曲线半径大、地形地质复杂、

作者简介:卿伟宸(1981—　),男,工程师。

环保要求高等多种因素的制约，铁路沿线部分地段设站条件极为困难，大量车站需设于隧道内。由于铁路标准为双线，四线车站不可避免。对于大跨隧道，特别是在围岩条件较差条件下修建的特大跨度四线隧道，其开挖跨度和高度要比双线甚至三线隧道大得多，选择一种合理的施工方法对顺利施工和保证施工安全具有十分重要的“战略”作用。

根据大断面隧道的特点，在修建过程中主要考虑大断面隧道开挖工法及顺序、支护结构参数、围岩稳定性控制方法及参数、分部间距及断面封闭时间和衬砌施作时间等[1-3]。因此，大跨度隧道的支护结构安全性不仅取决于工程地质条件及断面跨度与形状，而且在很大程度上受开挖方法的影响。大跨度隧道一般采用分部开挖，开挖顺序不同，围岩稳定性程度也就存在差异，这就是工程开挖的动态力学特性[4]。目前，大跨度大断面隧道施工方法多种多样。本文根据工程实际特点，结合衬砌形式，对乌蒙山2号隧道出口四线车站隧道浅埋段拟定三种施工工法，对其进行力学对比分析，提出合理的施工工法及开挖顺序。

2 工程概况

2.1 工程特点

乌蒙山二号隧道位于六沾铁路贵州省境内，距接轨点——内昆铁路梅花山车站约20km，隧道全长12.260km，单洞双线，设计时速160km，通行双层集装箱。该隧最大埋深400余米。扒挪块车站伸入隧道出口端，形成长610m的四线车站隧道。洞口段埋深浅，最大开挖宽度达28.42m，最大开挖面积为354.30m^2，是目前世界最大跨度的单跨交通隧道。

乌蒙山2号隧道出口车站隧道通过地层主要为：DK287＋740～DK287＋870段岩性为灰岩、泥质灰岩夹泥灰岩；DK287＋870～DK287＋925岩性为泥灰岩夹灰岩、页岩；DK287＋925～DK288＋350段为泥岩、页岩夹砂岩。岩质软硬不均，岩体较破碎。

2.2 施工工法情况

DK288＋240～DK288＋350段110m为浅埋段，埋深不超过50m。为保证施工安全，拟定如图1所示三种施工工法，具体设计参数如表1所示。

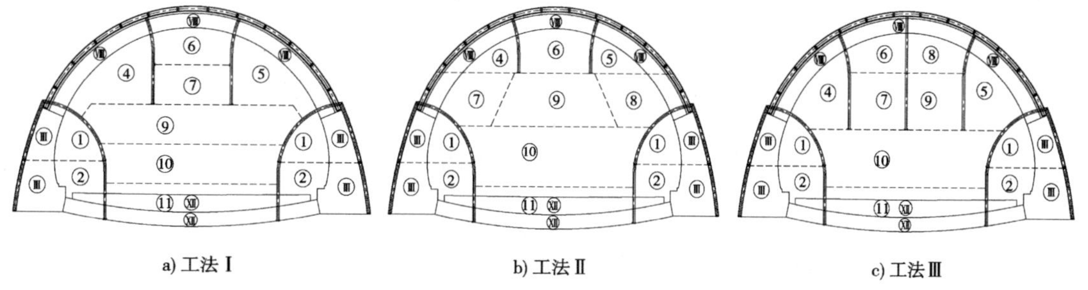

a) 工法Ⅰ　b) 工法Ⅱ　c) 工法Ⅲ

图1　浅埋段施工工法示意图

支护设计参数表　表1

初期支护						二衬		临时支护		
C25喷混凝土(cm)		ϕ25中空锚杆		钢架		拱部(C35钢筋混凝土)	边墙(C35混凝土)	C25喷混凝土(cm)	临时支撑	
拱部	边墙	长度(m)	间距(环向×纵向)	拱部(I20b)	边墙(I20a)				拱部(I20b)	边墙(I20a)
40	27	5.0	0.8m×0.8m	0.6m/榀	0.8m/榀	100～125	—	20	0.6m/榀	0.8m/榀

3 施工工法及力学行为分析

3.1 计算模型及参数

由于浅埋段地应力受地表坡度影响较大，计算中建立三维模型，地表坡度按1：1建模，计算范围左右各取100m(约合4倍开挖宽度)；仰拱下取为60m。边界约束为前、后、左、右边界施加相应方向的水平约束，下边界竖向约束，上边界为自由面。初始应力仅考虑自重应力场的影响。地层采用服从 Mohr-Coulomb 屈服准则的弹塑性本构模型，喷混凝土采用壳单元模拟，钢架的作用按等效方法予以考虑，即将钢架弹性模量折算给喷混凝土，其计算方法为：

$$E=E_0+\frac{S_g E_g}{S_c} \tag{1}$$

式中：E——折算后混凝土弹性模量；

E_0——原混凝土弹性模量；

S_g——钢架截面积；

E_g——钢材弹性模量；

S_c——混凝土截面积。

计算模型如图 2 所示，围岩参数按表 2 取值，锚杆物理力学参数见表 3，喷射混凝土支护及模筑混凝土计算选用的物理力学性能指标见表 4。

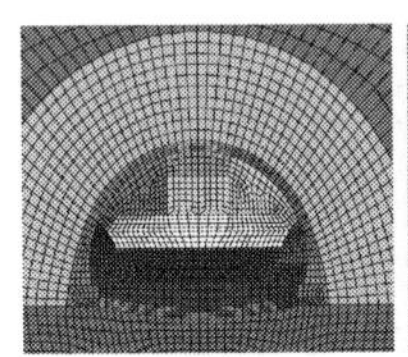
a) 工法Ⅰ

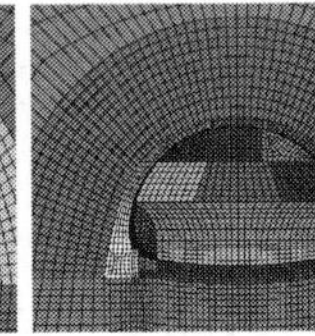
b) 工法Ⅱ

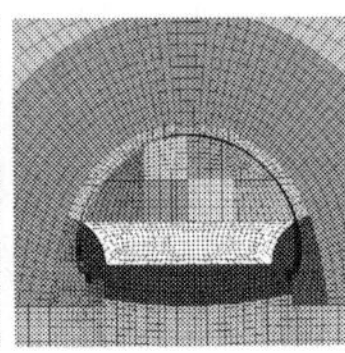
c) 工法Ⅲ

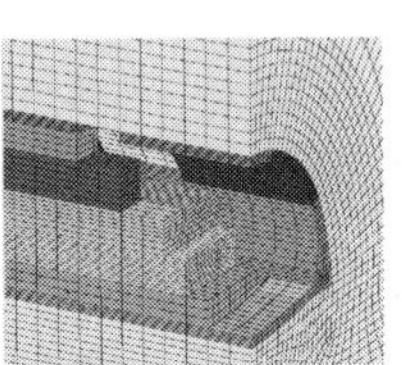
d) 分部开挖示意

图 2　计算模型示意图及网格划分图例

围岩物理力学参数表　　表 2

重度(kN/m^3)	变形模量(GPa)	泊松比	内摩擦角(°)	黏聚力(MPa)
20	0.5	0.4	25	0.1

锚杆物理力学参数　　表 3

长度(m)	直径(mm)	弹性模量(GPa)	砂浆剪切刚度(MN/m^2)	砂浆黏结强度(MN/m)	极限抗拉强度(kN)
5	25	210	7	100	150

支护结构物理力学参数　　表 4

项　目		强度等级	重度(kN/m^3)	换算弹模(GPa)	泊松比
初支	拱部	C25	22	33.54	0.2
	边墙	C25	22	28.12	0.2
临时支护		C25	22	29.91	0.2
二次衬砌	拱部	C35	25	32.5	0.2
	边墙	C35	23	32.5	0.2

3.2　双侧下导洞开挖先后顺序影响

为研究双侧下导洞施工的相互影响，在计算中考虑以下三种情况：①左右两侧下导洞同时开挖均不支护；②左右两侧下导洞同时开挖同时支护；③左侧下导洞开挖并支护后开挖右侧下导洞。

对两导洞开挖顺序影响的分析，主要从塑性区分布和位移上考虑。图 3 为左右两下导洞不同开挖方式的塑性区分布图，图 4 为左右两下导洞不同开挖方式形成的竖向位移云图。

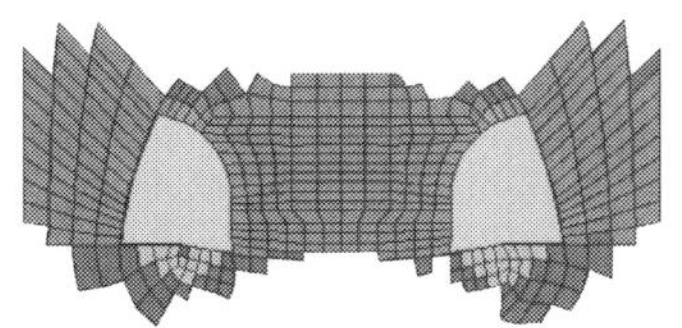

a) 两侧下导洞同时开挖后未支护的塑性区分布

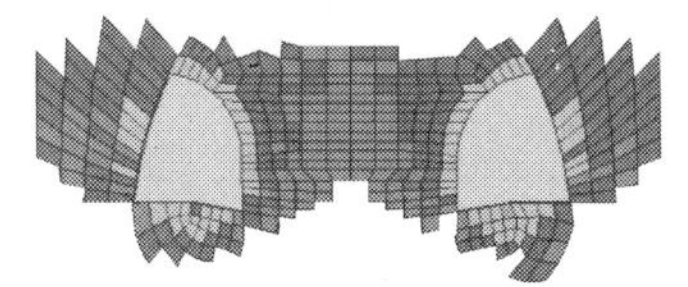

b) 两侧下导洞同时开挖并同时支护后的塑性区分布

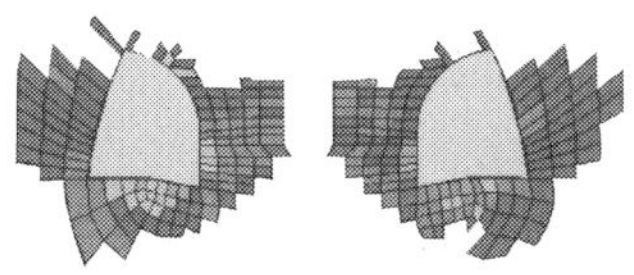

c) 左下导洞开挖并支护后开挖右下导洞的塑性区分布

图 3 不同导洞开挖方式塑性区分布图

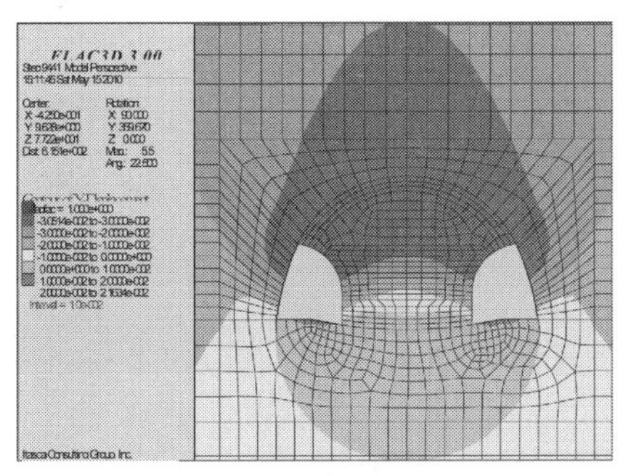

a)两侧下导洞同时开挖后未支护的竖向位移分布

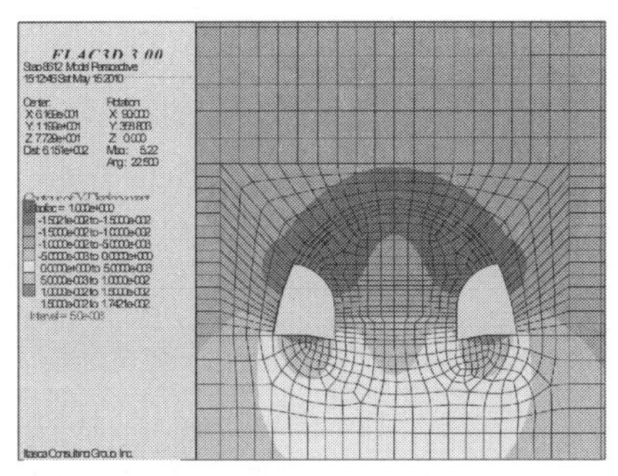

b)两侧下导洞同时开挖并同时支护后的竖向位移分布

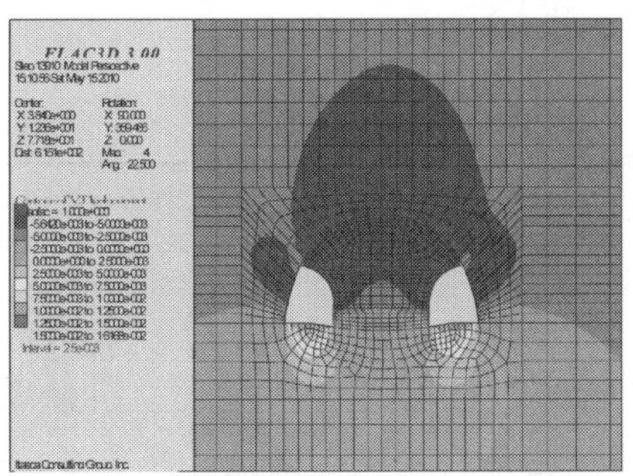

c)左下导洞开挖并支护后开挖右下导洞的竖向位移分布

图 4 不同导洞开挖方式竖向位移云图

从图 3 可以看出，两导洞同时开挖后形成的毛洞塑性区已经出现叠加，即使在同时开挖并及时支护情况下，塑性区仍有部分叠加。但在一侧下导洞开挖并支护后，再开挖另一侧下导洞时，两导洞的塑性区未出现交叠现象，相互之间无影响。从图 4 可以看出，对于两侧下导洞同时开挖的情况，位移云图是对称的；对于左下导洞开挖并支护后开挖右下导洞情况，其位移云图不完全对称。从表 5 可以看出，一侧下导洞开挖并支护后再开挖另一侧下导洞，其拱顶位移计塑性区面积仅为两导洞同时开挖工况的 30%～40%。

通过以上分析，可以知道，两侧下导洞同步开挖同步支护时，塑性区重叠，即一侧单导洞引起的围岩应力重分布强烈地影响到了另一导洞的稳定性；一侧下导爆破开挖在另一侧支护施作完成的情况下，可以保证相互影响较小。

两侧下导不同开挖方式相互影响比较　　表5

开挖方式	拱顶沉降(mm)		边墙顶水平位移(mm)		塑性区面积(m^2)
	左导	右导	左导	右导	
A	−29.78	−29.79	23.5	−23.4	933
B	−15.02	−14.99	15.4	−15.3	126
C	−4.57	−4.76	8.71	−9.04	46
C与B结果比值	30%	32%	57%	59%	37%

注：表中开挖方式A代表左右下导洞同时开挖但未支护；B代表左右下导洞同时开挖并及时支护；C代表左下导洞开挖并支护后，开挖右下导洞并支护。

3.3　拱部开挖顺序优化

特大跨度隧道拱部开挖跨度大，为保证施工安全，拱部不可能采用全断面一次成型的开挖方法。因此，本文中拱部开挖顺序考虑三种情况：①从左到右；②先中间后两边；③先两边再中间，分别如图5所示。相应于上述三种拱部施工方案的计算结果(围岩应力、位移及塑性区面积等各项指标)见表6。

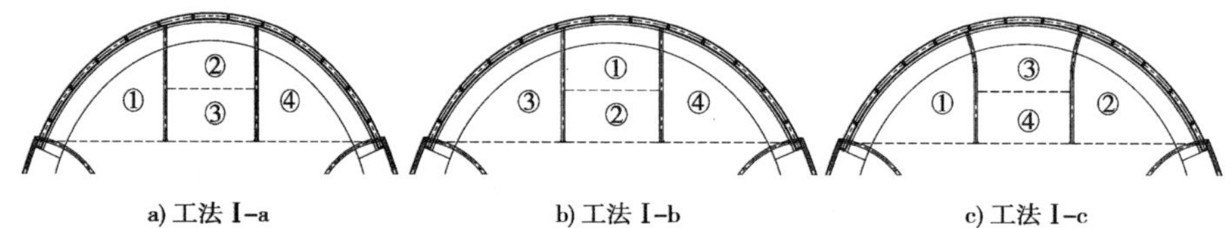

图5　拱部不同开挖顺序示意图

不同拱部开挖顺序的围岩应力和位移、塑性区比较　　表6

开挖方案	拱顶			拱脚			塑性区面积(m^2)
	σ_1(MPa)	σ_3(MPa)	竖向位移(mm)	σ_1(MPa)	σ_3(MPa)	水平位移(mm)	
Ⅰ-a	−0.334	−0.025	41.92	−0.689	−0.231	19.66	383.0
Ⅰ-b	−0.328	−0.0243	42.44	−0.691	−0.216	19.90	388.1
1-c	−0.285	−0.0143	42.75	−0.593	−0.133	14.72	286.8
Ⅰ-c与Ⅰ-a结果比值	85%	57%	102%	86.1%	58%	75%	75%
Ⅰ-c与Ⅰ-b结果比值	87%	59%	101%	85.8%	62%	74%	74%

从表5可以看出，对比三种拱部开挖方案的围岩应力，开挖方案Ⅰ-a和Ⅰ-b对围岩应力影响的差别很小，且均比方案Ⅰ-c要大得多。三种拱部开挖方案的拱顶沉降基本相当，但拱脚水平收敛方案Ⅰ-c要比Ⅰ-a和Ⅰ-b两种开挖方案小25%以上。比较三种开挖方案的塑性区面积，不难看出，Ⅰ-c开挖方案是最优的。结合以往工程的施工经验，Ⅰ-b的施工方案较易引起塌方，应尽量避免；Ⅰ-c方案符合预留核心土开挖的理念。因此，推荐Ⅰ-c为最合理拱部开挖步序方案。

3.4　各施工工法力学性态比较分析

利用上述有限元模型，分别对三种工法的最终围岩变形及应力、初支及二衬结构内力进行对比，具体分别见表7及表8。

从表中数据可以看出，工法Ⅰ与工法Ⅱ和工法Ⅲ相比，有相对较小的围岩塑性区，相对较小的最大von-mises等效应力集中系数。且工法Ⅰ拱顶等效应力集中系数较工法Ⅱ和工法Ⅲ要小的多，有利于较好地保护拱顶围岩；三种工法拱顶沉降和边墙顶水平位移相差不大；三种工法支护结构内力差异不大，但结构内力和施作时间密切相关，仅作参考。因此，建议工法综合优选顺序：工法Ⅰ>工法Ⅱ>工法Ⅲ。

各工法的围岩应力、位移比较　　表7

工法	σ_1(MPa)		σ_3(MPa)		等效应力集中系数			拱顶沉降(mm)	边墙顶水平位移(mm)	塑性区面积(m^2)
	拱顶	边墙顶	拱顶	边墙顶	拱顶	边墙顶	Max			
工法Ⅰ	−0.285	−0.593	−0.0143	−0.133	1.222	2.056	4.54	42.75	14.72	286.8

续上表

工法	σ1(MPa)		σ3(MPa)		等效应力集中系数			拱顶沉降(mm)	边墙顶水平位移(mm)	塑性区面积(m^2)
	拱顶	边墙顶	拱顶	边墙顶	拱顶	边墙顶	Max			
工法Ⅱ	−0.286	−0.530	−0.0006	−0.105	3.249	2.539	4.76	43.93	17.63	304.3
工法Ⅲ	−0.428	−0.559	−0.0127	−0.126	3.527	2.548	4.72	41.61	17.74	320.1

各工法支护结构内力比较 表8

工法	喷混凝土弯矩(kN·m)		喷混凝土轴力(kN·m)		二衬弯矩(kN·m)		二衬轴力(kN·m)		锚杆轴力(kN)	
	Min	Max	Min	Max	Min	Max	Min	Max	Max	平均
工法Ⅰ	−142.6	118.3	−1870	−288.8	−204.4	684.5	−1580	−1220	72.99	19.25
工法Ⅱ	−153.4	84.5	−1680	−212	−187.2	893.9	−1910	−1070	65.90	16.61
工法Ⅲ	−114.6	76.2	−2050	−104.8	−193.5	561.7	−1860	−976	77.50	18.04

4 结语

本文结合乌蒙山二号隧道出口四线车站大跨浅埋段实际工程，运用数值模拟分析手段，对施工工法分部及开挖顺序进行优化，并对拟采用的几种工法进行力学对比分析，结论如下：

(1)通过对三种工法围岩应力及位移、初支及二衬结构内力的综合对比分析，建议工法优选顺序为：工法Ⅰ>工法Ⅱ>工法Ⅲ。

(2)两侧下导洞同步开挖同步支护时，塑性区重叠，即一侧单导洞引起的围岩应力重分布强烈的影响到了另一导洞的稳定性；一侧下导洞爆破开挖在另一侧支护施作完成的情况下，可以保证相互不影响。如果在两侧下导洞同时爆破且支护不及时情况下，经过计算，建议两侧下导洞纵向步距不小于20m。

(3)通过计算并结合以往工程的施工经验，拱部分块开挖时，尽量避免先开挖中间，后开挖两侧即Ⅰ-b方案，较易引起塌方；推荐采用预留核心土开挖方式即Ⅰ-c方案。

参考文献

[1] 赵东平，王明年. 大跨度隧道施工方法数值模拟研究[J]. 地下空间与工程学报，2005，1(6)：844-847.

[2] 张莉. 隧道施工由CRD改为CD工法衬砌结构内力及变位分析[J]. 地质与勘探，2007，43(2)：93-98.

[3] 伍国军，陈卫忠，戴永浩等. 浅埋大跨公路隧道施工过程和支护优化的研究[J]. 岩土工程学报，2006-12，28(9)：1118-1123.

[4] 陈炜韬，王明年，魏龙海，张磊. 大断面海底隧道在不同施工工法下的力学行为研究[J]. 现代隧道技术，2008(增刊)，121-124.

超前导坑机械劈裂结合控爆扩挖工法在隧道工程中的应用

匡　亮

(中铁二院工程集团有限责任公司土建二院)

摘　要　超前导坑机械劈裂结合控爆扩挖工法是一种安全、快速、具备优良减震效果的新型隧道开挖工法,尤其适用于对爆破震动敏感、环境等级要求高的地区。本文通过控爆和非爆结合控爆开挖方案的现场振动监测试验对比,及各种工法的适用范围及经济技术比较,证明了机械劈裂结合控爆扩挖工法在渝利铁路长洪岭隧道下穿江池镇危房密集区工程中的适用性。结合该工法在渝利铁路隧道工程中的成功应用,本文同时探讨了机械劈裂开挖工法的技术特点、适用范围及经济社会效益问题。

关键词　劈裂开挖;控爆扩挖;爆破振动;振动监测试验;浅埋隧道

Application of Advanced Heading-Mechanical Fracturing--Controlled Blasting-Expanding Method to Tunnel Engineering

Kuang Liang

(Second Civil Construction Design and Research Institute of CREEC)

Abstract　The advanced heading-mechanical fracturing-controlled blasting-expanding method is a safe, rapid and new tunnel excavation method with good shock absorption effect, especially suitable for such region that blasting vibration is very sensitive and the requirement of environment level is high. The contrast has been made field vibration monitoring test of excavation schemes of the controlled blasting and non-balsting combination and comparison has been made of the applicable scope and the economic technology of various methods, the results have proved the applicability of such mechanical fracturing-controlled blasting-expanding method which is successful in construction of the Changhongling tunnel underpassing the concentration areas of Jiangchizheng dangerous buildings on Chongqing-Lichuan railway. Based on the successful application of construction methods thereof, also a discussion has been made of the technical features, applicable scope and social economic benefits of mechanical fracturing excavation method herein.

Key words　splitting excavation; controlled blasting expansion; blasting vibration; vibration monitoring tests; shallow buried tunnel

1　引言

1.1　工程概况

在建渝利铁路为沪汉渝蓉铁路大通道的重要组成部分,长洪岭隧道全长 13294m,为渝利铁路第二长隧,长洪岭隧道出口 DK183+000～DK183+400 段拱顶埋深 23～45m,其中 DK183+050～DK183+

作者简介:匡亮(1980—　),男,工程师。

350段下穿丰都县江池场镇,拱顶埋深23~34m,江池镇地表房屋集中分布于线路左右两侧各约300m范围内,线路先后下穿江池镇网络工作站、粮站、镇政府大楼、财政所、教办、邮政所、幼儿园等多个单位及居民住宅,隧道下穿江池镇鸟瞰图见图1,下穿段平、剖面见图2。DK183+160处线路斜穿地表小型河流,此处隧道拱顶埋深23m。

图1 长洪岭隧道下穿江池镇鸟瞰图

下穿段地层岩性为侏罗系上统遂宁组(J_3s)泥岩夹砂岩、砂岩,砂岩呈中~粗粒结构,泥质胶结,矿物成分以长石为主,岩质软,易风化及软化,隧道临近石柱向斜核部,岩层倾角缓,岩体较破碎。

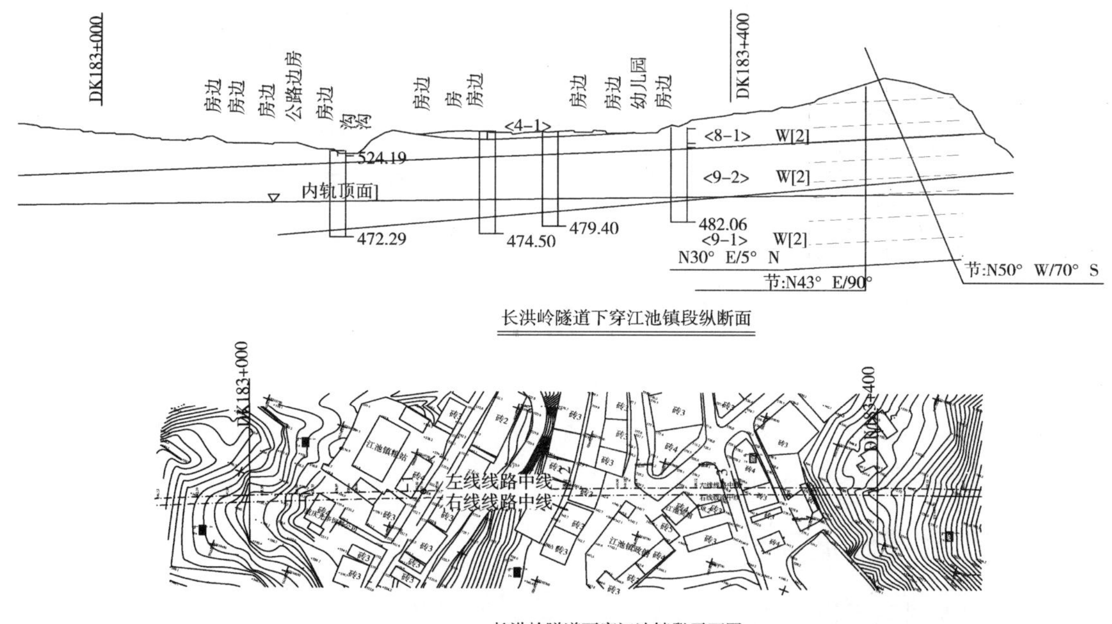

图2 长洪岭隧道下穿江池镇段平、剖面图

1.2 地表房屋调查及安全鉴定情况

经详细调查查明隧道下穿段线路两侧各25m范围内房屋情况为:砖混结构房屋37幢、土木结构房屋6幢、砖木结构房屋2幢、混合结构房屋2幢,地表房屋多为自行修建或祖传房屋,年代久远,大部分房屋质量低劣,破损严重,年久失修。

经重庆市渝中区房屋鉴定所进行鉴定:房屋均为危房,其中危险点房(B级)16幢,局部危房(C级)24幢,整幢危房(D级)7幢,房屋现状照片见图3。房屋安全考察情况为:①所考察的房屋预制楼板均有裂缝;②凡系自建房屋虽为砖混结构,但砂浆标号不足,含泥量高,用手一抠即会脱落,墙面抹灰经漏雨浸泡后大量脱落;③有些墙体出现横、斜向裂缝,房屋破损较严重。重庆市工程爆破协会对隧道爆破施工安全振速提出下列建议:6幢结构相对较好的砖混房屋爆破安全振速建议值为2.0cm/s,占所调查房屋的17.6%;其余28幢房屋爆破安全振速建议值为0.5~1.0cm/s,占所调查房屋的82.4%。

图3 地表房屋现状情况

1.3 超前导坑机械劈裂结合控爆扩挖工法及实施效果

目前山岭隧道普遍采用钻爆法施工,为保证地表居民、建(构)筑物安全,钻爆施工必须采用爆破控制技术,但无论何种先进的爆破控制技术,也只能是最大限度地降低爆破震动,且振速控制波动性较大,不能达到理想控制效果。尤其是对于下穿江池镇此类建(构)筑物抗震等级低的困难地段,为减小震动,保护隧道周边对震动有较高要求的结构物,同时为兼顾施工进度及工程投资,采用超前导坑机械劈裂结合控爆扩挖工法能达到理想的效果,采用钻孔劈裂法非爆开挖出超前导坑,为后续扩挖层和光爆层控制爆破提供临空面,可起到理想的降震效果。

机械劈裂开挖隧道工法的工序为在轮廓线周边使用钻机按水平方向钻孔取芯,在周边形成连续槽道临空面,然后采用风钻按一定间距沿水平方向钻设劈裂孔,液压劈裂机自周边向内部劈裂岩体,最后机械或人工装渣出渣。

超前导坑机械劈裂结合控爆扩挖工法在渝利铁路长洪岭隧道下穿江池镇浅埋段工程中已得到成功应用,并取得了显著的效果及经济效益,保证了施工顺利进行,确保隧道按期贯通,维护了社会和谐稳定,直接减少工程措施费及地表征拆费用上千万元。

2 地表安全爆破振速的选取

由于爆破震动会对建筑物产生危害,故《爆破安全规程》(GB 6722—2003)(见表1)对不同类型的建筑物规定了允许质点震动速度:土坯房为0.5~1.0cm/s,一般砖房为2.0~2.5cm/s。长洪岭隧道出口DK183+000~DK183+400下穿江池镇段地表房屋以砖混结构为主,房屋老旧,破损严重,根据《爆破安全规程》(GB 6722—2003)按一般砖房作为保护对象,并考虑到大部分民居建造时间较长、建筑材料强度较低,村民对爆破影响十分敏感,部分房屋年久失修、房屋已经严重变形、开裂,房屋病害严重,应适当降低控制振速,依据《房屋安全鉴定报告》、《地表房屋爆破允许安全振速安全意见书》及风险评估审查专家论证意见,设计选定地表安全爆破振速按1.5cm/s控制。

爆破震动安全允许标准(摘自《爆破安全规程》(GB 6722—2003)) 表1

序号	保护对象类别	安全允许振速(cm/s)		
		<10Hz	10~50Hz	50~100Hz
1	土窑洞、土坯房、毛石房屋1	0.5~1.0	0.7~1.2	1.1~1.5
2	一般砖房、非抗震的大型砌块建筑物1	2.0~2.5	2.3~2.8	2.7~3.0

续上表

序号	保护对象类别	安全允许振速(cm/s)		
		<10Hz	10～50Hz	50～100Hz
3	钢筋混凝土结构房屋 1	3.0～4.0	3.5～4.5	4.2～5.0
4	一般古建筑与古迹 2	0.1～0.3	0.2～0.4	0.3～0.5
5	水工隧道 3	7～15		
6	交通隧道 3	10～20		
7	矿山巷道 3	15～30		
8	水电站及发电厂中心控制室设备	0.5		
9	新浇大体积混凝土 4： 龄期：初凝～3d 龄期：3～7d 龄期：7～28d	2.0～3.0 3.0～7.0 7.0～12		

注：1. 表列频率为主振频率，系指最大振幅所对应波的频率。

2. 频率范围可根据类似工程或现场实测波形选取。选取频率时亦可参考下列数据：硐室爆破<20Hz；深孔爆破 10～60Hz；浅孔爆破 40～100Hz。

3. 选取建筑物安全允许振速时，应综合考虑建筑物的重要性、建筑质量、新旧程度、自振频率、地基条件等因素。

4. 省级以上(含省级)重点保护古建筑与古迹的安全允许振速，应经专家论证选取，并报相应文物管理部门批准。

5. 选取隧道、巷道安全允许振速时，应综合考虑构筑物的重要性、围岩状况、断面大小、深埋大小、爆源方向、地震振动频率等因素。

6. 非挡水亲浇大体积混凝土的安全允许振速，可按本表给出的上限值选取。

3　全断面控爆和超前导坑机械劈裂结合控爆扩挖试验对比

当采用控制爆破时，为达到设计要求的地表安全爆破振速，爆破设计中应严格控制一次齐爆装药量。根据萨道夫斯基公式，一次最大装药量 Q 为：

$$Q = R^3 \times \left(\frac{V}{K}\right)^{\frac{3}{\alpha}}$$

式中：R——爆破震动安全允许距离(m)；

V——保护对象所在地质点震动安全允许速度(cm/s)；

Q——炸药量，齐发爆破为总药量，延时爆破为最大一段药量(kg)；

K，α——与爆破点至计算保护对象间的地形、地质条件有关的系数和衰减指数，可按表 2 选取，或通过现场试验确定。

不同岩性的 K、α 值表(摘自《爆破安全规程》(GB 6722—2003))　　表 2

岩　性	K	α
坚硬岩石	50～150	1.3～1.5
中硬岩石	150～250	1.5～1.8
软岩石	250～350	1.8～2.0

3.1　全断面控爆开挖试验

为确定控制爆破单段最大炸药用量，同时检验控制爆破开挖方案的可行性，选取 DK183＋410～DK183＋420 段Ⅲ级围岩作为全断面控爆试验段。

(1)控制爆破施工措施

根据隧道开挖技术特点结合现场实际情况，使隧道开挖成形良好，减少超挖量，减少爆破对围岩的扰动深度，确保地表民房安全，开挖中采用以下施工措施：

①采取有效的控制爆破技术，减少震动与降低噪音，同时要求成形效果好，采用光面爆破。根据地质条件、开挖断面、开挖进尺、爆破器材、振速要求等条件动态调整爆破参数。

②根据围岩特点合理选择周边眼间距及周边眼的最小抵抗线，辅助炮眼交错均匀布置，周边炮眼与辅助炮眼眼底在同一垂直面上。

③严格控制周边眼的装药量，利用导爆索传爆、竹片进行间隔装药，使药量沿炮眼均匀分布，以确保隧道周边成形良好，并减少对围岩的扰动。

④合理选择循环进尺。

(2)超前导洞控爆＋控爆扩挖法

由于Ⅲ级围岩具有较好的自稳能力，故采用下导坑法超前控爆开挖、扩挖层微差控爆开挖、预留光爆层控爆开挖。超前下导坑尺寸 3m×3m，位于下半断面，下导坑掏槽区爆破距地表距离可增加近6～7m，有利于减轻隧道爆破特别是掏槽爆破对地表民房的爆破震动影响。工序为：①先行控爆施工超前下导坑，循环进尺 1m，超前后续工作面 2m；②控爆施工扩挖层，扩挖至距拱顶约 1m 处，扩挖层循环进尺 1.5m，超前后续工作面 2 个循环即 3m；③再控爆施工预留光爆层；④仰拱在滞后预留光爆层 50m 后施工。施工工序见图 4，下导坑控爆开挖试验照片见图 5。超前下导坑控爆采用四级复式楔形掏槽方式，掏槽眼深度 1.8～2.3m，雷管段数为 15 段，单段最大装药量 6.5～8.5kg，进尺约 1m；扩挖层及预留光爆层采用微差爆破，钻孔深度 1.5～1.9m，单段最大装药量 12～15kg，进尺约 1.2～1.5m。下导坑炮眼布置图见图 6。开挖面爆破施工过程中，地表采用测振仪进行爆破振速监测，下导坑、扩挖层实测振速见表 3。

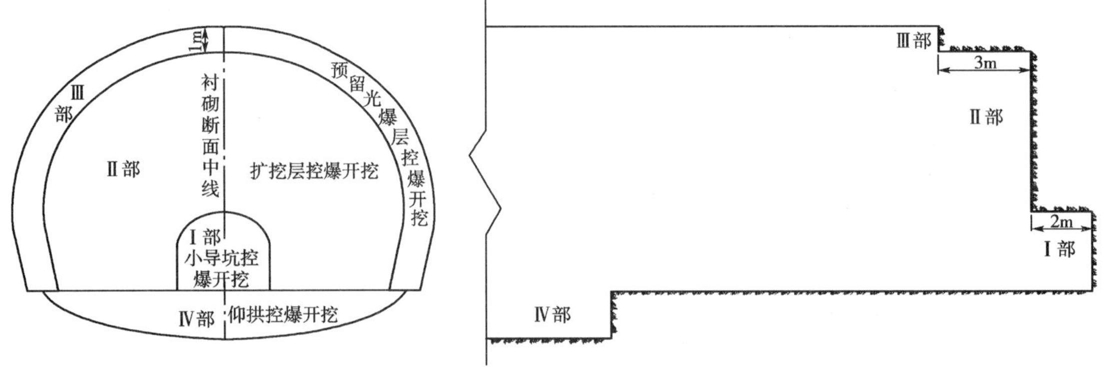

图 4　控制爆破方案开挖工序示意图

图 5　下导坑控爆开挖方案现场情况

由表 3 知，下导坑掏槽爆破时，由于只有正面一个临空面，掏槽爆破是在较大岩石夹制作用下的强抛掷爆破，夹制爆破导致更多的爆炸波能向岩体内部传递，导致地表爆破振速均超出允许爆破振速

1.5cm/s,无法保证地表房屋安全振速控制标准,扩挖层及光爆层地表爆破振速均在容许范围内。

3.2 超前导坑机械劈裂结合控爆扩挖工法试验

通过对国内外机械开挖工法进行调研,并结合控制投资、保证工期的目的,确定对DK183+400~DK183+410段采用取芯钻切割配合液压劈裂机非爆开挖超前导坑。具体措施为采用人工手持取芯钻机沿超前导坑轮廓线钻孔取芯,孔径15cm,相邻孔间距13cm,每次钻取深度50cm,钻孔取芯完成后采用液压劈裂机自下而上分裂岩石,人工撬落,劈裂机钻孔采用YT28钻孔机,钻孔间距40cm,钻孔深度2m,满足4个循环作业。取芯钻配合劈裂机开挖下导坑工序图见图7。

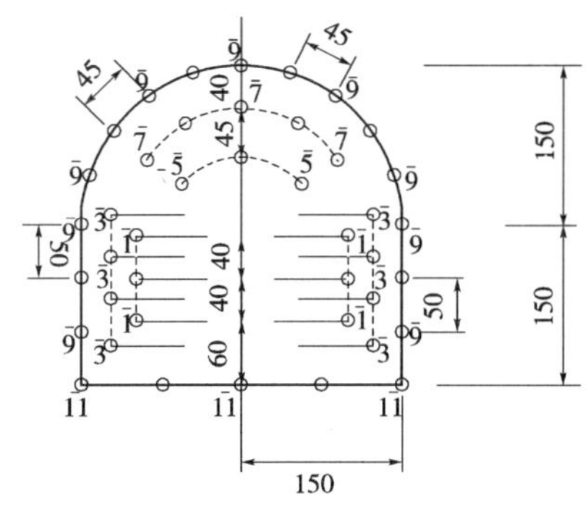

图6 下导坑炮眼布置图(单位:cm)

控制爆破施工中地表最大爆破振速监测值 表3

爆破部位	开挖面里程	最大振速(cm/s)	主振频率(Hz)	方向
下导坑	DK183+420	2.096	45.166	垂直
	DK183+418	2.579	46.387	垂直
	DK183+416	1.628	46.387	垂直
	DK183+414	2.161	62.256	垂直
扩挖层	DK183+414.5	0.542	37.842	径向
	DK183+413	0.783	53.711	垂直
	DK183+411.5	1.275	35.4	径向

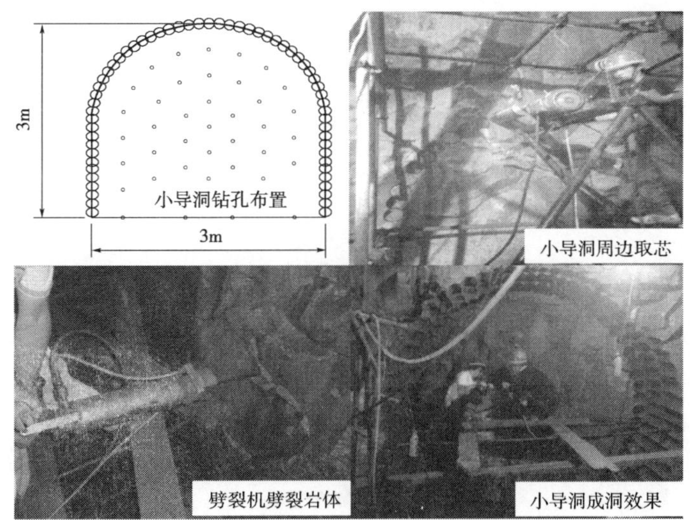

图7 取芯钻配合劈裂机开挖下导坑工序图

扩挖层及预留光爆层采用微差控制爆破,单段最大装药量为12~15kg,地表振速监测见表4。

下导坑非爆结合控爆扩挖地表最大爆破振速监测值 表4

爆破部位	开挖面里程	最大振速(cm/s)	主振频率(Hz)	方向
扩挖层	DK183+408.5	0.956	123.291	径向
	DK183+405.5	1.45	37.842	垂直
	DK183+404	1.178	83.008	垂直
	DK183+402.5	0.596	62.256	垂直
	DK183+401	1.04	68.359	垂直
	DK183+399.5	1.474	39.063	垂直
	DK183+398	0.91	48.828	垂直

由表4知，由于下导坑采用非爆开挖形成了临空面，当扩挖层及光爆层采用微差爆破时，地表最大爆破振速为(0.596～1.474)cm/s≤1.5cm/s，证明采用下导坑非爆开挖结合控爆扩挖方案能满足地表房屋振速控制要求。

3.3 对比试验结论

经现场地表爆破振速监测结果可知，超前导洞控爆＋控爆扩挖工法由于夹制爆破导致更多的爆炸波能向岩体内传递，导致地表爆破振速均超出地表房屋安全爆破振速1.5cm/s，超前导坑机械劈裂＋控爆扩挖工法采用非爆开挖形成了临空面，地表最大爆破振速能满足地表房屋振速控制要求。

4 开挖工法优缺点及适用范围比较

为协调铁路建设与地方关系，创建和谐社会，最大限度地减少隧道开挖对居民房屋安全及日常生产生活的影响，保证长洪岭隧道的顺利施工，根据隧道实际情况，可采用的开挖方法有控制爆破法、非爆结合控制爆破法、静态破碎法、液压冲击锤法、铣挖法。各种开挖工法的优缺点比较及适用范围见表5。通过比较，超前导坑机械劈裂结合控爆扩挖工法为最适宜采用的施工方法。

各种开挖方案的优缺点及适用范围比较表　　表5

开挖方案	方案类型	优(缺)点	适用范围
控爆方案	小导洞超前(控爆)＋控爆扩挖	①人员变动小，不另增加机械； ②施工简便，便于操作； ③造价低； ④施工工序多，施工干扰、劳动强度大； ⑤对围岩的扰动不稳定，安全性小	适用于围岩较好、安全振速要求不高的地段
非爆结合控爆方案	超前导坑机械劈裂结合控爆扩挖工法	①减震效果明显； ②施工简便，便于操作； ③需增加专业非爆施工人员、机械； ④施工工序多，但可平行作业； ⑤循环进尺小，施工周期长	适用于各类围岩、安全振速要求中等的地段
铣挖法	铣挖机	①减小了对围岩的扰动，安全性高； ②便于控制超欠挖，可以挖掘任意形状断面； ③综合开挖成本高，围岩硬度高时难以应用； ④需重新配置设备、调整施工组织	适用于中低硬度围岩、安全振速要求较高的地段
液压冲击锤法	液压冲击锤	①减小了对围岩的扰动，安全性高； ②便于控制超欠挖，可以挖掘任意形状断面； ③围岩强度较高时液压冲击锤施工困难，施工进度缓慢	适用于有裂缝的和层理分明的地层、安全振速要求较高的地段
静态破碎剂法	静态破碎剂	①对周边环境基本无影响； ②减小了对围岩的扰动，安全性高； ③施工工序多，综合开挖成本较高； ④同一断面上各孔膨胀时间不易控制、施工进度缓慢	适用于围岩较好、安全振速要求较高的地段

5 结语

(1)机械劈裂开挖隧道工法提供了一种新型、安全、快速的下穿地表抗震等级低的构筑物地段，或者不允许产生爆破震动地段的非爆破开挖隧道工法。应用劈裂机导坑超前控爆扩挖法还可以为隧道非爆开挖出超前导坑，为后续扩挖爆破提供临空面，可起到理想降震的效果，是一种既安全快速又具良好减震效果的新型开挖工法。该工法已成功应用于渝利铁路长洪岭隧道下穿江池镇房屋密集区实际工程，工法的应用取得了显著的效果及经济效益。

(2)机械劈裂开挖隧道工法对周围环境影响小，具有低振动、低噪音的优点，钻孔及劈裂作业基本不会产生震动、冲击、噪音、粉尘飞屑等，即使在人口稠密地区或室内及精密设备旁，都可以无干扰地进行施工。该工法安全可靠，施工简单，便于操作，具推广价值，经济适用，且隧道周边超欠挖易于控制，精确控制施工。

(3)机械劈裂开挖隧道工法适用范围广，在软硬岩层中均可应用，但作业循环进尺小，施工周期较长，施工工序多，需多工种平行作业。

(4)对地表建(构)筑物，需建立一套完整的爆破振动监测系统，严格控制爆破振动的有害效应，及时进行信息反馈，在综合考虑爆破振动持续时间、振动频率、建筑物岩层、土层厚度、倾角等因素的基础上找出其间的规律，进行信息化施工，达到推广应用的目的。

禾洛山隧道不良地质分析及处理

郑　伟

(中铁二院工程集团有限责任公司土建一院)

摘　要　本文通过禾洛山隧道的玄武岩夹凝灰岩地层施工中的各种不良地质问题,结合现场施工情况,对不良地质的类型进行归纳并对其形成原因进行分析,总结出一套适用于此类地层施工的方法及处理措施。

关键词　玄武岩夹凝灰岩;不良地质;原因分析;综合处理措施

Analysis and Treatment of Unfavorable Geology in HeLuoshan Tunnel

Zheng Wei

(First Civil Construction Design and Research Institute of CREEC)

Abstract　This paper presents various unfavorable geological problems occurring in construction of Heluoshan Tunnel with basalt and tuff intercalation, summarizes the types of unfavorable geology, analyzes the causes of its formation. The construction method and treatment measures applicable to the similar stratum projects are proposed herein.

Key words　basalt and tuff intercalation; unfavorable geology; cause analysis; comprehensive treatment measures

1　引言

禾洛山隧道全长5848m,地处大理至丽江铁路中部上关车站与青花坪车站区间,出口端青花坪三线车站三线伸入隧道内463m,为全线第二长隧道,也是地质条件最为复杂的一座隧道。该隧道地层岩性单一,洞身均通过二叠系玄武岩夹凝灰岩地层,隧道最大埋深约225m。该隧虽地层岩性单一,但在隧道施工过程中出现多次涌水、突泥、坍方、变形等问题,严重制约工程进度,成为大丽线头号控制工期的工程。禾洛山隧道施工过程中出现如此多的不良地质灾害在国内玄武岩隧道施工中极为少见。

本文重点对施工中出现的不良地质类型及原因进行分析,并结合施工过程中采取的处理措施进行归纳总结,以探索在此类地质条件下的综合施工方法。

2　不良地质类型

禾洛山隧道施工过程中出现的不良地质主要有以下几种类型,施工中出现的地质灾害有的是单一类型,有的是多种类型的组合。

2.1　玄武岩破碎、节理裂隙发育

禾洛山隧道穿过二叠系玄武岩夹凝灰岩,玄武岩节理发育,岩体破碎。从对掌子面节理及地面调绘节理量测的268条节理来看,节理间距一般0.2～0.8m,节理在3组以上,以构造型为主。根据对量测的节理进行分组统计分析,绘制了节理走向、倾向、倾角玫瑰花图(见图1～图3)。

作者简介:郑伟(1979—　),男,工程师。

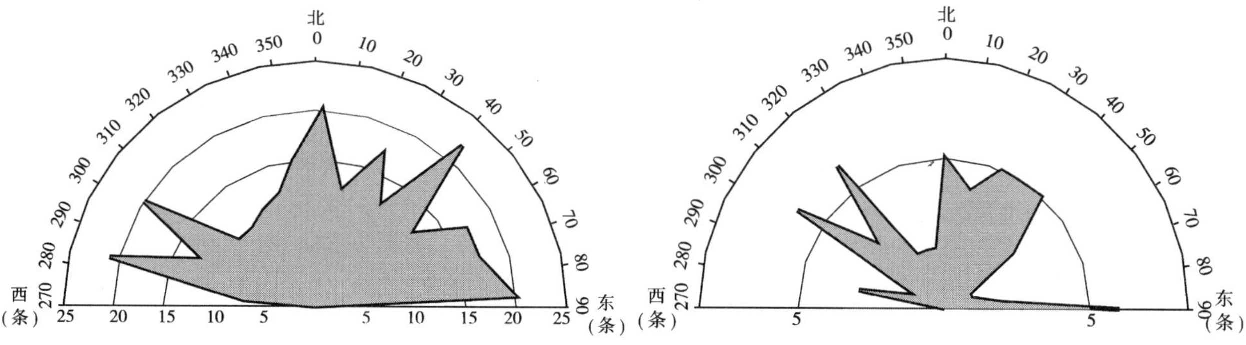

图1 节理走向玫瑰花图

图2 垂直节理走向玫瑰花图

统计结果显示发育的节理主要有6组：

①N0～8°，E/34°～83°(15条)；②N20°～28°，E/29°～75°(12条)；③N40°～48°，E/8°～86°(17条)；④N60°～90°，E/6°～86°(44条)；⑤N60°～67°，W/12°～85°(18条)；⑥N70°～75°，W/39°～82°(14条)。

其中，①～③组节理对隧道施工影响较大，隧道施工时存在着不同程度的节理顺层，④～⑥组节理发育(76条)，与其他方向发育的节理(含垂直节理)共同组合形成"X"形、"网"形，间距0.1～0.5m不等，在多向节理的共同作用下，岩体切割影响严重，岩体破碎至极破碎，完整性差，局部呈压碎结构，导致围岩稳定性差。在统计的节理中近四分之一(64条)倾角为90°，亦证明玄武岩柱状节理较发育。

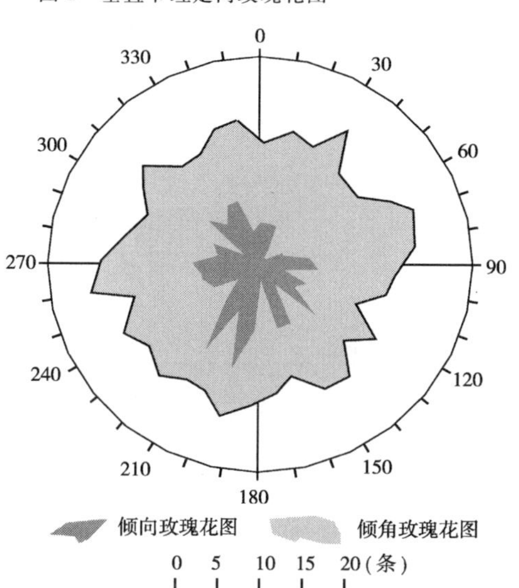

图3 节理倾向、倾角玫瑰花图

2.2 掌子面凝灰岩出露位置及规模无规律性

隧道开挖过程中掌子面凝灰岩频繁出露，且出露的位置及规模不一，无规律性，凝灰岩透镜体厚度一般小于10m。按其出露位置大致分为以下几类：

①洞身全断面为凝灰岩。

②洞身全断面为玄武岩与凝灰岩交错分布。

③洞身拱部为凝灰岩。

④洞身边墙局部为凝灰岩。

凝灰岩为火山碎屑凝灰结构，质软，遇水易软化，多具弱膨胀性，玄武岩中凝灰岩的存在极大地恶化了掌子面地质条件，围岩稳定性差，易发生坍塌，局部地段初步支护施作完毕后还出现变形现象。

2.3 玄武岩的差异风化

本隧道最大埋深约220m，地表全～强风化玄武岩厚度约40m，洞身部分应为弱～微风化玄武岩，但在施工中洞内揭示部分段落为弱～微风化玄武岩，岩体完整；部分段落为强风化，岩体较为破碎；局部地段洞身为全风化，岩体破碎或极破碎；甚至在同一掌子面出现差异风化，弱、全、强风化各占一半的现象。玄武岩的差异风化严重影响隧道的正常施工，支护措施不断改变，工法工序的转换也颇为频繁。由于凝灰岩出露位置的无规律性和玄武岩差异风化存在，施工开挖揭示玄武岩与凝灰岩共有12种组合情况。

2.4 玄武岩富水全风化囊

施工中多次揭示富水的全风化囊，且囊状构造物的规模大小不同，囊中物质成分为全风化玄武岩和凝灰岩，呈土状或碎块、碎颗粒状，地下水长期浸泡后呈泥状，力学性能非常低。掌子面打开囊状体缺口后，囊中物质迅速涌入洞内，施工过程中发生几次较大的突泥涌水，均是由于揭示了富水的全风化囊，其中正洞DIK58+113处突泥涌水规模最大，瞬间涌水量260m^3/h，突泥量约4000 m^3，掩埋掌子面后方126m，涌出物全断面封堵掌子面后方55m。

2.5 地下水发育

该隧道施工中出现9次集中涌水，而其余段落地下水量均不大，主要为基岩裂隙水。涌水相对集中，水量大，其中一号斜井小里程端DIK60+424处发生大涌水，平均涌水量约为$350m^3/h$，最大涌水量高达500 m^3/h。从历次涌水情况看出，开始出水时水量较大，随后逐渐呈衰减趋势，地下水为静储量。集中涌水点多处于玄武岩和凝灰岩软弱结合面和密集构造节理面交错组合部位，裂隙水丰富，软化下部凝灰岩，形成涌泥、涌水，或是由于地层深部形成全风化的玄武岩风化囊造成，风化囊中富含地下水，且和地下水系连通。

3 不良地质形成原因分析

本隧道施工中出现诸多不良地质，带来一系列的工程问题，如坍方、突泥涌水、涌水、初期支护变形等，大多的是由于各种不良地质共同作用的结果，不良地质形成的原因如下：

(1)禾洛山隧道地处青藏、滇缅、印尼巨型“歹”字形构造体系东支中段偏北地区与三江经向构造体系复合部位，距区域性洱海深大活动性断裂约15km。因其特定的大地构造环境，特殊的区域地球动力学条件和强烈的现代地壳运动，导致地质构造复杂多变，岩层切割明显，构造节理发育，岩体结构性能较差，局部段落极其破碎，受褶皱、断裂及岩浆侵入活动的影响，玄武岩硬质岩也多被切割呈碎块状、镶嵌结构。

(2)由于玄武岩为火山岩，喷发具多期和间歇性的特点，各期次之间分布大量规模不大(一般厚度小于10m)的凝灰岩透镜体，凝灰岩为火山活动喷达地表后火山灰冷凝固化形成，具有沉积岩的特征，为火山碎屑凝灰结构。因而凝灰岩透镜体具有赋存随机性、分布无规律性。凝灰岩本身的特点时遇水易软化并具有一定的弱膨胀性。

(3)凝灰岩对周围围岩具动力蚀变作用，造成凝灰岩周围的玄武岩局部为全风化或强风化，岩体破碎、裂隙发育。地表水易沿构造节理裂隙及玄武岩与凝灰岩接触带下渗，软化凝灰岩，破坏玄武岩和凝灰岩间的结合，降低隧道围岩的稳定性。

(4)由于本隧道凝灰岩赋存的随机性及玄武岩风化的差异性，隧道范围内的透水层和隔水层交错分布，造成地下水发育的高度不均匀，岩体富水情况视节理发育程度、风化程度及凝灰岩的分布规模而不同。

(5)玄武岩富水全风化囊是在相对完整的玄武岩中形成的有一定大小和规模的囊状结构。主要是由于该处出露的凝灰岩较多，玄武岩的差异风化后非常破碎，裂隙发育，地表水沿节理裂隙及玄武岩与凝灰岩接触带下渗，当遇到底部凝灰岩时由于凝灰岩具有一定的隔水作用，地下水不再继续渗透，滞留在囊体中，从而形成了富水的玄武岩夹凝灰岩的全风化囊。

4 综合处理措施

禾洛山隧道具有玄武岩破碎、节理裂隙发育、多表现为碎裂结构或镶嵌结构、差异风化明显、凝灰岩透镜体分布无规律性、发育有深部的富水全风化囊及地下水发育等特点。施工中易出现因某个部位的坍塌而牵引较大的坍方发生、凝灰岩部位初期支护易变形，富水全风化囊地段易发生突水、突泥等地质灾害。施工过程中通过不断总结经验教训，针对玄武岩夹凝灰岩地层的特点，摸索出一系列在此类地层中保证安全快速施工的针对性措施。

4.1 开展综合超前地质预报

为查明玄武岩富水全风化囊体、破碎带、凝灰岩出露的位置及规模，施工中采用了物探+钻探+掌子面地质工作的综合手段。

宏观上采用了高密度电法和CSAMT大地电磁法物探手段，并将两种物探结果与开挖揭示情况进行对比分析，得出在埋深较大的禾洛山隧道中大地电磁法在宏观上与开挖情况对应性较好。

中距离采用TSP203法对前方围岩的破碎程度进行预测，每次预报距离(长度)约120m，每100m

探测一次，在对禾洛山隧道洞内掌子面所进行的22次TSP预报中，有15次预报准确，7次预报比较准确，TSP法预报精度较高。

在物探基础上采用ZDY1900S型钻机于掌子面钻孔取芯，每次钻孔长度约35m，搭接5m，根据物探结果钻1～3个孔，钻孔布置在掌子面有特征的部位上。根据钻孔取芯结果能比较准确地反映前方地质条件，如在DIK57＋060处取芯时孔中涌水，达200m^3/h；在DIK60＋280处取芯时，探明了前方40m为全风化玄武岩。

由于凝灰岩分布位置无规律性，厚度不均，采用物探、TSP203法难以探测，超前地质钻在整个掌子面也只是一孔之见，更多的还需通过施工中的炮眼施工工序进行探测，当遇全风化玄武岩或凝灰岩时钻杆钻进速度明显加快，结合周边炮眼的钻设情况，再辅以掌子面的地质素描情况综合分析才能大致判断出全风化玄武岩或凝灰岩出露的具体位置及规模大小。

4.2 防止坍方的措施

禾洛山隧道的坍方主要是由于碎裂的玄武岩呈镶嵌结构，底部玄武岩块体掉落后会牵引上部岩体继续坍塌，从而形成坍方，或是由于全风化玄武岩或凝灰岩部位力学性能低，易发生坍塌。如2006年5月22日出口三线车站段DIK61＋091～DIK61＋097坍方就是由于线路右侧边墙处发生小坍塌，高约4m，深1m，随后不断发展，最终牵引的坍方段长度达40m左右；2008年2月22日20时，进口施工至DIK56＋703时，掌子面左侧及拱部为全风化玄武岩和凝灰岩互层，21时在施作DIK＋702～DIK＋703初期支护时左侧拱部掉块，继而坍方，围岩滑坍速度较快，至22时，坍碴已填满DIK57＋695整个开挖面。

从上述2个坍方可以看出，禾洛山隧道的坍方均是牵一发而动全身，发展速度较快，施工中必须保证开挖范围内任何部位都不能发生坍塌。通过超前支护对裂隙进行充填注浆，起到预加固和棚架作用，可有效的防止坍方的发生。施工中采用的超前预支护的类型、长度及设置范围根据超前地质预报结果选定。

①当拱部为强风化玄武岩或小范围出露凝灰岩，以及边墙部位有凝灰岩出露时，采用ϕ42超前小导管，配合钢架起到预支护的作用，超前小导管每根长3.5m，环向间距多按40cm布置。

②当拱部全风化及凝灰岩范围较大时，超前支护需要更大的刚度，采用ϕ60小管棚，环向间距按30～40cm设置，每循环长度6～8m，搭接长度不小于2m。

③当前方地质为较大的富水玄武岩夹凝灰岩全风化囊时，则采用ϕ89大管棚，于掌子面后方揭示风化囊之前扩挖工作室，施作大管棚，长度以尽量穿过风化囊进入前方完整基岩为原则，若一次不能穿过，则每循环长度为30m，搭接长度不小于5m，为增大管棚刚度，可在管棚内增设钢筋笼。

4.3 防止突水突泥的措施

施工过程中共发生4次突泥涌水，其中最大一次突泥涌水发生在进口DIK58＋113处，掌子面围岩为全断面凝灰岩，在进行初期支护钢架施工作业时，掌子面拱顶左侧有裂隙水出露，瞬间涌水量260 m^3/h，随后发生突泥，突泥量约4000 m^3，掩埋掌子面后方126m，涌出物全断面封堵掌子面后方55m。本次突泥就是由于富水的全风化囊底部的凝灰岩隔水层厚度不断减小后，难以承受上部荷载而被压溃，囊中的全风化玄武岩及凝灰岩伴着地下水一涌而出。因此，防止突水突泥的重要问题是如何减小地下水的影响以及软弱带的加固问题。

(1)地下水处理

根据本隧施工情况，揭示的集中出水点地下水均呈衰减趋势，有一定的静储量，故而对地下水采取提前引排的措施以减小地下水的影响。施工采用拱部开挖轮廓线外ϕ89超前排水钻孔及掌子面超前地质钻孔排水或迂回导坑超前引排两种方式，如图4、图5所示：

迂回导坑于正洞富水侧设置，断面采用3.0m(宽)×3.3m(高)，超前掌子面提前接近富水区域，并预留5m岩柱，于导坑终端钻设ϕ89集水钻孔，将地下水集中引排至掌子面后方边墙侧沟。

(2)软弱带加固

根据超前地质预报，若掌子面前方存在软弱带，则采用超前预支护措施对其进行加固，于开挖轮廓

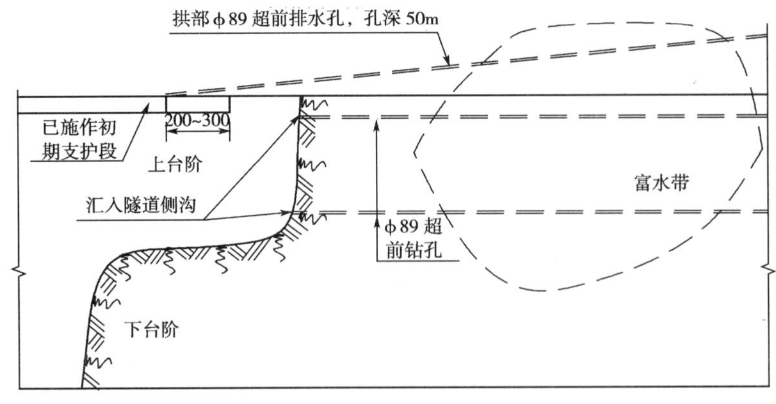

图4　掌子面超前钻孔示意图

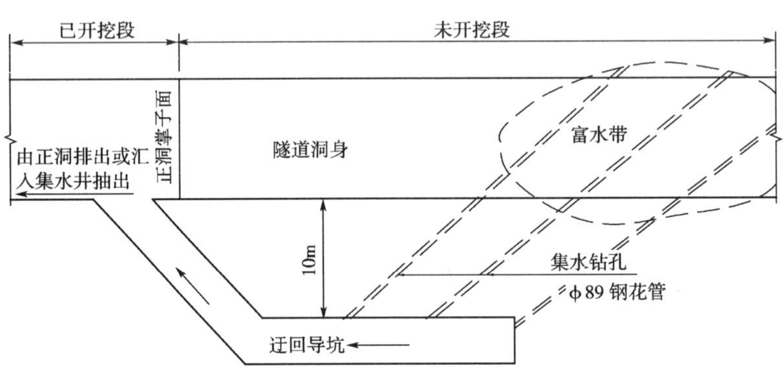

图5　迂回导坑排水示意图

线外形成一定厚度的注浆加固圈，保证隧道开挖时的稳定，防止软弱带物质向洞内流失。采用的超前支护主要为大管棚或小导管，当需要较大的注浆加固圈时辅以大外插角小导管。如在DIK60＋280处取芯时，探明了前方40m为富水全风化囊体，施工时拱部采用ϕ89大管棚，每环26根，必要时辅以大外插角小导管注浆加固，边墙部位采用ϕ42超前小导管预支护，每环16根，每根长3.5m，采用全环I18工字钢架加强支护，纵向间距0.6m。

4.4　防止支护变形的措施

全风化玄武岩及凝灰岩均具有一定的膨胀性，在地下水作用下该部位的初期支护易产生变形，甚至引发坍方。DIK60＋051～DIK60＋067及DIK60＋165～DIK60＋180段的变形均是由于洞室周边存在一定范围的全风化玄武岩及凝灰岩，围岩压力较大，普通的支护措施强度不够，从而引起变形。变形后处理采用径向ϕ42钢花管注浆加固围岩，间距1m，梅花形布置，每根长4.5m，对侵限部位初支进行拆换，及时施作加强的二次衬砌通过。

通过出现的变形，总结出防止支护变形的主要措施是：对全风化玄武岩及凝灰岩出露部位径向支护采用ϕ42钢花管并注浆加固，以提高其力学性能，减小对初期支护的压力，同时加强钢筋网、喷混凝土及钢架等支护，形成较大刚度的初期支护体系，并尽快施作加强的二次衬砌，可有效的防止支护的变形。

4.5　施工方法

该隧地质条件变化非常快，经常是一炮一变，围岩软硬相间，各级围岩交替出现，为避免各级围岩施工方法及施工工序的频繁转换，施工时均采用台阶法开挖，其中Ⅲ、Ⅳ级围岩采用正台阶法施工，Ⅴ级围岩及Ⅳ级围岩较差地段采用三台阶法施工，这样方便施工中根据不同的地质条件在正台阶和三台阶法之间相互转换，并能在开挖揭示凝灰岩时对薄弱部位进行及时的处理。当遇到富水的全风化玄武岩及凝灰岩的风化囊时，施工方法改为“四台阶、八部法”施工，采用微台阶、短进尺、强支护、快封闭，及时施作初期支护及二次衬砌。

5 结语

(1)在禾洛山隧道这种特殊的地质条件下施工,加强综合超前地质预报工作是必不可少的工序,特别是掌子面超前地质钻孔及炮眼施作情况信息反馈,可及时发现凝灰岩及全风华囊体的位置及规模,采取具有针对性的工程措施。

(2)提前引排地下水是防止突水突泥的有效措施之一。

(3)为保证开挖洞壁的稳定,对全风化玄武岩、凝灰岩及节理裂隙发育的硬质玄武岩的注浆加固,是防止洞壁牵引式坍方、突水突泥及支护变形的必要手段和关键措施。

通过施工中不断总结经验,得出一套适用于在禾洛山隧道玄武岩夹凝灰岩这种特殊的地质条件下安全、快速施工的有效措施,有力地保证了剩余段落的顺利施工,并可为今后由滇入藏铁路在类似地层的设计和施工提供参考借鉴。

高速铁路饱和黄土隧道施工关键问题处理与验证

杨建民

(中铁二院工程集团有限责任公司贵阳公司)

摘 要 郑西客专张茅隧道黄土段位于地下水位线以下,存在开挖困难、初期支护沉降大,基底软化等问题,严重影响到施工安全、质量和运营安全。在动态设计中开展轻型动力触探、初期支护沉降对比、现场激振试验等,提出"快速封闭、集中引排、喷层早强、保护基底"的施工阶段防排水及基础施工原则。通过激振试验激振230万次后,仰拱填充面的沉降稳定值≤0.5mm等综合分析,得出隧道工后沉降能满足客运专线无砟轨道运营要求的结论。

关键词 饱和黄土隧道;初期支护沉降;基底软化

Solutions for Key Problems in Construction of Soggy Loess Tunnel on High speed Railway and their verification

Yang Jianmin

(Guiyang, Survey, Design and Research Institute of CREEC)

Abstract As the loess section of Zhangmao Tunnel on Zhengzhou-Xi'an Passenger Dedicated Railway is below the groundwater level, the tunnel excavation is difficult, the subsidence is serious when the initial support, tunnel floor is softened. This will have major impacts on function, the construction and operation safety. In the design, the dynamic sounding, subsidence contrast of initial support and on-site vibration test have been done, the principle of "quick seal, concentrated drain, shotcreting for early strengthening, foundation protection" has been put forward for foundation construction and waterproofing and drainage during construction. The general analysis has been done by vibrating test of 2.3 million times and the last subsidence ≤0.5mm of filling surface in inverted arch, the results have proved that the post-construction subsidence of the tunnel is able to meet the requirement of operation on ballastless track of passenger dedicated railway.

Key words soggy loess tunnel; subsidence of initial support; softened foundation

1 引言

郑西客专张茅隧道出口段3190m位于地下水位线以下,高速铁路饱和黄土隧道的修建在国内外尚属首次。此类工程在施工阶段有两大难题:其一为初期支护沉降大。地下水对老黄土隧道施工影响很大,易造成围岩和基底黄土软化、拱墙脚土体承载力降低、严重时引起失稳和塌方;其二为隧底软化。包括两方面内容,施工期间基底软化、运营期间列车长期动载影响易造成基底软化,从而影响到高速铁路隧道的运营安全。

2 工程概况

张茅隧道通过地段属低山丘陵及黄土台塬地貌。隧道进口5299m位于构造节理较发育的安山岩夹砂泥页岩和灰岩;出口端3190m(最大埋深100m)地段为位于地下水位以下的第四系中更新统黏质黄

作者简介:杨建民(1968—),男,教授级高级工程师,中铁二院工程集团有限责任公司贵阳公司副总工程师。

土，为Ⅴ级围岩。地下水水头高出拱顶最大约20m，黏质黄土垂直节理发育，天然含水率23%。张茅隧道饱和黄土段纵断面如图1所示，物理指标见表1。

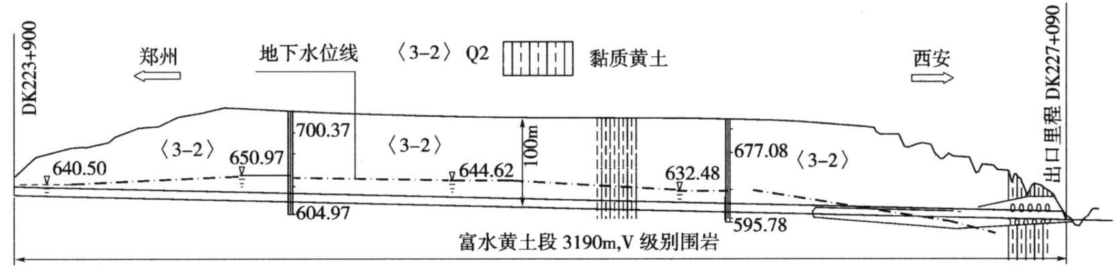

图1 张茅隧道饱和黄土段纵断面图(单位：m)

张茅隧道物理指标一览表 表1

时代成因	岩性	状态	天然密度 ρ (g/cm³)	天然含水率 W(%)	天然孔隙比 e	孔隙率 n (%)	饱和度 (%)	液限 W_L (%)	塑限 W_p (%)	天然快剪	
										凝聚力 C(kPa)	内摩擦角(°)
Q2	黄土	硬塑	2.0	23	0.67	40.2	95	37	22	60	21

张茅隧道和以往饱和黄土隧道相比有三个难点：①断面大，开挖面积170m²，黄延公路道南隧道开挖面积为100m²；②含水率大，饱和黄土段隧道拱顶上有20m水头；③基础稳定性要求高，无砟轨道工后沉降不超过15mm。

张茅隧道饱和黄土段结构设计：锚网喷及型钢钢架组成初期支护，钢筋混凝土二次衬砌。张茅隧道饱和黄土段支护参数见表2。

张茅隧道饱和黄土段支护参数表 表2

衬砌类型	初期支护													二次衬砌	
	喷层(cm)	系统锚杆								钢筋网 φ8		钢架			
		位置	锚杆类型	长度(m)	间距(m)	位置	锚杆类型	长度(m)	间距(m)	位置	间距(m)	钢架类型	间距(m)	拱墙	仰拱
Ⅳ级	30	拱部	药包	2.5	1×1	拱墙	砂浆	3.5	1×1	拱墙	20	I22a	0.8	50	60
Ⅴ级	35		药包	2.5	1×1		砂浆	4	1×1		20	I25a	0.6	60	70

注：拱墙初期支护喷射混凝土掺加合成纤维，掺量为1.2kg/m³；二次衬砌均为钢筋混凝土。

3 开挖面出水特征

现场调查及试验测试结果表明，饱和黄土隧道开挖后若没有及时封闭开挖面，开挖面会逐渐出现渗水现象。渗水情况明显可分为以下四个阶段。

第一阶段：天然潮湿状态。开挖后0.5h内，开挖面处于天然潮湿状态。

第二阶段：开挖面"冒汗"。开挖后0.5～1h，开挖面开始进入"冒汗"(渗水)状态。

第三阶段：开挖面滴水。开挖后1h，开挖面渗水聚积成水滴后开始呈水珠下滴。

第四阶段：基坑积水。开挖后2h，拱脚、墙脚等低洼处基坑开始积水，此后开挖面出水量进入稳定阶段。

渗水导致原硬塑状黏质黄土随即变成软塑状，强度大大降低。表面渗水淌到开挖底面时，底面黄土迅速积水软化，特别是在开挖机械反复碾压和振动作用下，软化现象更为严重，以致完全呈流塑状态。使后续施工极其困难，施工时间延长，施工质量也受到很大影响。因此，要研究饱和黄土隧道施工期间的防排水措施。

4 施工防排水措施

饱和黄土隧道施工阶段防水核心是"防渗"，黄土孔隙水不渗出或渗出量控制在一定范围内，围岩物理力学指标不会显著降低，施工环境则可得到极大的改善，初期支护变形能够得到有效的控制。

4.1 措施一:快速封闭

通过以防止开挖轮廓线及掌子面的渗水为重点,开展现场试验。技术路线:现场试验→渗水量测量→了解渗水的规律→确定封闭的时机。

试验表明,开挖面黄土渗水始于第二阶段,即开挖后0.5~1h,掌子面开始进入“冒汗”(渗水)状态。而对工程产生不利影响,则应从第三阶段——开挖后1h,开挖面渗水聚积成水滴后开始呈水珠下滴开始。因此,现场采取的“防渗”工程措施应在第三阶段,即开挖后1h完成。施工中采用了喷射混凝土作为封闭掌子面的措施,取得了较好的效果。

具体措施:减少开挖面暴露范围,上弧导一次快速开挖,开挖进尺0.8m(钢架间距)。缩短开挖面暴露时间,初喷4cm封闭开挖面,喷混凝土时间不超过0.5h,关键技术为从开挖到喷射混凝土时间不超过1.5h。

4.2 措施二:集中引排

初期支护基础受到地下水的较长时间浸泡、软化,会产生较大沉降。开挖面封闭以后仍有部分水从核心土、掌子面等部位汇集到断面位置相对较低的初期支护基底,应采取措施集中引排。

按照短台阶七步施工的特点,将按常规设置在开挖墙脚处的临时排水沟改为集中排水沟,并将其外移至距墙脚1m以外的地方顺坡进行设置,保证能将开挖面和边墙流下的渗水集中排走。不允许开挖基底面随意自由积水、淌水,以减少基底的软化,从而减小施工阶段初期支护的沉降变形。弧导开挖后的临时排水沟示意见图2。

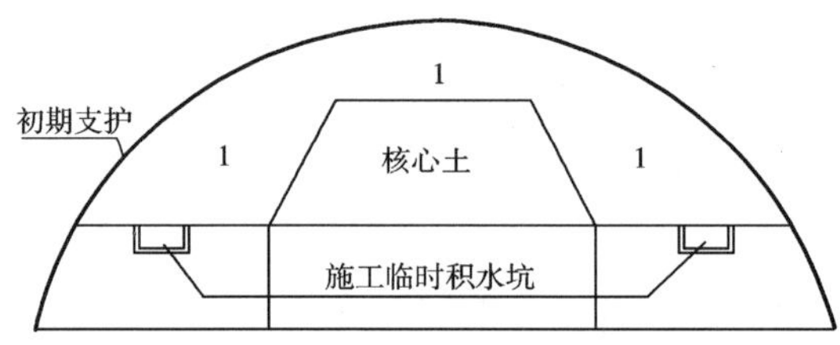

图2 弧导开挖后的临时排水沟示意(图中1表示开挖第1步)

4.3 效果验证

张茅隧道在施工初期由于没有针对性的施工防排水措施,导致施工过程中初期支护下沉过大。通过经验总结,采取了快速封闭、集中引排的措施后,初期支护沉降过大的情况得到了明显的改善。

初期支护沉降对比试验。张茅隧道DK225+145断面和DK225+587断面的埋深基本相同,都处于〈3-2〉黏质黄土中,因此可以在这两个断面进行隧道变形的对比试验。DK225+145断面施工较早,没有及时采取防排水措施;DK225+587断面采取了上述防排水措施。两断面拱顶沉降曲线对比如图3所示,边墙收敛曲线对比如图4所示。

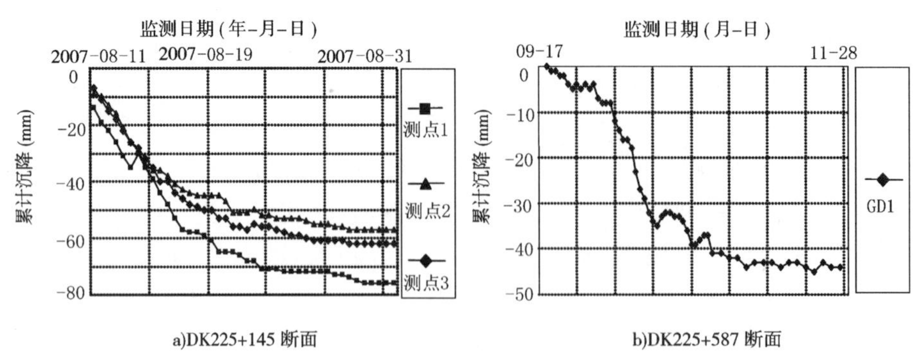

图3 两断面拱顶沉降曲线对比

拱顶最大沉降和边墙最大水平收敛值对比见表3。

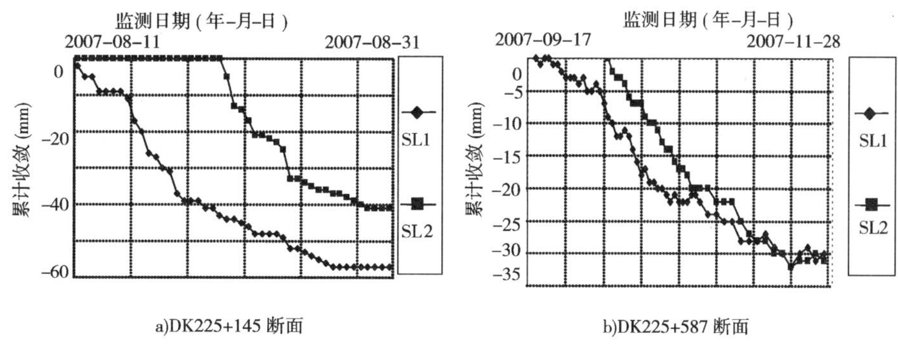

图 4 两断面边墙收敛曲线对比

隧道初期支护变形结果对比 表 3

断面里程	拱顶最大沉降(mm)	边墙最大水平收敛(mm)
DK225+145	76	57
DK225+587	44	31

从表 3 结果可见,采取上述防排水措施的 DK225+587 断面,稳定后的拱顶沉降最大值,比没有采取防排水措施的 DK225+145 断面减小了 42%,边墙收敛减小了 46%。由此可见,所采取的防排水措施效果十分明显。

5 基底泥化软化问题

对于饱和黄土隧道的开挖,因开挖面卸载、扰动,浸水现象严重,基底的软化不可避免。特别是仰拱基坑开挖初喷后,施工人员架设仰拱钢架在基坑底部操作时,造成隧道中线附近基底软化、泥化现象十分严重,甚至完全呈流塑状态。

通过现场开展大量轻型动力触探试验,新开挖隧底受扰动和地下水浸水软化的厚度一般为 10~30cm,在排水沟、积水坑和较长时间积水的局部地方,土层软化厚度更大。

5.1 措施:喷层早强、保护基底

早强喷射混凝土是保证隧道仰拱钢架及时安装的必备条件。根据施组要求,仰拱开挖完以后仰拱钢架应尽快与拱墙钢架封闭成环,仰拱钢架安装应在初喷混凝土完成后 0.5h 开始作业。此时,喷射混凝土应增加早强剂,使其强度在 0.5h 达到硬塑状态。

“保护”的对象是隧道仰拱基底,以防止基底发生软化、泥化,控制后期结构沉降为目的。具体工艺要求:采用挖掘机快速开挖仰拱基础后,对于底部 10cm 厚土层,应通过从拱脚两侧向中间快速地毯式“倒行开挖”等保护性开挖措施完成,若遇虚土层应清理干净后方能落底施工。开挖完成后隧底表面严禁人员随意踩踏。

5.2 基底动力稳定特性验证

国内外还无在高速列车激振荷载作用下饱和黄土隧道仰拱动力特性的研究,而动载作用下隧道基底在运营期间是否会产生泥化和下沉现象,直接关系到高铁行车安全。为了验证隧道基底按以上措施施工后效果怎样?在郑西客专张茅隧道开展了激振试验。

(1)试验设备及参数

从已有高速铁路实测情况看,无砟轨道板底部的动应力多在 30kPa 左右,故本试验选取在轨道板底的动应力幅值控制在 30kPa 以内。激振机总重 15.3t,外加附重 3t,总重量为 18.3t,大于动车组客车轴重(可按 17t 计)。激振频率:结合列车速度 350km/h,选为 5~27Hz。

(2)原件埋设

在张茅隧道饱和黄土试验段 DK225+141~DK225+145 范围,于隧道仰拱填充面、仰拱填充内部

及底部土体内，共计埋设 31 个元件，包括：振动速度传感器 11 个，动土压力传感器 10 个，孔隙水压力传感器 4 个，应变传感器 6 个。隧底土压力传感器布置如图 5 所示。

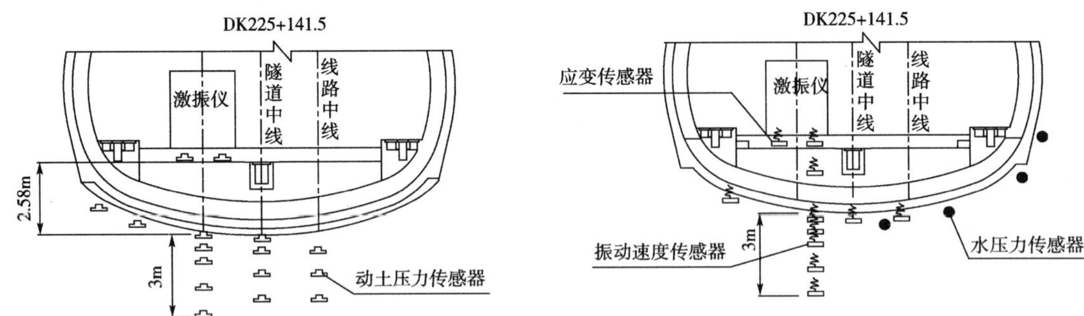

图 5　隧底元件埋设

(3)试验结果分析

①仰拱填充面累计沉降—激振次数

仰拱填充面累计沉降随激振次数的变化关系大致分为三个阶段：a. 初始稳定阶段：即当累计激振次数≤100 万次时，仰拱填充面激振累计沉降(塑性沉降)基本保持常值，不大于 0.15mm；b. 沉降发展阶段：即当 100 万次＜累计激振次数≤180 万次时，仰拱填充面激振累计沉降快速增加至 0.46mm；c. 稳定阶段：即当 180 万次＜累计激振次数≤230 万次时，仰拱填充面激振累计沉降大致保持不变，趋于稳定，不大于 0.5mm。

以运营期间每天 100 对车次计，230 万次相当于 20 年的运营时间，也就是说，高速列车运行 20 年后隧道内仰拱填充面累计沉降不大于 0.5mm，这远远小于高速铁路安全运营对隧道结构工后沉降的要求(≤15mm)。仰拱填充面累计沉降—激振次数关系曲线如图 6 所示。

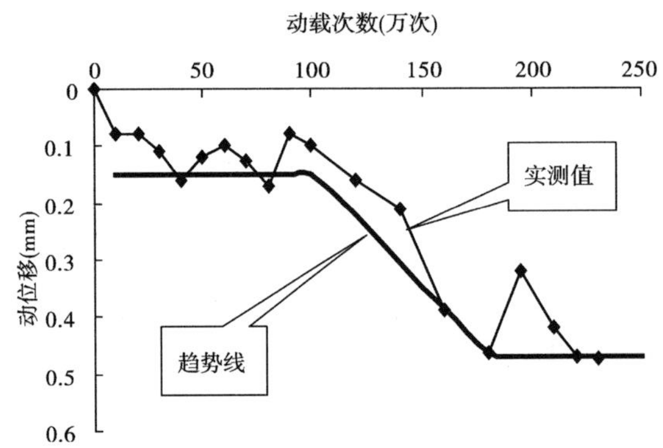

图 6　仰拱填充面累计沉降—激振次数关系

②振动速度—深度变化关系

对仰拱填充面、填充混凝土以及仰拱底部土体中由于激振引发的振动速度进行了实测。其中填充面最大振动速度为 1.6mm/s，仰拱下土体中的最大振动速度为 1.03mm/s，隧底下 3m 深处振动速度衰减至 0.2mm/s，该处振动速度随激振频率增加无明显变化，此深度可认为是激振影响的界限。振动速度随深度变化关系曲线如图 7 所示。

③激振试验前后动力触探试验

激振试验前：从激振试验前的动力触探结果可见，由于隧道开挖施工，开挖面卸载、扰动，浸水现象严重，基底出现了软化层，即隧道开挖后的仰拱基底存在软化现象，软塑/可塑状土层厚度在 10～20cm 之间。激振试验前动力触探试验情况如图 8 所示。

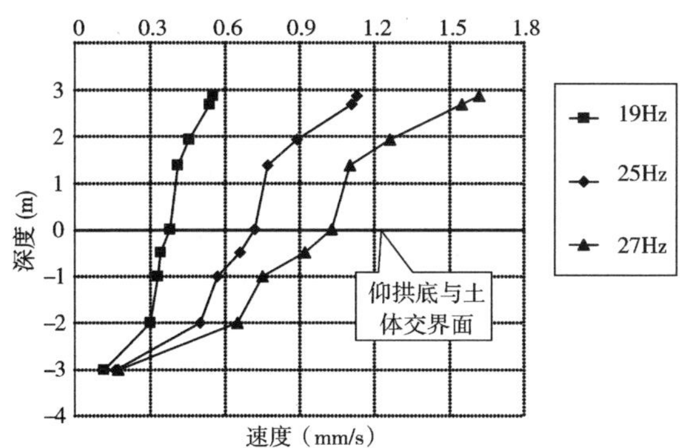

图7　振动速度—深度变化关系

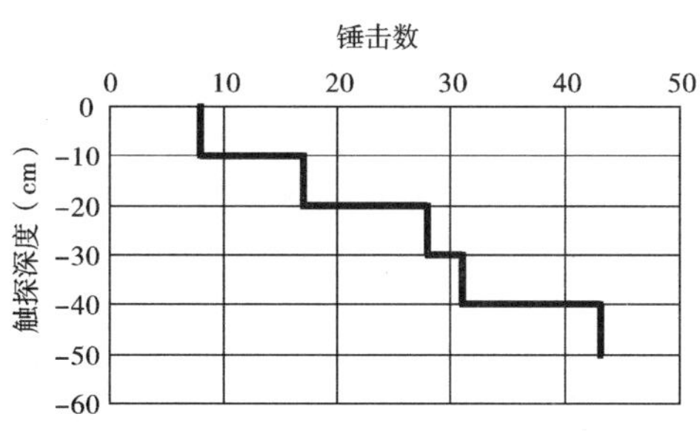

图8　激振试验前动力触探试验

激振试验后：激振试验后动力触探通过在仰拱及填充内预埋 ϕ150mm 的钢管中进行。激振机下的隧底土体的每 10cm 贯入击数都在 40 左右，说明该处饱和黄土处于坚硬状态，不存在软化现象。激振试验后动力触探试验情况如图 9 所示。

对比分析：在隧道基底同一位置激振试验前后进行了动力触探试验，激振试验总计激振加载次数达 230 万次，模拟了正常通过情况下高速列车 20 年的使用情况。动力触探结果说明土体状态良好，现有的隧道结构和隧底处理措施能够满足激振作用下隧道结构长期稳定的要求。

5.3　隧道基底沉降观测

对张茅隧道从衬砌施作好到铺设无砟轨道前后，结构沉降进行了观测。分别在明暗交接处、衬砌变化处、变形缝处以及进出口位置布设 35 组观测断面，测点位于水沟盖板顶以上 30cm 处的边墙上。全部断面最大总下沉量 4.4mm，最小下沉量 1.8mm。其中 DK224＋540 断面实测沉降曲线如图 10 所示。

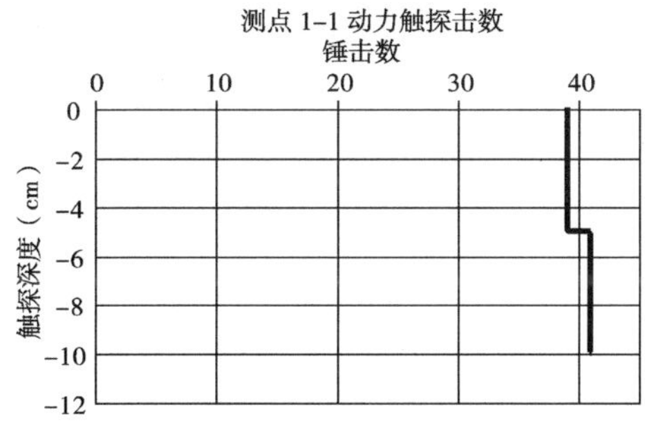

图9　激振试验后动力触探试验

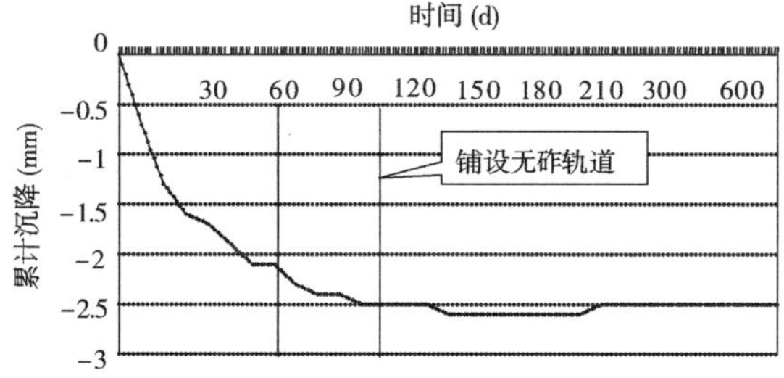

图10　DK224＋540 断面实测沉降曲线

从图 10 可见，在铺设无砟轨道前，隧道基底沉降分为三个阶段：第一阶段：沉降迅速发生阶段，该阶段持续时间约 2 个月，绝对沉降量约 2.2mm，沉降速率 0.036mm/d；第二阶段：缓慢沉降阶段，该阶段持续时间约 1 个月，沉降速率逐渐减小；第三阶段：沉降稳定阶段，在仰拱施工后 3 个月，沉降趋于稳定，沉降量不再加大，即饱和黄土隧道在二次衬砌完成以后 3 个月隧道仰拱的沉降进入稳定状态，此时可进行无砟轨道的铺设。

6　结语

(1)饱和黄土隧道施工阶段防水核心是“防渗”。根据饱和黄土隧道初期支护沉降大的特点，提出的“快速封闭、集中引排”的施工阶段防排水原则有效可行，较好地解决了饱和黄土隧道初期支护沉降控制的问题。

(2)根据饱和黄土隧道基底易软化的特点，提出的“喷层早强、保护基底”的施工工艺技术要求，能够较好地保护隧道基底土体，从而解决此类隧道基底稳定问题。激振试验表明，仰拱底部黄土最大振动速度为 1.03mm/s，仰拱下 3m 处黄土振动速度衰减至 0.2mm/s，即高速列车振动对隧底土体影响深度约为 3m；激振 230 万次以后仰拱填充面的沉降稳定值≤0.5mm。激振试验后，隧底土体的每 10cm 贯入击数都在 40 左右，说明该处黄土处于坚硬状态。可以判定，230 万次激振试验后，隧底饱和黄土没有发生软化、泥化现象。

参考文献

[1] 中铁二院工程集团有限公司.郑西客专黄土隧道基础处理及防排水技术研究[R].成都,2009.

[2] 李宁军，夏永旭.基质吸力对非饱和黄土隧道力学特性影响研究[J].西安公路交通大学学报，2000，20(2)：49-51.

[3] 杨建民.郑西客专富水黄土隧道的设计与验证[J].铁道标准设计,2008(11):86-89.

[4] 赵占厂，谢永利，杨晓华，等.黄土公路隧道衬砌受力特性测试研究[J].中国公路学报，2004，17(1)：66-69.

[5] 李雷.黄土隧道衬砌断面优化设计与研究[J].山西建筑，2003，29(4)：225-226.

[6] 沈卫平.浅埋黄土隧道施工方法及支护受力研究[J].西部探矿工程,2001,69(2):76-78.

其　　他

合宁铁路牵引变电设施主接线方案设计

许晓蓉 潘 英 楚振宇 林宗良

（中铁二院工程集团有限责任公司电化院）

摘 要 合宁铁路在全路首次采用的四电系统集成模式，在系统集成技术创新方面取得了重大突破。该工程牵引供电系统采用了AT供电方式、全补偿弹性链形悬挂、220kV AT供电方式三相Vv接线牵引变压器等关键技术，具有先进、优化、创新的设计理念。本文结合项目的供电方案、设备选用方案、继电保护方案、所址方案等具体情况，对各所主接线形式进行了较为详细的介绍。

关键词 合宁铁路；牵引变电；主接线

Design of Main Cable Connecting of Traction Substation Facility on HeNing Railway

Xu Xiaorong Pan Ying Chu Zhenyu Lin Zongliang

(Electrification Design & Research Institute of CREEC)

Abstract HeNing railway, the 1st one to adopt 4 electric integration mode, achieved great breakthrough in the innovation of system integration technique. Key technologies of AT power supply way, all autotensioned catenary equipment, 220KVAT power supply way and traction transformer for three phase Vv are adopted for traction power supply system in the project with design ideas of advancement, optimization and innovation. According to the conditions of power supply, equipment selection, relay protection and substation location, the main cable connecting form of each substation is introduced in details.

Key words HeNing railway; Traction substation; main cable connecting

1 引言

合宁铁路是我国“四纵四横”快速客运网的主骨架之一——沪汉蓉快速铁路通道的重要组成部分，连接合肥、南京两大铁路枢纽。结合两端枢纽线路规划以及与相关线路的衔接，合肥至DK1180段正线采用AT供电方式，设龙城、华兴220kV AT牵引变电所2座，栏杆集、星甸AT分区所2座，三十里铺、石塘、小店和全椒AT所4座；引入南京枢纽部分DK1180段至永宁段联络线采用带回流线的直接供电方式（以下简称TRNF供电方式），利用既有永宁牵引变电所扩建直供馈线3条。

2 设计目标

作为电气化铁路的核心，牵引变电设施（主要为牵引变电所、分区所、AT所）主接线方案的确定尤为重要，方案的优劣，直接关系到供电的可靠性、安全性、稳定性及可维护性的。接线方案的确定，同时影响着各所的造价及用地，故在满足供电需要的前提条件下，应通过技术经济比较，以最小的投资、最少的占地，最小的维护工作量来确定接线方案，以符合国家的技术经济政策。

作者简介：许晓蓉（1974— ），女，高级工程师。

3 不同接线方案比选

3.1 牵引变电所主接线方案比选

根据经验，一般牵引变电所接线在表1所示的几个项目中可进行比选：

表1

比较项目	方案一	方案二
220kV 侧主接线	隔离开关分支接线	线路变压器组接线
27.5/2×27.5kV 进线	断路器方式	电动隔离开关方式
馈线备用方式	设置专门的备用断路器	馈线断路器互为备用

(1)220kV 侧主接线方案比选

220kV 侧主接线一般有分支接线(隔离开关分段)、线路变压器组、外桥、内桥、单母线分段等多种接线方式。根据牵引变电所在电网及路网中的位置及性质，一般较为常用的是分支接线(隔离开关分段)、线路变压器组接线。合宁铁路 220kV 侧的接线方案主要在这两中方式间选择。

分支接线方案中(图1)，在两回 220kV 进线之间设置带电动隔离开关分段的跨条。在 220kV 进线电源失压或牵引变压器故障情况下，可通过联络跨条实现交叉供电。此接线方式的最大优势是:运行方案灵活、有四种运行方式可供选择、最大程度考虑了外部电源及牵引变压器故障时的备用方案。不利因素是:高压设备较多，操作过程较复杂，故障出现后倒闸时间较长，维护工作量较大，占地较大、投资较多。一般用于外部电源薄弱，不能满足两回进线均为主供线路的牵引变电所。

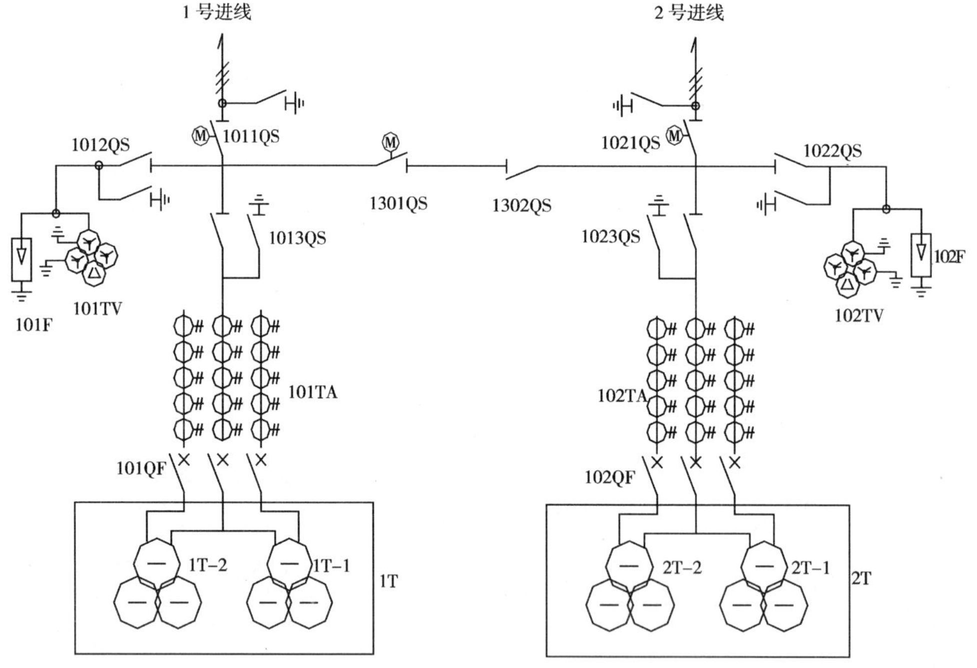

图1 分支接线方案

线路变压器组接线(图2)较分支接线类似，但取消了两回 220kV 进线间的跨条。有两种运行方式可供选择，选择范围相对较少。但因取消了跨条，较分支接线减少了4组隔离开关(减少投资约40万元/所)，并且减少了设备的维护工作量、变电所的占地面积(减少占地面积约 $1000m^2$/所)、和两种运行方式切换时的倒闸时间(节约倒闸时间8～12s)。一般用于外部电源可靠、两回 220kV 进线均能作为主供线路的牵引变电所。

合宁铁路两回进线均为主供回路，在强大的华东电网供电区域内，外部电源非常可靠。经调查，在

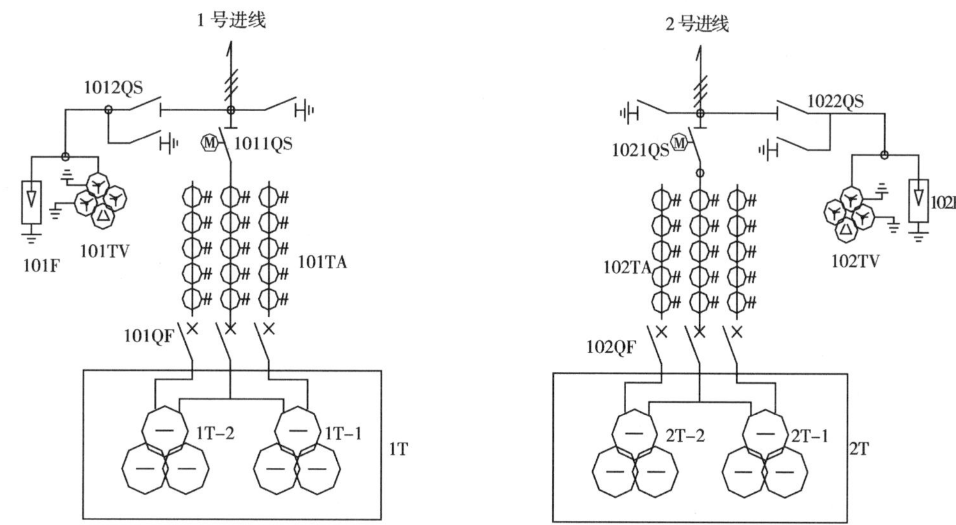

图 2 线路变压器组接线方案

相邻相近标准电气化铁路的牵引所中，即使牵引变电所为分支接线，运营单位仍主要采用直列的运行方式，即 1(2)号进线带 1(2)号牵引变压器，较少采用交叉供电方式。此外，铁路沿线经济较为发达，用地困难，经技术经济比较，确定本线 220kV 侧采用线路变压器组接线。

(2)2×27.5kV 进线设备选择比选

一般牵引变电所主变低压侧(2×27.5kV 进线)开关设备采用断路器(图 3)，在日常工作中有三个作用：其一为在主变压器倒闸过程中可带负荷操作；其二在主变故障及 27.5kV 进线母线故障情况下作为主保护跳闸；其三在馈线故障情况下作为远后备保护跳闸。通过对该设备作用的分析，设计认为完全可由电动隔离开关替代断路器。其一，在主变倒闸过程中，结合闭锁关系设计，对倒闸过程可简化设计为 1 号 220kV 断路器分闸、1 号 2×27.5kV 电隔分闸、2 号 2×27.5kV 电隔合闸、2 号 220kV 断路器合闸，反之亦然。整个倒闸过程清晰，符合设备间的闭锁关系。其二，通过对多条运营线路的调查了解得知，27.5kV 进线母线由于距离短及处于变电所内运行环境较好，故障率极低，故设计认为无必要专门为 27.5kV 进线母线设置保护断路器。就算在偶然情况下发生短路，也可由主变压器前高压侧断路器跳闸，切除故障。至于主变压器发生故障，不管哪种接线形式，不可或缺的高压断路器都会跳闸，切除故障。其三，可由主变压器前高压断路器作为馈线的远后备保护跳闸，同时在与电力系统的继电保护配合上可减少一级时差。通过以上分析得知，在主变压器低压侧设置电动隔离开关在功能上完全能够满足牵引变电所的功能需求。此外，由电动隔离开关取代断路器还具备以下优势：作为无人值班变电所的设计，接线更简单可靠；节约场地面积及设备投资，因采用电隔后已有明显开断点，不需再设置检修用隔离开关，一个变电所可节约场地面积约 1000m^2，节约设备投资约 100 万。当然，采用断路器接线方式同样具备其自身的优势，比如操作灵活、倒闸时间短、27.5kV 进线母线有专门的保护用断路器等。在日后实际运营维护中，可继续比较两种接线方式的运行特点，结合运行部门的意见因地制宜，因线而异，选择更加合适的接线形式。

合宁铁路最终最终按照 2×27.5kV 进线采用电动隔离开关接入母线的方式进行设计(见图 4)。

(3)馈线备用方式设计

一般复线标准变电所馈线断路器采用 50%备用方式(图 5)，而本次设计馈线断路器采用上下行互备方式(图 6)。此种方式不单独设置备用断路器，仅在上下行馈线间设置联络用电动隔离开关，在馈线断路器故障或检修情况下，隔离开关合闸，可通过另一台断路器同时给上下行接触网供电。这种备用方式满足牵引变电所设备冗余配置的原则，接线相对简单，每标准所可节约场地面积约 800m^2，节约设备投资约 80 万元。

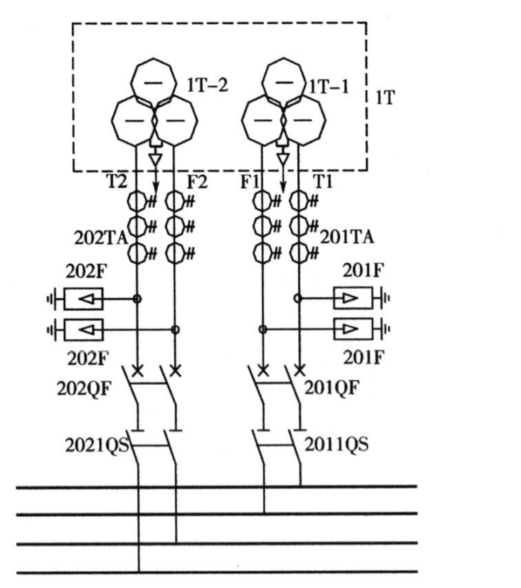

图 3 2×27.5kV 进线采用断路器

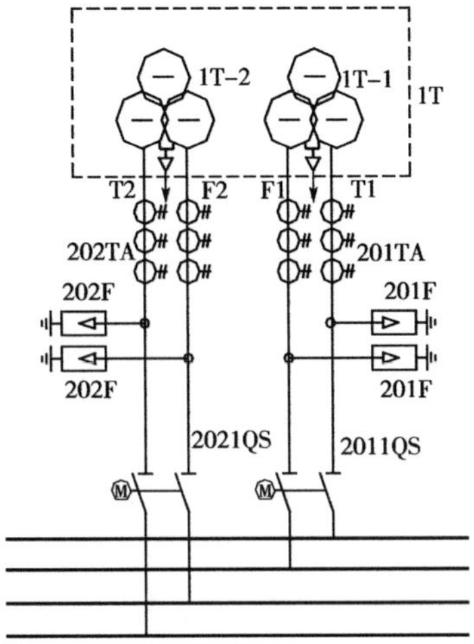

图 4 2×27.5kV 进线采用电动隔离开关

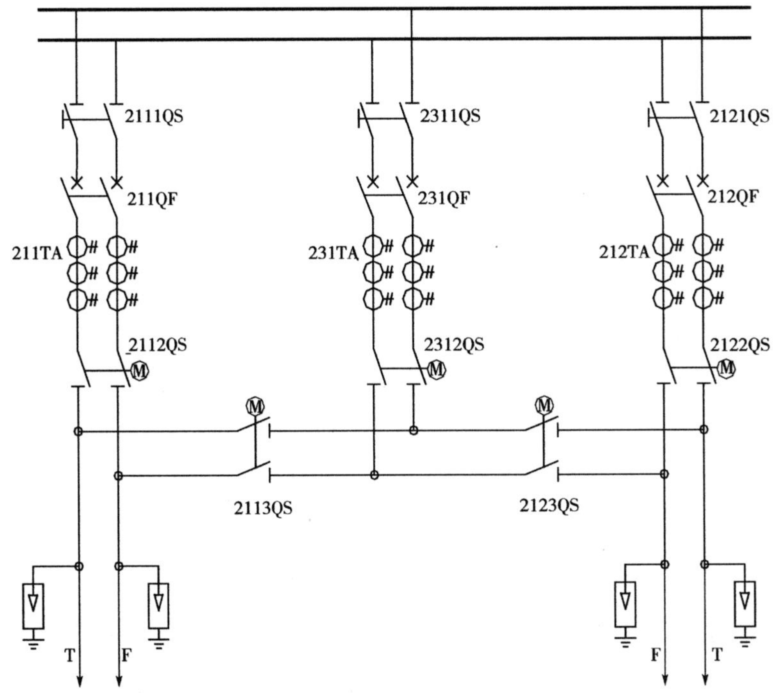

图 5 馈线 50%备用方式

3.2 分区所、AT 所主接线方案设计

(1)分区所、AT 所具备上下行并联及分开供电功能,分区所还应具备越区供电功能。为满足功能要求,可有两种接线方案:(以 AT 所为例,分区所仅增加越区功能)

方案一每回进线上均设置进线断路器,上下行间采用固定母线连接,如图 7 所示。当接触网上发生故障时,两回进线上的进线断路器均会跳闸,导致线路上非故障区段改变为直供运行方式,只能待故障区段切除后,通过所内(AT 所、分区所)检压自投功能或手动方式,恢复非故障区段的 AT 供电方式。

方案二在上下行并联母线上设置联络的断路器,如图 8 所示。在接触网发生故障情况下,并联断路器分闸,与牵引变电所配合,可在第一时间切除故障区段,不影响非故障区段的 AT 供电方案。

此外,从投资及占地规模来看,方案二均少于方案一,在运行方式更好地满足了现场实际运行的需求。故合宁线 AT 所、分区所接线采用方案二。

(2)自耦变接线方案有两种,一是采用电动隔离开关开关接入母线,二是采用断路器接入母线,如图 9 所示。

当采用电动隔离开关开关接入母线时，在自耦变压器进线的 T 线上并接一台快速接地开关，当自耦变压器发生故障时，综合自动化系统发出合闸信号，使接地开关合闸，形成线路上的金属接地，由对应牵引变电所馈线跳闸以切除故障自耦变压器。当变电所跳闸成功后，由电动隔离开关隔离自耦变压器并接入备用自耦变恢复正常供电。恢复供电时间较长。

当采用断路器接入母线时，在自耦变压器发生故障情况下由断路器跳闸切除故障自耦变压器并接入备用自耦变压器，不影响线路的正常供电。

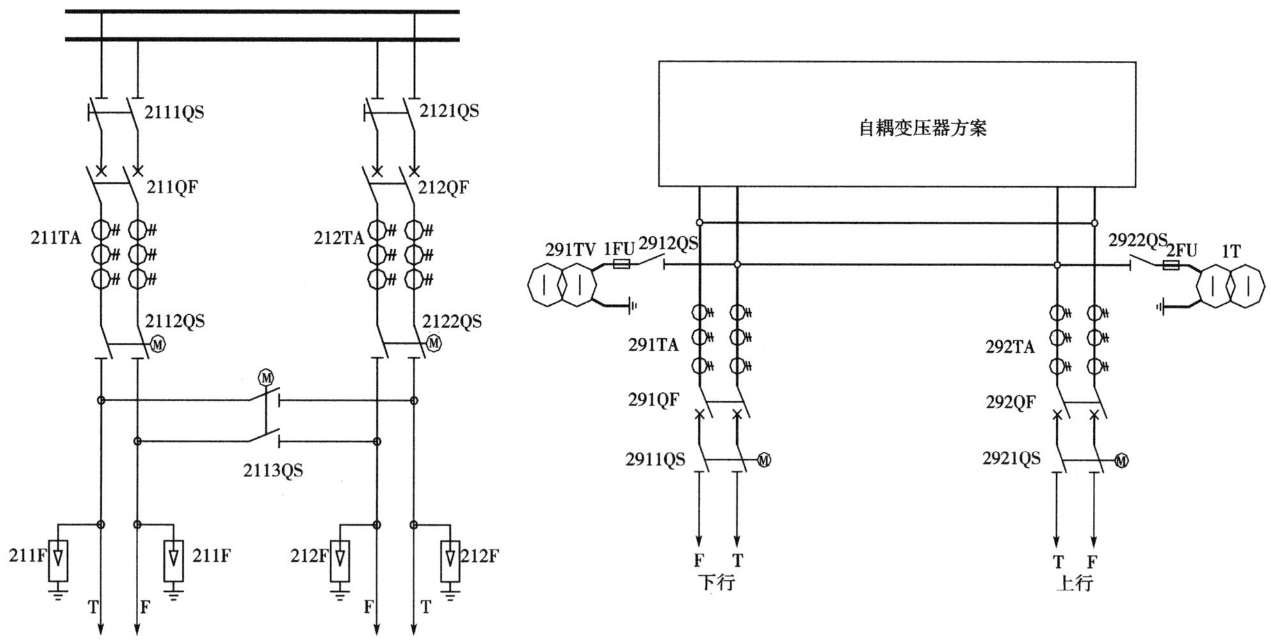

图 6　线上下行互为备用方式

图 7　方案一

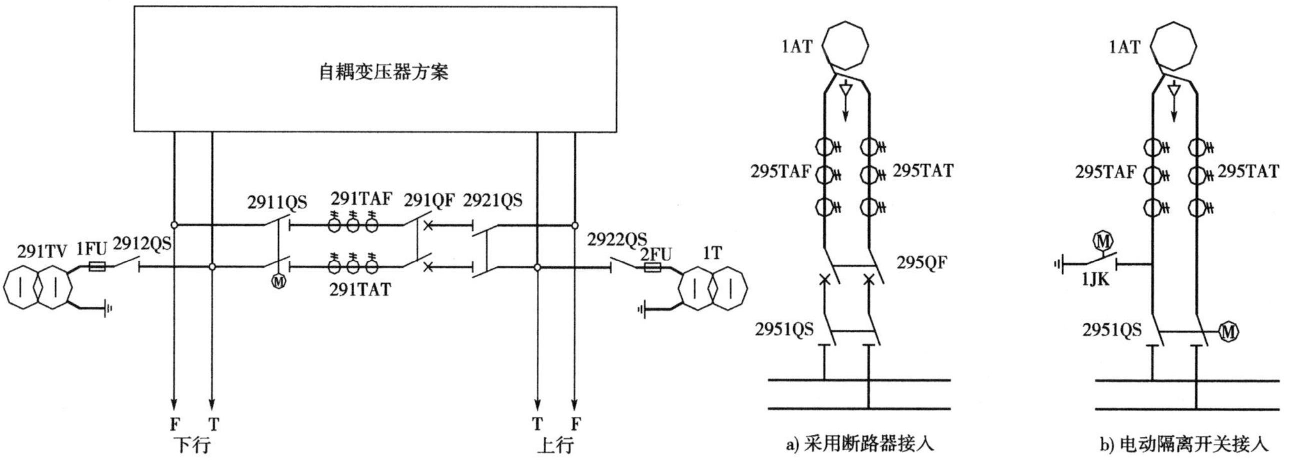

图 8　方案二

图 9　自耦变压器接入方案

合宁线采用了第一种方案：即通过电动隔离开关接入，设置快速接地开关。此方案的选择基于三个方面，一是根据大秦线自耦变压器运行情况的调查，故障率很低；二是根据 TB 10009－2005 对 4.7.13 条条文解释中对自耦变压器保护设置的描述，当时的经验是通过快速接地方式由变电所跳闸切除故障；三是在当时还没有成熟的自耦变压器保护装置。在其后的几年中，AT 供电方式得到了大范围的应用，积累了相当多的经验，配套设备也逐步完善，形成了自耦变压器通过断路器接入母线的标准接线模式。

3.3　AT 所兼开闭所主接线方案设计

本线在三十里铺设有 AT 所兼开闭所为枢纽联络线供电。一般开闭所部分的进线电源取自接触网的上下行，每回进线上设置两台断路器负责两路电源的自动切换及作为开闭所的母线主保护及馈线的后备保护，馈线上再设置断路器作为馈线的主保护。本线考虑到开闭所部分仅两回馈线，将进线和馈线结合设计，不再单独设置进线断路器，两馈线间设置联络电动隔离开关，可实现馈线的相互备用及进线的相互备用，在功能上完全满足供电方案的需求，另一方面节约设备投资约 100 万元，节约占地面积约 $800m^2$，缩短与上级变电所时限配合 0.4s。常规设计方案与合宁线设计方案如图 10 和图 11 所示。

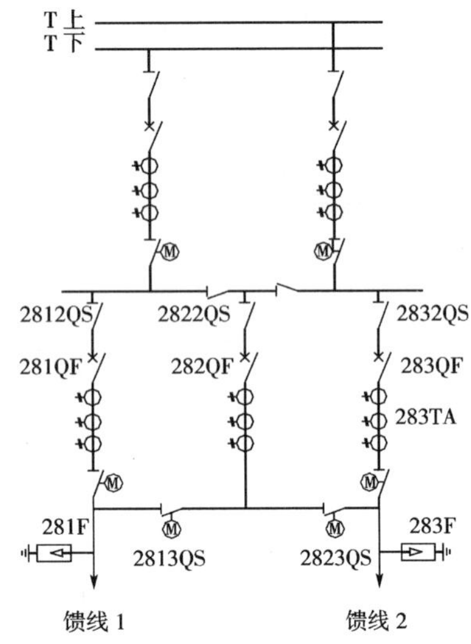

图 10　常规开闭所设计方案(局图)

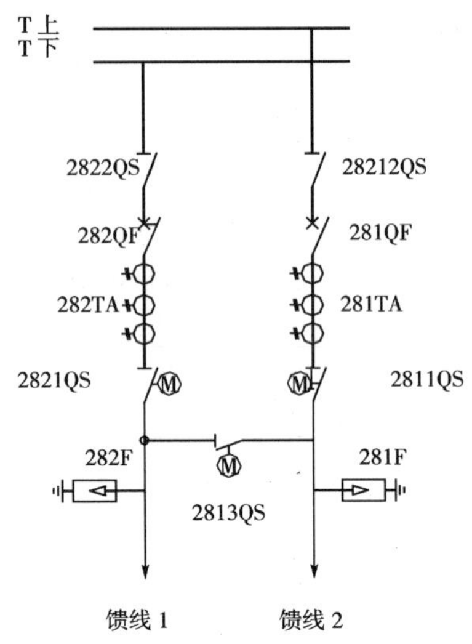

图 11　合宁线 AT 所兼开闭所设计方案(局图)

4　结语

AT 供电方式近几年在电气化铁路的建设上得到了大量、广泛的应用。随着《高速铁路规范(试行)》的颁布，AT 方式下各牵引所的接线方案等标准得到了进一步的明确。在执行标准的同时，主接线方案的变化也是多种多样的，设计应结合项目的供电方案、设备选用方案、继电保护方案、所址方案等具体情况，对各所主接线的功能有准确定位。

襄渝二线既有花楼坝牵引变电所原址重建工程

姚夕平　汪秋宾

（中铁二院工程集团有限责任公司电化院）

摘　要　襄渝铁路沿线地形、地质复杂，桥梁、隧道比重高，是我国山区铁路的代表，其增建二线的电气化改造工程实施难度大。既有牵引变电所场地狭小、设备严重老化、生产房屋破损、主接线不适应新的要求，为满足增建二线供电的要求，牵引变电所需推倒重建，并重新进行总平面布置。但既有铁路不能中断行车，在设计中，采用了主变防火墙、27.5kV 母线双层布置等特殊设计，采用了第三台牵引变压器、临时计量装置、高压电缆及终端、移动高压室及主控制室等复杂的过渡设施，最终实现不停电改造。该工程积累了宝贵的改造技术方法和经验，可作为其他山区电气化铁路改造的借鉴。

关键词　山区铁路；增建二线；牵引变电所；原址重建；过渡方案

The Rebuilding Engineering of Hua Lou Ba Traction Substation of Xiangfan-Chongqing Double-line Railway

Yao Xiping　Wang Qiubin

(Electrification Design & Research Institute of CREEC)

Abstract　The railway between Xiangfan-Chongqing is typical railway of mountain area in China because of the complex condition of topographic and geologic and high proportion of bridges and tunnels, its double-line electric reformation engineering is very hard to carry out. Existing substation's narrow area, the aged seriously equipments, damaged badly operation houses, and main wiring diagram can not meet the new requirement. In order to satisfy the power supply of double-line engineering, the substation need to be pushed down and rebuilt, and the layout program also be resigned. But railway traffic must not be interrupted during the engineering, special design has been used such as firewall of the traction transformers and 27.5kV bus line arranged in double-layer way. At the same time, some complex transition facilities have been used such as third traction transformer, temporary power metering devices, high-voltage cable and its terminals, movement high-voltage room and maintenance room, reformation engineering without power interrupt was finally realized. Some precious technique and experience about reformation has been accumulated through this engineering, it is also a reference about electric railway reformation in mountain area.

Key words　railway of mountain area; double-line engineering; traction substation; rebuilt; transition program

1　引言

既有襄渝铁路安康至重庆段，于 1969 年开工，1973 年 10 月接轨通车，1975 年正式运营。随着运量的不断增长和运能的日趋饱和，于 1983 年完成安康至达县段电气化工程；达县至重庆段电气化改造工程于 1994 年开工，1998 年完成交付运营。

作者简介：姚夕平（1978—　），男，高级工程师。

该线增建二线工程是既有电气化铁路改造为160km/h客货共线的电气化铁路，在增建二线工程中，由于线路复杂、工期长、过渡多、行车干扰大，给增建二线工程带来极大困难。经过5年多的建设，于2009年建成开通运营。

线路北起安康市，途经紫阳、万源、宣汉、达州、渠县、广安、华蓥等市县，南至我国第四个直辖市重庆市，跨越陕西、四川、重庆三省市，分属西安、成都铁路局管辖，全长534km。铁路横跨汉江、嘉陵江水系，多沿河谷行进，穿越安康盆地、南秦岭、大巴山山区、四川盆地。大巴山地区山势雄伟、峰峦叠嶂，沟谷深切，谷坡陡峻，甚至形成悬崖峭壁。

该工程牵引供电系统共设置了18座牵引变电所，其中改建牵引变电所14座。既有官渡、花楼坝、蒲家牵引变电所均于1983年开通，由于建设年代久远、设备老化、无复线预留条件，均需原址重建。经过论证，既有官渡、花楼坝、浦家均不能由相邻牵引变电所进行越区供电，且既有的移动备用牵引变压器年久失修不能投入运行。在这种情况下，原址实施不停电重建，难度极大，是本次工程的关键技术难点。牵引变电所在原址重建中，充分考虑既有牵引供电设施的综合利用，永临结合，对需要原址重建的3座牵引变电所分别制定了详细的过渡方案及详细的实施步骤，经过近三年半的建设，在各方的密切配合下，成功地进行了牵引变电所的不停电重建。该工程堪称山区电气化铁路改造设计的典范。本文以花楼坝牵引变电所为例进行重建工程的阐述。

2 牵引变电所既有情况

花楼坝牵引变电所既有主接线如图1所示。外部电源采用2路110kV电源进线，110kV侧采用外桥接线，设有3台少油断路器，设6组110kV隔离开关，跨条处仅设1组隔离开关，设2组110kV避雷器，仅桥段处设有1组110kV单装流互，另2组110kV流互装设在变压器套管上，未设110kV压互，计量采用低压计费。牵引变压器为单相变压器，采用移动变压器备用。27.5kV侧采用单母线接线，27.5kV断路器采用少油断路器，馈线断路器固定备用。分相装设并补装置，但由于年久失修，并未投入运行。

花楼坝牵引变电所总平面布置如图2所示。整个场地仅为70m×40m，布置非常紧凑，无多余的空间。110kV侧配电装置除主变采用低式布置外，其余设备采用室外中式布置。27.5kV配电装置采用户内网栅间隔式。所内保护装置采用电磁式保护装置，未纳入远动控制。

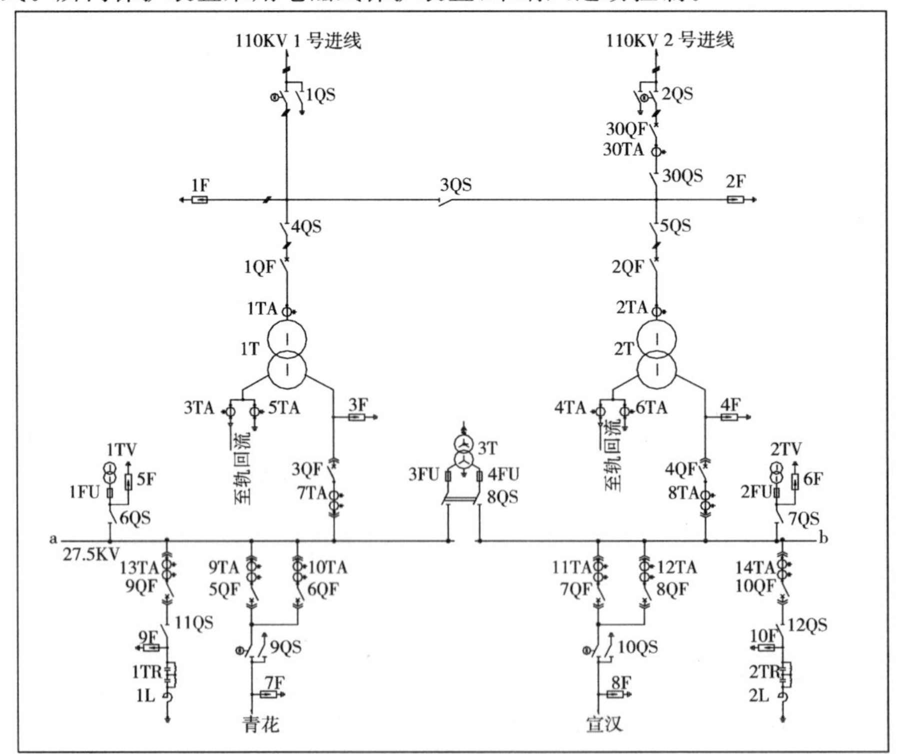

图1 既有主接线图

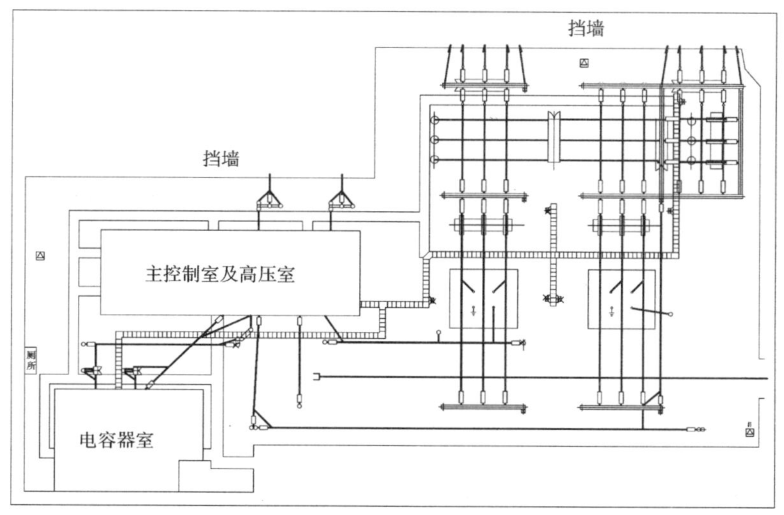

图 2　既有总平面布置图

现场情况如图 3～图 8 所示。

图 3　既有牵引变压器

图 4　既有 110kV 设备及架构

图 5　既有高压室房屋

图 6　既有高压室内设备

图 7　既有主控室控制盘

图 8　既有主控室保护盘

3 需要解决的问题

既有花楼坝牵引变电所开通年代久远、设备陈旧，最重要的牵引变压器无固定备用，故障时不能快速恢复供电，如移动变压器不能投入运行，则必须靠相邻变电所越区供电并限车运行，无复线预留间隔。因此该牵引变电所必须按照增建二线的供电要求进行彻底改造，将其改造为供电可靠的现代化牵引变电所，实现无人值班的要求。需要解决的主要问题如下：

(1)问题1:低压计费需改为高压计费。增设2组110kV电压互感器、2组110kV电流互感器及2组110kV压互检修隔离开关。根据电力系统大宗用户计量规范要求，牵引变电站的计量关口在牵引站电源引入处，设置独立的计量用压互、流互绕组。

(2)问题2:110kV侧跨条需增设1组隔离开关。既有跨条隔离开关为手动隔离开关，需增设1组电动隔离开关，以实现110kV电源及主变压器故障时的自动投切功能。

(3)问题3:单相牵引变压器更换为三相Vv牵引变压器。既有牵引变压器为单相牵引变压器，故障时无备用，因此必须更换为三相Vv牵引变压器，以实现所内主变压器的固定备用。

(4)问题4:110kV架构及设备均需更换。110kV架构及设备使用年限已过大修期限，架构出现开裂、设备已严重老化，均需拆除更换。

(5)问题5:27.5kV高压室配电装置需拆除更换。高压室设备老化，高压断路器需更换为新一代户内真空断路器，同时需重新设计接线形式，增设复线供电馈线。

(6)问题6:主控室控制保护设备及交直流设备需更换。为实现牵引变电所无人值班及控制保护、信息采集自动化，并将设备纳入远动控制，保护装置需采用新一代微机保护综合自动化装置。交直流系统需采用铅酸免维护的智能化交直流系统，实现充电自动控制及设备信息自动采集传输。

(7)问题7:生产房屋需拆除重建。由于增建二线增加馈线设备需要，高压室已不能满足复线设备安装空间的需求。同时，既有生产房屋年久失修，存在渗水、漏雨的情况。

4 设计方案

要解决上述问题，最简单的方式是择址重建一座牵引变电所，待新建牵引变电所投入运行后，再拆除废弃既有牵引变电所。但既有车站地形条件非常有限，而增建二线需增设备专业设备及场地，现场已无牵引变电所异址重建的条件，初设批复意见也要求原址改建花楼坝牵引变电所。因此，该所的改造方案需在原址进行研究，同时为保证铁路运输，不能中断供电。重新设计的花楼坝牵引变电所主接线及总平面布置设计图见图9、图10。

4.1 设计方案确定

根据既有花楼坝牵引变电所的总平面布置图及现场踏勘收集的实际情况资料，针对上述问题，研究提出具体解决方案。

(1)问题1和问题2可通过将上方挡墙往外推移、适当扩大场地，用以布置增加的设备。

(2)问题3和问题4的解决，需通过临时三相Vv牵引变压器、临时计量箱等过渡设施方可实现，同时采用1、2号110kV系统轮换供电的方式，在1号110kV系统供电时，更换重建2号110kV系统。

(3)问题5～问题7涉及27.5kV设备及生产房屋的重建，由于更换设备众多，新设备与既有设备不在同一位置，房屋又需拆除重建，仅能通过移动高压室及控制室方可实施，通过在适当位置安装移动高压室及控制室代替既有高压室及设备运行，当新建生产房屋及设备投入运行后，拆除移动高压室及主控制室。

从上述分析可以确定，在原址重建花楼坝牵引变电所，必须采用牵引变压器、计量装置、移动高压室及控制室、高压联系电缆及附件等众多过渡设施方可进行，同时密切注意设备运行情况，做好设备的运营维护管理，做好重建区的安全防护工作。

4.2 重点及难点

由于既有牵引变电所场地狭小，设备严重老化，所有电气设备及生产房屋均需拆除新建，本所原址

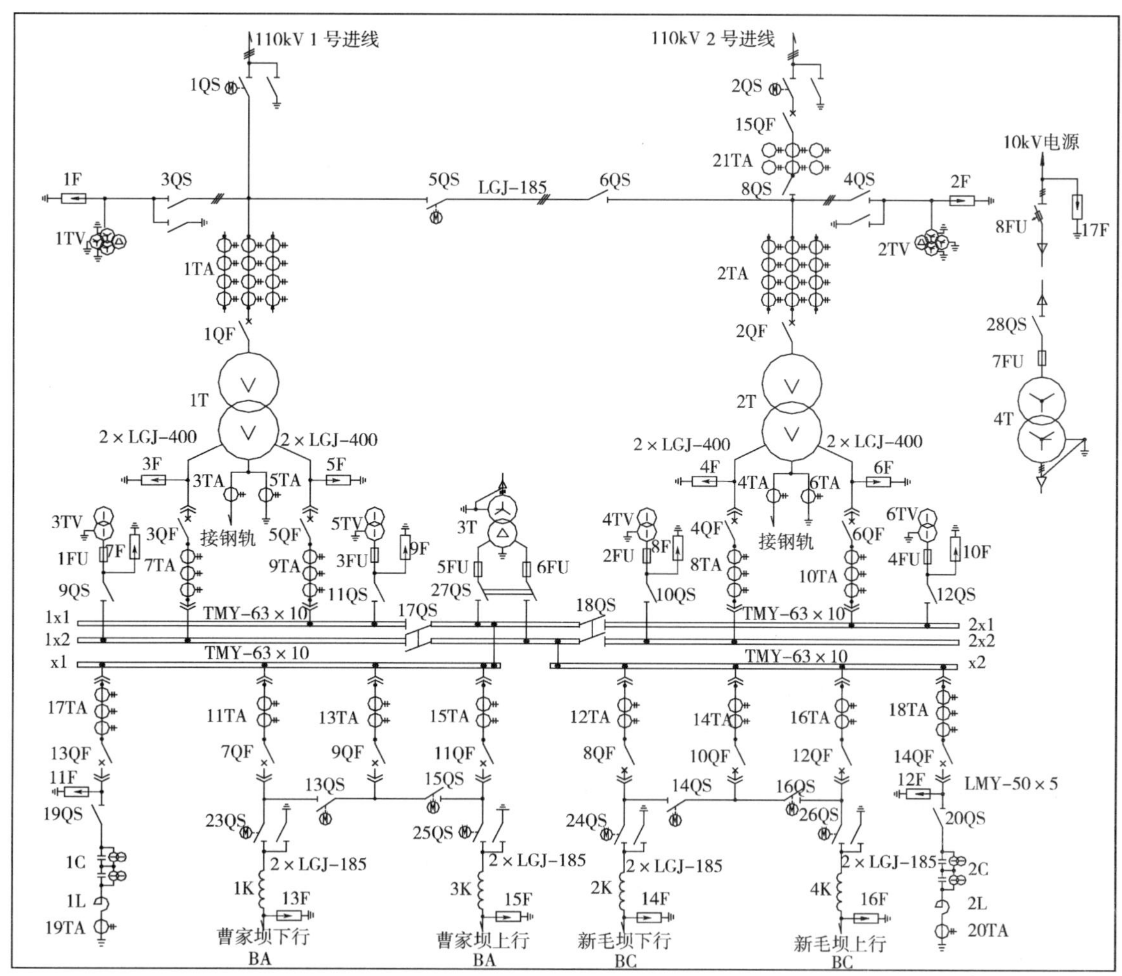

图 9　改造后主接线图

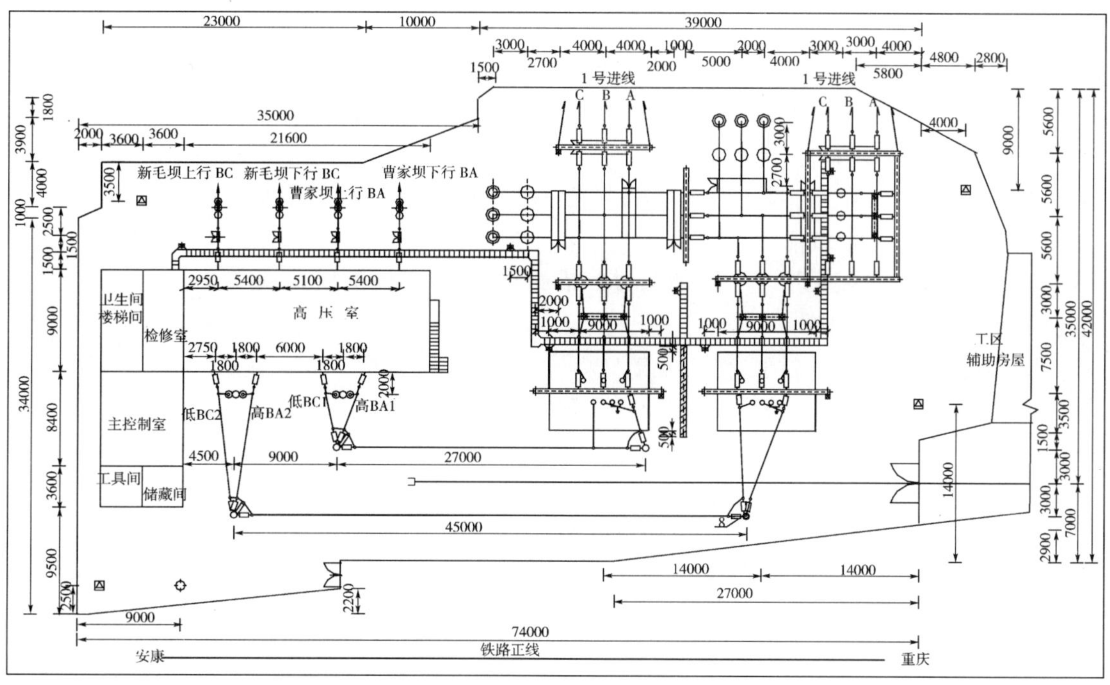

图 10　改造后总平面布置图

重建的重点及难点表现在以下方面：

(1)既有所改造,为了利用好每一寸场地,设计人员需对现场进行详尽的调查探勘,做到对既有场地尺寸、既有设备的布置及运行情况了如指掌。

(2)由于重建后主接线变化很大,总平面中设备位置与既有位置均不对应,需因地制宜重新布置。

(3)高压侧设备增加较多,既有狭小的场地已不能满足要求,需对既有挡墙作部分推移,尽量减少土建的工程量。

(4)由于更换了容量更大的三相 Vv 牵引变压器,外形尺寸较大,在主变压器之间需设置防火墙方能满足防火要求。

(5)主变压器低压侧至高压室架空导线走廊狭小,常规布置不能满足要求,进行了特殊设计,采用上下双层导线布置。

(6)由于总平面布置全部调整,且需要不停电改造,必然实施过渡措施,过渡设备及措施的安全可靠在本次改造中尤为重要。

4.3 过渡方案实施的条件

(1)过渡工程必须在施工单位(电气、土建)进场后实施,结合正式工程统筹安排施工组织。

(2)工程实施前,主要电气设备及过渡设备应运至现场。

(3)本次过渡工程难度大,必须在保证正常运输的情况下进行不停电改造,因此建设单位应组织过渡方案评审,批准后方可实施。

(4)应有必要的安全防范措施,在施工过程中,运输组织应有保证越区供电的可能性,施工和运营单位必须作好应急组织及事故抢险处理方案。

(5)花楼坝牵引变电所由于 110kV 侧采用桥型接线,建设单位应向电力系统相关部门提出要求,在改造时退出桥断路器运行。

(6)由于牵引变压器的临时安装和运营,牵引变压器供货厂家应与施工单位密切配合。

(7)解决临时所用电源问题。

4.4 过渡方案的实施过程

过渡工程的重点体现在用最少的设备满足既有线运行要求,选择安全可靠的过渡设备及处理好接口配合,最大限度的减少或杜绝过渡设备在运行中出现故障,编制一套完整的事故应急预案,在现场配备备用设备及材料,一旦出现事故,能用最短的时间恢复供电。

由于需要新建架构、设备支架及生产房屋,过渡设备运行时间长达半年之久。期间,应加强设备维护及巡视,发现问题,及时处理。

从图 9、图 10 与图 1、图 2 的对比可以看出,牵引变电所既有架构、设备及支架、生产房屋均需推倒重建,且新建设施的位置与原既有设施位置完全不同。通过简单的设备轮流更换无法实现既定目标,为了实施不停电原址重建,必须采用安全可靠的过渡措施,并做好必要的应急预案。

过渡设施平面布置见图 11。

(1)110kV 侧及牵引变压器过渡方案,见表 1。

110kV 侧及牵引变压器过渡方案表 表 1

步骤	过渡措施	实施目的
1	在既有 1 号主变压器旁制作新 1 号变压器简易基础及油池	供新 1 号主变压器用
2	在既有 2 号主变压器旁制作新 2 号变压器简易基础及油池	供新 2 号主变压器用
3	将购置的新 1 号变压器推入简易基础并进行滤油处理及相关的试验	使新 1 号主变压器具备受电条件
4	将购置的新 2 号变压器推入简易基础并进行滤油处理及相关的试验	使新 2 号主变压器具备受电条件
5	从 1 号系统 110kV 断路器至新 1 号变压器之间砌筑简易电缆沟,制作绝缘支架	修建高压电缆通道
6	敷设 1 号系统 110kV 断路器至新 1 号变压器之间高压电缆	将 1 号系统 110kV 电源引至 1 号变压器
7	制作 1 号系统 110kV 断路器至新 2 号变压器之间高压电缆	使新 2 号变压器具备备用条件

(2)27.5kV 高压室及主控室过渡方案,见表 2。

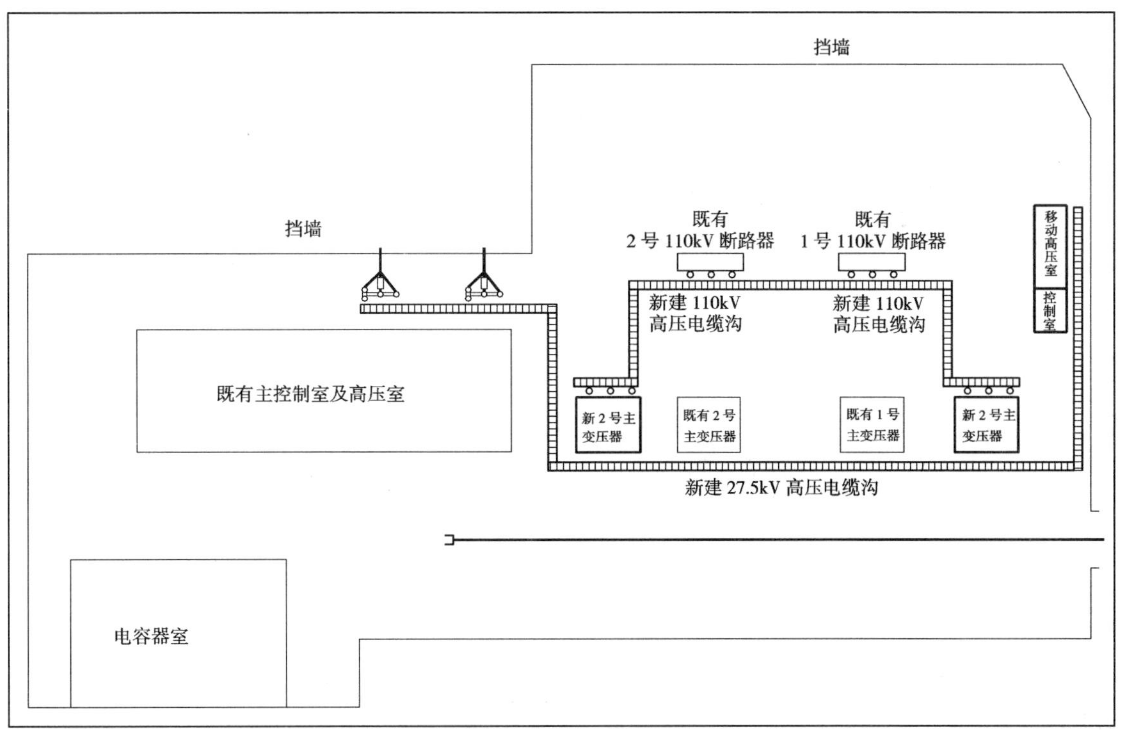

图 11 过渡设施平面布置图

27.5kV 高压室及主控室过渡方案表 表 2

步骤	过 渡 措 施	实 施 目 的
1	在所内适当位置安装 27.5kV 移动高压室和主控制室	代替既有高压室供电
2	砌筑 1 号及 2 号变压器至移动高压室之间高压电缆沟	修建高压电缆通道
3	砌筑移动高压室至馈线侧设备之间高压电缆沟	修建高压电缆通道
4	敷设 1 号及 2 号变压器至移动高压室之间高压电缆	将 1 号及 2 号变压器 27.5kV 电源引至移动高压室
5	敷设移动高压室至馈线侧设备之间高压电缆	将移动高压室 27.5kV 电源引至馈线上网

(3)做好各种电气设备的接地处理。制作必要的栅栏及防护设施。

(4)敷设控制电缆,并做高压设备传动试验。

(5)对高压设备进行冲击试验,并带电试运行。

(6)新 1 号主变运行,新 2 号主变备用,当 1 号主变故障时,倒接至 2 号主变。制作必要的备用高压电缆及电缆头。

(7)拆除 2 号系统设备及支架,拆除 27.5kV 生产房屋。

(8)2 号系统相关设备及控制室、高压室建成后,由 2 号系统带 2 号主变压器通过新建高压室、控制室供电运行,然后进行 1 号系统改造。

第三台临时主变压器、27.5kV 移动高压室及控制室如图 12、图 13 所示。

图 12 第三台临时主变压器

图 13 27.5kV 移动高压室及控制室

4.5 改造后运营情况

花楼坝牵引变电所通过第三台临时主变压器、临时计量箱、移动高压室及控制室、高压电缆等过渡设施，以及对现场设备的精心布置，在改造过程中强化对设备的观测维护，顺利完成了1号110kV设备系统、2号110kV设备系统、27.5kV设备系统及生产房屋的重建，牵引变电所投运至今运行良好。

改造后运营时情况如图14～图19所示。

图14 新建牵引变压器

图15 新建110kV设备及架构

图16 新建高压室房屋

图17 新建高压室内设备

图18 新建主控室控制盘

图19 全景图片

5 结语

襄渝铁路电气化工程开通于1983年，线路横跨汉江、嘉陵江水系，多沿河谷行进，穿越安康盆地、南秦岭、大巴山山区、华蓥山山区，沿线地形、地质复杂，桥梁、隧道比重较高，是我国山区既有电气化铁路的代表，其增建二线的电气化改造工程设计难度极大，需采用各种特殊设计及手段，同时为实现不停电改造，需实施极为复杂、运行时间长的过渡工程，设计人员必须多次深入现场，收集场地及设备资料，了解设备运行状况及方式，制定安全可靠的改造方案，与建设施工单位紧密配合，方能成功实现不停电改造。

该工程积累了宝贵的技术资料、创新的技术方法和经验，其创立的既有山区电气化铁路改造整套技术可供其他铁路借鉴。

胶济客运专线电气化工程设计

楚振宇　刘超英　陈　勇　潘　英　林宗良

（中铁二院工程集团有限责任公司电化院）

摘　要　胶济客运专线是我国第一条在既有电气化铁路基础上改建而成的200km/h客运专线，在我国首次实现了在既有复线电气化铁路基础上改建客运专线，并在既有运营复线电气化铁路基础上进行四电系统施工以及开行动车组等多项创新。通过胶济客运专线电气化工程设计，建立起了一整套在既有电气化铁路基础上改建200km/h客运专线、客货分线四线并行运输方式下的牵引供电系统设计和改造的工程技术体系，建立起了一套完整的200km/h客运专线接触网设计和施工技术体系，提出了200～250km/h铁路接触网的整套技术标准和规定，为复杂条件下高速铁路客运专线的建设积累了成功经验。

关键词　客运专线；既有；动车组；牵引供电；接触网

Design of Electrification Project of JiaoJi Passenger Dedicated Line

Chu Zhenyu　Liu Chaoying　Chen Yong　Pan Ying　Lin Zongliang

(Electrification Design & Research Institute of CREEC)

Abstract　JiaoJi PDL, with speed of 200km/h, is the 1st line rebuilt on the basis of the existing electrified railway in China. Many innovations are realized for the 1st time in China, like reconstruction of PDL on the basis of the existing complex line electrified railway, construction of 4 electric systems on the basis of the existing running complex line electrified railway. Through the design of electrification of JiaoJi PDL, a whole set of engineering and technical system of design and reconstruction of traction power supply system in the transport mode of 200km/h PDL and separate lines for passenger and freight rebuilt on the basis of the existing electrified railway is established, and a complete set of technical system of OCS design and construction of 200km/h PDL is also established. Besides, a whole set of technical standards and regulations of 200～250km/h railway OCS is put forward, to accumulate successful experience of high-speed PDL construction under complex conditions.

Key words　PDL; existing; motor train unit; traction power supply; OCS

1　引言

胶济客运专线作为我国《中长期铁路规划》中“四纵四横”之一的太原至青岛客运专线的重要组成部分，是为适应山东客运量增长的需要、迎接2008年奥运会、提升济南和青岛等城市地位的重大基础建设项目，也是目前国内唯一一条在既有电气化铁路基础上施工改造的客运专线。该项目东起青岛，向西经潍坊、淄博至济南东站，设计客运线正线长362.5km，客运线目标时速为200～250km/h，采用动车组和电力机车牵引，沿途设置青岛、胶州北、高密、昌邑、潍坊、昌乐、青州北、临淄、淄博、周村东、章丘、济南东和济南共13个车站。

作者简介：楚振宇（1971—　），男，高级工程师。

胶济客运专线以胶济铁路电气化工程为基础，利用既有铁路，新建部分线路，新建客线173km，利用电气化改造后的线路149km，利用既有线路40多km。胶济铁路客运专线建成后，胶济铁路这条黄金大道将实行客货分线，从根本上解决了客货运输能力问题。

2 主要设计原则

(1)牵引供电系统采用单相工频(50Hz)交流制，接触网额定电压为25kV，牵引网供电方式采用带回流线的直接供电方式。

(2)充分利用既有胶济线电气化工程牵引供电设施。

(3)牵引变电所的布点满足胶济四线远期运输需要。

(4)接触网采用同相单边供电，供电臂末端设分区所，可实现上下行并联及越区供电。

(5)各牵引变电所由两路独立电源供电，两路电源互为备用。

(6)牵引变压器采用固定备用方式，优先采用220kV单相接线，当采用110kV时可采用三相Vv接线。

(7)接触网采用全补偿简单链形悬挂。

3 主要技术方案

3.1 牵引供电设计

3.1.1 牵引网供电方式

既有胶济线牵引供电系统采用带回流线的直接供电方式。胶济客运专线和既有胶济线在大部分区段四线并行，多数既有牵引变电所具备同时向四线供电的条件。经过计算，在既有直供牵引网供电方式下，既有牵引供电设施增容改造能够满足胶济客运专线的运输需求。因此胶济客运专线采用与既有胶济线一致的带回流线的直接供电方式，大大方便了新建牵引供电设施和既有牵引供电设施之间的衔接和配套。

3.1.2 牵引供电方案

经多方案比选，胶济客运专线新建胶州北、青州北等牵引变电所2座，改建既有安丘、潍坊西、淄博、王村等牵引变电所4座，利用既有沧口、青岛西、高密、青州等变电所4座，新建高密、周村等分区所2座，改建昌邑、潍坊东、尧沟、临淄、章丘等分区所5座，利用既有城阳、周村东等分区所2座。该供电方案最大限度利用了既有牵引供电设施，大大节省了工程投资和外部电源工程投资。

(1)牵引供电能力满足四线运输需要

胶济铁路是我国第一条客货分线运输的四线铁路，其中客运专线列车按5min追踪运行，动车组8辆编组最大功率5500kW，16辆编组最大功率11000kW；货运线列车近远期均按7min追踪运行，并满足6min追踪运行需要，货运机车采用SS_4型，功率6400kW，牵引质量5000t。客货列车分线运行使得线路输送能力大大提高，对牵引供电能力的要求也随之提高。通过认真计算和深入研究，胶济客运专线的安丘、潍坊西、淄博、王村等4座牵引变电所通过扩能改造可同时向客运专线和货运线供电，并且满足四线运输需要。

2011年4月为配合京沪高速铁路开通，胶济客运专线还进行了开行CRH380长编组动车组的试验，试验表明：仅通过对部分馈线保护整定值进行调整，胶济客运专线牵引供电能力就能满足CRH380长编组动车组的运行需求。

(2)充分利用牵引变电所设施

通过对四线供电能力的深入研究，胶济铁路增建四线工程充分利用了胶济线电气化工程建成的既有牵引供电设施，全线改建和利用既有牵引变电所8座，仅新建了牵引变电所2座，大大节省了铁路工程和外部电源工程。

(3)根据具体外部电源条件灵活选择供电电压和变压器接线

在胶济客专专线设计过程中与电力部门保持密切联系，根据实际外部电源条件对新建牵引变电所和新增牵引供电设施的供电电压和牵引变压器接线形式进行了针对性选择，在最大限度保证牵引供电能力的同时力求降低牵引负荷对电力系统的不利影响。如新建胶州北牵引变电所具备220kV电压等级的供电条件，则采用了220kV单相Ii接线牵引变压器；而新建青州北牵引变电所和潍坊西新增供电设施的外部电源条件为110kV电压等级，在牵引变压器接线形式研究过程中，对牵引负荷在电力系统中所产生负序分量的分布特征进行了深入研究，对新增变压器的接线形式进行了全方位比较，最终推荐采用三相Vv接线与既有单相Ii接线组成组合式的三相平衡接线，在保证供电能力的同时大大降低了对电力系统的负序影响。该方案得到了铁道部有关专家和电力部门的一致认可和好评。

3.1.3　无功补偿方案

胶济客运专线采用速度为200～250km/h的交直交型动车组，功率因数较高(≥0.97)，谐波含量较低(≤2.5%)；货运线列车近期采用交直型电力机车，功率因数较低(0.85)，谐波含量较高；经检算牵引变电所功率因数和谐波影响与增建四线前相差不多；远期若提速货车采用交直交型机车，变电所功率因数和谐波影响将大大改善。因此既有牵引变电所近期维持既有无功补偿及滤波装置，远期视负荷性质变化情况适时调整；新建牵引变电所不设无功补偿及滤波装置。

3.1.4　牵引供电过渡

胶济线为既有电气化运营线路。为实现客货分线运输，在既有高密、淄博、王村等车站均需进行线路拨接。为保证在线路拨接过程中既有线电力列车的运行，必须制订牵引供电过渡方案来确保安全运输。同时，牵引变电所在更换变压器等过程中以及新建牵引变电所尚未投运过程中也均需制订牵引供电过渡方案。

在胶济客运专线施工过程中，通过与相关专业紧密配合，深入了解线路拨接方案，多次制订了安全可靠的牵引供电越区过渡方案，确保了既有线的正常运行秩序。

3.2　牵引变电设计

牵引变电所作为向电力机车供电的核心，为确保高速铁路运输组织的正常进行，其可靠性要求很高，合理配置牵引变电所内电器设备规格及形式，使其达到高质量、高可靠、自动化、低维护或免维护，以确保电力牵引供电系统在任何情况下都保证不间断铁路运输。

(1)充分利用既有设施

牵引变电所的设计为充分利用既有电气化工程牵引变电设施，考虑对既有变电所进行主变增容和增加馈线向客线供电，对线路取直部分新增牵引供电设施，实施客货分线供电。全线新设胶州北、青州北牵引变电所、扩建潍坊西牵引变电所向客运线供电，利用沧口、青岛西、高密、潍坊西、青州等既有牵引变电所，改造安丘、淄博、王村牵引变电所，牵引变电所采用220kV或110kV进线、线路变压器组接线，27.5kV采用单母线分段接线。

(2)既有牵引变电所改造

对于既有变电所不停电情况下的改造，是一项较为复杂的工程，而对于胶济客专变电所母线电流很大，又无过渡设备的情况，改造工程更为复杂。经过不断的研究和比较，决定采用建第二高压室的方案，从而既节省了投资，又保证了施工期间不影响正常的运行。

牵引变电所的设计充分考虑了牵引供电系统的可靠性、安全性、可用性、可扩展性和可维修性，从设计标准、冗余措施、运营管理方式、调度分层控制管理方式及自动化水平相互关联的系统工程角度出发，优先采用可靠性高、供电能力强的220kV电压等级供电，为远期发展预留了条件；其次加强技术引进和关键设备国产化进程，基本实现了免维护和少维修，为无人值班和状态修奠定了基础，以确保牵引供电系统在任何情况下都保证不间断铁路运输。

3.3　接触网设计

胶济客运专线工程以胶济线电气化工程为基础改建而成，在既有运营复线电气化铁路上进行高速接触网设计是一种全新的挑战。

3.3.1　导线及张力

根据接触网弓网受流关系仿真研究结果分析，当接触线张力增加至20kN，接触线波动传播速度为

489km/h,最高运行速度可达342km/h,具有更大的速度裕度,尤其在双弓运行情况下,适应性更佳。据此我们在铁道部组织下开展了胶济线时速250km综合试验及以上相关试验结论、确定了按“结合即墨至高密既有线区段提速250km/h的成功经验,建设标准尽量与既有线一致,客运专线接触导线采用锡铜合金线,导线张力按“20kN设计”的原则进行。

3.3.2　结构高度

考虑到胶济客专部分利用既有胶济线电气化铁路,并结合京沪线、京九线提速运行情况,确定胶济铁路客运专线导线高度及结构高度如下设计原则:

(1)既有接触网导线高度维持既有。

(2)货线接触导线距轨面的最低高度均按带电通过双层集装箱货物列车(装载高度考虑5850mm)的要求设计。根据铁道部157号文规定:接触网导线最低高度应不小于6330mm,导线悬挂高度一般为6450mm。

(3)客线导线悬挂高一般为6000mm。接触导线距轨面的最低高度应不小于5700mm。导高从6000mm过渡至6450mm时,正线接触线工作支坡度变化按0.2‰设计,保证受电弓的平稳过渡。

(4)结构高度一般按1400mm设计。

3.3.3　支柱及基础选型

高速铁路设计规范要求:“250km/h的线路腕臂柱路基段工程中一般采用钢筋混凝土等径圆支柱,桥梁上、车站线间立杆采用热浸镀锌热轧H形钢柱”、“站台区宜选用线间立柱、与雨棚柱合柱、高架站房吊柱方案,无站台柱雨棚的车站站台应避立杆,咽喉区可采用轻型硬横跨。

既有胶济线设计情况:200km/h速度级配碎石地段采用预留杯形基础,其他采用直埋式基础;区间采用横腹式钢筋混凝土腕臂柱,200km/h速度段的车站采用硬横跨钢柱,其他车站采用大容量横腹式钢筋混凝土软横跨柱;支持装置采用旋转平腕臂结构形式。

考虑到胶济客专部分利用既有胶济线电气化铁路,并结合京沪线、京九线提速运行情况,确定胶济铁路客运专线客线腕臂柱一般采用横腹杆预应力混凝土柱,配合采用杯形基础;货线采用直埋横腹杆预应力混凝土柱。客线车站线间具备立杆条件时采用线间立杆,不具备条件时采用与雨棚柱合柱方案;其他站采用软横跨;双、多线桥采用硬横跨。

3.3.4　接触网过渡方案设计

胶济客运专线是在既有复线电气化铁路条件下改建。全线共有便线7条,拨接口35个,且有部分拨接口存在二次过渡,接触网过渡工程设计和施工相当复杂。为了缩短拨接施工天窗点时间、减少对铁路运输的影响、控制过渡工程投资、确保接触网安全,在设计周期非常短的情况下,挤时间完成了全线每一个拨接口、每一个改造车站既有接触网设备的现状调查,并与建设指挥部专业工程师及站前、站后施工单位技术负责人多次沟通,确定最佳过渡设计方案。为了进一步完善和细化过渡工程施工方案,设计人员还积极主动地配合建设指挥部接受铁道部、济南铁路局的审查,虚心听取专家的意见和建议。为了更好地了解接触网过渡工程设计方案的优缺点及完成情况,每一次拨接施工,设计人员都去施工现场配合盯岗,不断地总结经验,做到施工不完,优化不止。在建设指挥部的精心组织、在设计负责人的精心设计、施工单位的精心施工、各单位的精心配合下,接触网专业的每一次拨接施工都在规定的时间内顺利完成。

4　结语

胶济客运专线是国内第一条在既有电气化铁路基础上改建而成的200km/h客运专线。通过各方齐心协力,胶济铁路客运专线的建设实现了中国长大干线铁路客运专线建设的三个创先:在既有铁路电气化条件下进行“四电”施工、在既有铁路复线条件下新建客运专线以及在开行动车组条件下进行电气化施工。

通过胶济客运专线电气化工程设计,建立起了一整套在既有电气化铁路基础上改建200km/h客运专线、客货分线四线并行运输方式下的牵引供电系统设计和改造的工程技术体系,建立起了一套完整的

200km/h 客运专线接触网设计和施工技术体系，提出了 200～250km/h 铁路接触网的整套技术标准和规定，用系统集成的思想和方法解决了 200km/h 客运专线的设计、施工、设备采购、试验等一系列问题。胶济客运专线的成功建设为复杂条件下高速铁路客运专线的建设积累了成功经验。

达成三线并行段共享牵引变电所设计方案探讨

袁 勇 陈纪纲 刘莉蓉 高 宏 林宗良
(中铁二院工程集团有限责任公司电化院)

摘 要 达成铁路为Ⅰ级铁路,遂宁至成都段为三线并行,其中既有线按维持现状电气化改造(速度120km/h)设计,另在遂宁至成都间新建双线(速度200km/h)。结合三线地理位置分布、牵引负荷特点以及外部电源情况,设计中采用了三线并行段新建双线与既有线共享牵引变电所的方案并结合各线开通时间采用了小容量牵引变压器过渡,为国家重点建设节省了基建投资,也为运营部门节省了初期开通的运营费用,取得了良好的经济效益和社会效益。

关键词 三线并行;共享;设计;方案

Design Proposal of Traction Substation Shared by Section with 3 Lines of Dazhou-Chengdu Railway

Yuan Yong Chen Jigang Liu Lirong Gao Hong Lin Zongliang
(Electrification Design & Research Institute of CREEC)

Abstract Dazhou-Chengdu railway is grade I railway, with 3 lines running together in the section of Suining-Chengdu, among which, the existing railway is designed as electrified modification (with speed of 120km/h) of status quo, and new double lines are added in the section of Suining-Chengdu (with speed of 200km/h). According to the geographic locations, traction load features and external power supply conditions of the 3 lines, the proposal of the traction substation shared by the new double-line and the existing line is adopted in the design, while small-capacity traction transformer is used for transition in the light of opening time of each line to save the infrastructure investment for the key development of China, and also save the operational expense of the initial opening for the operational department, which achieves great economic and social benefit.

Key words 3 lines running together; share; design; proposal

1 引言

1.1 线路概况

达成铁路位于四川盆地的川中腹地。东起襄渝铁路达州站,于襄渝铁路的新三汇镇站接轨,向西经渠县、营山、蓬安、南充、蓬溪、遂宁、大英、金堂等市、县,至石板滩接入成渝铁路,沿成渝铁路至成都站。新三汇镇至石板滩线路长309.712km,达州至成都客车运营长度367.740km,如图1所示。

1.2 线路设计主要技术标准

(1)铁路等级:I级。

(2)正线数目:成都至遂宁段三线,遂宁至三汇镇段双线。

(3)限制坡度:6‰。

(4)路段速度目标值及最小曲线半径:成都至遂宁段新建双线200km/h,一般3500m,困难2800m;

作者简介:袁勇(1973—),男,高级工程师。

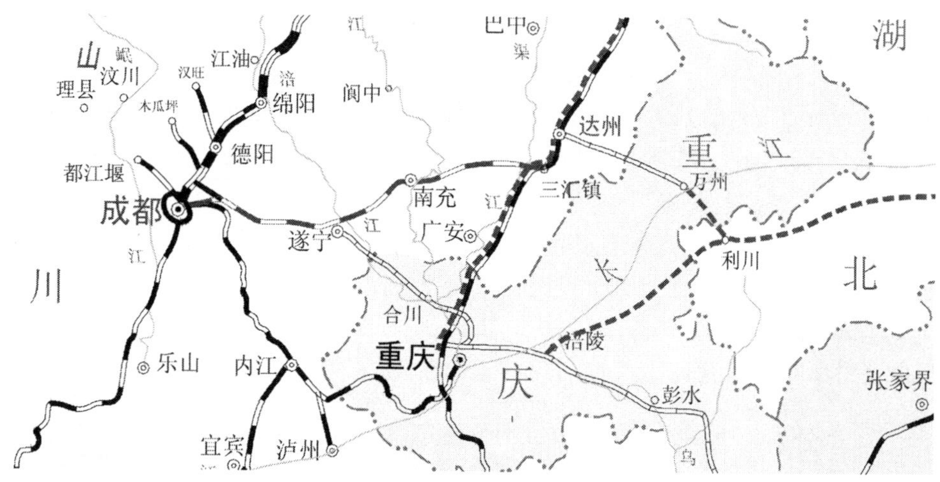

图 1　达成铁路地理位置图

既有线维持现状。遂宁至三汇镇段 160km/h，一般 2000m，困难 1600m。

(5)机车类型：客机：动车组、SS_9 型；货机：SS_4。

(6)牵引质量：4000t。

(7)闭塞类型：自动闭塞。

1.3　遂宁至成都三线并行段地理位置关系

遂宁至石板滩新建双线，从既有遂宁站引出，新建大英南、积金南站、新淮口站（采用并修方案），新建取直线路至石板滩引入成都枢纽。其与既有线的地理位置关系如图 2 所示。

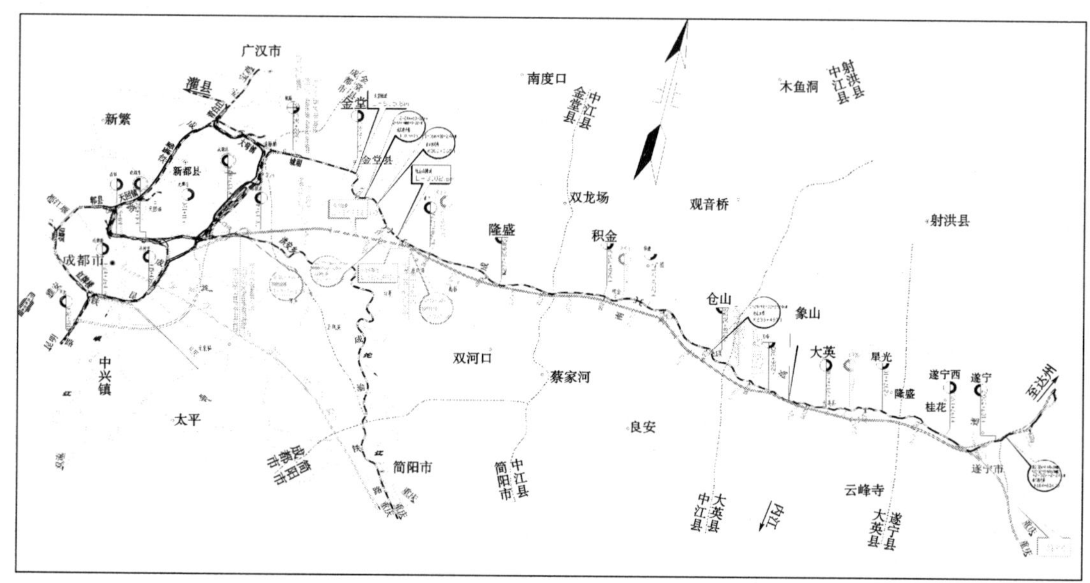

图 2　遂宁至成都三线并行段线路示意图

2　设计重难点

2.1　设计重点

遂宁至成都（尤其是遂宁至淮口段）新建双线与既有线基本并行（距离最远处也仅 5～6km），三线共享牵引变电所就具备了一定的可能性。因此，在进行牵引供电方案设计时，就需要重点考虑三线共享牵引变电所或分线分别设置牵引变电所的问题。

2.2 设计难点

若三线共享牵引变电所,将存在如下难题:

(1)既有达成线的产权归达成公司,而新建双线的运营管理及产权归出资方代表(成都铁路局)所有,牵引供电设施的产权划分、运营维护管理权归属等就需首先解决。

(2)达成铁路遂宁至成都段穿越川中丘陵、川西低山、成都平原三大地貌单元,虽然新建双线与既有线基本并行且相距不远,但由于沟谷较多以及征地、地方规划等原因,从新建牵引变电所至既有线的接触网供电线的径路也需重点关注。

(3)为配合青藏铁路开通(重庆至拉萨列车),为减少该电力机车的技术作业,就需将既有线电气化改造工程与遂渝线同步开通运营。为节省初期的运营费用,牵引变压器的容量配置就需专题研究。

3 设计方案分析、比选

3.1 可行性分析

3.1.1 牵引负荷特点

根据前述设计线路的技术标准分析,遂宁至成都段货车均为单机牵引(单列车最大牵引功率为6400kW)、客车为200km/h的动车组或双SS_9牵引(单列车最大牵引功率为2×4800kW),其牵引负荷较小,远小于高速客运专线或重载铁路,三线共享牵引变电所,从供电能力上来说完全是可行的。

3.1.2 外部电源条件

达成铁路遂成段电力牵引供电全部由四川省电力公司承担。沿线相关的发电厂有金堂电厂、成都电厂、宝珠寺电厂以及马四水电站、东西关水电站等;相关的变电站有龙王500kV变电站,嘉陵、安岳广惠、佳侨、丰谷、青白江、蓉东、大面等220kV变电站,赤城、回马、蓬莱、三台、广福、团结、淮口、金堂等110kV变电站。规划的尚有遂宁220kV变电站、安居220kV变电站(现已建成投运)以及相应的输电线路。沿线电源点较多,电网较丰富,可满足共享牵引变电所的供电需要。

3.1.3 产权划分问题

虽然达成既有线归属于达成公司,但该公司本由成都铁路局控股,且在技术上完全能够做到产权及运营相对分开。因此,产权划分问题不应该成为牵引供电方案设计的制约因素。

3.1.4 接触网供电线问题

为保证接触网供电线工程能顺利实施,可以从以下两方面考虑:

(1)牵引变电所尽量设于三线距离较近、高差较小、供电线工程较小且易于实施的地方(积金牵引变电所就是如此)。

(2)供电线采用大跨度、高杆塔的安装方式进行跨越。图3即为从新建大英牵引变电所跨越与既有线之间相距数百米的地方规划发展区的接触网供电线工程。

3.2 方案比选

(1)方案及主要技术指标

根据以上可行性分析,结合三线的地理位置及相互关系,考虑如下牵引变电所分布方案:

方案一:遂宁至淮口三线并行段新建双线与既有线共享大英、积金牵引变电所,新建牵引变电所设于新建双线侧,采用供电线向既有线供电。供电示意图及主要技术指标如图4所示。

方案二:遂宁至淮口三线并行段新建双线与既有线各自新建牵引变电所向本线供电,各线牵引变电所自成体系。供电示意图及主要技术指标如图5所示。

(2)方案比选

对上述遂宁至淮口三线并行段的两个牵引供电方案的可比部分进行技术经济比较,具体内容见表1。

图 3　大英牵引变电所大跨度供电线

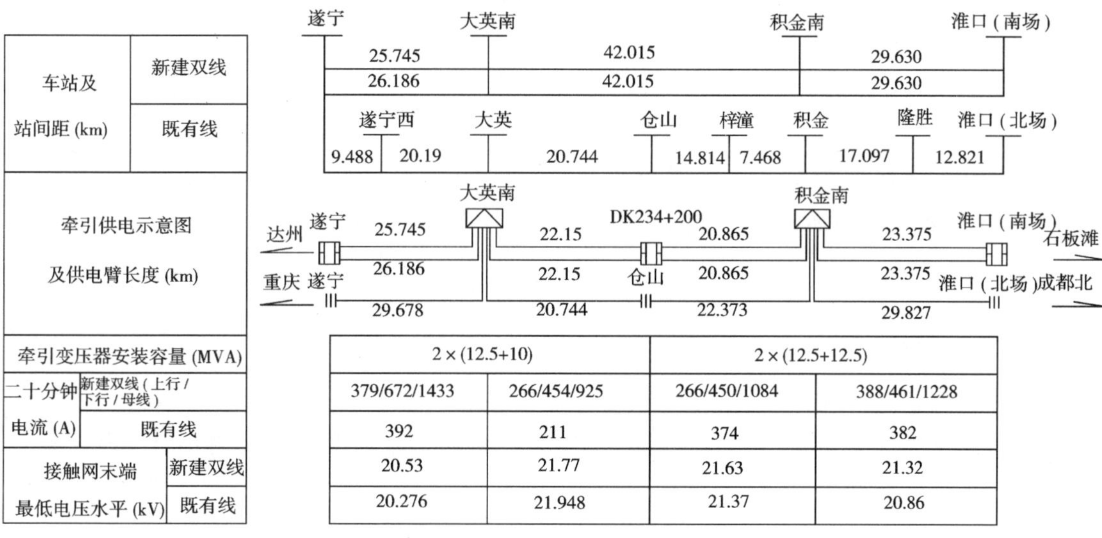

项目					
牵引变压器安装容量(MVA)		2×(12.5+10)		2×(12.5+12.5)	
二十分钟电流(A)	新建双线(上行/下行/母线)	379/672/1433	266/454/925	266/450/1084	388/461/1228
	既有线	392	211	374	382
接触网末端最低电压水平(kV)	新建双线	20.53	21.77	21.63	21.32
	既有线	20.276	21.948	21.37	20.86

图 4　方案一：供电示意图及主要技术指标

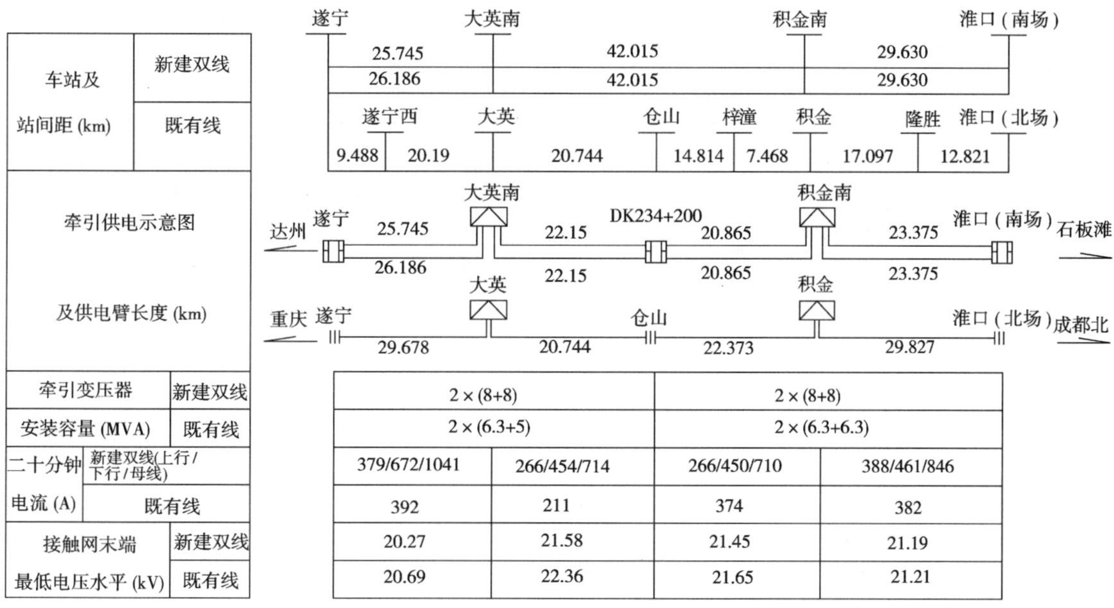

项目					
牵引变压器安装容量(MVA)	新建双线	2×(8+8)		2×(8+8)	
	既有线	2×(6.3+5)		2×(6.3+6.3)	
二十分钟电流(A)	新建双线(上行/下行/母线)	379/672/1041	266/454/714	266/450/710	388/461/846
	既有线	392	211	374	382
接触网末端最低电压水平(kV)	新建双线	20.27	21.58	21.45	21.19
	既有线	20.69	22.36	21.65	21.21

图 5　方案二：供电示意图及主要技术指标

牵引供电方案技术经济比较表　　表1

比较内容		方案一(合建牵引变电所)	方案二(分建牵引变电所)
工程数量	牵引变电所(座)	2	4
	分区所(座)	3	3
占地面积(m^2)		2×4875+3×216=10398	4×4550+3×216=18848
牵引变电所馈出供电线长度(条千米)		7.8(其中,高杆塔、大跨度2)	6.4
铁路基建估算投资(可比部分)(万元)		2×1000+3×180+340=2880	2×950+2×900+3×180+40=4280
外部电源工程	110kV间隔(个)	4	8
	110kV线路(km)	75(双回线路)	140(双回线路)
	估算总投资(万元)	4×100+75×60=4900	8×100+140×60=9200
牵引变压器安装容量(MVA)		2×47.5	2×55.9
年基本电费(万元)		1425	1677
产权关系		国铁与地方铁路共享牵引供电设施,产权关系不明晰,需增设独立的计费装置以使运营费用能够独立核算	产权关系明晰,运营管理各自独立
供电质量		满足供电需求。新建双线接触网末端最低电压水平稍高,既有线接触网末端最低电压水平略低	满足供电需求。新建双线接触网末端最低电压水平略低,既有线接触网末端最低电压水平稍高

根据以上分析与比较,在实际设计中采用了上述方案一(遂宁至淮口三线并行段新建双线与既有线共享大英南、积金南牵引变电所),大大节省了基建投资、外部电源费用以及运营费用。

4 工程设计

4.1 初期小容量牵引变压器过渡方案

为配合青藏铁路开通,遂宁至成都既有线电气化就有必要先期开通,以便重庆至拉萨的电力列车能直接通过达成线而不需技术作业,因此,也就要求大英南、积金南牵引变电所先期开通。但大英南、积金南牵引变电所在遂成双线未建成前,设备能力势必虚靡,为降低运营管理成本,就有必要按满足既有线开通条件和永临结合的原则作出过渡方案。

(1)牵引变压器容量确定

根据上述要求,首先需确定大英南、积金南牵引变电所初期的牵引变压器接线类型及安装容量。因此,设计对各种牵引变压器接线型式及相对应的安装容量进行了检算,结果见表2。

牵引变压器接线型式及安装容量表　　表2

牵引变电所	供电范围	内容	YN dll不等容	YN dll接线	三相V/V接线 左臂	三相V/V接线 右臂	Y/V接线
大英南	遂宁	计算容量(MVA)	7.29	8.756	3.95	2.96	7.603
		校核容量(MVA)	9.892	11.773	6.05	3.34	11.15
	仓山	安装容量(MVA)	2×10	2×12.5	2×(6.3+5)		2×12.5
积金南		计算容量(MVA)	7.004	8.417	3.491	3.59	7.092
		校核容量(MVA)	12.30	15.002	7.73	6.40	14.24
	淮口	安装容量(MVA)	2×12.5	2×16	2×(8+6.3)		2×16
川铁局牵引变压器设备情况			可利用	需新购	需新购		可利用

根据以上检算结果并结合成都铁路局实际情况,推荐采用YN d11不等容牵引变压器,其中,大英南牵引变电所的安装容量为2×10MVA,积金南为2×12.5 MVA。牵引变压器由成都铁路局进行调配,不新采购。

(2)牵引变电所过渡设计

大英南、积金南牵引变电所规模预留三线建设条件。

牵引变电所内牵引变压器、各电压等级的开关设备、控制保护单元等按既有达成单线运行需要设置，所内控制保护电缆、导流回路按三线规模一次设计及施工。

达成线遂成段新建双线时，按部批复的技术标准及参数重新采购并更换牵引变压器，新增双线馈线电气设备及相关控制保护单元，更改 110kV 电流互感器串并联方式，以满足三线运行需要。

牵引变电所近期采用由公路引入，新建双线建成后，将接触网工区内铁路专用线延伸引入牵引变电所内。

4.2 牵引变电所设计

(1)总体设计

大英南、积金南牵引变电所主接线采用分支接线，引入两路独立的 110kV 电源进线，一主一备，实现备用电源自动投切。27.5kV 采用单母线分段接线。

牵引变电所设两台 110/27.5kV 牵引变压器，正常时，一台运行、一台备用，实现变压器自动投切。

牵引变压器采用三相 Vv 牵引变压器；110kV 断路器采用 SF6 断路器；电流互感器采用干式产品；27.5kV 断路器采用真空断路器；改变运行方式的隔离开关采用电动操作机构；并联电容补偿装置为单体电容器，电抗器采用干式空芯电抗器；直流电源采用成套铅酸免维护智能型；二次设备采用微机保护综合自动化装置；分区所采用户外金属铠装箱式；开关站采用的户外组合断路器形式。

如图 6 所示，牵引变电所进出线采用架空线方式。110kV 高压配电装置采用室外中型布置，27.5kV高压配电装置采用户内网栅间隔布置，生产房屋采用二层楼房。

图 6 大英南牵引变电所

(2)牵引变电所与接触网工区临建

大英南、积金南牵引变电所按同时供三线规模设计，为了结合牵引变电所所在车站地形情况和山区铁路牵引供电系统运营部门的实际情况，将该 2 处牵引变电所均接触网工区临建，铁路专用线引入牵引变电所内，创造了接触网工区与牵引变电所互相支援的条件，为运营单位安全生产、日常设备检修及事故抢修提供了很大的便利。

(3)计费方式

在达成线三线并行段中，其中新建双线为成都铁路局运营管理，既有达成线为达成铁路公司管理。为配合两家运营单位产权划分的同时，方便今后电费分摊，设计时在牵引变电所为既有达成铁路供电的馈线上单独设置了计量用互感器以及电度表，如图 7 所示。

(4)牵引变电所馈出线排列

因所址选择原因，大英南牵引变电所地理位置位于达成既有线和达成新建双线的右侧，积金南牵引变电所地理位置位于既有达成线和达成新建双线之间。为了使各牵引变电所馈出线拥有合理的上网路径，同时供电线之间不交叉、不跨越，设计中对高压室母线和馈线进行了深入研究，做出了合理设计。具

图 7　牵引变电所馈线侧组合式计量互感器

体为：大英南牵引变电所为既有达成线供电的 2 条馈线，设置在 6 回馈出线排列的中部，即第三、第四回出线；为新建双线供电的馈线，分别布置在第一、第二、第五、第六回出线。积金南牵引变电所为既有达成线供电的 2 条馈线，设置在六回馈出线排列的边侧，即第一、第二回出线，为达成新建双线供电的馈线，分别布置在第三至第六回出线，如图 8 所示。

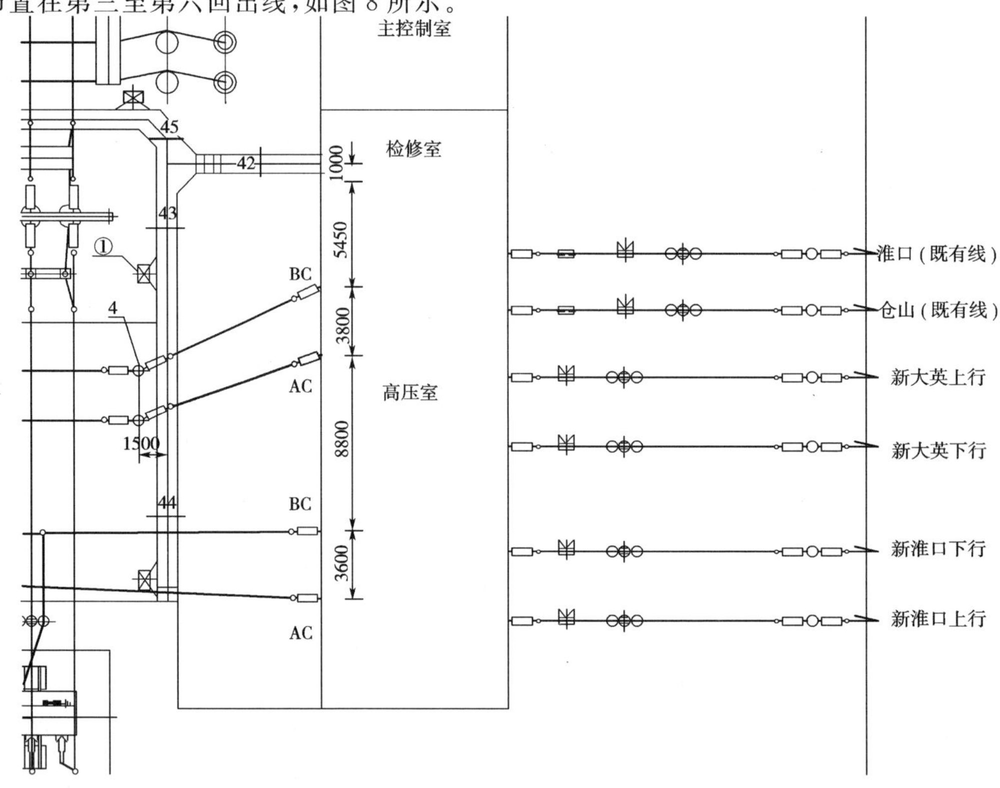

图 8　积金南牵引变电所馈线排列顺序图

5　结语

达成线遂宁至淮口段三线并行且相互之间距离较近，设计中结合三线地理位置分布、牵引负荷特点以及外部电源情况，重点分析了三线共享牵引变电所的可行性并从技术经济方面进行了综合比选，最终采用了三线并行段新建双线与既有线共享牵引变电所的方案。由于结合各线开通时间采用了小容量牵引变压器过渡，并结合该方案存在的问题在工程设计中相应采取了一些特殊设计及工程措施，真正做到了三线共享牵引变电所且运营维护管理相对独立，为国家重点建设节省了基建投资，也为运营部门节省了初期开通的运营费用，从而取得了良好的经济效益和社会效益。

海南东环铁路电气化工程

田广辉　李　剑　李国振　范荣鑫　王思文

（中铁二院工程集团有限责任公司电化院）

摘　要　海南东环铁路是国内第一条沿海岸线修建的电气化铁路，运营速度达到250km/h，国内尚没有成熟设计标准和规范，沿线的气象、地理条件与沿海的条件有较大的差别。牵引供电、接触网系统各种参数的选取及设计是否合理关系到高速列车的行车安全，这些都有必要通过各种研究来进行考核、验证和比选。因此，我们针对沿海地区强台风、强雷电、强腐蚀等特性开展了外电源选择、电气化系统防雷设计、接触网支持装置选择、绝缘锚段关节设计、U形槽区段特殊下锚设计等方案进行了研究，确保了电气化系统的稳定性、可靠性和安全性。

关键词　牵引变电；接触网；进线电压；防雷；整体腕臂；绝缘锚段关节；U形槽；下锚

Electrified Engineering of Hainan East Ring Railway

Tian Guanghui　Li Jian　Li Guozhen　Fan Rongxin　Wang Siwen

(Electrification Design & Research Institute of CREEC)

Abstract　Hainan east ring railway, with operational speed of 250km/h, is the 1st electrified railway along the coastline. There is no mature design standard and code in China and there are big differences in conditions of weather and geography in coastal area. The selection of parameters of traction power supply and OCS and whether the design is reasonable decide the running safety of highspeed railway, which are necessary to be checked, verified, compared and selected through various researches. In the light of strong typhoon, thunder & lightening, and erosion in the coastal area, proposals of external power choice, design for lightening of electrified system, OCS support apparatus choice, insulated overlap design and special bottom anchor design in U-type groove section are studied to ensure the stability, reliability and safety of electrified system.

Key words　traction substation; OCS; entrence voltage; aganst lightening; whole cantilever; insulated overlap; U-type groove; bottom anchor

1　引言

海南东环线自既有海口站引出，向东经海口市至文昌，过博鳌后沿东线高速公路行进，经万宁、神州、陵水、海棠湾、田独至新三亚站，正线全长308.112km。沿线经滨海平原区、火山岩台地区、波状平原区、丘陵区等，万泉河以北地势较平坦，万泉河以南地形多起伏。全线采用带回流线的直接供电方式，接触网采用全补偿简单链型悬挂、整体腕臂和绝缘刚性吊弦，全线架设接触网790.45条千米。

2　海南东环铁路牵引变电所进线电压等级选择

2.1　海南东环铁路牵引供电系统设计概况

海南东环铁路为200km/h城际铁路，正线全长308km。牵引供电系统采用单相工频25kV交流供电制式，带回流线的直接供电方式。新建海口、东寨港、冯家湾、博鳌、神州、高峰、新三亚共7座牵引变

作者简介：田广辉（1976—　），男，高级工程师。

电所,海口东、文昌、琼海等6座分区所。新建牵引变电所牵引变压器按Vv接线设计,除海口牵引变压器容量为2×(16+12.5)MVA外,其余牵引变电所牵引变压器容量均为2×(16+16)MVA。牵引变电所未设置无功补偿装置。各牵引变电所对于不同电压等级的供电电源引入方案如表1所示。

牵引供电系统外部电源供电方案 表1

牵引变电所	110kV方案	220kV方案
海口	新建长流220kV变电站110kV侧出双回线路接至海口牵引变电站,长7km	新建长流220kV变电站出双回220kV线路接至海口牵引变电站,长7km
东寨港	东路220kV变电站110kV侧出双回线路接至东寨港牵引变电站,长22km	东路220kV变电站出双回线路接至东寨港牵引变电站,长22km
冯家湾	新建迈号220kV变电站110kV侧出双回线路接至冯家湾牵引变电站,长9.3km	新建迈号220kV变电站出双回线路接至冯家湾牵引变电站,长9.3km
博鳌	官塘220kV变电站110kV侧出双回线路接至博鳌牵引变电站,长21.3km	官塘220kV变电站出双回线路接至博鳌牵引变电站,长21.3km
神州	红石220kV变电站110kV侧出双回线路接至神州牵引变电站,长16.7km	红石220kV变电站出双回线路接至神州牵引变电站,长16.7km
高峰	新建陵水220kV变电站110kV侧出双回线路接至高峰牵引变电站,长5.5km	新建陵水220kV变电站220kV侧出双回线路接至高峰牵引变电站,长5.5km
新三亚	鸭仔塘220kV变电站110kV侧出双回线路接至新三亚牵引变电站,长1.5km	鸭仔塘220kV变电站出双回线路接至新三亚牵引变电站,长1.5km

各牵引站接入海南电网PCC点三相短路容量见表2。

各牵引站接入海南电网PCC点三相短路容量 表2

说　明	长流	东路	迈号	官塘	红石	陵水	鸭仔塘
110kV三相短路容量(MVA)	1827	1400	1098	1133	880	581	1672
220kV三相短路容量(MVA)	4464	2790	2548	3563	3063	2384	2488

从表2可见,各牵引站接入海南电网PCC点110kV侧三相短路容量较低,尤其是红石和陵水站均不超过1000MVA。最低的为陵水站,仅为581MVA。各牵引站接入海南电网PCC点220kV侧三相短路容量最低的为陵水站,短路容量为2384MVA。

2.2 海南电网概况

海南东环铁路由南方电网公司下属海南电网公司供电,海南电网以火电为主,水电以调峰为主,并对海洋能、太阳能、风能及地热能进行了开发,还在规划核电站项目。

2009年6月30日,我国第一个500kV超高压、长距离、较大容量的跨海联网工程——500kV海南联网工程正式通电投运,海南联网工程线路始于广东湛江500kV港城变电站,经125km线路后到徐闻的南岭终端站,经32km的海底电缆到达海南省澄迈县的林诗岛终端站,再经14km的线路到达500kV福山变电站。联网之后,海南电网的北部电网,如220kV大丰、永庄、玉洲、洛基以及海口电厂等短路容量均提升了20%。

截至2010年末,海南全省统调装机总容量3403MW,其中中调统调装机3044MW,统调最高负荷2290MW。海南电网通过500kV联网工程与南方电网主网实现连接,形成环岛220kV主网架,全省建成投运220kV变电站18座、容量4220MVA,总长1983km。35~110kV电网已覆盖全省各市县及主要乡镇,乡镇和行政村的通电率均已达到100%。

2.3 需要解决的问题

海南东环铁路是海南省开通的第一条电气化铁路,外部电源的选择和确定关系到整个电气化供电系统的稳定性与可靠性,也直接影响到后续变电所的设计标准,因此必须结合当地的外电源情况,合理地确定进线电压等级。

2.4 不同外部电源电压等级下的负序、电压偏差和谐波分析

海南东环电气化铁路各牵引站在不同工况下接入电网时,PPC点负序电压计算结果见表3。

各工况下 PCC 点负序电压计算结果

表 3

牵引变电所	110kV 供电方案(%)		220kV 供电方案(%)	
工况	工况一:牵引变电所不换相接入电网	工况二:牵引变电所相序轮换接入	工况一:牵引变电所不换相接入电网	工况二:牵引变电所相序轮换接入
海口	0.69	0.66	0.29	0.24
东寨港	1.34	0.85	0.68	0.36
冯家湾	1.58	1.03	0.71	0.25
博鳌	1.59	1.24	0.51	0.05
神州	1.94	1.54	0.61	0.20
高峰	2.75	2.69	0.83	0.79
新三亚	1.29	1.26	0.92	0.93

从上述计算结果可得出以下初步结论：

(1)采用 110kV 接入系统方案，在牵引所单独接入电网的工况下，除海口牵引变电所接入外，其余各牵引变电所负序电压分量均超过 1.3%，高峰牵引变电所接入陵水站超过 2%，达到 2.75%；即使采用相序轮换的接入方式，依然存在牵引所负序电压分量超过 1.3%。因此东环电气化铁路各牵引变电所不宜采用 110kV 的接入方式。

(2)采用 220kV 接入系统方案，在各工况下，各牵引站 PCC 点不平衡度均未超过 1.0%，满足国家标准的要求。

(3)在同一外部电源电压等级下，采用相序轮换接入方式的负序电压分量较单独接入电网方式有明显减小，因此在条件允许的情况下，尽量采取各牵引所相序轮换接入电网，可以有效减小 PCC 点的负序电压。

在各牵引站瞬时最大负荷条件下，PCC 点母线电压偏差数据见表 4。

各牵引站母线电压变化情况

表 4

牵引站	系统 PCC 点	列车通过前电压 U(p.u.)	列车通过时电 U(p.u.)	ΔU	$\Delta U\%$
110kV 供电方案					
海口	长流	0.9912	0.9845	0.0067	0.68
东寨港	东路	1.0291	1.0037	0.0254	2.47
冯家湾	迈号	1.0089	0.9785	0.0304	3.01
博鳌	官塘	1.0417	1.0142	0.0275	2.64
神州	红石	1.0386	1.0012	0.0374	3.60
高峰	陵水	1.0317	0.9888	0.0429	4.16
新三亚	鸭仔塘	1.0518	1.0397	0.0121	1.15
海口	长流	1.0084	1.0054	0.003	0.30
东寨港	东路	1.0071	0.9942	0.0129	1.28
冯家湾	迈号	1.0129	0.9992	0.0137	1.35
博鳌	官塘	1.0181	1.0079	0.0102	1.00
神州	红石	1.0258	1.0139	0.0119	1.16
高峰	陵水	1.0307	1.0149	0.0158	1.53
新三亚	鸭仔塘	1.0291	1.0214	0.0077	0.75

从上述计算结果可得出以下初步结论：

对于 110kV 或 220kV 供电方案，引起的 PCC 点母线电压偏差计算结果值均小于允许限值。且 220 kV 供电方案下的 PCC 点母线电压偏差值要小于 110 kV 供电方案下的 PCC 点母线电压偏差值。

各牵引变电所两供电臂负荷电流按 95%概率负荷电流考虑，两外部电源方案下各牵引站注入各自 PCC 点的谐波电流计算结果见表 5。

各方案注入公共连接点的3、5、7次谐波电流 表5

	110kV供电方案				220kV供电方案			
长流	谐波电流(A)				谐波电流(A)			
谐波次数	允许值	A相	B相	C相	允许值	A相	B相	C相
3	1.099	5.00	5.00	0.0	1.786	2.49	2.49	0.00
5	1.427	3.20	3.20	0.0	2.197	1.61	1.61	0.00
7	1.507	0.29	0.29	0.0	2.155	0.14	0.14	0.00
东路	谐波电流(A)				谐波电流(A)			
谐波次数	允许值	A相	B相	C相	允许值	A相	B相	C相
3	2.348	7.23	2.50	6.79	1.593	3.71	0.40	3.31
5	2.778	5.16	1.79	4.85	1.901	2.52	0.22	2.30
7	2.576	0.44	0.05	0.39	1.784	0.21	0.02	0.18
迈号	谐波电流(A)				谐波电流(A)			
谐波次数	允许值	A相	B相	C相	允许值	A相	B相	C相
3	1.841	6.77	6.42	2.33	2.521	3.28	3.28	0.00
5	2.178	4.41	4.18	1.52	2.875	2.19	2.23	0.06
7	2.022	0.39	0.39	0.00	2.504	0.18	0.18	0.00
官塘	谐波电流(A)				谐波电流(A)			
谐波次数	允许值	A相	B相	C相	允许值	A相	B相	C相
3	2.320	2.32	6.74	6.42	2.445	1.88	1.41	3.28
5	2.697	1.57	4.48	4.25	2.873	1.25	0.93	2.18
7	2.434	0.00	0.39	0.39	2.628	0.00	0.18	0.18
红石	谐波电流(A)				谐波电流(A)			
谐波次数	允许值	A相	B相	C相	允许值	A相	B相	C相
3	1.475	6.13	2.25	6.47	3.030	3.23	0.00	3.23
5	1.745	3.99	1.42	4.19	3.456	2.19	0.03	2.20
7	1.620	0.37	0.00	0.37	3.010	0.18	0.00	0.18
陵水	谐波电流(A)				谐波电流(A)			
3	1.190	6.74	6.46	2.32	2.781	1.60	3.28	1.69
5	1.384	4.74	4.55	1.64	3.128	1.08	2.25	1.18
7	1.249	0.39	0.39	0.00	2.669	0.18	0.18	0.00
鸭仔塘	谐波电流(A)				谐波电流(A)			
谐波次数	允许值	A相	B相	C相	允许值	A相	B相	C相
3	1.840	7.62	0.0	7.62	0.967	3.91	0.00	3.91
5	2.247	4.93	0.0	4.93	1.194	2.62	0.00	2.61
7	2.198	0.44	0.0	0.44	1.176	0.23	0.00	0.23

各牵引变电所两供电臂负荷电流按95%概率负荷电流考虑，两方案牵引站公共连接点的谐波电压畸变率计算结果见表6。

各方案牵引站的谐波电压畸变率 表 6

牵引站	110kV 供电方案		220kV 供电方案	
	相别	THD	相别	THD
海口	A	0.06	A	0.02
	B	0.06	B	0.02
	C	0	C	0
东寨港	A	0.21	A	0.03
	B	0.08	B	0.01
	C	0.2	C	0.04
冯家湾	A	0.08	A	0.03
	B	0.07	B	0.04
	C	0.03	C	0.01
博鳌	A	0.05	A	0.02
	B	0.11	B	0.01
	C	0.1	C	0.03
神州	A	0.06	A	0.03
	B	0.01	B	0.01
	C	0.06	C	0.04
高峰	A	0.23	A	0.02
	B	0.23	B	0.05
	C	0.08	C	0.03
新三亚	A	0.14	A	0.05
	B	0	B	0.01
	C	0.14	C	0.05

根据表 5 和表 6 的计算结果可得出以下初步结论：

(1)不管是谐波电流还是谐波电压畸变率，220kV 方案的指标都大大好于 110kV 方案。

(2)虽然在两个外部电源电压等级下，谐波电流都有所超过允许限制，但谐波电压畸变率均不超过 1.6%的限值，满足国家标准的要求。

2.5 研究结论

通过以上对海南东环铁路在不同外部电源电压等级下的负序电压、电压偏差和谐波特性的计算分析可知，在电压偏差和谐波电压畸变率等方面均可以满足相关国家标准的要求。但就对于电网影响较大的三相电压不平衡度来说，只有采用较高的电压等级和较大的系统短路容量，才能够保证其满足相关国家标准的要求，降低牵引供电系统对电力系统稳定运行的潜在威胁。根据上述研究，海南东环铁路牵引供电系统确定采用 220kV 进线电压等级。

2.6 体会

随着 2010 年海南东环铁路正式开通运营，从实际运行和现场测试的情况来看，海南东环铁路牵引供电系统的电能质量参数都较为良好，满足国家标准的要求。可见从确保机车正常运行的角度，以及保证电铁供电电网系统的电能质量要求角度，对接入系统的短路容量应提出一定要求，系统短路容量越大，越有利于机车的供电，也越有利于电网承受牵引供电的负荷。

3 海南东环铁路电气化系统防雷接地设计

3.1 需要解决的问题

海南岛地处我国热带地区，该线沿线穿越的地层主要为松散堆积层、火山熔岩碎屑岩、花岗质岩浆岩、沉积岩等，四周环海，水面和陆地受热不匀，故多雷电，根据气象资料记载，海南各地每年平均雷电日约120d，最多则达149d，雷击频率和强度居全国之首。电气化防雷系统是实现电气化铁路安全运行的重要保障措施之一，其设计直接关系到电气设备和人身的安全、铁路系统运行状态，各种防雷接地材料的类型及导体连接方式的选择则直接影响到防雷接地系统的成本、安全和寿命。沿海地区雷电活动频繁，年平均雷电日均在100d左右，防雷措施尤其重要。接触网是暴露室外的设备，如果防雷措施不当，会造成雷电击穿绝缘子，引起变电所跳闸。

3.2 防雷接地设计方案

3.2.1 牵引变电防雷设计

(1)直击雷保护

各牵引变电所、分区所均设有独立避雷针以防止直击雷对全所设备、架构及建筑物的袭击。

与其他铁路工程不同，该线在东寨港、冯家湾、博鳌、神州、高峰5座牵引变电所均采用了1只主动式提前预放电避雷针，预放电避雷针是在传统避雷针放电原理的基础上，引入了“促进电离”这一预入电型避雷针的基本特征，实现了比普通型避雷针更早的先导放电，从而扩大了保护半径，提高了安全系数。如按常规设计，东寨港等5座牵引变电所，每所需分别在围墙四角各设1只普通30m高避雷针，共设4只。由于牵引变电所220kV侧设备布置紧凑，“4针方案”需增加牵引变电所场地面积300m^2。而主动式提前预放电避雷针保护范围更大，在该线设计中，将220kV侧墙角的2只普通避雷针用1只25m高主动式提前预放电避雷针(图1)代替，设置在220kV进线架构的中间空地处，在提高防直接雷效果的同时，节省了用地。

图1 牵引变电所主动预放电避雷针

(2)雷电侵入波保护

该线在牵引变电所220kV进线侧、牵引变压器低压侧、馈线负荷侧均设有相应等级的氧化锌避雷器，以限制雷电波的幅值，并在各馈线负荷侧设置了抗雷圈。

牵引变电二次设备防雷措施：

①全线各所生产房屋采用钢筋混凝土结构，并按照建筑防雷规范进行防雷接地设计施工。

②在交流屏输入端安装防雷浪涌保护器，将雷电在入口处协防入地，作为二次设备的防雷总保护，同时减少室内雷电电磁场。

③各直流屏控制母线及合闸母线安装防雷浪涌保护器，作为直流系统防雷总保护。

④各综自屏、直流屏、通信屏的交、直流配电输入端安装防雷浪涌保护器，抑制室内电源线路上感应过电压。

⑤主控制室各屏/柜设接地母排，各屏柜接地线就近接至接地母排后连接接地网。

⑥所有控制电缆均采用屏蔽电缆，电源电缆、控制电缆、通信线的铠装层及屏蔽层应可靠接地。

(3)牵引变电接地系统

①接地网设计原则

根据地质勘测资料，各所场地的土壤条件差异很大，土壤电阻率最低为新三亚牵引变电所59Ω·m，最高为高峰牵引变电所2238Ω·m。具体情况见表7。

所亭土壤电阻率和场地面积表 表7

牵引变电所	海口	东寨港	冯家湾	博鳌	神州	高峰	新三亚
土壤电阻率(Ω·m)	135	592	804	389	1660	2238	59
场地面积(m^2)	4550	3380	3380	3380	3380	3380	4550
分区所	新海口	文昌	琼海	山根	日月湾	海棠湾	
土壤电阻率(Ω·m)	215	316	591	177	65	591	
场地面积(m^2)	420	420	420	420	420	420	

a. 各所均设置以水平接地体为主、相隔适当距离加垂直接地体为辅的网格式接地装置。牵引变电所、分区所接地网埋深为 0.8m，均压带平均间距为 5～10m。

b. 接地体采用铜绞线作水平接地网，用铜镀钢棒作垂直接地极，接地体之间的连接采用熔焊焊接。

c. 牵引变电所接地网的接地电阻不大于 0.5Ω；分区所接地网的接地电阻应不大于 4Ω。

以常用复合接地网工频接地电阻计算公式 $R \approx 0.5\dfrac{\rho}{\sqrt{S}}$，可初步测算出不采取特殊措施时，各所接地网接地电阻值见表 8。

所亭工频接地电阻表 表 8

牵引变电所	海口	东寨港	冯家湾	博鳌	神州	高峰	新三亚
工频接地电阻(Ω)	1.00	5.09	6.91	3.35	14.28	19.25	0.44
分区所	新海口	文昌	琼海	山根	日月湾	海棠湾	
工频接地电阻(Ω)	5.25	7.71	14.42	4.32	1.59	14.42	

②海南东环线牵引变电所接地降阻计算案例

以该线土壤电阻率最高的高峰牵引变电所 2238Ω·m 为例，进行接地降阻设计。

a. 降低接地电阻最简单有效的方式是扩大接地网面积，根据接地网计算公式 $R \approx 0.5\dfrac{\rho}{\sqrt{S}}$，反推当 R 取目标值 0.5Ω 时，接地网面积 S 为 5008644m^2。而目前高峰牵引变电所现有有效接地面积仅 3380m^2，与 5008644m^2 相差悬殊，所以仅靠扩大接地网面积的方法降低接地电阻是无法实现的。

b. 另一传统降低接地电阻的方法是敷设降阻剂，它的原理是将所内部分土壤用降阻剂替换，并辅助打多口深井，即可将接地网等效于一个半球接地体，根据接地电阻计算公式 $R=\dfrac{\rho}{2\pi r}$，其中 r 为等效球体的半径，即为接地井深度，反推出当 R 取目标值 0.5Ω 时，r 为 713m。根据该所的地质条件，如打多处深达 713m 的深井，成本相当高，且施工难度巨大，无法实现。

c. 从接地电阻计算公式 $R=\dfrac{\rho}{2\pi r}$ 可看出，r 取值越大，接地电阻值就越小。而采用打深井的方法成本很高，在海南东环线牵引变电所接地降阻设计中，选用了防腐电解极产品。该电解极内填装无毒化合物晶体，敷设于土壤中，作为释放电解质的载体，电解极表面设有呼吸孔，可以吸收土壤中的水分，使内部的晶体变为电解质溶液从呼吸孔中排出，逐渐向四周砂纸黏土的纵深方向和岩石表面渗透，使原来砂岩地质结构形成一个良好的电解质导电通道，大范围地降低土壤电阻率。

目前海南东环线已成功开通运行约 1 年，该所各类电气设备运行正常，未发生因防雷接地引起的故障或事故。并且，由于本所接地网采用了防腐电解极产品，其土壤电阻率还将继续逐步降低。

(4)牵引变电回流系统

在各牵引变电所设集中回流接地箱，牵引变压器供电线回流及接地回流流互及回流母线均设于接地箱内。由接地箱引出回流电缆，接至供电线回流线。接地箱原理如图 2 所示。

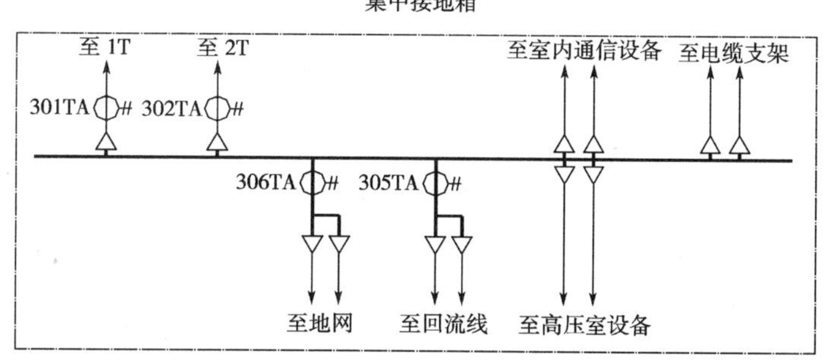

图 2 接地箱原理图

3.2.2 接触网防雷

(1)防雷设计方案

该线在设计中结合采用带回流线的直接供电方式的特点，创新性的将回流线直接安装在支柱顶部兼避雷线进行接触网的防雷保护，取消了原设计安装在支柱顶部的避雷线。

①回流线安装在柱顶兼避雷线后保护范围和支柱高度的确定

海南东环线设计导高为 5500mm，结构高度为 950～1250mm，支柱侧面限界一般为 3.1m(锚柱采用 3.2m)，基础面至轨面的高差按 300mm 考虑(一般路基上直线有砟段为 302mm，无砟段为 239mm)，根据以上数据，不考虑防雷增加高度时支柱设计高度 $h=300+5500+1250+90+500+100=7740$mm。

按《铁路电力设计规范》(TB 10008—2006)的要求，避雷器的保护角宜为 30°，考虑 300mm 的拉出值，避雷线满足保护角要求时需增加的支柱高度为 $\Delta h=(3.2+0.35/2+0.3)\times\cot30°=6.37$m，考虑防雷时支柱高度需达到 14m(扣除绝缘子的安装高度)才能满足设计要求，如图 3 所示。

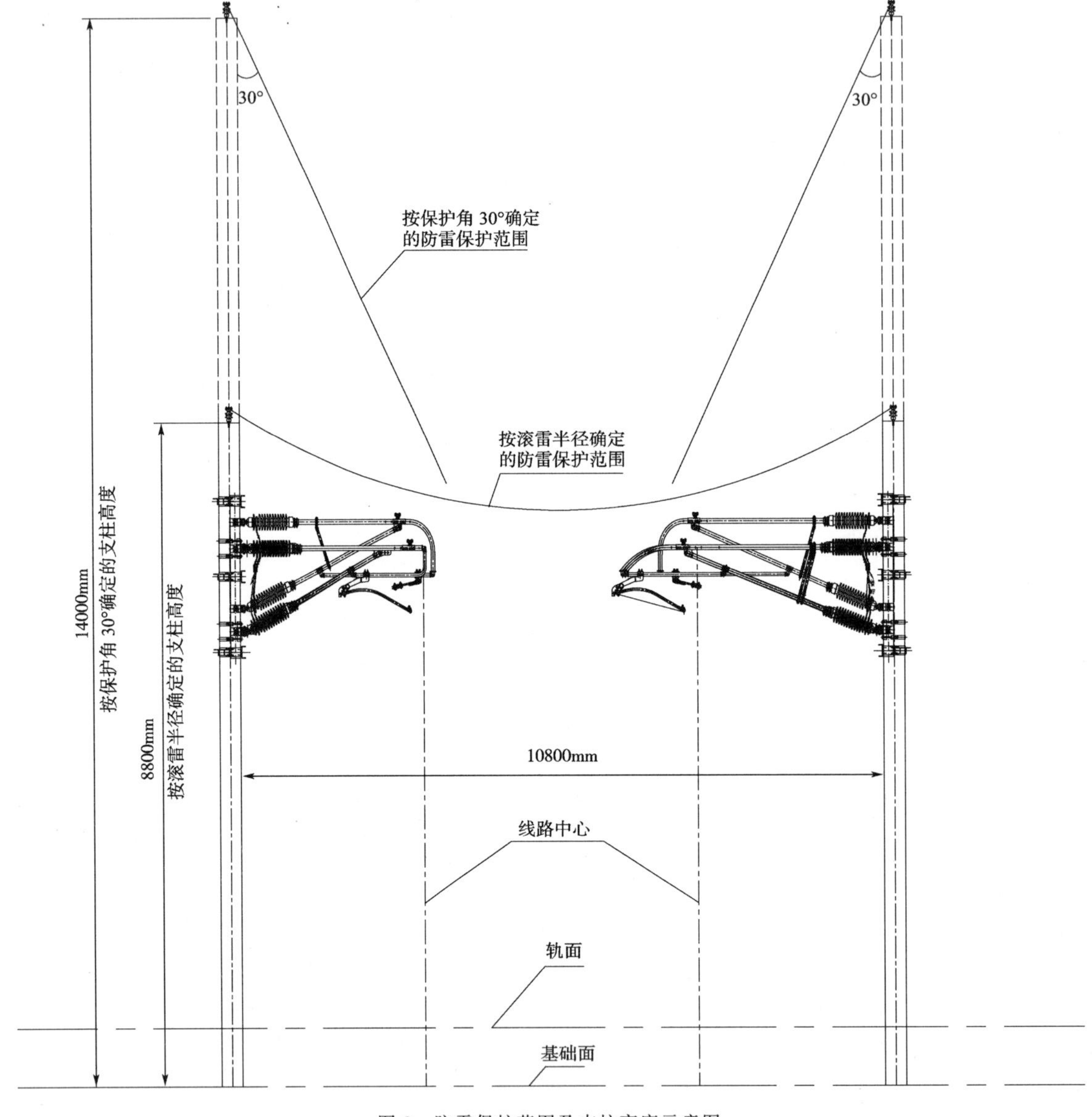

图 3　防雷保护范围及支柱高度示意图

按《建筑物防雷设计规范》(GB 50057—1994 的 2000 年修订版)的要求，可以按滚球半径法确定避雷线的保护范围。对于两根平行架设的架空避雷线，滚球半径法就是以两根导线的中心为圆心，以确定的滚球半径分别画圆，然后再以两个圆的交点为圆心，以确定的滚球半径画圆，这个圆与以导线中心为圆心的圆交点间的圆弧就是确定的雷电防护范围。根据《建筑物防雷设计规范》(GB 50057—1994 的 2000 年修订版)和《铁路防雷、电磁兼容及接地技术暂行规定》(铁建设[2007]39 号)规定，该线滚球半径选用 45m，按照滚球半径法确定支柱高度仅需要大于 8.8m 即可满足雷电防护要求。

综上计算和分析，结合沿线的气象条件，认为按《建筑物防雷设计规范》(GB 50057—1994 的 2000 年修订版)进行雷电防护设计已能满足本线的雷电防护需求，因此，本线支柱高度按照 8.8m 并将回流线安装在支柱顶部兼避雷线进行雷电防护设计。

②具体实施方案

根据前述的计算分析，全线接触网支柱均统一按照 8.8m 的高度进行设计。

区间回流线的安装一般都安装在支柱顶部，其中混凝土等径圆支柱通过肩架安装在支柱顶部，H 形钢柱和硬横跨钢管支柱通过柱顶的预留孔直接安装在支柱顶部。

在支柱顶部的具体安装方式如图 4 所示。

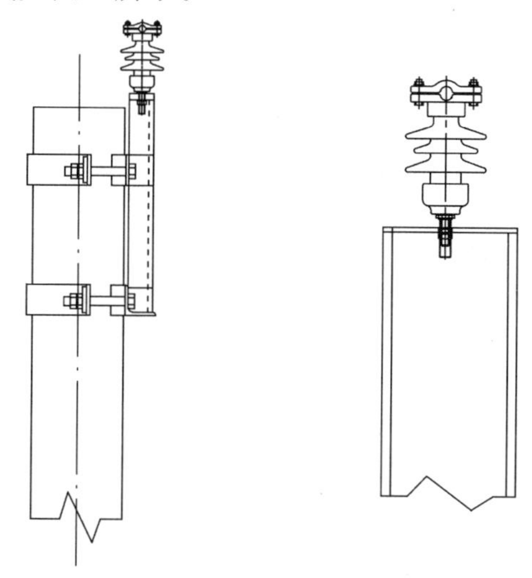

图 4　一般位置回流线安装示意图

对绝缘锚段关节中安装设备的支柱，为保证设备的安装，回流线采用通过肩架在田野侧安装的方式。

在区间高架跨线桥两侧，当跨线桥净空不满足柱顶安装条件时，回流线结合高架跨线桥的净空，采用降低高度通过肩架在田野侧安装的方式。

通过肩架在田野侧安装的具体方式见图 5。

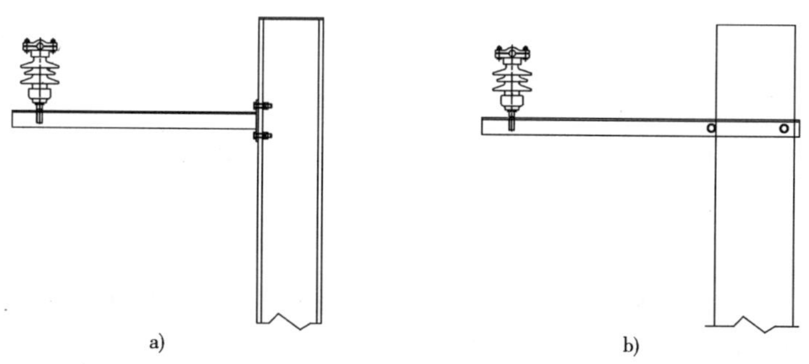

图 5　安装有设备和跨线桥的支柱回流线安装示意图

该线车站大部分站台范围内接触网基本上都是安装在雨棚下方，回流线在车站范围内不考兼顾避雷线作用，因此在车站内仅考虑回流线的正常安装通过，结合每个车站无柱雨棚的具体结构形式，回流线一般采用安装在雨棚两侧翼缘钢管上(如长流、秀英站)、安装在雨棚柱上(如海口东站、三亚站)、安装在站台间雨棚的连接横梁上(如和乐站、田独站)、安装在吊柱上(如博鳌站)等多种安装方式。

另外，在锚段关节式电分相处、绝缘锚段关节处、供电线上网处以及分区所、开闭所引入线处、长度 2000m 及以上的隧道口或连续的隧道群两端、电缆接头处等重点位置设置氧化锌避雷器。

(2)绝缘设计方案

全线按重污区设计，爬电距离不小于 1400mm。

隧道外悬式绝缘子、棒式绝缘子采用瓷质绝缘子，承力索及接触线上绝缘子采用合成绝缘子，隧道内绝缘子采用合成绝缘子，高路堑、跨线桥、隧道口附近(按 50m 控制)、公路附近(距公路 10m)采用合成绝缘子。

在桥、隧道、明洞等出口处接触网承力索、AF线、供电线等在桥梁下加装贯通的绝缘套管。其中桥梁下两端出口承力索上的绝缘套管分别向外延长5m;隧道、明洞等出口处加装绝缘套管,长度应为出口的内外各5m。

(3)接地设计方案

①工作接地

a. 区间、车站回流线区段采用双重绝缘并利用回流线兼作闪络保护地线接地。

b. 无回流线区段的成排支柱,尽可能采用架空地线集中接地,确有困难的,设单独的接地极接地。

c. 零散支柱单独设接地极接地,其接地电阻为:来往人员多的地点为≤10Ω,其余地点为≤30Ω。

d. 接触网接地与铁路综合接地系统相连,所设置的回流线(通过扼流圈)与综合接地系统相连接。

②安全接地

a. 距接触网带电体5m以内的金属结构(桥栏杆、水鹤、信号机等)均应通过接地引线接至贯通地线实现安全接地。

b. 桥栏杆连通后两端均需通过接地引线接至贯通地线实现安全接地。

c. 跨越电气化铁路的跨线建筑物应在接触网带电部分正上方桥面的两侧安装防护网栅或安全挡板,并在挡板上悬挂安全警示标志。

d. 跨线桥所设的防护网栅或安全挡板两端应通过接地引线接至贯通地线实现安全接地。

e. 开关、避雷器等设备的底座、架空地线下锚处、架空地线锚段中间每隔500m处应单独设接地极重复接地,并通过接地引线连接至贯通地线实现安全接地。

f. 隧道内吊柱、肩架等均应通过接地引线连接至贯通地线实现安全接地;没有贯通地线的地段需要通过架空地线或单独埋设接地极实现安全接地。

g. 全线回流线除按常规进行接地外,每隔500m还需要引下接地至贯通地线,在综合地线上的接地点与相邻设备在综合地线上的接地点距离要大于15m,否则需要单独设接地极,单独设置的接地极电阻要小于10Ω。

h. 全线设贯通地线并预留接地端子,贯通地线连接至接地端子引入综合接地系统。

i. 接触网支柱基础均采用带接地端子的接地基础。

3.3 防雷设施的实际运行情况

海南地区雷击情况一般为北部多于南部,通过气象部门了解,2011年1月1日至9月19日海口地区雷击次数最多,经统计,该地区落雷次数为73次,其中靠近海南东环铁路为38次,落雷最早时间和数量与历史最低记录持平。在此期间,牵引变电所避雷器总计动作73次,接触网上避雷器总计动作135次。在实际统计情况来看,海南东环线牵引变电所断路器跳闸绝大部分是由于绝缘子闪络、动车组重连试验或异物造成,无由于雷击而造成的牵引变电所断路器跳闸情况。回流线支柱顶安装方式达到了兼顾避雷线的要求,目前避雷线、接地引下线、接地端子均使用正常,无灼烧痕迹。

3.4 防雷接地的总结及建议

沿海地区盐雾较大,污染较重地区绝缘子瓷片上由于雾水、附着盐分及其他杂质的影响,绝缘子容易发生闪络现象。建议沿海地区污染较重地区绝缘子爬电距离加大为1600mm或绝缘子全部采用合成绝缘子。

海南东环铁路防雷接地系统运营至今运行正常,避雷设备完好,达到了设计和运营的要求。因此,建议条件相近地区的铁路防雷接地系统设计可参照该线的设计。由于2011年海南地区雷暴天气较少,低于设计气象条件,建议对本线防雷接地系统做进一步的观察和研究。

4 海南东环铁路接触网支持装置选型研究

4.1 需要解决的问题

沿海属于亚热带海洋性季风气候区,沿海各地每年不同程度受台风袭击,普遍风速在45 m/s以上,最高风速达 55 m/s，强风对接触网设计的影响不可忽视。沿海支柱的最大风载是内地的 5～6 倍，由风载产生的附加荷载相当大，对支柱和接触网零件、设备稳定不利。因此，接触网支撑结构的选用必须考虑在强风条件的强度及稳定性，如何选择能够抵御强风的合理的接触网支持装置是设计中必须要解决的问题。

4.2　接触网支持装置选型研究

经过对国内外资料的充分调查和分析，目前国内外普遍采用的支持装置类型是平腕臂和整体腕臂结构，因此我们按照海南东环铁路的气象条件分别对这两种结构做了有限元分析和研究。

4.2.1　计算模型

在反复分析接触网支柱结构中各零部件及装配图纸的基础上，严格按照图纸尺寸，依据组装要求，借助于 Patran 软件 2005 版，分别建立了 11 种接触网支柱结构的有限元计算模型。

各接触网支柱结构所具有的通性，将作为建立计算模型的共通点，而各自结构的差异则在具体计算中补充修正。

接触网支柱结构主要由平腕臂、斜腕臂、定位管、绝缘子、钢绳、套管抱箍、连接板等构成，在风载、机车弓载、自重、线材重量等载荷作用下应处于平衡状态，可以此为基础建立计算模型。

平腕臂、斜腕臂、定位管均为薄壁管，采用壳单元进行模拟，管的端部采用板单元封堵；绝缘子则采用三维实体单元模拟；连接板采用普通板单元模拟；钢绳采用杆单元模拟；而套管抱箍与腕臂管为紧配合，其配合区可视为一体，形成局部区域内的厚壁管；绝缘子与腕臂近似假定为直接连接，计算结果将偏大，偏保守。

绝缘子与立桩之间的连接，在绝缘子端部中心(垂向)施加位移约束定位，但不会限制接触网支柱结构整体绕立桩转动；连接板之间的铰连接，处理为点连接，二板间位移相同但容许相对转动；载荷施加处若与管件固定连接，则直接作用，若与管件铰连接，则等效到套管抱箍处。

通过上述合理简化，计算模型主要由壳体、平板和实体单元构成，单元尺度比例控制在 1∶3 之内，采用的单元数在 3000～4000 之间，相关的有限元计算模型分别见各接触网支柱结构的计算分析部分。

风载主要考虑了极限风速(55m/s)、标准风速(37m/s)和常见风速(30m/s)三种，在线性弹性条件下，若结构在极限风速下变形和强度符合要求，则其他风速下结构也满足变形和强度指标。

所有载荷可归纳为 8 组力：线材重量 G_x、结构自重 G_h、承力索风力 F_{vc}、接触线风力 F_{vj}、承力索下锚水平分力 F_{mc}、接触线下锚水平分力 F_{mj}、承力索曲线力 F_{rc}、接触线曲线力 Frj。对每一风速，根据直线与曲线通过时作用力大小的不同，根据水平力作用方向的不同，可以组合成四个工况，具体组合见各接触网支柱结构分析。

接触网支柱结构涉及的相关材料力学性能见表 9。

材料力学性能表　　表 9

材料	弹性模量	泊松比	屈服应力	密度	所属部件
钢	205GPa	0.3	235～345MPa	7.8	管件、连接板
绝缘子	250GPa	0.18	—	配重	—

绝缘子的密度依不同接触网支柱结构而异，通过微量调整，可保证装配重量要求。

4.2.2　各接触网支柱结构的变形、强度分析

(1)A 型接触网支柱结构

计算模型：

A 型接触网中间柱结构的有限元网格见图 6，在 i、j 处分别作用承力索和接触线传递的外部载荷，考虑到仅有曲线通过。

计算结果：

A 型接触网支柱结构在极限风速(55m/s)下，臂管内的最大垂向变形为 5.6mm，最大等效应力为 129MPa，低于材料的屈服强度(235MPa)，满足变形和强度指标；连接板有最大等效应力 198MPa，位于

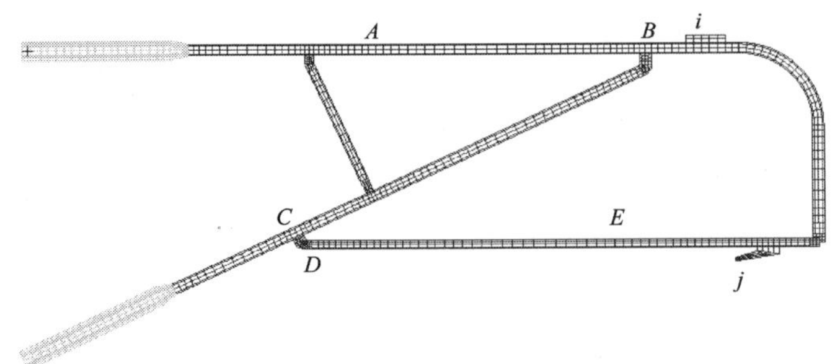

图 6 A 型接触网支柱结构的有限元网格图

斜腕臂与连接平腕臂的连接杆之间的连接区;绝缘子的最大应力位于与腕臂的连接区。而风速 30m/s 下的最大垂向变形和等效应力有显著下降,但位置基本无差异。

当风载解除、车辆通过后结构能恢复原状,原有性能保持不变。

(2)B 型接触网支柱结构

计算模型:

B 型接触网支柱结构的有限元网格见图 7,在 i、j 处分别作用承力索和接触线传递的外部载荷,考虑到外载的方向。

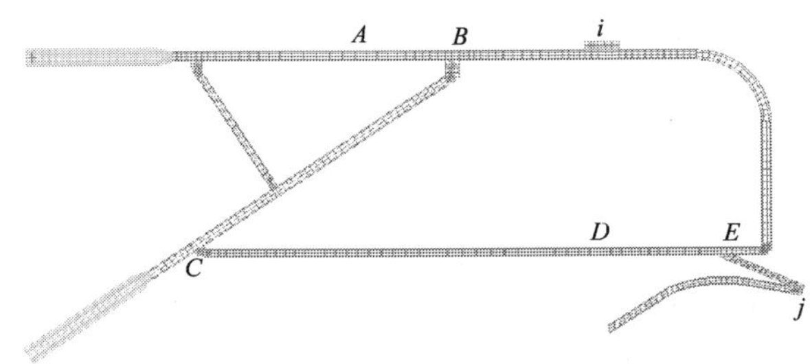

图 7 B 型接触网支柱结构的有限元网格图

计算结果:

B 型接触网支柱结构在极限风速(55m/s)下,臂管内的最大垂向变形为－29.3mm,最大等效应力为 185MPa,低于材料的屈服强度(235MPa),满足强度指标;连接板有最大等效应力 188MPa,位于平腕臂与定位管的连接区;绝缘子的最大应力位于与腕臂的连接区。而风速 30m/s 下的最大垂向变形和等效应力有显著下降,但位置基本无差异。

当风载解除、车辆通过后结构能恢复原状,原有性能保持不变。

(3)C 型接触网支柱结构

计算模型:

C 型接触网支柱结构的有限元网格见图 8,在 i、j 处分别作用承力索和接触线传递的外部载荷,考虑到外载的方向。

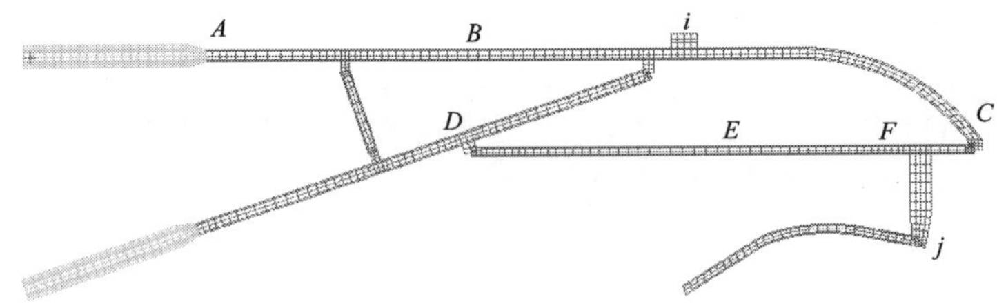

图 8 C 型接触网支柱结构的有限元网格图

计算结果:

C 型接触网支柱结构在极限风速(55m/s)下,臂管内的最大垂向变形为－22.6mm,最大等效应力为 296MPa,高于材料的屈服强度(235MPa),不满足变形、强度指标;连接板有最大等效应力 196MPa,位于加载板与定位管的连接区;绝缘子的最大应力位于与腕臂的连接区。而风速 37m/s 下的最大垂向

变形和等效应力有显著下降，臂管内的最大垂向变形为－17.3mm，定位管表面局部区的最大等效应力为223MPa，低于材料的屈服强度(235MPa)，连接板最大等效应力为147MPa，位置基本无差异。

当风速55m/s解除、车辆通过后结构不能恢复原状，原有性能将改变；而风速37m/s解除、车辆通过后结构将恢复原状，原有性能维持不变。

(4)D型接触网支柱结构

计算模型：

D型接触网支柱结构的有限元网格见图9，在i、j处分别作用承力索和接触线传递的外部载荷，考虑到外载的方向。

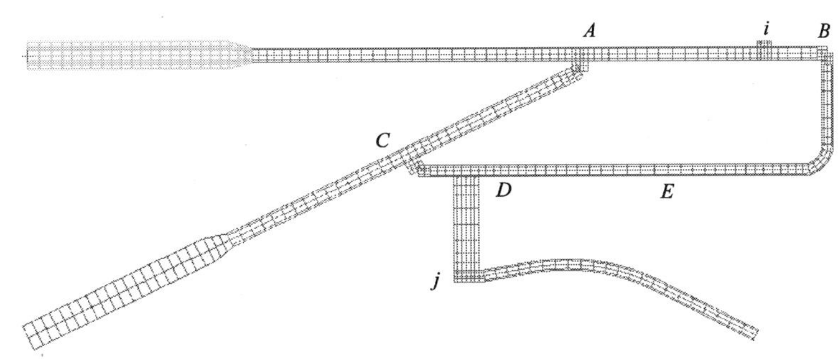

图9　D型接触网支柱结构的有限元网格图

计算结果：

D型接触网支柱结构在极限风速(55m/s)下的最大垂向变形为－12.1mm，定位管表面局部区的最大等效应力为213MPa，低于材料的屈服强度(235MPa)；连接板有最大等效应力315MPa，位于加载板与定位管的连接区；绝缘子的最大应力位于与腕臂的连接区。而风速37m/s下的最大垂向变形和等效应力有显著下降，最大垂向变形为－10.1mm，最大等效应力为161MPa，满足变形、强度指标；连接板有最大等效应力277MPa。

当极限风速(55m/s)的风载解除、车辆通过后结构能恢复原状，原有性能不会改变。而连接板内的高应力可简单通过加宽其宽度或厚度得到改善、降低。

(5)E型接触网支柱结构

计算模型：

E型接触网支柱结构的有限元网格见图10，在i、j处分别作用承力索和接触线传递的外部载荷，考虑到外载的方向。

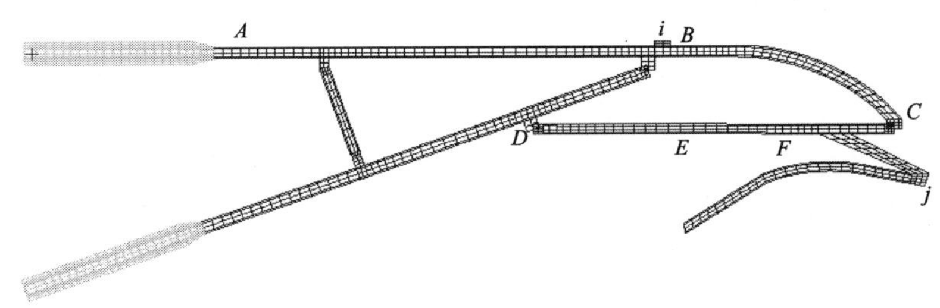

图10　E型接触网支柱结构的有限元网格图

计算结果：

E型接触网支柱结构在极限风速(55m/s)下的最大垂向变形为－6.9mm，最大等效应力为151MPa，低于材料的屈服强度(235MPa)，满足变形、强度指标；连接板有最大等效应力111MPa，位于加载板与定位管的连接区；绝缘子的最大应力位于与腕臂的连接区。而风速30m/s下的最大垂向变形和等效应力有显著下降，但位置基本无差异。

当风载解除、车辆通过后结构恢复原状，原有性能不变。

(6)F型接触网支柱结构

计算模型：

F型接触网支柱结构的有限元网格见图11，在 i、j 处分别作用承力索和接触线传递的外部载荷，考虑到外载的方向。

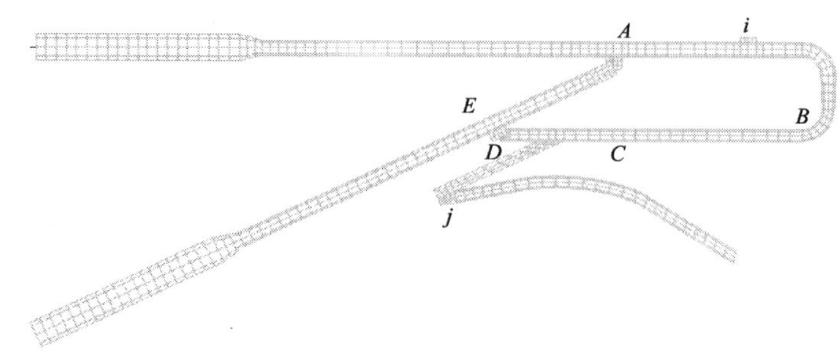

图11 F型接触网支柱结构的有限元网格图

计算结果：

F型接触网支柱结构在极限风速(55m/s)下的最大垂向变形为－4.74mm，最大等效应力为111MPa，低于材料的屈服强度(235MPa)，满足变形、强度指标；连接板有最大等效应力154MPa，位于加载板与定位管的连接区；绝缘子的最大应力位于与腕臂的连接区。而风速30m/s下的最大垂向变形和等效应力有显著下降，但位置基本无差异。

当风载解除、车辆通过后结构恢复原状，原有性能不改变。

(7)G型接触网支柱结构

计算模型：

G型接触网支柱结构的有限元网格见图12，在 i、j 处分别作用承力索和接触线传递的外部载荷，考虑到外载的方向。

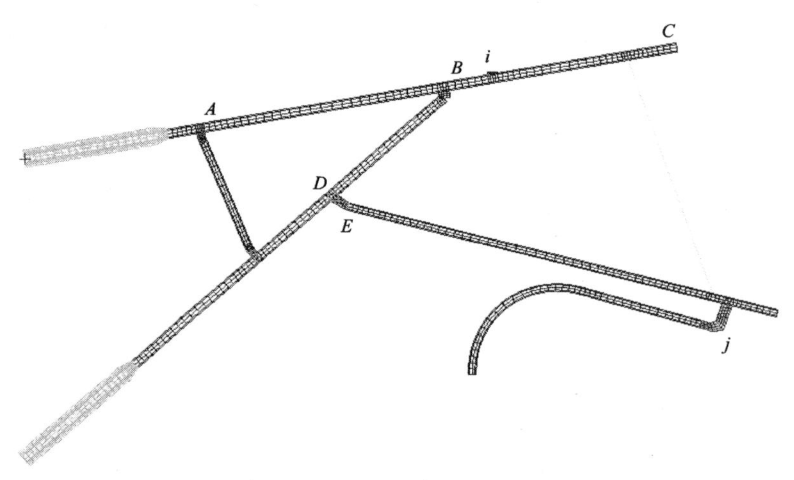

图12 G型接触网支柱结构的有限元网格图

计算结果：

G型接触网支柱结构在极限风速(55m/s)下的最大垂向变形为－2.54mm，最大等效应力为88MPa，低于材料的屈服强度(235MPa)，满足变形、强度指标；连接板有最大等效应力97.5MPa，位于加载板与定位管的连接区；绝缘子的最大应力位于与腕臂的连接区。当风载解除、车辆通过后结构恢复原状，原有性能不改变。

由于加载杆与定位管的连接为单方向绞连接形式，即：接触线传递的力的方向指向立柱方向时，为绞连接，可转动，不传递弯矩；而接触线传递的力的方向背向立柱方向时，则加载杆不能转动，加载杆内将产生较大的弯曲应力，达到652MPa，已明显超过材料的屈服强度。

(8)H型接触网支柱结构

计算模型：

H 型接触网支柱结构的有限元网格见图 13，在 i、j 处分别作用承力索和接触线传递的外部载荷，考虑到外载的方向。

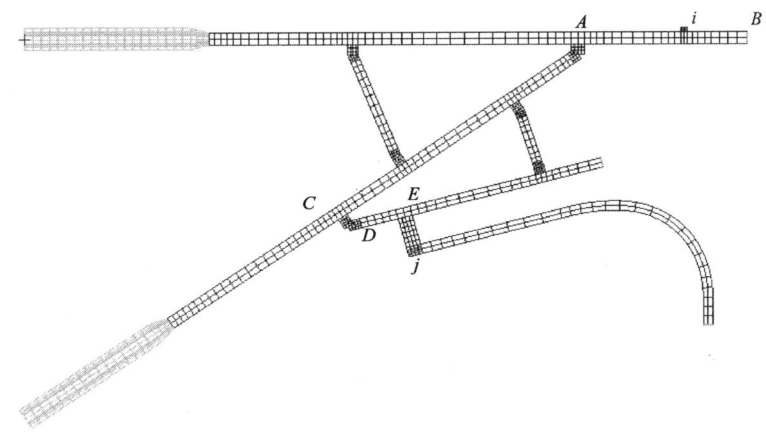

图 13　H 型接触网支柱结构的有限元网格图

计算结果：

H 型接触网支柱结构在极限风速(55m/s)下的最大垂向变形为－4.01mm，最大等效应力为 96.9MPa，低于材料的屈服强度(235MPa)，满足变形、强度指标；连接板有最大等效应力 195MPa，位于支撑管与斜腕臂的连接区；绝缘子的最大应力位于与腕臂的连接区。当风载解除、车辆通过后结构恢复原状，原有性能不改变。

由于加载杆与定位管的连接为单方向绞连接形式，即：接触线传递的力的方向背向立柱方向时，为绞连接，可转动，不传递弯矩；而接触线传递的力的方向指向立柱方向时，则加载杆不能转动，加载杆内将产生较大的弯曲应力，达到 407MPa，已明显超过材料的屈服强度。

(9)I 型接触网支柱结构

计算模型：

I 型接触网支柱结构的有限元网格见图 14，在 i、j 处分别作用承力索和接触线传递的外部载荷，考虑到仅有曲线通过。

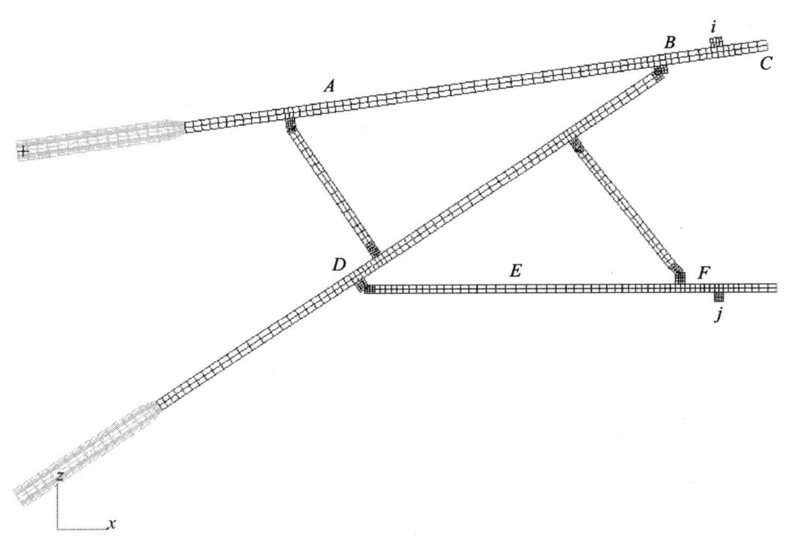

图 14　I 型接触网支柱结构的有限元网格图

计算结果：

I 型接触网支柱结构在极限风速(55m/s)下的最大垂向变形为 2.93mm，最大等效应力为 129MPa，低于材料的屈服强度(235MPa)，满足变形、强度指标；连接板有最大等效应力 126MPa，位于加载板与定位管的连接区；绝缘子的最大应力位于与腕臂的连接区。而风速 30m/s 下的最大垂向变形和等效应力有显著下降,但位置基本无差异。

当风载解除、车辆通过后结构恢复原状,原有性能不改变。

(10)J型接触网支柱结构

计算模型:

J型接触网支柱结构的有限元网格见图15,在i、j处分别作用承力索和接触线传递的外部载荷,考虑到外载的方向。

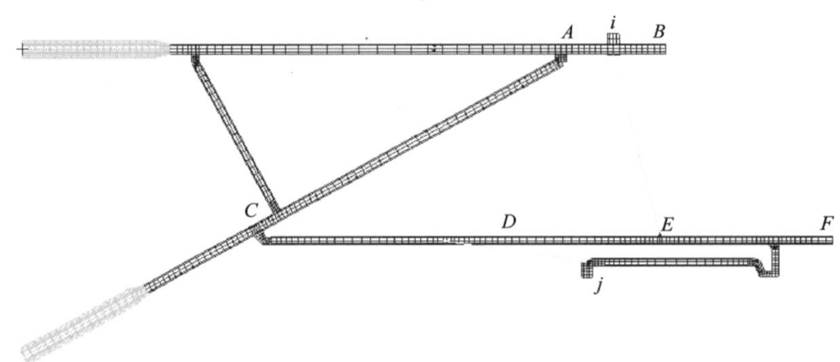

图15　J型接触网支柱结构的有限元网格图

计算结果:

J型接触网支柱结构在极限风速(55m/s)下的最大垂向变形为－39.9mm,最大等效应力为207MPa,低于材料的屈服强度(235MPa),满足强度指标,但结构变形较大,刚度较低,结构的稳定性较差;连接板有最大等效应力148MPa,位于斜腕臂与定位管的连接区;绝缘子的最大应力位于与腕臂的连接区。而风速30m/s下的最大垂向变形和等效应力有显著下降,但位置基本无差异。

当风载解除、车辆通过后结构能恢复原状,原有性能将不改变。

(11)K型接触网支柱结构

计算模型:

K型接触网支柱结构的有限元网格见图16,在i、j处分别作用承力索和接触线传递的外部载荷,考虑到外载的方向。

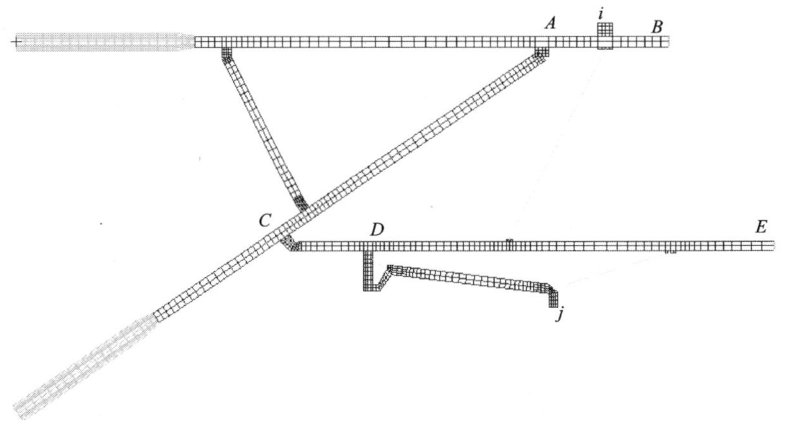

图16　K型接触网支柱结构的有限元网格图

计算结果:

K型接触网支柱结构在极限风速(55m/s)下的最大垂向变形为－23.8mm,最大等效应力为271MPa,高于材料的屈服强度(235MPa),不满足变形、强度指标;连接板有最大等效应力373MPa,位于斜腕臂与定位管的连接区;绝缘子的最大应力位于与腕臂的连接区。而风速30m/s下的最大垂向变形和等效应力有显著变化,但位置基本无差异。

当风载解除、车辆通过后结构不能恢复原状,原有性能将改变。

4.2.3 研究结论

上述 11 种接触网支柱结构在极限风速和常见风速条件下的有限元计算，给出了平腕臂、斜腕臂、定位管、连接板、绝缘子等主要安装零件的变形、应力的最大值和其危险区域，以及接触网支柱结构的总体变形状态，从而确定出抗风能力最强、稳定性最好的支柱及腕臂结构形式，得到如下结论：

(1)根据强度和刚度的计算结果表明：A～F 型整体腕臂接触网支柱结构的性能优于 G～K 型接触网平腕臂支柱结构。A～F 型强度均较低，刚度较大，在给定风载和曲线通过载荷环境下，可作为优选结构。

(2)平腕臂结构的 G、H、K 型接触网支柱结构内部的应力均较高，实际应力均高于屈服强度；J 型结构的刚度较低，仅 I 型结构能满足强度和刚度要求；由于钢索柔软引起变形过大，这类结构的刚度较低，容易导致结构不稳定，将影响其循环使用。

(3)结构分析数据表明，定位管内的应力较大，接触网支柱结构的材料可作适当改进：定位管可选用 Q345 钢，而平腕臂、斜腕臂则选用 Q235 钢。在保证结构的强度、刚度条件下，可以降低产品成本。

(4)根据接触网支柱结构的循环受载特性，结构的变形将经历周期性的变化，材料会在这种低于塑性屈服强度的循环应力作用下出现损伤累积破坏，可以进一步深入研究结构的疲劳特性，以提高结构的安全可靠性。

综上分析，海南东环铁路腕臂支持结构采用了整体式腕臂，现场实际安装的效果如图 17 所示。

图 17 现场安装效果图

4.3 小结

试验、试运行和运营证明，整体腕臂结构真正能够有效地抵御强风，试验和运营期间的几次台风均未对系统进行任何破坏，系统平稳、安全、可靠。该接触网支持装置可以在沿海或强风地区的铁路上推广应用。

从海南东环铁路的施工情况和运营效果来看，整体腕臂确实能够真正有效地抵御强风，但由于整体腕臂结构是由工厂一次加工到位，对施工的测量、加工和安装的精度要求较高，腕臂的安装应该在线路稳定后对每根支柱精确测量计算后才能进行加工制造和安装，否则会造成较大的施工误差甚至报废。由于施工中未给予接触网施工单位足够的工期，实际在施工中，为了抢工期，没有在具备条件时进行测量计算后加工，现场就会存在大量的腕臂零件由于计算数据与现场不一致而引起的废弃。因此，建议在今后工程中能够充分考虑施工的特点和难度，给接触网工程合理的施工工期。

5 接触网绝缘锚段关节设计

5.1 概述

锚段关节是接触网相邻锚段的衔接部分，是接触网平面布置中最关键的部位，锚段关节的结构复杂，尤其是绝缘锚段关节，除了要考虑结构荷载还要保证电气绝缘距离，其状态和质量的优劣将直接影响接触网的供电质量和电力机车的受电质量。秦沈线以前设计的线路大多采用的都是四跨绝缘锚段关节形式，目前国内运营高速铁路上多数采用的都是五跨绝缘锚段关节形式，分相区段和部分线路条件受限制时采用的是四跨绝缘锚段关节。从关节的设计上，四跨关节的中心柱和五跨关节的绝缘转换柱由于要保证绝缘距离满足大于450mm的要求，设计是最复杂的，下面就对绝缘锚段关节的设计来进行一些探讨和分析。

5.2 存在的问题

《铁路电力牵引供电设计规范》(TB 10009—2005)中规定绝缘锚段关节两悬挂点间隙大于450mm，《高速铁路设计规范(试行)》中参照国外的相关标准并结合电气计算后规定绝缘间隙应大于400mm。目前国内绝缘锚段关节的绝缘间隙大部分是按照导线中心间距450mm来设计，也有部分线路按照满足大于450mm的要求并考虑导线的线径，绝缘间距按照导线中心距离≮470mm(一般选用500mm)来设计，四跨绝缘锚段关节和五跨绝缘锚段关节的布置形式如图18、图19所示。

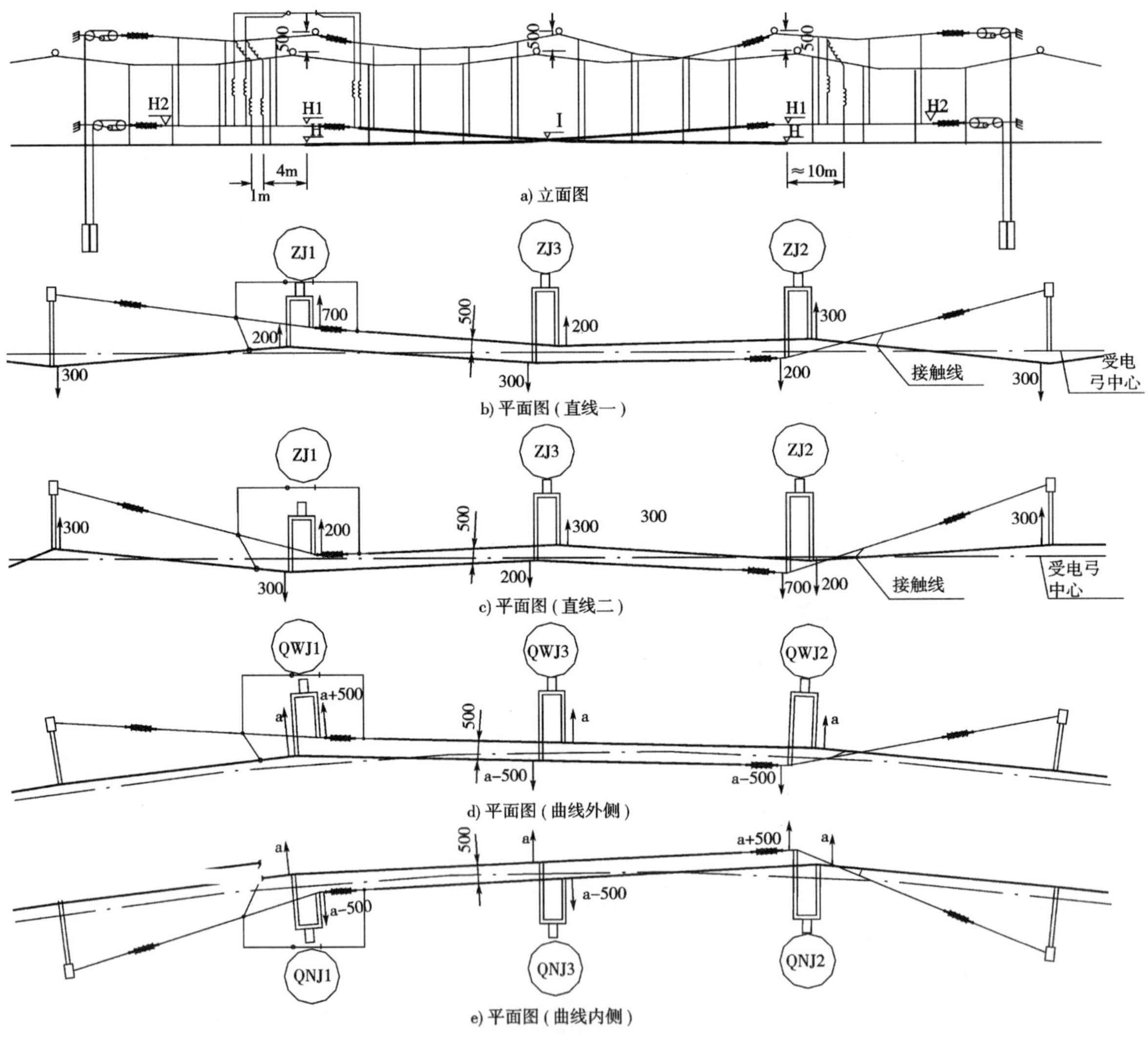

图18 四跨绝缘锚段关节平、立面图

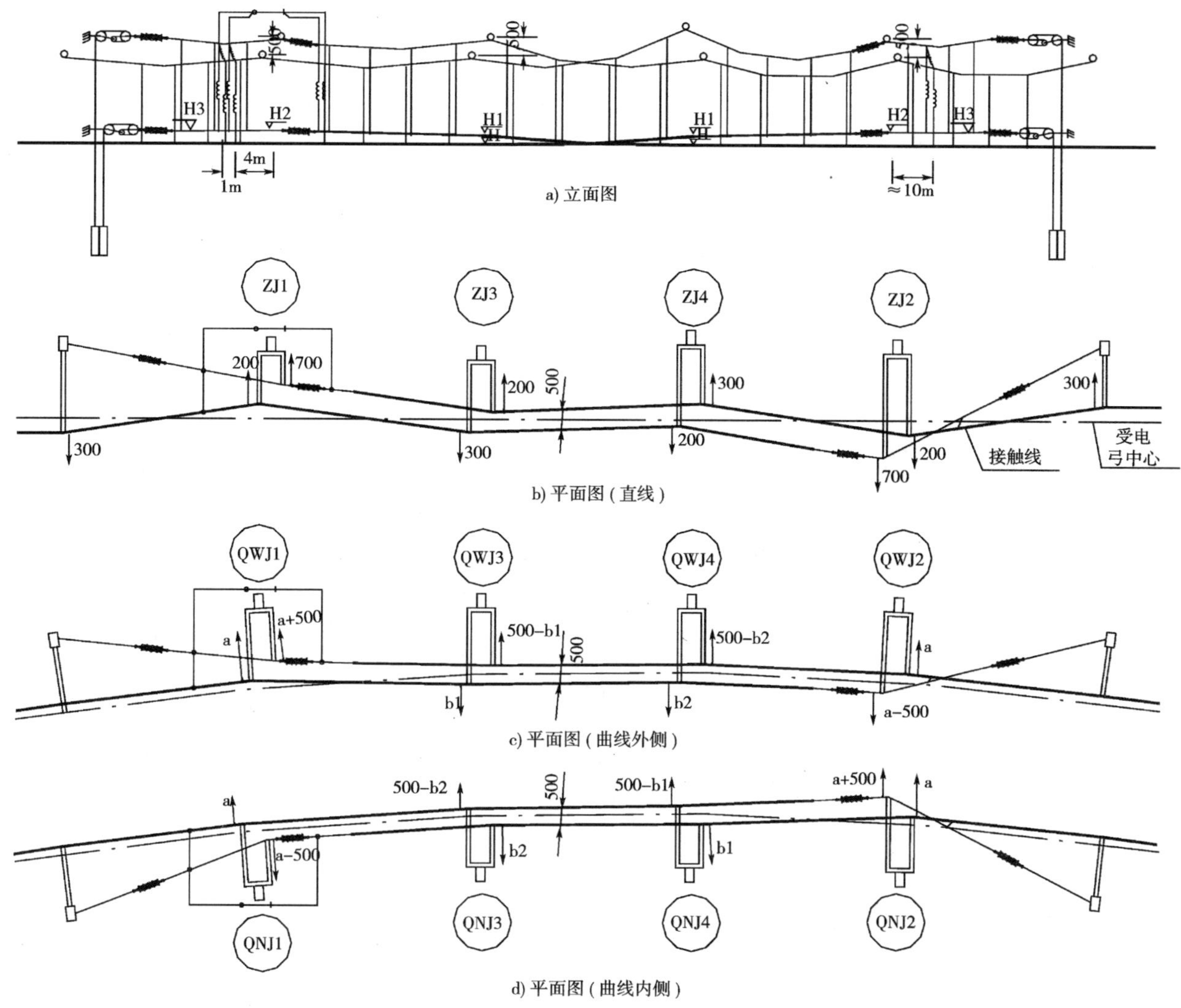

图 19 五跨绝缘锚段关节平、立面图

图中的锚段关节布置中均是按照"Z"字形布置拉出值并保证定位器受力的原则进行设计，无论是直线还是曲线上，对中心柱(四跨绝缘关节的3号柱)(其安装示意如图20所示)或绝缘转换柱(五跨绝缘关节的3、4号柱)的两支悬挂来说都是同为正定位或同为反定位，两支悬挂同时采用标准定位器是肯定不能满足绝缘距离的要求，设计中必须有一支定位需要采用特殊设计的特型定位器(图21)。按照TB 2075—2010的技术要求，标准定位器可允许最大工作荷重为2.5kN，而特型定位器由于定位器本体弯曲度过大，只能允许1.3kN的最大工作荷重，特型腕臂的工作荷重仅为标准定位器的1/2。如果定位器考虑3倍的安全系数，特型定位器实际工作荷载仅为0.43kN，普速铁路接触网的张力一般都在15kN以下，采用特型定位器满足性能要求，目前高速铁路或客运专线的导线张力一般都在20kN以上。假设导线张力为25kN，导线采用CTSH-150，风速30m/s，关节位于直线区段，转换跨距为45m，拉出值按+300mm和−200mm，此时定位器需要承受的线索拉力 $T_1 = 2 \times \frac{500}{45000} \times 25\text{kN} = 0.56\text{kN}$，风荷载 $T_0 = \mu_Z \cdot \mu_S \cdot W_0 \cdot d \cdot 10^{-3} = 1.0 \times 1.2 \times 0.5625 \times 14.4 \times 10^{-3} = 0.0097\ \text{kN}$，定位器合计受力约为0.57kN，超过了特型定位器允许的0.43kN，必须对原特型定位器进行加强或重新设计。按照《电气化铁路接触网器材管理办法》，定位器属于接触网关键零部件，新产品的研发和在铁路上应用需要较长的周期，无法满足正在设计和施工中的项目。

5.3 方案研究

海南东环铁路设计时速250km/h，接触网额定张力为25kN。为了能够抵御强风，海南东环铁路第一次全面引进日本的整体腕臂结构，由于引进零件的厂家并未考虑到特型定位器的应用，因此在引进中只引进了日本标准的定位器，施工图设计中遇就到了如何选用绝缘转换柱定位器的问题，当时海南东环铁路施工在即，绝缘关节的设计方案直接影响到工程的进度。如果单纯从考虑对原定位器加强或者设计新型定位器的角度考虑，似乎没有更好的方案，但仔细研究绝缘锚段关节的布置方案后，我们更换了一种思路，从利用现有成熟可靠的定位器并绝缘锚段关节的布置上去寻找突破口，如果能够通过平面布置的调整使绝缘转换柱处的定位器处于不受力或略微受力状态，就可以对两支接触悬挂分别正定位和反定位安装，这样就只需要调整定位管的高度和定位支座的结构就可以保证绝缘距离。经过仔细的分析、计算和研究，确定了绝缘转换关节范围内两支接触线采用平行布置的方案，绝缘转换柱处的拉出值通过计算确定使定位器不受力或略微受力，绝缘锚段关节的平面布置如图22所示。

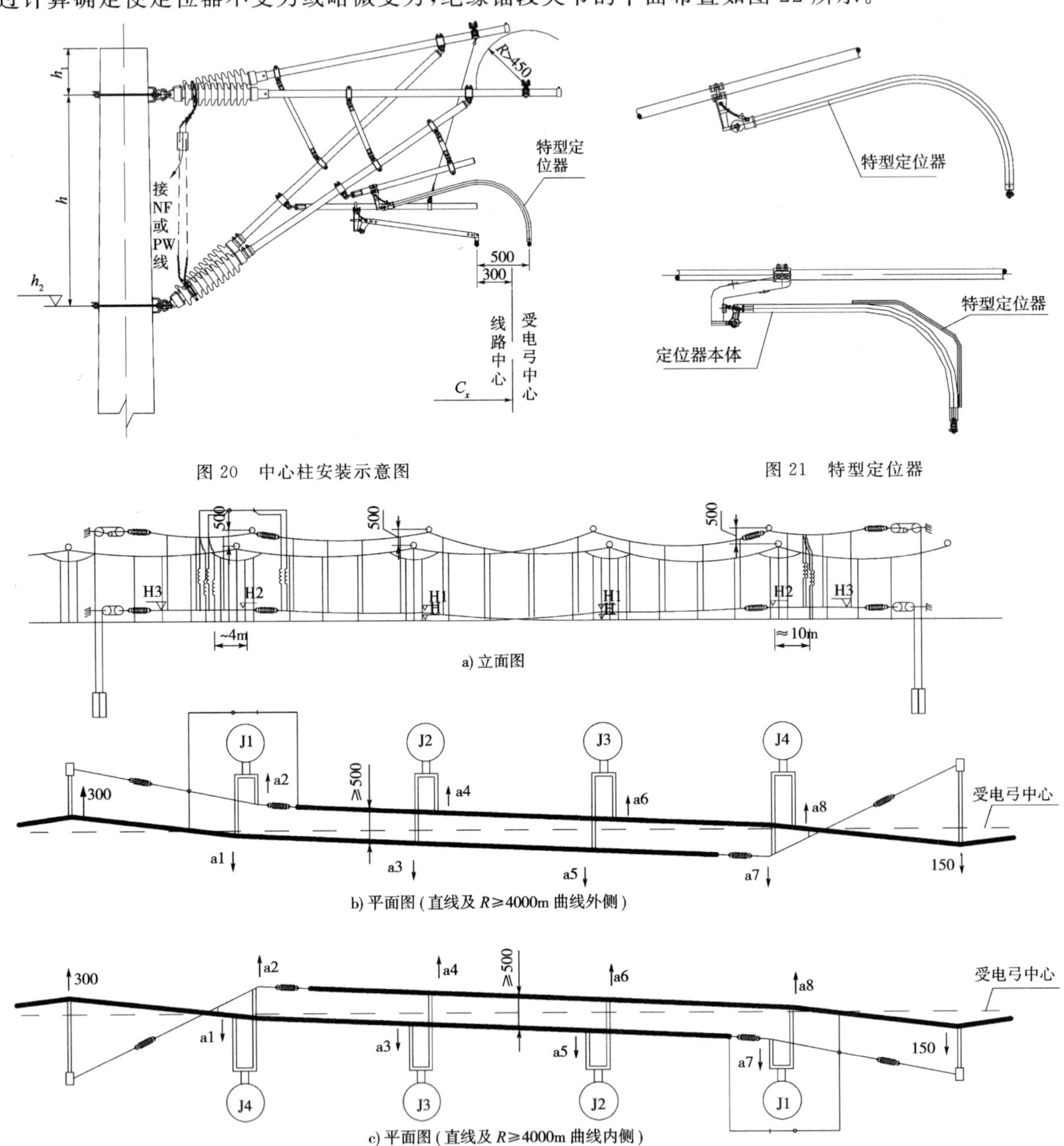

图20 中心柱安装示意图

图21 特型定位器

图22 海南东环铁路锚段关节平、立面布置示意图

采用这种绝缘锚段关节布置方式后，绝缘转换柱的安装就可以采用如图23所示的标准定位器结构，定位器均为引进的标准定位器，仅需要调整定位管位置和选用不同的定位支座即可保证绝缘距离的要求。

海南东环铁路现场安装的照片见图24，安装后的效果非常好，各项技术参数均满足相关标准和规范的要求。

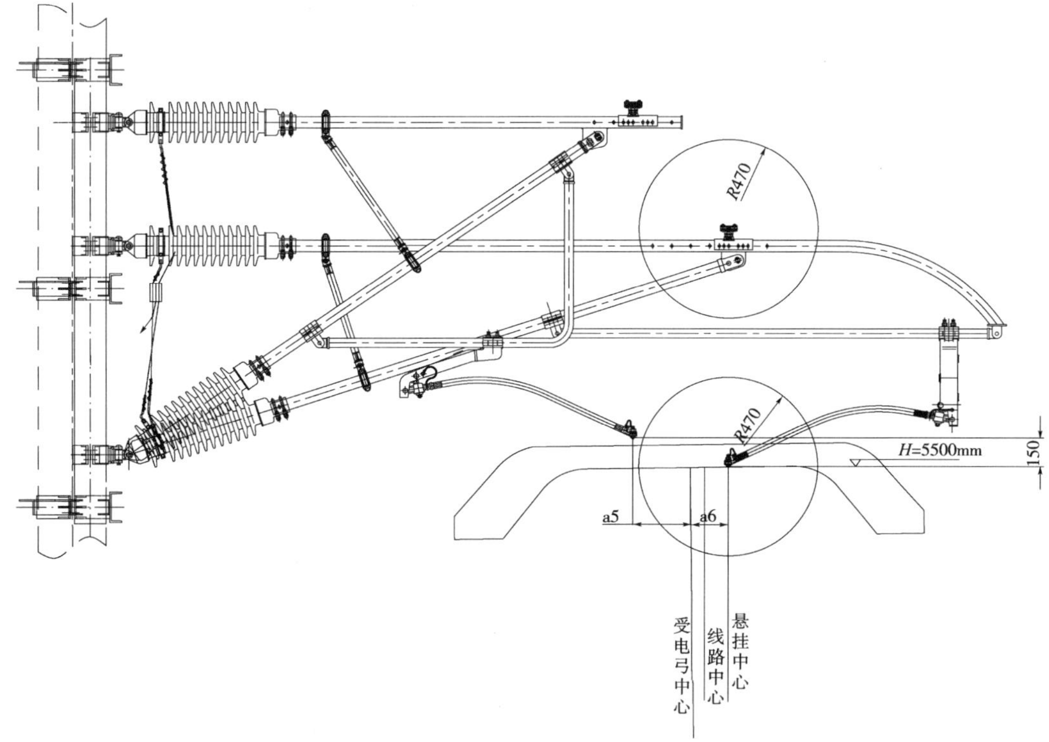

图 23　海南东环铁路绝缘转换柱安装示意图

图 24　海南东环铁路绝缘转换柱

5.4　小结

在目前还没有研制出新型高强度特型定位器之前，采用调节绝缘锚段关节平面布置满足绝缘转换柱定位器不受力或略微受力状态的设计方案是高速铁路线路上采用的最优方案。当然该方案还存在一定的局限性，在线路曲线半径小于 4000m 的线路上，绝缘锚段关节的平面布置要满足绝缘转换柱的不受力条件已经相当困难，必须采用特型定位器进行安装。当然，当曲线半径变小时，线路行车的速度也相应降低，如果恰好有绝缘锚段关节设置在该曲线上，可以通过减小导线的张力等措施来降低定位器的受力值。

6　U 形槽段接触网特殊下锚方案设计

6.1　需要解决的问题

海南东环铁路在美兰机场进口 DK15＋200～DK16＋700 范围和出口 DK21＋300～DK21＋520 范围采用 U 形槽，在该范围内接触网设置有锚段关节，但由于 U 形槽顶面距轨面的高度是线性变化的，接触网支柱设置在 U 形槽顶面，在导线高度不变的情况下，接触网支柱的高度为 2～8m 不等，本段接触网下锚采用滑轮补偿方式。采用常规下锚方案（图 25），根据该线的张力等情况，坠砣补偿距离需满足 4.5m的要求，由于本段接触网支柱高度为 2～8m，部分下锚支柱高度达不到安装条件，坠砣补偿距离不能满足要求。现场已经无法满足接触网常规下锚方案的安装。

6.2 设计方案

根据下锚位置结构断面，结合接触网补偿下锚的特点，经过仔细的讨论和分析，问题的难点和重点是如何解决补偿滑轮组的安装固定和坠砣的补偿距离，为解决这一问题，我们研究后决定通过采用增加一组硬横梁，将承力索与接触线分开下锚，分别对承力索和接触线的滑轮进行垂直方向的定位，并确保能将坠砣串控制偏转至U形槽内，以使坠砣的补偿范围能够得到保证，然后再通过特殊设计的肩架来固定坠砣限制导管，具体的设计方案见图26、图27。

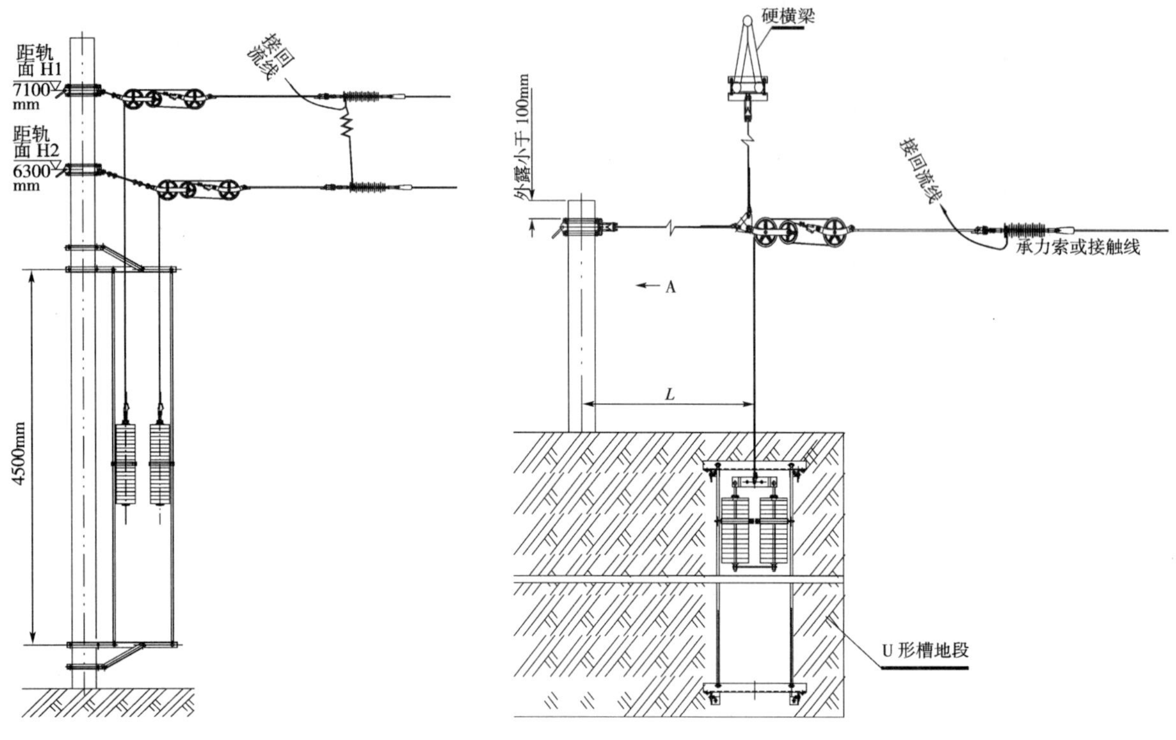

图25　常规下锚安装图

图26　U形槽段滑轮补偿下锚安装图(一)

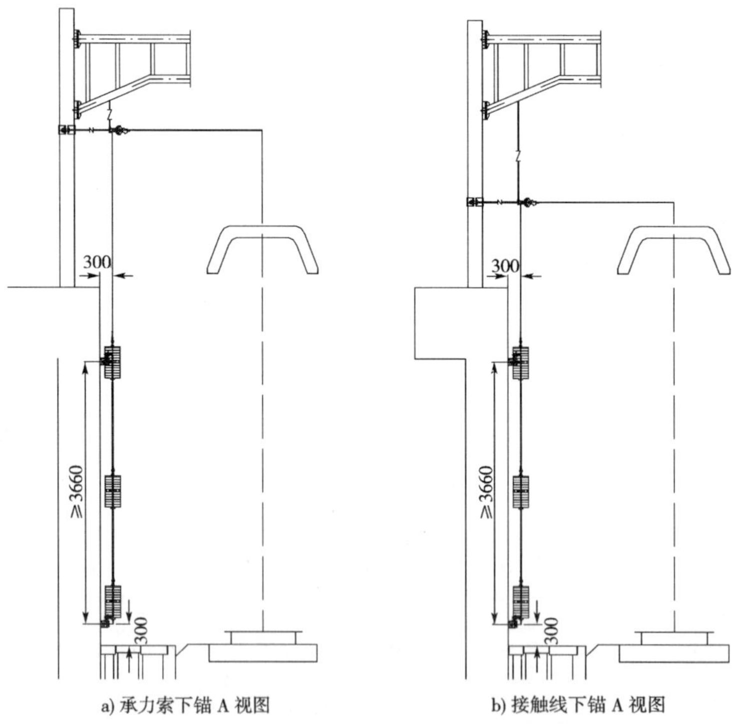

图27　U形槽段滑轮补偿下锚安装图(二)

现场安装效果如图 28 所示。

图 28　现场安装效果图

6.3　小结

该特殊设计合理地解决了在 U 形槽这种特殊区段的接触网下锚问题，现场的运营也非常稳定，设计方案可以在其他项目的相似位置推广采用。

月河牵引变电所大修工程案例

兰正新

(中铁二院工程集团有限责任公司西安公司)

摘 要 随着进出川运量的增加,襄渝线、阳安线运量增幅较大,其供电设备难以满足运输的日益增长需求,急需大修改造。月河牵引变电所作为全路第一个进行整所大修改造的变电所,通过大修改造,其可靠性、自动化水平、管理维护等方面水平都得到很大提高。

关键词 牵引变电所;原地;整所大修改造

Engineering Case of Overhaul of Yuehe Traction Substation

Lan Zhengxin

(Xi'an Survey, Design and Research Institute of CREEC)

Abstract With the increase of the transport capacity in-and-out of Sichuan province, the capacities of XiangYu line and YangAn line are increased a lot, so that their power supply equipment cannot meet the requirement, and an overhaul is required urgently. As the 1st overhaul substation on the line, Yuehe traction substation is improved in the fields of reliability, automation, management and maintenance.

Key words traction substation; original site; overhaul of the whole substation

1 引言

月河牵引变电所位于安康市附近。1979 年投运,运行近 20 年,其供电设备陈旧,供电能力不足,难以满足运输的日益增长需求,急需大修改造。

1998 年 3 月,郑州铁路局组织制定了“阳安线扩能牵引变电所大修改造技术条件”,主要大修原则有:原地址整所设备大修,大修中要尽可能利用当今高新技术,使大修后的设备整体技术水平不低于目前新线新投入设备的整体技术水平;变压器备用方式由移动备用改为固定备用,计量方式为高压计量方式;新增电源自投和主变备投装置。5 月铁道部、郑州铁路局领导审查设计方案,下达阳安线月河牵引变电所大修设计任务书,使月河牵引变电所成为全路第一个整所大修的牵引变电所。7 月设备订货,10 月完成牵引变电所一次图纸,1999 年 2 月完成牵引变电所二次图纸,1999 年 4 月 10 日将 2 号牵引变压器投入运行,1999 年 6 月 10 日将 1 号牵引变压器投入运行,保质按期的完成了铁道部领导下达的任务。

从月河牵引变电所运行反映的情况看,设备技术先进、设备运行稳定、动作可靠,操作方便快捷,运行状态良好,供电方式更加灵活,维护检修更加方便,牵引供电的可靠性、免维护性和技术管理水平有了进一步的提高,对减少事故、提高运输能力起到了非常积极的作用,满足牵引供电设计规范和“阳安线扩能牵引变电所大修改造技术条件”的要求,铁道部、铁路局运行单位比较满意。该工程为今后的牵引变电所大修提供了宝贵的经验。2000 年获铁道部优秀设计三等奖。

2 需要解决的问题

随着进出川运量的增加,襄渝线、阳安线运量增幅较大,现代运输对牵引供电的可靠性、灵活性、自

作者简介:兰正新(1961—),男,高级工程师。

动化程度和免维护性提出了更高的要求。

既有月河牵引变电所主接线为：110kV 双 T 接线，27.5kV 单母线分段，馈出线 3 条。牵引主变为 10MVA 的单相变压器，运行容量 2×10MVA，移动备用方式。110kV 断路器为少油断路器，110kV 避雷器为落地式瓷避雷器，互感器为油浸式，计量精度低，隔离开关为手动，自用变为单相式，低压计量方式，二次保护为电磁保护，电调通过电话指挥运行。

牵引变电所供电设备陈旧，主要为 20 世纪 70 年代末的产品，开关设备可靠性低、牵引主变过载能力差、油浸设备漏油渗油较普遍；设备维修调试困难且无配件；电缆及地网锈蚀严重；设备整体绝缘水平低，绝缘子闪络时有发生，事故隐患较多；手动倒闸时间长，多占用接触网停电天窗，影响接触网设备检修，供电质量和安全不能保证；不利于事故指挥，事故处理时间长，费时费力；影响行车安全和运输能力；负荷监控不利，信息交换不畅，运行管理不便；运行成本高。且牵引变电所功率因数低，严重制约安全高效运输能力的提高。

牵引变电所房屋标准低，年久失修，旧房子多处疏松，且有裂纹；楼板薄；净空低。月河牵引变电所地处山区，场地狭小，靠山，地质复杂，填方较多，山体滑坡严重，旁边的排洪沟已破损，所内仅有铁路专用线与外部联系。

有鉴于此，铁道部将月河牵引变电所作为全路第一个进行整所大修改造的牵引变电所，并提出：大修中要尽可能利用当今高新技术，使大修后的设备整体技术水平不低于目前新线新投入设备的整体技术水平。通过大修改造，使牵引变电所的可靠性、自动化水平、管理维护等方面上新台阶。

3　设计方案

作为全路第一个整所大修的牵引变电所，设计者深感责任重大，面对工期紧、质量要求高、没有先例可以借鉴的现状，为了做好大修的设计工作，首先认真地听取铁道部、铁路局、铁路分局的要求和意见，详细分析了大修改造的技术条件并征求专家的意见，根据现场的实际情况和特点，按照满足牵引供电设计规范和“阳安线牵引变电所大修改造技术条件”的要求，制定了月河牵引变电所的设计标准、设计要求和设计方案。

为了满足设计目标，同时考虑节约投资、缩短工期、减少对既有运行设备的影响、方便今后的管理与维护等因素，决定：主接线基本维持现状：110kV 双 T 接线，27.5kV 单母线分段；牵引主变压器采用三相 V/V 接线牵引变压器，固定备用方式，110kV 断路器采用免维护式 SF6 断路器，电能计量采用高压计量方式，27.5kV 压互为干式，馈线断路器采用固定备用方式，备用率视具体情况而定；与运行方式有关的隔离开关采用大爬距、大容量的电动隔离开关，预留并补装置的房屋空间；相应供电线及回流线改造，地网改造，更新全部控制电缆和电力电缆及照明设施，改造电缆沟；所内房建、通信工程随设备大修同期进行；总平面布局应利于长远规划和设备运行，减少对运行的干扰；严格控制生产辅助房屋面积，利旧房屋应按相应标准整修；变电设备满足技术先进、成熟、可靠、维护方便以及技术经济的要求，采用节能环保设备。

3.1　提高牵引供电系统的可靠性

(1)针对阳安线牵引变压器的运行情况，采用新研制的三相 V/V 接线牵引变压器、该变压器抗短路能力强，主变压器容量利用率高，可实现固定备用并提供了可靠的所用三相电源。

(2)基于 27.5kV 馈线故障率高的特点，在全路首次采用用断路器方式实现的 27.5kV 馈线侧高压线路故障性质判断装置。该装置可实现高电压小电流工况下的无损检测，可对故障线路的故障性质进行判断，有选择地实施自动重合闸，降低了馈线故障短路电流对主变压器、断路器等电器设备的冲击，延长使用寿命，有利于提高供电系统的可靠性。

3.2　提高牵引变电所的自动化水平

(1)全路首次采用带液晶界面盒的微机智能中央信号装置，通过界面盒可实现对故障信号的记忆、查询，具有事故停钟、时钟设置、定义故障信号性质等功能，并可自动打印有关信息。

(2)计量采用内置Modem远程抄表的多功能电能表,通过电话线远端供电局可监视负荷情况,设有自动采集并保存连续30d每一整点时刻表记正、反向总有功电度;感性、容性总无功电度;有功功率、无功功率;A、B、C三相电压电流等功能,满足供电局的要求。

(3)主变压器保护、馈线保护、电源和主变压器备投均采用微机控制。其中WBT-01备用电源和主变压器自投装置采用多CPU分散控制方式,扩充容易,抗干扰性能好,除实现主变压器故障或进线失压时的自投功能外,还可实现倒电源、倒主变压器等程控操作功能。由于配有全中文界面的LCD显示器,可方便用户操作,并可记忆开关变位时刻和状态。

(4)二次盘采用全密封独立结构,并予留远动接口和测试车检测接口。

3.3 提高牵引供电设备的免维护性

(1)采用ABB 110kV SF6断路器。该设备采用卷闸弹簧储能,不需中间凸轮、连件,直接驱动断路器,结构简单、可靠,弹簧操作机构能量比一般的弹簧储能机构少50%,免维护,安装、调试方便。

(2)采用ABB 110kV硅橡胶绝缘氧化锌避雷器。该设备氧化锌阀块与硅橡胶外壳无空气间隙,受污染后也不出现局部放电,爬距大,防爆、抗振、重量轻。

(3)直流电源屏采用微机智能充电机,带2组100AH的汤浅酸性免维护蓄电池,取消了硅降压装置。对直流系统的绝缘电阻、直流电压等实行在线检测。

改造完成后新所的状况见图1~图5。

图1 新所110kV侧设备

图2 新所牵引主变压器

图 3　新所 27.5kV 故判装置间

图 4　新所中央信号控制盘

图 5　新所主控室控制盘

4　工程设计

(1)改造前首先考虑了防洪排水，修筑护坡，适当外扩围墙。

(2)山区运输困难，充分利用进所铁路专用线，利用既有进线电源门型杆塔，方便安装，减少投资。

(3)总平面布置紧凑，充分利用既有所内场地空间，在不影响既有牵引变电所运行的前提下，紧贴原主控室和高压室修建了新主控室和高压室，主控室设在一楼，高压室设在二楼。利用上二楼的楼梯做电缆井，并考虑起吊孔。二楼新、旧高压室的地坪高度同高，减少了过渡工程工作量。

(4)二次设计信号控制回路取消了闪光母线，改用三灯显示。光字牌、信号灯采用节能发光二极管型。万用转换开关采用LW12-16系列开关。为保证断路器合、分闸的可靠性，取消了110kV断路器、27.5kV断路器自带的防跳控制回路，由微机保护完成防跳功能。

(5)由于该项目工期时间紧，采用的新设备多，需要加强与建设、施工、监理、设备厂家的沟通和协调，才能按时保质地提供设计图纸。安康供电段是首次承担这样大的施工工程项目，设计人员会同各级领导多次深入施工现场解决工程施工中出现的问题，使工程得以如期顺利完成。

5 结语

建议如下：

(1)由于月河牵引变电所地质复杂，增加了一些挡墙、护坡工作量。在山区要特别注意排洪和山体滑坡。

(2)加强各专业间的配合，特别是房建、地质等专业。

(3)新建房屋基础开挖后，井中有水，应变灰土井桩为混凝土桩。

(4)改进旧高压室利旧处理，使新主控制室面积扩大。

(5)旧所改造，由于受地形限制，外扩比较困难，如条件允许，主控室和高压室应分开修建，高压室最好是一层，二层可考虑予留并补位置。

(6)由于旧所房屋标准低，年久失修，旧房子多处疏松，且有裂纹，楼板薄，予埋件安装和承重都成问题，净空低，虽做了处理，但房屋还是新建为好。

(7)旧所改造设计、施工难度较高，配合工程量大，设计、订货、施工时间上应拉开距离，并且设计、施工、监理、运营单位要密切配合，多联系，以保证工程质量。

(8)旧所改造的投资理应较新所多，对投资、工期、进度的安排应适当留有余地。

(9)因地质条件差，接地网阻值超标，宜采用地网外引，增加降阻剂设计，以减小增加土石挖方量。

(10)应尽量采用免维护设备，少用、不用油绝缘设备，减少污染。

(11)对于旧所主变压器增容，应加强与供电局的沟通，按建设程序执行。预留部分电源改造费用。